2024
我国水生动物重要疫病状况分析

2024 ANALYSIS OF MAJOR AQUATIC ANIMAL DISEASES IN CHINA

农业农村部渔业渔政管理局
Bureau of Fisheries, Ministry of Agriculture and Rural Affairs

全国水产技术推广总站
National Fisheries Technology Extension Center

中国农业出版社
北　京

编 写 说 明

一、《2024 我国水生动物重要疫病状况分析》以正式出版年份标序。其内容和数据起讫日期：2023 年 1 月 1 日至 2023 年 12 月 31 日。

二、本资料所称疾病，是指水生动物受各种生物性和非生物性因素的作用，而导致正常生命活动紊乱甚至死亡的异常生命活动过程。

本资料所称疫病，是指传染病，包括寄生虫病。

本资料所称新发病，是指未列入我国法定疫病名录，近年在我国新确认发生，且对水产养殖产业造成严重危害，并造成一定程度的经济损失和社会影响，需要及时预防、控制的疾病。

三、内容和全国统计数据中，均未包括香港特别行政区、澳门特别行政区和台湾省。

四、读者若对本书有建议和意见，请与全国水产技术推广总站联系。

编写委员会名单

前　言

　　为全面掌握我国水生动物病情发生及流行状况，为政府决策提供支撑，2023年，农业农村部继续组织开展全国水产养殖动植物疾病测报，实施《2023年国家水生动物疫病监测计划》（以下简称《计划》）。全国共设置测报工作监测点4 238个，监测面积近29万 hm²，约占全国水产养殖面积的4％，监测到发病养殖种类67种。《计划》针对鲤春病毒血症等重要水生动物疫病进行专项监测，对传染性皮下和造血组织坏死病等有关疫病开展调查，采集样品3 586份，检测鱼虾约53万尾，并组织各省（自治区、直辖市）有关部门及首席专家对监测结果进行了分析，对发病趋势进行了研判，编写了《2024我国水生动物重要疫病状况分析》。本书分综合篇和地方篇两部分，综合篇主要收录了全国水生动物病情综述和各首席专家对14种重要水生动物疫病的状况分析；地方篇收录了30个省（自治区、直辖市）和新疆生产建设兵团的分析报告。本书是全面反映全国2023年水生动物病害发生情况的权威资料，对各地开展水生动物病害风险评估、对策研究具有重要参考价值。

　　本书的出版，得到了各位首席专家及各地水产技术推广部门、水生动物疫病预防控制机构的大力支持，也离不开各级疫病监测信息采集分析人员的无私奉献，在此一并致以诚挚的感谢！

编　者

2024 年 8 月

目　　录

前言

综 合 篇

2023 年全国水生动物病情综述 ………………………………………… 3
2023 年鲤春病毒血症状况分析 ………………………………………… 7
2023 年锦鲤疱疹病毒病状况分析 ……………………………………… 19
2023 年鲫造血器官坏死病状况分析 …………………………………… 34
2023 年草鱼出血病状况分析 …………………………………………… 43
2023 年传染性造血器官坏死病状况分析 ……………………………… 62
2023 年病毒性神经坏死病状况分析 …………………………………… 74
2023 年鲤浮肿病状况分析 ……………………………………………… 88
2023 年传染性胰脏坏死病状况分析 …………………………………… 99
2023 年白斑综合征状况分析 …………………………………………… 108
2023 年传染性皮下和造血组织坏死病状况分析 ……………………… 129
2023 年虾肝肠胞虫病状况分析 ………………………………………… 140
2023 年十足目虹彩病毒病状况分析 …………………………………… 155
2023 年急性肝胰腺坏死病状况分析 …………………………………… 168
2023 年传染性肌坏死病状况分析 ……………………………………… 177
2023 年水生动物重要疫病监测/调查情况汇总 ………………………… 187

地 方 篇

2023 年北京市水生动物病情分析 ……………………………………… 205
2023 年天津市水生动物病情分析 ……………………………………… 212
2023 年河北省水生动物病情分析 ……………………………………… 229
2023 年山西省水生动物病情分析 ……………………………………… 236
2023 年内蒙古自治区水生动物病情分析 ……………………………… 239
2023 年辽宁省水生动植物病情分析 …………………………………… 243
2023 年吉林省水生动物病情分析 ……………………………………… 252

2023 年黑龙江省水生动物病情分析 ·································· 255

2023 年上海市水生动物病情分析 ·································· 258

2023 年江苏省水生动植物病情分析 ·································· 265

2023 年浙江省水生动物病情分析 ·································· 278

2023 年安徽省水生动物病情分析 ·································· 285

2023 年福建省水生动植物病情分析 ·································· 292

2023 年江西省水生动物病情分析 ·································· 303

2023 年山东省水生动植物病情分析 ·································· 311

2023 年河南省水生动物病情分析 ·································· 319

2023 年湖北省水生动物病情分析 ·································· 325

2023 年湖南省水生动物病情分析 ·································· 332

2023 年广东省水生动物病情分析 ·································· 341

2023 年广西壮族自治区水生动物病情分析 ·································· 358

2023 年海南省水生动物病情分析 ·································· 366

2023 年重庆市水生动物病情分析 ·································· 371

2023 年四川省水生动物病情分析 ·································· 379

2023 年贵州省水生动物病情分析 ·································· 383

2023 年云南省水生动物病情分析 ·································· 387

2023 年陕西省水生动物病情分析 ·································· 390

2023 年甘肃省水生动物病情分析 ·································· 398

2023 年青海省水生动物病情分析 ·································· 402

2023 年宁夏回族自治区水生动物病情分析 ·································· 405

2023 年新疆维吾尔自治区水生动物病情分析 ·································· 412

2023 年新疆生产建设兵团水生动物病情分析 ·································· 416

综合篇

2023 年全国水生动物病情综述

由于水产绿色健康养殖技术推广"五大行动"的推进以及水产苗种产地检疫制度的全面实施，2023 年水生动物病害发生面积和造成的经济损失相比 2022 年有所减少。但是，2023 年受气候、水环境变化以及诸多其他因素的影响，我国主要水产养殖品种的重要疫病依旧严重，新发疫病的威胁仍然存在。2023 年，我国水产养殖因病害造成的经济损失约 498 亿元（人民币，全书同），比 2022 年减少 19 亿元，约占渔业产值的 3.4%。

一、2023 年我国水生动物病情概况

（一）发生疾病养殖种类

根据全国水产养殖动植物疾病测报结果，2023 年对 82 种养殖种类进行了监测，监测到发病的养殖种类有 67 种，包括鱼类 40 种、虾类 10 种、蟹类 3 种、贝类 9 种、藻类 2 种、两栖/爬行类 2 种、棘皮动物类 1 种，主要的养殖鱼类和虾类都监测到疾病发生（表 1）。

表 1　2023 年全国监测到发病的养殖种类

类别		种类	数量
淡水	鱼类	青鱼、草鱼、鲢、鳙、鲤、鲫、鳊、泥鳅、鲇、鮰、黄颡鱼、鲑、鳟、河鲀、长吻鮠、黄鳝、鳜、鲈、乌鳢、罗非鱼、鲟、鳗鲡、鲮、胭脂鱼、倒刺鲃、鲌、笋壳鱼、梭鱼、光唇鱼、马口鱼、金鱼、锦鲤	32
	虾类	罗氏沼虾、日本沼虾、克氏原螯虾、凡纳滨对虾、澳洲岩龙虾	5
	蟹类	中华绒螯蟹	1
	贝类	螺	1
	两栖/爬行类	龟、鳖	2
海水	鱼类	鲈、鲆、大黄鱼、河鲀、石斑鱼、鲷、半滑舌鳎、卵形鲳鲹	8
	虾类	凡纳滨对虾、斑节对虾、中国明对虾、日本囊对虾、脊尾白虾	5
	蟹类	梭子蟹、拟穴青蟹	2
	贝类	牡蛎、鲍、螺、蛤、扇贝、蛏、蚶、贻贝	8
	藻类	海带、紫菜	2
	其他类	海参	1
合计		67	

（二）主要疾病

淡水鱼类主要疾病有：鲤春病毒血症、草鱼出血病、传染性脾肾坏死病、锦鲤疱疹病毒病、传染性造血器官坏死病、鲫造血器官坏死病、鲤浮肿病、传染性胰脏坏死病、淡水鱼细菌性败血症、链球菌病、细菌性肠炎病、小瓜虫病、车轮虫病、水霉病等。

海水鱼类主要疾病有：病毒性神经坏死病、石斑鱼虹彩病毒病、鱼爱德华氏菌病、诺卡氏菌病、大黄鱼内脏白点病、刺激隐核虫病、本尼登虫病等。

虾蟹类主要疾病有：白斑综合征、十足目虹彩病毒病、传染性皮下和造血组织坏死病、急性肝胰腺坏死病、虾肝肠胞虫病、河蟹螺原体病等。

贝类主要疾病有：牡蛎疱疹病毒病等。

两栖、爬行类主要疾病有：鳖腮腺炎病、蛙脑膜炎败血症、鳖溃烂病、红底板病等。

（三）主要养殖方式的发病情况

2023 年监测的主要养殖模式有海水池塘、海水网箱、海水工厂化、淡水池塘、淡水网箱和淡水工厂化。从不同养殖模式的发病情况看，平均发病面积率约 9.6%，与 2022 年相比有所降低。其中，海水池塘养殖、海水工厂化养殖和淡水网箱养殖发病面积率仍然维持在较低水平；但是，海水网箱养殖的发病面积率与上一年相比增幅较大；淡水池塘养殖和淡水工厂化养殖发病面积率比上一年有所降低（图 1）。

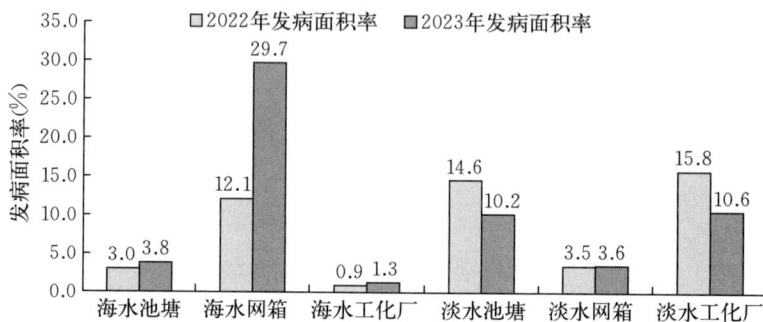

图 1　主要养殖模式的发病面积率

（四）经济损失情况

2023 年，我国水产养殖因疾病造成的测算经济损失约 498 亿元，约占水产养殖总产值的 3.8%，约占渔业产值的 3.1%，比 2022 年减少了 19 亿元。疾病依然是水产养殖产业发展的主要问题。2023 年，草鱼出血病、病毒性神经坏死病、石斑鱼虹彩病毒病、淡水鱼细菌性败血症以及"越冬综合征"等对鱼类养殖造成较大危害；十足目虹彩病毒病、白斑综合征、急性肝胰腺坏死病、虾肝肠胞虫病等对甲壳类养殖造成较大危害；牡蛎疱疹病毒病等对贝类养殖造成较大危害。另外，草鱼、大口黑鲈、凡纳滨对虾等主要养殖品种均发生不同规模疫情；受海区营养盐缺乏等因素影响，江苏连云港海区养殖紫菜出现生长缓慢、泛黄等现象，也造成了一定的经济损失。

在疾病造成的经济损失中，贝类损失最大，为 160.5 亿元，约占 32.2%；甲壳类损失 145 亿元，约占 29.1%；鱼类损失 141 亿元，约占 28.3%；其他水生动物损失 34.5 亿元，约占 7.0%；海带等水生植物损失 17 亿元，约占 3.4%。主要养殖种类测算经济损失情况如下：

（1）鱼类　因疾病造成测算经济损失较大的主要有：鲈 19 亿元，草鱼 18 亿元，鳜 15 亿元，石斑鱼 12 亿元，鲫 9 亿元，鳙 9 亿元，鳗鲡 8 亿元，黄颡鱼 8 亿元，鲤 7 亿元，大黄鱼 7 亿元，鲢 6 亿元，罗非鱼 5 亿元，卵形鲳鲹 4 亿元，乌鳢 4 亿元，黄鳝 4 亿元，鲴 3 亿元，鲟和鲑鳟 2 亿元，鲆鲽类 1 亿元。和 2022 年相比，2023 年除鲈、鳜、鳙等少数品种因疾病经济损失有所增加外，大部分鱼类养殖品种测算经济损失与 2022 年基本持平或略有下降。

（2）甲壳类　因疾病造成测算经济损失较大的主要有：凡纳滨对虾 59 亿元，中华绒螯蟹 46 亿元，罗氏沼虾 20 亿元，克氏原螯虾 7 亿元，斑节对虾 5 亿元，拟穴青蟹 5 亿元，梭子蟹 3 亿元。和 2022 年相比，2023 年中华绒螯蟹养殖情况整体良好，发病情况有所减轻。总体而言，甲壳类的测算经济损失与 2022 年相比略有下降。

（3）贝类　因疾病造成测算经济损失较大的主要有：牡蛎 67 亿元，扇贝 24 亿元，蛏 22 亿元，蛤 20 亿元，鲍 17 亿元，蚶 6 亿元，螺 4 亿元，贻贝 0.5 亿元。和 2022 年相比，2023 年螺、鲍等养殖品种发病情况有所缓解，但是牡蛎、扇贝等养殖品种发病死亡率有所增加。总体而言，贝类的测算经济损失比 2022 年略有增加。

（4）其他水生动物　因疾病造成测算经济损失较大的主要有：海参 28 亿元，鳖 6 亿元，龟 0.5 亿元。总体而言，2023 年测算经济损失比 2022 年略有增加。

另外，水生植物因疾病造成测算经济损失较大的主要有：海带 5 亿元，紫菜 12 亿元。2023 年山东荣成养殖海带的发病情况比 2022 年有所缓解，造成的测算经济损失大幅降低。但是，受连云区、徐圩新区养殖紫菜不出苗、烂苗情况影响，2023 年江苏连云港海域紫菜产量和产值损失较为严重。

二、2024 年发病趋势分析

2024 年，农业农村部将继续深入贯彻落实党中央决策部署，立足大农业观、大食物观，保障水产品稳定安全供给的目标任务，扎实做好国家重要水生动物疫病监测疫情预警、应急处置、风险评估和净化处理；督导落实水产苗种产地检疫制度，扎实推进无规定水生动物疫病苗种场创建与评估，从源头降低疾病发生和传播风险；进一步落实《全国动植物保护能力提升建设规划（2017—2025 年）》，加快推进水生动物防疫实验室规范管理方案出台，不断健全完善水生动物防疫体系，多措并举全面提升水生动植物疫病防控能力、保障水产养殖生产安全和水产品质量安全，推动水产养殖业高质量发展。

总体上，由于我国重要疫病专项监测覆盖面不足、现有水生动物疫苗种类较为有限、养殖者生物安全意识和防护能力参差不齐等问题依然存在，再加上水产养殖品种、模式增多以及自然灾害等因素的叠加影响，2024 年水生动植物疫病防控形势依然严峻，局部地区仍有可能出现突发疫情。特别是近年来区域性极端天气事件频发，给水产养殖业带来潜在风险。草鱼、黄颡鱼、大口黑鲈、斑点叉尾鮰等养殖品种仍有可能出现病毒性、细菌性疾病高发现象，造成经济损失。十足目虹彩病毒病、白斑综合征、虾肝肠胞虫病等疾病仍有可能对甲壳类养殖品种造成较大危害。海藻养殖过程中，需及时关注气象、水温和营养盐变化，防止海带泡烂和紫菜高温烂菜等。

2023 年鲤春病毒血症状况分析

深圳海关

（温智清　孙　洁　刘　荭）

一、前言

鲤春病毒血症（Spring viraemia of carp，SVC），是由鲤春病毒血症病毒（Spring viraemia of carp virus，SVCV）引起的急性、出血性的病毒性疾病。世界动物卫生组织（World organization for animal health，WOAH）将其列入《水生动物疫病名录》，我国将其列为《一、二、三类动物疫病病种名录》二类动物疫病，《中华人民共和国进境动物检疫疫病名录》二类传染病。

从 2005 年至今，我国已经对 SVC 开展了 19 年的连续监测，累计监测场点 7 899 个，抽样 12 277 批次，SVC 阳性样品 452 批次。通过持续监测，掌握了我国不同省份鲤科鱼类养殖场 SVCV 流行和病原感染情况，为我国主管部门向 WOAH、联合国粮食及农业组织（Food and Agriculture Organization，FAO）和亚太水产养殖中心网络（Network of Aquaculture Centres in Asia‑Pacific，NACA）通报 SVC 疫情提供科学依据，基本明确了 SVC 在我国的分布、病毒毒力、基因型、易感宿主、传播路径以及对我国养殖业可能造成潜在风险和危害等情况，保障了我国鲤科鱼类（特别是观赏鱼）国际贸易健康发展。

二、2023 年 SVC 监测实施情况

（一）监测范围

2023 年，SVC 监测计划范围为北京、天津、河北、山西、内蒙古、辽宁、吉林、上海、江苏、江西、山东、河南、湖北、湖南、重庆、四川、陕西、宁夏和新疆，共 19 个省（自治区、直辖市）和新疆生产建设兵团的 134 个区（县）182 个乡（镇），基本覆盖全国鲤科鱼类养殖区域。与往年相比，监测的省（自治区、直辖市）、县及乡（镇）的数量基本持平。

（二）监测点的类型和分布

参与监测的 19 个省（自治区、直辖市）和新疆生产建设兵团共设置 5 大类，218 个监测点，包括国家级原良种场 9 个、省级原良种场 43 个、苗种场 35 个、观赏鱼养殖场 33 个、成鱼养殖场 98 个，各级苗种场的占比达 39.9%（图 1），相比 2022 年略有下降。

在所有参与监测的省份中，江苏省和江西省的监测点最为丰富，涉及了五种不同类型的养殖场；上海、山东、河南、湖南和陕西5省（直辖市）的监测点类型较为多样，涉及了四种不同类型的监测点；天津、辽宁、湖北、重庆和四川5省（直辖市）涉及了三种类型监测点；其他省（自治区、直辖市）的监测点都较为单一（图2）。北京市、内蒙古自治区和新疆生产建设兵团仅在成鱼养殖场或观赏鱼养殖场布点监测，连续两年未将任何一级苗种场纳入监测范围。在监测样品数量有限的条件下，建议采样尽量覆盖各级苗种场。通过对苗种检测，确保苗种安全，预防 SVCV 随苗种在不同地区间传播，更能体现监测的价值意义。

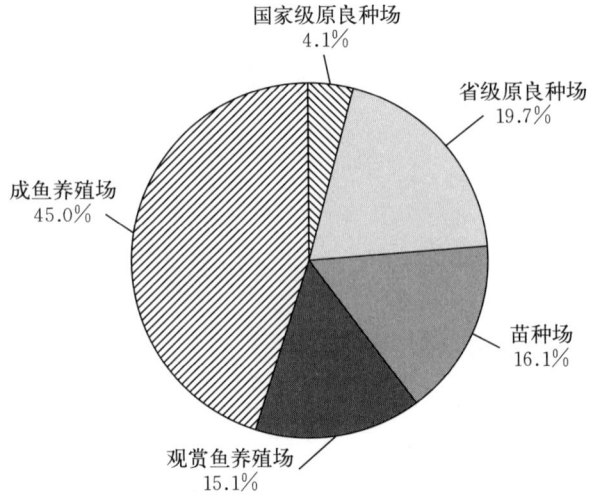

图 1　2023 年 SVC 不同类型监测点占比情况

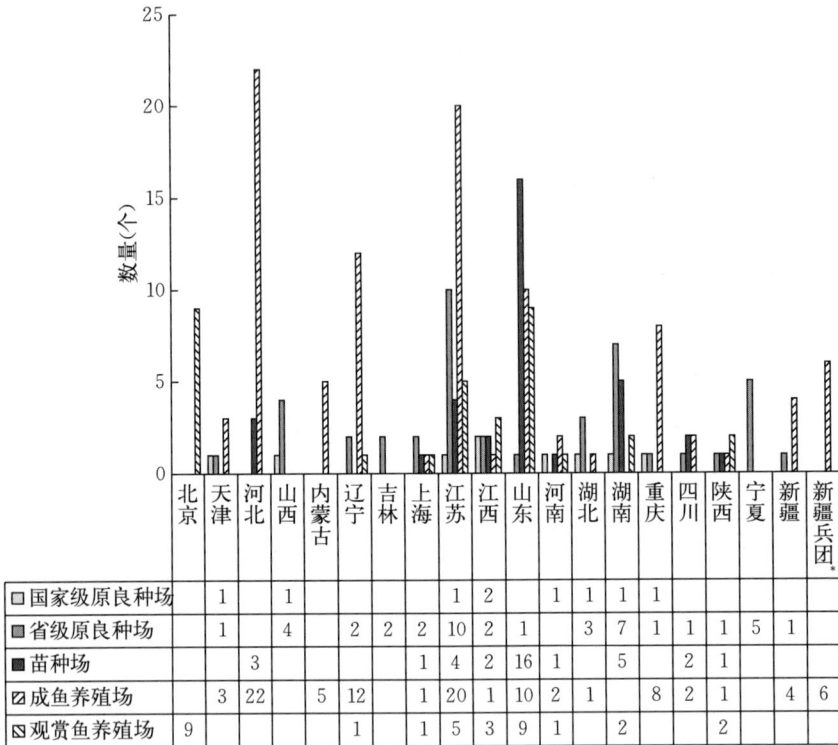

	北京	天津	河北	山西	内蒙古	辽宁	吉林	上海	江苏	江西	山东	河南	湖北	湖南	重庆	四川	陕西	宁夏	新疆	新疆兵团*
☐ 国家级原良种场	1		1						1	2		1	1	1	1					
▨ 省级原良种场		1		4		2	2	2	10	2	1		3	7	1	1	1	5	1	
■ 苗种场			3					1	4	2	16	1		5		2	1			
▨ 成鱼养殖场	3	22		5	12		1		20	1	10	2	1		8	2	1		4	6
▨ 观赏鱼养殖场	9					1		1	5	3	9	1		2			2			

图 2　2023 年各省份 SVC 不同类型监测点数量

注：*新疆生产建设兵团简称"新疆兵团"，下同。

（三）各省份监测任务完成情况

2023 年，SVC 监测计划在 19 个省（自治区、直辖市）和新疆生产建设兵团采集样品 192 份，截至 2023 年 12 月 31 日，实际完成监测样品 229 份；江苏、山东和重庆 3 省（直辖市）以及新疆生产建设兵团超额完成任务；其他省（自治区、直辖市）完成全部计划采样任务（图 3）。

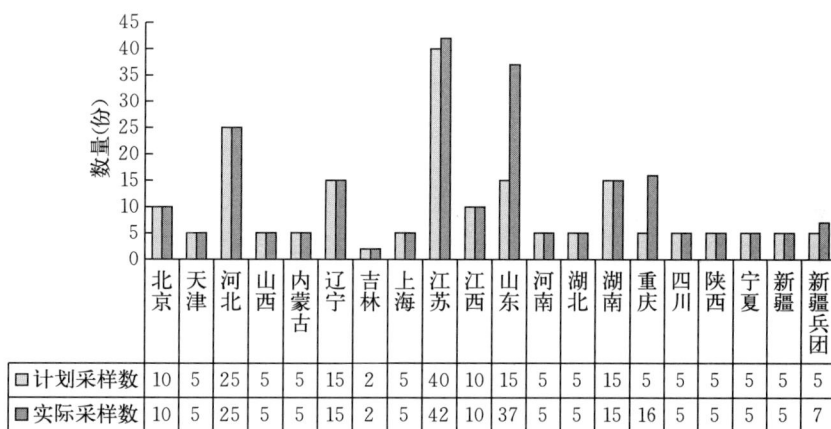

	北京	天津	河北	山西	内蒙古	辽宁	吉林	上海	江苏	江西	山东	河南	湖北	湖南	重庆	四川	陕西	宁夏	新疆	新疆兵团
计划采样数	10	5	25	5	5	15	2	5	40	10	15	5	5	15	5	5	5	5	5	5
实际采样数	10	5	25	5	5	15	2	5	42	10	37	5	5	15	16	5	5	5	5	7

图 3　2023 年各省份 SVC 监测样品完成情况

（四）监测种类/品种

2023 年监测样品包括鲤、锦鲤、草鱼、鲫、金鱼、鲢、鳙、洛氏鲹共 8 个品种。其中，鲤占 63.4%、锦鲤占 19.4%、其他品种占 17.2%。SVCV 宿主广泛，包括鲤、鲢、鳙和草鱼等经济鱼类，也包括锦鲤和斑马鱼等观赏鱼类，其中鲤科鱼类最为易感。因此，对 SVC 进行监测时，应首选鲤和锦鲤以及杂交鲤；其次选择鲤与鲫的杂交品种及其他鲤科鱼类，如鲫、金鱼、草鱼、鳙和鲢。

（五）监测点养殖模式

2023 年，北京、山东、河北、天津和江西 5 省（直辖市）的监测点包含有淡水工厂化养殖模式，淡水工厂化养殖模式应用范围有所扩大，其余省份均为单一的淡水池塘养殖模式。全年监测的 229 份样品中，淡水工厂化养殖模式样品 15 份，淡水池塘养殖模式样品 213 份，淡水其他养殖模式 1 份。目前，我国水产养殖现状以传统的淡水池塘养殖模式为主，但和往年相比，淡水工厂化养殖模式监测点数量有所上升。监测结果显示，无论是池塘养殖还是工厂化养殖，均不能完全避免 SVCV 感染，但工厂化养殖模式可以更为精准地为养殖水生动物提供营养和生长所需条件，还能更有效地控制病原传播，是未来水产养殖发展趋势。

9

（六）采样水温

SVC 通常发生在春季，在寒冷的冬季后，水温开始回升，当水温升高到 11～17 ℃ 时鱼的发病率及死亡率最高，尤其幼鱼最为明显。当水温低于 10 ℃ 很少发病，水温超过 22 ℃ 时，死亡率降低，尤其是成鱼。所以采样应选择在春季，水温 11～17 ℃ 时进行，一般不高于 20 ℃。2023 年采集的 229 份样品中，在适宜水温 11～20 ℃ 温度条件下采样 131 个，占比 57.2%，和往年相比，占比有所提高（图 4）。内蒙古、辽宁、山东、河南、湖南以及重庆 6 个省（自治区、直辖市）大部分样品采样水温过高，其中 25 ℃ 以上高水温条件下采样 22 个。适宜的水温对于保证样品监测的科学有效至关重要，采样时间应尽量选择在严冬过后，春季水温开始回升时的 3—5 月。

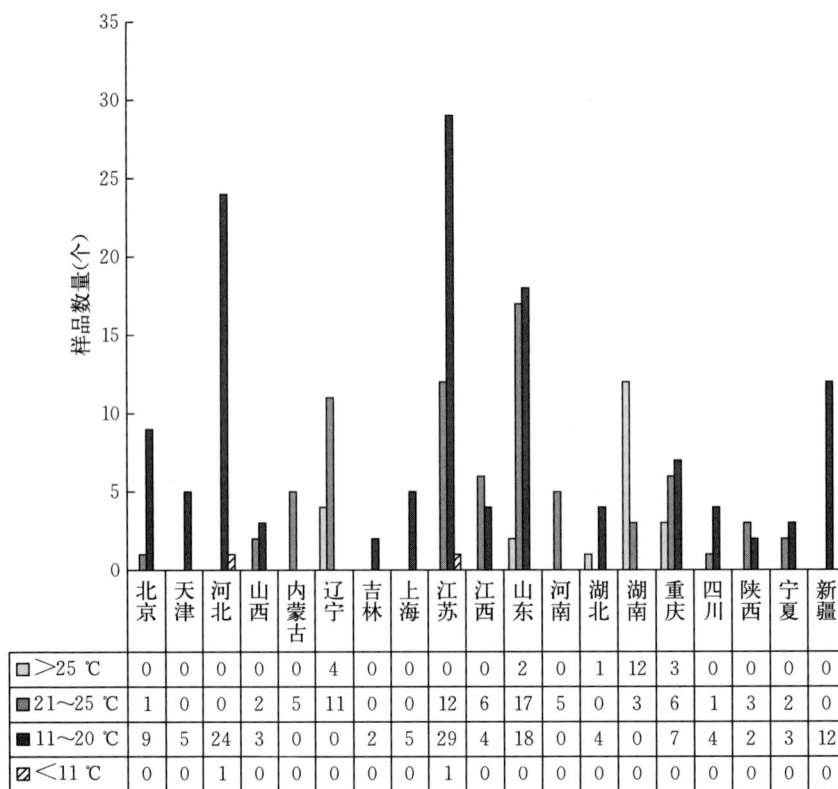

	北京	天津	河北	山西	内蒙古	辽宁	吉林	上海	江苏	江西	山东	河南	湖北	湖南	重庆	四川	陕西	宁夏	新疆
＞25 ℃	0	0	0	0	0	4	0	0	0	0	0	2	0	1	12	3	0	0	0
21～25 ℃	1	0	0	2	5	11	0	0	12	6	17	5	0	3	6	1	3	2	0
11～20 ℃	9	5	24	3	0	0	2	5	29	4	18	0	4	0	7	4	2	3	12
＜11 ℃	0	0	1	0	0	0	0	0	0	0	1	0	0	0	0	0	0	0	0

图 4　2023 年各省份 SVC 监测采样样品水温分布情况

（七）采样规格

2023 年绝大多数样品采用体长作为规格指标，提供体重数据的样品进行了体长估算。从统计结果来看，132 份样品采样规格集中在 5 cm 以下，占样品总数的 57.6%（132/229），相比往年有进一步提升；40 份样品采样规格为 6～10 cm，占样品总数的

17.5％。2023 年各省采集的样品以苗种或夏花（规格小于 10 cm）等苗期样品为主（图 5），符合监测优先采集苗种的要求。

（八）检测单位分布情况

2023 年，共 15 个单位参与了 SVC 监测样品的检测工作。其中，省级疫控中心（推广系统）8 个，承担检测样品 145 份，占总样品量的 63.3％；科研院所 4 个，承担检测样品 52 份，占总样品量的 22.7％；海关技术中心 3 个，承担检测样品 32 份，占总样品量的 14.0％。不同检测单位承担检测任务量和委托检测等情况见表 1。所有参与检测机构均通过全国水产技术推广总站组织的相关疫病检验检测能力验证，确保检测结果准确有效。

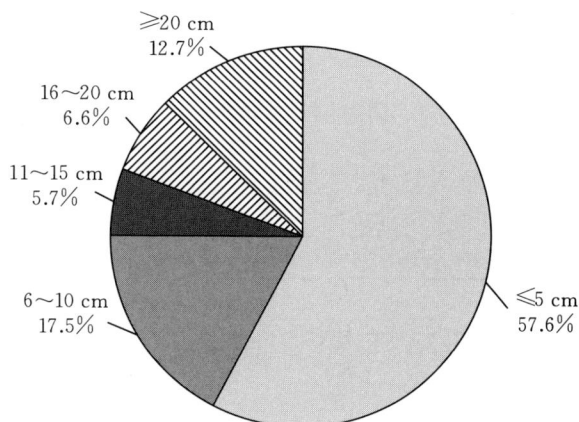

图 5　2023 年 SVC 监测采样样品规格分布

表 1　2023 年不同检测单位承担检测任务量及检测情况（份）

检测单位	检测样品总数	样品来源	各省份送样数
江苏省水生动物疫病预防控制中心	42	江苏	42
山东省淡水渔业研究院	32	山东	32
河北省水产技术推广总站	20	河北	20
中国检验检疫科学研究院	20	北京	5
		天津	5
		山西	5
		内蒙古	5
重庆市水生动物疫病预防控制中心	21	重庆	16
		四川	5
大连海关技术中心	15	辽宁	15
深圳海关动植物检验检疫技术中心	12	新疆	12
中国水产科学研究院黑龙江水产研究所	12	河北	5
		吉林	2
		陕西	5
江西省农业技术推广中心	10	江西	10
湖南省畜牧水产事务中心	10	湖南	10
中国水产科学研究院长江水产研究所	10	河南	5
		湖北	5

（续）

检测单位	检测样品总数	样品来源	各省份送样数
中国水产科学研究院珠江水产研究所	10	湖南	5
		宁夏	5
北京市水产技术推广站	5	北京	5
上海市水产技术推广站	5	上海	5
中国海关科学技术研究中心	5	山东	5

三、2023 年 SVC 监测结果分析

（一）2023 年阳性监测点类型

2023 年共设置监测养殖场点 218 个，检出阳性 10 个，养殖场点平均阳性检出率为 4.6%。在 218 个监测养殖场中，国家级原良种场 9 个，0 个阳性；省级原良种场 43 个，2 个阳性，检出率 4.7%；苗种场 35 个，0 个阳性；观赏鱼养殖场 33 个，0 个阳性；成鱼养殖场 98 个，8 个阳性，检出率 8.2%（图 6）。养殖场点平均阳性率比新冠疫情期间显著提高，但仍低于新冠疫情前的平均值。随着各级苗种场制度和管理的不断完善，以及国家推进健康养殖体系和水产苗种检疫制度，我国水产养殖行业防疫水平不断提高，疫病发生率下降明显。

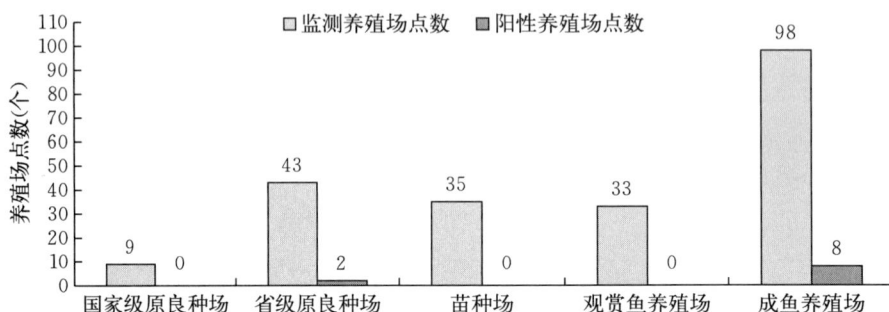

图 6　2023 年不同类型监测点 SVC 阳性检出情况

（二）2023 年阳性检出区域

2023 年，在 19 个省（自治区、直辖市）和新疆生产建设兵团共采集样品 229 个，检出阳性样品 10 个，阳性检出率为 4.4%。10 个阳性样品分布在 4 个省（自治区、直辖市）的 7 个市（区）中，分别为天津市西青区 1 个、山西省太原市 1 个、内蒙古自治区巴彦淖尔市 1 个、辽宁省沈阳市 1 个、辽宁省鞍山市 1 个、辽宁省盘锦市 1 个、辽宁省辽阳市 4 个。检出阳性样品的省（自治区、直辖市）中天津市、山西省、内蒙古自治区阳性样品检出率和监测点阳性检出率均为 20%，辽宁省阳性样品检出率和监测点阳

性检出率均为 46.7%。

2022 年在山西省永济市水产良种站检出 1 批阳性样品，2023 年在山西神农渔业科技有限公司监测点中检出 1 批阳性样品，山西省连续两年在省级原良种场有阳性样品检出（表2）。辽宁省往年都有多个养殖场点检出阳性样品，2023 年又在 7 个养殖场点中检出阳性，其中包含 1 个省级原良种场，水产技术部门应对相关苗种进行及时的跟踪监测，避免 SVC 随苗种的传播而导致大规模暴发。

表 2　2017—2023 年 SVCV 主要分布区域以及阳性监测点数量（个）

年份	浙江	四川	北京	黑龙江	江苏	河北	新疆兵团	新疆	上海	陕西	河南	辽宁	湖南	宁夏	内蒙古	山东	天津	湖北	山西
2017	1	1	0	1	1	0	/	0	3	0	9	1	0	0	0	7	0	3	0
2018	0	0	1	3	1	0	2	0	1	1	0	4	1	3	2	0	0	0	0
2019	0	0	0	0	0	8	1	1	1	0	0	0	0	0	2	7	8	4	0
2020	0	0	0	0	0	0	/	/	0	0	4	2	2	1	1	3	6	10	/
2021	0	0	0	0	0	0	0	0	0	0	0	0	0	0	0	0	0	1	/
2022	0	0	0	0	0	0	0	0	0	0	0	0	0	0	0	0	0	0	1
2023	0	0	0	0	0	0	0	0	0	0	0	7	0	0	0	1	0	1	1

注：“/”表示未纳入监测。

（三）2023 年阳性样品信息

2023 年 SVC 样品监测种类为鲤、锦鲤、草鱼、鲫、金鱼、鲢、鳙、洛氏鲅等品种，共检出 SVCV 阳性样品 10 批次。其中，从鲤中检出阳性 9 批次，鲤品种阳性检出率为 6.2%（9/146）；从锦鲤中检出阳性 1 批次，锦鲤品种阳性检出率为 2.3%（1/44）。根据往年监测结果，鲤和锦鲤感染 SVCV 的风险较高，综合阳性数量、检出率、分布区域来看，鲤的 SVC 流行风险高于锦鲤。

2023 年 SVC 阳性样品信息如表 3 所示，阳性样品养殖场均采用淡水池塘养殖，采样水温集中在 20～25 ℃。阳性样品规格变化较大，有 2～7 cm 的夏花，也有 23～25 cm 大小的鱼种。在鱼的不同生长期，均具有感染 SVCV 的风险。阳性样品未出现明显病症，存在潜伏感染的现象，呈现带毒而不发病的情况。水温气候变化、应激等因素是 SVC 暴发的一个主要诱因。对于检出 SVCV 阳性的样品，应引起足够的重视，除了做好日常的消杀工作，还应避免应激拉网，进一步做好跟踪监测。

表 3　2023 年 SVC 阳性样品信息

省份	监测点名称	养殖场类型	养殖方式	采样水温（℃）	品种	规格（cm）	采样日期	检测单位
天津市	天津市保农利水产养殖专业合作社	成鱼养殖场	淡水池塘	20	鲤	12	2023-04-11	中国检验检疫科学研究院

（续）

省份	监测点名称	养殖场类型	养殖方式	采样水温（℃）	品种	规格（cm）	采样日期	检测单位
山西省	山西神农渔业科技有限公司	省级原良种场	淡水池塘	18	鲤	3～4	2023-05-31	中国检验检疫科学研究院
内蒙古自治区	巴彦淖尔市乌拉特前旗乌梁素海四分场孟传雄渔场	成鱼养殖场	淡水池塘	22.6	鲤	2.5～3	2023-06-13	中国检验检疫科学研究院
辽宁省	富家二渔场	成鱼养殖场	淡水池塘	26.5	鲤	15	2023-08-22	大连海关技术中心
辽宁省	刘宝林养殖场	成鱼养殖场	淡水池塘	26	鲤	25	2023-08-22	大连海关技术中心
辽宁省	辽中区茨榆坨汇江渔牧养殖场	省级原良种场	淡水池塘	25	锦鲤	7	2023-08-22	大连海关技术中心
辽宁省	马恩刚养殖场	成鱼养殖场	淡水池塘	23.5	鲤	23	2023-11-15	大连海关技术中心
辽宁省	屈登攀养殖场	成鱼养殖场	淡水池塘	23.5	鲤	23	2023-11-15	大连海关技术中心
辽宁省	高扬养殖场	成鱼养殖场	淡水池塘	23.5	鲤	23	2023-11-15	大连海关技术中心
辽宁省	王洪涛养殖场	成鱼养殖场	淡水池塘	23.5	鲤	23	2023-11-15	大连海关技术中心

（四）2023 年阳性样品基因型分析

2023 年共计监测到 SVCV 阳性毒株 10 个，获得有效基因序列 10 个。基于 SVCV G 基因（507 nt）片段，使用 MEGA X 生物学软件，N Neighbor joining 模型 Kimura 2-parameter 方法，对 2023 年检出的 10 株 SVCV 分离株进行基因型分析。结果表明，该毒株属于 Ia 基因亚型，为我国主要流行基因亚型毒株。

四、SVC 风险分析

（一）养殖品种风险分析

2005—2023 年共监测到的阳性样品 452 个，其中鲤占 71.0%（321/452）、锦鲤占 11.9%（54/452）、金鱼占 7.7%（35/452）、鲫占 5.1%（23/452）、草鱼占 1.8%（8/452）、鲢占 1.3%（6/452）、鳙占 0.4%（2/452），其他品种占 0.7%（3/452）。鲤的阳性检出要远远大于其他品种，其养殖感染风险较高。锦鲤和金鱼等高价值观赏鱼类在我国大部分地区均有养殖场，同时具有跨省跨地区运输的特点，其发病鱼或隐性感染者将成为 SVC 的传染源，病毒传播风险极高。同时，混养模式在我国较为常见，鳙、鲢和团头鲂等品种鱼类隐性带毒情况也需要关注。一旦其携带病原，将成为不可忽视的传染源，病毒暴露和扩散传播风险极高。

（二）不同类型养殖场风险分析

2017—2023 年监测结果显示，每年均在国家级和省级原良种场省中检出阳性样品，我国苗种场的生物安保体系有待进一步提升，SVCV 通过原良种场和苗种场传出并扩散的风险较高。苗种场污染 SVC，将对我国鱼类种质资源存量以及优良亲本和苗种供应战略保障造成极大危险，造成的社会和经济损失后果风险极高。另外，基于糖蛋白基因的遗传进化分析表明，相似的 SVCV 毒株在重庆、江西、湖北、河南间相互传播，进一步预示 SVCV 通过苗种传播的可能性。在现有技术条件下，加强苗种检疫是防控 SVC 的主要有效方式，应强化对苗种场的监管、检疫。

成鱼养殖场以生产食用性鱼为主，水生动物多数直接进入消费市场，SVCV 通过成鱼传播的风险较低。成鱼养殖场大多为半开放养殖水域，未经处理的成鱼养殖场污水、器具等传播 SVCV 的风险不容忽视。

（三）水温与 SVC 的流行关系

SVC 的暴发主要受到水温的影响，水温在 11～17 ℃时，SVCV 的感染力最强，也是病毒复制的最适宜水温，极易感染鲤科鱼类且能造成高达 90% 的死亡率。2017—2023 年监测出的 121 份阳性样品中，在适宜水温下检出 79 份，占比 65.3%；在其他水温范围内检出 42 份，占比 34.7%。以上阳性样品均是从无症状鱼中检出。近年来，阳性样品的采样水温均集中在 20 ℃以上，如 2023 年在辽宁、内蒙古监测出的 8 批阳性样品采样水温在 22～26 ℃，后续应继续关注这一现象。

（四）样品规格和 SVCV 阳性率的关系

在 2017—2023 年中监测到的 121 份阳性样品中，规格在 0～10 cm 的样品为 76 个，占比为 62.8%；其他规格样品 45 份，占比为 37.2%。监测出的阳性样品以苗种和夏花等苗期样品为主，越小的鱼越易被感染。相关研究也表明，通常 1 岁龄以下幼鱼最易感染 SVCV，出现临床症状而发病。2023 年依然有 25.1% 的样品规格在 10 cm 以上，采样有待进一步规范，以此提高监测的有效性。

（五）SVC 在我国的地理分布

我国已在 24 个省（自治区、直辖市）开展了 SVC 监测，在参加的监测的省（自治区、直辖市）中，仅青海省和广西壮族自治区未监测到阳性样品。根据历年的监测结果，SVC 主要分布在我国东北的辽宁省和黑龙江省；华北的天津市、河北省和内蒙古自治区；西北的陕西省、宁夏回族自治区和新疆维吾尔自治区；华中的河南省、湖南省和湖北省。2014 年江苏、2016 年新疆和 2018 年辽宁的有限区域内有发生 SVC 疫情，发病动物主要为食用鲤等鲤科鱼类。虽然近年来全国未有发生 SVC 疫情，但我国幅员辽阔，不同地区的养殖条件、气候变化差异较大，SVC 暴发的风险依然较高。

（六）SVCV 中国株基因型

以 SVCV 糖蛋白基因（G）为基础进行遗传进化分析，可将其分为四个亚型（Ia、Ib、Ic 和 Id）。Ia 基因型（又称亚洲型）主要分布于英国、中国、美国和加拿大；Ib 和 Ic 基因型主要分布于摩尔多瓦、乌克兰和俄罗斯；而 Id 型则主要分布于英国、德国和澳大利亚。2022 年监测到的 SVCV 阳性样品，基因型分析表明该毒株属于 Ia 基因亚型，为我国主要 SVCV 流行基因亚型毒株。Ia 基因亚型毒株在我国鲤科鱼类养殖体系分布广泛，但不同毒株致病力不同。2004 年江苏、2016 年新疆和 2018 年辽宁的 SVC 疫情，其毒株基因型为 Ia 基因亚型，造成的死亡率有所差异。2020 年我国首次从天津市的 2 个养殖场的鲤样品中监测出 Id 基因亚型 SVCV 毒株，该毒株的致死率为 60%～90%，属于高致病性毒株。通过系统发育树分析可以发现，来自同一省份或地区的阳性样品，其同源性也要比不同地区更高一些，这一现象仍需要大量的流行病学和基因数据来研究证实。

（七）各省对 SVC 阳性养殖场采取的控制措施

近年的监测都有阳性样品检出，但各省（自治区、直辖市）均未报道发生 SVC 疫情，显示通过多年的监测，对 SVC 的防控取得一定成效。为了防止病原扩散，对阳性养殖场采取隔离措施，禁止养殖场水生动物移动；对养殖场水体、器械、池塘和场地实施严格的封闭消毒措施，严禁未经消毒处理的水体排出场外；对被污染水生动物进行无害化处理。对于阳性样品，各省（自治区、直辖市）水产技术推广站对阳性结果进行确认后，及时报告至省（自治区、直辖市）渔业行政主管部门，行政主管部门指导地方相关部门人员对阳性场开展处置工作，对苗种来源、流行病学等信息开展调查，对阳性养殖场采取持续监测措施。

五、监测中存在的问题及建议

农业农村部从 2005 年开始，已经连续 19 年开展了 SVC 监测，项目下达后各承担单位均能够按照监测实施方案的要求和相关会议精神，认真组织实施，较好地完成了年度目标和任务，监测数据越来越全面、及时、完整，为 SVC 的防控提供了较为翔实的数据支撑，但也还存在一些问题，当前的主要问题表现在以下几个方面：

（一）SVC 阳性养殖场的监管有待加强

由于 SVCV 强大的感染能力，对于有阳性检出的养殖场，只有将整个养殖环境彻底消杀，才能完全阻断 SVCV 的传播。SVC 作为我国二类动物疫病，一旦发生，需要进行隔离、扑杀、销毁、消毒以及无害化处理等措施，但由于涉及经费补偿等具体操作过程中的一些问题，很难对相关养殖场进行扑杀或无害化处理，很多控制措施的执行大打折扣。通常，当养殖场被 SVCV 污染后，养殖户会更换鲢、草鱼等品种进行养殖。根据目前监测结果，草鱼和鲢等品种是 SVCV 的携带者。如果不能对被污染养殖场进行彻底无害化处理，仅更换养殖品种，无法达到根除 SVCV 的目的。

（二）加强 SVC 阳性养殖场后续监测

对于阳性养殖场应按照相关要求及时开展流行病学调查，查明阳性监测场点种苗来源和去向，以便进行溯源和关联性分析。此外，还应对其进行连续监测，对阳性养殖场采取的处置措施效果进行评估，为 SVC 的发生、发展以及消灭处置积累数据。无特殊情况（如养殖场不再开展养殖活动）的条件下，建议各采样单位应当坚持对已检出阳性样品的养殖场开展持续监测。连续两年监测结果均为阴性，方可进行调整，对于连续多年监测结果为阴性的养殖场，下一年度可采取减少采样数量和采样种类等措施。

（三）优化采样数量分配

近年来超过半数以上的省份，监测样品数仅有 5 份，采样数量过少，覆盖率偏低。例如，湖北省 2017—2021 年，连续五年均有阳性样品检出，2020 年有 10 个阳性养殖监测点，当年监测点阳性检出率高达 47.6%，但 2021 年和 2022 年的采样样品数均只有 5 个，远远无法覆盖所有阳性监测点；而江苏省在 2017—2022 年间，每年的采样数量均为 40 份左右，仅在 2017 年和 2018 年各有 1 个阳性样品检出。建议适当增加样品总数或对采样数量分配进行优化，对苗种场和大型养殖场较多的省份，尤其是往年持续监测出阳性的省份，应适当增加采样数量。

（四）采样安排上还应更科学合理

合理的采样，保证样品的科学性，对监测结果有较大的影响。部分省份未能科学合理的安排采样，导致采样水温过高，监测点设置过于集中。采样时间应尽量选择在冬春交替时节，避免在 6—10 月水温过高时节进行。在监测点的选择上，应选择苗种场以及上一年度有阳性样品检出养殖场。在样品数有限的情况下，对于连续三年以上监测阴性的养殖场，可暂缓安排采样，保障监测点布局更广泛合理，更有利于摸清区域内 SVCV 流行情况。

（五）适当扩大采样品种范围

根据往年的监测结果，在草鱼、鲢、鳙和团头鲂中检出阳性样品，建议继续对其进行采样监测。另外，虹鳟、罗非鱼和鲇等作为 SVCV 潜在的易感宿主，包括野生鱼类应该逐步纳入监测采样范围，有助于丰富 SVC 流行病学信息。

（六）快速检测平台应用和免疫防控技术储备

国家监测计划 SVC 检测采用的是病毒分离培养加 PCR 检测方法，检测耗时较长。

17

应加快现场快速检测、诊断便携式设备和快速检测试剂盒的评价和推广应用，提升基层监测点现场快速检测水平，有利于苗种产地检疫。同时，结合国外流行的 SVCV 致病毒株的其他基因型序列，研发储备具有较好防控效果的口服或者浸泡疫苗，为开展 SVCV 的免疫或者非免疫无疫区建设以及我国 SVCV 的净化打下基础。

2023 年锦鲤疱疹病毒病状况分析

江苏省水生动物疫病预防控制中心

（张朝晖　刘肖汉　方　苹　袁　锐　陈　静
　郭　闯　吴亚锋　王晶晶　唐嘉苠）

一、前言

锦鲤疱疹病毒病（koi hepesvirus disease，KHVD），世界动物卫生组织（WOAH）将其列入《水生动物疫病名录》，我国将其列入《一、二、三类动物疫病病种名录》二类动物疫病。易感宿主主要是鲤和锦鲤，是一种具有高传染性、高发病率和高死亡率的鱼类病毒性疾病。KHVD 流行范围广、危害大，曾给世界多个国家的鲤及锦鲤养殖业造成严重的经济损失。

为及时了解我国 KHVD 发病流行情况并有效控制该病的发生和蔓延，农业农村部从 2014 年开始已连续 10 年下达了 KHVD 监测与防治项目。项目下达后各承担单位能够按照监测实施方案的要求，认真组织实施，较好完成了年度目标和任务。

二、各省 KHVD 监测实施情况

（一）各省监测情况分析

2023 年，KHVD 疫病监测共采集样品 247 份，各省（自治区、直辖市）监测情况如图 1 所示，其中，共检出阳性样品 2 例，分别是河北 1 例、安徽 1 例。共设置监测养殖场点 228 个，其中国家级原良种场 4 个，未检出阳性；省级原良种场 22 个，未检出阳性；重点苗种场 44 个，未检出阳性；观赏鱼养殖场 70 个，检出 1 个阳性，检出率是 1.43%；成鱼养殖场 88 个，检出 1 个阳性，检出率为 1.14%；无引育种中心来源样品。与 2022 年相比，监测点、监测样品数保持稳定，而 KHV 阳性率有所下降。

各省监测任务完成情况如图 1 所示，2023 年，开展 KHVD 监测的地区有北京、天津、河北、内蒙古、辽宁、吉林、黑龙江、江苏、安徽、江西、山东、湖南、广东、重庆、四川、陕西共 16 个省（自治区、直辖市）。其中，北京、天津、河北、内蒙古、辽宁、吉林、黑龙江、江苏、安徽、江西、山东、四川、重庆等 13 个省（自治区、直辖市）连续十年参加 KHVD 监测；广西壮族自治区近六年未参加 KHVD 监测，其余年份均参加了 KHVD 监测；广东省自 2017 年参加 KHVD 监测以来，已连续八年进行 KHVD 的监测；陕西省则连续两年参与 KHVD 监测。综上表明，随着 KHVD 监测地区的不断调整与完善，监测网已经基本覆盖全国锦鲤和鲤主要养殖区。

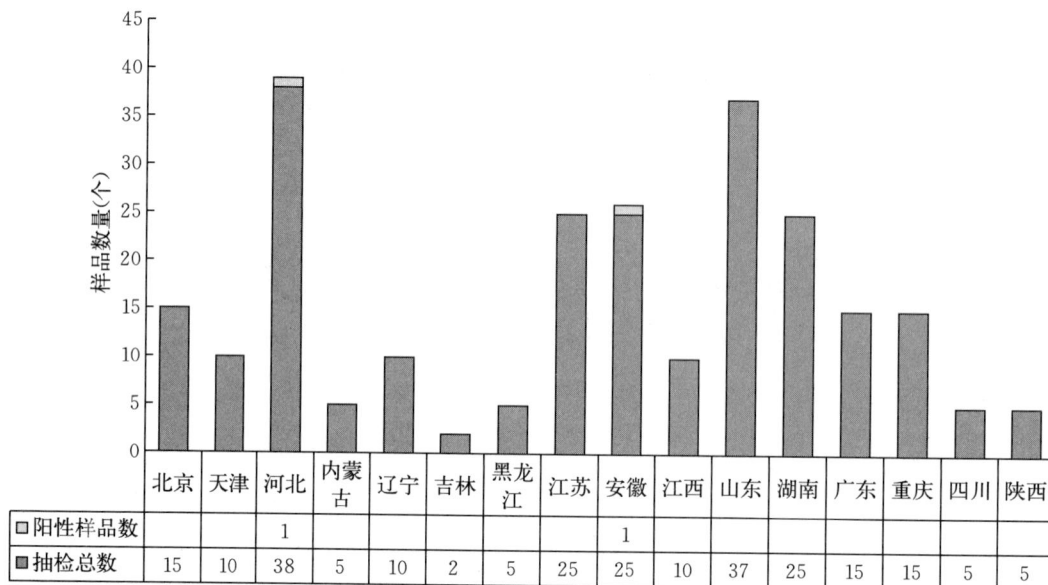

图1 2023年各省份 KHVD 检测任务完成情况

各省份监测点设置分布情况如图2所示，共有12个省（直辖市）至少对一种类型的苗种场开展监测，其中河北、吉林等9个省（直辖市）对省级以上的原良种场进行了监测，相比2022年有所下降。2023年度有4个省（自治区、直辖市）未对任意一种苗种场开展苗种监测，近年来苗种场设置数量保持稳定。分析认为，经过多年的重大疫病监测实施以及苗种场监测重要性的宣传，所有省份均能够将国家级原良种场、省级原良种场、苗种场等纳入监测点；个别省份未能将重点苗种场纳入监测点，可能与部分苗种场的经营变化有关。

（二）养殖模式分析

2023年各省不同养殖模式样品监测情况如图3所示，北京、天津、江西、山东、陕西5省（直辖市）的监测点除了淡水池塘养殖以外，还包括淡水工厂化养殖模式和淡水其他养殖模式，其余省份监测点均是单一池塘养殖模式，这也与各省的养殖传统有关。淡水工厂化养殖监测样品23例；而淡水池塘养殖监测样品为223例，占到总样品数的90.3%，所有阳性样品均来自池塘养殖模式。虽然我国工厂化养殖正在蓬勃发展，但是池塘养殖仍然是当前最主要的养殖模式。从近几年的监测结果看，感染风险最大的养殖模式也依然是淡水池塘养殖，淡水工厂化养殖无论是养殖规模还是 KHV 感染风险都要小得多。

（三）采样水温

锦鲤疱疹病毒病的发生与诸多因素有关，如病毒的毒力、鱼体的生理状态、养殖密度、养殖环境（水温、水质等）。其中，水温是最关键的环境因素之一，因此采样水温

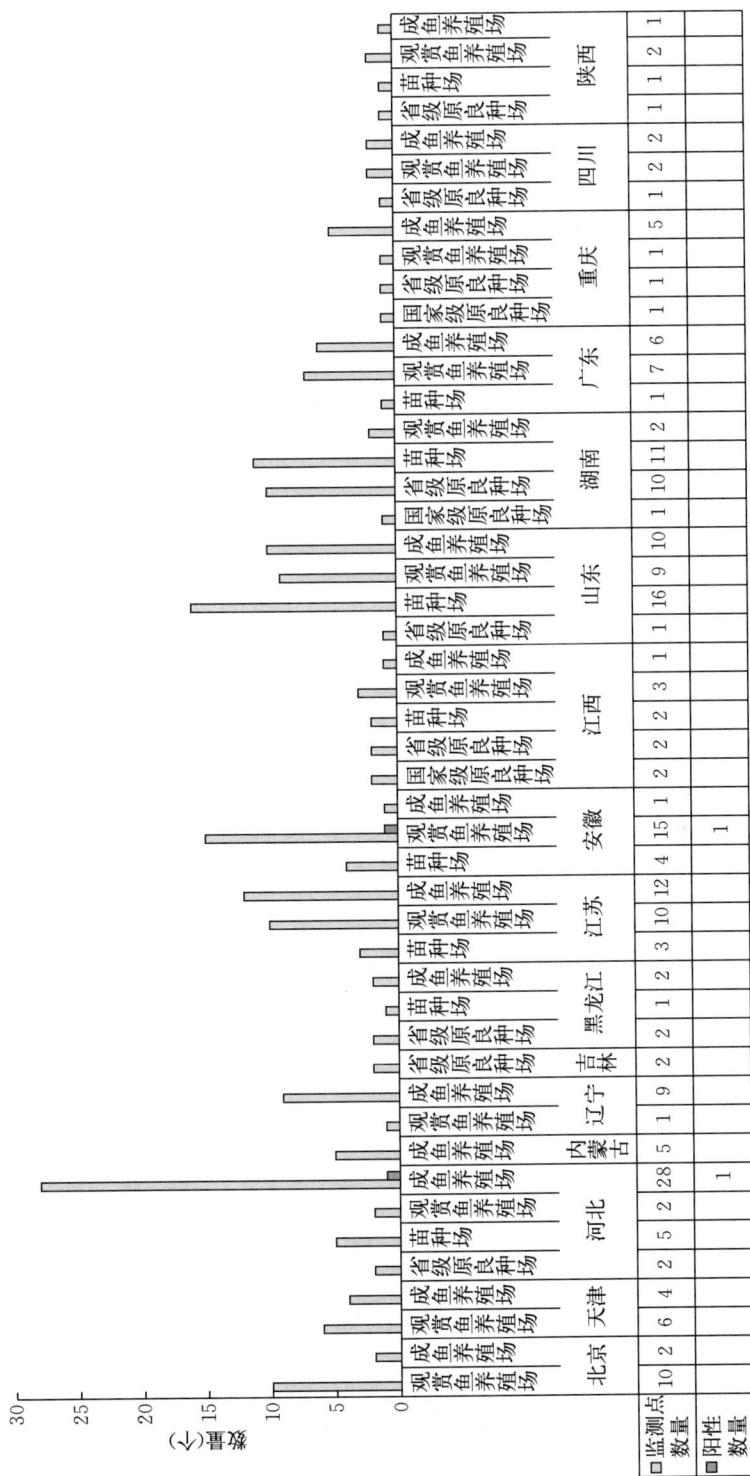

图2　各省份 KHVD 监测点设置情况

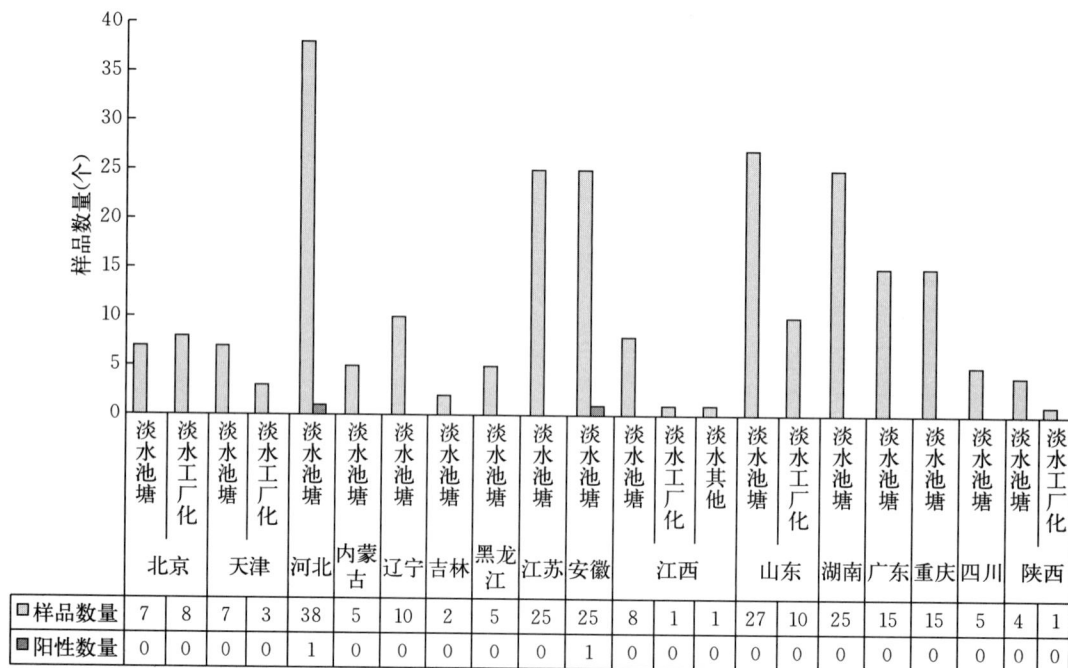

养殖模式	淡水池塘	淡水工厂化	淡水池塘	淡水工厂化	淡水池塘	淡水工厂化	淡水池塘	淡水池塘	淡水池塘	淡水池塘	淡水池塘	淡水池塘	淡水池塘	淡水工厂化	淡水其他	淡水池塘	淡水工厂化	淡水池塘	淡水池塘	淡水池塘	淡水池塘	淡水工厂化
省份	北京		天津		河北		内蒙古	辽宁	吉林	黑龙江	江苏	安徽	江西			山东		湖南	广东	重庆	四川	陕西
样品数量	7	8	7	3	38		5	10	2	5	25	25	8	1	1	27	10	25	15	15	5	4	1
阳性数量	0	0	0	0	1		0	0	0	0	0	1	0	0	0	0	0	0	0	0	0	0	0

图 3　各省份不同养殖模式样品 KHVD 监测情况

对于 KHVD 的监测至关重要。根据 KHVD 的采样要求，采样需要尽可能集中在水温 15～30 ℃进行。如图 4 所示，2023 年大部分地区采集样品时的水温均在有效水温内。各个水温段的样品采集分布如图 5 所示，在 15～20 ℃水温条件下采集的样品占

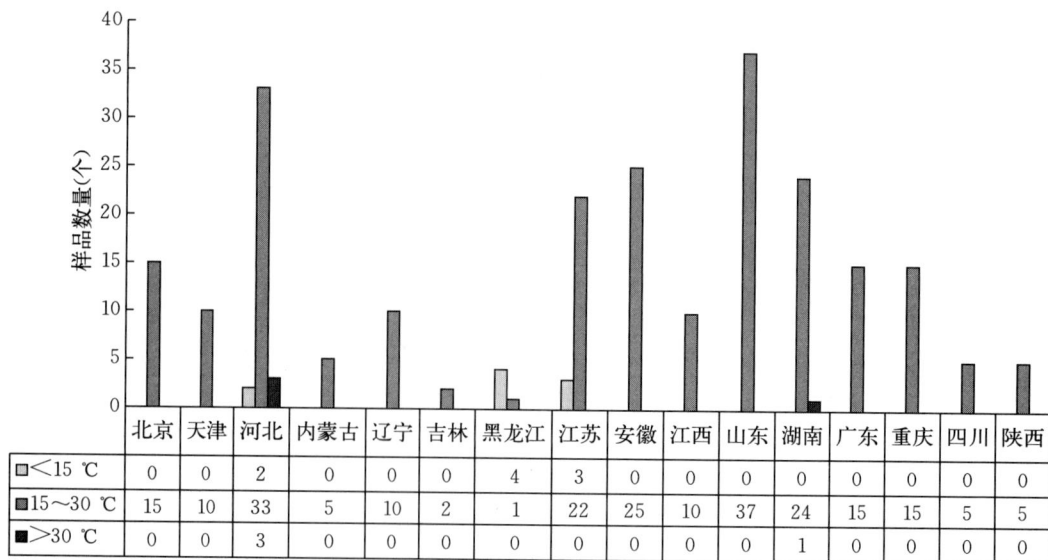

	北京	天津	河北	内蒙古	辽宁	吉林	黑龙江	江苏	安徽	江西	山东	湖南	广东	重庆	四川	陕西
<15 ℃	0	0	2	0	0	0	4	3	0	0	0	0	0	0	0	0
15～30 ℃	15	10	33	5	10	2	1	22	25	10	37	24	15	15	5	5
>30 ℃	0	0	3	0	0	0	0	0	0	0	0	1	0	0	0	0

图 4　2023 年各省份 KHVD 监测采样温度的分布情况

21.9%；在 21～25 ℃水温条件下采集的样品占 34.8%；在 26～30 ℃水温条件下采集的样品占 38.2%，15 ℃以下或者 30 ℃以上水温条件下采集的样品分别占 3.6%、1.6%。分析认为，适合的水温对于保证样品监测的科学有效至关重要，当前的采样水温基本能够符合 KHVD 监测要求，但是，还是有 5.2% 的样品采集水温并不

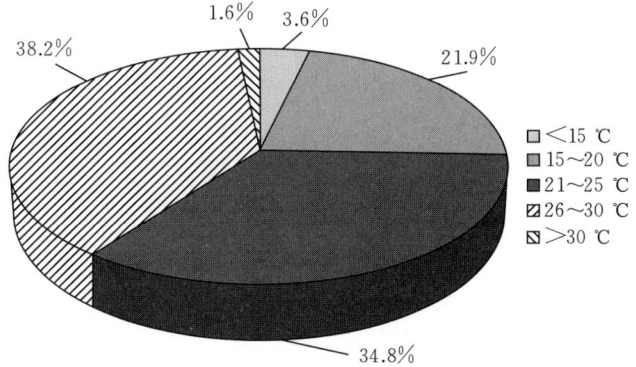

图 5　2023 年 KHVD 监测样品采集水温分布

在 15～30 ℃的最合适采样水温范围内，相比 2022 年的 0.4%，在不适宜的水温下所采集的样品数量有显著上升。

（四）采样规格

近年来，随着水生动物监测体系的不断完善，监测网络信息填报愈发翔实，所有监测样品信息均记录有样品规格大小。与往年一样，绝大多数样品采用体长作为规格指标，有少量样品使用了体重作为规格指标，为了统一规格指标以便统计，本分析统一采用了样品体长（cm）作为规格指标（提供体重数据的样品进行了体长估算）。从统计结果来看，2023 年，KHVD 采样规格主要集中在 10 cm 以下的样品，共计 166 例，占到样品总数的 67.1%。其中，5 cm 及以下的样品共有 104 例，占样品总数的 42.1%；6～10 cm 的样品有 62 例，约占样品总数的 25%；11～15 cm 的样品有 36 例，约占样品总数的 14.6%；16～20 cm 的样品数最少，仅有 13 例，约占样品总数的 5.3%；20 cm 以上大小的样品数共计 32 例，约占样品总数的 13%（图 6、图 7）。分析认为，近年来，从采集样品规格看，各省份的监测样品以体长规格较小的苗种或夏花等苗期样品为主，监测结果能够更多地反映苗种的病毒携带情况，优先采集苗种的监测理念得到了进一步贯彻。

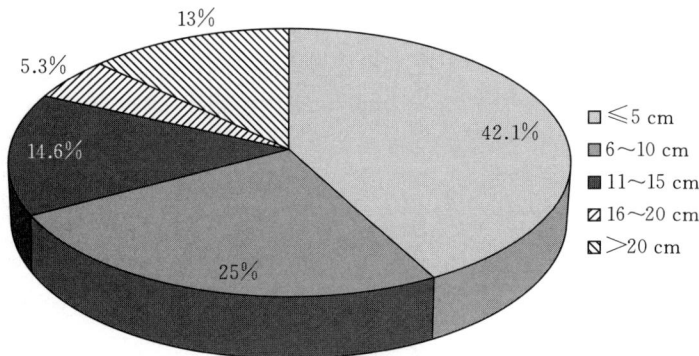

图 6　2023 年 KHVD 监测样品采样规格分布

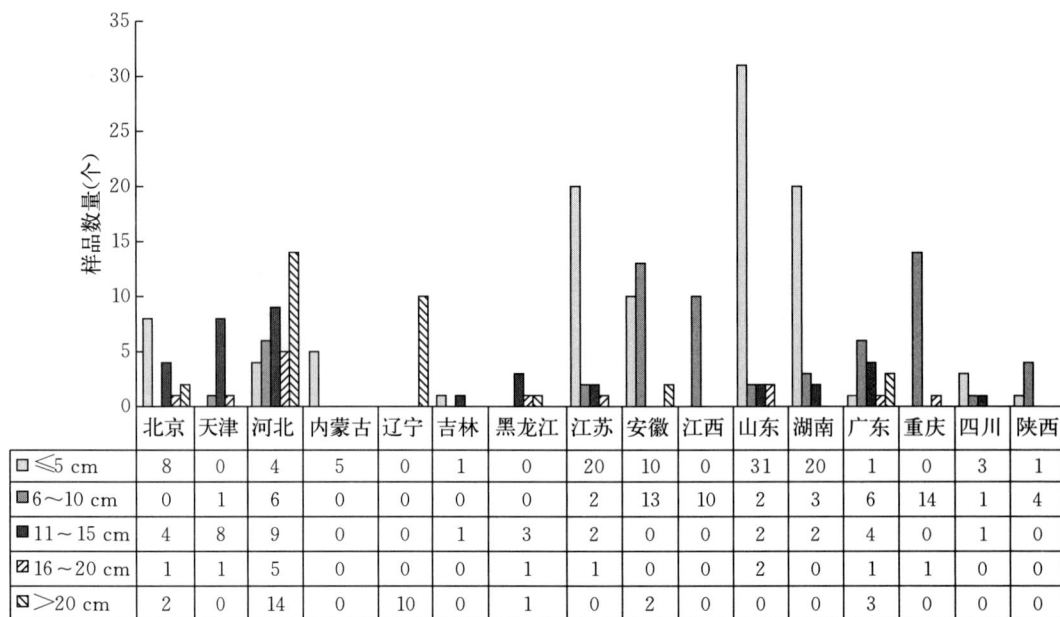

	北京	天津	河北	内蒙古	辽宁	吉林	黑龙江	江苏	安徽	江西	山东	湖南	广东	重庆	四川	陕西
≤5 cm	8	0	4	5	0	1	0	20	10	0	31	20	1	0	3	1
6～10 cm	0	1	6	0	0	0	0	2	13	10	2	3	6	14	1	4
11～15 cm	4	8	9	0	0	1	3	2	0	0	2	2	4	0	1	0
16～20 cm	1	1	5	0	0	0	0	1	1	0	0	2	0	1	1	0
>20 cm	2	0	14	0	10	0	1	0	2	0	0	0	3	0	0	0

图 7   2023 年各省份 KHVD 监测采样规格分布

（五）检测单位

按照监测实施工作的要求，全年采集、检测的样品为 247 份，2023 年的监测实施时间为 3—11 月，大多数样品集中在 4—10 月采集，覆盖了所有可能发病的时间点。采样和调查工作由各省（自治区、直辖市）负责，检测工作由具有 KHV 检测资质的实验室负责，确保了检测结果的有效性和可靠性。本年度参与 KHV 样品检测的单位有：北京市水产技术推广站、中国检验检疫科学研究院、天津市水生动物疫病预防控制中心、河北省水产技术推广总站、中国水产科学研究院黑龙江水产研究所、辽宁省水产技术推广总站、江苏省水生动物疫病预防控制中心、上海海洋大学水生动物病原库、中国水产科学研究院长江水产研究所、安徽省水产技术推广总站、江西省农业技术推广中心、山东省淡水渔业研究院、湖南省畜牧水产事务中心、中国水产科学研究院珠江水产研究所、重庆市水生动物疫病预防控制中心、陕西省水产研究与技术推广总站。参与检测单位涵盖了高校、科研院所、省级水产技术推广机构和水生动物疫病预防控制中心。近年来，越来越多的省级水产技术推广机构和水生动物疫病预防控制中心参与到样品检测中，全国水生动物防疫体系建设不断完善，检测能力得到进一步提升，能够不断适应水生动物防疫工作的需求。

三、监测结果分析

（一）阳性监测点分布

16 个省（自治区、直辖市）共设置监测养殖场点 228 个，检出阳性 2 个，阳性养殖场点检出率为 0.88%。其中，国家级原良种场 4 个，未检出阳性；省级原良种场 22 个，未检出阳性；苗种场 44 个，未检出阳性；观赏鱼养殖场 70 个，检出 1 个阳性，检出率是 1.43%；成鱼养殖场 88 个，检出 1 个阳性，检出率为 1.13%（图 8）；无引育种中心来源样品。相比 2022 年，2023 年 KHVD 监测点数量保持稳定，监测点阳性率则有所下降，其中，观赏鱼养殖场、成鱼养殖场均检出阳性。从 2023 年的 KHV 监测结果来看，观赏鱼养殖场 KHV 阳性率明显高于成鱼养殖场，表明观赏鱼养殖场的 KHV 阳性感染可能性大于成鱼养殖场。近年来，笔者团队始终坚持对苗种场的监测，随着苗种 KHV 阳性率的下降，观赏鱼和成鱼养殖场 KHV 阳性率进一步下降。

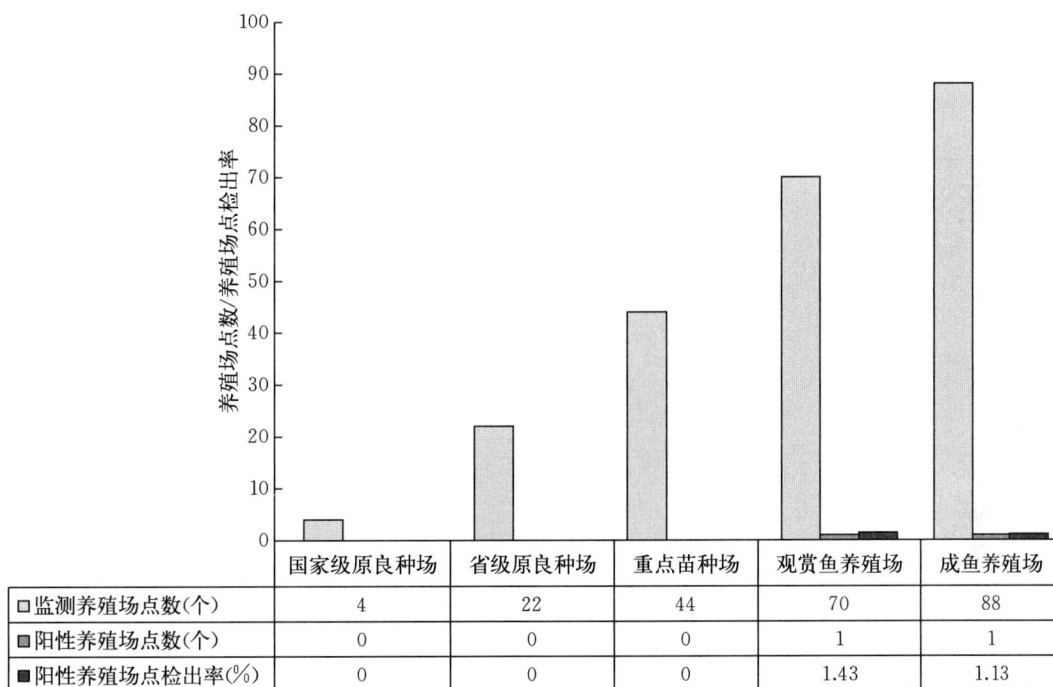

	国家级原良种场	省级原良种场	重点苗种场	观赏鱼养殖场	成鱼养殖场
□ 监测养殖场点数(个)	4	22	44	70	88
▨ 阳性养殖场点数(个)	0	0	0	1	1
■ 阳性养殖场点检出率(%)	0	0	0	1.43	1.13

图 8　2023 年 KHV 各种类型养殖场点的阳性检出情况

（二）KHV 阳性分布情况

检出阳性的 2 个省份（河北、安徽）的阳性样品检出率分别为 2.6%、4%，监测点阳性检出率分别是 2.7%、5%，两省均已是自开展 KHV 监测以来第四次检出 KHV 阳性。自 2014 年全国开展 KHVD 监测以来，全国共有 14 个省（自治区、直辖市）检出 KHV 阳性。检出 KHV 阳性次数最多的是北京、广东、河北和安徽等四省（直辖市），均已检出 4 次 KHV 阳性；检出 2 次 KHV 阳性的省份分别是江苏、山东、四川、湖南 4 省；广西、上海、浙江、辽宁、天津、吉林等则检出过 1 次 KHV 阳性。KHV 阳性检出区域几乎全部覆盖全国锦鲤和鲤主要养殖区域。随着监测工作的不断深入，检出 KHV 阳性检出区域不断缩小，一般为 2～3 个省份。分析认为，经过连续多年的重大疫病监测，无论是监测单位还是养殖主体都越来越重视这项工作，对于病毒性疾病，预防为主、防控结合的科学方针也愈发深入人心。因此，对相关苗种进行及时的跟踪监测，有利于将 KHV 控制在极小的范围内，避免 KHVD 的大规模暴发。

（三）阳性样品分析

2023 年全国 KHVD 样品监测种类主要是鲤和锦鲤。全年从锦鲤和鲤样品中各检出 1 例 KHV 阳性，其中，锦鲤样品阳性检出率为 1.1%（1/88）；鲤样品阳性检出率为 0.7%（1/153）。分析认为，我国幅员辽阔，不同养殖区域的主养品种不同，一些地区以鲤养殖为主，另一些地区以锦鲤养殖为主。根据近年来监测结果，鲤和锦鲤均具有感染 KHV 的风险，综合阳性数量、阳性检出率、阳性分布区域来看，锦鲤的 KHVD 流行风险要高于鲤。

2023 年检出阳性样品详细信息如下表 1 所示，其养殖模式全部是淡水池塘养殖。锦鲤阳性样品规格较小，体长为 5~9 cm，处于苗期；鲤阳性样品规格较大，处于成鱼期。虽然检出 KHV 阳性，但均未发病，说明养殖过程中的科学管理可以有效抑制病毒的大量繁殖，从而实现"带毒不发病"。

KHV 的感染具有季节性，即在 18~30 ℃间会引起高死亡率，而低于 13 ℃或高于 28 ℃便较少发病，故而水温等气候因子是该病暴发的一个主要诱发因素。从 2023 年的阳性样品采样水温来看，温度主要在 21~29 ℃，正是容易引起 KHVD 暴发的最适宜温度范围，然而阳性样品均未出现明显病症，分析认为，阳性样品存在潜伏感染的现象，即带毒不发病的情况。然而，对于检出 KHV 阳性的苗期样品，应引起足够重视，除了做好日常的消杀工作外，还需进一步的跟踪监测。

表 1　2023 年 KHV 阳性样品详细信息

地区	监测点信息	阳性品种	水温（℃）	大小	外观	养殖模式
河北	承德市双滦区偏桥子镇二刚鱼池	鲤	29	36~40 cm	无病症	淡水池塘
安徽	阜阳市全州水产养殖有限公司	锦鲤	21	5~9 cm	无病症	淡水池塘

（四）阳性样品基因型

利用锦鲤疱疹病毒的 TK（胸苷激酶）保守基因进行基因的分型是目前 KHV 基因分型的一种方法，根据这种分型，KHV 主要分为欧洲株（以色列株和美国株也被归类到欧洲株）和亚洲株（日本及其他东南亚地区），目前在我国较为流行的株型主要是 KHV－A1（亚洲株）型。

将各检测单位提供的测序结果利用 MEGA 6.0 软件建立进化树分析。分析认为，经 NCBI 比对，所有 KHV 阳性与 KHV 亚洲株均有着 99% 的同源性，因此可以说明各个阳性之间亲缘关系很近，未出现明显变异。自 2015 年检出的 KHV 阳性，均为 KHV 亚洲株，所有 KHV 阳性与亚洲株亲缘关系十分相近。值得注意的是，虽然所有阳性毒株均为亚洲株，但是依然有一些亲疏远近，如 2017 年山东一株阳性和 2018 年三株辽宁阳性亲缘关系更近，2019 年北京一株阳性则与其他省份的 KHV 阳性亲缘关系更近，说明即使都属于 KHV 亚洲株，但是不同省份阳性间依然有一定的亲疏。此外，各省份的样品则呈现出区域同源性更强的特点，即来自一个省份同一年检出的阳性基本聚在一起，表明其同源性要更强。例如，河北、广东、辽宁、天津、安徽、四川、江苏等各地同年检出的阳性株就几乎全部聚集在一起，显示出极高的同源性，这可能与养殖场的就地引种以及共用一个水系有关，病毒的传播过程可能与水系密切相关。

虽然近年来的 KHV 阳性均为亚洲株，但是我国曾在 2011 年监测到一株欧洲株 KHV。因此，无论是欧洲株还是亚洲株，均具有在我国传播的风险。开展 KHV 的监测，及时进行分子流行病学调查，有助于分析我国 KHV 毒株的起源，摸清其流行、传播规律，从而为防控 KHVD 提供技术支撑。

四、风险分析及建议

（一）不同类型监测点风险分析

设置不同类型的监测点（国家级原良种场、省级原良种场、重点苗种场、观赏鱼养殖场、成鱼养殖场），对其进行相关疫病的跟踪监测，根据监测结果，可以分析出不同类型监测点感染风险，从而对疫病的防控产生重要的指导意义。十年来，共设置不同类型监测点共 3 273 个，检出阳性监测点 71 个，阳性率为 2.2%。近十年各个类型养殖场点的 KHV 阳性检出率如图 9 所示，国家级原良种场仅在 2015 年检出过阳性，其余年份均未检出阳性；省级原良种场在 2015 年、2016 年和 2021 年均检出过阳性，其余年份未检出阳性；成鱼养殖场除了 2014 年、2018 年、2019 年未检出过阳性，其余年份均

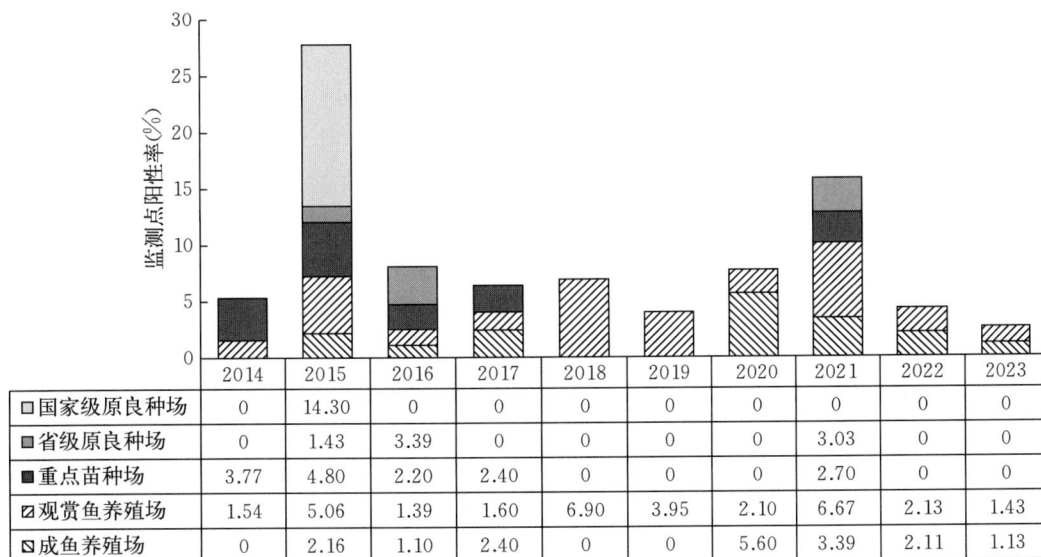

	2014	2015	2016	2017	2018	2019	2020	2021	2022	2023
□ 国家级原良种场	0	14.30	0	0	0	0	0	0	0	0
▨ 省级原良种场	0	1.43	3.39	0	0	0	0	3.03	0	0
■ 重点苗种场	3.77	4.80	2.20	2.40	0	0	0	2.70	0	0
▧ 观赏鱼养殖场	1.54	5.06	1.39	1.60	6.90	3.95	2.10	6.67	2.13	1.43
▨ 成鱼养殖场	0	2.16	1.10	2.40	0	0	5.60	3.39	2.11	1.13

图 9　近十年不同类型监测点 KHV 阳性率

检出阳性；重点苗种场除了 2018 年、2019 年、2020 年、2022 年、2023 年未检出阳性，其余年份均检出阳性；观赏鱼养殖场每年均有阳性检出，且阳性率通常要高于其他类型养殖场点。分析认为，各类苗种场的 KHV 阳性率不断走低，极大地降低了 KHV 大面积暴发的风险，使得锦鲤和鲤的 KHV 感染率保持在相对较低水平。相比其他类型的养殖场，观赏鱼养殖场感染风险最高，其次是成鱼养殖场和苗种场，国家级原良种场、省级原良种场感染风险相对较低一些，但是也曾多次检出阳性。由于苗种场一旦携带病毒，会通过市场流通造成进一步的传播感染，因此需要对各种类型的苗种场持续加强监测，从源头防止 KHV 的大面积传播。

（二）养殖品种风险点及防控建议

综合 2014—2023 年的监测结果来看，共检出阳性样品 88 例，其中锦鲤样品为 63 例、鲤样品为 22 例、禾花鲤 3 例。锦鲤所占比重最大，达到 71.6%；其次是鲤，为 25%；禾花鲤占比最小，为 3.4%。此外，分析五种不同的监测点中各养殖品种的阳性检出情况可以发现（图 10），包括国家级原良种场在内的各种类型监测点中均有锦鲤感染 KHV，截至 2023 年，来源于国家级原良种场中的鲤还未检出过 KHV 阳性。因此，对于苗种来说，锦鲤依然是 KHV 感染的最主要风险品种，由于省级原良种场和重点苗种场均检出过 KHV 阳性，鲤及其普通变种的感染风险也始终存在，不容忽视。总体而言，锦鲤的阳性检出率要远远大于其他养殖品种，其养殖感染风险无疑是最大的。KHV 目前公认的敏感宿主就是锦鲤和鲤及其普通变种，研究表明，包括金鱼在内的多种淡水鱼类也可能成为 KHV 的携带者，但还没有致病的报道或相关研究证明。因此，我国 KHVD 目前的最主要防控重点仍然是锦鲤，各种类型的养殖场点均存在感染 KHV 的风险。

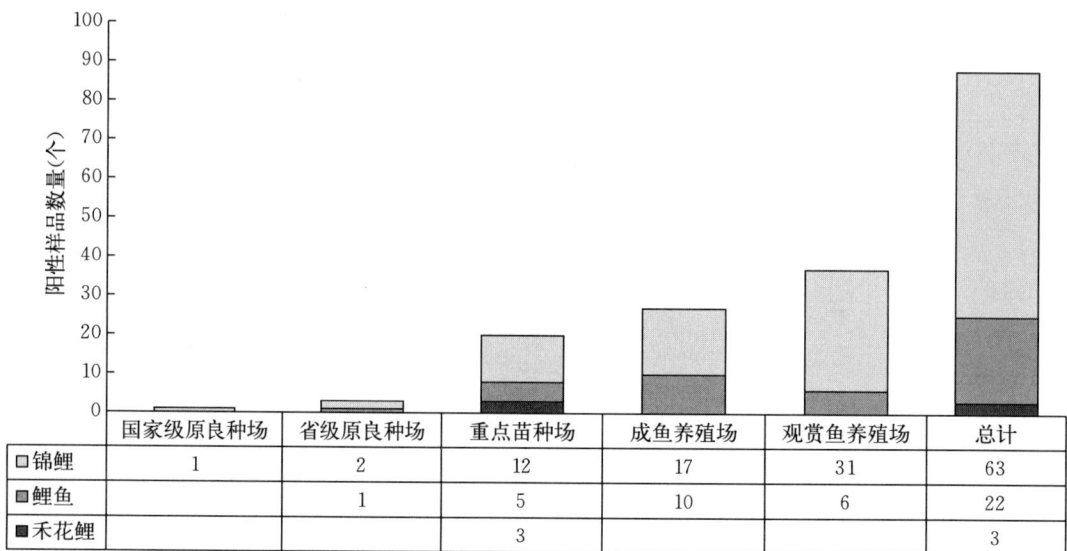

	国家级原良种场	省级原良种场	重点苗种场	成鱼养殖场	观赏鱼养殖场	总计
□ 锦鲤	1	2	12	17	31	63
▨ 鲤鱼		1	5	10	6	22
■ 禾花鲤			3			3

图 10 不同类型监测点 KHV 感染养殖品种分布

防控建议：一是继续加强监测，尤其是对各类苗种场的监测，从源头上防止 KHVD 的流通性传播，苗种是否健康、是否携带病毒，是阻断 KHVD 传播流行的关键因素；二是加强养殖阶段的综合管理，当前 KHVD 主要流行于养殖阶段，近几年的 KHV 阳性也多是在养殖阶段发现；三是继续加强对进口锦鲤的 KHV 检测。当前，锦鲤因其出众的观赏价值及经济价值，越来越受到人们的喜爱，随着锦鲤养殖业的不断提档升级，进口锦鲤苗种的需求与日俱增，锦鲤国际贸易和交流是该病毒快速传播的一大原因，因此 KHVD 通过进口方式传入国内的风险需加以控制。

（三）水温与 KHVD 流行关系

锦鲤疱疹病毒存在潜伏感染现象，由该病毒引起的锦鲤疱疹病毒病通常发病于初夏及秋季，低温冬春季一般不发病，发病水温主要集中在 18～30 ℃；低于 10 ℃ 或高于 30 ℃，病毒不复制或病毒量很低，不会引起病害，当恢复至适宜温度时，病鱼会重新出现临床症状，导致死亡。因此，密切关注阳性样品养殖场的水温，分析主要发病水温，可以为锦鲤疱疹病毒病采取预防措施提供科学的时间依据。近 8 年的监测结果显示，2016—2023 年共检出 KHV 阳性 64 例。其中，水温在 21～25 ℃ 以及 26～30 ℃ 时所检出的 KHV 阳性样本最多，分别达 27 例、28 例，占所有阳性样品比例分别达到 42.2%、43.8%；30 ℃ 以上阳性样品较少，有 5 例阳性，占 7.8%；15～20 ℃ 水温区间内的 KHV 阳性样品最少，仅有 4 例阳性，占 6.25%。以上监测数据表明，21～30 ℃ 水温区间内的 KHV 阳性样品占比较高，与 KHV 国内外研究结果高度吻合，而 21～25 ℃ 水温区间和 26～30 ℃ 水温区间的 KHV 阳性感染率十分接近。分析认为，当水温来到 20 ℃ 以上时或者水温从 30 ℃ 开始下降时，KHV 感染、发病风险骤增，需在发病水温到来前一个月就及时做好科学预防，保持鱼体健康，提高鱼体免疫力，以应对可能的 KHV 等感染风险。

（四）养殖区域风险点

全国已经连续十年开展 KHV 监测，2023 年有 2 个省份检出 KHV 阳性，分别是河北、安徽。目前，有北京、辽宁、河北、山东、江苏、安徽、四川、上海、浙江、湖南、广西、广东、天津、吉林等共计 14 个省（自治区、直辖市）检出 KHV 阳性。其中，北京、广东、河北、安徽 4 省（直辖市）均有 4 个监测年度检测出阳性；江苏、四川、山东、湖南等地则至少有 2 次检出阳性。以上监测结果表明，KHV 阳性检出区域已经覆盖全国所有锦鲤和鲤主养区，总体呈现出零星发生的情况，未形成大规模、连片疫情，KHV 风险可控；从区域上看，京津冀、华南（广东为主）、华东（安徽、江苏）、西南（四川）等地区依旧是 KHVD 防控的重点区域。

纵观 KHV 阳性检出区域的变化趋势（图 11），2015 年、2016 年 KHV 阳性检出省份曾达 5～7 个；其余年份，KHV 阳性检出省份稳定在 2～3 个。主要发生在锦鲤和鲤养殖较为集中的区域，如东北、华北鲤主养区，华南、华东的锦鲤主养区。分析认为，经过十年的连续跟踪监测，全国几乎所有的锦鲤和鲤养殖省份均已检出过 KHV 阳性，虽然未形成大规模的疫情，但是点状分布或已普遍存在，而且由于曾出现过同一年多达 5 个甚至 7 个省份检出 KHV 阳性的情况，因此，KHVD 仍然有随时暴发的可能性，需要重点对苗种场和检出阳性区域进行持续的跟踪监测，防止扩散，防患于未然。

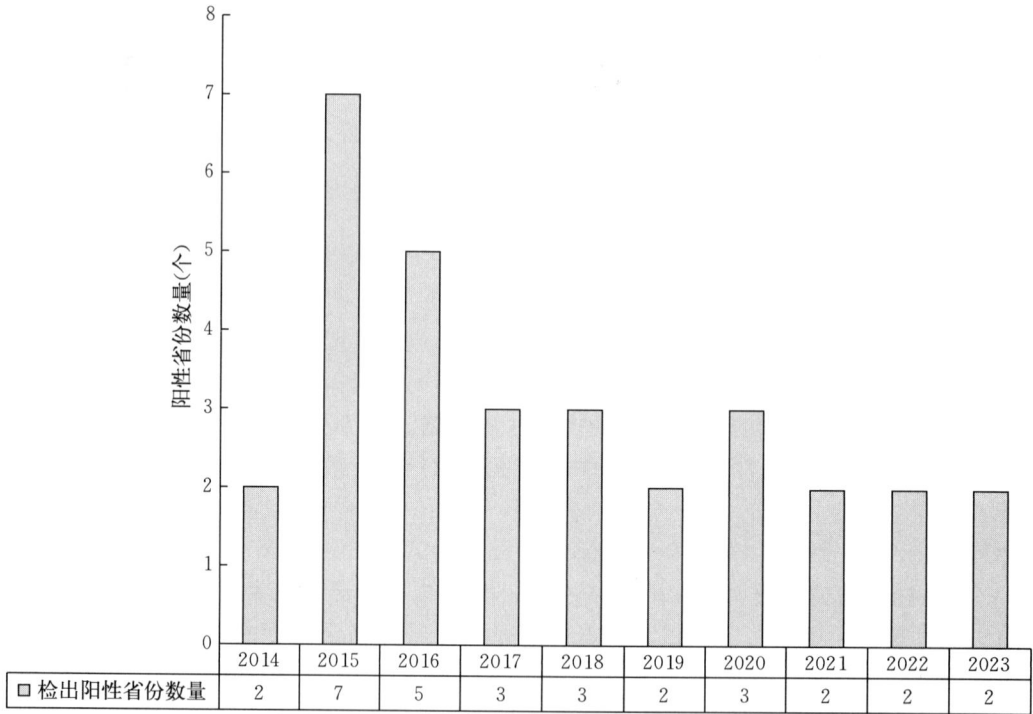

	2014	2015	2016	2017	2018	2019	2020	2021	2022	2023
□ 检出阳性省份数量	2	7	5	3	3	2	3	2	2	2

图 11　KHV 阳性检出区域变化趋势分析

防控建议：一是做好阳性养殖场点苗种溯源调查，对于苗种来源、流通去向需要继续跟踪监测，密切关注 KHV 流行情况，必要时，应及时切断带毒苗种的市场流通；对检出阳性品种，要及时进行无害化处理或者净化，控制疫情或阳性样品的扩散、流通。二是科学做好水源处理工作。已有研究表明，KHV 在水中的传染力至少能保持 4 h，因此，在疾病易发季节，池塘换水需格外小心，不能随意从河沟、池塘换水。如果确实需要加入外源水，需要对水源进行紫外线杀毒处理。三是有意识地提高鱼体免疫力，在易发病前期，定期对池埂进行消毒，切断病原的传播途径，养殖过程中，有针对性地进行免疫增强剂的拌饲投喂，增强养殖鱼体的免疫力。四是做好日常生产管理，疫病防控，以防为主，对于连续检出阳性的养殖场点要采取严格的消毒措施。例如，污染的水、包装物、运载工具、养殖操作工具等，要定期消毒；进入场地的交通工具和人员也需要进行消毒处理；每个池塘的生产用具不要混用，经常用优质消毒剂进行消毒。

（五）养殖模式风险点

从连续十年的监测结果来看（图 12），池塘养殖模式仍然是锦鲤和鲤的最主要养殖模式。88 例阳性样品中，共有 72 例为池塘养殖模式，该养殖模式检出阳性的数量明显高于其他养殖模式，因此池塘单养这种传统养殖模式对于锦鲤或鲤而言确实有比较高的KHV 感染风险；而工厂化养殖作为目前逐渐兴起的一种养殖模式，也不能完全隔绝KHV 的感染，2015 年、2017 年、2018 年、2019 年分别检出 5 例、7 例、2 例和 1 例来自工厂化养殖的样品；网箱养殖样品也曾检出过 1 例阳性。以上结果表明，无论哪种单养模式，均不能完全隔绝 KHV 的感染；池塘养殖模式检出的阳性数量相对较多，主要是因为目前采集的样品中绝大多数来自该养殖模式。

防控建议：适当降低养殖密度，改单养为混养，在一定程度上可以有效阻断 KHV 的大面积感染，避免更多损失。目前的研究表明，KHVD 只在锦鲤、鲤及其普通变种发病，尚未见金鱼、草鱼等其他品种感染 KHV 并发病的报道，因此适当混养对 KHV 不敏感的养殖品种，降低鲤和锦鲤养殖密度，可以作为一种有效的防控策略；由于 KHV 对水温较为敏感，具备先进温控系统的工厂化养殖模式可以通过提高或降低水温的方式来避免 KHVD 的暴发，虽然该方法成本较高，目前还未能普及生产应用，但是对于名贵锦鲤的养殖，不失为一种较好的选择；连续监测阳性且发病的养殖场，需要对养殖用水及其用具进行彻底的消毒处理，在保证苗种不携带病毒的情况下，做好养殖过程中的科学管理。

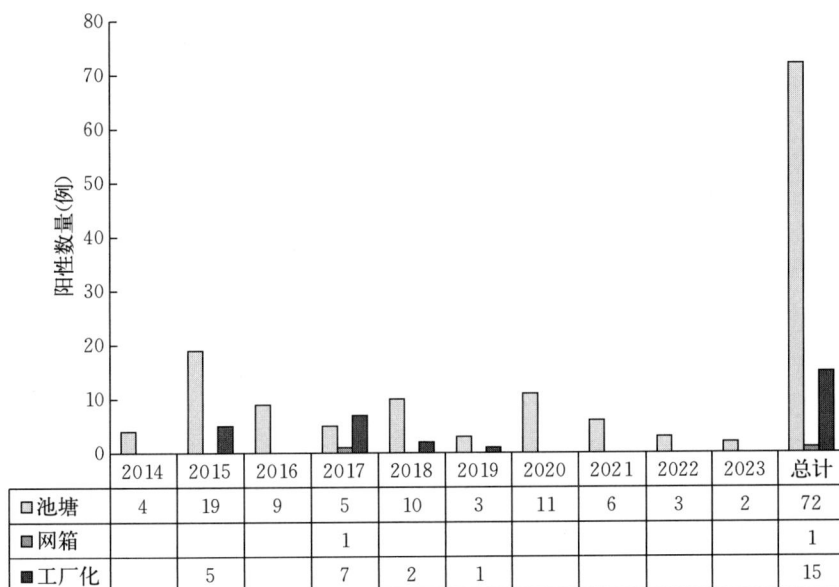

	2014	2015	2016	2017	2018	2019	2020	2021	2022	2023	总计
池塘	4	19	9	5	10	3	11	6	3	2	72
网箱				1							1
工厂化		5		7	2	1					15

图 12　近七年全国 KHV 阳性样品养殖模式

（六）苗种来源风险点

苗种来源的风险控制，对于杜绝、切断 KHVD 的传染、流行具有重大意义。对2023 年检出阳性养殖场的流行病学调查数据进行分析，发现河北省和安徽省阳性养殖场点分别是成鱼养殖场和观赏鱼养殖场，但并未发病，在该年度的监测中也并未发现其他养殖场暴发 KHVD，表明该阳性养殖场的阳性样品存在 KHV 潜伏感染的现象，即带毒不发病，阳性养殖场点在检出 KHV 阳性后也进行了及时的消杀处理，阻断了 KHV 的传播。分析认为，当前最主要的风险点在于检出 KHV 阳性并对外销售，且在一个或多个地区流通的苗种，有可能造成局部的 KHVD 的暴发和扩散。

防控建议：一是做好苗种监测工作，建议尽可能将本辖区内各级涉及锦鲤或鲤养殖的原良种场纳入监测点，在源头上控制 KHVD 的传播风险。二是对于自繁自育的养殖场来说，要加强种苗生产的管理，对于种苗要坚持做好前期的隔离暂养工作。在隔离期间，一方面进行健康状况的观察，另一方面及时向当地水产检疫部门进行申报检疫，检疫合格后，再进行正式养殖；如检疫不合格，或者检疫结果携带病原，应按照国家相关规定，对检疫品种进行无害化处理或者净化，避免流通带来的 KHVD 传播与扩散。三是不从疫病区购买苗种，买回来的苗种首先要进行抽样送检，并且一定要隔离一段时间之后再放入自家养殖池，确保苗种健康。

（七）基因型风险点

从近八年的监测结果来看，当前流行于我国的 KHV 株型主要是亚洲株。这表明，不同地区 KHV 的毒株在病毒的起源进化及分类上的差异性微乎其微。通过系统发育树可以明显地观察到一个现象，即来自同一年份、同一省份或地区的阳性样品，其同源性也要比不同地区不同年份的更高一些，这可能与苗种来源相近、水系相似有关。当然，由于当前获得的 KHV 阳性测序数据较少，当前是否有其他诸如 KHV 欧洲株等 KHV 阳性毒株在我国流行还不能确定，而这些不同基因型毒株差异的鉴定对于疫苗的筛选和引进也具有重要的意义。

五、存在的主要问题及建议

重大疫病监测一直以来是水生动物疫病预防控制的重要措施和主要内容，可在第一时间内发现疫病，并且及时进行预防，有效控制疫病的发生和发展，避免出现各类疫病大规模流行，促进我国水产养殖业的可持续健康发展。农业农村部渔业渔政管理局从 2014 年开始已经连续十年下达了 KHVD 监测项目，项目下达后各承担单位均能够按照监测实施方案的要求和相关会议精神，认真组织实施，较好地完成了年度目标和任务，监测数据越来越全面、及时、完整，为 KHVD 的防控提供了较为翔实的数据支撑，但也还存在一些问题，主要表现在以下几个方面：

（1）监测对象设置的科学性还有待提高　锦鲤疱疹病毒病易感的养殖品种主要是锦鲤、鲤及其普通变种。个别地区在 2023 年的监测中，采集了鲫、鲢、鳙等样品进行了 KHV 监测，目前暂未有研究表明以上几种鱼类可以感染 KHV。建议各单位开展 KHV 监测工作时，尽量采集易感品种，保证监测工作的科学性、有效性。

（2）监测数据的完整性还有待加强　从各省份提供的监测数据汇总来看，所有省（自治区、直辖市）都能严格按照要求填报各项监测数据，但是也存在一些共性问题，即流行病学调查相关数据的填写并不完整，尤其是阳性监测点流行病学调查数据，如详细的养殖场地点、养殖场面积、养殖水温、死亡率、苗种来源（自繁自育还是引种，引种的来源）、造成的损失、处理措施（用药情况）、苗种销售去向等对于风险分析和评估意义重大。建议各单位在平时的监测工作中就做好数据的填写保存工作，以免造成工作量过于集中而导致的漏填、错填等错误发生。

（3）加强后续跟踪监测　针对已检出过阳性的监测点进行连续的跟踪监测，对于掌握 KHV 的分布情况及流行趋势具有重要意义。从监测点的设置来看，部分省（自治区、直辖市）未能对往年检出阳性的养殖场开展连续的跟踪监测，因此 KHV 的流行趋势未能得到全面的反映，其潜在的传播风险分析由于未能连续跟踪监测而缺乏必要的数据支撑。建议各监测单位如无特殊情况（如养殖场因为各种原因而不再开展养殖活动），还是应当坚持对已检出阳性样品的养殖场开展持续监测，在年初制定监测计划时，尽可能将往年的 KHV 阳性监测点纳入到常规监测点中，尤其是一些国家级、省级的良种场，或者是重点苗种场，应当纳入每年的监测计划中。

（4）监测点设置较少　近两年 KHV 监测点数量相比 2021 年明显增多，但仍然远低于 2014—2020 年度的监测点数量。有 9 个省（自治区、直辖市）仅设有 10 个或 10个以下的监测点，有 5 个省（自治区、直辖市）仅设有 5 个或 5 个以下的监测点，个别省份仅有 2 个监测点，监测点和采样数量仍然较少，还不能完全覆盖主要苗种场点和大型养殖场点，也不能完全客观地反映出 KHV 的感染和携带情况。锦鲤作为目前比较受广大消费者喜爱的观赏鱼品种之一，养殖规模不断增加、经济价值日益显著，但是养殖过程中也会出现一些疾病，其中最严重的当数锦鲤疱疹病毒病。建议适当增加经费支持，以增加监测点的设置，尤其是往年监测出 KHV 阳性的省份，监测点的设置尽量能够覆盖全省（自治区、直辖市）的重要苗种场和主要养殖场点。

（5）监测体系建设有待进一步加强　疫病监测人员作为该工作的重要执行者，其业务水平、实践经验等对于监测工作有效性具有决定性作用。经过近十几年的监测工作，已经建立了"国家—省（自治区、直辖市）—市—县"的较为完善的监测体系。然而，近年来各地的农业农村部门推动了高效的机构改革，部分地区水生动物疫病机构发生合并，在这一过程中，人员的流动、资源的整合在所难免，承担监测、检测的人员不断更新，各地需要对新进人员加强培训，尽快掌握最新的监测要求，从而尽快适应监测工作的需要，以提高监测工作的科学性、有效性。

2023年鲫造血器官坏死病状况分析

中国水产科学研究院长江水产研究所

（许　晨　周　勇　范玉顶　曾令兵）

一、前言

鲫造血器官坏死病（Crucian carp hematopoietic necrosis）是一种由鲤疱疹病毒Ⅱ型（Cyprinid herpesvirus Ⅱ，CyHV－2）感染鲫和金鱼导致的一种病毒性传染病。该病致死率高，对宿主的致死率可达90％以上，严重威胁我国鲫养殖业发展，我国将其列为《一、二、三类动物疫病病种名录》二类动物疫病。

自2015年我国农业农村部首次开展CyHV－2的专项监测工作以来，从最初监测范围的9个省（自治区、直辖市）到2023年的17个省（自治区、直辖市），监测范围覆盖了我国鲫主要养殖地区，并且监测省份在近5年稳定在15个左右。近5年的监测样品数分别为2019年242份、2020年292份、2021年132份、2022年205份、2023年272份。这些监测样品为持续跟踪我国鲫主养区鲫造血器官坏死病在全国范围内的流行情况、疾病发生的规律提供了连续稳定的数据支撑。

为了继续跟踪监测鲫造血器官坏死病在我国的流行情况，保障我国鲫养殖业的持续健康发展，2023年，农业农村部渔业渔政管理局继续将CyHV－2感染引起的鲫造血器官坏死病纳入《国家水生动物疫病监测计划》方案。通过整理与分析2023年各监测省份的上报数据，了解CyHV－2在17省（自治区、直辖市）的监测实施情况，最后将2015—2023年9年的监测数据进行比较分析，对连续9年监测结果的发病规律进行总结，以及在全年样品监测过程中存在的问题给予相关建议，初步形成2023年CyHV－2国家监测分析报告。

二、各省份开展CyHV－2疫病的监测情况

（一）2019—2023年参加省份、乡镇数和监测点分布

全国已经连续9年开展CyHV－2监测。最近5年的CyHV－2监测情况：2019年，CyHV－2的监测有15个省（自治区、直辖市）的113个区（县）和167个乡（镇）。到2020年，CyHV－2的监测有15个省（自治区、直辖市）的147个区（县）、215个乡（镇），覆盖了我国鲫养殖主要地区。2021年，CyHV－2的监测有15个省（自治区、直辖市）的85个县、109个乡（镇）。2022年，CyHV－2的监测有14个省（自治区、直辖市）的112个（区）县、145个乡（镇）。2023年，CyHV－2的监测省份与

2022 年相比，增加了内蒙古、吉林、广东，即覆盖范围包括北京、天津、河北、内蒙古、吉林、上海、江苏、浙江、安徽、江西、山东、河南、湖北、湖南、重庆、广东和四川 17 个省（自治区、直辖市）涉及 154 个（区）县、203 个乡（镇）（图 1、图 2）。

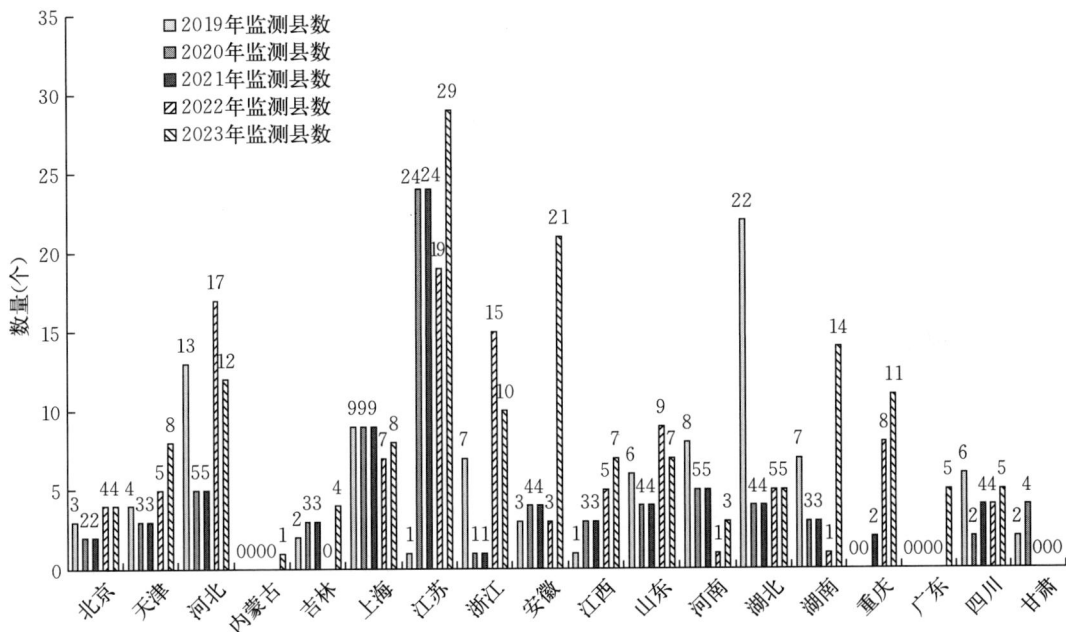

图 1　2019—2023 年参加 CyHV-2 监测的县数

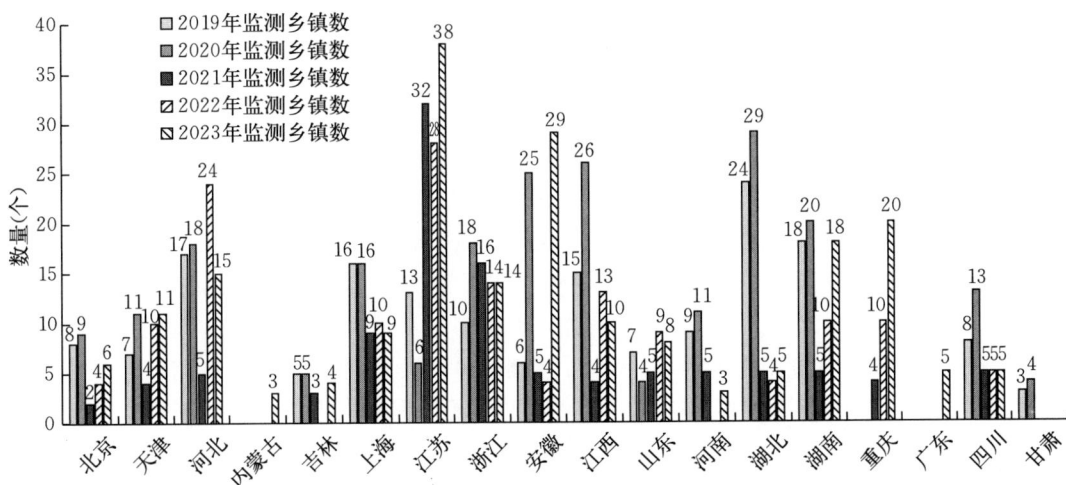

图 2　2019—2023 年参加 CyHV-2 监测的乡镇数

（二）2019—2023 年监测省份不同养殖场类型情况

按照《国家水生动物疫病监测计划》采样要求，监测点包括辖区内的国家级和省级原良种场、常规测报点中的重点苗种场、观赏鱼养殖场及成鱼养殖场。2023 年，鲫造血器官坏死病监测任务中 17 个省（自治区、直辖市）共设置监测养殖点 255 个；其中，国家级原良种场 9 个（3.5%），省级原良种场 44 个（17.3%），重点苗种场 64 个（25.1%），观赏鱼养殖场 13 个（5.1%），成鱼养殖场 125 个（49%）。2019—2022 年，分别在全国范围内共设置监测养殖点 241 个、282 个、123 个和 200 个，其中各年份国家级原良种场分别为 6 个（2.5%）、10 个（3.5%）、4 个（3.3%）和 5 个（2.5%）；各年份省级原良种场分别为 27 个（11.2%）、40 个（14.2%）、23 个（18.7%）和 29 个（14.5%）；各年份重点苗种场分别为 75 个（31.1%）、76 个（27%）、41 个（33.3%）和 51 个（25.5%）；各年份观赏鱼养殖场分别为 16 个（6.6%）、14 个（5%）、6 个（4.9%）和 11 个（5.5%）；各年份成鱼养殖场分别为 117 个（48.5%）、142 个（50.4%）、49 个（39.8%）和 104 个（52%）。与 2022 年的统计结果相比，2023 年国家原良种场和省级原良种场比例有所上升，重点苗种场、观赏鱼养殖场和成鱼养殖场比例都有所下降。

（三）2019—2023 年各省份监测采样数量

2023 年 CyHV-2 疫病监测涉及 17 个省（自治区、直辖市）共采集样品 272 份。其中，北京 10 份，天津 11 份，河北 25 份，内蒙古 5 份，吉林 4 份，上海 10 份，江苏 55 份，浙江 15 份，安徽 46 份，江西 15 份，山东 10 份，河南 3 份，湖北 5 份，湖南 20 份，广东 5 份，重庆 28 份和四川 5 份。

2019—2022 年全国的总监测样品采集分别为 241 份、282 份、132 份和 205 份。其中，北京分别为 15 份、22 份、5 份和 10 份，天津 10 份、20 份、5 份和 10 份，河北 30 份、30 份、5 份和 35 份，上海 20 份、20 份、10 份和 10 份，江苏 21 份、10 份、46 份和 46 份，浙江 10 份、20 份、16 份和 15 份，安徽 20 份、40 份、5 份和 5 份，江西 20 份、35 份、5 份和 15 份，山东 11 份、5 份、5 份和 19 份，湖北 25 份、30 份、5 份和 5 份，河南 15 份、15 份、5 份和 3 份，湖南 20 份、20 份、5 份和 10 份，四川 15 份、15 份、5 份和 5 份。与 2022 年采样监测样品数量相比较，2023 年在北京、上海、浙江、江西和四川的采样监测样品数量与往年相同，在天津、江苏、安徽和湖南的采集样品数量都不同程度地增加。

2023 年参加监测的 17 个省（自治区、直辖市）养殖点性质设置分布情况如图 3 所示，监测点覆盖了国家级原良种场、省级原良种场、重点苗种场的有上海、浙江、江苏、江西、重庆 5 省（直辖市）；其他省份中包括苗种场的有天津、河北、安徽、山东、河南、湖南和四川 7 省（直辖市）；北京以观赏鱼养殖场为主；天津、河北、内蒙古、江苏、安徽和重庆则以成鱼养殖为主。2023 年参加鲫造血器官坏死病监测的 17 个省（自治区、直辖市）中，能够全部覆盖原良种场和苗种场养殖点性质的省（自治区、直

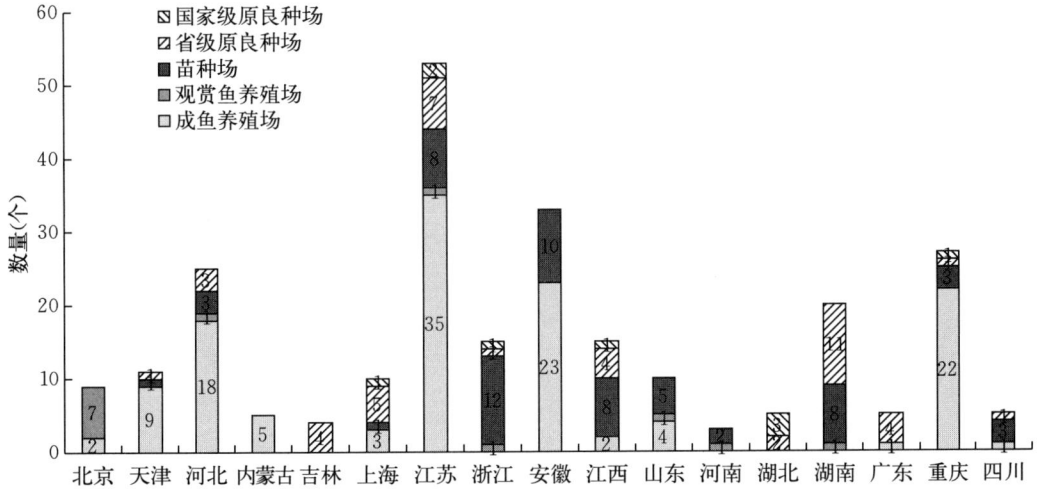

图 3　2023 年各监测省份养殖点性质设置分布情况

辖市）比例为 52.9%（9/17），主要以成鱼场和观赏鱼场为监测点的比例为 23.5%（4/17）。2022 年参加监测的 14 个省（自治区、直辖市）养殖点性质监测分布上，河北、上海、浙江、江苏、山东省 5 省（直辖市）的监测点覆盖了国家级原良种场、省级原良种场、重点苗种场；其他省份包括苗种场监测的有天津、江西、河南、湖北、湖南、重庆和四川 7 省（直辖市）；北京以观赏鱼养殖场为主；天津、河北和江苏则以成鱼养殖为主。2021 年参加监测的 15 个省（自治区、直辖市）养殖点性质监测分布上，上海、浙江、江西、湖北省 4 省（直辖市）的监测点基本覆盖了国家级、省级良种场、重点苗种场、成鱼养殖场和观赏鱼养殖场；其他省份包括苗种场监测的有河北、安徽、山东、河南、湖南和四川 6 省；北京以观赏鱼养殖场为主；天津和河北则以成鱼养殖为主；吉林以省级原良种养殖为主。2020 年参加鲫造血器官坏死病监测的 15 个省（自治区、直辖市）中，能够基本全部覆盖养殖点性质的省（自治区、直辖市）比例为 26.7%（4/15），主要以成鱼场或观赏鱼场为监测点的比例为 20%（3/15），以省级原良种为主的比例为 6.7%（1/15）。2019 年参加鲫造血器官坏死病监测的 15 个省（自治区、直辖市）中，能够基本全部覆盖养殖点性质的省（自治区、直辖市）比例为 40.0%（6/15），能够覆盖苗种场和成鱼场或观赏鱼场的比例为 53.3%（8/15），主要以成鱼场或观赏鱼场为监测点的比例为 6.7%（1/15）。总之，该监测范围基本能够对 CyHV‐2 进行全面的跟踪监测。此外，2023 年除了北京主要以观赏鱼养殖场为监测点外，天津、河北、内蒙古、江苏、安徽和重庆这 6 个省（自治区、直辖市）均以成鱼养殖为主。

（四）采样品种和采样条件

2023 年鲫造血器官坏死病的监测样本品种包括鲫、金鱼和鲤。其中，鲫数量最多，为 256 份，约占 94.1%（256/272）；金鱼监测数量为 13 份，约占 4.8%（13/272）；鲤监测数量为 3 份，约占 1.1%（3/272）。

鲫造血器官坏死病的发生与病毒毒力、鱼体的生理状态、养殖环境等因素密切相关。其中，水温是最关键的环境因素之一，因此采样水温对于鲫造血器官坏死病的监测至关重要。由于该病发生的常见水温在10~33 ℃，因此采样应集中在该温度区间内进行。2023年，如图4所示，所有地区采集样品的水温在15~32 ℃范围内。2023年共检出 CyHV－2 阳性总数 10 份，其中在 25 ℃检出阳性 9 份、在 28 ℃检出 1 份。在 15~20 ℃时检测样本 45 份，占所有样品比例的 16.5%；21~25 ℃，检测样品共 102 份，占所有样品比例的 37.5%；26~30 ℃检测样本 115 份占 42.3%；温度大于 30 ℃样品占比最少，为 3.7%。

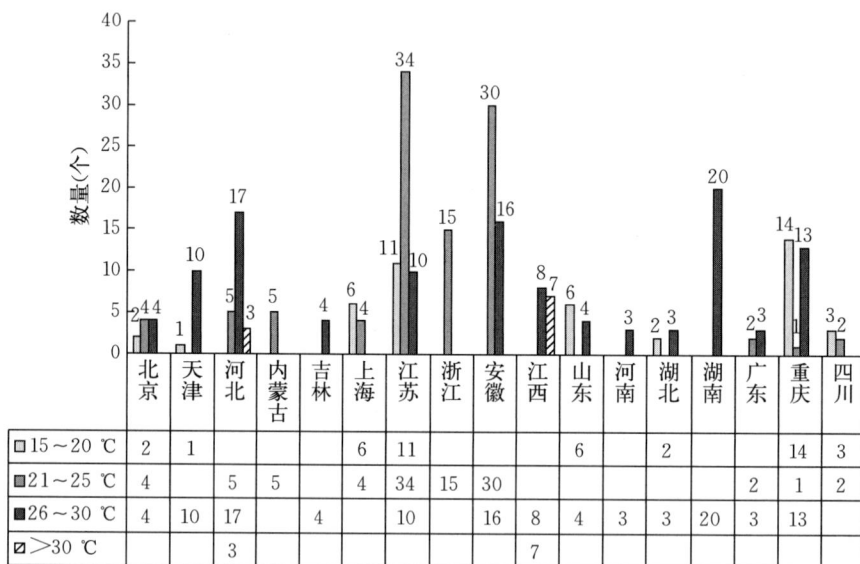

	北京	天津	河北	内蒙古	吉林	上海	江苏	浙江	安徽	江西	山东	河南	湖北	湖南	广东	重庆	四川
□ 15~20 ℃	2	1				6	11			6			2				14	3
▨ 21~25 ℃	4		5	5		4	34	15	30							2	1	2
■ 26~30 ℃	4	10	17		4		10		16	8	4	3	3	20	3	13	
▨ >30 ℃			3							7							

图 4　2023 年各省份 CyHV－2 监测采样温度的分布情况

三、2023 年 CyHV－2 监测结果分析

（一）阳性检出情况及区域分布分析

2023 年 CyHV－2 疫病监测 17 个省（自治区、直辖市）共采集样品 272 份，检出阳性样品 10 份，平均阳性样品检出率为 3.7%，其中阳性样品分布分别是安徽 1 份（2.2%）、江苏 9 份（16.4%）。

2019—2022 年度 CyHV－2 疫病监测年度采集样品分别为 242 份、292 份、132 份和 205 份，检出阳性样本分别为 13 份、11 份、2 份和 3 份，平均阳性样品检出率为5.4%、3.8%、1.5%和1.5%。2023 年与前 2 年相比较平均阳性检出率有所上升。监测结果统计显示，江苏、安徽在 2022 年、2023 年的监测过程中均检测出阳性样本；北京在 2019—2022 间连续 4 年检测出阳性样本，在 2023 年样品监测过程中尚未检测出阳性样本。

与 2019—2022 年相比，2023 年 CyHV－2 疫病监测省份为 17 个省（自治区、直辖市），从 2015 年的 9 个省份扩大到 2022 年的 14 个省份、2023 年的 17 个省份，监测省份数量有所变化。此外，通过对 CyHV－2 易感宿主鲫和金鱼的主要养殖省份连续监测，发现江苏在近年连续监测中均检测出 CyHV－2 阳性样品，此结果说明 CyHV－2 在上述鲫主养区域仍然存在，需进一步加强疾病监测与防控工作。

（二）不同类型监测点的阳性检出分析

2023 年，在全国 17 个省（自治区、直辖市）255 个监测点共采集样品 272 批次，检出阳性样品 10 批次，平均阳性样品检出率为 3.7%。在 255 个监测养殖点中，国家级原良种场 9 个，未检测出阳性；省级原良种场 44 个，未检测出阳性；重点苗种场 64 个，1 个阳性，检出率 1.6%；观赏鱼养殖场 11 个，未检测出阳性；成鱼养殖场 125 个，9 个阳性，检出率 7.2%。2023 年国家级原良种场、省级原良种场、观赏鱼养殖场均未检测出阳性样本；与往年相比，2023 年重点苗种场的阳性检出率在下降（2022 年阳性率为 9%）；2023 年成鱼养殖场的阳性率在升高（2022 年阳性率为 1.9%）。以上数据为控制鲫造血器官坏死病的蔓延和疾病净化提供基础支撑，建议继续加大对鲫成鱼养殖场的监测和监管。观赏鱼养殖场的结果显示，与往年相比（2021 年 16.7%，2022 年 9%），2023 年观赏鱼阳性检出率下降明显。尽管观赏鱼不作为我国的主要食用经济鱼类，但是观赏鱼携带 CyHV－2 病毒，在运输或售卖过程中可能对养殖鲫 CyHV－2 传播产生影响，而且 CyHV－2 高检出率亦为我国观赏鱼产业健康发展的隐患。因此，建议重视对观赏鱼 CyHV－2 的监测。

（三）易感宿主及比较分析

2023 年鲫造血器官坏死病的监测养殖品种有鲫、金鱼和鲤，阳性样本的检出品种均为鲫。在 CyHV－2 近 5 年期间的监测过程中，发现阳性样本主要集中在该病原的易感宿主中，即鲫、金鱼及其金鱼变种（图 5）。在 2015 年和 2016 年样本监测过程中出现有一些省份在其他品种鱼类中检测出阳性样本的情况，如锦鲤、鲤和兴国红鲤，但是由于这几个品种的采样量较少，没有统计学规律，具体是由于 CyHV－2 感染宿主范围

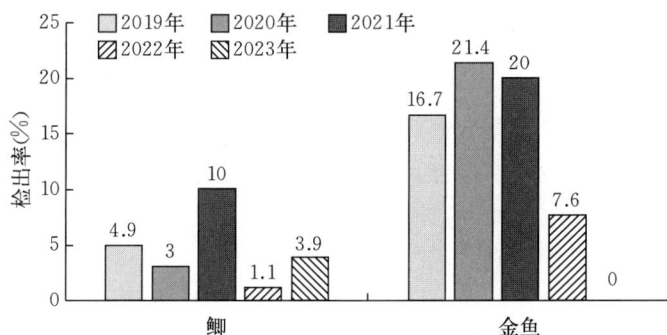

图 5　2019—2023 年 CyHV－2 各种监测品种阳性检出率

扩大还是由于在监测过程某些环节出现问题，还有待大量的确凿数据进行验证。

四、CyHV－2 疫病风险分析及建议

（一）我国 CyHV－2 易感宿主

通过近 5 年（2019—2023 年）对我国鲫养殖区省份鲫造血器官坏死病的跟踪监测，结果表明 CyHV－2 的阳性样本主要集中在鲫和金鱼品种。与 2022 年的监测结果相比较，2023 年鲫的阳性样品检出率有所上升（2022 年检出率为 1.1％），金鱼的阳性样品检出率有所下降（2022 年的检出率为 7.6％）。但是从往年检测结果来看，金鱼的检测结果并不乐观（2022 年的检出率为 7.6％，2021 年检出率为 20.0％，2020 年的检出率为 21.4％，2019 年检出率为 16.7％），说明我国养殖的金鱼感染 CyHV－2 的风险仍然较高。我国养殖场对鲫造血器官坏死病还需要多加关注，应持续重视及加强我国养殖场的健康管理和日常检测。

（二）不同养殖场类型传播 CyHV－2 分析

2023 年 CyHV－2 监测过程中发现国家级原良种场、省级原良种场和观赏鱼养殖场均未检测出阳性样品。健康苗种是鲫养殖的基础和关键，能从源头上切断疾病的传播。近年连续监测的数据结果显示，国家级原良种场、省级原良种场阳性样品的检测率逐渐降低，说明鲫造血器官坏死病的监测工作对我国鲫的健康养殖起着促进和推动作用，也为下一步我国鲫苗种场的规范化养殖提供配套监测服务。

（三）CyHV－2 区域流行特征分析

从 2023 年样品监测区域分布来看，2023 年参与监测的 17 个省份中，有 2 个省份检出了阳性样品，其中阳性省份包括我国鲫主养区江苏和安徽。由于 2022 年和 2023 年均在江苏地区检测出 CyHV－2，建议将江苏省持续纳入监测省份并加大监测力度。2023 年在我国观赏鱼主要养殖区域北京未检测出 CyHV－2 阳性样品，但在 2019—2022 年连续 4 年检测到 CyHV－2 阳性。为了防止由于采样抽样与检测等原因导致阳性样本漏检，建议有关单位下一年继续对北京地区进行跟踪监测。

（四）防控策略建议

由于目前缺乏有效治疗鱼类病毒病的药物，再加上鱼类的生存环境决定了其在发病初期较难被察觉，这给鱼病的治疗带来了极大的困难，因此鱼类病毒病的预防是对病毒病最为重要的防控途径。建议加大对鲫造血器官坏死病疫苗研制的支持力度，尽早获得有效、可使用的疫苗。此外，需要持续对鲫造血器官坏死病的病原特性、流行病学特征、养殖环境等进行跟踪研究，做好防治工作措施。

要定期对养殖场亲鱼、鱼苗鱼种进行 CyHV－2 检疫。根据该疾病的流行和暴发季节选择好检疫时间和对象，定期检查鱼群的健康状况，及时发现异常情况，如食欲下

降、异常行为等，有助于疾病的早期诊断。尤其是针对国家级原良种场、省级苗种场和重点苗种场应定期对亲鱼和苗种进行检疫，杜绝亲鱼带毒繁殖。养殖户在购买鱼种时，应对购买的鱼种进行检疫或询问苗种产地发病历史等，避免购买携带病毒的苗种。对历年有阳性样品检出记录的苗种场进行严密跟踪和调查苗种带毒原因，旨在杜绝病毒的发生和传播。

要重视养殖水环境的水质质量和底质改良，保持水质清洁、稳定，避免水质污染和波动，有助于减少病原体在水中的传播和滋生。保持健康的养殖水环境对避免疾病的发生起着至关重要的作用。避免过度密集养殖，保持适当的养殖密度，有助于减少病原体传播。还应定期对养殖设备、水族箱等进行消毒，减少病原体的滋生和传播。当疾病流行和暴发时，应对所有因患造血器官坏死病而死亡的鱼体采用深埋、集中消毒、焚烧等无害化处理，避免病原进一步传播。对所有涉及疫病池塘水体、患病鱼体的操作工具应采用高浓度高锰酸钾、碘制剂消毒处理，切忌将患病池塘水体直接排入进水沟渠，从而造成疫情的扩散。

在日常管理中建议定期投喂天然植物抗病毒药物，调节鱼体的免疫力，增强其对病原生物感染的抵抗力。合理搭配饲料，保证鱼类摄取充足的营养，增强免疫力，降低感染风险。同时，建议在鲫饲料中适量添加多种维生素、免疫多糖制剂以及肠道微生态制剂等，改善鱼体代谢水平，提高鱼体抗应激能力。

五、项目工作总结

2023 年是本项目实施监测的第九年，在农业农村部、全国水产技术推广总站的组织和领导下，各有关省（自治区、直辖市）渔业主管局和具体项目承担单位积极配合下以及国家水生动物疫病监测信息管理系统的有效应用基础上，使得 2023 年动物疫情（CyHV-2）监测项目较好地完成了预定的工作目标，全年的监测数据更加详细与丰富。与往年阳性监测结果相比，2023 年平均阳性检出率略有上升。不过 2023 年在监测的国家级良种场、省级原良种场和观赏鱼养殖场均未检测出阳性样本，这一监测结果为我国鲫养殖的健康苗种来源提供一定的保障。通过此次更大范围内的 CyHV-2 的检测工作，进一步查清了我国鲫、金鱼等养殖品种的 CyHV-2 发病情况，为以后该病的防治奠定实践基础；此外，承担项目的各省（自治区、直辖市）通过此次 CyHV-2 的监测工作锻炼了水生动物防疫检疫队伍，提高了今后应对鱼类疾病，尤其是突发病的防疫工作的能力。

（一）存在的问题

本项目在 2023 年较好地完成了所负责的监测工作和数据的及时上报，为掌握 CyHV-2 的发病特点、流行情况和防控措施提供了翔实的数据支撑，而且也针对监测过程中存在的问题进行调整和改善。例如，之前存在的养殖场养殖类型设置问题，在 2023 年得到明显的改善，在监测的 17 个省份中，12 个省份的监测采样点包括了苗种场，这可以有效保障我国健康鲫苗种的供应。但是，在监测工作中仍然存在着一些问题。例如，鲫造血器官坏死病的监测样本数量仍有待于进一步增加，监测样本数量不足可能导致数据的代表性不足，从而降低监测的准确性和可靠性。另外，监测范围依然不够全面，未涵盖所有主要养殖区域，建议扩大监测范围。此外，采样水温也应控制在疾病发生的主要温度范围内，超过此范围疾病的发生风险降低，也失去了监测工作的意义。在监测过程中还有个别省份缺乏对苗种场的监测。

（二）建议

为全面了解我国主养区鲫造血器官坏死病的流行情况，建议增加对我国鲫主养区的样本监测采样数量，以提高监测的全面性和准确性。加强对阳性养殖场的连续监测，并建议在国家水生动物疫病监测信息管理系统中设立连续监测养殖点和连续阳性养殖点的栏目，以便未来进行统计和分析。为了解我国主要养殖鲫和金鱼区域 CyHV－2 的流行情况，并避免漏检阳性样本，建议每个参与鲫造血器官坏死病监测采样单位合理安排采样时间，建议将采样时间尽量分布在 6—8 月，这是发病高峰季节，有助于及时发现疫情。同时，建议各省份的采样范围尽量包含苗种场，这是防控的重要一环。建议检测单位对全年的阳性检测样本进行测序分析，以了解我国 CyHV－2 的主要流行株，为未来 CyHV－2 的免疫防控提供科学依据。

2023 年草鱼出血病状况分析

中国水产科学研究院珠江水产研究所

（王　庆　莫绪兵　尹纪元　王英英

李莹莹　张德锋　任　燕　石存斌）

一、前言

草鱼（*Ctenopharyngodon idellus*）隶属鲤形目鲤科草鱼属，与鳙、青鱼、鲢并称为我国"四大家鱼"，是我国最重要的淡水养殖经济鱼类，具有养殖成本低、生长速度快等特点，为国民提供了优质、丰富的动物蛋白质。由草鱼呼肠孤病毒（Grass Carp Reovirus，GCRV）引起的草鱼出血病（Grass Carp Hemorrhagic Disease，GCHD）对我国养殖草鱼危害严重。我国将 GCHD 列入《一、二、三类动物疫病病种名录》中的二类动物疫病，2015 年农业部将 GCHD 列入《国家水生动物疫病监测计划》。2021 年农业农村部颁布了水产行业标准《草鱼出血病监测技术规范》（SC/T 7023—2021），进一步规范了草鱼出血病监测工作，提高了监测数据的准确性。通过连续多年的专项检测，逐渐摸清了我国 GCHD 的主要流行趋势，为该疫病的全面防控提供了流行病学依据。

本分析报告将整理和分析 2023 年各省份上报的监测数据，对全国监测结果进行分析，并给予相关建议。2015—2023 年连续 9 年开展 GCHD 疫情监测，为摸清草鱼出血病的本底情况、切断疫病流行提供了基础数据。

二、主要内容概述

2023 年，监测计划中全国有 19 个省（自治区、直辖市）参加草鱼出血病监测工作，包括天津、河北、山西、吉林、上海、江苏、浙江、安徽、江西、山东、河南、湖北、湖南、广东、广西、重庆、四川、贵州、宁夏，监测样品计划数共计 298 份。截至 2023 年 12 月 31 日，一共完成监测样品 323 份（图 1）。

三、2023 年草鱼出血病监测实施情况

（一）监测点的分布和类型

2023 年，在全国 19 个省（自治区、直辖市）开展草鱼出血病监测，覆盖了我国草鱼主要养殖地区。共在 188 个区县 242 个乡镇的 304 个监测点开展监测，每个省份涉及的县和乡镇数如图 2 所示。与 2022 年相比较，2023 年草鱼出血病监测覆盖省份增加 2

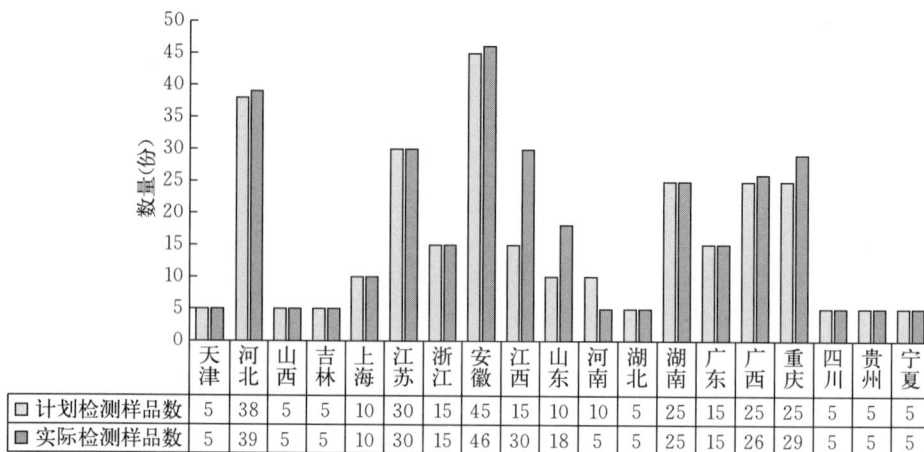

图 1　2023年各省份草鱼出血病监测样品的完成情况

	天津	河北	山西	吉林	上海	江苏	浙江	安徽	江西	山东	河南	湖北	湖南	广东	广西	重庆	四川	贵州	宁夏
□ 计划检测样品数	5	38	5	5	10	30	15	45	15	10	10	5	25	15	25	25	5	5	5
■ 实际检测样品数	5	39	5	5	10	30	15	46	30	18	5	5	25	15	26	29	5	5	5

个，区县数、乡镇数、监测点数都有大幅增加，监测区县数增加 41.35％，监测乡镇数增加 31.52％，监测场点数增加 27.20％。

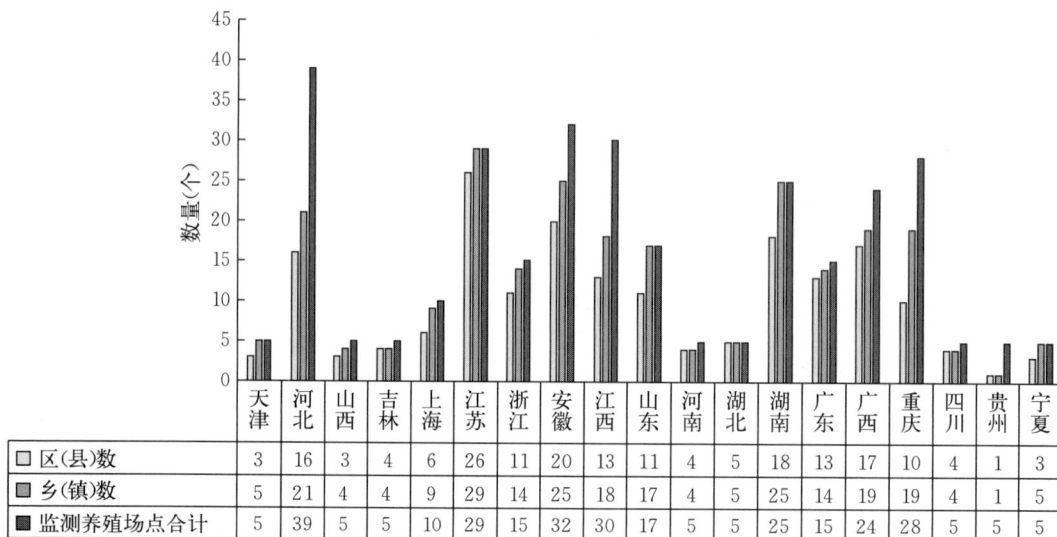

	天津	河北	山西	吉林	上海	江苏	浙江	安徽	江西	山东	河南	湖北	湖南	广东	广西	重庆	四川	贵州	宁夏
□ 区(县)数	3	16	3	4	6	26	11	20	13	11	4	5	18	13	17	10	4	1	3
■ 乡(镇)数	5	21	4	4	9	29	14	25	18	17	4	5	25	14	19	19	4	1	5
■ 监测养殖场点合计	5	39	5	5	10	29	15	32	30	17	5	5	25	15	24	28	5	5	5

图 2　2023年参加草鱼出血病检测的区县、乡镇和检测点数量

在 304 个监测养殖场中，国家级原良种场 10 个，占监测点 3.29％；省级原良种场 67 个，占监测点 22.04％；苗种场 111 个，占监测点 36.51％；成鱼/成虾养殖场 115 个，占监测点 37.83％；观赏鱼养殖场 1 个，占监测点 0.33％（图 3）。其中，上海、江苏、江西、山东和重庆的监测点类型最为丰富，涉及了 4 种不同类型的监测点类型；河北、浙江、安徽、湖南、广东和广西涉及了 3 种不同检测点类型。

草鱼出血病主要危害对象为当年龄草鱼苗种；对 2 年龄草鱼危害较小，但仍偶有发生；后备亲鱼如果携带病原一旦被选为亲鱼，可通过垂直传播途径感染苗种。在监测样品数量减少的情况下，应尽量对苗种场当年草鱼苗种进行监测。一方面提高监测结果的可靠性；另一方面通过苗种检测，尽量确保苗种安全，预防草鱼出血病病原随苗种跨地区传播。

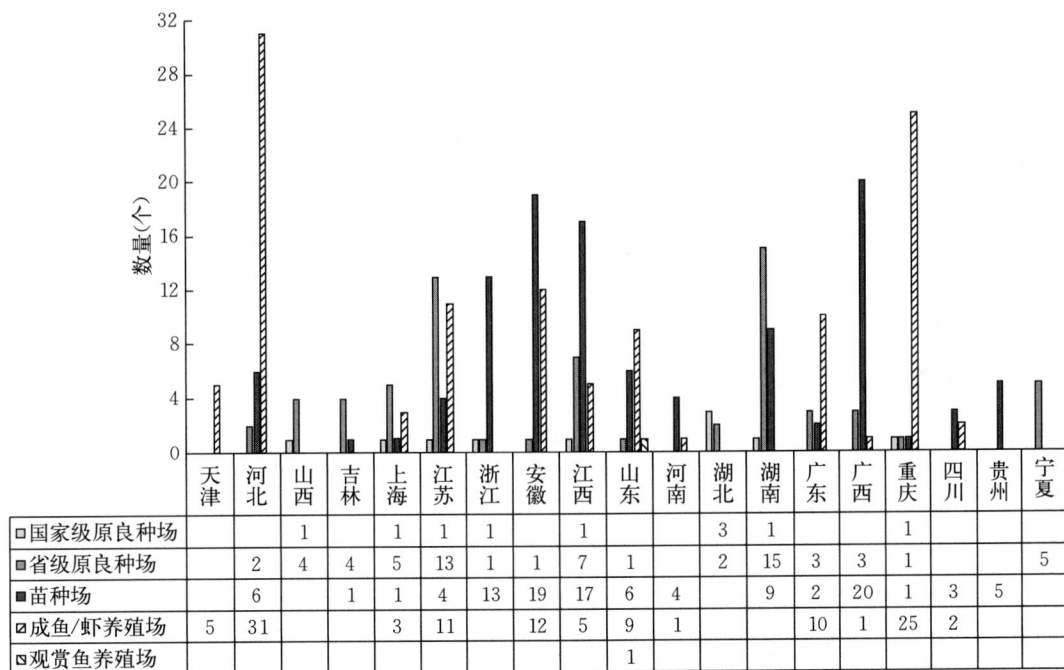

	天津	河北	山西	吉林	上海	江苏	浙江	安徽	江西	山东	河南	湖北	湖南	广东	广西	重庆	四川	贵州	宁夏
国家级原良种场		1			1	1	1		1				3	1		1			
省级原良种场		2	4	4	5	13	1	1	7	1			2	15	3	3	1		5
苗种场		6		1	1	4	13	19	17	6	4		9	2	20	1	3	5	
成鱼/虾养殖场	5	31			3	11		12	5	9	1			10	1	25	2		
观赏鱼养殖场										1									

图 3 2023 年每个省份草鱼出血病不同类型监测点数量

（二）监测点养殖模式

2023 年度监测点的养殖模式以淡水池塘养殖为主，全部 304 个监测点中 298 个为淡水池塘养殖模式，占总数的 98.03%；淡水工厂化和淡水其他养殖模式各有 3 个，共占总数的 1.97%（图 4）。在所有监测省份中山东监测点养殖模式多样性较好，包括两种不同养殖模式。集约化、工厂化的养殖模式不仅可以精准为养殖水产提供营养和生存、生长所需条件，低碳节能，而且能够有效控制病原传播，是水产养殖的发展趋势。因此，应加强对不同养殖模式的疫情监测力度，尤其是大水面养殖模式下草鱼出血病的检测力度，做到及时发现疫情，及时切断疫病传播。

（三）采样品种

2023 年度采样品种以草鱼为主。在全部监测样品中，草鱼样品有 315 份，占全部样品的 97.52%；青鱼样品有 8 份，占全部样品的 2.48%。这 8 份青鱼样品，有 6 份在江苏采集，各有 1 份在安徽和广西采集（图 5）。草鱼和青鱼都是草鱼呼肠孤病毒的敏

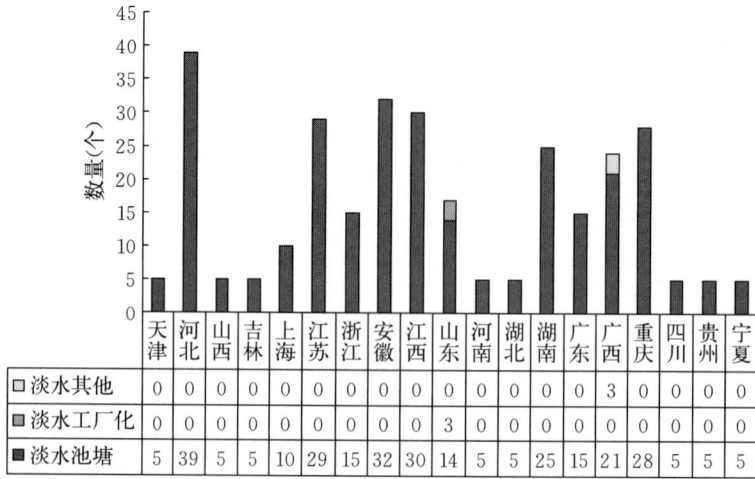

	天津	河北	山西	吉林	上海	江苏	浙江	安徽	江西	山东	河南	湖北	湖南	广东	广西	重庆	四川	贵州	宁夏
□ 淡水其他	0	0	0	0	0	0	0	0	0	0	0	0	0	0	3	0	0	0	0
▨ 淡水工厂化	0	0	0	0	0	0	0	0	0	3	0	0	0	0	0	0	0	0	0
■ 淡水池塘	5	39	5	5	10	29	15	32	30	14	5	5	25	15	21	28	5	5	5

图 4 2023 年草鱼出血病监测点养殖模式

感宿主，江苏、安徽和广西在完成既定任务的前提下，尽量兼顾了敏感宿主采集种类，可以进一步了解草鱼出血病在不同宿主中的携带或感染情况。

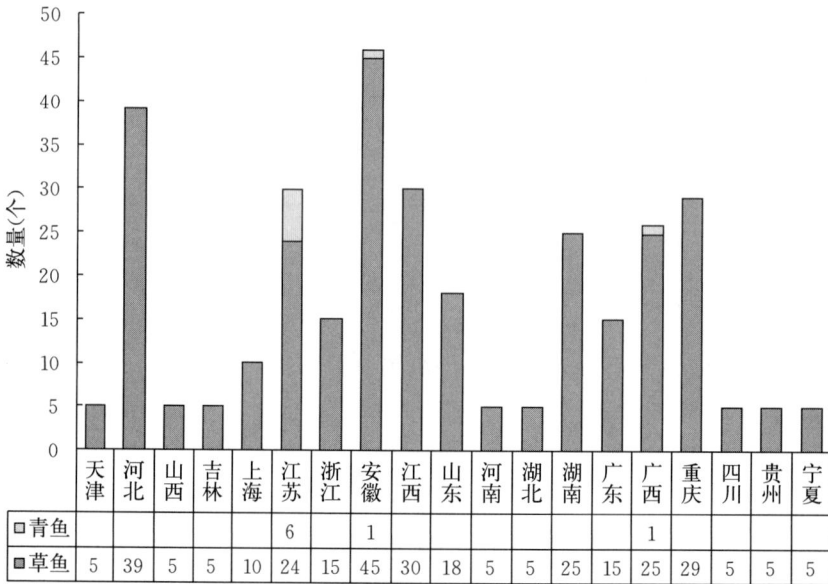

	天津	河北	山西	吉林	上海	江苏	浙江	安徽	江西	山东	河南	湖北	湖南	广东	广西	重庆	四川	贵州	宁夏
□ 青鱼						6		1							1				
■ 草鱼	5	39	5	5	10	24	15	45	30	18	5	5	25	15	25	29	5	5	5

图 5 2023 年每个省份草鱼出血病监测采样品种和采样数量

（四）采样水温

按照草鱼出血病的采样要求，采样在春、夏、秋季进行，水温在 22～30 ℃，最好在 25～28 ℃采样。2023 年度采集的 323 份样品均记录了采样时的水温。在低于 15 ℃温度条件下采集的样品 3 个，占 0.93%；在 15～20 ℃温度条件下采集的样品 14 个，占

4.33%；在 20～25 ℃温度条件下采集的样品 77 个，占 23.84%；在 25～30 ℃温度条件下采集的样品 189 个，占 58.51%；30 ℃以上采集的样品 40 个，占 12.38%。各省样品采集时温度统计结果表明，江苏、湖北、广东和重庆等省（直辖市）部分样品采样温度偏低，不是草鱼出血病易感温度，今后应注意采样季节和温度，提高监测结果有效性（图 6）。

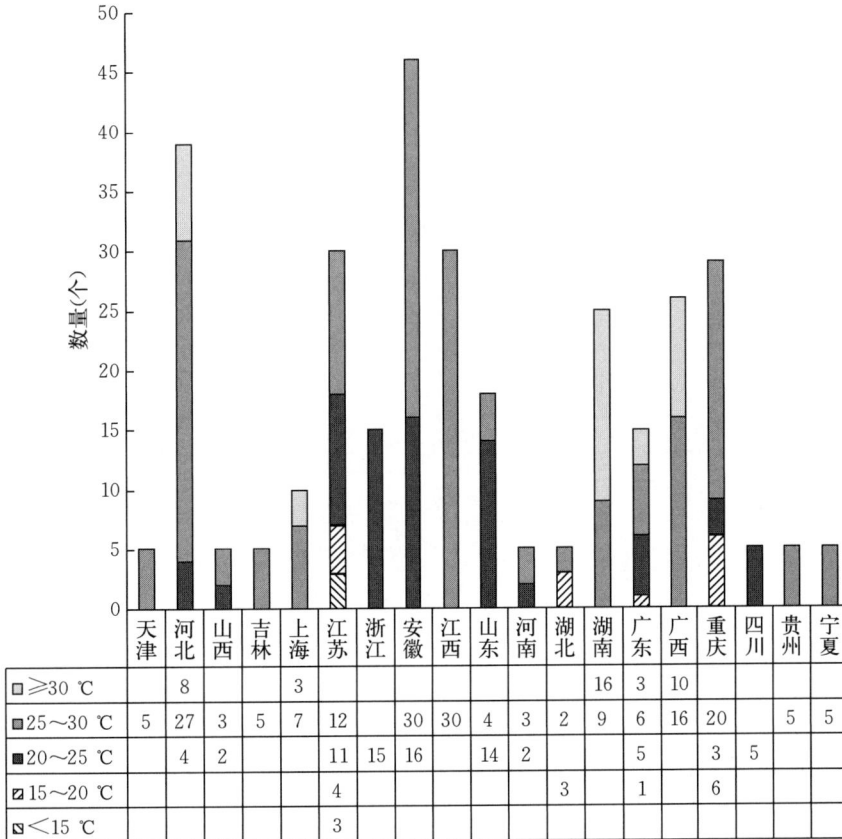

	天津	河北	山西	吉林	上海	江苏	浙江	安徽	江西	山东	河南	湖北	湖南	广东	广西	重庆	四川	贵州	宁夏
≥30 ℃		8			3								16	3	10				
25～30 ℃	5	27	3	5	7	12		30	30	4	3	2	9	6	16	20		5	5
20～25 ℃		4	2			11	15	16		14	2			5		3	5		
15～20 ℃						4						3		1		6			
<15 ℃						3													

图 6　2023 年各省份草鱼出血病监测采样温度的分布情况

（五）采样规格

2023 年所有监测采集样品均记录有样品规格，其中大多数样品采用体长作为规格指标，部分样品是以体重作为规格指标，为了便于统计，一律以样品体长的平均值作为规格指标（提供体重数据的样品进行了体长估算）。从记录的数据来看，2023 年草鱼出血病采样规格在 5 cm 以下的样品 115 个，占样品总数的 35.60%；5～10 cm 的样品 93 个，占样品总数的 28.79%；10～15 cm 的样品 67 份，占样品总数的 20.74%；15～20 cm 的样品 20 份，占样品总数的 6.19%；20 cm 以上的样品 28 份，占样品总数的 8.67%（图 7）。草鱼出血病主要在当龄草鱼种中发生，一般鱼体规格在 5～15 cm；

2 龄草鱼虽然也有发病但一般不会大规模暴发。因此，样品规格尽量选择 20 cm 以下草鱼，提高监测效率。

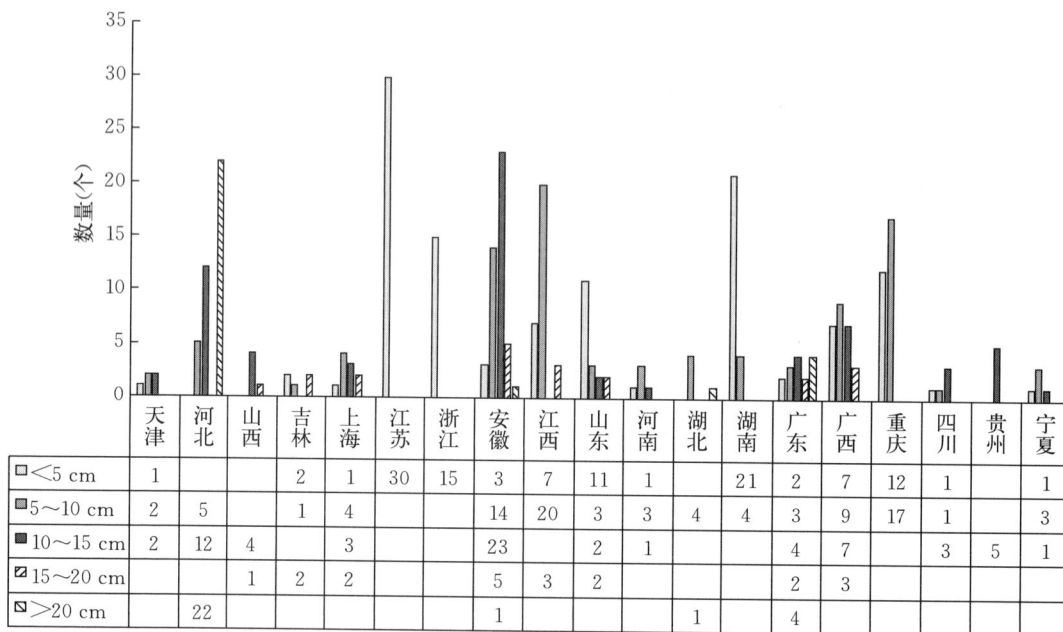

	天津	河北	山西	吉林	上海	江苏	浙江	安徽	江西	山东	河南	湖北	湖南	广东	广西	重庆	四川	贵州	宁夏
□<5 cm	1			2	1	30	15	3	7	11	1		21	2	7	12	1		1
▤5~10 cm	2	5		1	4			14	20	3	3	4	4	3	9	17	1		3
▩10~15 cm	2	12	4		3			23		2	1			4	7		3	5	1
▨15~20 cm				1	2	2		5	3	2				2	3				
▨>20 cm		22						1			1			4					

图 7　2023 年各省份草鱼出血病监测采样规格分布

（六）检测单位

2023 年参与样品检测任务的单位包括安徽省水产技术推广总站、中国水产科学研究院珠江水产研究所、河北省水产技术推广站、重庆市水生动物疫病预防控制中心、江苏省水生动物疫病预防控制中心、广西渔业病害防治环境监测和质量检验中心、江西省农业技术推广中心、湖南省畜牧水产事务中心、浙江省淡水水产研究所、中国水产科学研究院长江水产研究所、山东省淡水渔业研究院、中国水产科学研究院黑龙江水产研究所、上海市水产技术推广站、中国检验检疫科学研究院、山西省水产技术推广服务中心和中国海关科学技术研究中心，共计 16 家单位。检测单位分别来自出入境检验检疫系统、科研院所和推广系统，所有参与检测机构均通过农业农村部组织的相关疫病检测能力测试，确保检测结果准确有效（图 8）。

四、2023 年检测结果分析

（一）各类型监测点数量和阳性检出率

在 19 个省（自治区、直辖市）共设置监测养殖场点 304 个，检出阳性 53 个，养殖场点平均阳性检出率为 17.43%。在 304 个监测养殖场中，国家级原良种场 10 个，2 个

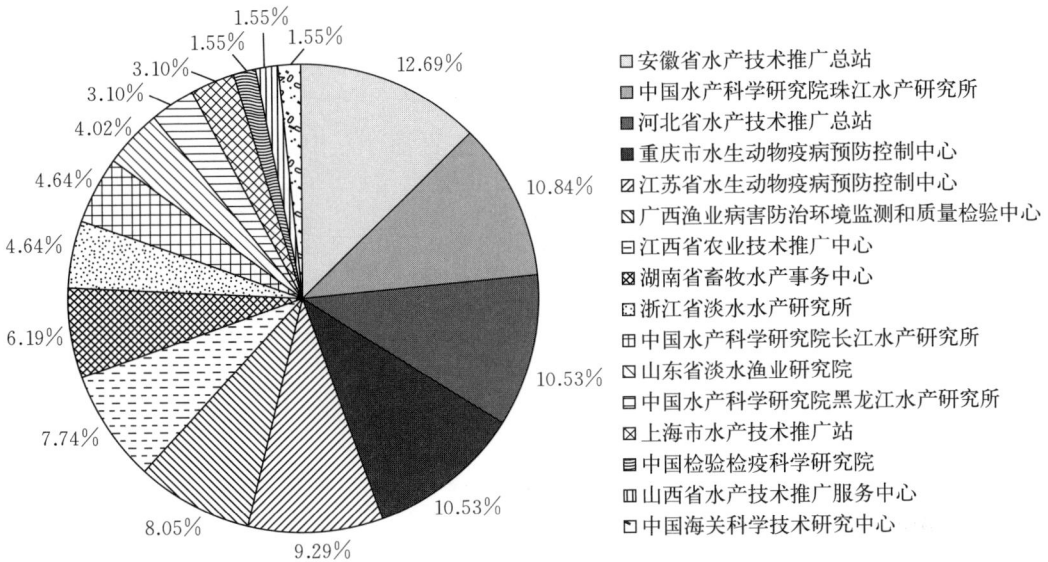

图 8 2023 年参与草鱼出血病监测样品检测工作的单位及监测样品数量占比

安徽省水产技术推广总站
中国水产科学研究院珠江水产研究所
河北省水产技术推广总站
重庆市水生动物疫病预防控制中心
江苏省水生动物疫病预防控制中心
广西渔业病害防治环境监测和质量检验中心
江西省农业技术推广中心
湖南省畜牧水产事务中心
浙江省淡水水产研究所
中国水产科学研究院长江水产研究所
山东省淡水渔业研究院
中国水产科学研究院黑龙江水产研究所
上海市水产技术推广站
中国检验检疫科学研究院
山西省水产技术推广服务中心
中国海关科学技术研究中心

阳性，检出率为 20.00%；省级原良种场 67 个，10 个阳性，检出率 14.93%；苗种场 111 个，20 个阳性，检出率 18.02%；成鱼养殖场 115 个，21 个阳性，检出率 18.26%；观赏鱼养殖场 1 个，无检出（图 9）。

与 2022 年相比，各主要类型监测点数均有所增加。在样品和监测点数量调增的情况下，建议优先考虑采集过往监测结果阳性的养殖场样品，通过复检确保阳性养殖场后续处置的有效性，在阻断病原传播中具有更重要的意义。此外，还应加大国家级和省级原良种场的监测频次，逐渐通过对优质良种场草鱼出血病持续的监测实现区域内草鱼出血病病原净化。

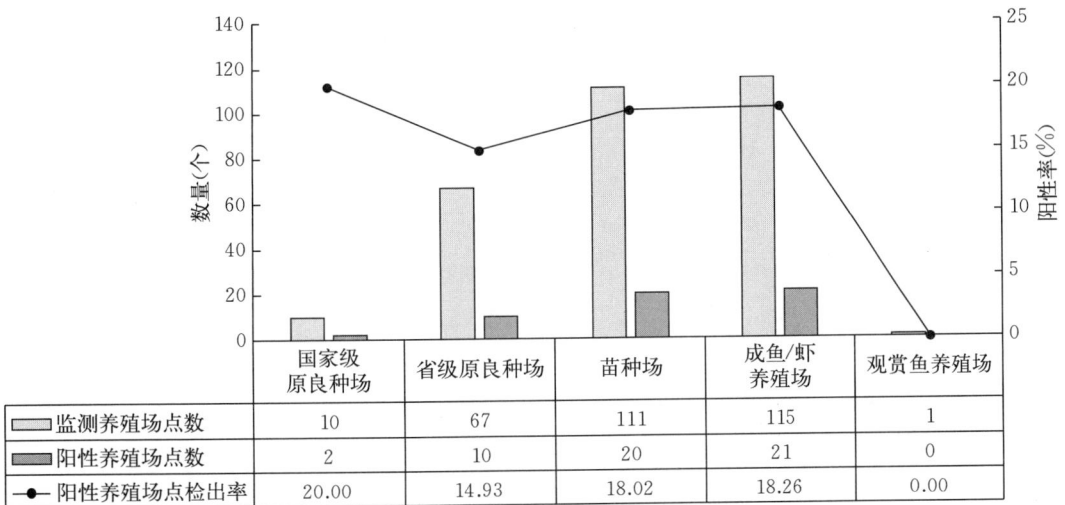

	国家级原良种场	省级原良种场	苗种场	成鱼/虾养殖场	观赏鱼养殖场
监测养殖场点数	10	67	111	115	1
阳性养殖场点数	2	10	20	21	0
阳性养殖场点检出率	20.00	14.93	18.02	18.26	0.00

图 9 2023 年草鱼出血病各种类型养殖场点的阳性检出情况

（二）各省份阳性样品分布和比率

19个省（自治区、直辖市）共采集样品323批次，检出阳性样品55批次，样品平均阳性检出率为17.03％。在19个省（自治区、直辖市）中，天津、河北、安徽、江西、河南、湖北、湖南、广东、广西、重庆和贵州11个省（自治区、直辖市）监测到阳性样品，11个省（自治区、直辖市）的样品平均阳性检出率为23.91％（图10）。养殖场点平均阳性检出率为24.88％（图11）。其中，有阳性检出的场点和阳性检出的省

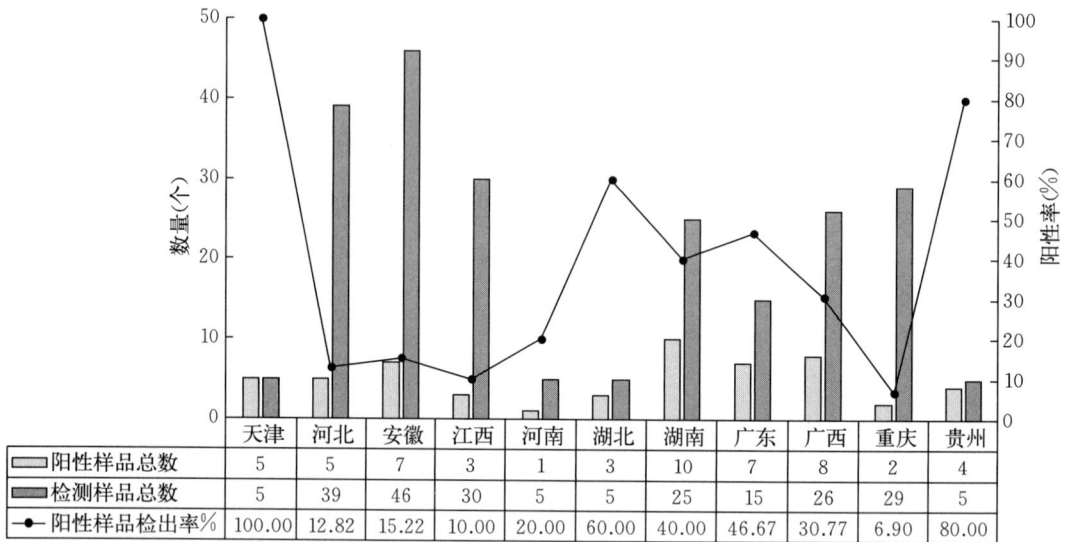

	天津	河北	安徽	江西	河南	湖北	湖南	广东	广西	重庆	贵州
阳性样品总数	5	5	7	3	1	3	10	7	8	2	4
检测样品总数	5	39	46	30	5	5	25	15	26	29	5
阳性样品检出率%	100.00	12.82	15.22	10.00	20.00	60.00	40.00	46.67	30.77	6.90	80.00

图10　2023年各省份草鱼出血病阳性样品检出情况

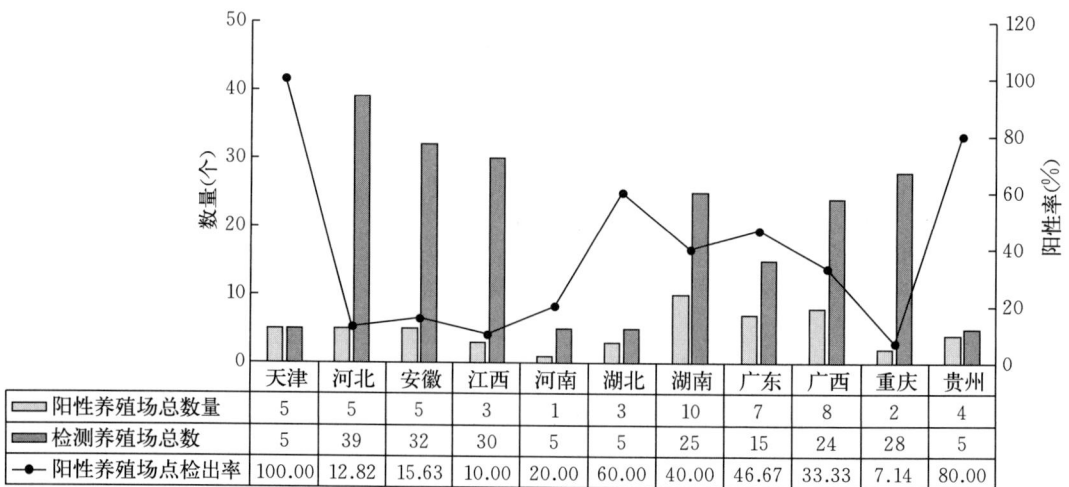

	天津	河北	安徽	江西	河南	湖北	湖南	广东	广西	重庆	贵州
阳性养殖场总数量	5	5	5	3	1	3	10	7	8	2	4
检测养殖场总数	5	39	32	30	5	5	25	15	24	28	5
阳性养殖场点检出率	100.00	12.82	15.63	10.00	20.00	60.00	40.00	46.67	33.33	7.14	80.00

图11　2023年各省份草鱼出血病阳性养殖场点检出情况

份中，天津阳性场点检出率和阳性样品检出率均最高，均为 100％；重庆样品阳性场点检出率和阳性样品检出率均最低，分别为 6.90％和 7.14％。近年来，由于草鱼出血病疫苗的广泛应用以及苗种产地检疫政策的落地实施，我国草鱼出血病疫情得到有效控制，但 2023 年在我国的广东、湖北和湖南等草鱼主养地区的阳性场点检出率和阳性样品检出率均较高，提示需加强草鱼主养区域的疫病监测力度。

（三）阳性样品的水温分布

2023 年共检测出 55 个阳性样品，所有检测阳性样品都记录了采样时的水温，阳性样品的记录水温绝大部分在 20 ℃以上。其中，25～30 ℃水温的检出样品最多，为 32 个，占阳性样品 58.18％；≥30 ℃检出阳性样品 12 个，占阳性样品总数的 21.82％；20～25 ℃水温，检出阳性样品 8 个，占阳性样品 14.55％；≤20 ℃检出阳性样品 3 个，占阳性样品总数的 5.45％。按照草鱼出血病的采样要求，采样在春、夏、秋季进行，水温在 22～30 ℃，最好在 25～28 ℃采样。绝大多数监测阳性样品的采集水温均在推荐样品采集温度下获得，其中 20～30 ℃监测到的阳性样品占阳性样品总数的 72.73％，阳性样品的监测结果与草鱼出血病的流行病学特征一致。

对草鱼出血病长期的流行病学调查结果表明，当采样水温低于 20 ℃时，不是草鱼呼肠孤病毒复制的理想温度条件，患鱼体内病毒载量下降，容易发生漏检现象，因此应强调样品采集的科学性，按照《草鱼出血病监测技术规范》（SC/T 7023—2021）规定样品采集条件采集监测样品。

（四）阳性样品的规格分布

2023 年阳性样品共计 55 份。其中，5 cm 以下的阳性样品有 10 份，占 18.18％；5～10 cm 的阳性样品 16 个，占 29.09％；10～15 cm 的样品 21 个，占 38.18％；15～20 cm 的阳性样品 2 个，占 3.64％；20 cm 以上的阳性样品 6 个，占 10.91％。从不同规格样品的阳性检出率来看，10～15 cm 规格的样品阳性率最高，为 31.34％；其次为大于 20 cm 规格的，阳性率为 21.43％；5 cm 以下的样品阳性检出率最低，为 8.7％（图 12）。该检测结果同草鱼出血病易感草鱼规格基本一致，实验室对草鱼出血病流行规律的调查结果表明，体长 5～15 cm 规格的草鱼是草鱼出血病最易感染阶段，因此建议草鱼出血病的监测规格主要集中在此规格。

（五）阳性样品的地区分布

2023 年检出的阳性样品分布在天津（5 个）、河北（5 个）、安徽（7 个）、江西（3 个）、河南（1 个）、湖北（3 个）、湖南（10 个）、广东（7 个）、广西（8 个）、重庆（2 个）和贵州（4 个）等 11 个省（自治区、直辖市）。广东和湖北是我国养殖草鱼主要苗种繁育地区，监测结果表明，广东和湖北两地连续数年均有草鱼出血病检出，因此加强苗种产地检疫，防止草鱼出血病随苗种流通发生区域间传播是预防该疫病在我国流行的有效措施。此外，天津和贵州阳性率偏高，分别为 100％和 80％；天津连续两年的阳性

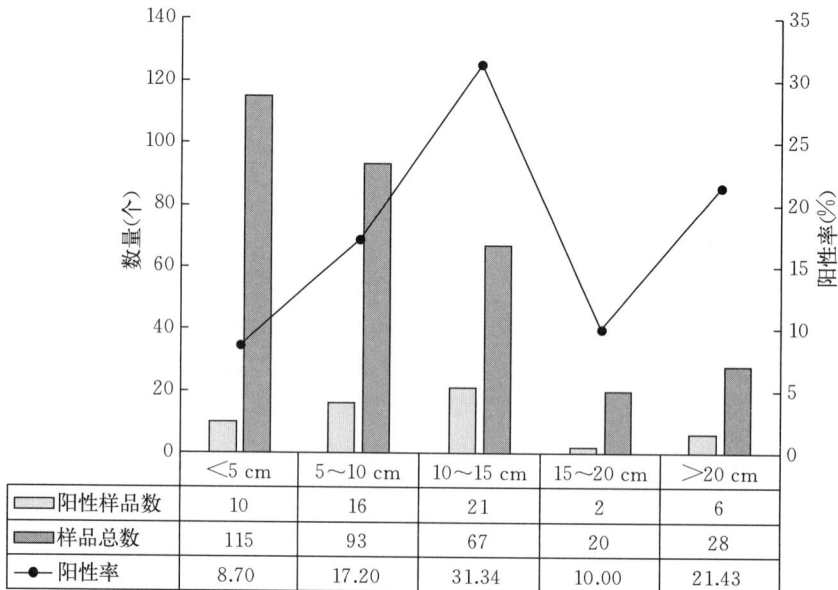

	<5 cm	5～10 cm	10～15 cm	15～20 cm	>20 cm
阳性样品数	10	16	21	2	6
样品总数	115	93	67	20	28
阳性率	8.70	17.20	31.34	10.00	21.43

图 12 2023 年不同采集样品规格的草鱼出血病检测阳性率

率均在80%以上，2023年的5个采样点有3个与2022年相同，且两年结果均是阳性。建议对连续监测阳性的养殖场点开展病原微生物全面消杀，避免由于养殖场内人员、器具、饲料等生产设备的污染，导致养殖草鱼被感染。

五、2015—2023 年监测情况对比

（一）采样规模和完成情况

2023年计划完成样品数298份，实际完成样品数323份，执行率108.39%。2016—2023年均超额完成了年初制定的采样任务。

从采样点的设置来看，2015年内蒙古完成度不理想，可能与所处地理位置有关以及水产养殖现状有关；2016—2018年停止在内蒙古进行草鱼出血病检测；2017年新增加了贵州和宁夏，进一步扩大了监测范围；2018年没有增加监测省份，调整监测布局，增加覆盖了对草鱼主要养殖省份广东省的监测，同时也提高了江西、安徽等草鱼主要养殖省份的检测量，使监测范围的布局更加合理。2019年在2018年的基础上再次进行了调整，增加了河北的检测量。2020年草鱼出血病与2019年采样点分布基本一致。2021年减少了北京市草鱼出血病监测，同时调减了所有监测省份的监测样品数量，同时为了使监测结果更加准确可靠，河北、上海、江苏、湖北、湖南、广东等6个省（直辖市）通过超额完成监测任务的方式，增加了样品监测数量。2022年江苏、安徽、江西、山东等4省总体超额完成了监测任务。2023年河北、安徽、江西、山东、广西、重庆等6个省（自治区、直辖市）均超额完成了监测任务（图13）。

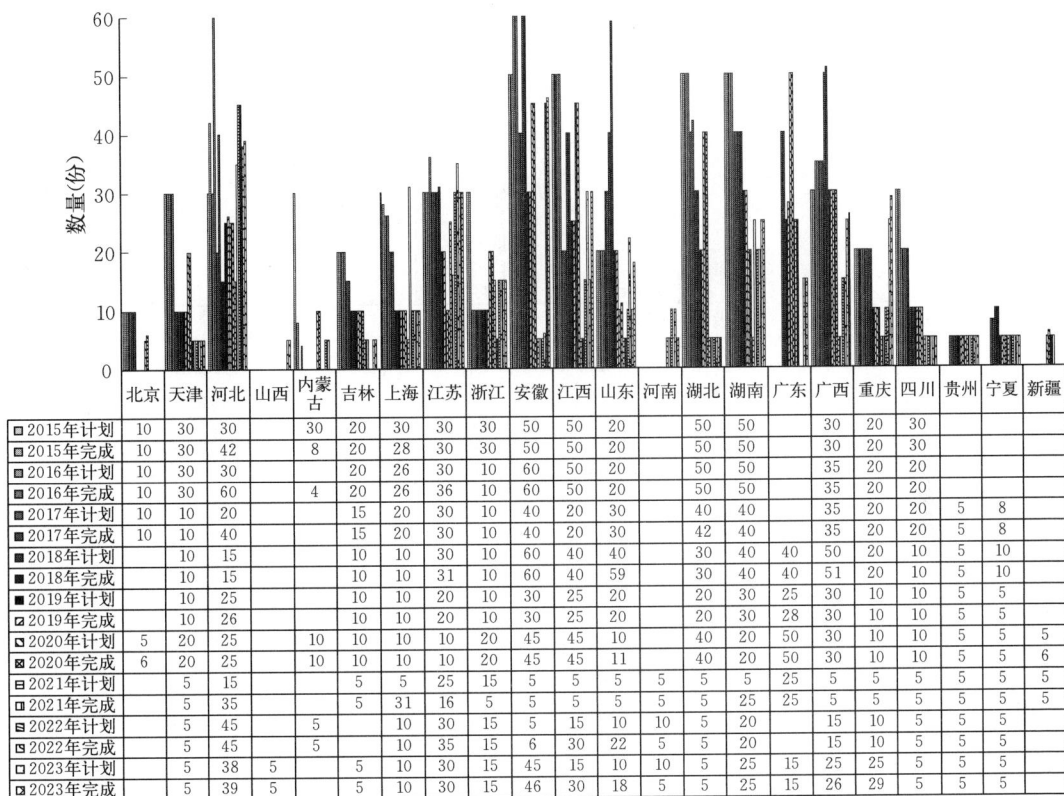

	北京	天津	河北	山西	内蒙古	吉林	上海	江苏	浙江	安徽	江西	山东	河南	湖北	湖南	广东	广西	重庆	四川	贵州	宁夏	新疆
2015年计划	10	30	30		30	20	30	30	30	50	50	20		50	50		30	20	30			
2015年完成	10	30	42		8	20	28	30	30	50	50	20		50	50		30	20	30			
2016年计划	10	30	30			20	26	30	10	60	50	20		50	50		35	20	20			
2016年完成	10	30	60		4	20	26	36	10	60	50	20		50	50		35	20	20			
2017年计划	10	10	20			15	20	30	10	40	20	30		40	40		35	20	20		5	8
2017年完成	10	10	40			15		30	10	40	20	30		42	40		35	20	20		5	8
2018年计划		10	15			10	10	30	10	60	40	40		30	40	40	50	20	10		5	10
2018年完成		10	15			10	10	31	10	60	40	59		30	40	40	51	20	10		5	10
2019年计划		10	25			10	10	20	10	30	25	20		20	30	25	30	10	10		5	
2019年完成		10	26			10	10	20	10	30	25	20		20	30	28	30	10	10		5	
2020年计划	5	20	25		10	10	10		10	20	45	45	10		40		50	10	10		5	5
2020年完成	6	20	25		10	10	10		10	20	45	45	11		40		50	10	10		5	6
2021年计划	5		15			5	5	25	15	5	5	5		5	25		25	5	5		5	5
2021年完成	5		35			5	31	16	5	5	5	5		5	25		25	5	5		5	5
2022年计划	5		45		5		10	30	15	5	15	10	10		5		15	10	5		5	5
2022年完成	5		45		5		10	35	15	6	30	22		5	20		15	10	5		5	5
2023年计划	5		38	5		5	10	30	15	45	15	10	10		5		25	25	5		5	5
2023年完成	5		39	5		5	10	30	5	46	30	18	5		5		25	26	29		5	5

图 13　2015—2023 年草鱼出血病监测采样规模和完成情况对比

（二）监测点的类型

2023 年共设置监测点 304 个，相比 2022 年有大幅增加，为我国水产苗种质量安全提供了有力保障。草鱼是我国最大宗的淡水养殖品种，每年为我国居民提供了稳定安全的优质动物蛋白。因此，确保稳定草鱼产量，对稳定我国国计民生具有重要意义。持续开展草鱼重要病害专项监测、加强草鱼苗种产地检疫都是稳定我国草鱼生产的重要措施。在监测数量增加的情况下，建议对过往监测结果出现阳性的养殖场点开展复查复检；并对广东、江西等草鱼主要苗种生产地区持续加强草鱼出血病专项监测（图 14）。

（三）监测品种

2023 年草鱼样品 315 份，青鱼样品 8 份。草鱼出血病的危害对象和敏感宿主是草鱼和青鱼，目前流行病学调查结果表明，其他养殖的大宗淡水养殖鱼类未检测到阳性。对照目前我国草鱼和青鱼养殖量，在开展草鱼出血病专项监测时，所采集样品应以草鱼为主，同时兼顾青鱼（图 15）。

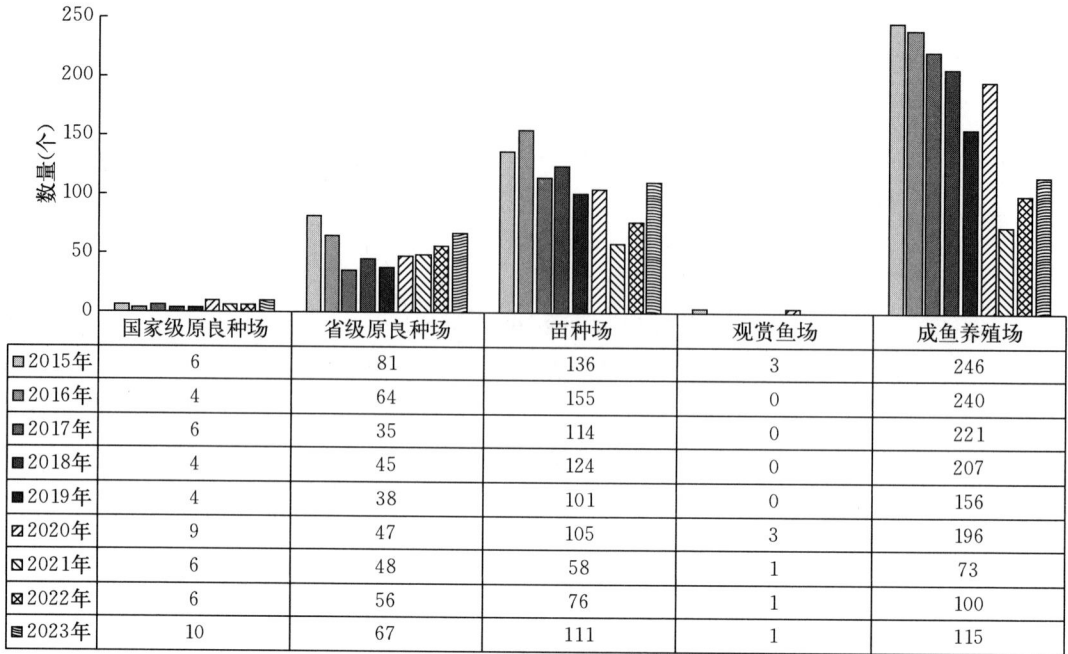

	国家级原良种场	省级原良种场	苗种场	观赏鱼场	成鱼养殖场
2015年	6	81	136	3	246
2016年	4	64	155	0	240
2017年	6	35	114	0	221
2018年	4	45	124	0	207
2019年	4	38	101	0	156
2020年	9	47	105	3	196
2021年	6	48	58	1	73
2022年	6	56	76	1	100
2023年	10	67	111	1	115

图 14 2015—2023 年草鱼出血病监测点类型对比

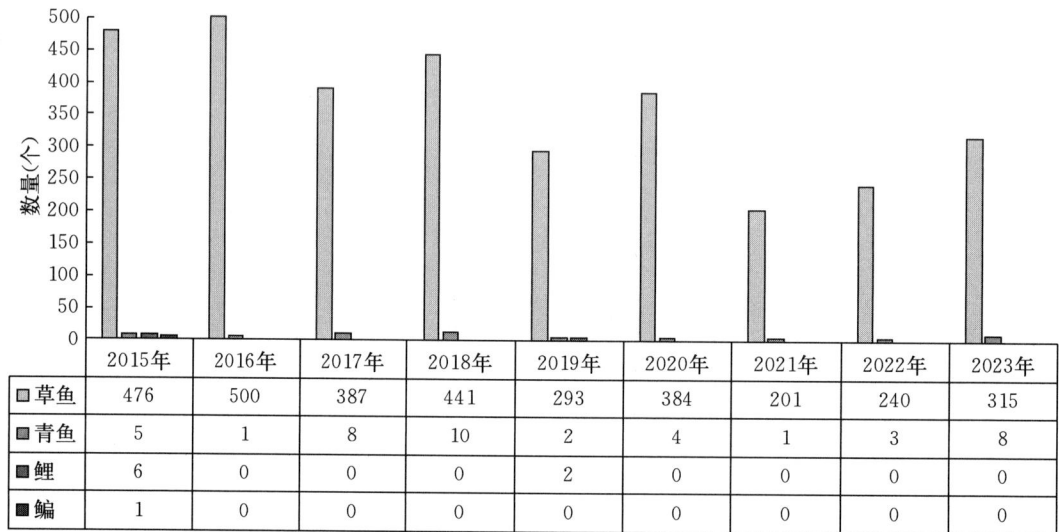

	2015年	2016年	2017年	2018年	2019年	2020年	2021年	2022年	2023年
草鱼	476	500	387	441	293	384	201	240	315
青鱼	5	1	8	10	2	4	1	3	8
鲤	6	0	0	0	2	0	0	0	0
鳊	1	0	0	0	0	0	0	0	0

图 15 2015—2023 年草鱼出血病监测采样品种对比

（四）采样水温

2023 年所有记录采样温度的样品 323 个，20～30 ℃采集的样品有 266 个，占样品总数的 82.35％。2015—2023 年的采样水温基本集中在推荐采样水温范围内（图 16）。

54

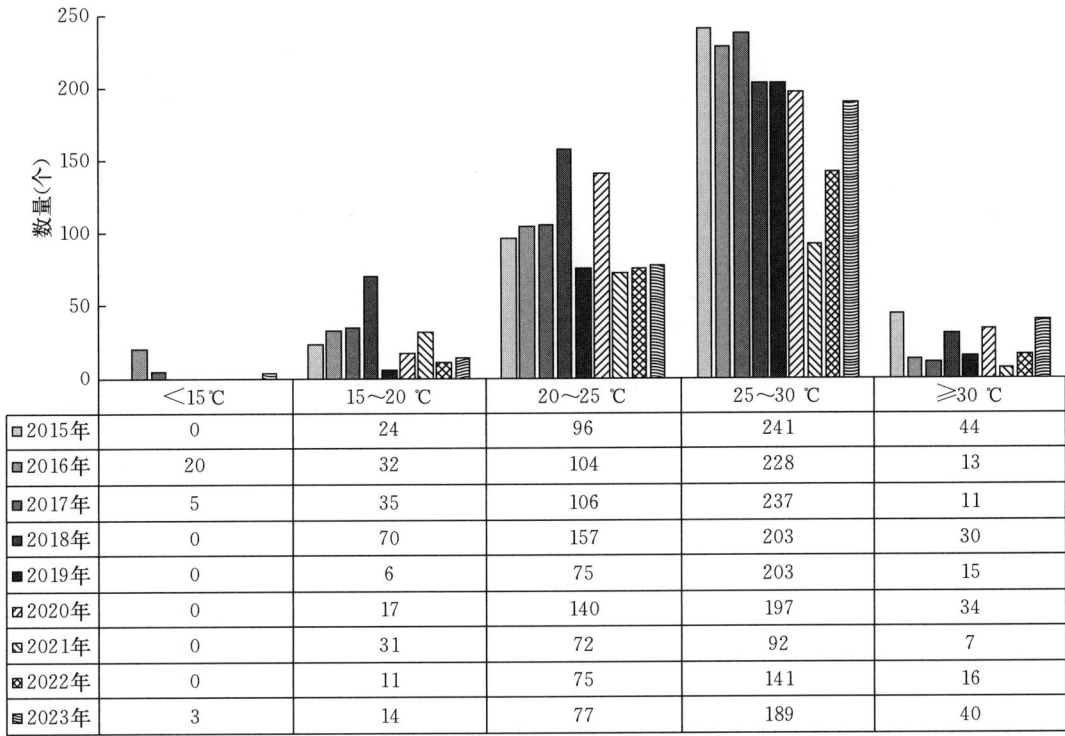

	<15 ℃	15~20 ℃	20~25 ℃	25~30 ℃	≥30 ℃
2015年	0	24	96	241	44
2016年	20	32	104	228	13
2017年	5	35	106	237	11
2018年	0	70	157	203	30
2019年	0	6	75	203	15
2020年	0	17	140	197	34
2021年	0	31	72	92	7
2022年	0	11	75	141	16
2023年	3	14	77	189	40

图 16　2015—2023 年草鱼出血病监测采样水温对比

（五）采样规格

2023 年草鱼出血病采样规格主要集中在 5 cm 以下的样品，共计 115 个，占 35.60%；其次为 5~10 cm，93 个样品，占 28.79%；10~15 cm，67 个样品，占 20.74%；15~20 cm，20 个样品，占 6.19%；20 cm 以上的 28 个样品，占 8.67%（图 17）。

（六）检测结果对比

1. 阳性监测点

2023 年，在 19 个省（自治区、直辖市）共设置监测场点 304 个，有阳性样品检出监测场点 53 个，养殖场点平均阳性检出率为 17.43%，与 2022 年相比较，场点平均阳性检出率出现小幅升高。2023 年国家级原良种场阳性检出率为 20%，是阳性率最高的阳性检测场点，需加强对国家级原良种场的监测力度（图 18、图 19）。

2. 阳性样品

2023 年采集样品 323 个，检出阳性样品 55 个，阳性率 17.03%。2021—2023 年，这三年样品阳性率逐年升高，这可能与监测样品数量有一定关系。2021 年、2022 年和 2023 年阳性率基本可以反映出当前草鱼出血病的流行情况。目前，由于草鱼出血病免疫防控技术的推广，草鱼出血病监测的持续开展，草鱼出血病疫情在我国得到有效控制，监测点均未发生大规模暴发的情况。但是病原仍未得到净化，养殖草鱼携带病毒的

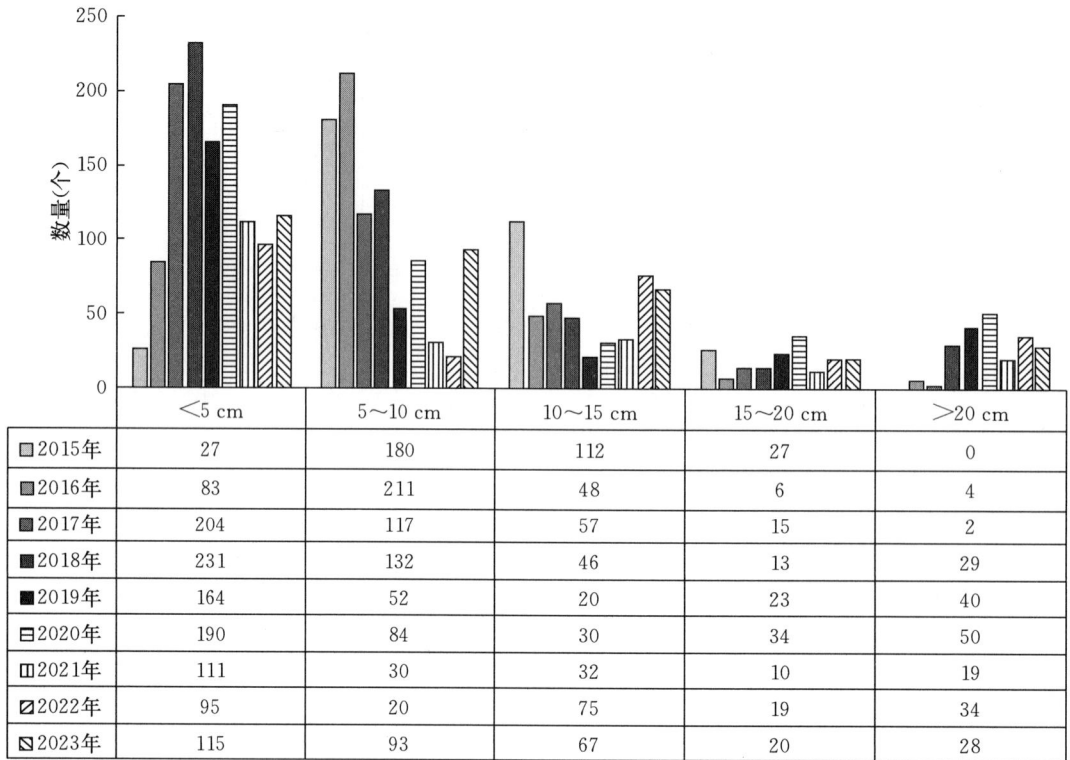

	<5 cm	5～10 cm	10～15 cm	15～20 cm	>20 cm
□2015年	27	180	112	27	0
■2016年	83	211	48	6	4
■2017年	204	117	57	15	2
■2018年	231	132	46	13	29
■2019年	164	52	20	23	40
▤2020年	190	84	30	34	50
▥2021年	111	30	32	10	19
▨2022年	95	20	75	19	34
▧2023年	115	93	67	20	28

图 17 2015—2023 年草鱼出血病监测采样规格

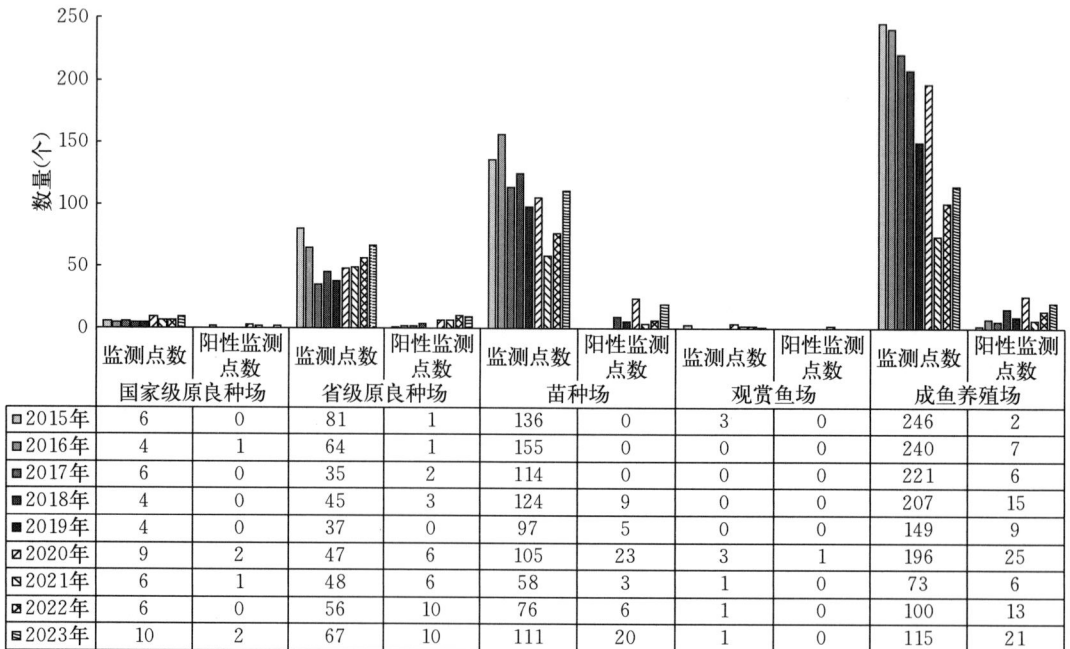

	监测点数 国家级原良种场	阳性监测点数 国家级原良种场	监测点数 省级原良种场	阳性监测点数 省级原良种场	监测点数 苗种场	阳性监测点数 苗种场	监测点数 观赏鱼场	阳性监测点数 观赏鱼场	监测点数 成鱼养殖场	阳性监测点数 成鱼养殖场
□2015年	6	0	81	1	136	0	3	0	246	2
■2016年	4	1	64	1	155	0	0	0	240	7
■2017年	6	0	35	2	114	0	0	0	221	6
■2018年	4	0	45	3	124	9	0	0	207	15
■2019年	4	0	37	0	97	5	0	0	149	9
▨2020年	9	2	47	6	105	23	3	1	196	25
▥2021年	6	1	48	6	58	3	1	0	73	6
▩2022年	6	0	56	10	76	6	1	0	100	13
▧2023年	10	2	67	10	111	20	1	0	115	21

图 18 2015—2023 年草鱼出血病各类型监测点和阳性监测点对比

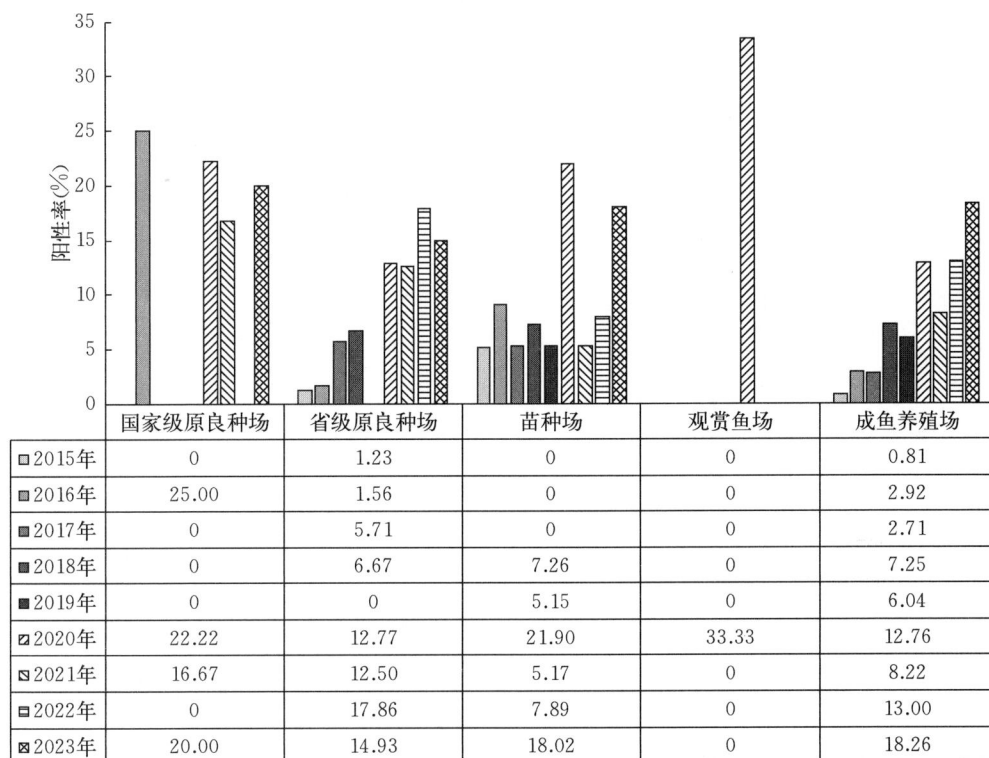

	国家级原良种场	省级原良种场	苗种场	观赏鱼场	成鱼养殖场
2015年	0	1.23	0	0	0.81
2016年	25.00	1.56	0	0	2.92
2017年	0	5.71	0	0	2.71
2018年	0	6.67	7.26	0	7.25
2019年	0	0	5.15	0	6.04
2020年	22.22	12.77	21.90	33.33	12.76
2021年	16.67	12.50	5.17	0	8.22
2022年	0	17.86	7.89	0	13.00
2023年	20.00	14.93	18.02	0	18.26

图 19　2015—2023 年草鱼出血病各类型监测点阳性率对比

情况依然存在，而且维持在一定的阳性比率，因此需要对该疫病持续监测，在易发生季节加强养殖管理，防止由于草鱼出血病疫情大规模暴发对我国草鱼产生造成严重经济损失（图 20）。

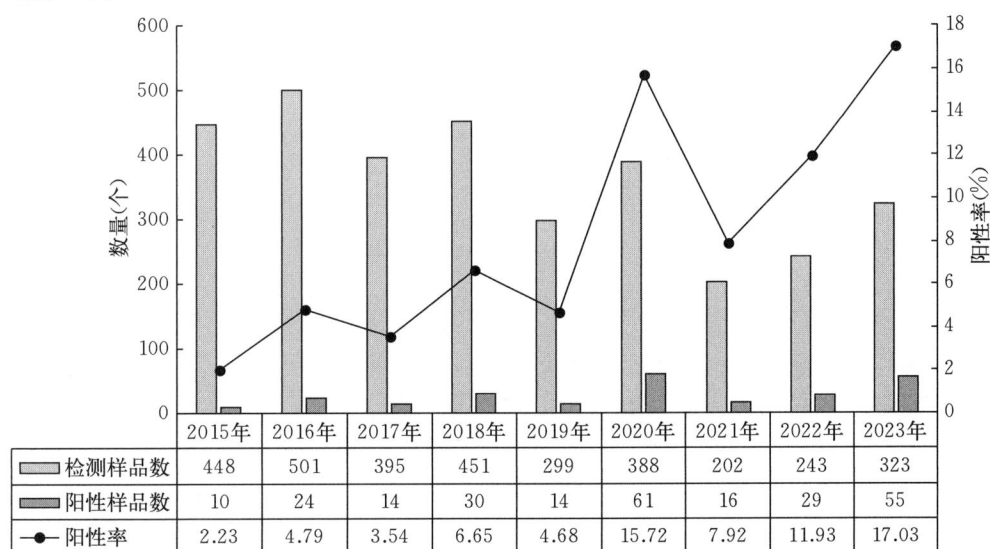

	2015年	2016年	2017年	2018年	2019年	2020年	2021年	2022年	2023年
检测样品数	448	501	395	451	299	388	202	243	323
阳性样品数	10	24	14	30	14	61	16	29	55
阳性率	2.23	4.79	3.54	6.65	4.68	15.72	7.92	11.93	17.03

图 20　2015—2023 年草鱼出血病监测样品数和阳性样品数对比

3. 阳性样品分布

2023 年共有天津、河北、安徽、江西、河南、湖北、湖南、广东、广西、重庆和贵州 11 个省（自治区、直辖市）监测到草鱼出血病阳性样品。其中，天津监测到草鱼出血病阳性率最高，为 100%，其次贵州为 80%。但天津和贵州两省份主要进行草鱼的成鱼养殖阶段，苗种均购买自其他省份，其阳性率偏高，需进一步加强苗种产地检疫和流通管理，避免造成疾病暴发和疫情扩散（图 21）。

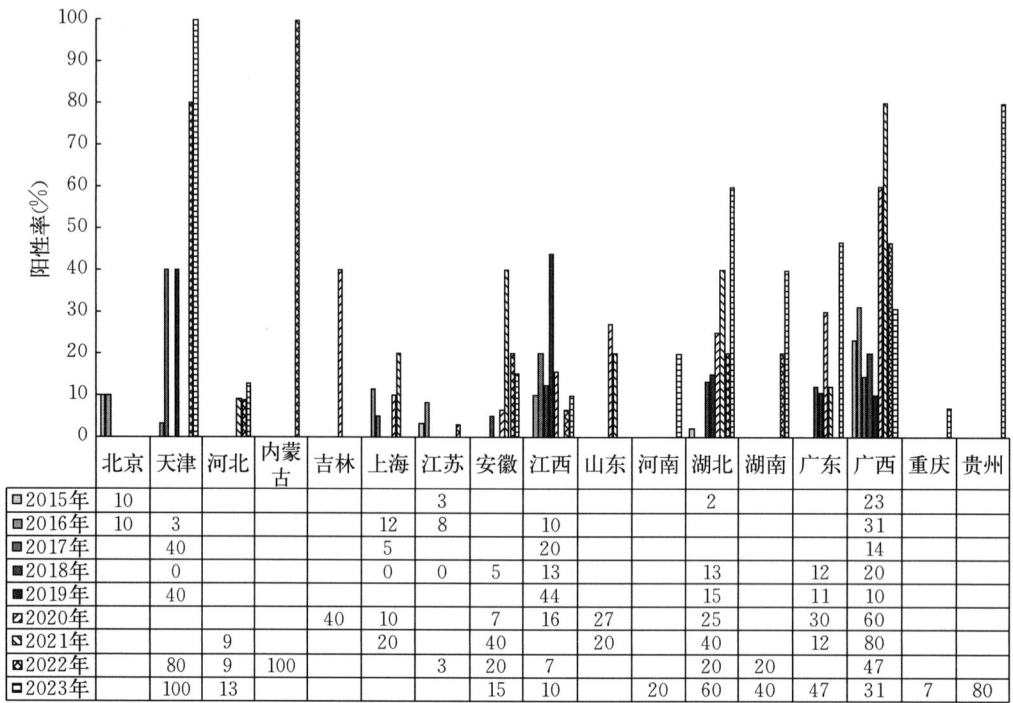

	北京	天津	河北	内蒙古	吉林	上海	江苏	安徽	江西	山东	河南	湖北	湖南	广东	广西	重庆	贵州
2015年	10						3					2			23		
2016年	10	3				12	8		10						31		
2017年		40				5			20						14		
2018年		0				0	0	5	13			13		12	20		
2019年		40							44			15		11	10		
2020年					40	10		7	16	27		25		30	60		
2021年		9				20			40		20	40		12	80		
2022年		80	9	100			3	20	7			20	20		47		
2023年		100	13					15	10		20	60	40	47	31	7	80

图 21　2015—2023 年草鱼出血病监测阳性检出省份的对比

六、草鱼出血病风险分析及防控建议

（一）草鱼出血病在我国的流行现状及趋势

草鱼出血病专项监测自 2015 年以来，先后在我国 22 个省（自治区、直辖市）开展，监测覆盖了国家级原良种场、省级原良种场、苗种场、成鱼虾养殖场和观赏鱼养殖场等不同类型的养殖场点。截至 2023 年共监测各类样品 3 300 份，监测到阳性样品 253 份，监测样品的平均阳性率 7.67%，监测到的草鱼出血病阳性省份 17 个，包括北京、天津、河北、内蒙古、吉林、上海、江苏、安徽、江西、山东、河南、湖北、湖南、广东、广西、重庆和贵州。其中，天津、上海、安徽、江西、湖北、广东和广西等草鱼主要养殖地区的监测到阳性发生情况均在 4 次及以上。而在北京、内蒙古、吉林、河南、重庆、贵州等地区也有草鱼出血病发生的零星报道。监测结果表明，草鱼出血病在我国南方草鱼的主养地区长期存在，推测我国北方地区疫情主要由苗种携带病原传播导致，因此呈现散在发生状况。连续 9 年的草鱼出血病专项监测，加上苗种产地检疫的落地实施，无特定疫病苗种场的推进，以及草鱼出血病免疫防控技术的应用，近年来我国各地均未发生严重的草鱼出血病疫情。

（二）易感染宿主

自然情况下，基因 Ⅱ 型草鱼呼肠孤病毒可感染草鱼、青鱼导致草鱼出血病的发生，发病死亡率最高可达 70%～80%。草鱼和青鱼既是我国大宗淡水养殖品种，也是我国长江和珠江流域的本土鱼种，因此通过开展草鱼出血病疫情专项监测，减少草鱼出血病在养殖鱼类和野生鱼群中的发生，同时具有重要的经济效益、生态效益和社会效益。2015—2023 年监测的阳性样品全部为草鱼样品，其中大部分监测阳性样品为草鱼苗种。目前，草鱼苗种在我国商业流通频繁，同时也是每年对长江、珠江水域渔业资源增殖放流的主要鱼类品种，因此该疫病在养殖水域和天然水域中均存在较大传播风险，要通过持续对草鱼和青鱼两个敏感宿主开展疫情专项监测，推进苗种产地检疫落地实施，加快无特定疫病苗种场的建立，减小该疫病给我国渔业经济和生态环境造成的影响。

（三）防控措施及成效

草鱼出血病的防控措施主要包括免疫预防、监测阻断和药物控制。草鱼出血病疫苗的研发和应用历史悠久，目前可购买的商品化弱毒疫苗在一定时期内为草鱼出血病的防控发挥了重要作用，但由于病原在选择压力下不断突变以及流行毒株的进化，原有的草鱼出血病弱毒疫苗的保护效果逐年降低，已有的疫苗产品远不能满足市场需求，亟须开发同时兼具安全性和有效性的亚单位疫苗、益生菌口服疫苗等草鱼出血病新型疫苗产品。近年来，开展的草鱼出血病专项监测和苗种产地检疫对 GCHD 防控起到了积极作用，每年通过开展包括国家和省级草鱼出血病专项监测计划及苗种产地检疫，以及在第三方检测机构进行的病原检测，及时发现病原，切断病原传播，进而减少草鱼出血病发生概率。但是目前草鱼出血病实验室检测方法操作烦琐、耗时长，且缺少可靠的商品化现场诊断试剂盒，限制了草鱼出血病专项监测和苗种产地检疫的效果。

（四）风险分析

（1）病原风险　近年来的流行病学调查结果表明，只有基因 Ⅱ 型草鱼呼肠孤病毒感染能够引起草鱼出血病，其他基因型草鱼呼肠孤病毒均未发现有致病性。从 2020 年开始，国家水生动物疫病监测计划采用针对基因 Ⅱ 型草鱼呼肠孤病毒的半巢式 PCR 检测方法开展监测，提高了监测灵敏度，减少了漏检情况的发生，连续数年我国均没有大规模暴发草鱼出血病疫情。但是通过 9 年监测发现，苗种带毒的情况比较普遍，需要持续加强草鱼出血病病原监测效率，及时规范处理阳性样品，才能逐步进行病原净化。另外，目前苗种产地检疫结果判定存在一定主观性，需要可靠的现场诊断试剂盒辅助进行结果判定，才能有效防止病原随苗种跨地区传播。

（2）宿主风险　流行病学调查结果表明，基因Ⅱ型草鱼呼肠孤病毒的敏感宿主有草鱼、青鱼、麦穗和稀有鮈鲫等。2015—2023 年监测出阳性的样品均为草鱼苗种。草鱼是我国最大宗的淡水鱼养殖品种，草鱼苗种在我国流通频繁，当苗种携带病原时，病原不仅随苗种在不同地区传播，还会随增殖放流进入到天然水域中。因此，应对我国流通苗种开展规范严格的苗种产地检疫措施，避免草鱼出血病病原随苗种在养殖和野生草鱼、青鱼等宿主间传播。

（3）管理风险　通过长期的监测，基本摸清了草鱼出血病流行季节、易感品种、易感规格等重要参数，以及可能诱导草鱼出血病暴发的养殖密度、氨氮浓度、溶氧等环境因素。因此，在草鱼主要养殖地区流行季节要加强草鱼养殖管理，勤测水质，可以通过降低养殖密度、加开增氧机、使用微生态制剂等措施，改善草鱼养殖环境，尽可能降低草鱼出血病发生。有条件的情况下，苗种应及时接种疫苗，并且接种至少要在高峰期前2 个月完成，才能提供有效保护。

（五）存在的问题与建议

在农业农村部、全国水产技术推广总站的组织和领导下，各有关省份渔业渔政主管部门和具体项目承担单位积极配合下，有效利用国家水生动物疫病监测信息管理系统，2023 年较好地完成了年度的目标和任务，为草鱼出血病的防控提供了较为准确可靠的基础信息，但也存在一些问题：

（1）规范样品采样　从源头控制草鱼出血病发生，加大对广东、湖南等主要草鱼苗种繁育地区的监测力度和频度，及时发现病原，并采取科学规范的处置措施，避免病原随苗种在各地传播。持续对国家级原良种场、省级原良种场等重点苗种场的监测，着力在具有良好硬件基础的苗种场中，培育建立一批无特定疫病苗种场。科学布置监测场点，部分地区的各个监测点的监测结果一致，经溯源鱼苗均购买自相同苗种企业，使监测缺乏代表性，也影响对草鱼出血病流行趋势的判断。优先采集具有典型症状的草鱼作为监测样品，2023 年全部监测样品均为表面健康的样品。健康苗种虽然也可能携带病原，但病毒载量较低，很容易出现漏检的情况。此外，草鱼出血病主要在小规格草鱼中发生，水温一般为 25～30 ℃，因此采集的样品应尽量为在易感条件下，具有典型症状的小规格草鱼，避免漏检的发生。

（2）优化现有草鱼出血病监测标准和开发适用于苗种产地检疫的快检产品　目前，国家监测计划采用基因Ⅱ型草鱼呼肠孤病毒的半巢式 PCR 检测方法，具有检测灵敏度高的优点。但对检测操作人员和实验室条件均有一定要求，且需要两轮核酸扩增，检测耗时较长，容易出现气溶胶污染。对于苗种产地检疫目前缺少现场快速诊断试剂盒，通过感官判断主观性强，如果通过开发快速诊断试剂盒进行现场快速筛查将是对苗种产地检疫的有力技术支撑。

（3）规范苗种产地检疫，推进无规定疫病苗种场建立　加快苗种产地检疫的落地实施，是对草鱼出血病专项监测工作的有效延伸，可以进一步减少苗种携带病原的传播风险。此外，加快无规定疫病苗种场的建立，对具有一定资质的草鱼养殖场点开展连续监测，规范阳性样品的处置措施、苗种引进检疫管理。配合疫苗接种等措施，在规模化草鱼养殖场实现小范围内的病原净化，进而将草鱼出血病给我国渔业生产带来的损失降到最低水平。

2023 年传染性造血器官坏死病状况分析

北京市水产技术推广站

（王静波　潘　勇　王　姝　张　文
吕晓楠　曹　欢　王小亮　王　澎　徐立蒲）

一、前言

传染性造血器官坏死病（Infectious haematopoietic necrosis，IHN）是由弹状病毒科传染性造血器官坏死病毒（IHNV）引起的传染性疾病，常发生于虹鳟养殖场。世界动物卫生组织（WOAH）将其列为必须申报的动物疫病。我国将其列为《一、二、三类动物疫病病种名录》二类动物疫病，并作为水产苗种产地检疫对象。农业农村部自2011 年起每年组织对 IHN 实施专项监测。

二、主要内容概述

2023 年，对我国 11 个省（自治区、直辖市）45 个县（区）64 个乡（镇）的 114个养殖场（监测点）实施了 IHN 的监测。根据上报监测数据，形成了 2023 年传染性造血器官坏死病分析报告。主要内容是对 2023 年收集到的全国 IHN 的监测数据进行分析，对发病趋势和疫情风险进行研判，提出相应的防控建议。

三、2023 年 IHN 监测实施情况

（一）参加省份及完成情况

2023 年的监测省份包括：北京、河北、辽宁、吉林、黑龙江、山东、云南、陕西、甘肃、青海和新疆 11 个省（自治区、直辖市），涉及 45 个县（区）64 个乡（镇）（表1、图 1）。监测对象主要是虹鳟和鲑。监测省份数量与 2022 年一致；监测活动覆盖的县（区）和乡（镇）数量较 2022 年有所增加。

2023 年 IHN 监测点 114 个，较 2022 年减少 3 个监测点，原因是 2022 年陕西省补测 2021 年因疫情未采样的 5 个监测点，即监测点由原计划的 5 个增至 10 个，而 2023年监测点数量又恢复至 5 个。

2023 年 IHN 国家及省级监测计划任务数量为 140 份，实际完成 142 份。与年初计划相比，青海和新疆分别多检测 1 份样品，其余 9 个省份均按照监测计划要求完成了任务（表 2）。

表 1　2011—2023 年参加 IHN 国家监测的省份

省份	2011	2012	2013	2014	2015	2016	2017	2018	2019	2020	2021	2022	2023
河北	√	√	√	√	√	√	√	√	√	√	√	√	√
甘肃	√	√	√	√	√	√	√	√	√	√	√	√	√
辽宁	√	√	√	√	√	√	√	√	√	√	√	√	√
山东	—	—	—	√	√	√	√	√	√	√	√	√	√
北京	—	—	—	√	√	√	√	√	√	√	√	√	√
青海	—	—	—	—	√	√	√	√	√	√	√	√	√
四川	—	—	—	—	√	√	—	√	√	√	√	√	√
吉林	—	—	—	—	√	√	√	√	√	√	√	√	√
湖南	—	—	—	—	√	√	√	√	√	√	√	√	√
陕西	—	—	—	—	√	√	√	√	√	√	未送	√	√
新疆	—	—	—	—	—	√	√	√	√	√	√	√	√
云南	—	—	—	—	—	—	√	√	√	√	√	√	√
新疆兵团*	—	—	—	—	—	—	未送	未送	—	—	—	—	—
黑龙江	—	—	—	—	—	—	—	√	√	√	√	√	√
贵州	—	—	—	—	—	—	—	√	√	—	—	—	—

注："√"表示参加；"—"表示未参加。*"新疆兵团"为"新疆生产建设兵团"简称。

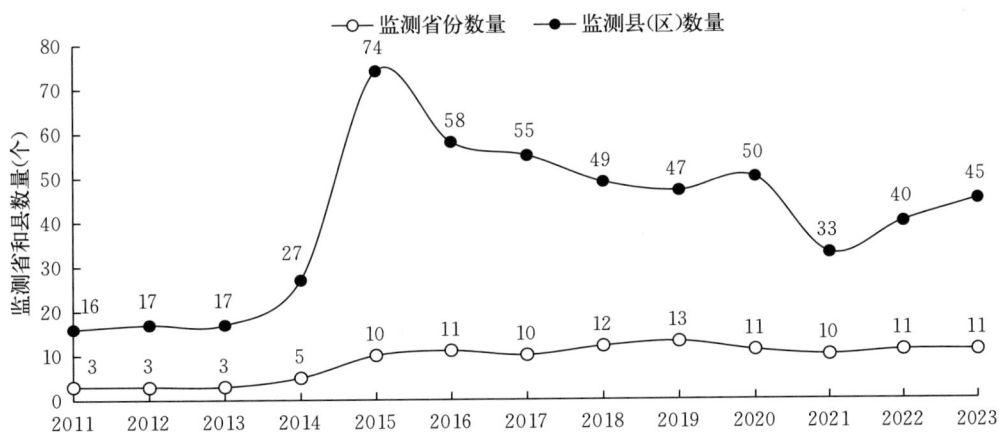

图 1　2011—2023 年 IHN 抽样监测省份和县（区）数量情况

表 2　2023 年各省份 IHN 监测任务数量以及完成情况

项目	河北	甘肃	青海	辽宁	山东	陕西	云南	吉林	新疆	北京	黑龙江	合计
监测任务数量	5 (30)	5	5 (40)	5 (15)	5	5	5	5	5	5	5	55 (85)
完成抽样数量	35	5	46	20	5	5	5	5	6	5	5	142
监测养殖场数量	34	3	25	20	5	5	5	5	5	5	2	114

注：（）内数量为省级监测计划数量；其余为国家监测计划数量。

（二）养殖场类型

2023 年监测点设置包括国家级原良种场 2 个、省级原良种场 8 个、引育种中心 1 个、重点苗种场 19 个、成鱼养殖场 84 个（图 2、图 3 和图 4）。其中，国家级原良种

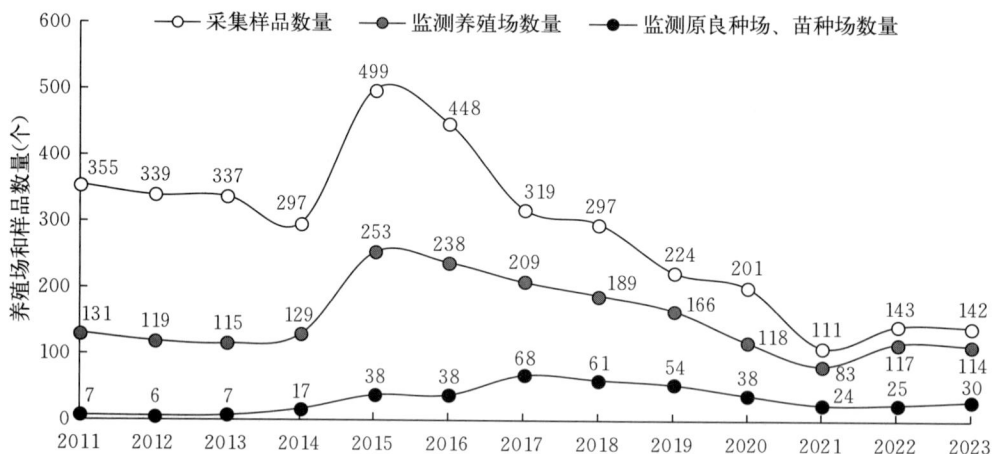

图 2　2011—2023 年 IHN 抽样监测的养殖场和样品情况

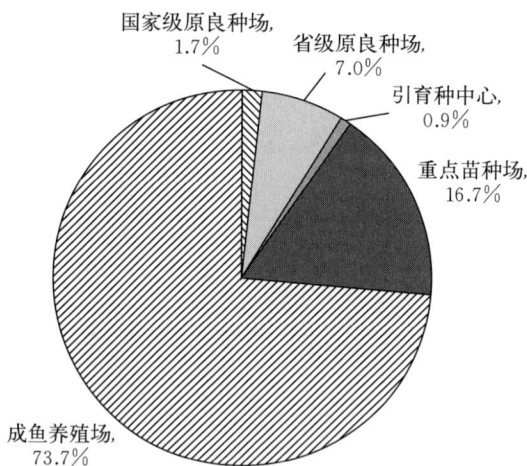

图 3　2023 年 IHN 不同类型监测点占比情况

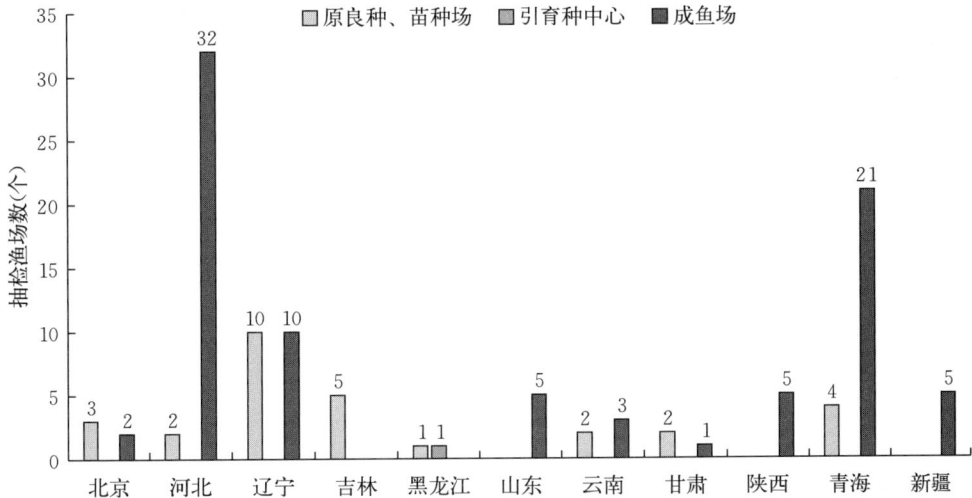

图 4　2023 年各省份 IHN 监测抽检渔场情况

场、省级原良种场、引育种中心和苗种场共计 30 个，占全部抽样养殖场的 26.3%，低于 2017—2021 年各年度，高于 2022 年（21.2%）。

由于原良种场或重点苗种场的病毒传播风险远远高于成鱼养殖场，因此原良种场或重点苗种场抽样数量需进一步加大。

（三）采样规格和水温条件

2023 年，多数省（自治区、直辖市）均能按照监测计划的要求，采取适合规格的样品（表 3）。各省（自治区、直辖市）共采集 6 月龄以内鱼苗合计 89 份，占总数量 142 份的 62.7%，这一比例高于 2020—2022 年各年度，低于 2018 年和 2019 年（图 5）。青海、河北和辽宁抽样鱼规格偏大问题较为突出，样品规格在 51～3 000 g 的分别占 71.7%、42.9% 和 25%。其中，在 6 月龄以内采样的 89 份样品中检出 11 份阳性，大于 6 月龄的 53 份样品中检出 2 份阳性。如采集样品规格不在要求范围内，送样鱼规格较大将很难满足每份样品 150 尾的要求，且漏检率会增高，将使得监测结果的可信度降低。

表 3　2023 年各地区 IHN 监测抽样鱼规格、水温对应总样本数及阳性样本数

省份	1～15 cm（6 月龄内）	>16 cm（大于 6 月龄）	<15 ℃	16～18 ℃
	抽样数/阳性数			
北京	5/0	—	5/0	—
河北	20/7	15/1	35/8	—
辽宁	15/0	5/1	20/1	—
吉林	5/1	—	5/1	—

（续）

省份	1～15 cm（6月龄内）	＞16 cm（大于6月龄）	＜15 ℃	16～18 ℃
	抽样数/阳性数			
黑龙江	5/0	—	5/0	—
山东	5/0	—	3/0	2/0
云南	5/0	—	5/0	—
陕西	5/0	—	5/0	—
甘肃	5/3	—	5/3	—
青海	13/0	33/0	46/0	—
新疆	6/0	—	6/0	—
合计	89/11	53/2	140/13	2/0

注："—"表示未有样本。

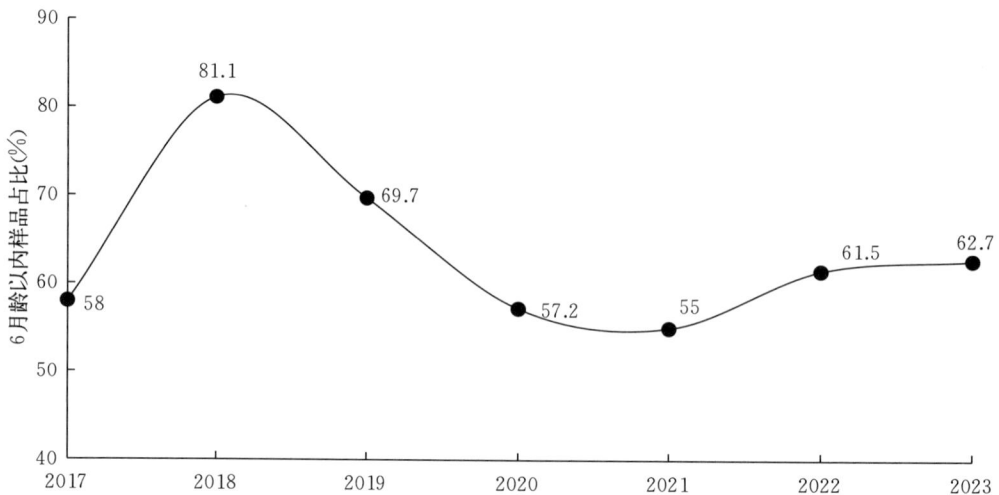

图5　2017—2023年IHN监测各省份抽检6月龄以内鱼苗样品占比

2023年，绝大多数样品均能按照监测计划要求的水温采样（表3）。在水温低于15 ℃采集的140份样品中检出13份阳性；在16～18 ℃采集的2份样品未检出阳性。正常情况下，鱼体内病毒含量会随温度升高而下降，因此，在适宜温度下采集样品才能确保检测结果的准确。

（四）监测品种

2023年采集虹鳟样品140份，占总抽样数量142份的98.6％，其中13份检出阳性；鲑样品2份，检测结果均为阴性。虹鳟是IHNV主要易感品种，也是我国主要的鲑鳟养殖品种，其他鲑鳟类感染IHNV后虽然没有高致病率，但也可能会携带IHNV成为病毒携带者，并通过它们扩散传播。

（五）每份样品数量

按照国家水生动物疫病监测计划，每份样品数量应达到 150 尾。这是为了使检测可信度达到 95％以上所需要的数量，是有科学依据的。2023 年，除青海和甘肃外，其他 9 个省（自治区、直辖市）送检样品数量均符合要求，占总样品数量的 68.3％（97/142），高于 2022 年的 56.6％，低于 2021 年的 73％。青海省 46 份样品中有 42 份数量均不足 150 尾，数量在 4～45 尾，检测结果均为阴性；甘肃省 5 份样品中有 3 份数量在 30～50 尾，检测结果均为阳性。每份样品尾数不足，易造成假阴性，应亟须改变。

（六）样品状态

2023 年山东、云南、甘肃和河北 4 省的样品有酒精固定的组织、冷冻和冰鲜。其中，山东 5 份样品为酒精固定的组织，均未检出阳性；云南 5 份样品为冰鲜，均未检出阳性。这不能排除是送样原因造成的漏检。此外，甘肃 5 份样品中 3 份冰冻，均检出阳性；河北 35 份样品中 4 份冷冻，均有发病，且有临床症状，均检出阳性。

之所以要求采集样品要活体运输至检测实验室原因：①冷冻或酒精固定组织样品，由于 IHNV 检测按标准需要涉及细胞实验，尤其是没有症状的鱼中病毒含量相对较低，经冷冻或者酒精固定后病毒含量进一步下降易造成检测结果假阴性。因此，送冷冻鱼或者酒精固定组织样品在很多情况下是不可取的。②组织样品，目前有的省份和检测实验室采用送组织样品的方式，虽然 WOAH 手册规定可送组织，但这有前提条件，即送样单位有样品前处理能力，可在现场采集样品处理后 48 h 内（运输过程保持 0～10 ℃）运送至检测实验室，并接入细胞。目前看，现阶段送样单位很难达到这个要求，另外检测实验室根本无法核查每份样品的信息，如数量是否达到 150 尾等。③冰鲜鱼，运输过程需要全程保持 0～10 ℃，48 h 内运输到实验室，由实验室及时处理并接入细胞。难点在于运输过程较长时较难控制温度。综上，还是要求送检活鱼。

（七）养殖模式

我国鲑鳟养殖主要为淡水养殖，采用流水、工厂化和网箱养殖模式；近年在山东等沿海还出现了海水深网箱养殖。2023 年在流水和淡水网箱养殖模式中均检测到阳性。

（八）实验室检测情况

2023 年，共有 7 个实验室承担了 IHN 监测样品的检测工作，各实验室承担检测情况见表 4。承担检测任务量占前 3 位的实验室分别为：青海省渔业技术推广中心、中国水产科学研究院黑龙江水产研究所和河北水产技术推广总站。他们承担检测任务量分别占总样品量的 28.9％、21.8％和 21.1％。河北省水产技术推广总站检出 8 份阳性样品，中国水产科学研究院黑龙江水产研究所检出 4 份阳性样品，大连海关技术中心检出 1 份阳性样品。

表4 2023年IHN监测不同实验室承担检测任务量及检测情况

检测单位名称	样品来源省份、检测数量、检测到的阳性数量	承担检测样品总数、检测到阳性样品数
青海省渔业技术推广中心	青海，检测41份，其中阳性0份	承担样品总数41份，占全国总数量的28.9%；未检出阳性
中国水产科学研究院黑龙江水产研究所	吉林，检测5份，其中阳性1份 陕西，检测5份，其中阳性0份 甘肃，检测6份，其中阳性3份 河北，检测5份，其中阳性0份 黑龙江，检测5份，其中阳性0份 青海，检测5份，其中阳性0份	承担样品总数31份，占全国总数量的21.8%；检出4份阳性
河北省水产技术推广总站	河北，检测30份，其中阳性8份	承担样品总数30份，占全国总数量的21.1%；检出8份阳性
大连海关技术中心	辽宁，检测20份，其中阳性1份	承担样品总数20份，占全国总数量的14.1%；检出1份阳性
深圳海关动植物检验检疫技术中心	云南，检测5份，其中阳性0份 新疆，检测5份，其中阳性0份	承担样品总数10份，占全国总数量的7.1%；未检出阳性
北京市水产技术推广站	北京，检测5份，其中阳性0份	承担样品总数5份，占全国总数量的3.5%；未检出阳性
中国海关科学技术研究中心	山东，检测5份，其中阳性0份	承担样品总数5份，占全国总数量的3.5%；未检出阳性

四、2023年IHN监测结果

（一）检出率

2023年，全国11个省（自治区、直辖市）共设置监测点114个（共采集样品142份）。其中，在河北8个、辽宁1个、吉林1个和甘肃2个监测点检出阳性，监测点阳性检出率10.5%（图6）。

（二）阳性监测点类型

2023年在3个省级原良种场、1个苗种场和8个成鱼养殖场检出IHNV，监测点阳性检出率分别为37.5%（3/8）、5.3%（1/19）、9.5%（8/84）。

2015—2023年国家级原良种场、省级原良种场、苗种场以及成鱼场阳性检出率详见图7。2023年省级原良种场阳性检出率是历年来最高的一年；苗种场和成鱼场均检出IHNV阳性，与往年相比，苗种场检出率数据波动较大。

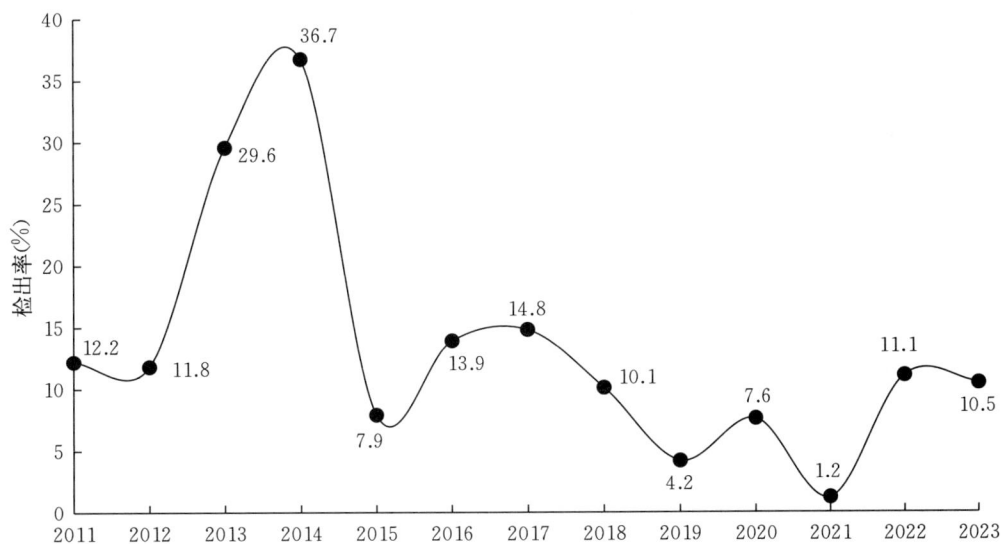

图 6　2011—2023 年 IHN 监测点阳性检出率

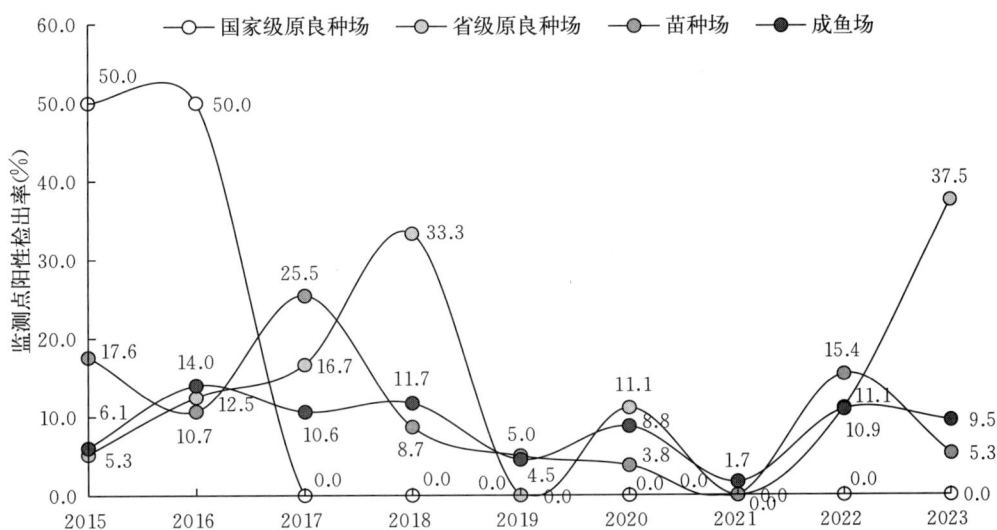

图 7　2015—2023 年各类型养殖场 IHN 阳性检出率

（三）阳性检出区域

2011—2023 年，参与 IHN 国家监测各省（自治区、直辖市）检出阳性养殖场数及分布县（区）数量见表 5。2023 年检测出阳性场和涉及县（区）数量与 2022 年持平。吉林省自 2015 年开展 IHN 监测以来，首次检出阳性，且为省级原良种场。

表 5　各省份 IHNV 检出情况（阳性养殖场数/阳性县数）

省份	2011	2012	2013	2014	2015	2016	2017	2018	2019	2020	2021	2022	2023
河北	8/4	11/7	31/9	33/11	4/4	11/5	1/1	3/2	0	1/1	0	6/3	8/3
甘肃	8/3	1/1	3/1	0	1/1	9/2	8/2	6/3	1/1	3/2	0	1/1	2/1
辽宁	0	2/1	0	0	3/1	2/1	8/2	4/2	0	3/1	0	4/1	1/1
山东	—	—	—	5/2	6/1	0	6/4	1/1	4/2	1/1	0	0	0
北京	—	—	—	9/2	5/1	8/1	5/1	2/1	0/0	0	0	0	0
青海	—	—	—	—	1/1	2/2	1/1	1/1	2/2	0	1/1		
四川	—	—	—	—	0	1/1	—	—	—	—	—		
吉林	—	—	—	—	0	0	0	0	0	0	0	0	1/1
湖南	—	—	—	—	0								
陕西	—	—	—	—	0	0	0	0	0	0	未送	2/2	0
新疆	—	—	—	—	—	0	0	1/1	0	1/1	—	—	—
云南	—	—	—	—	—	—	2/2	1/1	0	0	0	0	0
黑龙江	—	—	—	—	—	—	—	0	0	0	0	0	0
贵州	—	—	—	—	—	—	—	0	0	—	—	—	—
新疆兵团	—	—	—	—	—	—	未送	未送	—	—	—	—	—
合计	16/7	14/9	34/10	47/15	20/9	33/12	31/13	19/12	7/5	9/6	1/1	13/7	12/6

注："—"为尚未列入监测计划。

五、2023 年 IHN 监测风险分析

笔者团队分析认为：全国范围内 IHN 阳性率在 20％以上。但近几年监测中阳性检出率与渔场发病的实际情况对比都偏低，2023 年 IHN 监测点阳性检出率略低于 2022 年，高于 2018—2021 年各年度，但与实际还有较大偏差。分析原因可能为：一是四分之三的省份采样数量都是 5 份，覆盖率偏低，存在较大漏检可能；二是采集每份样品数量不足，虽然部分省份将 100～700 g 样品数量均写到 150 尾，但实际数量有待考证；三是未按要求送活鱼；四是监测是某一固定时间点的抽样，监测时未必一定能够选在发病时取样，造成监测数据低于实际生产发病情况。

（一）发病趋势分析

2023 年监测阳性检出率 10.5％，略低于 2022 年，防控依然不容忽视，还需继续加强。具体分析如下：

1. IHN 分布区域

2023 年在我国河北、辽宁和甘肃检出 IHNV；吉林省自 2015 年纳入监测以来，也首次检出 IHNV 阳性，且为省级原良种场。而往年阳性省份山东、云南、新疆和陕西

未检出，但由于样品数较少以及样品状态等原因导致存在漏检的可能性，而不能排除依然会有 IHN 存在。当一个区域（或某个渔场）发生 IHN 后，如果没有采取措施，也仍然有敏感鱼类存在，按照流行病学原理，IHN 没有理由会突然消失。因此，对曾经阳性而后来再次监测为阴性的区域（或渔场），需要持谨慎态度，应继续加强监测。自开展 IHN 监测至今，在黑龙江一直未检出 IHNV。但由于每年的样品数量较少（5 份），检测结果的偶然性较大，仍需对这些地区继续加强监测。

2. IHN 发生的养殖模式

2023 年在流水和网箱养殖模式中均检测到阳性，这也是我国虹鳟最主要的养殖模式。近几年对甘肃省网箱养殖虹鳟进行监测，发现虹鳟苗种因感染 IHN 出现大量死亡情况。由于网箱养殖模式下，病毒更容易往天然水域扩散，很难防控，所以应高度关注，着重研究如何避免更大范围的扩散和经济损失。另外，深海网箱养殖虹鳟也要引起高度关注，要加强监测力度。

（二）IHN 防控措施及成效

2023 年，辽宁、河北、甘肃、吉林对 IHN 检出阳性的场进行流行病学调查、隔离、消毒处理和限制流通，并上报相关部门。现阶段，各地对发生 IHN 或检出 IHNV 养殖场采取的措施还主要是对鱼池采用化学药物消毒以及给病鱼投喂药物进行治疗，但防控效果一般。

全国多家单位开展 IHNV 疫苗研制工作，试验结果显示疫苗有防控效果。北京市水产技术推广站开展应用投喂益生菌发酵中药预防 IHN，也取得较好的效果。

在我国现有技术能力下，水产苗种产地检疫和监测仍是目前防控 IHN 最有效方式。今后应继续加强这方面的工作。

IHN 防控重在采取预防性措施，在发生疫病后想要清除病毒极其困难，只能采用一些补救措施以降低死亡率，但同时会增加将病毒扩散出去的风险。重点应当放在设法控制病鱼流通方面。要做到这点：从行政管理角度，需加强检疫和监测；从技术服务角度，需进行预防基本知识宣传，缺一不可。对于已经出现 IHN 的养殖场，通过对进水消毒和适当的隔离管理，也能在一定程度上降低死亡的风险，但对管理水平提出较高的要求。

（三）IHN 风险分析

1. 主要风险点识别

（1）原良种场和苗种场　原良种场和苗种场仍然是 IHN 传播风险最高点，因为带毒的苗种会随着苗种流通快速传播。2023 年，在 3 个省级原良种场和 1 个苗种场检出阳性，这是自开展 IHN 监测以来，在省级原良种场检出阳性率最高的一年，这表明 IHN 传播扩散存在较高风险。

（2）养殖模式　我国鲑鳟养殖以流水和网箱养殖模式为主。2023 年在流水和网箱养殖模式的养殖场里均检出 IHNV。网箱中带有 IHNV 容易往天然水域扩散，传播速度更快，防控难度加大，将会造成更大时空范围的危害。

2. 风险评估

该病对我国虹鳟养殖造成了很大的危害，是制约虹鳟养殖健康发展的重要因素之一。需要采取严格控制、扑灭等措施防止进一步扩散。因此，建议继续加强对该病的监测、苗种产地检疫和防控力度。

（四）风险管理建议

（1）建议需虹鳟苗的养殖场购买受精卵而不是鱼苗，购买的受精卵进入到孵化车间前立即进行消毒处理（采用聚维酮碘消毒 15 min），可有效降低苗种感染 IHNV 的风险。没有条件进行受精卵孵化、必须购买苗种的，应将外购的苗种置于流水末端，经监测无 IHN 后，方可正常养殖。

（2）各地切实做好水产苗种产地检疫工作，严格控制带毒苗种和亲鱼的流通。对原良种场和苗种场开展强制性的连续监测。同一养殖场在监测的前两年内，在同一年份不同时间段（中间间隔至少 1 个月）发病适温下需抽样 2 次，每次抽样应涵盖所有鱼池的鱼群；如果连续两年阴性，在该场不引入外来鱼情况下，从第三年开始每年抽样 1 次即可。2017 年农业部已经建成并开始运行水生动物疫病监测系统，连续两年以上检出阴性结果的苗种场、原良种场可通过该系统自动生成并及时发布。

（3）继续加强监测工作力度，积累防控经验，加强推广应用与培训；尤其加强对网箱养殖模式（含海水网箱等）发病情况的监控力度。

（4）开展无规定水生动物疫病苗种场建设和评估工作。

（5）继续推进 IHNV 疫苗、益生菌发酵中药等防控产品的研究及应用工作。

六、监测工作相关建议

（一）进一步规范抽样活动

（1）抽样数量和规格不完全满足抽样要求，应坚持送检活鱼。

2023 年部分省份（甘肃、云南、山东）考虑运输活体不便，运输冰冻、冰鲜或酒精固定组织样品。冻融会降解样品中病毒造成漏检，酒精固定后的组织样品中病毒活性受损可能造成漏检。为避免上述问题，各地在今后送样应坚持送活鱼。

部分省份（河北、青海）抽样规格较大；抽样尾数不足 150 尾（青海、甘肃）。有些省份虽报送每份样品抽取的都是 150 尾，但由于鱼体规格较大，实际很难采 150 尾，上述这些因素都可能造成检测结果的不准确。

对于采集大规格成鱼的省份，建议采取以下措施：针对苗种场每批孵化采样 1～2 次；针对成鱼场，在每次进鱼苗后 1～2 个月（避免鱼长得太大）采样一次。这样取样能保证基本上是小鱼，即可以确保每份 150 尾。

对于大型网箱养殖场，可将该场进行分区设置为不同监测点，并按此分区进行采样，避免同一监测点出现多次采样记录。

（2）抽样要具代表性。为提高抽样代表性，抽样单位抽样时应调查每个养殖场有多少个鱼池、各鱼池如何排布、鱼苗什么时候从孵化车间或苗种池进入养殖池、取样是在孵化车间或者是在什么类型的鱼池中、各个鱼池间的水是如何流动的。通过上述调查分析该养殖场 IHNV 是否存在散在分布的可能性。抽样应严格按全国水产技术推广总站组织制定的《IHN 监测规范》实施。

在往年监测中发现的阳性点也必须坚持连续多年抽样。转为阴性的养殖场也需要连续抽样确认并分析转为阴性的原因，为防控提供科学依据。

应将辖区内国家级原良种场、省级原良种场、引育种中心、重点苗种场全部纳入监测范围。

（3）对于抽样、运输确有较大困难的，由检测实验室派技术人员到现场协助实施抽样及样品处理。

（4）绝大部分省份采样数量 5 份，覆盖率偏低，存在漏检可能。建议增加样品数量，每省应不低于 10 份。

（二）加强对淡（海）水网箱养殖模式的监测

2023 年有 3 份阳性样品来自淡水网箱，提示还是不能放松监测。建议持续加强对青海、甘肃等淡水网箱，以及山东等沿海地区海水网箱养殖模式的监测。

2023 年病毒性神经坏死病状况分析

福建省淡水水产研究所

（樊海平　李苗苗　吴　斌　陈云月　罗巧华）

一、前言

病毒性神经坏死病（Viral nervous necrosis，VNN），又称病毒性脑病和视网膜病（Viral encephalopathy and retinopathy，VER），是一种在世界范围广泛分布的严重危害海水鱼类的病毒性疾病，患病鱼典型病理变化是中枢神经组织和视网膜组织的坏死和空泡化。

近年来，VNN 危害程度不断增加，总体呈现危害范围广、致病性强、死亡率高等特点。常见海水养殖经济鱼类如石斑鱼、鲈、牙鲆、大菱鲆、鲷、鲳鲹、东方鲀等均有感染发病病例；另外，淡水养殖鱼类如欧洲鳗鲡、鲇等也有发病的记录。

2016 年起农业部将病毒性神经坏死病列入了水生动物疫病监测计划。截至 2023 年，已连续开展了 8 年，累计设置监测点 962 个，完成检测样品 1 492 份，检出阳性样品 285 份。本报告主要对 2023 年 VNN 国家疫病监测的数据进行总结和分析，并结合往年监测情况和 VNN 研究进展，提出对该病的监测和风险管控建议，为我国 VNN 防控工作提供数据支撑。

二、2023 年病毒性神经坏死病全国监测情况

（一）概况

2023 年病毒性神经坏死病监测省（自治区、直辖市）共 8 个，分别为天津、辽宁、浙江、福建、山东、广东、广西和海南，涉及 50 个区（县）、67 个乡（镇），共设 123 个监测点（场）。国家监测计划采集样品 35 份，实际采集样品 143 份，检出阳性样品 23 份（表 1）。

表 1　2023 年 VNN 专项监测基本情况（个）

省份	内容	数量
天津	国家监测计划样品数	0
	实际采集样品数/阳性样品数	17/0
	监测养殖场数/阳性场数	8/0
	阳性场分布县域数	0
	阳性场分布乡镇数	0

（续）

省份	内容	数量
辽宁	国家监测计划样品数	0
	实际采集样品数/阳性样品数	20/0
	监测养殖场数/阳性场数	20/0
	阳性场分布县域数	0
	阳性场分布乡镇数	0
浙江	国家监测计划样品数	5
	实际采集样品数/阳性样品数	15/1
	监测养殖场数/阳性场数	14/2
	阳性场分布县域数	1
	阳性场分布乡镇数	1
福建	国家监测计划样品数	5
	实际采集样品数/阳性样品数	15/5
	监测养殖场数/阳性场数	14/5
	阳性场分布县域数	3
	阳性场分布乡镇数	4
山东	国家监测计划样品数	5
	实际采集样品数/阳性样品数	26/2
	监测养殖场数/阳性场数	22/1
	阳性场分布县域数	1
	阳性场分布乡镇数	1
广东	国家监测计划样品数	10
	实际采集样品数/阳性样品数	20/10
	监测养殖场数/阳性场数	17/10
	阳性场分布县域数	6
	阳性场分布乡镇数	8
广西	国家监测计划样品数	5
	实际采集样品数/阳性样品数	15/1
	监测养殖场数/阳性场数	15/1
	阳性场分布县域数	1
	阳性场分布乡镇数	1
海南	国家监测计划样品数	5
	实际采集样品数/阳性样品数	15/4
	监测养殖场数/阳性场数	13/4
	阳性场分布县域数	4
	阳性场分布乡镇数	4

（二）监测点设置

2023 年 VNN 监测共设置 123 个监测点（阳性场 22 个）。其中，国家级原良种场 5 个，无阳性场检出；省级原良种场 28 个（阳性场 7 个），监测点阳性率为 25.00%；苗种场 33 个（阳性场 9 个），监测点阳性率为 27.27%；成鱼养殖场 57 个（阳性场 6 个），监测点阳性率为 10.53%。按养殖模式划分，包括池塘养殖场 18 个（阳性场 10 个），监测阳性率 55.56%；工厂化养殖场 78 个（阳性场 11 个），监测点阳性率 14.10%；网箱养殖场 27 个（阳性场 1 个），监测点阳性率 3.70%（图 1、表 2、图 2）。

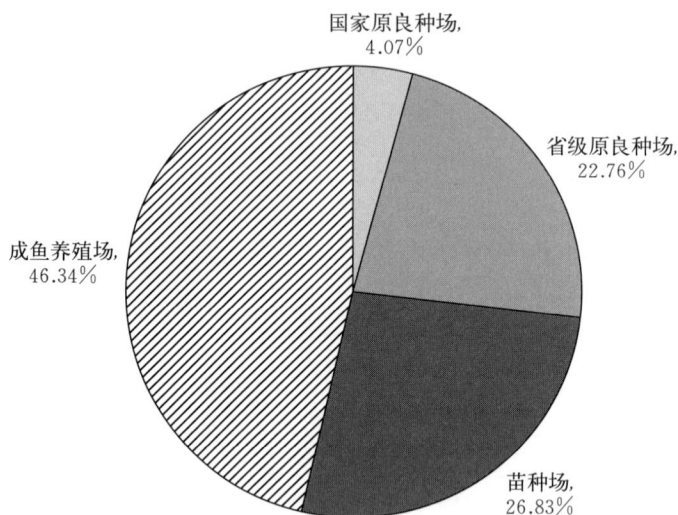

图 1　2023 年 VNN 监测不同类型监测点占比情况

表 2　2023 年 VNN 监测各省份不同养殖模式监测点数量及阳性监测点数（个）

省份	不同养殖模式监测点/阳性监测点数	数量
天津	池塘/阳性监测点数	0/0
	工厂化/阳性监测点数	8/0
	网箱/阳性监测点数	0/0
	其他/阳性监测点数	0/0
辽宁	池塘/阳性监测点数	0/0
	工厂化/阳性监测点数	20/0
	网箱/阳性监测点数	0/0
	其他/阳性监测点数	0/0
浙江	池塘/阳性监测点数	0/0
	工厂化/阳性监测点数	0/0
	网箱/阳性监测点数	14/1
	其他/阳性监测点数	0/0

（续）

省份	不同养殖模式监测点/阳性监测点数	数量
福建	池塘/阳性监测点数	0/0
	工厂化/阳性监测点数	14/5
	网箱/阳性监测点数	0/0
	其他/阳性监测点数	0/0
山东	池塘/阳性监测点数	0/0
	工厂化/阳性监测点数	22/1
	网箱/阳性监测点数	0/0
	其他/阳性监测点数	0/0
广东	池塘/阳性监测点数	17/10
	工厂化/阳性监测点数	0/0
	网箱/阳性监测点数	0/0
	其他/阳性监测点数	0/0
广西	池塘/阳性监测点数	0/0
	工厂化/阳性监测点数	2/1
	网箱/阳性监测点数	13/0
	其他/阳性监测点数	0/0
海南	池塘/阳性监测点数	1/0
	工厂化/阳性监测点数	12/4
	网箱/阳性监测点数	0/0
	其他/阳性监测点数	0/0
合计	池塘/阳性监测点数	18/10
	工厂化/阳性监测点数	78/11
	网箱/阳性监测点数	27/1
	其他/阳性监测点数	0/0

（三）采样品种和水温

2023 年，VNN 监测采样品种以石斑鱼、鲆、卵形鲳鲹、大黄鱼、半滑舌鳎、鲷、鲈（海）为主，占样品总量的 89.51%。其中，石斑鱼样品有 39 份，在 2023 年全部样品中的占比为 27.27%；鲆样品有 36 份，占比为 25.17%；卵形鲳鲹样品有 14 份，占比为 9.79%；大黄鱼样品有 13 份，占比为 9.09%；半滑舌鳎样品有 12 份，占比为 8.39%；鲷样品有 8 份，占比为 5.59%；鲈（海）样品有 6 份，占比为 4.20%。除上述七个品种外，其他样品有鲽 3 份、许氏平鲉 3 份、绿鳍马面鲀 3 份、河鲀（海）2 份、鲻 1 份、美国红鱼 1 份、大泷六线鱼 1 份、其他品种 1 份。2023 年 VNN 监测品种

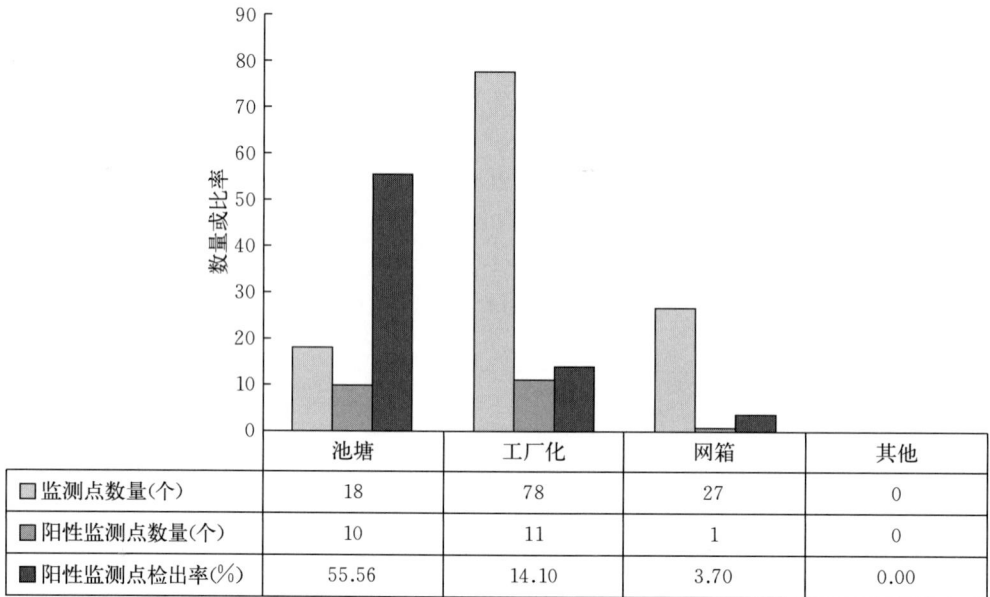

图 2　2023 年 VNN 监测不同养殖模式监测点数量及监测点阳性率

采样水温为 12～31 ℃（表 3、图 3）。

表 3　2023 年 VNN 监测采样品种和水温

序号	品种	水温（℃）	数量（份）	阳性样品数量（份）
1	石斑鱼	20～31	39	17
2	鲆	16～23	36	0
3	卵形鲳鲹	21～33	14	0
4	大黄鱼	23～27	13	0
5	半滑舌鳎	20～26	12	1
6	鲷	22～30	8	1
7	鲈（海）	12～27	6	3
8	鲽	13～18	3	0
9	许氏平鲉	18～25	3	0
10	绿鳍马面鲀	16～22	3	0
11	河鲀（海）	22～23	2	0
12	鲻	21	1	0
13	美国红鱼	30	1	1
14	大泷六线鱼	18	1	0
15	其他	24	1	0
	合计	12～31	143	23

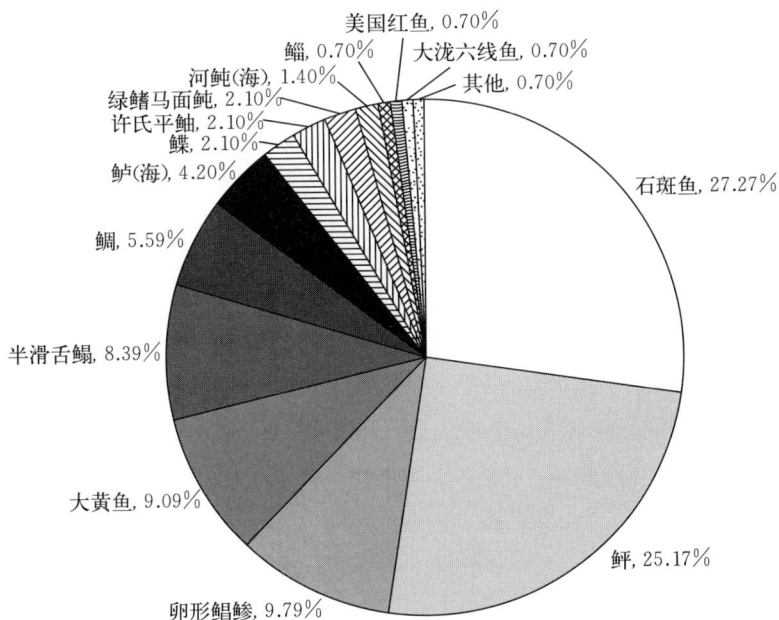

图 3　2023 年 VNN 监测采样品种占比情况

（四）采样规格

2023 年，143 份 VNN 监测样品中，绝大多数以体长作为规格指标，个别样品以体重作为指标，为了便于计算，所有样品均以体长作为指标（将体重为指标的样品进行体长估算）。大部分 VNN 监测样品规格在 10 cm 以下，在 2023 年样品总数的占比为 93.01%。其中，5 cm 以下的样品有 86 份，占比为 60.14%；5～10 cm 的样品有 47 份，占比为 32.87%；10～15 cm 样品有 7 份，占比为 4.90%；15 cm 以上的样品有 3 份，占比为 2.10%（图 4）。

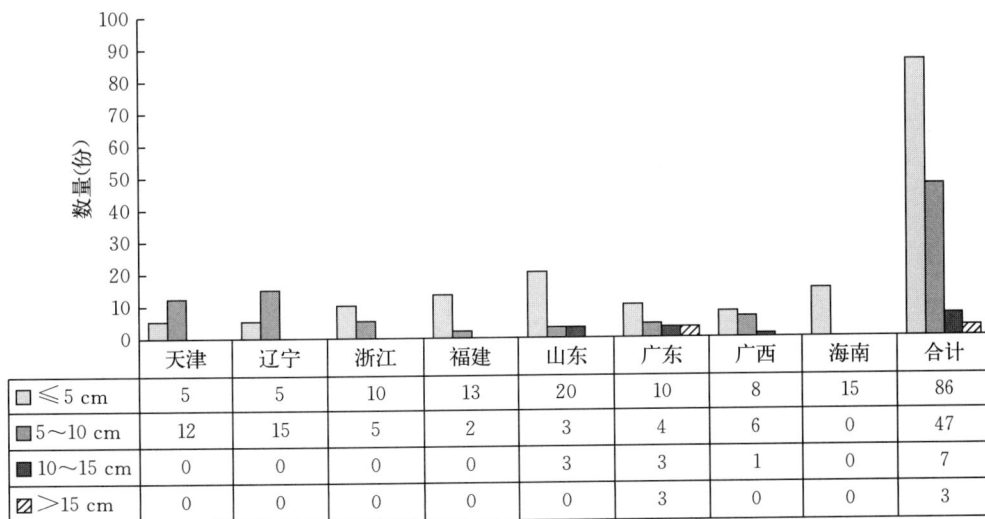

	天津	辽宁	浙江	福建	山东	广东	广西	海南	合计
≤5 cm	5	5	10	13	20	10	8	15	86
5～10 cm	12	15	5	2	3	4	6	0	47
10～15 cm	0	0	0	0	3	3	1	0	7
>15 cm	0	0	0	0	0	3	0	0	3

图 4　2023 年各省份 VNN 监测采样规格分布

（五）不同类型监测点的样品监测情况

2023 年，VNN 监测点包括国家级原良种场监测点 5 个，采集样品 8 份，无阳性样品检出；省级良种场监测点 28 个，采集样品 41 份，阳性样品 8 份，样品阳性率 19.51％；苗种场监测点 33 个，采集样品 37 份，阳性样品 9 份，样品阳性率 24.32％；成鱼养殖场监测点 57 个，采集样品 57 份，阳性样品 6 份，样品阳性率 10.53％（表 4、图 5）。

表 4　2023 年不同类型监测点的样品 VNN 监测情况

省份	指标	2023 年			
		国家级原良种场	省级原良种场	苗种场	成鱼养殖场
天津	采样点	0	7	1	0
	采样份数	0	15	2	0
	阳性样品数	0	0	0	0
辽宁	采样点	0	0	0	20
	采样份数	0	0	0	20
	阳性样品数	0	0	0	0
浙江	采样点	0	5	0	9
	采样份数	0	6	0	9
	阳性样品数	0	0	0	1
福建	采样点	0	2	11	1
	采样份数	0	2	12	1
	阳性样品数	0	1	4	0
山东	采样点	5	4	8	5
	采样份数	8	5	8	5
	阳性样品数	0	2	0	0
广东	采样点	0	7	5	5
	采样份数	0	9	6	5
	阳性样品数	0	5	3	2
广西	采样点	0	0	2	13
	采样份数	0	0	2	13
	阳性样品数	0	0	1	0
海南	采样点	0	3	6	4
	采样份数	0	4	7	4
	阳性样品数	0	0	1	3
合计	采样点	5	28	33	57
	采样份数	8	41	37	57
	阳性样品数	0	8	9	6

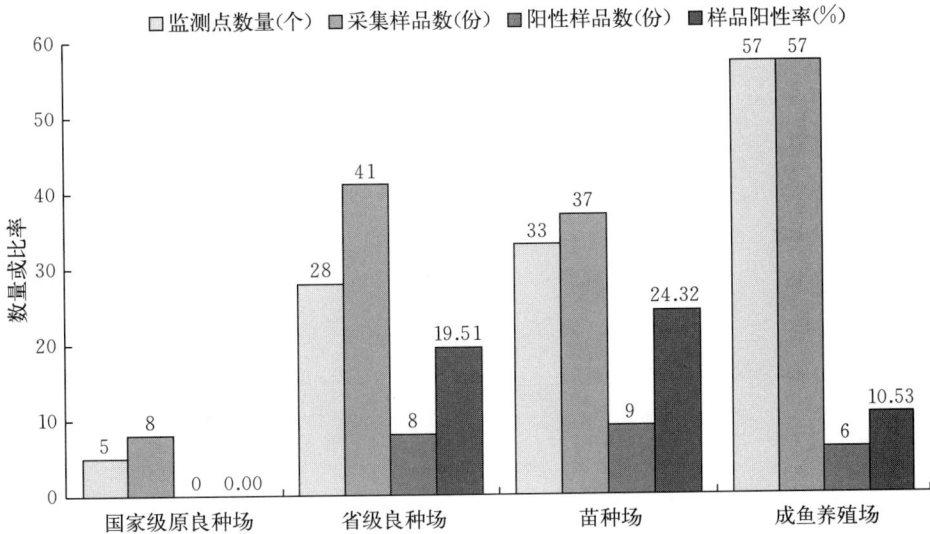

图 5　不同类型监测点 VNN 阳性样品检出情况

（六）阳性样品检出情况

2023 年共检测到 VNN 阳性样品 23 份，涉及 5 个品种，包括石斑鱼 17 份、鲈（海）3 份、半滑舌鳎 1 份、鲷 1 份、美国红鱼 1 份。阳性样品分别在浙江、福建、山东、广东、广西和海南等地区检出（图 6）。石斑鱼阳性样品采集水温在 20～30 ℃，规格为 0.5～16 cm；鲈（海）阳性样品采集水温为 24～27 ℃，规格为 1.5～3 cm；半滑舌鳎阳性样品采集水温为 26 ℃，规格为 1.5～2 cm；鲷阳性样品采集水温为 29 ℃，规格为 3～5 cm；美国红鱼阳性样品采集水温为 30 ℃，规格为 1.5～3 cm（表 5）。

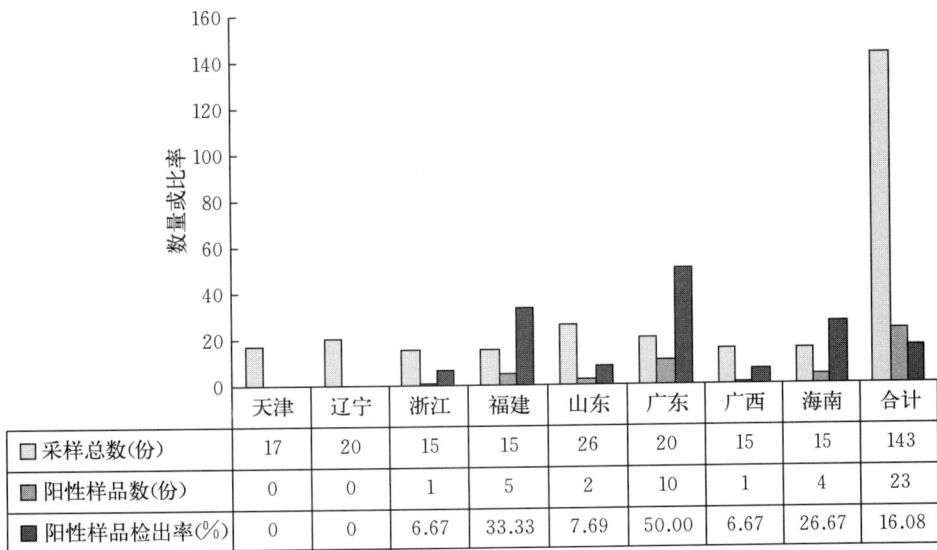

	天津	辽宁	浙江	福建	山东	广东	广西	海南	合计
采样总数(份)	17	20	15	15	26	20	15	15	143
阳性样品数(份)	0	0	1	5	2	10	1	4	23
阳性样品检出率(%)	0	0	6.67	33.33	7.69	50.00	6.67	26.67	16.08

图 6　2023 年各地区 VNN 监测阳性样品检出情况

表5　2023 年 VNN 监测阳性样品检出情况

阳性品种	样品采集数（份）	样品阳性数（份）	阳性检出率（%）	占阳性样品总数的比率（%）	阳性样品采集水温（℃）	阳性样品规格（cm）
石斑鱼	39	17	43.59	73.91	20～30	0.5～16
鲈（海）	6	3	50	13.04	24～27	1.5～3
半滑舌鳎	12	1	8.33	4.35	26	1.5～2
鲷	8	1	12.5	4.35	29	3～5
美国红鱼	1	1	100	4.35	30	1.5～3
合计	66	23	—	—	20～30	0.5～16

（七）VNN 检测单位

2023 年参与 VNN 监测样品检测的单位共 9 家，分别为天津市动物疫病预防控制中心、辽宁省水产技术推广总站、浙江省渔业检验检测与疫病防控中心、福建省水产技术推广总站、山东省淡水渔业研究院、中国水产科学研究院黄海水产研究所、中国水产科学研究院珠江水产研究所、广西渔业病害防治环境监测和质量检验中心和海南省水产技术推广站。各检测单位承担的检测样品量和样品阳性检出情况见表6。

表6　2023 年各检测单位 VNN 检测情况

检测单位名称	样品来源	承担检测样品数（份）	检测到阳性样品数（份）	阳性样品检出率（%）
天津市动物疫病预防控制中心	天津	17	0	0
辽宁省水产技术推广总站	辽宁	20	0	0
浙江省渔业检验检测与疫病防控中心	浙江	15	1	6.67
福建省水产技术推广总站	福建	15	5	33.33
山东省淡水渔业研究院	山东	21	2	9.52
中国水产科学研究院黄海水产研究所	山东	5	0	0
	海南	5	0	0
中国水产科学研究院珠江水产研究所	广东	20	10	50.00
广西渔业病害防治环境监测和质量检验中心	广西	15	1	6.67
海南省水产技术推广站	海南	10	4	40.00
合计		143	23	16.08

三、2023 年 VNN 检测结果分析

（一）总体阳性检出情况

2023 年，VNN 监测范围包括天津、辽宁、浙江、福建、山东、广东、广西和海南等 8 个省（自治区、直辖市），采集样品 143 份，检出阳性样品 23 份，样品阳性检出率为 16.08%；共设 123 个监测点，有 22 个监测点检出 VNN 阳性，监测点阳性率为 17.89%。与 2022 年相比，样品阳性率和监测点阳性率分别下降了 9.56% 和 6.68%，但部分地区如广东、福建、海南的样品阳性率和监测点阳性率仍然较高（图 7）。

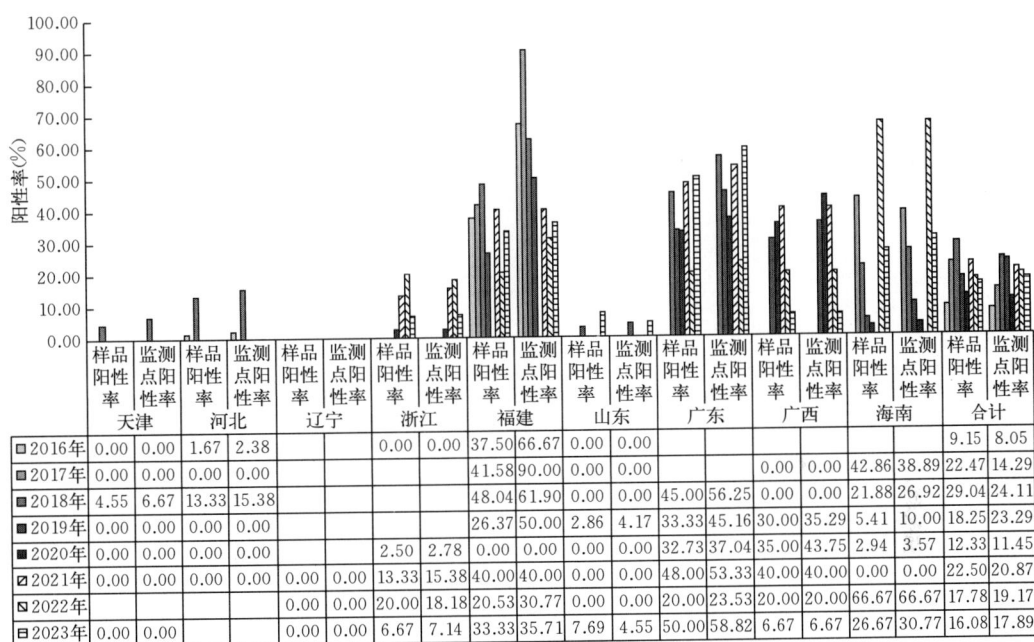

年份	天津		河北		辽宁		浙江		福建		山东		广东		广西		海南		合计	
	样品阳性率	监测点阳性率	样品阳性率	监测点阳性率	样品阳性率	监测点阳性率	样品阳性率	监测点阳性率	样品阳性率	监测点阳性率	样品阳性率	监测点阳性率	样品阳性率	监测点阳性率	样品阳性率	监测点阳性率	样品阳性率	监测点阳性率	样品阳性率	监测点阳性率
2016年	0.00	0.00	1.67	2.38			0.00	0.00	37.50	66.67	0.00	0.00							9.15	8.05
2017年									41.58	90.00			0.00	0.00			42.86	38.89	22.47	14.29
2018年	4.55	6.67	13.33	15.38					48.04	61.90	0.00	0.00	45.00	56.25	0.00	0.00	21.88	26.92	29.04	24.11
2019年									26.37	50.00	2.86	4.17	33.33	45.16	30.00	35.29	5.41	10.00	18.25	23.29
2020年							2.50	2.78	0.00	0.00			32.73	37.04	35.00	43.75	2.94	3.57	12.33	11.45
2021年					0.00	0.00	13.33	15.38	40.00	40.00			48.00	53.33	40.00	40.00			22.50	20.87
2022年							0.00	0.00	20.00	18.18	20.53	30.77	20.00	23.53	20.00	20.00	66.67	66.67	17.78	19.17
2023年	0.00	0.00			0.00	0.00	6.67	7.14	33.33	35.71	7.69	4.55	50.00	58.82	6.67	6.67	26.67	30.77	16.08	17.89

图 7 2016—2023 年 VNN 监测阳性检出率

（二）易感宿主品种分析

2023 年，VNN 监测采集样品种类有石斑鱼、鲈、卵形鲳鲹、大黄鱼、半滑舌鳎、鲷、鲈（海）、鲽、许氏平鲉、绿鳍马面鲀、河鲀（海）、鲻、美国红鱼、大泷六线鱼等 14 种鱼类，检测出的 23 份阳性样品中有石斑鱼 17 份、鲈（海）3 份、半滑舌鳎 1 份、鲷 1 份、美国红鱼 1 份，其中半滑舌鳎和美国红鱼为我国开展 VNN 监测以来首次阳性检出。2016—2023 年，我国相继在石斑鱼、河鲀（海）、大黄鱼、鲈、卵形鲳鲹、鲈（海）、多带金钱鱼、鲷、半滑舌鳎和美国红鱼等 10 种鱼类中检出阳性样品，易感宿主品种仍然保持逐年增多的趋势。阳性品种中，美国红鱼、多带金钱鱼和石斑鱼的累计阳性检出率较高，分别达到了 100%、66.67% 和 39.44%，其中美国红鱼和多带金钱鱼在往年监测中的采样量较少，VNN 在这 2 个品种的流行情况需要进一步监测（图 8）。

年份	石斑鱼			河鲀(海)			大黄鱼			鲆			卵形鲳鲹			鲈(海)			多带金钱鱼			鲷			半滑舌鳎			美国红鱼		
	采集数(份)	阳性数(份)	阳性检出率(%)	采集数(份)	阳性数(份)	阳性检出率(%)	采集数(份)	阳性数(份)	阳性检出率(%)	采集数(份)	阳性数(份)	阳性检出率(%)	采集数(份)	阳性数(份)	阳性检出率(%)	采集数(份)	阳性数(份)	阳性检出率(%)	采集数(份)	阳性数(份)	阳性检出率(%)	采集数(份)	阳性数(份)	阳性检出率(%)	采集数(份)	阳性数(份)	阳性检出率(%)	采集数(份)	阳性数(份)	阳性检出率(%)
2016	26	12	46.15	6	1	16.67	13	0	0.00	65	0	0.00	0	0	0.00	1	0	0.00	0	0	0.00	2	0	0.00	22	0	0.00	0	0	0.00
2017	104	51	49.04	9	0	0.00	22	0	0.00	50	0	0.00	13	0	0.00	6	0	0.00	0	0	0.00	1	0	0.00	21	0	0.00	0	0	0.00
2018	156	74	47.44	5	1	20.00	15	1	6.67	43	3	6.98	13	0	0.00	3	0	0.00	0	0	0.00	4	0	0.00	30	0	0.00	0	0	0.00
2019	168	46	27.38	6	0	0.00	14	0	0.00	41	0	0.00	16	4	25.00	5	0	0.00	0	0	0.00	3	0	0.00	13	0	0.00	0	0	0.00
2020	84	21	25.00	1	0	0.00	34	0	0.00	28	0	0.00	27	5	18.52	15	1	6.67	0	0	0.00	3	0	0.00	17	0	0.00	0	0	0.00
2021	28	15	53.57	1	0	0.00	12	0	0.00	10	0	0.00	7	2	28.57	1	1	100.0	0	0	0.00	3	0	0.00	15	0	0.00	0	0	0.00
2022	34	16	47.06	3	0	0.00	15	3	20.00	33	0	0.00	9	0	0.00	10	2	20.00	3	2	66.67	14	1	7.14	8	0	0.00	0	0	0.00
2023	39	17	43.59	2	0	0.00	13	0	0.00	36	0	0.00	14	0	0.00	6	3	50.00	0	0	0.00	8	1	12.50	12	1	8.33	1	1	100.0
合计	639	252	39.44	33	2	6.06	138	4	2.90	306	3	0.98	99	11	11.11	47	7	14.89	3	2	66.67	38	2	5.26	138	1	0.72	1	1	100.0

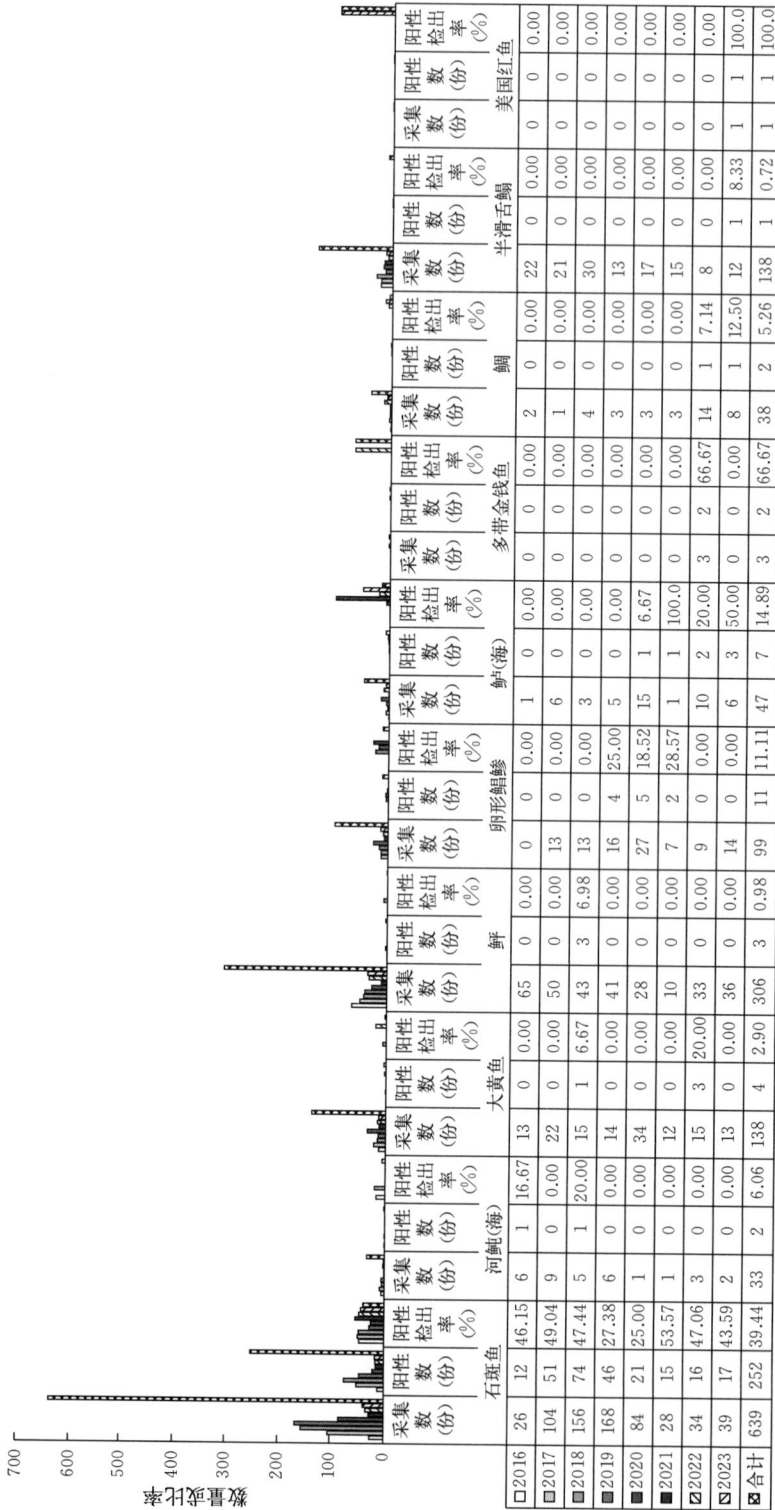

图8 2016—2023年VNN监测阳性品种检出情况

（三）易感宿主规格分析

2023 年，VNN 监测样品仍然以规格比较小的苗种为主。5 cm 以下的样品有 86 份，检出阳性样品 20 份，阳性检出率 23.26%；5～10 cm 的样品有 47 份，检出阳性样品 1 份，阳性检出率 2.13%；10～15 cm 样品有 7 份，检出阳性样品 2 份，阳性检出率 28.57%；15 cm 以上的样品有 3 份，无阳性样品检出。结合往年检测结果，病毒性神经坏死病毒在大小规格的海水鱼类中均有检出，15 cm 以上规格样品阳性检出率相对较低。

（四）阳性样品的养殖水温分析

2023 年，VNN 阳性样品分别在浙江、福建、山东、广东、广西和海南等地区检出。其中，浙江阳性品种为鲈（海），阳性样品采集时间为 6 月 19 日，水温 27 ℃。福建阳性品种为石斑鱼，阳性样品采集时间为 4 月 27 日至 8 月 10 日，水温 20～28 ℃。山东阳性品种为半滑舌鳎和鲈（海），阳性样品采集时间均为 10 月 17 日，水温均为 26 ℃。广东阳性品种为石斑鱼、鲈（海）、鲷和美国红鱼，石斑鱼样品采集时间为 2 月 9 日至 6 月 15 日，水温 20～29 ℃；鲈（海）样品采集时间为 3 月 8 日，水温 24 ℃；鲷样品采集时间为 6 月 15 日，水温 29 ℃；美国红鱼样品采集时间为 7 月 6 日，水温 30 ℃。广西阳性品种为石斑鱼，阳性样品采集时间为 8 月 28 日，水温 30 ℃。海南阳性品种为石斑鱼，阳性样品采集时间为 4 月 10 日至 7 月 14 日，水温 28～30 ℃。2023 年 VNN 监测阳性样品养殖水温主要在 20～30 ℃，在 VNN 的流行水温范围内。

（五）阳性监测点情况分析

2023 年全国共设 VNN 监测点 123 个，检出阳性监测点 22 个，监测点平均阳性检出率为 17.89%。在 123 个监测点中，国家级原良种场阳性率为 0%，省级原良种场阳性率为 25.00%，苗种场阳性率为 27.27%，成鱼养殖场阳性率为 10.53%。2023 年，监测点阳性率：苗种场＞省级原良种场＞成鱼养殖场＞国家级原良种场。2016—2023 年，国家级原良种场阳性率平均为 2.86%；省级原良种场阳性率平均为 26.72%；苗种场阳性检出率平均为 23.38%；成鱼养殖场阳性检出率平均为 12.95%。省级原良种场和苗种场的阳性率要高于成鱼养殖场和国家级原良种场，是仍需重点加强 VNN 防控的监测点。

（六）监测点连续设置情况

2016—2023 年 VNN 检测累计设置监测点 962 个，累计检出阳性监测点 169 个，监测点阳性率平均为 17.57%。2017—2023 年共设置监测点 875 个，开展连续监测的养殖场点共有 138 个，占总数的 15.77%。其中，连续 2 年被纳入监测点的养殖场点数有 84 个，占比为 9.60%；连续 3 年被纳入监测点的养殖场点数有 31 个，占比为 3.54%；连续 4 年被纳入监测点的养殖场点数有 20 个，占比为 2.29%；连续 5 年及以上被纳入监测点的养殖场点数有 3 个，占比为 0.34%。综合历年以来监测点设置情况，3 年以上连续被纳入监测点的养殖场点在监测点中的占比为 6.17%，相对来说较少，不利于 VNN 病害流行情况的持续跟踪和监测（表 7）。

表 7　2017—2023 年 VNN 监测点连续设置情况（个）

省份	连续 2 年被纳入监测点数量	连续 3 年被纳入监测点数量	连续 4 年被纳入监测点数量	连续 5 年及以上被纳入监测点数量
辽宁	15	5	0	0
天津	7	2	0	0
河北	7	6	8	1
浙江	4	2	5	0
福建	17	5	0	0
山东	16	5	1	1
广东	4	1	3	1
广西	8	3	1	0
海南	6	2	2	0
合计	84	31	20	3

四、风险分析及建议

1. 风险分析

（1）易感宿主种类增加　自 2016 年我国将 VNN 列入监测计划以来，共检测到阳性样品 285 份，品种包括石斑鱼、卵形鲳鲹、鲆、河鲀（海）、大黄鱼、鲈（海）、多钱金钱鱼、鲷、半滑舌鳎和美国红鱼等，涵盖了 10 个主要养殖品种，监测结果显示，VNNV 在我国感染的宿主种类仍在逐渐增加。

（2）苗种场感染风险较高　2016—2023 年，各类型 VNN 监测点平均阳性检出率分别为：国家级原良种场 2.86%、省级原良种场 26.72%、苗种场 23.38%、成鱼养殖场 12.95%，苗种场的监测点阳性率要高于成鱼养殖场。另外，在 2016—2023 年的 285 份阳性样品中，规格在 10 cm 以下的有 245 份，占阳性样品的 85.96%，说明 VNNV 感染的对象仍然以苗种为主。

（3）VNN 主要在我国海水主养区流行　通过 2016—2023 年连续 8 年的监测，我国陆续在河北、福建、海南、天津、山东、广东、广西和浙江等我国海水主要养殖地区检出 VNN 阳性样品，特别是福建、广东和海南等石斑鱼主要养殖区域，几乎每年都会检出阳性样品，且样品阳性率和监测点阳性率均保持较高水平，是 VNN 流行的主要区域。

2. 风险管控建议

（1）注意 VNNV 在不同易感品种之间的传播　鉴于 VNNV 在我国的感染宿主逐渐增多，应进一步加强养殖生产管理，在 VNN 流行季节定期做好消毒措施，关键生产环节开展 VNNV 检测，防止病毒在不同品种之间水平传播导致交叉感染。

（2）继续推进水产苗种产地检疫　鉴于 VNN 对我国水产养殖苗种的危害更大，应严格水产苗种监管，继续推进落实水产苗种产地检疫制度，在苗种选育过程中重视生物安保工作，选择健康又没有携带 VNNV 的亲鱼进行苗种培育，并对受精卵进行消毒，从源头降低疾病发生和传播的风险。

（3）完善 VNN 防控方法　VNN 主要危害仔鱼或幼鱼，该时期免疫系统发育不完善，所以疫苗防控存在局限性。生产实践中只能采用增氧、消毒、降低密度等基本的防控措施。除了做好预防措施以外，选育抗病品种和药物治疗也是 VNN 防控研究的主要方向。随着高通量 DNA 测序成本降低，目前已有研究人员对石斑鱼抗 VNN 性状进行遗传评估和基因组选择研究。药物治疗方面，中草药具有绿色、环境友好、不易产生耐药性等优点，在抗病毒方面具有很大的潜力。

五、监测工作存在的问题及相关建议

（1）加强对新增易感品种的监测　近年来，我国在越来越多的养殖品种中检测到 VNN 阳性样品，应加强对新增易感品种的监测，以便更好地掌握 VNN 在我国海水鱼中的流行情况。

（2）优化采样数量分配　有阳性检出的养殖场和有阳性检出的品种适当增加采样数量，以免采样数量较少，覆盖率偏低，造成漏检的可能；连续监测为阴性的养殖场，适当减少数量，或者更换新的监测点。

（3）继续加强快速检测技术的推广应用　继续加强快速检测产品在基层水产技术推广机构或监测点的推广和应用，提升基层技术人员的检测能力，以便对 VNN 进行加密监测，及时掌握 VNN 的流行情况，监测到阳性样品时也可以及时采取有效的防控措施。

2023 年鲤浮肿病状况分析

北京市水产技术推广站

（吕晓楠　潘　勇　张　文　王静波
王　姝　曹　欢　王小亮　王　澎　徐立蒲）

一、前言

鲤浮肿病（Carp edema virus disease，CEVD），也称锦鲤昏睡病（koi sleepy disease，KSD），是由一种痘病毒感染鲤、锦鲤引起的一种高度传染性流行病。患病鱼出现烂鳃、凹眼、昏睡等症状并急性死亡，造成严重经济损失。我国将其列为《一、二、三类动物疫病病种名录》二类动物疫病，水产苗种产地检疫对象；2018 年至今，农业农村部将 CEVD 列为疫病监测对象，现将 2023 年监测情况总结如下：

二、监测抽样概况

（一）监测计划任务完成情况

2023 年，CEVD 监测计划任务样品数 179 份，实际完成 221 份。各省（自治区、直辖市）计划抽样数量以及实际完成抽样情况见表 1。除河南省，各省按规定完成抽样任务数量。

表 1　各省份 CEVD 监测任务及完成情况

省份	任务数量	检测样品总数	检测养殖场总数	阳性养殖场总数	阳性养殖场点检出率（%）
北京市	15	17	13	2	15.4
天津市	10	10	10	0	0
河北省	38	38	37	9	24.3
内蒙古自治区	5	5	5	0	0
辽宁省	15	15	15	0	0
吉林省	2	2	2	0	0
黑龙江省	5	5	5	0	0
上海市	5	5	5	0	0
江苏省	5	5	5	0	0
江西省	5	10	10	1	10

（续）

省份	任务数量	检测样品总数	检测养殖场总数	阳性养殖场总数	阳性养殖场点检出率（%）
山东省	5	37	36	0	0
河南省	14	7	7	0	0
湖南省	25	25	25	6	24
广东省	15	15	14	0	0
重庆市	10	20	13	0	0
贵州省	5	5	5	0	0
合计	179	221	207	18	8.7

2023 年，179 份样品任务被分配到 16 个省（自治区、直辖市），平均每个省有 11 份样品，与 2022 年在平均采样任务上基本持平。部分地区采样任务以及实际完成数量较少，除非在大暴发的流行区域，随机采 1～2 份样品都可能是阳性，否则采样量较少易造成假阴性。因此，建议各地增加省级监测任务数量，重点采集曾经发病的场、前几年的阳性场以及苗种场、原良种场。

（二）监测抽样概况

1. 监测范围

2023 年监测范围覆盖全国 16 个省（自治区、直辖市）120 个县（区）166 个乡（镇）的 207 个养殖场。

2. 不同类型养殖场抽样监测情况

CEVD 抽样监测的养殖场类型包括国家级原良种场、省级原良种场、苗种场、成鱼/虾养殖场和观赏鱼养殖场。其中，国家级、省级原良种场和苗种场的抽样监测总数依次为 4、25、51 个，占全部抽样监测场的 38.6%；观赏鱼养殖场抽样监测 39 个，占全部抽样监测场的 18.8%；成鱼/虾养殖场抽样监测 88 个，占全部抽样监测场的 42.5%（图 1）。

分析不同省份 CEVD 抽取样品的来源养殖场类型，吉林、贵州、湖南、河南、黑龙江、上海、江西

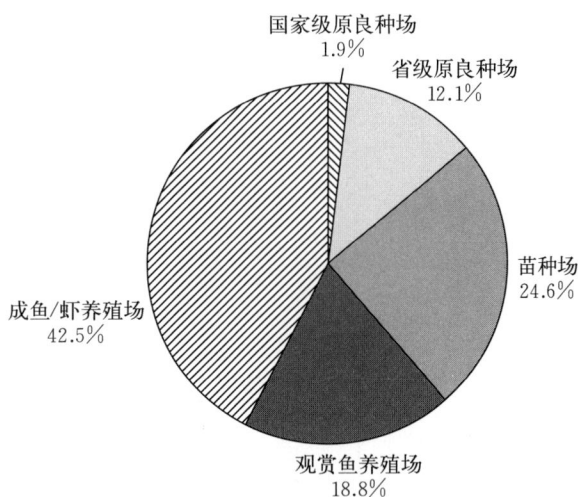

图 1 各类型场抽样监测情况

这 7 个省份抽样的国家级原良种场、省级原良种场和苗种场总数占全部抽样场总数量百分比较高，而其余省份抽样的国家级原良种场、省级原良种场和苗种场总数占全部抽样场总数量百分比相对较低。各地应在今后抽样工作中重点采集鲤、锦鲤的国家级原良种场、省级原良种场和苗种场以及往年阳性养殖场。

3. 养殖场抽样份数、每份样品抽样尾数

绝大部分省份每个场抽样 1～2 份，能够满足疫病监测的技术需求。

绝大部分抽样单位送检样品数量达到 150 尾，满足国家水生动物疫病监测计划要求，即每份样品应达到 150 尾鱼。这是为了使检测可信度达到 95% 以上所需要的数量。

4. 不同养殖模式的抽样监测情况

各养殖模式下抽样监测情况：淡水池塘 187 份，淡水工厂化 33 份，淡水其他 1 份。以池塘养殖模式为主，占总抽样数量的 84.6%，池塘养殖也是我国鲤、锦鲤养殖的主要模式。

5. 抽样监测品种

2023 年共抽取样品 221 份，其中鲤 158 份、锦鲤 58 份、鳙 3 份、鲫 1 份、鲢 1 份，分别占总抽样数量 71.5%、26.2%、1.4%、0.5% 和 0.5%，鲤和锦鲤合计占总抽样数量的 97.7%。

鲤、锦鲤是 CEV 目前已知的感染对象。今后抽样应继续以鲤、锦鲤为主，各地也可少量抽取其他品种，以进一步研究其他品种感染 CEV 情况，但其他品种抽样数量不宜过高。

6. 抽样水温

2023 年，抽样水温范围为 12～32 ℃（图 2）。根据养殖生产发病情况调查，20～27 ℃ 是 CEVD 发病较为集中的水温范围，在此温度范围抽样阳性样品检出率会相对较高。

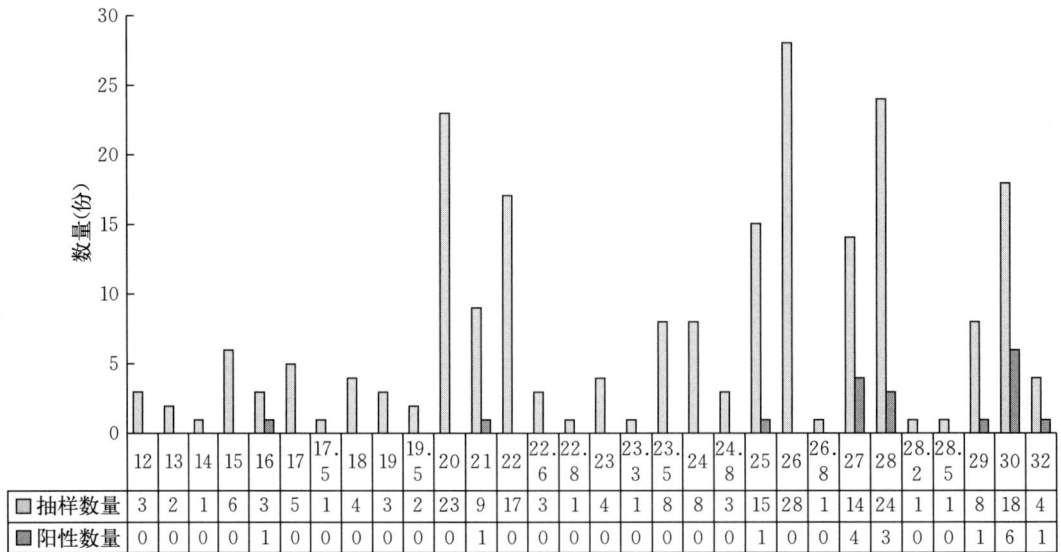

水温(℃)	12	13	14	15	16	17	17.5	18	19	19.5	20	21	22	22.6	22.8	23	23.3	23.5	24	24.8	25	26	26.8	27	28	28.2	28.5	29	30	32
抽样数量	3	2	1	6	3	5	1	4	3	2	23	9	17	3	1	4	1	8	8	3	15	28	1	14	24	1	1	8	18	4
阳性数量	0	0	0	0	1	0	0	0	0	0	0	0	0	0	0	1	0	0	0	0	0	0	1	4	3	0	0	0	6	1

图 2　2023 年 CEVD 监测不同水温抽样数与阳性数

由图 3 可知，抽样水温 20 ℃以下样品 30 份，占比 14%；抽样温度 20～27 ℃样品 135 份，占比 61%；抽样温度 27 ℃以上样品 56 份，占比 25%。抽样水温多数符合要求。

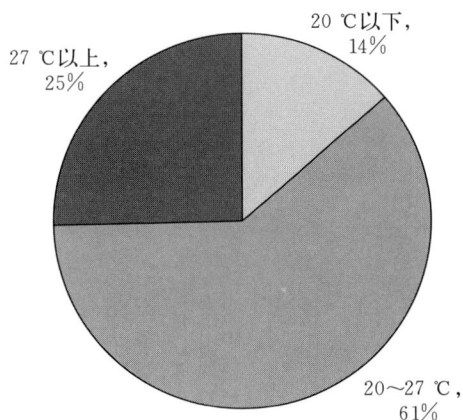

图 3　2023 年 CEVD 监测样品的采样水温分布

（三）检测单位和检测方法

1. 检测单位

2023 年，共 14 家单位承担 CEV 的检测工作，各单位检测样品数量及阳性样品检出情况见图 4。

6 家科研院所共承担 106 份样品检测工作，占抽样监测总数量的 48%；阳性样品共检出 1 份，占阳性样品检出总数的 6%。其中，中国水产科学研究院珠江水产研究所阳性样品检出 1 份，另 5 家单位（中国水产科学研究院长江水产研究所、中国水产科学研究院黑龙江水产研究所、上海海洋大学水生动物病原库、山东省淡水渔业研究院、中国检验检疫科学研究院）均未检出阳性样品。

7 家疫病预防控制系统实验室承担 100 份样品检测工作，占抽样监测总数量的 45%；阳性样品共检出 17 份，占阳性样品检出总数的 94%。其中，河北省水产技术推广总站阳性样品检出 9 份、湖南省畜牧水产事务中心阳性样品检出 6 份、北京市水产技术推广站阳性样品检出 2 份；另 4 家单位（天津市动物疫病预防控制中心、上海市水产技术推广站、江西省农业技术推广中心、重庆市水生动物疫病预防控制中心）均未检出阳性样品。

1 家出入境检疫系统实验室（大连海关技术中心）承担 15 份样品检测工作，占抽样监测总数量的 7%，未检出阳性样品。

2. 检测方法

2023 年 CEVD 监测计划中规定检测方法参照《鲤浮肿病诊断规程》（SC/T 7229—2019）（农渔技疫函〔2023〕27 号）。前期研究结果表明：该标准中推荐的 qPCR 方法阳性检出效果优于巢式 PCR，仅采用巢式 PCR 有漏检情况，有条件的实验室应首选

qPCR；没有荧光 PCR 仪的实验室应同时采用两种巢式 PCR 方法检测，并应考虑到漏检风险。

承担 2023 年 CEV 检测任务的 14 家实验室均采用《鲤浮肿病诊断规程》(SC/T 7229—2019) 中的 qPCR 和/或巢式 PCR 进行检测（表2）。其中，采用 qPCR 检测的单位有 11 家。剩余 3 家均采用 2 种巢式 PCR 方法进行检测。

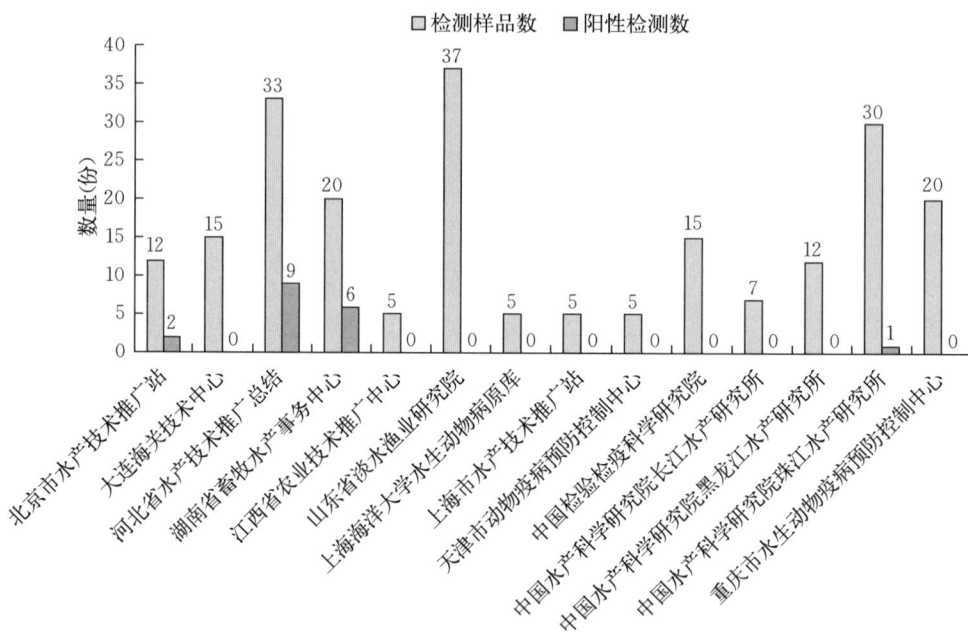

图 4　各检测单位的 CEV 检测数和阳性检出情况

表 2　各实验室 CEV 检测情况汇总

检测单位	qPCR	巢式 PCR		是否检出阳性
		528/478	548/180	
中国检验检疫科学研究院	√			
中国水产科学研究院长江水产研究所		√	√	
中国水产科学研究院黑龙江水产研究所	√			
中国水产科学研究院珠江水产研究所	√			√
山东省淡水渔业研究院		√	√	
上海海洋大学水生动物病原库	√	√	√	
北京市水产技术推广站		√		√
上海市水产技术推广站		√	√	
天津市动物疫病预防控制中心	√			
河北省水产技术推广总站	√	√	√	√

（续）

检测单位	qPCR	巢式 PCR		是否检出阳性
		528/478	548/180	
湖南省畜牧水产事务中心	√			√
江西省农业技术推广中心	√			
重庆市水生动物疫病预防控制中心	√	√	√	
大连海关技术中心	√			

3. 检测结果判定

2023 年抽样的 221 份样品均无 CEVD 临床症状，或未记录采集样品是否有临床症状。按《鲤浮肿病诊断规程》（SC 7229—2019）规定：养殖的鲤或锦鲤出现临床症状，qPCR、巢式 PCR、LAMP 检测中任意一种方法检测结果阳性，判定为 CEVD 阳性。养殖的鲤或锦鲤无临床症状，qPCR、巢式 PCR、LAMP 检测中任意一种方法检测结果阳性，判定为 CEV 核酸阳性。因此，2023 年通过 qPCR 和/或巢式 PCR 检出的全部 18 份阳性样品，依据标准应全部判定为 CEV 核酸阳性。为便于表述，本文中将这 18 份检测结果阳性样品均简称为 CEV 阳性。

三、监测结果和分析

（一）CEV 阳性养殖场点检出情况

2023 年，在全国 207 个养殖场抽样 221 份，阳性样品检出 18 份，来源于 18 个养殖场，阳性养殖场点检出率 8.7%。

2022 年，在全国 230 个养殖场抽样 241 份，阳性样品检出 22 份，来源于 22 个养殖场，阳性养殖场点检出率 9.6%。2021 年，在全国 144 个养殖场抽样 149 份，阳性样品检出 10 份，来源于 10 个养殖场，阳性养殖场点检出率 6.9%。2020 年，在全国 331 个养殖场抽样 360 份，阳性样品检出 18 份，来源于 18 个养殖场，阳性养殖场点检出率 5.4%。2019 年，在全国 312 个养殖场抽样 344 份，阳性样品检出 35 份，来源于 35 个养殖场，阳性养殖场点检出率 11.2%。2018 年，在全国 659 个养殖场抽样 902 份，阳性样品检出 116 份，阳性样品来源于 106 个养殖场，阳性养殖场点检出率 16.1%。2017 年，全年共监测 764 个养殖场，阳性养殖场检出 122 个，阳性养殖场点检出率 16.0%。其中，出现临床症状并采样检测的养殖场，即被动监测养殖场 290 个，阳性 52 个，阳性养殖场点检出率 17.9%；没有临床症状采样检测的养殖场，即主动监测养殖场 474 个，阳性 70 个，阳性养殖场点检出率 14.8%。

对比 2017—2023 年监测结果（图 5），CEV 阳性养殖场点检出率呈波动趋势。2023 年经调查 CEVD 在鲤和锦鲤产区发病情况有所降低。但本年度阳性养殖场点检出率 8.7% 依然较高，我国鲤和锦鲤 CEVD 防控形势依然不可松懈。

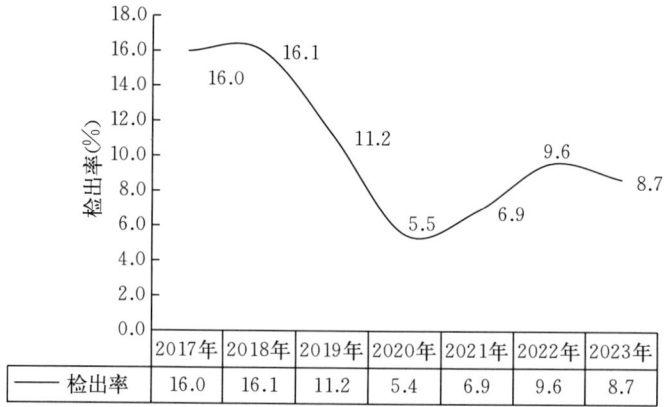

图 5　2017—2023 年全国 CEV 阳性养殖场点检出率

（二）CEV 阳性地区分布

近 7 年的 CEV 阳性地区分布及检测情况见表 3。2023 年，在 16 个参与 CEV 监测的省份中有北京、河北、湖南、江西等 4 省份检出了 CEV 阳性；2022 年，在 17 个参与 CEV 监测的省份中有北京、河北、内蒙古、山东、广东、重庆、湖南等 7 省份检出了 CEV 阳性；2021 年，在 17 个参与 CEV 监测的省份中有北京、黑龙江、上海、江西、广东、贵州等 6 省份检出了 CEV 阳性；2020 年，在 22 个参与 CEV 监测的省份中有北京、天津、河北、内蒙古、河南、湖南、广东、四川等 8 省份检出了 CEV 阳性；2019 年，在 21 个参与 CEV 监测的省份中有北京、河北、辽宁、河南、安徽、四川等 6 省份检出了 CEV 阳性；2018 年，在 23 个参与 CEV 监测的省份中有 14 个省份检出了 CEV 阳性；2017 年，在 23 省份中有 15 个省份检出了 CEV 阳性。

表 3　2017—2023 年各地 CEV 阳性养殖场点检出率（%）

省份	2017	2018	2019	2020	2021	2022	2023
北京市	72.7	19.4	26.3	20	50	54.5	15.4
天津市	39.5	13.3	0	17.4	0	0	0
河北省	5.9	3.7	63.2	4	0	8.9	24.3
内蒙古自治区	100	24.1	0	11.1	0	25	0
辽宁省	34.8	66	32	0	0	0	0
黑龙江省	47.8	40	0	0	40	0	0
江苏省	0	4.9	0	0	0	0	0
山东省	0	28	0	/	0	2.2	0

（续）

省份	2017	2018	2019	2020	2021	2022	2023
河南省	22.4	25.9	32	4	0	0	0
广东省	22.1	33.3	0	27.3	11.11	16.7	0
陕西省	40	13.3	0	0	/	0	/
宁夏回族自治区	22.2	20	0	0	0	/	/
上海市	/	20	0	0	40	0	0
安徽省	33.3	0	5.6	0	0		
江西省	0	0	0	0	20	0	10
广西壮族自治区	0	0	/	/	/	/	/
重庆市	0	0	0	0	0	7.1	0
四川省	0	0	7.1	13.3	0		
甘肃省	0	0	0	0			
新疆维吾尔自治区	50	0	/	/	0		
吉林省	9.1	/	0	0	0	0	0
山西省	20	/	/	/	/		
湖北省	0	/	/	0	0		
云南省	100	/	/	/	/		
湖南省	/	5.7	0	6.7	0	30	24
浙江省	/	0	0	0	0	/	/
新疆生产建设兵团		0	/	/	/		
贵州省	/	/	/	0	40	0	0
合计	16	16.1	11.2	5.5	6.9	9.6	8.7

通过监测以及调查表明，现阶段 CEV 是一种分布范围较广的水生动物病毒，我国鲤和锦鲤主要产地均有 CEV 分布，且原良种场、苗种场有检出，病毒扩散风险较高。

（三）不同类型养殖场的 CEV 检出情况

2023 年，在抽样的省级原良种场、苗种场、观赏鱼养殖场和成鱼/虾养殖场等 4 种类型的养殖场中均有 CEV 阳性检出（图 6）。其中，25 个省级原良种场中检出 1 个阳性，阳性养殖场点检出率 4%；51 个苗种场检出 3 个阳性，阳性养殖场点检出率 5.9%；39 个观赏鱼养殖场检出 6 个阳性，阳性养殖场点检出率 15.4%；88 个成鱼/虾养殖场检出 8 个阳性，阳性养殖场点检出率 9.1%。

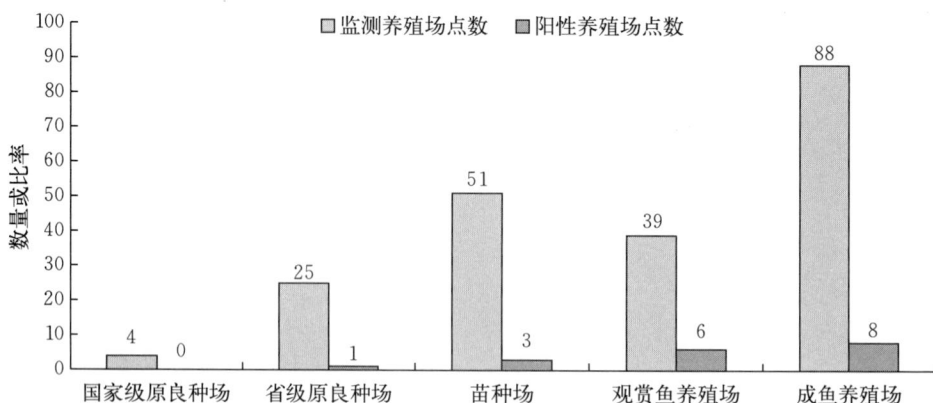

	国家级原良种场	省级原良种场	苗种场	观赏鱼养殖场	成鱼养殖场
监测养殖场点数（个）	4	25	51	39	88
阳性养殖场点数（个）	0	1	3	6	8
阳性养殖场点检出率(%)	0	4	5.9	15.4	9.1

图 6　不同类型养殖场的 CEV 抽样数和阳性检出情况

（四）不同品种 CEV 检出情况

2023 年，监测的 221 份样品中，鲤样品 158 份，阳性样品 11 份，阳性样品检出率 7%；锦鲤样品 58 份，阳性样品 7 份，阳性样品检出率 12.1%。本年度对 3 份鳙样品、1 份鲢样品、1 份鲫样品分别监测，结果均为 CEV 阴性，其他品种是否为 CEV 易感宿主尚需要更多相关数据积累和验证。

（五）不同养殖模式的 CEV 检出情况

2023 年，将 CEV 监测样品按照来源场的养殖模式分类，共监测淡水池塘样品 187 份，阳性样品 18 份，阳性样品检出率 9.6%；监测淡水工厂化样品、淡水其他样品分别为 33 份、1 份，均未检出 CEV 阳性。

（六）不同抽样温度的 CEV 检出情况

2023 年 CEV 监测的抽样温度范围为 12～32 ℃。在抽样温度 16 ℃、21 ℃、25 ℃、27 ℃、28 ℃、29 ℃、30 ℃和 31 ℃均有 CEV 阳性检出。综合近 7 年 CEV 监测结果，CEV 在 4～33 ℃均可检出，可见 CEV 的存活温度范围较广。生产中，20～27 ℃是发病的主要温度范围。

四、CEVD 风险分析及管理建议

（一）对产业影响情况

鲤是全球养殖最广泛的鱼类，也是水产养殖中最具经济价值的品种之一。我国是鲤

96

养殖大国，我国鲤养殖产量约 300 万 t。锦鲤是鲤的变种，在我国同样具有重要的市场价值。目前，我国鲤和锦鲤主要存在三种危害较严重的病毒病，包括鲤春病毒血症（SVC）、锦鲤疱疹病毒病（KHVD）和鲤浮肿病（CEVD）。CEVD 仍然是对我国鲤和锦鲤危害最严重的主要病毒病之一。

2023 年 CEV 阳性养殖场点检出率 8.7%，在北京、河北、湖南、江西等 4 省份检出了 CEV 阳性，其他未检出省份不排除有漏检可能，CEV 在我国感染范围较广。我国鲤和锦鲤养殖地区特别是 CEV 高发的重点地区需要持续加强防控工作。

（二）主要风险点识别

1. 带毒苗种流通

2023 年观赏鱼养殖场监测点阳性率达 15.4%。锦鲤是我国重要的有价值的观赏鱼品种，各地为保种、繁育，跨省交易现象较普遍。锦鲤感染 CEV 后将成为病毒传播的载体，存在很高传播风险，而且有从观赏鱼扩散到鲤的风险。

2023 年省级原良种场监测点阳性率 4%；苗种场监测点阳性率 5.9%。提示带毒苗种流通也是 CEV 传播的主要风险点之一。

2. 养殖水源

目前，一些地区用自然河水做水源养殖鲤或锦鲤。未经处理的含 CEV 的尾水排放到外界环境，病原进入水体，易造成下游养殖鱼感染。

（三）风险管理建议

首席专家单位结合近年的研究和实践工作，制定了 CEVD 预防和应急管理规程，并制作了鲤浮肿病防控宣传视频。有需要的单位和个人，可与首席专家单位联系（北京市水产技术推广站，010 - 87702634）。

五、监测工作相关建议

（一）继续加强抽样环节规范性

抽样数量如果较少（如 5 份），由于覆盖率较低存在漏检风险。建议 2024 年增加抽样数量（国家级、省级任务）。每个省份监测数量应不低于 10 份。

对 CEVD 流行的高发地区，尤其是历年监测阳性率变动较大地区，建议增加抽样数量并进一步规范抽样环节管理；同时开展流行病学调查，以全面了解 CEVD 流行情况，并实地推广防控经验。

在 2024 年将抽样重点向鲤或锦鲤的国家级原良种场、省级原良种场和苗种场进一步集中，实现辖区内国家级和省级原良种场、重点苗种场、引育种中心监测全覆盖。

（二）进一步规范检测工作

根据农业农村部全国水产技术推广总站要求，承担检测任务的实验室应通过 CEV

能力验证。2023 年承担 CEV 检测工作单位共 14 家,其中 3 家单位未参与 2022 年 CEV 能力验证。建议 2024 年检测单位的选择应注意该单位是否通过上一年度能力验证,以确保检测结果可靠性。

除发病场外,每份样品抽样尾数需继续按国家水生动物疫病监测计划要求。检测每份样品(150 尾鱼)时,至少分为 10 份小样并分别检测,以减少漏检情况。

开展 CEV 检测工作需按国家水生动物疫病监测计划要求,采用 qPCR 方法,以降低漏检风险。

在挑选承担检测任务的实验室时,除了现有组织开展的实验室能力测试考核活动外,建议增加对实验室检测能力现场审查的环节,组织不定期检查,检查内容包括接样、样品处理、采用标准、检测过程以及结果报告等。

(三)加强对阳性场防控指导

CEVD 为我国养殖鱼类新发疫病,下一步着力加强开展对养殖场的防控指导,包括养鱼池和工具的消毒、苗种引种要求、水质管理、尾水处理、投喂管理、预防用药以及发病后应急措施等,切实服务养殖生产。

2023 年传染性胰脏坏死病状况分析

北京市水产技术推广站

（张 文 潘 勇 吕晓楠 王静波 王小亮
曹 欢 王 姝 王 澎 徐立蒲）

一、前言

传染性胰脏坏死病（Infectious Pancreatic Necrosis，IPN）是鲑、鳟的高度传染性疾病。我国将其列为《一、二、三类动物疫病病种名录》三类动物疫病。在我国，20 世纪 80—90 年代就发现养殖虹鳟因 IPN 大量损失的情况。进入 2000 年后，养殖者和研究者更关注传染性造血器官坏死病（IHN）。IPN 报道减少，较长时间以来 IPN 似乎"销声匿迹"。这与世界动物卫生组织把 IPN 从疫病名录中取消有关。2019 年末至 2020 年初，甘肃、北京局地突发 IPN 疫情，河北出现疑似 IPN 疫情。农业农村部高度关注 IPN 疫情，自 2020 年起水生动物疫病监测任务中开始增加 IPN 调查工作。

二、主要内容概述

根据 2023 年监测数据，形成 2023 年我国传染性胰脏坏死病分析报告，主要内容为：一是对全国 IPN 监测工作总体实施情况进行汇总，分析 2023 年监测数据，并与 2020 年、2021 年、2022 年进行比较；二是对我国发生 IPN 疫情的风险进行研判，对风险点进行识别。

三、监测实施情况

（一）监测任务完成情况

2023 年国家监测计划 30 批次，实际完成 73 批次（表 1）。除国家监测计划外，北京市水产技术推广站对北京、甘肃、四川、新疆 4 省份的 36 批次样品进行了监测，相关数据列入 2023 年监测数据统计范围。2023 年全国实际共完成 9 省份 109 批次样品监测。

（二）监测范围

2023 年，IPN 的监测包括北京、河北、吉林、黑龙江、陕西、甘肃、青海、四川、新疆 9 个省份，涉及 32 县（区）40 乡（镇）54 个监测点。与 2022 年相比，监测省份去掉了辽宁，新增了吉林、新疆；监测县（区）、乡（镇）、养殖场点均有所上升（图1）。

表1 2023 年 IPN 监测任务完成情况

省份	计划完成（批次）	实际完成（批次）	检测单位
北京	/	20	北京市水产技术推广站
四川	/	2	
新疆	/	1	
甘肃	5	13	
		5	
河北	5	5	中国水产科学研究院黑龙江水产研究所
吉林	5	5	
黑龙江	5	5	
陕西	5	6	
青海	5	7	
		40	青海省渔业技术推广中心
总计	30	109	/

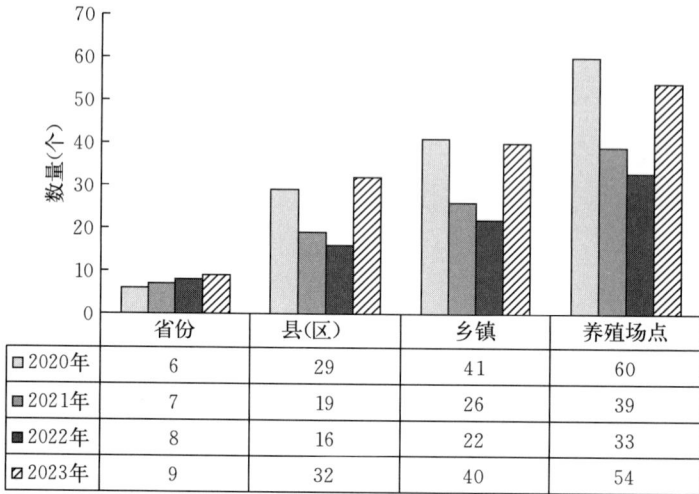

	省份	县(区)	乡镇	养殖场点
2020年	6	29	41	60
2021年	7	19	26	39
2022年	8	16	22	33
2023年	9	32	40	54

图1 2020—2023 年 IPN 监测覆盖范围

（三）监测点类型及养殖方式

（1）监测点类型 2023 年，监测点类型涉及 5 类。其中，国家级原良种场 2 个、省级原良种场 5 个、苗种场 8 个、成鱼养殖场 38 个、引育种中心 1 个，共计 54 个，分别占监测点总数的 4%、9%、15%、70%、2%（图2）。

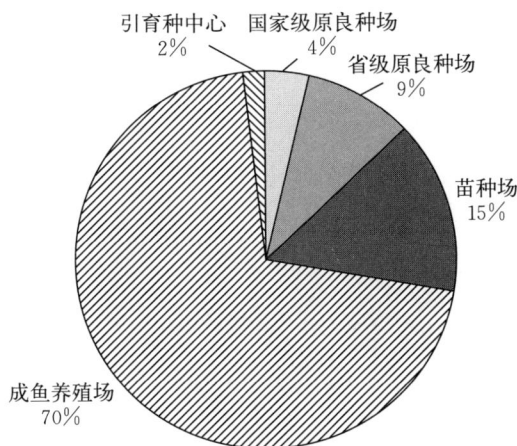

图 2　2023 年不同类型 IPN 监测点占比

与 2022 年相比，国家级原良种场、省级原良种场、苗种场、成鱼养殖场均有所增加（图 3）。

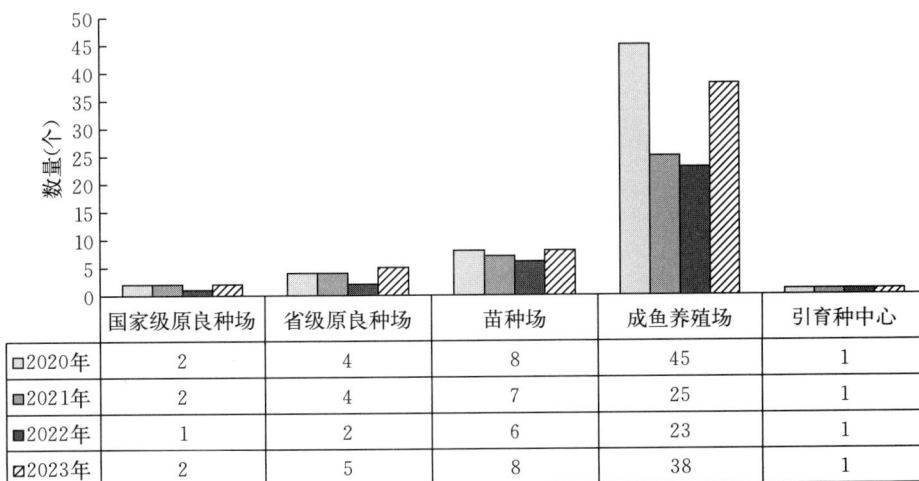

	国家级原良种场	省级原良种场	苗种场	成鱼养殖场	引育种中心
2020年	2	4	8	45	1
2021年	2	4	7	25	1
2022年	1	2	6	23	1
2023年	2	5	8	38	1

图 3　2020—2023 年 IPN 监测点类型

（2）养殖模式　2023 年，所有监测点均为淡水养殖，养殖模式包括工厂化、流水池塘、网箱。在 54 个监测点中，不同养殖方式占比分别为：工厂化 8％、流水池塘 59％、网箱 33％（图 4）。

2023 年，三种养殖方式在 IPN 监测省份中各地的分布情况稍有不同。北京、河北、吉林、黑龙江、四川、新疆为流水池塘，陕西为工厂化和流水池塘，甘肃、青海为工厂化、流水池塘和网箱（图 5）。

（四）采样情况

2023 年，多数省份能按照监测计划的要求采集符合要求的样品（表 2）。监测品种

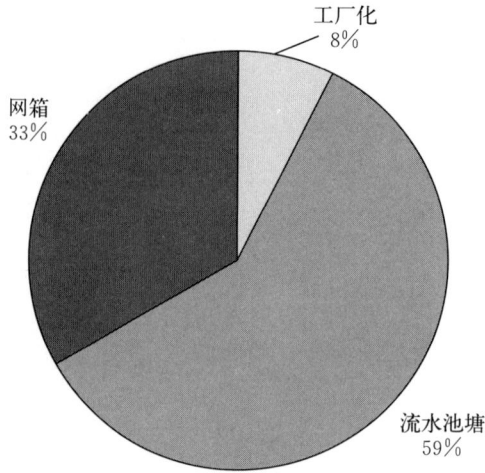

图4 2023年IPN监测不同养殖方式占比

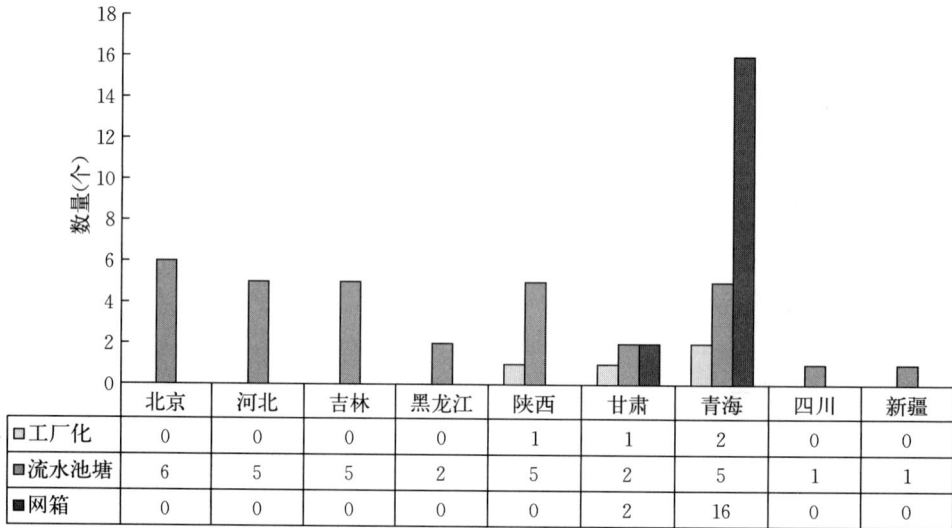

	北京	河北	吉林	黑龙江	陕西	甘肃	青海	四川	新疆
□工厂化	0	0	0	0	1	1	2	0	0
▨流水池塘	6	5	5	2	5	2	5	1	1
■网箱	0	0	0	0	0	2	16	0	0

图5 2023年IPN监测不同养殖方式分布

主要为虹鳟（包括金鳟）。采样水温在8～16℃，符合要求。超过半数以上的样品（来自4个省份）采样数量少于150尾。2个省份采集样品规格有在5月龄以上的情况。

表2 2023年IPN监测采样情况

省份	品种		数量		规格		水温	
	鳟	鲑	≥150尾	<150尾	≤5月龄	>5月龄	8～16℃	>16℃
北京	20	0	14	6	20	0	20	0
河北	5	0	5	0	4	1	5	0

（续）

省份	品种		数量		规格		水温	
	鳟	鲑	≥150 尾	<150 尾	≤5 月龄	>5 月龄	8～16 ℃	>16 ℃
吉林	5	0	5	0	5	0	5	0
黑龙江	5	0	5	0	5	0	5	0
陕西	6	0	6	0	6	0	6	0
甘肃	17	1	4	14	18	0	18	0
青海	47	0	4	43	17	30	47	0
四川	2	0	2	0	2	0	2	0
新疆	1	0	0	1	1	0	1	0
总数	108	1	45	64	78	31	109	0

（五）实验室检测情况

2023 年，有 2 家实验室承担了国家监测计划任务的 73 份样品，样品来源为河北、吉林、黑龙江、陕西、甘肃、青海。在监测计划外，北京市水产技术推广站对来自北京、甘肃、四川、新疆的 36 份样品进行了监测（图 6）。检测方法为监测计划规定方法，包括细胞培养、RT‐PCR 和荧光 RT‐PCR。

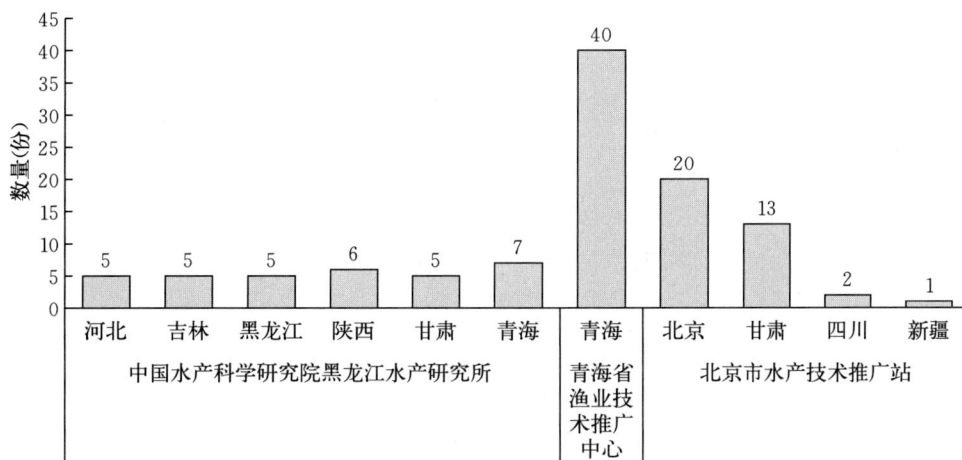

图 6　2023 年 IPN 监测实验室检测情况

四、监测结果

（一）阳性检出率

2023 年，9 省份 54 个监测点，有 2 个监测点检出 IPNV 核酸，监测点阳性检出率 3.7%，呈下降趋势（图 7）。其中，国家级原良种场 1 个，未检出阳性；省级原良种场

5个，未检出阳性；苗种场8个，阳性1个；成鱼养殖场38个，阳性1个；引育种中心1个，未检出阳性（图8）。

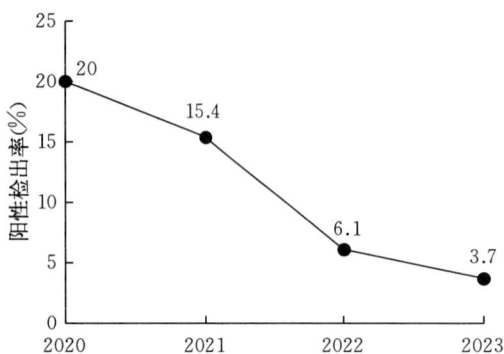

图7　2020—2023年 IPN 监测点阳性检出率

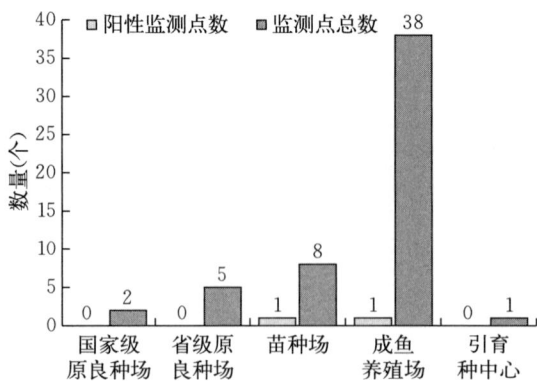

图8　2023年 IPN 监测点阳性检出情况

2023年，全国9省份共完成109批次样品监测，其中 IPNV 核酸阳性4批次。

（二）阳性检出区域

2023年，北京和新疆各有1个监测点有 IPNV 核酸阳性样品检出。

与2020—2022年相比，2023年甘肃、青海均无阳性检出（图9）。

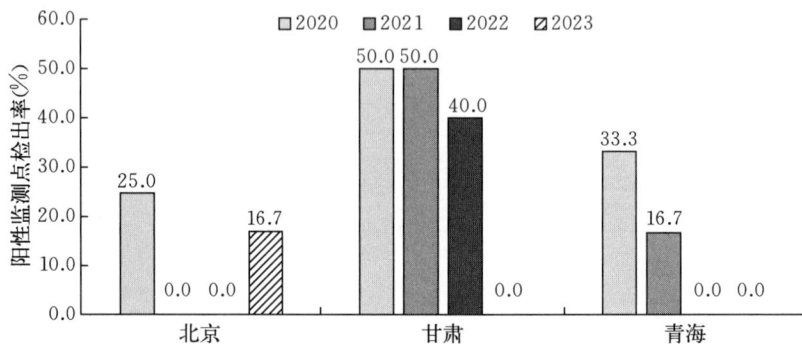

图9　2020—2023年 IPN 阳性监测点检出率

五、风险分析

（一）对产业影响情况

鲑鳟是我国重要的冷水性养殖鱼类，至今已在甘肃、青海、云南、辽宁等地区形成一定的产业规模。随着水产养殖集约化程度不断提高，苗种流通日益增多，鱼类疫病也不断发生，尤其是危害3月龄内虹鳟、感染后死亡率高达90%以上的 IPN。根据文献资料和近年监测数据，在我国北京、河北、山西、山东、辽宁、吉林、黑龙江、甘肃、青海、云南等地均有检出，分布地域较广，我国虹鳟养殖业尤其是苗种产业会受到较大影响，全国范围内虹鳟苗种发生 IPN 风险较高，严重影响鲑鳟养殖产业可持续发展。

（二）主要风险点识别

（1）苗种场　2020 年，苗种场有阳性检出，监测点检出率 37.5%；2021 年，国家级原良种场、苗种场均有阳性检出，监测点检出率分别为 50%、14%；2022 年省级原良种场有阳性检出，监测点检出率为 50%；2023 年苗种场有阳性检出，监测点检出率为 12.5%。因此，带毒苗种流通传播 IPN 的风险极高。

（2）成鱼养殖场　2020—2023 年，成鱼养殖场均有 IPNV 阳性检出，监测点检出率分别为 20%、16%、4.3%、2.6%。虽然 5～6 月龄以上的鱼感染 IPN 后不再发病，但鱼会带毒存活，存在检出 IPNV 但未发生疫情的情况。IPNV 对环境因素的抵抗力极强，是已知鱼类病毒中最稳定的病毒，可在养殖环境中长期存在。通过成鱼养殖场的带毒鱼、水体、器具等传播 IPNV 的风险较高。

（3）流水、网箱养殖方式　在 2020 年和 2021 年的监测中，工厂化、网箱、流水等三种养殖方式下均有 IPN 阳性检出。2022 年的监测中，网箱养殖方式下有 IPN 阳性检出。网箱养殖是易污染天然水域的模式，特别 IPN 病毒对环境的抵抗力又特别强，因此通过网箱养殖方式向周边天然水域传播 IPNV 的风险极高。2023 年的监测中，仅在流水池塘养殖模式下有 IPNV 核酸阳性检出。考虑到 2020—2023 年三种养殖模式下均有阳性检出，通过网箱、流水养殖方式向周边天然水域传播 IPNV 的风险依然存在。

（4）宿主　2020 年在大西洋鲑、白鲑、七彩鲑等鲑中未监测到 IPNV。2021 年在 12 份阳性样品中，有两份甘肃送检的阳性样品品种为鲑。虽然 2022—2023 年阳性样品均为虹鳟，综合考虑近 4 年的监测结果，存在通过虹鳟和鲑传播 IPN 的风险。

（三）风险评估

IPN 病原明确，对虹鳟苗种危害极大，已经对我国鲑鳟类的养殖造成了很大的危害，是制约鲑鳟养殖发展的重要因素之一。2020—2023 年 IPNV 监测结果虽呈连续下降趋势，但因 IPNV 较为稳定，一旦出现很难完全消除，会随鱼、水、器具等传播；同时由于苗种场阳性率较高，流水和网箱中的 IPNV 也极可能会向未感染病毒的养殖场扩散；IPN 分布地域较广，未来我国虹鳟养殖业，尤其是苗种产业会受到较大影响，全国范围内虹鳟苗种发生 IPN 风险较高。需要重点加强对现有阳性场以及苗种场的监测、防控管理。

（四）风险管理建议

（1）重点防控苗种场，稳定虹鳟苗种供应　IPN 病毒非常稳定，对环境的抵抗力极强，在水中能存活较长时间，且有非常广泛的宿主。一旦发生 IPN 后，要彻底消灭病毒恢复无病状态是十分困难的。只要监测到 IPN，疫区状态会长期存在。同时，该病原对 3 个月以内虹鳟鱼苗有极强的杀伤力，有时候能达到 90% 以上的死亡率，导致无法提供足够的苗种，严重影响虹鳟养殖业。因此，在现有水生动物疫病防控能力还不充足的情况下，应将 IPN 防控重点放在苗种场和苗种的管控上，稳定虹鳟苗种供应。

控制 IPNV 进入苗种场主要采取严格管理、检疫和卫生消毒措施。对苗种场、良种场实施"无规定水生动物疫病苗种场"管理制度；加强国家级原良种场、省级原良种场、引育种中心、重点苗种场、阳性场等重点企业的监测，一年抽检 2 次；加强水产苗种产地检疫工作；检测结果阳性的场，不得对外销售苗种，并需要有相应的防控措施，接受主管部门定期检查；对尚未被 IPN 污染的苗种场，必须采取比 IHN 防控更为严格的消毒和阻止病毒进入的措施。

（2）防止成鱼场病毒扩散　由于 IPN 对 5～6 月龄以上的虹鳟几乎没有威胁，所以在环境中存在 IPN 的情况下，不必对污染了病毒的成鱼养殖场采取扑灭措施。在这些养殖场中需要采取的措施是防止病毒扩散到其他水域或养殖场，最后波及苗种场甚至良种场。

（3）加强宣传教育，根据实际情况制订可行方案　由于 IPNV 非常稳定，能在水里和黏附到各处存活很久，所以只有停止养殖一年以上（通常 2～3 年），并进行彻底消毒数次，直到重新放水并试放虹鳟养殖一段时间后检测确认是阴性，才能恢复苗种养殖。如果抱有侥幸心理，后果可能是付出更大的代价。停止养殖是指消毒后放干水干燥一年以上，仅仅不养殖虹鳟是没有用的，因为 IPNV 的宿主范围非常广泛。

针对 IPN 的防控，需要根据每一个养殖场的实际情况制订一套具体、详细、可行的方案，并保证能够严格遵照执行。预防是一刻也不能放松的行为，而病毒污染则是发生一次就能导致损失的事件。所以，对养殖场里一切有关人员进行宣传教育非常重要。

六、监测工作相关建议

（一）规范抽样工作

由于引育种中心、原良种场或苗种场的病毒传播风险高于成鱼养殖场，因此各地应坚持重点对引育种中心、原良种场或苗种场抽样监测。

IPN 主要危害 5 月龄以内的虹鳟鱼苗，该阶段鱼苗感染 IPN 后死亡率较高。大规格成鱼感染了 IPN 后不会生病和死亡，但可携带 IPNV 并散毒。建议今后采样中应尽量采集 5 月龄以内苗种，适当兼顾大规格成鱼。每份样品数量和送检样品状态应按照《国家水生动物疫病监测计划》的要求，每份样品数量应达到 150 尾鱼。

（二）完善填报信息，开展流行病学调查

监测系统中有关样品的个别采样信息缺失，尤其是阳性样品，包括来源、症状、用药、发病及死亡等情况。建议采样单位及时补充这些关键信息，必要时进行流行病学调查，有利于对阳性样品进行溯源和关联性分析。

（三）IPN 和 IHN 监测工作相结合

IPN 和 IHN 存在混合感染的情况，且这两种病原的感染对象、感染规格、易感水温等类似。建议在开展 IHN 监测的同时，可进行 IPN 的监测，以最大限度节约抽样资源。

（四）完善检测方法，建立快速检测技术

进一步推进现有国家标准 GB 15805.1 的修订工作，使标准早日发布并实施。同时，可在现有的研究基础上进一步完善快速检测技术，以提升基层监测点的检测能力。

2023年白斑综合征状况分析

中国水产科学研究院黄海水产研究所

（董　宣　李　萱　秦嘉豪　王国浩　邱　亮　万晓媛　张庆利）

一、前言

白斑综合征（white spot disease，WSD）是一种严重影响虾类的传染性疫病，其病原为白斑综合征病毒（white spot syndrome virus，WSSV）。根据中华人民共和国农业农村部第573号公告，该病被我国《一、二、三类动物疫病病种名录》列为二类动物疫病。此外，世界动物卫生组织（World Organization for Animal Health，WOAH）也将其列为需通报的水生动物疫病。

自2007年起，农业部组织全国水产技术推广和疫控体系先后在广西、广东、河北、天津、山东、江苏、福建、浙江、辽宁、湖北、上海、安徽、江西、内蒙古、海南、新疆、湖南、陕西等我国主要甲壳类养殖省（自治区、直辖市）和新疆生产建设兵团开展了WSD的专项监测工作。这些工作收集了WSSV在我国主要甲壳类养殖地区的流行数据，为支撑国内WSD的防控工作和水产养殖业绿色高质量发展提供了基础数据。

二、全国各省份开展WSD的专项监测情况

（一）概况

农业部组织全国水生动物疫病监测体系，从2007年开始逐步在部分省（自治区、直辖市）开展了WSD的专项监测工作，监测工作最早在广西开展。2022年WSD专项监测范围包括天津、河北、辽宁、上海、江苏、浙江、安徽、福建、江西、山东、湖北、湖南、广东、广西、海南、陕西、新疆共17个省（自治区、直辖市）。监测工作的取样范围覆盖了我国甲壳类主要养殖区，每年涉及20～167个区（县）、51～329个乡（镇）、250～751个监测点、260～1 425批次样本。

2023年WSD专项监测范围包括天津、河北、辽宁、上海、江苏、浙江、安徽、福建、江西、山东、湖北、湖南、广东、广西、海南、陕西、新疆共17个省（自治区、直辖市），共涉及154个区（县）、268个乡（镇）、554个监测点，包括6个国家级原良种场、52个省级原良种场、210个重点苗种场、286个对虾养殖场。2023年国家监测计划样品数为75批次，所有监测省份均已完成国家监测采集任务，部分省份超标完成检测任务，实际采集和检测样品为586批次。2007年至2022年，各省（自治区、直辖

市）累计监测样品 13 801 批次。其中，累计监测样品数量最多的是广西，监测样品数为 2 773 批次；其次是天津，累计监测样品 2 184 批次；第三位是广东，累计监测样品 2 020 批次（图 1）。

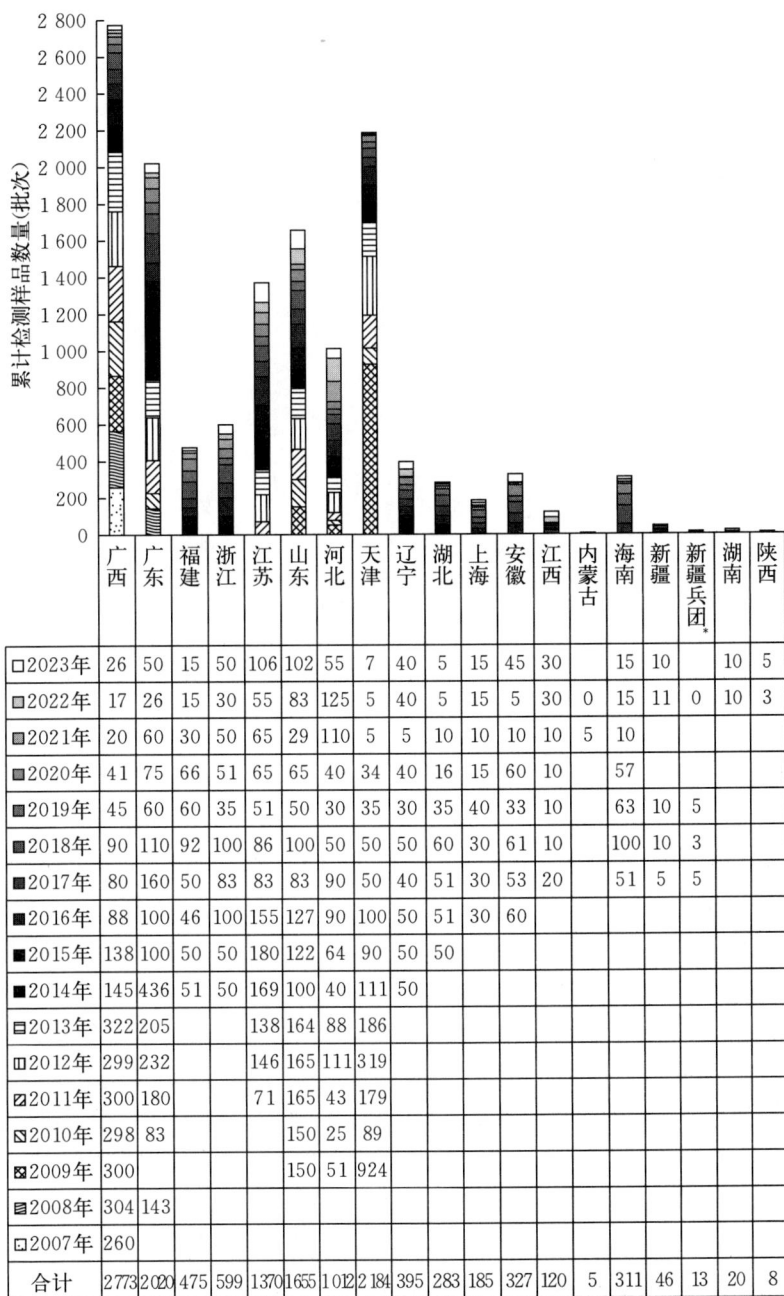

年份	广西	广东	福建	浙江	江苏	山东	河北	天津	辽宁	湖北	上海	安徽	江西	内蒙古	海南	新疆	新疆兵团*	湖南	陕西
2023年	26	50	15	50	106	102	55	7	40	5	15	45	30		15	10		10	5
2022年	17	26	15	30	55	83	125	5	40	5	15	15	30	0	15	11	0	10	3
2021年	20	60	30	50	65	29	110	5	5	10	10	10	10	5	10				
2020年	41	75	66	51	65	65	40	34	40	16	15	60	10		57				
2019年	45	60	60	35	51	50	30	35	30	35	40	33	10		63	10	5		
2018年	90	110	92	100	86	100	50	50	50	60	30	61	10		100	10	3		
2017年	80	160	50	83	83	83	90	50	40	51	30	53	20		51	5	5		
2016年	88	100	46	100	155	127	90	100	50	51	30	60							
2015年	138	100	50	50	180	122	64	90	50	50									
2014年	145	436	51	50	169	100	40	111	50										
2013年	322	205			138	164	88	186											
2012年	299	232			146	165	111	319											
2011年	300	180			71	165	43	179											
2010年	298	83				150	25	89											
2009年	300					150	51	924											
2008年	304	143																	
2007年	260																		
合计	2773	2020	475	599	1370	1655	1012	2184	395	283	185	327	120	5	311	46	13	20	8

纵轴：累计检测样品数量（批次）

图 1　2007—2023 年 WSD 专项监测的采样数量统计

注：*新疆兵团为新疆生产建设兵团简称。

（二）不同养殖模式监测点情况

2007 年至 2023 年各省（自治区、直辖市）和新疆生产建设兵团的专项监测数据统计表明，18 个省（自治区、直辖市）和新疆生产建设兵团记录监测模式的监测点共 8 790 个。其中，池塘养殖是数量最多的养殖模式，共有 5 128 个监测点，占全部监测点的 58.3%；其次是工厂化养殖，共有 3 257 个监测点，占全部监测点的 37.1%；最少的是其他养殖模式，共有 405 个监测点，占全部监测点的 4.6%（图 2）。

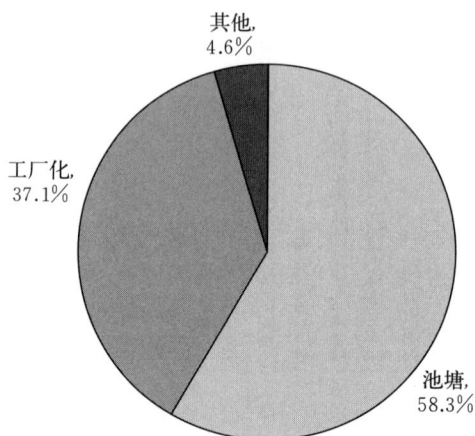

图 2　2007—2023 年 WSD 专项监测对象的养殖模式比例

注：其他养殖模式主要包括稻田养殖、网箱养殖和滩涂养殖等

（三）连续设置为监测点的情况

对 2007 年至 2023 年各省（自治区、直辖市）和新疆生产建设兵团的专项监测数据中的监测点信息进行统计分析。结果显示，广西壮族自治区的 1 631 个 WSD 监测点中，进行了多年监测的有 400 个，其中进行了 2 年及以上连续监测的有 303 个；广东省的 528 个 WSD 监测点中，进行了多年监测的有 111 个；福建省的 158 个 WSD 监测点中，进行了多年监测的有 43 个，其中进行了 2 年及以上连续监测的有 40 个；浙江省的 249 个 WSD 监测点中，进行了多年监测的有 71 个，其中 66 个进行了 2 年及以上连续监测；江苏省的 795 个 WSD 监测点中，进行了多年监测的有 162 个，其中进行了 2 年及以上连续监测的有 126 个；山东省的 700 个 WSD 监测点中，进行了多年监测的有 136 个，其中 125 个进行了 2 年及以上连续监测；天津市的 315 个 WSD 监测点中，进行了多年监测的有 47 个，其中进行了 2 年及以上连续监测的有 34 个；河北省的 499 个 WSD 监测点中，进行了多年监测的有 138 个，其中 110 个进行了 2 年及以上连续监测；辽宁省的 239 个 WSD 监测点中，进行了多年监测的有 70 个，其中 61 个进行了 2 年及以上连续监测；湖北省的 186 个 WSD 监测点中，进行了多年监测的有 52 个，其中 48 个进行了 2 年及以上连续监测；上海市的 81 个 WSD 监测点中，进行了多年监测的有 32 个，

其中 27 个进行了 2 年及以上连续监测；安徽省的 231 个 WSD 监测点中，进行了多年监测的有 44 个，其中进行了 2 年及以上连续监测的有 43 个；江西省的 96 个 WSD 监测点中，进行了多年监测的有 20 个，其中 17 个进行了 2 年及以上的连续监测；海南省的 158 个 WSD 监测点中，进行了多年检测的有 27 个，其中 22 个进行了 2 年及以上的连续监测；新疆维吾尔自治区的 28 个 WSD 监测点中，进行了多年检测的有 6 个，其中有 4 个进行了 2 年及以上的连续监测；新疆生产建设兵团有 11 个 WSD 监测点，进行了多年检测的有 2 个，且均进行了 2 年及以上的连续监测。

（四）2023 年采样的品种、规格

2023 年监测样品种类有罗氏沼虾、青虾、克氏原螯虾、凡纳滨对虾、澳洲岩龙虾、斑节对虾、中国对虾、日本对虾、中华绒螯蟹。

共有 586 批次样品记录了采样规格。其中，体长小于 1 cm 的样品共有 88 批次，占总样品的 15.0%；体长为 1～4 cm 的样品共有 210 批次，占总样品的 35.8%；体长为 4～7 cm 的样品共有 31 批次，占总样品的 5.3%；体长为 7～10 cm 的样品共有 136 批次，占总样品的 23.2%；体长不小于 10 cm 的样品共有 121 批次，占总样品的 20.6%。具体各省（自治区、直辖市）监测样品规格分布情况见图 3。

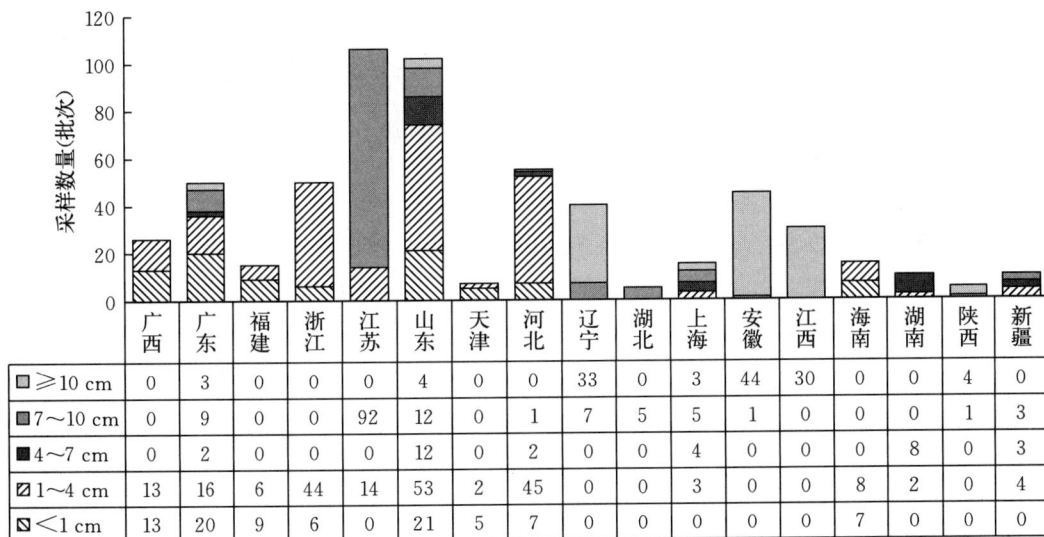

	广西	广东	福建	浙江	江苏	山东	天津	河北	辽宁	湖北	上海	安徽	江西	海南	湖南	陕西	新疆
≥10 cm	0	3	0	0	0	4	0	0	33	0	3	44	30	0	0	4	0
7～10 cm	0	9	0	0	92	12	0	1	7	5	5	1	0	0	0	1	3
4～7 cm	0	2	0	0	0	12	0	2	0	0	0	4	0	0	8	0	3
1～4 cm	13	16	6	44	14	53	2	45	0	0	3	0	0	8	2	0	4
<1 cm	13	20	9	6	0	21	5	7	0	0	0	0	0	7	0	0	0

图 3　2023 年 WSD 专项监测样品的采样规格

（五）抽样的自然条件

2023 年度样品采集主要集中在 3—9 月，其中 5 月采集样品数量最多，4 月次之，如图 4 所示。本年度记录了采样时间的样品共 586 批次。其中，2 月采集样品 11 批次，占总样品的 1.9%；3 月采集样品 37 批次，占总样品的 6.3%；4 月采集样品 114 批次，占总样品的 19.5%；5 月采集样品 143 批次，占总样品的 24.4%；6 月采集样品 110 批次，占总样品的 18.8%；7 月采集样品 47 批次，占总样品的 8.0%；8 月采集样品 44 批次，占总样品的 7.5%；9 月采集样品 77 批次，占总样品的 13.1%；10 月采集样品 2 批次，占总样品的 0.3%；12 月采集样品 1 批次，占总样品的 0.2%；1 月和 11 月无样品采集。

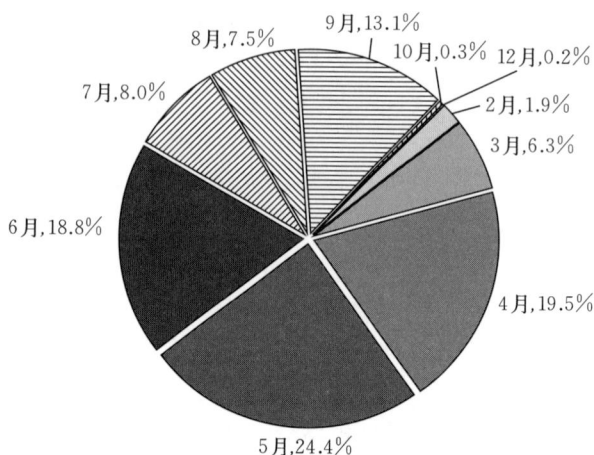

图 4　2023 年 WSD 专项监测样品的采样时间分布

2007—2023 年各专项监测省（自治区、直辖市）的专项监测数据表中有采样时间记录的样品共 11 933 批次。其中，1 月采集样品 61 批次，占总样品的 0.5%；2 月采集样品 96 批次，占总样品的 0.8%；3 月采集样品 301 批次，占总样品的 2.5%；4 月采集样品 1 001 批次，占总样品的 8.4%；5 月采集样品 3 091 批次，占总样品的 25.9%；6 月采集样品 1 898 批次，占总样品的 15.9%；7 月采集样品 1 868 批次，占总样品的 15.7%；8 月采集样品 1 477 批次，占总样品的 12.4%；9 月采集样品 1 364 批次，占总样品的 11.4%；10 月采集样品 554 批次，占总样品的 4.6%；11 月采集样品 192 批次，占总样品的 1.6%；12 月采集样品 30 批次，占总样品的 0.3%。主要集中在 5—9 月进行样品采集工作，这期间采集的样品量占总样品量的 81.3%，江苏和广东全年各月均有采样（图 5）。

2023 年记录了采样温度的样品共 586 批次。其中，采样温度低于 24 ℃的样品有 107 批次，占总样品的 18.3%；采样温度在 24～25 ℃的样品有 43 批次，占总样品的 7.3%；采样温度在 25～26 ℃的样品有 103 批次，占总样品的 17.6%；采样温度在 26～27 ℃的样品有 60 批次，占总样品的 10.2%；采样温度在 27～28 ℃的样品有 61 批次，占总样品的 10.4%；采样温度在 28～29 ℃的样品有 78 批次，占总样品的 13.3%；采样温度在 29～30 ℃的样品有 36 批次，占总样品的 6.1%；采样温度在 30～31 ℃的样品有 82 批次，占总样品的 14.0%；采样温度在 31～32 ℃的样品有 10 批次，占总样品的 1.7%；采样温度不低于 32 ℃的样品有 6 批次，占总样品的 1.0%（图 6）。

2023 年记录了采样水体 pH 的样品共 175 批次。其中，有 32 批次样品采样 pH 不

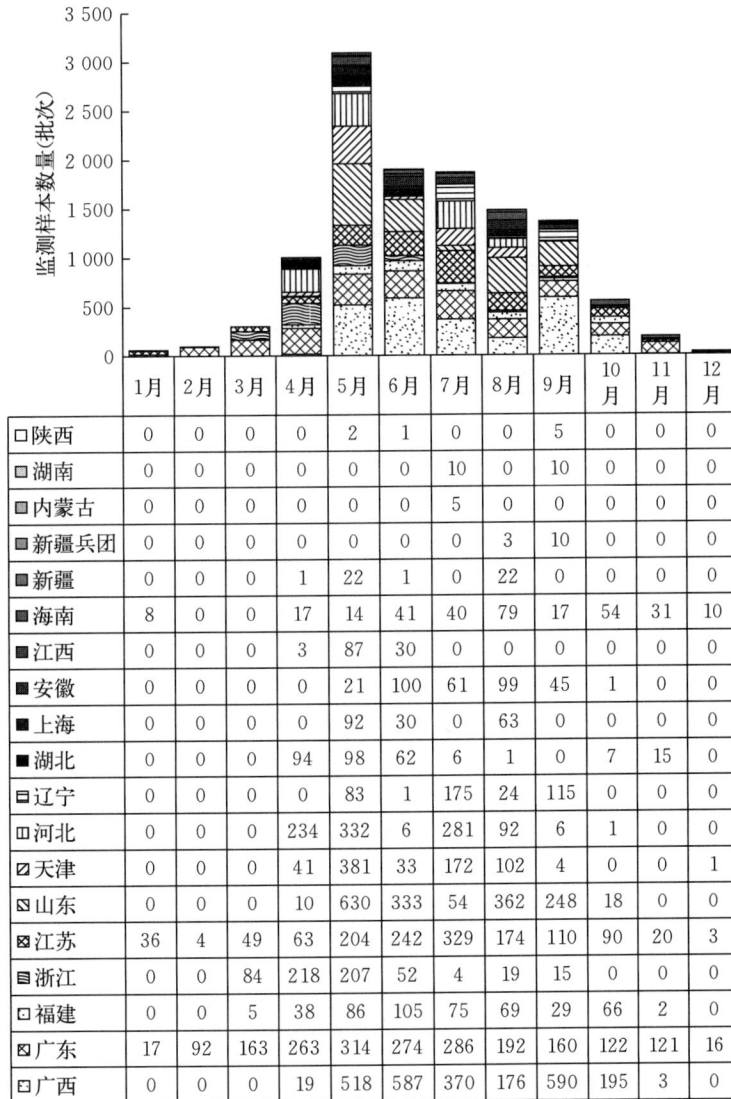

	1月	2月	3月	4月	5月	6月	7月	8月	9月	10月	11月	12月
陕西	0	0	0	0	2	1	0	0	5	0	0	0
湖南	0	0	0	0	0	0	10	0	10	0	0	0
内蒙古	0	0	0	0	0	0	5	0	0	0	0	0
新疆兵团	0	0	0	0	0	0	0	3	10	0	0	0
新疆	0	0	0	1	22	1	0	22	0	0	0	0
海南	8	0	0	17	14	41	40	79	17	54	31	10
江西	0	0	0	3	87	30	0	0	0	0	0	0
安徽	0	0	0	21	100	61	99	45	1	0	0	0
上海	0	0	0	0	92	30	0	63	0	0	0	0
湖北	0	0	0	94	98	62	6	1	0	7	15	0
辽宁	0	0	0	83	1	175	24	115	0	0	0	0
河北	0	0	0	234	332	6	281	92	6	1	0	0
天津	0	0	0	41	381	33	172	102	4	0	0	1
山东	0	0	0	10	630	333	54	362	248	18	0	0
江苏	36	4	49	63	204	242	329	174	110	90	20	3
浙江	0	0	84	218	207	52	4	19	15	0	0	0
福建	0	0	5	38	86	105	75	69	29	66	2	0
广东	17	92	163	263	314	274	286	192	160	122	121	16
广西	0	0	0	19	518	587	370	176	590	195	3	0

图 5　2007—2023 年各省（自治区、直辖市）和新疆生产建设兵团每月采样数量分布

高于 7.4，占总样品的 18.3%；有 21 批次样品采样 pH 为 7.5，占总样品的 12.0%；有 1 批次样品采样 pH 为 7.6，占总样品的 0.6%；有 1 批次样品采样 pH 为 7.7，占总样品的 0.6%；有 2 批次样品采样 pH 为 7.8，占总样品的 1.1%；有 3 批次样品采样 pH 为 7.9，占总样品的 1.7%；有 32 批次样品采样 pH 为 8.0，占总样品的 18.3%；有 43 批次样品采样 pH 为 8.1，占总样品的 24.6%；有 17 批次样品采样 pH 为 8.2，占总样品的 9.7%；有 22 批次样品采样 pH 为 8.3，占总样品的 12.6%；有 1 批次样品采样 pH 为 8.5，占总样品的 0.6%；所采集样品中无水体 pH 为 8.4、8.6、8.7 与大于 8.8 时的样品（图 7）。

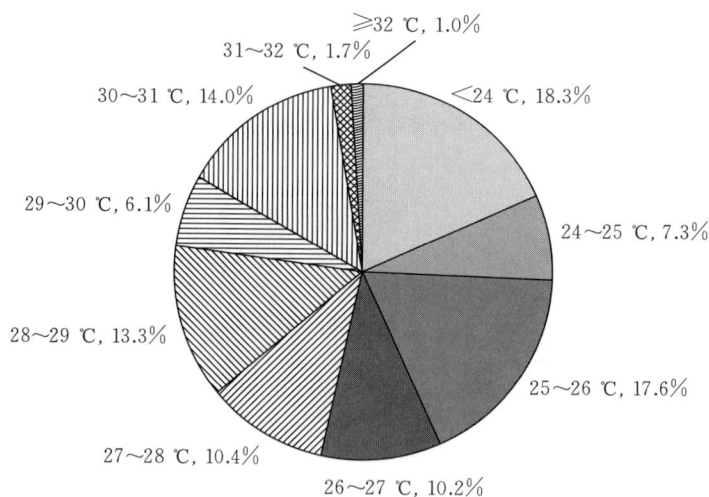

图 6　2023 年 WSD 专项监测样品的采样温度分布

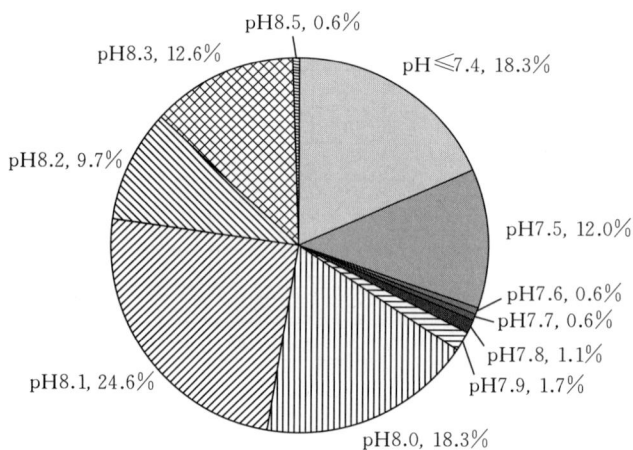

图 7　2023 年 WSD 专项监测样品的采样 pH 分布

2023 年有 575 批次样品记录了养殖环境。其中，养殖环境为海水养殖的有 279 批次样品，占记录养殖环境样本总量的 48.5%；淡水养殖的有 263 批次样品，占记录养殖环境样本总量的 45.7%；半咸水养殖的有 33 批次样品，占记录养殖环境样本总量的 5.7%（图 8）。

（六）2023 年样品检测单位和检测方法

2023 年各省（自治区、直辖市）监测样品分别委托中国检验检疫科学研究院、河北省水产技术推广总站、中国水产科学研究院黄海水产研究所、上海市水产技术推广站、江苏省水生动物疫病预防控制中心、湖南省畜牧水产事务中心、浙江省渔业检验检测与疫病防控中心、福建省水产技术推广总站、集美大学、中国水产科学研究院珠江水

114

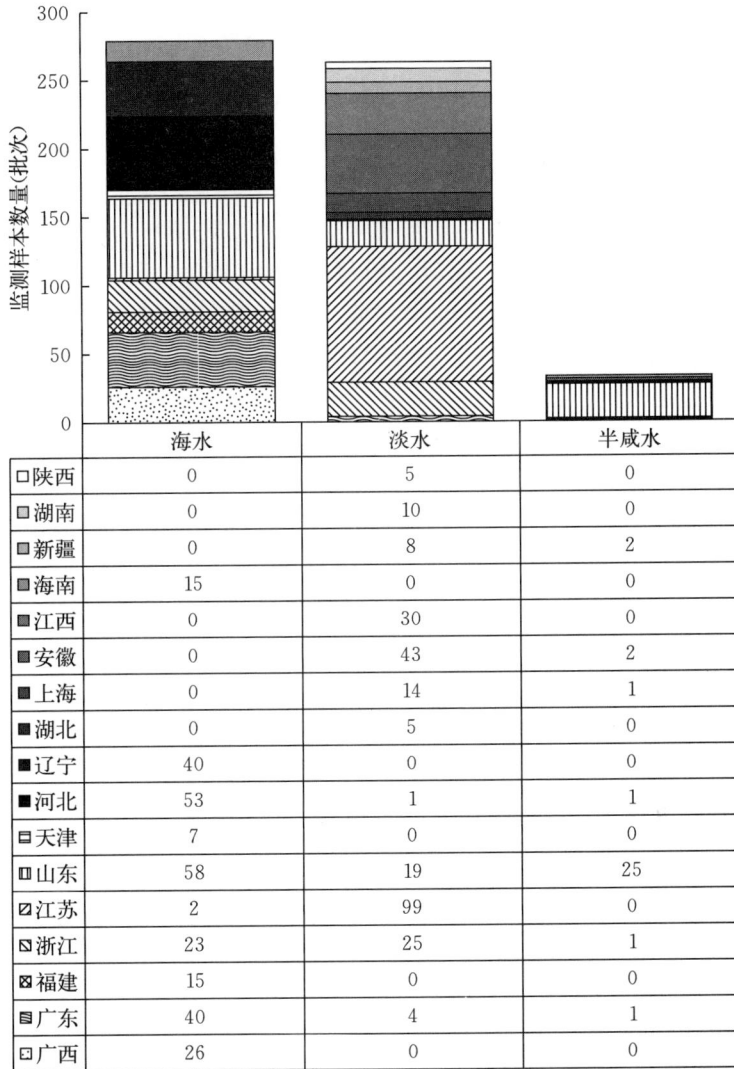

	海水	淡水	半咸水
陕西	0	5	0
湖南	0	10	0
新疆	0	8	2
海南	15	0	0
江西	0	30	0
安徽	0	43	2
上海	0	14	1
湖北	0	5	0
辽宁	40	0	0
河北	53	1	1
天津	7	0	0
山东	58	19	25
江苏	2	99	0
浙江	23	25	1
福建	15	0	0
广东	40	4	1
广西	26	0	0

图 8　2023 年 WSD 专项监测样品的养殖环境分布

产研究所、山东省淡水渔业研究院、中国水产科学研究院长江水产研究所、广东省动物疫病预防控制中心、广西渔业病害防治环境监测和质量检验中心、海南省水产技术推广站、江西省农业技术推广中心、陕西省水产研究与技术推广总站、新疆维吾尔自治区水产技术推广总站、安徽省水产技术推广总站、天津市动物疫病预防控制中心共 20 家单位按照 GB/T 28630.2—2012 或 2022 版 WOAH《水生动物疾病诊断手册》第 2.2.8 章，采用套式 PCR 或荧光 PCR 进行实验室检测（图 9）。

　　2023 年，所有检测单位共承担检测样品任务 586 批次，其中承担检测任务量最多的是江苏省水生动物疫病预防控制中心，检测样品量为 106 批次；其次是山东省淡水渔业研究院，检测样品量为 97 批次；再次是中国水产科学研究院黄海水产研究所，检测样品量为 55 批次。3 家检测单位的检测样品量占总样品量的 44.0%。

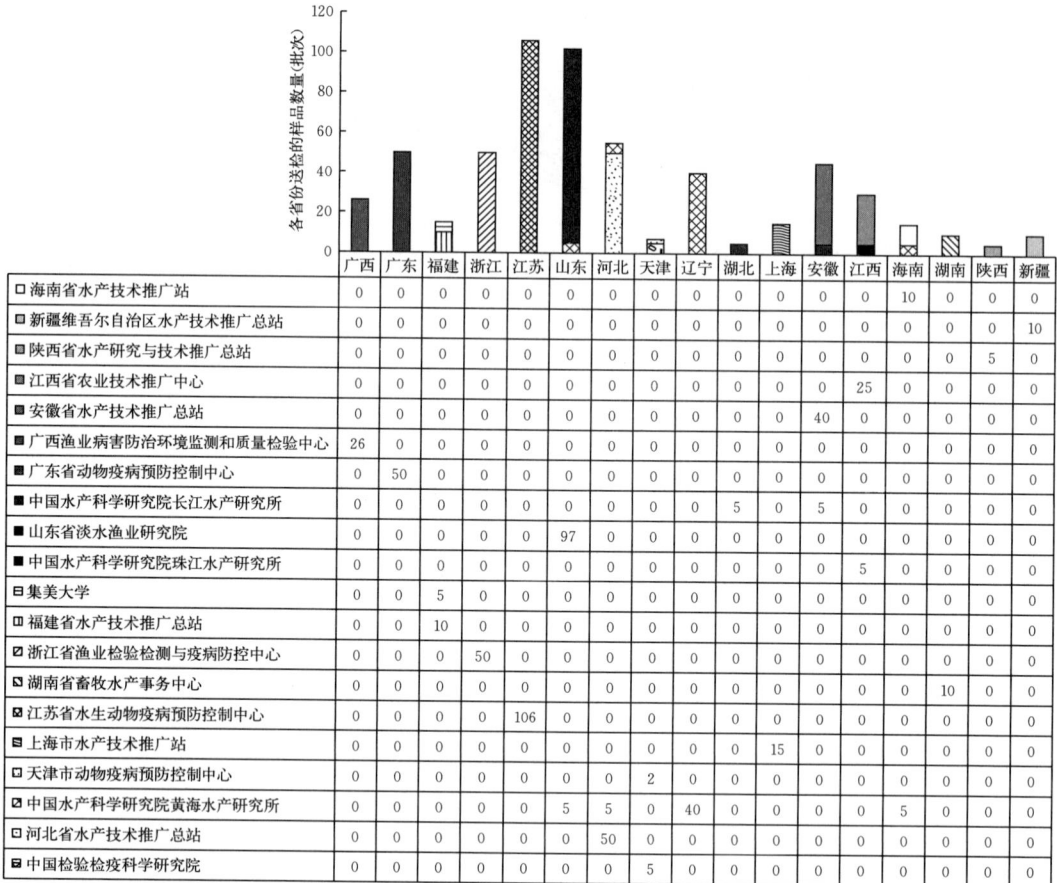

	广西	广东	福建	浙江	江苏	山东	河北	天津	辽宁	湖北	上海	安徽	江西	海南	湖南	陕西	新疆
海南省水产技术推广站	0	0	0	0	0	0	0	0	0	0	0	0	0	10	0	0	0
新疆维吾尔自治区水产技术推广总站	0	0	0	0	0	0	0	0	0	0	0	0	0	0	0	0	10
陕西省水产研究与技术推广总站	0	0	0	0	0	0	0	0	0	0	0	0	0	0	0	5	0
江西省农业技术推广中心	0	0	0	0	0	0	0	0	0	0	0	0	25	0	0	0	0
安徽省水产技术推广总站	0	0	0	0	0	0	0	0	0	0	0	40	0	0	0	0	0
广西渔业病害防治环境监测和质量检验中心	26	0	0	0	0	0	0	0	0	0	0	0	0	0	0	0	0
广东省动物疫病预防控制中心	0	50	0	0	0	0	0	0	0	0	0	0	0	0	0	0	0
中国水产科学研究院长江水产研究所	0	0	0	0	0	0	0	0	0	5	0	5	0	0	0	0	0
山东省淡水渔业研究院	0	0	0	0	0	97	0	0	0	0	0	0	0	0	0	0	0
中国水产科学研究院珠江水产研究所	0	0	0	0	0	0	0	0	0	0	0	0	5	0	0	0	0
集美大学	0	0	5	0	0	0	0	0	0	0	0	0	0	0	0	0	0
福建省水产技术推广总站	0	0	10	0	0	0	0	0	0	0	0	0	0	0	0	0	0
浙江省渔业检验检测与疫病防控中心	0	0	0	50	0	0	0	0	0	0	0	0	0	0	0	0	0
湖南省畜牧水产事务中心	0	0	0	0	0	0	0	0	0	0	0	0	0	0	10	0	0
江苏省水生动物疫病预防控制中心	0	0	0	0	106	0	0	0	0	0	0	0	0	0	0	0	0
上海市水产技术推广站	0	0	0	0	0	0	0	0	0	0	15	0	0	0	0	0	0
天津市动物疫病预防控制中心	0	0	0	0	0	0	0	2	0	0	0	0	0	0	0	0	0
中国水产科学研究院黄海水产研究所	0	0	0	0	0	5	5	0	40	0	0	0	0	5	0	0	0
河北省水产技术推广总站	0	0	0	0	0	0	50	0	0	0	0	0	0	0	0	0	0
中国检验检疫科学研究院	0	0	0	0	0	0	0	0	5	0	0	0	0	0	0	0	0

图 9 2023 年 WSD 专项监测样品送检单位和样品数量

三、检测结果分析

（一）总体阳性检出情况及其区域分布

从 2007 年开始，WSD 专项监测先后在沿海不同省（自治区、直辖市）开始实施，2007 年首次对广西进行监测，随后监测范围扩大到广东（2008）、河北（2009）、天津（2009）、山东（2009）、江苏（2011）、福建（2014）、浙江（2014）、辽宁（2014）、湖北（2015）、上海（2016）、安徽（2016）、江西（2017）、海南（2017）、新疆（2017）、新疆生产建设兵团（2017）、内蒙古（2021）、湖南（2022）和陕西（2022）。共监测样品 13 801 批次，其中有 2 146 批次样品检测出 WSSV 阳性，平均样品阳性率为 15.5%，2023 年的平均样品阳性率为 20.5%（120/586）。17 年来各省（自治区、直辖市）和新疆生产建设兵团的监测点阳性率为 20.1%（1719/8535）。

2023 年各省（自治区、直辖市）的监测点阳性率为 20.6％（114/554）。在 2010 年后样品阳性率和监测点阳性率呈波动下降趋势（图 10），而 2023 年样品阳性率和监测点阳性率明显提高。

经过 17 年的专项监测表明，除内蒙古、新疆、陕西和湖南外，参与 WSD 监测的所有省（自治区、直辖市）和新疆生产建设兵团中均在不同年份检出了 WSSV 阳性，表明我国沿海主要甲壳类养殖区都可能存在 WSSV。

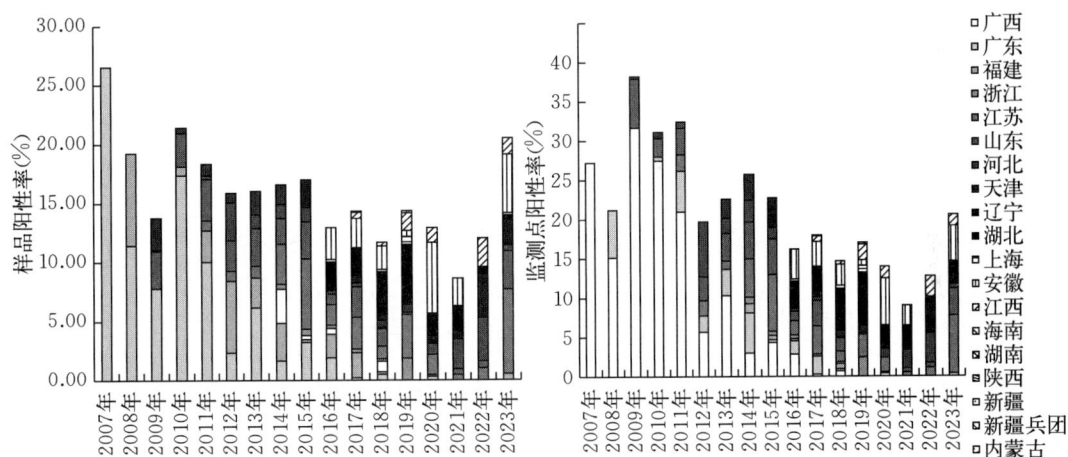

图 10　2007—2023 年 WSD 专项监测的样品阳性率和监测点阳性率
注：阳性率是以各年批次的样品/监测点总数为基数计算

（二）易感宿主

2023 年监测养殖品种有罗氏沼虾、青虾、克氏原螯虾、凡纳滨对虾、澳洲岩龙虾、斑节对虾、中国对虾、日本对虾、中华绒螯蟹。青虾、克氏原螯虾、凡纳滨对虾、澳洲岩龙虾、中国对虾、日本对虾被检出 WSSV 阳性。其中，克氏原螯虾的阳性率最高，为 62.3％（86/138）；日本对虾的阳性率次之，为 57.1％（4/7）；澳洲岩龙虾的阳性率为 33.3％（1/3）；中国对虾的阳性率为 20.0％（4/20）；青虾的阳性率为 10.0％（2/20）；海水养殖的凡纳滨对虾的阳性率为 8.8％（22/251）；淡水养殖的凡纳滨对虾的阳性率为 1.0％（1/97）。

（三）不同养殖规格的阳性检出情况

在 2023 年的 WSD 专项监测中，记录了采样规格的有 586 批次样品，其中检测出 WSSV 阳性的有 120 批次样品。样品中阳性率最高的是体长不小于 10 cm 的样品，为 42.1％（51/121）；其次是 7～10 cm 的样品，阳性率为 39.0％（53/136）；体长为 4～7 cm 的样品，阳性率为 12.9％（4/31）；1～4 cm 样品的阳性率为 3.8％（8/210）；小于 1 cm 样品的阳性率为 4.5％（4/88）（图 11）。

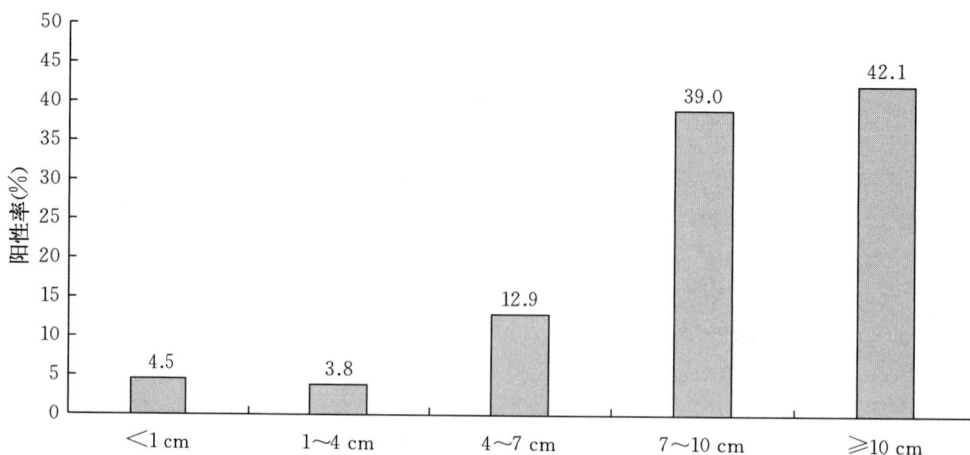

图 11　2023 年 WSD 专项监测不同规格样品的阳性检出率

（四）阳性样品的月份分布

在 2023 年的 WSD 专项监测中，共 586 批次样品记录了采样月份，有 120 批次 WSSV 阳性样品。其中，6 月有 39 批次阳性样品，样品阳性率为 35.5%（39/110）；9 月有 26 批次阳性样品，样品阳性率为 33.8%（26/77）；7 月有 14 批次阳性样品，样品阳性率为 29.8%（14/47）；8 月有 11 批次阳性样品，样品阳性率为 25.0%（11/44）；5 月有 19 批次阳性样品，样品阳性率为 13.3%（19/143）；4 月有 10 批次阳性样品，样品阳性率为 8.8%（10/114）；3 月有 1 批次阳性样品，样品阳性率为 2.7%（1/37）（图 12）。1 月、2 月、10 月、11 月、12 月无阳性检出。其中，6 月的样品阳性检出率最高。

2007 年至 2023 年各省（自治区、直辖市）和新疆生产建设兵团有 11 933 批次样品记录了采样月份，有 1 965 批次 WSSV 阳性样品，平均阳性率为 16.5%。其中，两个阳性率高峰期出现在 2—5 月和 6—9 月，2—5 月的样品阳性率高峰主要是因为广东省的监测样品，6—9 月的样品阳性率高峰主要是因为山东和广西等省（自治区、直辖市）的监测样品（图 13）。

（五）阳性样品的温度分布

2023 年 WSD 专项监测中，记录了采样温度的 WSSV 阳性样品共有 120 批次。其中，采样温度低于 24 ℃时有 28 批次阳性样品，样品阳性率为 26.2%（28/107）；采样温度在 24～25 ℃时有 3 批次阳性样品，样品阳性率为 7.0%（3/43）；采样温度在 25～26 ℃时有 33 批次阳性样品，样品阳性率为 32.0%（33/103）；采样温度在 26～27 ℃时有 15 批次阳性样品，样品阳性率为 25.0%（15/60）；采样温度在 27～28 ℃时有 5 批次阳性样品，样品阳性率为 8.2%（5/61）；采样温度在 28～29 ℃时有 11 批次阳性样品，

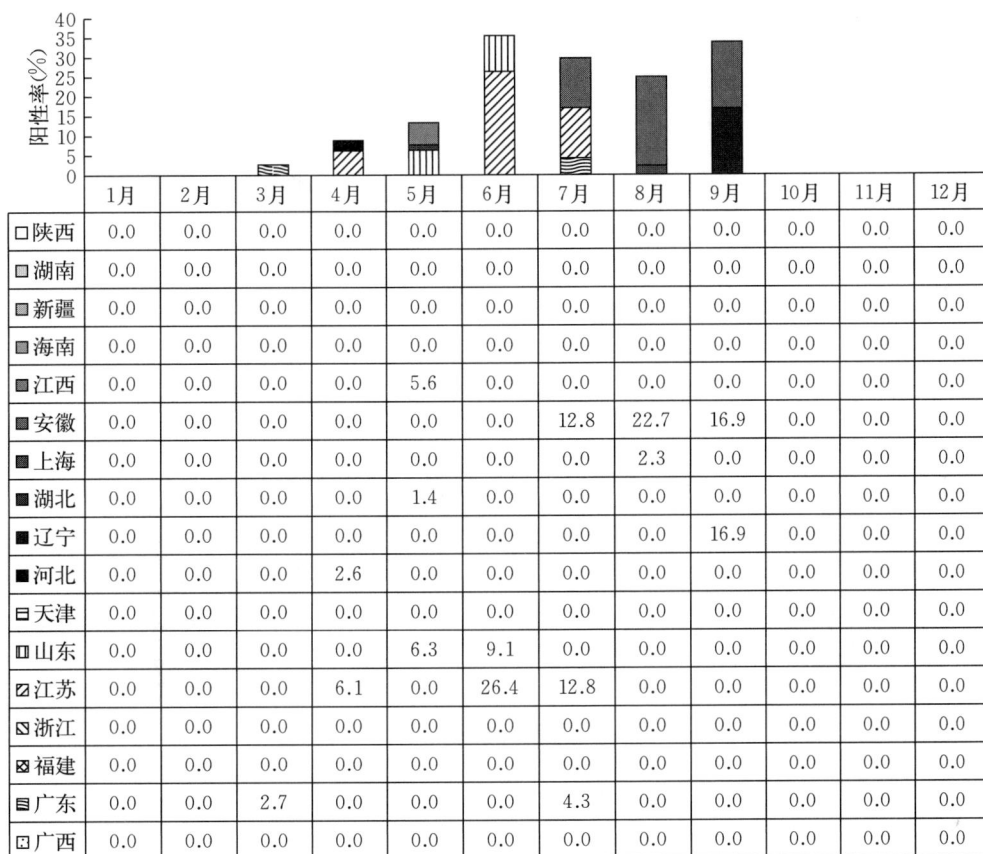

	1月	2月	3月	4月	5月	6月	7月	8月	9月	10月	11月	12月
☐陕西	0.0	0.0	0.0	0.0	0.0	0.0	0.0	0.0	0.0	0.0	0.0	0.0
◩湖南	0.0	0.0	0.0	0.0	0.0	0.0	0.0	0.0	0.0	0.0	0.0	0.0
▣新疆	0.0	0.0	0.0	0.0	0.0	0.0	0.0	0.0	0.0	0.0	0.0	0.0
▣海南	0.0	0.0	0.0	0.0	0.0	0.0	0.0	0.0	0.0	0.0	0.0	0.0
▣江西	0.0	0.0	0.0	0.0	5.6	0.0	0.0	0.0	0.0	0.0	0.0	0.0
■安徽	0.0	0.0	0.0	0.0	0.0	0.0	12.8	22.7	16.9	0.0	0.0	0.0
■上海	0.0	0.0	0.0	0.0	0.0	0.0	0.0	2.3	0.0	0.0	0.0	0.0
■湖北	0.0	0.0	0.0	0.0	1.4	0.0	0.0	0.0	0.0	0.0	0.0	0.0
■辽宁	0.0	0.0	0.0	0.0	0.0	0.0	0.0	0.0	16.9	0.0	0.0	0.0
■河北	0.0	0.0	0.0	2.6	0.0	0.0	0.0	0.0	0.0	0.0	0.0	0.0
▤天津	0.0	0.0	0.0	0.0	0.0	0.0	0.0	0.0	0.0	0.0	0.0	0.0
▥山东	0.0	0.0	0.0	0.0	6.3	9.1	0.0	0.0	0.0	0.0	0.0	0.0
▨江苏	0.0	0.0	0.0	6.1	0.0	26.4	12.8	0.0	0.0	0.0	0.0	0.0
▧浙江	0.0	0.0	0.0	0.0	0.0	0.0	0.0	0.0	0.0	0.0	0.0	0.0
▨福建	0.0	0.0	0.0	0.0	0.0	0.0	0.0	0.0	0.0	0.0	0.0	0.0
▤广东	0.0	0.0	2.7	0.0	0.0	0.0	4.3	0.0	0.0	0.0	0.0	0.0
▢广西	0.0	0.0	0.0	0.0	0.0	0.0	0.0	0.0	0.0	0.0	0.0	0.0

图 12　2023 年 WSD 专项监测各月份的阳性检出率

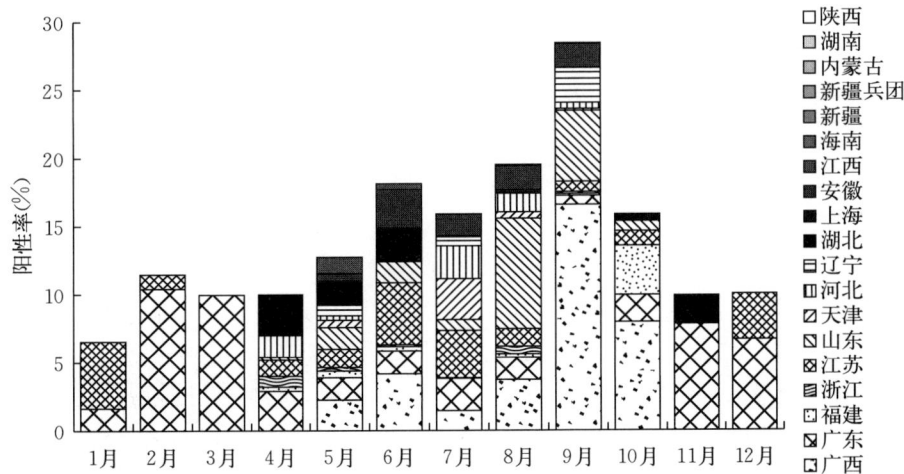

图 13　2007—2023 年 WSD 专项监测各月份样品的阳性检出率

注：阳性率是以各月份的总样品数为基数计算

样品阳性率为 14.1%（11/78）；采样温度在 29～30 ℃时有 5 批次阳性样品，样品阳性率为 13.9%（5/36）；采样温度在 30～31 ℃时有 18 批次阳性样品，样品阳性率为 22.0%（18/82）；采样温度在 31～32 ℃时未有样品检测出阳性；采样温度在不低于 32 ℃时有 2 批阳性样品，样品阳性率为 33.3%（2/6）（图 14）。

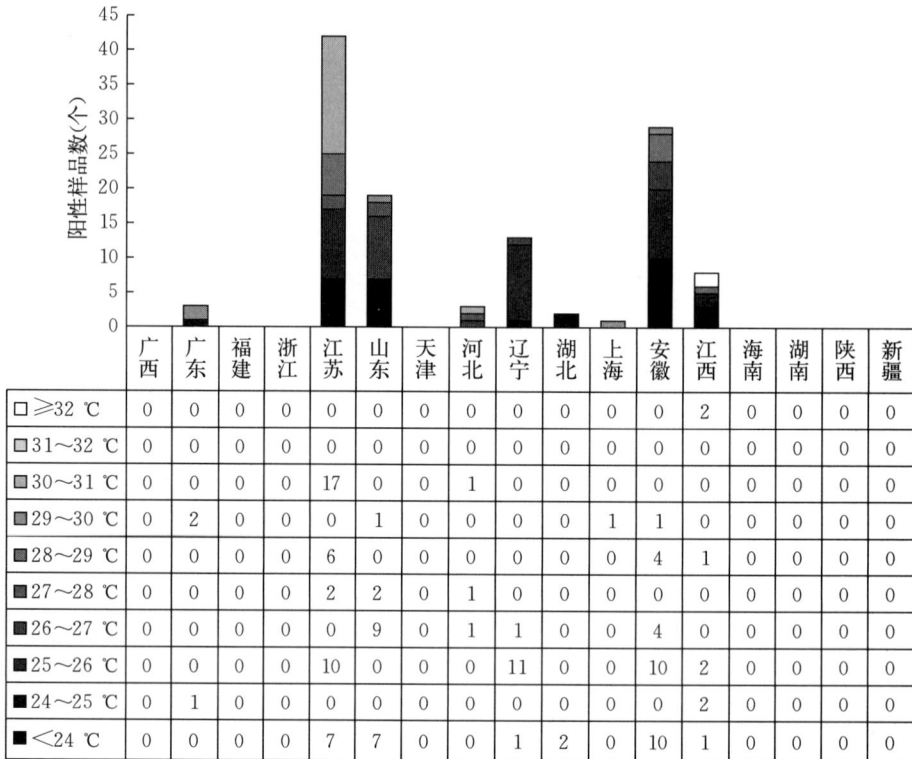

	广西	广东	福建	浙江	江苏	山东	天津	河北	辽宁	湖北	上海	安徽	江西	海南	湖南	陕西	新疆
□ ≥32 ℃	0	0	0	0	0	0	0	0	0	0	0	0	2	0	0	0	0
▨ 31～32 ℃	0	0	0	0	0	0	0	0	0	0	0	0	0	0	0	0	0
▨ 30～31 ℃	0	0	0	0	17	0	0	1	0	0	0	0	0	0	0	0	0
▨ 29～30 ℃	0	2	0	0	1	0	0	0	0	0	1	1	0	0	0	0	0
▨ 28～29 ℃	0	0	0	0	6	0	0	0	0	0	0	4	1	0	0	0	0
■ 27～28 ℃	0	0	0	0	2	2	0	1	0	0	0	0	0	0	0	0	0
■ 26～27 ℃	0	0	0	0	9	0	0	1	1	0	0	4	0	0	0	0	0
■ 25～26 ℃	0	0	0	0	10	0	0	0	11	0	0	10	2	0	0	0	0
■ 24～25 ℃	0	1	0	0	0	0	0	0	0	0	0	0	2	0	0	0	0
■ <24 ℃	0	0	0	0	7	7	0	0	1	2	0	10	1	0	0	0	0

图 14　2023 年 WSD 专项监测样品不同温度的阳性样品分布

2007 年至 2023 年共 7 001 批次样品记录了采样时水温，共有 1 001 批次 WSSV 阳性样品检出，占记录水温数据样本总量的 14.3%。对不同温度区段进行统计，表明采样在小于 24 ℃时的样品阳性率最高，平均为 20.4%（245/1 201）；其次是 25～26 ℃时，样品阳性率为 18.7%（120/643）（图 15）。

（六）阳性样品的 pH 分布

2007 年至 2023 年共 3 582 批次样品记录了采样时水体 pH，共有 498 批次样品检出 WSSV 阳性，占记录水体 pH 的样本总量的 13.9%。对不同水体 pH 区段进行统计（图 16），阳性率表现出较明显的波动，总体趋势是 pH 8.0 以下阳性率为 17.2%（350/2 035），明显高于 pH 8.0 以上为 9.6%（148/1 547）；pH 为 7.8 至 8.3 的阳性率为 10.6%（242/2 282）；pH≤7.7 和≥8.4 的平均阳性率为 19.7%（256/1 300）。

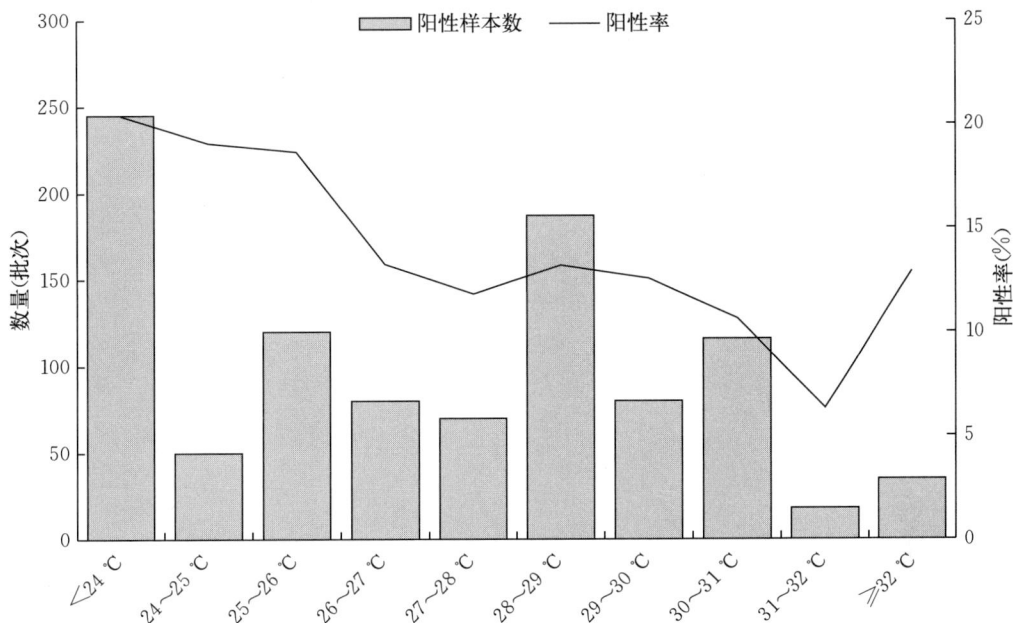

图 15   2007—2023 年专项监测有水温数据的 WSSV 阳性样本数和阳性率

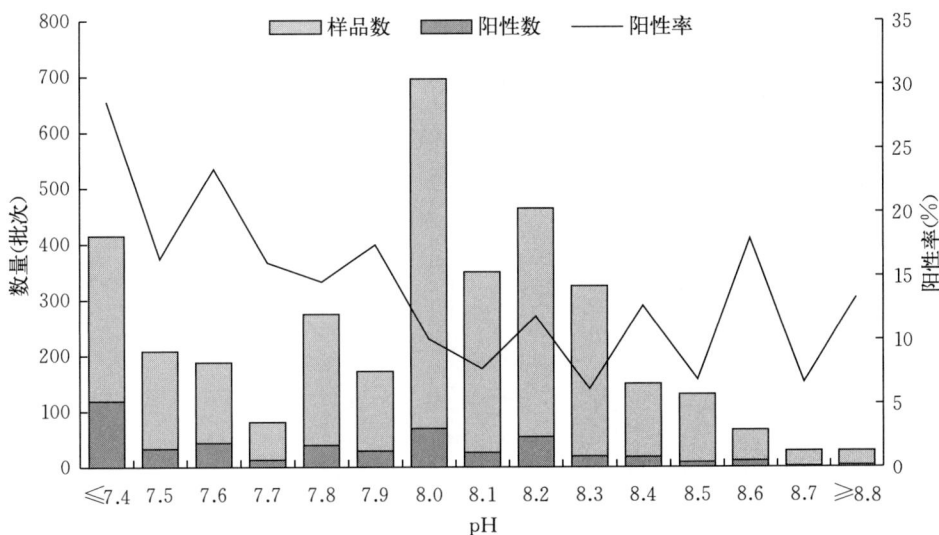

图 16   2007—2023 年样品不同采样 pH 条件下的样本数、阳性数和阳性率

（七）不同养殖环境的阳性检出情况

2007 至 2023 年，各省（自治区、直辖市）和新疆生产建设兵团记录了养殖环境的样品共有 12 168 批次，2 061 批次为 WSSV 阳性样品，占有记录样本总量的 16.9%。

其中，海水养殖样品总数为 7 273 批次，检出阳性的共 1 200 批次，阳性检出率为 16.5%；淡水养殖样品总数为 3 877 批次，检出阳性的共 748 批次，阳性检出率为 19.3%；半咸水养殖样品总数为 1 018 批次，检出阳性的共 113 批次，阳性检出率为 11.1%（图 17 和图 18）。

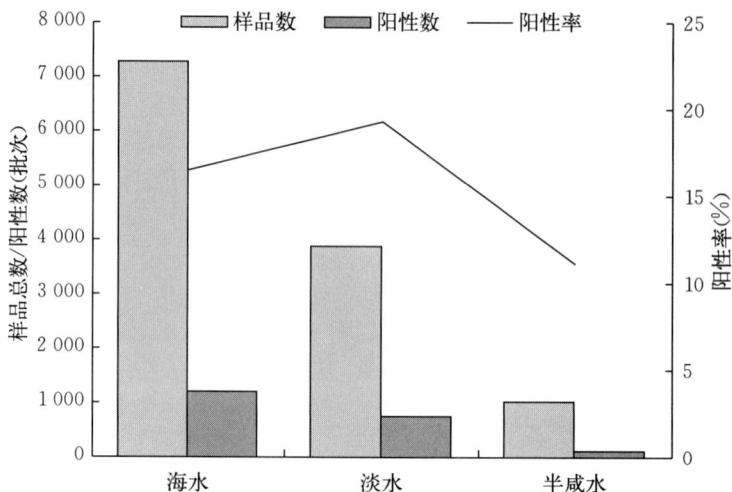

图 17　2007—2023 年不同养殖环境的样品数和 WSSV 阳性率

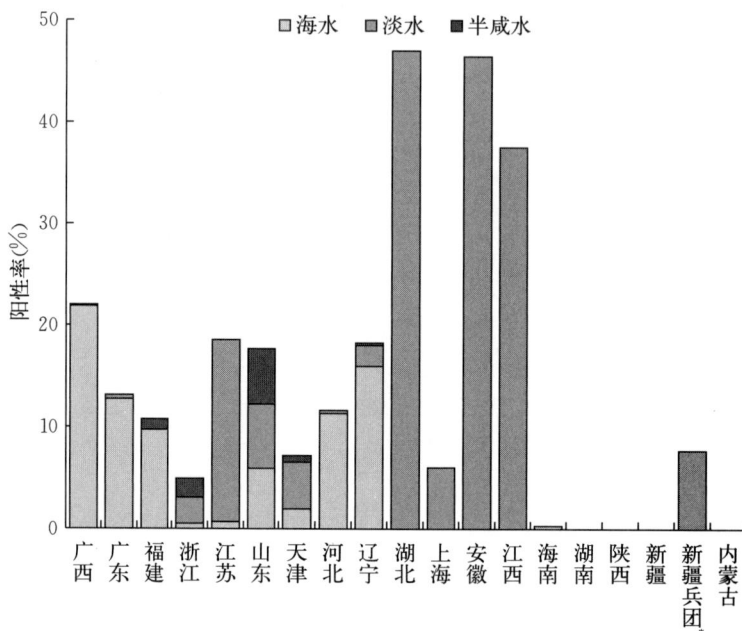

图 18　2007—2023 年各监测省份和新疆生产建设兵团不同养殖环境的 WSSV 阳性率

注：阳性率是以各省（自治区、直辖市）批次样品总数为基数计算的。*新疆生产建设兵团以下简称"新疆兵团"

（八）不同类型监测点的阳性检出情况

2023 年，17 个省（自治区、直辖市）的专项监测共设置了 554 个监测点。其中，国家级原良种场 6 个，未有 WSSV 阳性检出；省级原良种场 52 个，4 个有 WSSV 阳性检出；苗种场 210 个，10 个有 WSSV 阳性检出，阳性检出率是 4.8%；成虾养殖场 286 个，100 个有 WSSV 阳性检出，阳性检出率是 35.0%。

2007 年至 2023 年，18 个省（自治区、直辖市）和新疆生产建设兵团国家级原良种场的样品阳性率为 8.7%（14/161），监测点阳性率为 14.9%（10/67）；省级原良种场的样品阳性率为 5.6%（39/702），监测点阳性率为 5.5%（20/365）；重点苗种场的样品阳性率为 7.6%（375/4 909），监测点阳性率为 8.5%（282/3 319）；对虾养殖场的样品阳性率为 25.1%（1 651/6 572），监测点阳性率 29.4%（1 407/4 784）（图 19）。

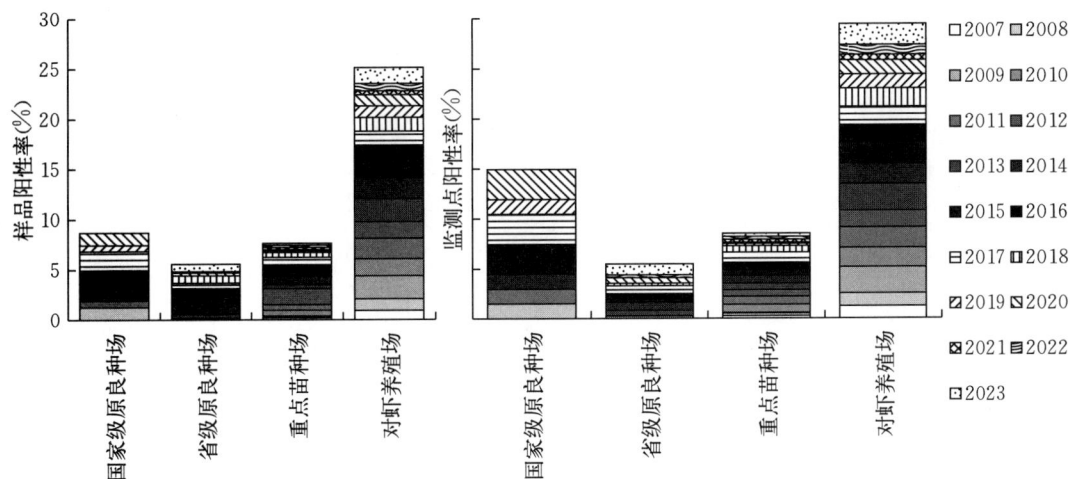

图 19　2007—2023 年不同类型监测点的样品 WSSV 阳性率和监测点 WSSV 阳性率

（九）不同养殖模式监测点的阳性检出情况

2007 年至 2023 年，18 个省（自治区、直辖市）和新疆生产建设兵团有 8 790 个监测点记录了养殖模式，共 1 735 个 WSSV 阳性监测点，平均阳性检出率为 19.7%。其中，池塘养殖模式的阳性检出率为 24.2%（1 239/5 128）；工厂化养殖模式的阳性检出率为 10.8%（353/3 257）；其他养殖模式的阳性检出率为 35.3%（143/405）（图 20）。

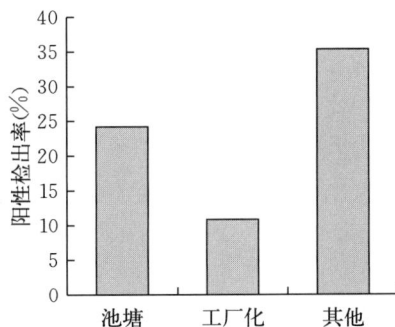

图 20　2007—2023 年不同养殖模式监测点的 WSSV 阳性检出率

（十）连续抽样监测点的阳性检出情况

2007 年至 2023 年 WSD 的专项监测中，共有 5 910 个监测点详细记录了监测信息，进行了多年监测的有 1 361 个，进行了 2 年及以上连续监测的有 1 091 个。其中，164 个监测点多次检测出 WSSV 阳性，连续 2 年及以上出现阳性的监测点有 111 个。各省（自治区、直辖市）阳性监测点在后续监测中再出现阳性的平均比率为 45.3%，下一年再出现阳性的比率平均为 30.7%。

从各省的情况来看，不计最后一年，广西壮族自治区多次抽样并检测出阳性的监测点有 111 个，其中 45 个监测点多次监测出阳性，包括 32 个连续 2 年及以上出现阳性的监测点，其阳性监测点在后续监测中再出现阳性的比率为 40.5%，下一年再出现阳性的比率为 28.8%；相应地，广东省多次抽样并检测出阳性的监测点有 37 个，其中 15 个监测点出现多次阳性，包括 4 个连续 2 年及以上出现阳性的监测点，该省阳性监测点在后续监测中再出现阳性的比率为 40.5%，下一年再出现阳性的比率为 10.8%；福建省多次抽样并检测出阳性的监测点有 7 个，其中 1 个监测点多次出现阳性，未出现连续 2 年阳性的监测点，该省阳性监测点在后续监测中再出现阳性的比率为 14.3%；浙江省有 10 个监测点多次抽样并检测出阳性，无监测点多次出现阳性；江苏省有 36 个监测点多次抽样并检测出阳性，其中 13 个监测点出现多次阳性，7 个监测点是连续 2 年及以上出现阳性，该省阳性监测点在后续监测中再出现阳性的比率为 36.1%，下一年再出现阳性的比率为 19.4%；山东省多次抽样并检测出阳性的监测点有 34 个，其中 22 个监测点出现多次阳性，包括 12 个连续 2 年及以上出现阳性的监测点，该省阳性监测点在后续监测中再出现阳性的比率为 64.7%，下一年再出现阳性的比率为 35.3%；天津市多次抽样并检测出阳性的监测点有 4 个，其中 1 个监测点连续 2 年及以上出现阳性，且均是连续 2 年及以上出现阳性，该市阳性监测点在后续监测中再出现阳性的比率为 25.0%，下一年再出现阳性的比率为 25.0%；河北省多次抽样并检测出阳性的监测点有 31 个，其中 13 个监测点出现多次阳性，包括 9 个连续 2 年及以上出现阳性的监测点，该省阳性监测点在后续检测中再出现阳性的比率为 41.9%，下一年再出现阳性的比率为 29.0%；辽宁省多次抽样并检测出阳性的监测点有 20 个，5 个多次出现阳性的监测点；湖北省多次抽样并检测出阳性的监测点有 37 个，其中 29 个监测点出现多次阳性，包括 28 个连续 2 年及以上出现阳性的监测点，该省阳性监测点在后续检测中再出现阳性的比率为 78.4%，下一年再出现阳性的比率为 75.7%；上海市多次抽样并检测出阳性的监测点有 6 个，其中 1 个监测点出现多次阳性，且均是连续 2 年及以上出现阳性，该市阳性监测点在后续检测中再出现阳性的比率为 16.7%，下一年再出现阳性的比率为 16.7%；安徽省多次抽样并检测出阳性的监测点有 22 个，其中 15 个监测点出现多次阳性，包括 12 个连续 2 年及以上出现阳性的监测点，该省阳性监测点在后续检测中再出现阳性的比率为 68.2%，下一年再出现阳性的比率为 54.5%；江西省多次抽样并检测出阳性的监测点有 7 个，其中 4 个监测点出现多次阳性，且均是连续 2 年及以上出现阳性，该省阳性监测点在后续检测中再出现阳性的比率为 57.1%，下一年再出现阳性的比率为 57.1%；海南省、新疆维吾尔自治区和新疆生产建设兵团均有多年设置的监测点，尚未在这些监测点中多次检出过阳性（图 21）。

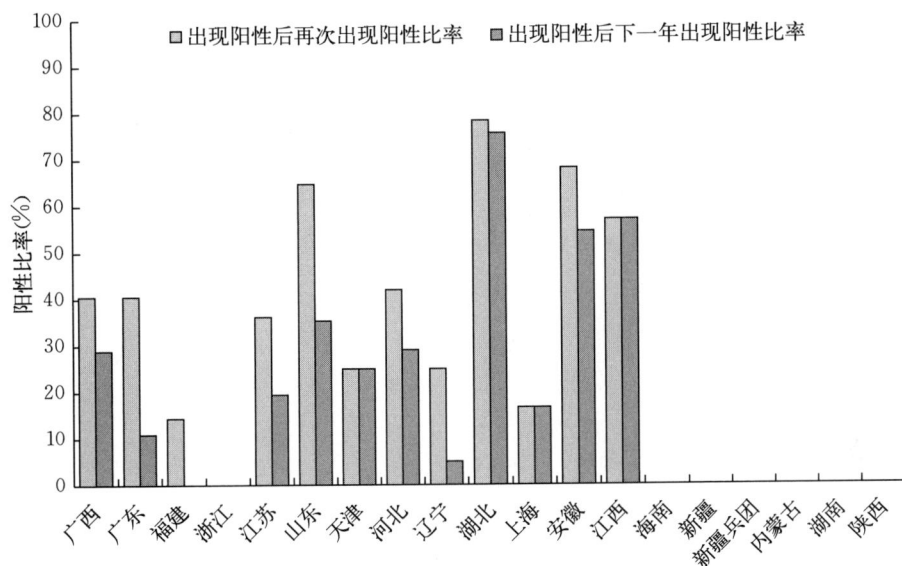

图 21 2007—2023 年各监测省份在后续监测中出现阳性的比率

（十一）不同检测单位的检测结果情况

广西壮族自治区委托广西渔业病害防治环境监测和质量检验中心承担样品检测工作，未检出阳性样品（0/26）；广东省委托广东省动物疫病预防控制中心承担样品检测工作，样品阳性检出率为 6.0%（3/50）；福建省分别委托福建省水产技术推广总站和集美大学承担样品检测工作，均未检出阳性样品（0/15）；浙江省委托浙江省渔业检验检测与疫病防控中心承担样品检测工作，未检出阳性样品（0/50）；江苏省委托江苏省水生动物疫病预防控制中心承担样品检测工作，样品阳性检出率为 39.6%（42/106）；山东省分别委托山东省淡水渔业研究院和中国水产科学研究院黄海水产研究所承担样品检测工作，样品阳性检出率分别为 19.6%（19/97）和未检出（0/5）；河北分别委托中国水产科学研究院黄海水产研究所和河北省水产技术推广总站承担样品检测工作，样品阳性检出率分别为 20.0%（1/5）和 4.0%（2/50）；天津市委托中国检验检疫科学研究院承担样品检测工作，未检出阳性样品（0/5）；辽宁省委托中国水产科学研究院黄海水产研究所承担样品检测工作，样品阳性检出率为 32.5%（13/40）；湖北委托中国水产科学研究院长江水产研究所承担样品检测工作，样品阳性检出率为 40.0%（2/5）；上海委托上海市水产技术推广站承担样品检测工作，样品阳性检出率为 6.7%（1/15）；安徽分别委托中国水产科学研究院长江水产研究所和安徽省水产技术推广总站承担样品检测工作，样品阳性检出率分别为 40.0%（2/5）和 67.5%（27/40）；江西分别委托中国水产科学研究院珠江水产研究所和江西省农业技术推广中心承担样品检测工作，样品

125

阳性检出率分别为 20.0%（1/5）和 28.0%（7/25）；海南省分别委托中国水产科学研究院黄海水产研究所和海南省水产技术推广站承担样品检测工作，均未检出阳性样品（0/15）；陕西委托陕西省水产研究与技术推广总站承担样品检测工作，未检出阳性样品（0/5）；新疆维吾尔自治区委托新疆维吾尔自治区水产技术推广总站承担样品检测工作，未检出阳性样品（0/10）。

四、国家 WSD 首席专家团队的实验室被动监测工作总结

在国家虾蟹类产业技术体系病害防控岗位科学家任务、中国水产科学研究院基本科研业务费等项目的支持下，中国水产科学研究院黄海水产研究所养殖生物病害控制与分子病理学研究室甲壳类流行病学与疫病防控团队应产业需求，对 2023 年我国沿海主要省份养殖甲壳类样品中 WSSV 流行情况开展了调查和被动监测。

2023 年针对 WSSV 的被动监测范围覆盖海南、广西、广东、福建、浙江、江苏、山东、河北、天津、辽宁、新疆、湖北等 12 个省（自治区、直辖市），共监测 447 批次样品，检出阳性样品 17 批次，阳性检出率为 3.8%，其中河北虾类样品中阳性检出率较高。该结果表明，WSSV 在部分对虾养殖地区仍有流行。

五、WSD 风险分析及防控建议

（一）WSD 流行现状及趋势

自 2007 年以来，先后在 18 个省（自治区、直辖市）和新疆生产建设兵团开始实施 WSD 的专项监测，涉及了 8 535 个养殖场点，监测 13 801 批次样品。其中，检出阳性的样品有 2 146 批次，平均样品阳性率 15.5%；1 719 点次监测点检出 WSSV 阳性，平均监测点阳性率 20.1%。2023 年，17 个省（自治区、直辖市）监测的 554 个养殖场点中，有 114 个检出阳性，平均监测点阳性率 20.6%；共采集 586 批次样品，有 120 批次样品检出阳性，平均样品阳性率 20.5%。除新疆、内蒙古、湖南和陕西外，其他参与 WSD 监测的 14 个省（自治区、直辖市）和新疆生产建设兵团均在不同年份检出了 WSSV 阳性，说明 WSD 是威胁我国甲壳类养殖业的重要疫病之一。经过 17 年对 WSD 的连续监测，从 18 个省（自治区、直辖市）和新疆生产建设兵团的样品阳性率和监测点阳性率进行分析发现，WSD 在 2010 年后在我国的流行率呈波动下降趋势，而 2023 年的阳性检出率显著上升。

（二）易感宿主

2007—2023 年的专项监测结果显示，我国凡纳滨对虾、日本对虾、中国对虾、罗氏沼虾、克氏原螯虾、青虾、脊尾白虾、斑节对虾、澳洲岩龙虾和蟹类中均有 WSSV 阳性检出。其中，2023 年的专项监测结果显示阳性样品种类包括青虾、澳洲岩龙虾、克氏原螯虾、凡纳滨对虾、中国对虾、日本对虾。从阳性样品种类来看，多种品种均有

阳性检出，说明 WSSV 可能对我国多种海淡水养殖甲壳类造成威胁。针对 WSD 的 17 年连续监测结果提示，应重视和避免 WSSV 在不同宿主之间水平和垂直传播。

（三）WSSV 传播途径及传播方式

根据 2007 年至 2023 年不同类型监测点的监测结果来看，国家级原良种场、省级原良种场和重点苗种场的平均样品阳性率为 7.4%（428/5 772），监测点阳性率为 8.3%（312/3 751）。其中，国家级原良种场的阳性率 14.9%（10/67）＞重点苗种场阳性率 8.5%（282/3 319）＞省级原良种场阳性率 5.5%（20/365）。2023 年，在 554 个监测养殖场点中，国家级原良种场 6 个，无阳性检出；省级原良种场 52 个，检出 4 个阳性，检出率为 7.7%；苗种场 210 个，检出 10 个阳性，检出率是 4.8%；成虾养殖场 286 个，检出 100 个阳性，检出率是 35.0%。这说明经过多年的疫情监测和产地检疫等措施，国家级原良种场和省级原良种场已经开始重视 WSSV 的检测和净化，并取得了 WSSV 防控的实质性进展。

对多次抽样监测点的监测数据进行分析发现，这些监测点存在多次检出阳性或连续检出阳性的情况，2007 至 2023 年的平均监测点阳性率为 20.1%，而在后续的监测中再出现阳性的阳性监测点占 45.3%，下一年会再出现阳性的阳性监测点占 30.7%。对比往年数据，阳性监测点在后续监测中仍出现阳性的概率有所提升，并且下一年会再次监测到阳性的概率同样有所提高。上述结果说明，阳性监测点内 WSSV 留存及跨年传播的风险较高。因此，应加强对阳性监测点的处理与监督，督促其强化养殖场内 WSSV 消杀。

（四）WSSV 流行与环境条件的关系

分析 2007 年至 2023 年 18 个省（自治区、直辖市）和新疆生产建设兵团提供的监测数据发现，WSSV 的阳性检出率与某些环境条件间存在一定的联系。

通过 17 年的连续水温监测数据分析发现，水温 26 ℃ 以下时 WSSV 阳性率较高，在水温为 25～26 ℃ 时阳性率达到高峰，高于 29 ℃ 后又逐渐降低。这反映了 WSSV 在不同温度下的病原学特点，也与产业中 WSD 的发生情况基本相符。

将阳性样品与采样时水体 pH 进行分析，17 年的连续监测数据显示，pH 在 8.0～8.5 时 WSSV 阳性率最低，平均阳性率为 9.5%；pH≤7.7 和 pH≥8.4 时阳性率显著提高，平均阳性率为 19.7%。这与产业中观察到的水体 pH 与对虾 WSD 急性发病的流行规律基本吻合。

将阳性样品与采样时水体盐度进行分析，2007 年至 2023 年监测数据中，淡水养殖的样品阳性率最高，为 19.3%；其次为海水养殖，样品阳性率为 16.5%；半咸水养殖的样品阳性率最低，为 11.1%。淡水养殖样品的高阳性率可能与克氏原螯虾的高 WSSV 阳性检出率相关，加之各省（自治区、直辖市）和新疆生产建设兵团提供的数据未包含准确的盐度值，因此该部分的结论需在今后的监测过程中进行确认。

六、对甲壳类疫病监测和防控工作的建议

（一）完善监测计划，提升任务的精准性

重点加强对良种场和苗种生产企业的监测，确保所有国家级和省级原良种场都被纳入监测体系，及时掌握 WSSV 在关键环节的分布情况。对于 WSSV 检出率较高的省（自治区、直辖市），应增加样本的采样计划。对检出阳性的监测点，需持续进行多年监测；对于连续多年检测结果为阴性的养殖场，则可以适度减少抽检频次和数量。

（二）提升监测数据填报质量管理，确保数据的真实性

连续多年的高质量 WSD 监测数据对于深入理解疫情的流行趋势至关重要，并能为制定有效的防控政策提供支持。目前，尽管多数单位能够依照规定准确报告信息，但仍有部分单位在数据报告过程中出现遗漏或错误，这影响了对 WSD 风险评估的准确性。建议在监测流程中，包括样本采集、病原检测及数据报告等各个环节增设复核步骤，以保障监测数据的高质量和可靠性。

（三）开展新发疫病流行情况检测，保障甲壳类养殖产业高质量发展

养殖甲壳类不断遭受新发疫病的冲击，制约着水产养殖产业的高质量发展。2020年，新发玻璃苗弧菌病（TPV）导致全国沿海地区 80％ 以上对虾育苗场关闭，并持续危害至今；2022—2023 年，传染性肌坏死（IMN）疫情在北方养殖对虾中暴发，2023年夏季致使环渤海地区海水工厂化养殖场大范围停产。当前，TPV 已扩散到全国各省份对虾养殖地区，IMN 主要危害环渤海地区；2023 年海南、江苏等省对虾中也开始检测到传染性肌坏死病毒（IMNV）核酸阳性。建议尽快开展 TPV 和 IMN 的全国性监测，以便掌握其流行危害情况，为渔业主管部门决策提供依据，为甲壳类养殖业高质量发展提供数据支持。

2023 年传染性皮下和造血组织坏死病状况分析

中国水产科学研究院黄海水产研究所

（董　宣　谢景媚　秦嘉豪　李　萱　谢国驷　杨　冰　张庆利）

一、前言

传染性皮下和造血组织坏死病（Infection with infectious hypodermal and haematopoietic necrosis virus，IHHN）是一种危害虾类的传染性疫病，其病原为传染性皮下和造血组织坏死病毒（infectious hypodermal and haematopoietic necrosis virus，IHHNV）。该病被中华人民共和国农业农村部第 573 号公告中《一、二、三类动物疫病病种名录》列为三类动物疫病。此外，世界动物卫生组织（World Organization for Animal Health，WOAH）也将其列为需通报的水生动物疫病。自 2015 年起，农业部组织全国水产技术推广和疫控体系先后在广西、广东、福建、浙江、江苏、山东、天津、河北、辽宁、上海、安徽、海南、新疆、江西、湖北等我国主要甲壳类养殖省（自治区、直辖市）和新疆生产建设兵团开展了 IHHN 的专项监测工作。这些工作收集了 IHHNV 在我国主要甲壳类养殖地区的流行数据，逐步掌握了 IHHN 流行病学信息和产业危害情况，为我国制定 IHHN 的有效的防控和净化措施提供了基础数据。

二、全国各省开展 IHHN 的专项监测情况

（一）概况

农业农村部组织全国水产病害防治体系，从 2015 年开始逐步在部分省（自治区、直辖市）开展了 IHHN 的专项监测工作，监测范围从南到北包括广西、广东、福建、浙江、江苏、山东、天津、河北和辽宁 9 个省（自治区、直辖市）。2016 年 IHHN 专项监测涉及广西、广东、福建、浙江、上海、江苏、山东、天津、河北和辽宁 10 个省（自治区、直辖市）。2017 年 IHHN 专项监测包括海南、广西、广东、福建、浙江、上海、安徽、江苏、山东、河北、天津、辽宁、新疆在内的 13 个省（自治区、直辖市）和新疆生产建设兵团。2018 年 IHHN 专项监测范围包括广西、广东、福建、浙江、江苏、山东、河北、天津、辽宁、上海、海南、新疆和新疆生产建设兵团。2019 年 IHHN 专项监测范围包括广西、广东、福建、浙江、江苏、山东、河北、天津、辽宁、上海、海南、安徽、江西、湖北、新疆等 15 个省（自治区、直辖市）和新疆生产建设兵团。2020 年 IHHN 专项监测范围包括广西、广东、福建、浙江、江苏、山东、河

北、天津、辽宁、上海、海南、安徽、江西、湖北 14 个省（自治区、直辖市）。2021年 IHHN 专项监测范围包括广西、广东、福建、浙江、江苏、山东、河北、天津、辽宁、湖北、上海、安徽、江西、海南 14 个省（自治区、直辖市）。2022 年 IHHN 专项监测范围包括广西、江苏、山东、河北、辽宁、湖北、安徽、江西、海南 9 个省（自治区）。监测工作的取样范围每年涉及 62～128 个区（县）、119～240 乡（镇）、412～623个监测点、392～871 批次样本，覆盖了我国甲壳类主要养殖区。

2023 年 IHHN 专项监测范围包括天津、河北、辽宁、浙江、安徽、江西、海南、山东、湖北，共涉及 27 个区（县）、36 个乡（镇）、50 个监测点，包括 2 个国家级原良种场、11 个省级原良种场、20 个重点苗种场、17 个对虾养殖场。2023 年各监测省（自治区、直辖市）实际采集和检测样品 51 批次。2015 年至 2023 年，各省（自治区、直辖市）和新疆生产建设兵团累计监测样品 4 933 批次。其中，累计监测样品数量最多的是广东，为 650 批次；其次是河北，累计监测样品 594 批次；第三位是山东，累计监测样品 568 批次（图 1）。

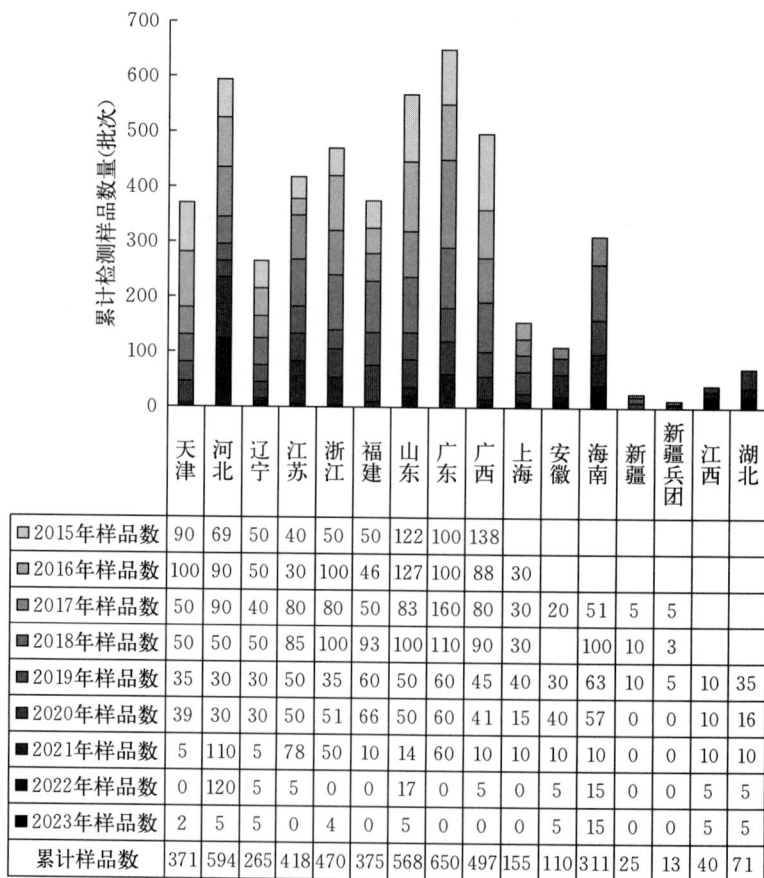

	天津	河北	辽宁	江苏	浙江	福建	山东	广东	广西	上海	安徽	海南	新疆	新疆兵团	江西	湖北
▢2015年样品数	90	69	50	40	50	50	122	100	138							
▪2016年样品数	100	90	50	30	100	46	127	100	88	30						
▨2017年样品数	50	90	40	80	80	50	83	160	80	30	20	51	5	5		
▪2018年样品数	50	50	50	85	100	93	100	110	90	30			100	10	3	
▪2019年样品数	35	30	30	50	35	60	50	60	45	40	30	63	10	5	10	35
▪2020年样品数	39	30	30	50	51	66	50	60	41	15	40	57	0	0	10	16
▪2021年样品数	5	110	5	78	50	10	14	60	10	10	10	10	0		10	10
▪2022年样品数	0	120	5	5	0	0	17	0	5	0	0	15	0		5	5
▪2023年样品数	2	5	5	0	4	0	5	0	0	0	0	15	0		5	5
累计样品数	371	594	265	418	470	375	568	650	497	155	110	311	25	13	40	71

图 1 2015—2023 年 IHHN 专项监测的采样数量统计

（二）不同养殖模式监测点情况

通过图 2 的专项监测数据统计结果表明，2015 年至 2023 年各省（自治区、直辖市）和新疆生产建设兵团监测点记录养殖模式的监测点共有 3 555 个。据统计，池塘养殖比例为 51.2%，是数量最多的养殖模式，共记录 1 820 个监测点；其次为工厂化养殖，比例为 44.6%，共记录 1 584 个监测点；之后是包括滩涂等其他养殖模式，比例为 2.9%，共记录 102 个监测点；占比最少的是稻虾连作养殖模式，比例为 1.4%，共记录 49 个监测点。

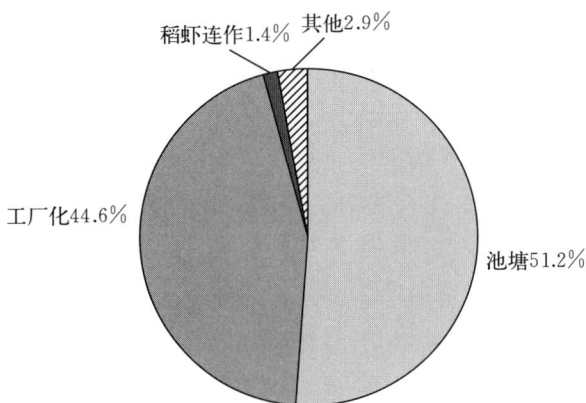

图 2　2015—2023 年专项监测对象的养殖模式比例
注：其他养殖模式主要包括滩涂等

（三）连续设置为监测点的情况

对 2015 年至 2023 年各省（自治区、直辖市）和新疆生产建设兵团的专项监测数据提供的监测点信息进行规整后，对连续设置为监测点的情况进行了分析。结果表明，广西壮族自治区有 60 个监测点进行了多年监测，其中连续监测 2 年及以上的监测点有 53 个，IHHN 监测点数是 250 个；广东省有 33 个进行了多年监测，其中连续监测 2 年及以上的监测点有 26 个，IHHN 监测点数是 234 个；福建省有 23 个进行了多年监测，其中连续监测 2 年及以上的监测点有 21 个，IHHN 监测点数是 147 个；浙江省有 56 个进行了多年监测，其中连续监测 2 年及以上的监测点有 47 个，IHHN 监测点数是 234 个；江苏省有 37 个进行了多年监测，其中连续监测 2 年及以上的监测点有 24 个，IHHN 监测点数是 319 个；山东省有 50 个进行了多年监测，其中连续监测 2 年及以上的监测点有 42 个，IHHN 监测点数是 442 个；天津市有 25 个进行了多年监测，其中连续监测 2 年及以上的监测点有 20 个，IHHN 监测点数是 212 个；河北省的有 71 个进行了多年监测，其中连续监测 2 年及以上的监测点有 53 个，IHHN 监测点数是 366 个；辽宁省有 38 个进行了多年监测，其中连续监测 2 年及以上的监测点有 34 个，IHHN 监测点数是 218 个；湖北省有 8 个进行了多年监测，其中连续监测 2 年及以上的监测点有 6 个，

IHHN 监测点数是 62 个；上海市有 21 个进行了多年监测，其中连续监测 2 年及以上的监测点有 16 个，IHHN 监测点数是 76 个；安徽省有 20 个进行了多年监测，其中连续监测 2 年及以上的监测点有 19 个，IHHN 监测点数是 74 个；江西省 2 个进行了多年检测，未进行连续监测，IHHN 监测点共有 38 个；海南省有 31 个进行了多年检测，其中连续监测 2 年及以上的监测点有 26 个，IHHN 监测点数是 150 个；新疆维吾尔自治区有 2 个进行了多年检测，其中连续监测 2 年及以上的监测点有 2 个，IHHN 监测点数是 18 个；新疆生产建设兵团有 2 个进行了多年检测，其中连续监测 2 年及以上的监测点有 2 个，IHHN 监测点数是 11 个。

（四）2023 年采样的品种、规格

2023 年监测样品种类有凡纳滨对虾、斑节对虾、中国对虾、日本对虾和克氏原螯虾。

根据图 3 可以看出各省（直辖市）监测样品规格分布情况。本年度记录样本采集规格批次共 51 批次。其中，样本体长规格小于 1 cm 的比例为 11.8%，采集样本批次共有 6 个；样本体长规格介于 1～4 cm 的比例为 43.1%，采集样本批次共有 22 个；没有体长规格介于 4～7 cm 的样本；样本体长规格介于 7～10 cm 的比例为 19.6%，采集样本批次共有 10 个；样本体长规格大于等于 10 cm 的比例为 25.5%，采集样本批次共有 13 个。

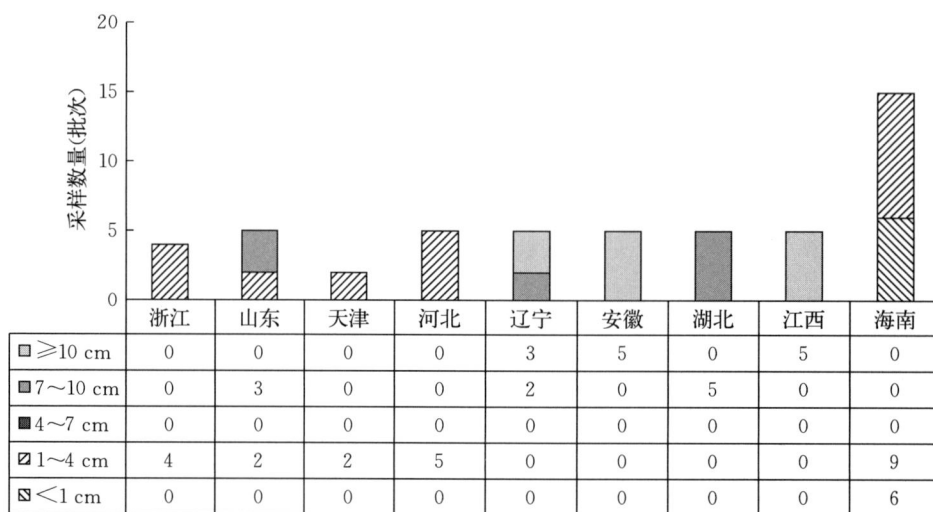

	浙江	山东	天津	河北	辽宁	安徽	湖北	江西	海南
≥10 cm	0	0	0	0	3	5	0	5	0
7～10 cm	0	3	0	0	2	0	5	0	0
4～7 cm	0	0	0	0	0	0	0	0	0
1～4 cm	4	2	2	5	0	0	0	0	9
<1 cm	0	0	0	0	0	0	0	0	6

图 3 2023 年 IHHN 专项监测样品的采样规格分布

（五）抽样的自然条件

2023 年度样本采集主要集中在 4—8 月，其中样本数量采集最多的是 5 月，6 月次之。本年度记录样本采集时间批次共 51 批次。其中，4 月采集样本的比例为 17.6%，采集样本批次共有 9 个；5 月采集样本的比例为 25.5％，采集样本批次共有 13 个；6 月采集样本的比例为 19.6％，采集样本批次共有 10 个；7 月采集样本的比例为 15.7％，采集样本批次共有 8 个；8 月采集样本的比例为 7.8％，采集样本批次共有 4 个；9 月采集样本的比例为 9.8％，采集样本批次共有 5 个；3 月和 12 月采集样本的批次均为 1 个，比例均是 2.0％；1 月、2 月、10 月、11 月未采集样品（图 4）。

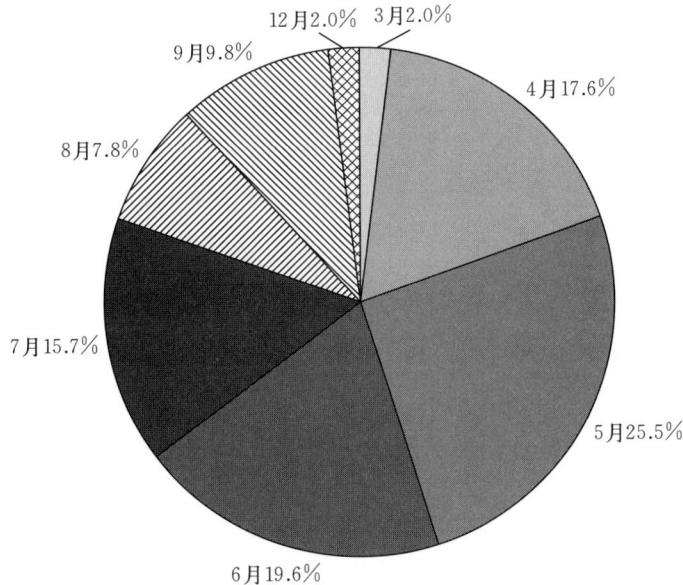

图 4　2023 年 IHHN 专项监测样品的采样时间分布

2015—2023 年各专项监测省（自治区、直辖市）和新疆生产建设兵团的专项监测数据表中有采样时间记录的样本共 4 929 批次。根据图 5 可知，1 月采集样本的比例为 0.2％，采集样本批次共有 8 个；2 月采集样本的比例为 0.1％，采集样本批次共有 3 个；3 月采集样本的比例为 3.6％，采集样本批次共有 176 个；4 月采集样本的比例为 11.3％，采集样本批次共有 555 个；5 月采集样本的比例为 36.4％，采集样本批次共有 1 793 个；6 月采集样本的比例为 11.4％，采集样本批次共有 563 个；7 月采集样本的比例为 14.2％，采集样本批次共有 700 个；8 月采集样本的比例为 11.0％，采集样本批次共有 544 个；9 月采集样本的比例为 6.3％，采集样本批次共有 312 个；10 月采集样本的比例为 4.1％，采集样本批次共有 203 个；11 月采集样本的比例为 1.2％，采集样本批次共有 61 个；12 月采集样本的比例为 0.2％，采集样本批次共有 11 个。样品采集工作主要集中在 4—8 月，这期间采集的样本量比例达到 84.3％，采集样本共有 4 155 批次。

2023 年度采集样本水温记录共 51 批次。根据图 6 可知，记录采集样本的水温小于 24 ℃的比例是 17.6％，记录采集的样本数量为 9 批次；记录采集样本的水温介于 24～25 ℃的比例是 3.9％，记录采集的样本数量为 2 批次；记录采集样本的水温介于 25～

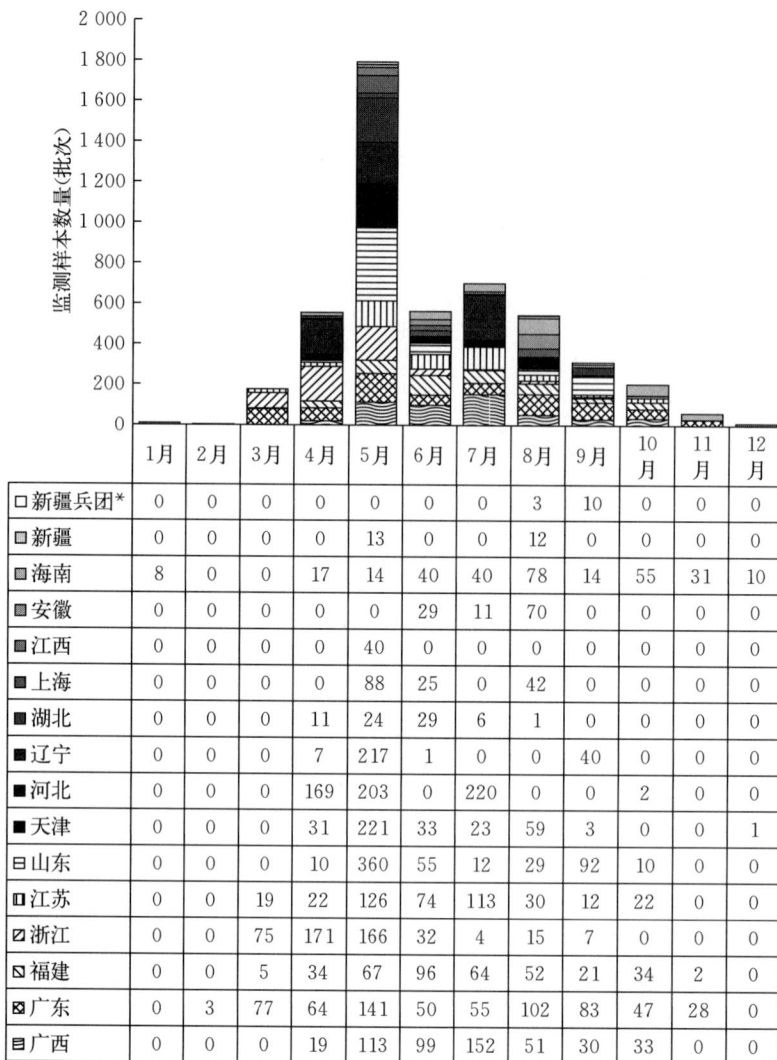

	1月	2月	3月	4月	5月	6月	7月	8月	9月	10月	11月	12月
□新疆兵团*	0	0	0	0	0	0	0	3	10	0	0	0
▨新疆	0	0	0	0	13	0	0	12	0	0	0	0
▨海南	8	0	0	17	14	40	40	78	14	55	31	10
▨安徽	0	0	0	0	29	11	70	0	0	0	0	0
▨江西	0	0	0	0	40	0	0	0	0	0	0	0
■上海	0	0	0	0	88	25	0	42	0	0	0	0
■湖北	0	0	0	11	24	29	6	1	0	0	0	0
■辽宁	0	0	0	7	217	1	0	0	40	0	0	0
■河北	0	0	0	169	203	0	220	0	0	2	0	0
■天津	0	0	0	31	221	33	23	59	3	0	0	1
▤山东	0	0	0	10	360	55	12	29	92	10	0	0
▯江苏	0	0	19	22	126	74	113	30	12	22	0	0
◪浙江	0	0	75	171	166	32	4	15	7	0	0	0
◹福建	0	0	5	34	67	96	64	52	21	34	2	0
⊠广东	0	3	77	64	141	50	55	102	83	47	28	0
▤广西	0	0	0	19	113	99	152	51	30	33	0	0

图 5　2015—2023 年各省（自治区、直辖市）和新疆生产建设兵团每月采样数量分布

注：* 新疆生产建设兵团以下简称"新疆兵团"

26 ℃的比例是 7.8％，记录采集的样本数量为 4 批次；记录采集样本的水温介于 26～27 ℃的比例是 3.9％，记录采集的样本数量为 2 批次；记录采集样本的水温介于 27～28 ℃的比例是 5.9％，记录采集的样本数量为 3 批次；记录采集样本的水温介于 28～29 ℃的比例是 19.6％，记录采集的样本数量为 10 批次；记录采集样本的水温介于 29～30 ℃的比例是 5.9％，记录采集的样本数量为 3 批次；记录采集样本的水温介于 30～31 ℃的比例是 23.5％，记录采集的样本数量为 12 批次；记录采集样本的水温介于 31～32 ℃的比例是 5.9％，记录采集的样本数量为 3 批次；记录采集样本的水温大于等于 32 ℃的比例是 5.9％，记录采集的样本数量为 3 批次。

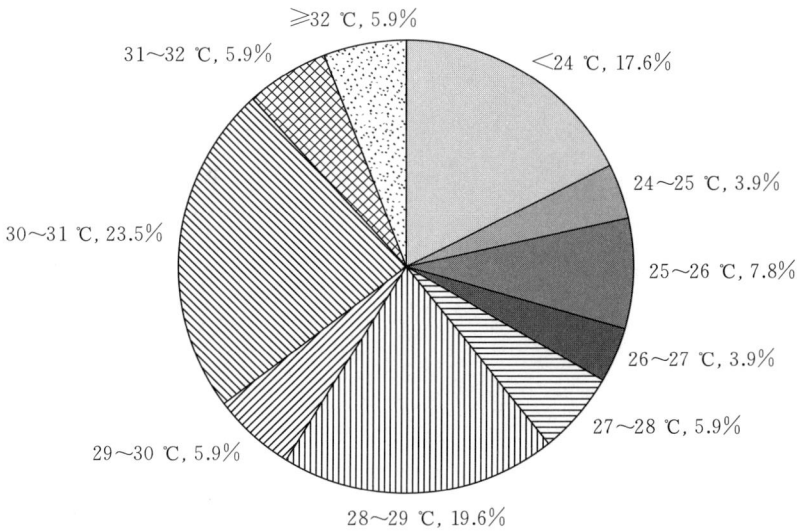

图 6   2023 年 IHHN 专项监测样品的采样温度分布

2023 年度共记录采集样本水体 pH 有 25 批次。根据图 7 可知，记录采集样本水体 pH 小于等于 7.4 时的比例为 20.0%，记录采集样本数量是 5 批次；记录采集样本水体 pH 在 7.8 时的比例为 4.0%，记录采集样本数量均是 1 批次；记录采集样本水体 pH 在 8.0 时的比例为 12.0%，记录采集样本数量是 3 批次；记录采集样本水体 pH 在 8.0 时的比例为 52.0%，记录采集样本数量是 13 批次；记录采集样本水体 pH 在 8.2 时的比例为 20.0%，记录采集样本数量是 5 批次；记录采集样本水体 pH 在 8.5 时的比例为 4.0%，记录采集样本数量是 1 批次；在 pH 等于 7.5、7.6、7.7、7.9、8.1、8.3、8.4、8.6、8.7 以及大于等于 8.8 时均无采集样本记录。

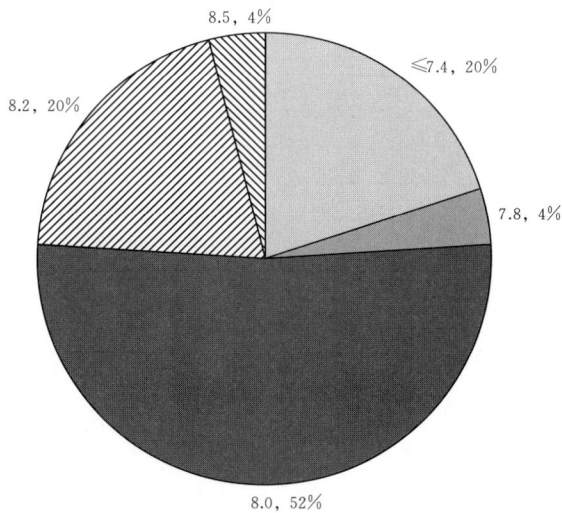

图 7   2023 年 IHHN 专项监测样品的采样 pH 分布

2023 年度共记录采集样本养殖环境共 51 批次。根据图 8 可知，记录采集样本养殖环境为海水养殖的比例是 66.7%，记录采集样本数量为 34 批次；记录采集样本养殖环境为淡水养殖的比例是 31.4%，记录采集样本数量为 16 批次；记录采集样本养殖环境为半咸水养殖的比例是 2.0%，记录采集样本数量为 1 批次。

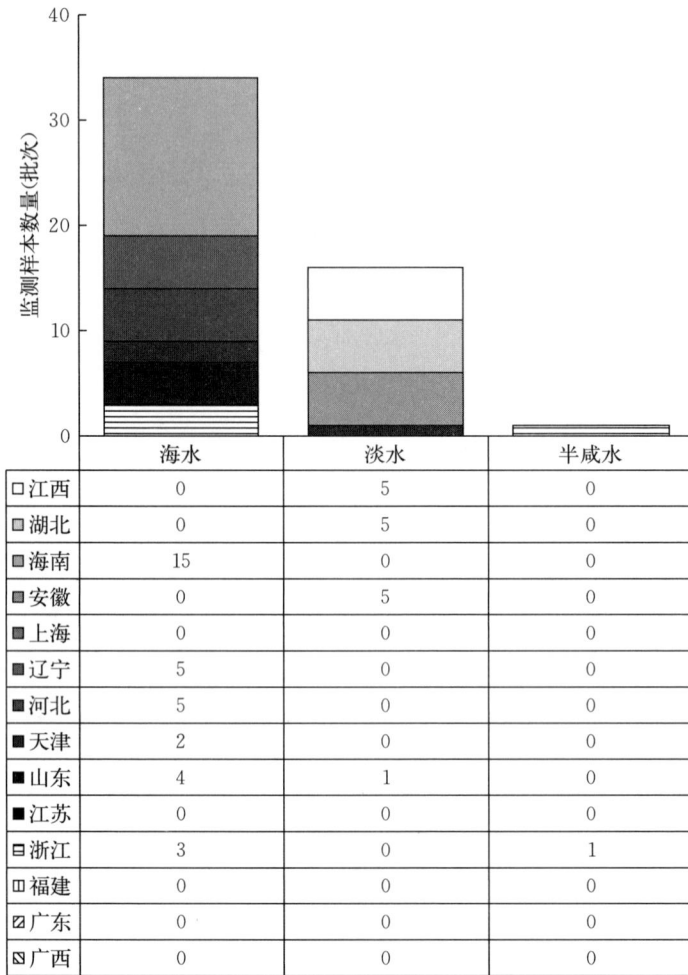

	海水	淡水	半咸水
□ 江西	0	5	0
▨ 湖北	0	5	0
▩ 海南	15	0	0
▦ 安徽	0	5	0
▤ 上海	0	0	0
■ 辽宁	5	0	0
▥ 河北	5	0	0
■ 天津	2	0	0
■ 山东	4	1	0
■ 江苏	0	0	0
▫ 浙江	3	0	1
▯ 福建	0	0	0
▨ 广东	0	0	0
◩ 广西	0	0	0

图 8　2023 年 IHHN 专项监测样品的养殖环境分布

（六）2023 年样品检测单位和检测方法

2023 年各省（直辖市）监测样品分别委托中国水产科学研究院黄海水产研究所、中国水产科学研究院长江水产研究所、中国水产科学研究院珠江水产研究所、天津动物疫病预防控制中心、海南省水产技术推广站和浙江省渔业检验检测与疾病防控中心 6 家单位按照《对虾传染性皮下及造血组织坏死病（IHHNV）检测 PCR 法》（GB/T 25878—2010）或 WOAH《水生动物疾病诊断手册》第 2.2.4 章进行实验室检测。

　　河北、山东和辽宁的全部样本检测工作均委托中国水产科学研究院黄海水产研究所处理，送检样本数量均为 5 批次；海南的部分样本检测工作委托中国水产科学研究院黄海水产研究所处理，送检样本数量为 5 批次；天津的全部样本检测工作委托天津动物疫病预防控制中心处理，送检样本数量为 2 批次；湖北和安徽的全部样本检测工作均委托中国水产科学研究院长江水产研究所处理，送检样本数量均为 5 批次；江西的全部样本检测工作均委托中国水产科学研究院珠江水产研究所处理，送检样本数量为 5 批次；浙江的全部样本检测工作均委托浙江省渔业检验检测与疾病防控中心处理，送检样本数量为 4 批次；海南的部分样本检测工作委托海南省水产技术推广站处理，送检样本数量为 10 批次（图 9）。

　　2023 年，各检测单位共承担 51 批次的检测任务。其中，检测样本数量最多的是中国水产科学研究院黄海水产研究所，为 20 批次；其次是中国水产科学研究院长江水产研究所和海南省水产技术推广站，均为 10 批次。3 家检测单位记录检测样本量占总样品量的 78.4%。

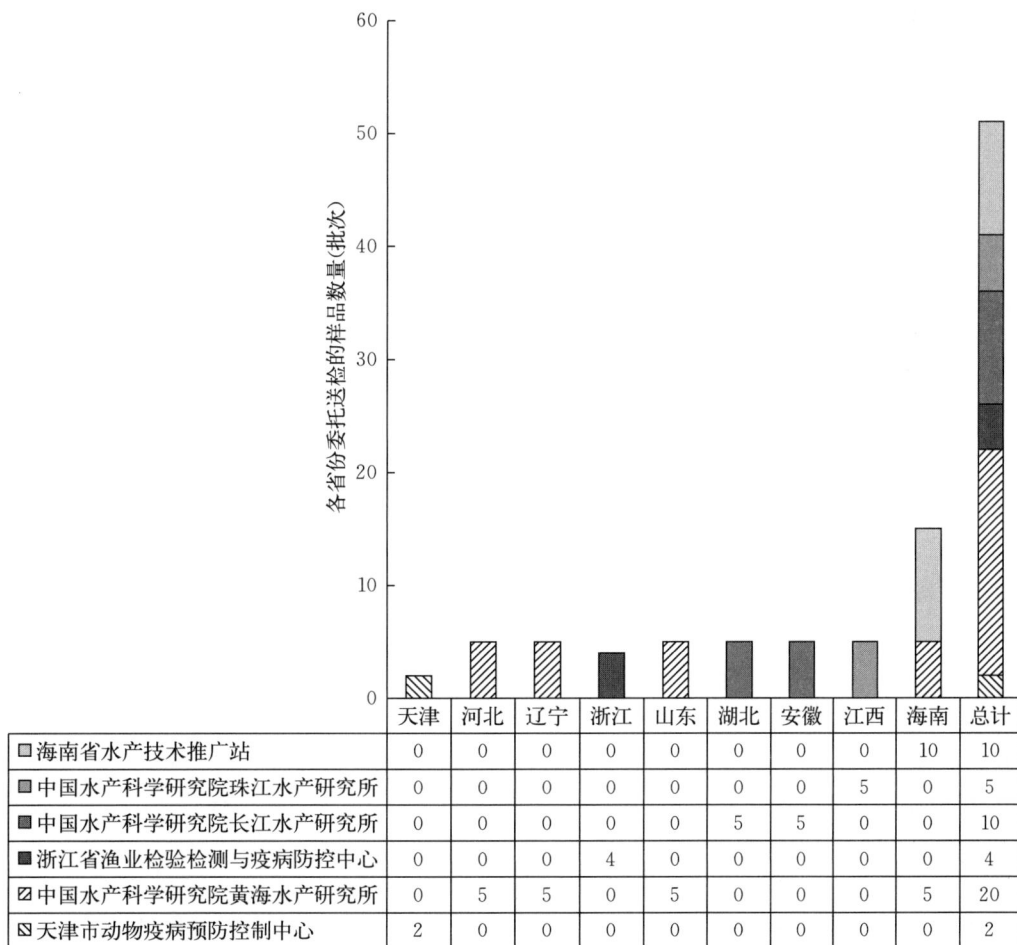

	天津	河北	辽宁	浙江	山东	湖北	安徽	江西	海南	总计
▦ 海南省水产技术推广站	0	0	0	0	0	0	0	0	10	10
▨ 中国水产科学研究院珠江水产研究所	0	0	0	0	0	0	0	5	0	5
▩ 中国水产科学研究院长江水产研究所	0	0	0	0	0	5	5	0	0	10
■ 浙江省渔业检验检测与疫病防控中心	0	0	0	4	0	0	0	0	0	4
▨ 中国水产科学研究院黄海水产研究所	0	5	5	0	5	0	0	0	5	20
◫ 天津市动物疫病预防控制中心	2	0	0	0	0	0	0	0	0	2

图 9　2023 年 IHHN 专项监测样品送检单位和样品数量

三、检测结果分析

2023 年所采集的 51 份样品中无 IHHNV 阳性检出。受采样数量限制，2023 年监测点设置、采样品种、规格等均无法实现系统分析。2023 年度监测中无 IHHNV 阳性检出，推测一方面与 IHHN 监测范围缩小、采样数量少等因素相关，另一方面也反映出 IHHNV 的流行危害可能较往年有下降趋势。但仅基于在 9 省份 50 个监测点采集 51 份样品的检测结果，无法全面描述 2023 年 IHHN 在我国主要对虾养殖地区的流行情况。

2023 年针对 IHHNV 的被动监测范围覆盖河北、天津、山东、江苏、浙江、海南等 6 个沿海省（直辖市），共监测 427 批次样品，检出 IHHNV 阳性样品 6 批次，阳性检出率为 1.4%；其中江苏虾类样品中 IHHNV 阳性检出率较高，为 10%（3/30）。该结果表明，IHHNV 在个别虾类养殖地区仍有一定程度的流行。

四、风险分析及建议

（一）风险分析

根据《国家水生动物疫病监测任务》的数据，2015—2023 年监测样品中 IHHNV 的阳性检出率分别为 15.9%、31.5%、32.3%、23.2%、24.3%、15.6%、6.1%、4.2% 和 0%，监测点的阳性检出率分别为 17.7%、32.5%、35.5%、27.9%、30.0%、20.3%、7.7%、4.8% 和 0%。该数据反映出 IHHN 在我国主要对虾养殖地区的流行总体上呈现下降趋势。每个监测点与检测样本的结果，一定程度上只能反映部分区域的疾病流行情况，但 2023 年度《国家水生动物疫病监测任务》监测样品实际数仅 51 份，实际监测点仅有 50 个，难以全面反映国内养殖甲壳动物中 IHHN 的流行情况。

中国水产科学研究院黄海水产研究所针对 IHHNV 开展的被动监测数据显示，2023 年采集自主要对虾养殖地区的 427 份样品中，IHHN 阳性检出率为 1.4%。结合往年 IHHN 流行情况的监测数据可以发现，2015—2023 年我国主要对虾养殖地区中 IHHN 流行率总体上呈逐年下降趋势，反映出国内养殖甲壳类中 IHHNV 传播和流行已得到了较好的控制，其大规模流行和危害的风险较低。

近年以来，IHHN 流行率持续降低，推测与渔业主管部门加强对虾苗种产地检疫密切相关。2020 年，农业农村部推动水产苗种产地检疫制度全面实施，当年 IHHNV 阳性检出率从 2019 年的 30% 大幅度下降至 20.3%，2021 年 IHHNV 阳性检出率显著降低至 7.7%，2022—2023 年 IHHNV 阳性检出率更是持续降低。这也说明，抓好对虾苗种病原检测与产地检疫，对于做好对虾疫病防控工作具有重要意义。

（二）风险管控建议

对于 IHHN 防控来说，进行 IHHNV 的早期筛查，要做到四方面工作：一是在选种、育种和育苗系统中消除 IHHNV；二是推广无 IHHNV 的亲虾、虾苗，三是苗种销售和应用过程要加强产地和销售检疫；四是养殖过程中持续监测，及时防止疫病扩散。

五、监测工作存在的问题与建议

（一）IHHN 专项监测数据的广泛性有待优化

2023 年 IHHN 专项监测仅有 51 份监测数据，可能难以全面反映 IHHNV 在我国的实际流行情况和潜在风险。为解决 IHHN 监测数据有限的问题，建议渔业主管部门在做好数据质量监管且条件允许情况下，纳入省、市或县级政府主办机构中具有 IHHNV 检测 CNAS 资质实验室采集的 IHHN 监测数据，避免出现因专项监测计划缩减、监测数据缺失导致 IHHN 监测不全面或无效的情况。

（二）提升监测数据的规范性和准确性

疫病监测数据质量是进行疫病状况准确分析的关键，目前监测数据中仍存在规格标注不清、环境因子（如 pH、溶解氧、盐度等）信息记录不完整的情况。建议采样和检测单位严格按照《国家水生动物疫病监测计划》技术规范（虾类）开展相关工作，规范从监测点选择、采样、样品包装和输送、实验室检测技术等各个环节的操作。建议利用国家水生动物疫病监测信息管理系统进一步健全数据质量的审查制度，严格把关关键性信息录入的完整性和真实性，避免错报、重报、漏报等情况出现。

（三）强化水产种业生物安全体系建设，从源头阻断病毒传播

水产种质资源是水产养殖业的基石。建议加快无规定疫病苗种场建设，对国家级和省级遗传育种中心、原良种场和现代渔业种业示范场开展全面监测。同时，对国家级原良种场、省级原良种场和重点苗种场持续开展种源净化工作，积极研发风险削减技术和种源净化技术，从源头降低病毒传播风险。

2023 年虾肝肠胞虫病状况分析

中国水产科学研究院黄海水产研究所

（谢国驷　万晓媛　董　宣　张庆利）

一、前言

对虾是我国重要水产养殖品种，重大和新发疫病频繁暴发已严重危害该产业的发展。在养殖对虾疾病中，虾肝肠胞虫病（Enterocytozoon hepatopenaei disease，EHPD）是威胁当前对虾产业的主要寄生性病害病原，该病由虾肝肠胞虫（*Enterocytozoon hepatopenaei*，EHP）感染所引起。

自 2017 以来，全国水生动物疫病防控体系对 EHPD 开展了持续的专项监测，监测范围涉及我国主要对虾养殖区，包括有安徽、福建、广东、广西、海南、河北、湖北、江苏、江西、辽宁、山东、上海、天津、浙江、新疆共 15 个省（自治区、直辖市）和新疆生产建设兵团，该项监测工作的开展在丰富我国 EHPD 流行病学基础数据的同时，也在指导产业 EHPD 疫病防控中发挥了重要作用。

二、EHPD 监测

（一）监测概况

全国水生动物疫病防控体系从 2017 年起已连续 7 年开展 EHPD 专项监测。2023 年 EHPD 监测共包括 15 个省（自治区、直辖市），涉及 143 个区（县）、243 个乡（镇）、514 个监测点，采集 534 批次样本。监测点中，国家级原良种场 6 个，省级原良种场 52 个，重点苗种场 210 个，虾类养殖场 246 个，其中重点苗种场和虾类养殖场分别占监测点总数的 40.9% 和 47.9%，是监测点的主体。2017—2023 年的监测区域及各采样批次如图 1 所示。

（二）不同养殖模式监测点情况

2023 年监测数据统计结果显示，本年度监测中共在 15 个省（自治区、直辖市）采集样本 534 批次。不同养殖模式样本中，池塘养殖样本 310 个，占 58.1%；工厂化养殖样本 188 个，占 35.2%；稻虾连作模式样本 13 个，占 2.4%；其他养殖模式样本 23 个，4.3%（图 2）。

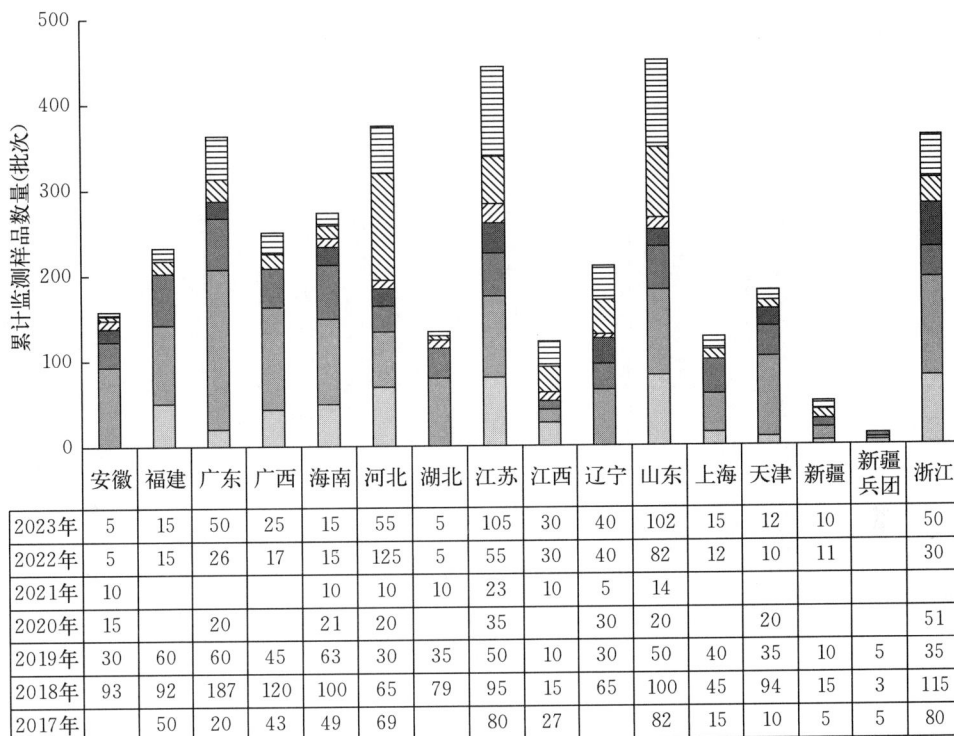

	安徽	福建	广东	广西	海南	河北	湖北	江苏	江西	辽宁	山东	上海	天津	新疆	新疆兵团	浙江
2023年	5	15	50	25	15	55	5	105	30	40	102	15	12	10		50
2022年	5	15	26	17	15	125	5	55	30	40	82	12	10	11		30
2021年	10				10	10	10	23	10	5	14					
2020年	15		20		21	20		35		30	20		20			51
2019年	30	60	60	45	63	30	35	50	10	30	50	40	35	10	5	35
2018年	93	92	187	120	100	65	79	95	15	65	100	45	94	15	3	115
2017年		50	20	43	49	69		80	27		82	15	10	5	5	80

图 1 2017—2023 年 EHPD 专项监测各地区采样批次

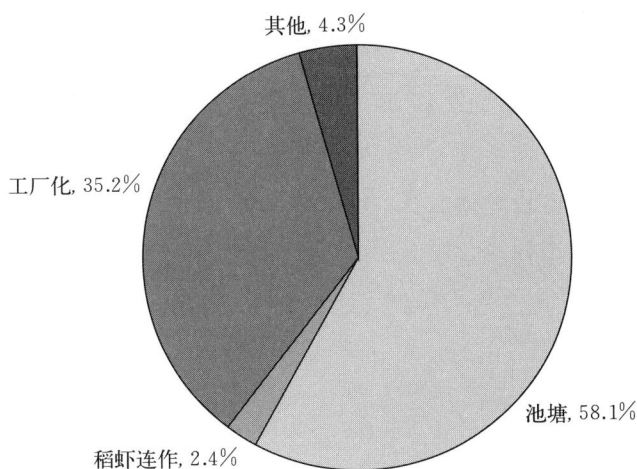

图 2 2023 年 EHPD 专项监测不同养殖模式比例

（三）采样的品种和规格

2023 年 EHPD 监测样品种类包括凡纳滨对虾、斑节对虾、中国对虾、日本对虾、克氏原螯虾和日本沼虾、罗氏沼虾和澳洲龙虾，共计 8 种。各省监测虾类样品 1～6 种。其中，江苏监测 6 种，山东监测 5 种，广东、河北监测 3 种，福建、海南、上海、天津和浙江各监测 2 种，其他省和自治区各监测 1 种（图 3）。

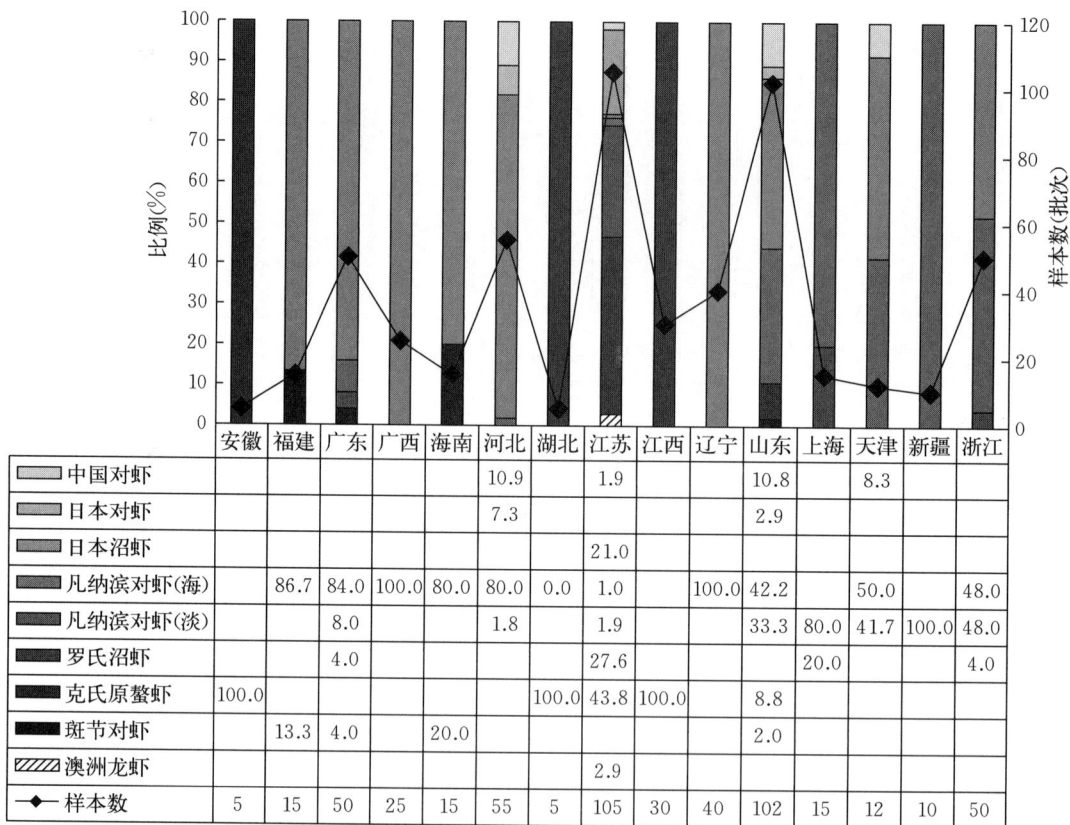

	安徽	福建	广东	广西	海南	河北	湖北	江苏	江西	辽宁	山东	上海	天津	新疆	浙江
▦ 中国对虾						10.9		1.9			10.8		8.3		
▦ 日本对虾						7.3					2.9				
▦ 日本沼虾								21.0							
▦ 凡纳滨对虾(海)		86.7	84.0	100.0	80.0	80.0	0.0	1.0		100.0	42.2		50.0		48.0
▦ 凡纳滨对虾(淡)			8.0			1.8		1.9			33.3	80.0	41.7	100.0	48.0
▦ 罗氏沼虾			4.0					27.6				20.0			4.0
▦ 克氏原螯虾	100.0						100.0	43.8	100.0		8.8				
▦ 斑节对虾		13.3	4.0		20.0						2.0				
▨ 澳洲龙虾								2.9							
◆ 样本数	5	15	50	25	15	55	5	105	30	40	102	15	12	10	50

图 3　2023 年 EHPD 专项监测虾种类、比例及样本数

2023 年 534 批次监测样品中有体长规格数据的样品共计 496 批次。体长小于等于 1 cm 的样品 224 批次，占样品总量的 45.2%；体长为 1～3 cm 的样品 67 批次，占样品总量的 13.5%；体长为 3～5 cm 的样品 20 批次，占样品总量的 4.0%；体长为 5～10 cm 的样品 174 批次，占样品总量的 35.1%；体长 10～16 cm 的样品 11 批次，占样品总量的 2.2%。

（四）抽样的自然条件

2023 年 EHPD 监测记录中 1 月、11 月和 12 月期间无样品采集；5 月、4 月和 6 月期间采集样品较多，分别占到总批次比例的 35.8%、23.6% 和 16.7%；8 月、3 月和 9 月期间也有一定数量的样品采集，分别占到总批次比例的 8.4%、7.5% 和 4.9%；2 月、7 月和 10 月期间样品采集的比例较低。各月采集样品占记录样品总量的比例见图 4。

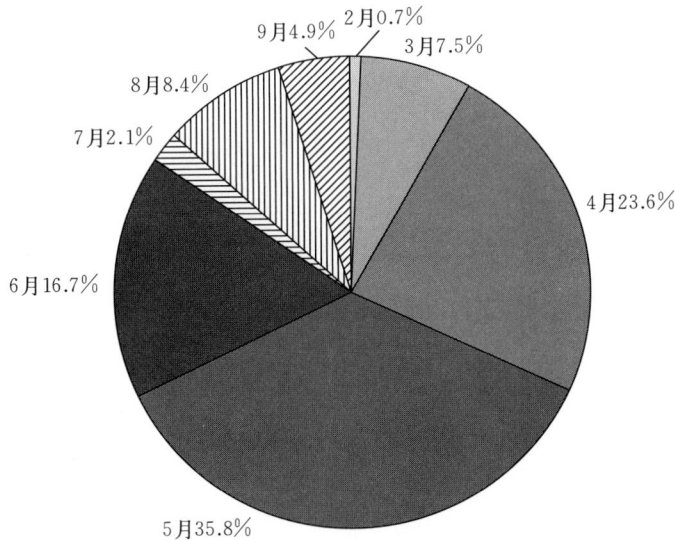

图 4　2023 年 EHPD 专项监测样品采样时间分布

2023 年 EHPD 监测记录中，采样时水温小于 25 ℃以及采样时水温为 25 ℃和 28 ℃的样品批次较多，分别占总采样批次的 23.6%、15.5%和 14.4%。水温为 26 ℃、27 ℃和 30 ℃的样品批次占总采样批次的 12.0%、11.8%和 13.1%。其他温度下采样批次较少，各温度下采样批次占总批次比例见图 5。

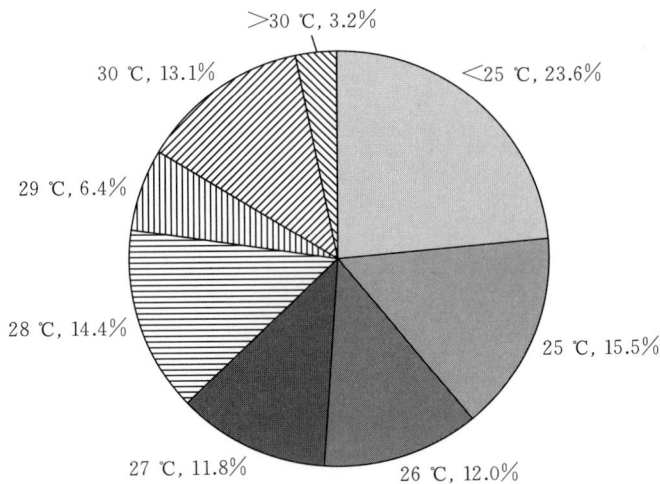

图 5　2023 年 EHPD 专项监测样品采样水温分布

2023 年 EHPD 监测记录了采样水体 pH 的仅有 182 批次，不同 pH 范围的样本数比例见图 6。其中，8.0<pH≤8.5 所占比例较多，占所测批次比例为 46.2%；7.5<pH≤8.0 占所测批次比例为 24.2%；7.0<pH≤7.5 占所测批次比例为 14.8%。

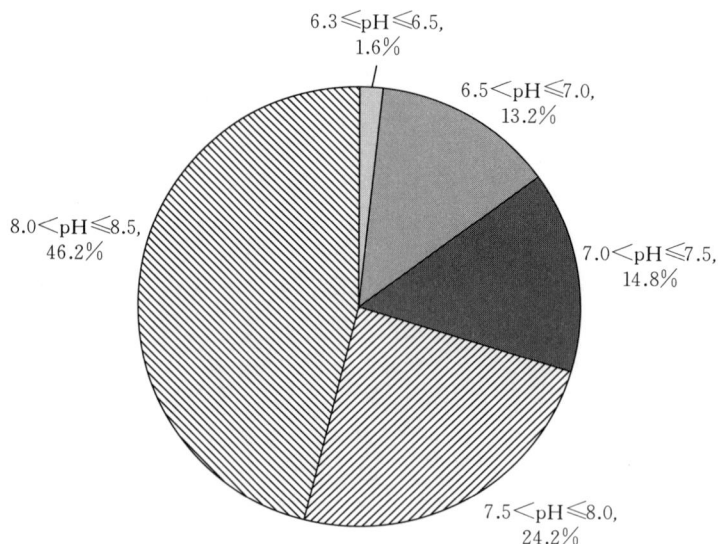

图 6　2023 年 EHPD 专项监测样品的采样 pH 分布

　　2023 年 EHPD 监测中，采集自海水、淡水和半咸水养殖场点的样品比例分别为 53.2%、41.0% 和 5.8%，监测样品中海淡水养殖的比例情况见图 7。EHPD 监测各地区采样样品中海淡水养殖情况见图 8。

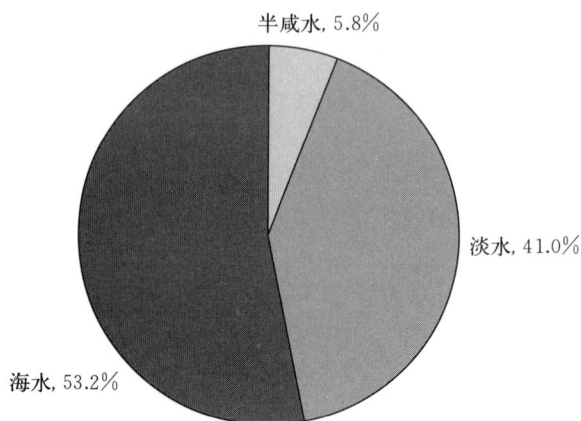

图 7　2023 年 EHPD 专项监测样品的海淡水养殖比例情况

（五）样品检测单位和检测方法

　　2023 年，EHPD 监测样品分别委托 17 家单位来完成：福建省水产技术推广总站、广东省动物疫病预防控制中心、广西渔业病害防治环境监测和质量检验中心、海南省水产技术推广站、河北省水产技术推广总站、集美大学、江苏省水生动物疫病预防控制中心、江西省农业技术推广中心、山东省淡水渔业研究院、上海市水产技术推广站、天津

144

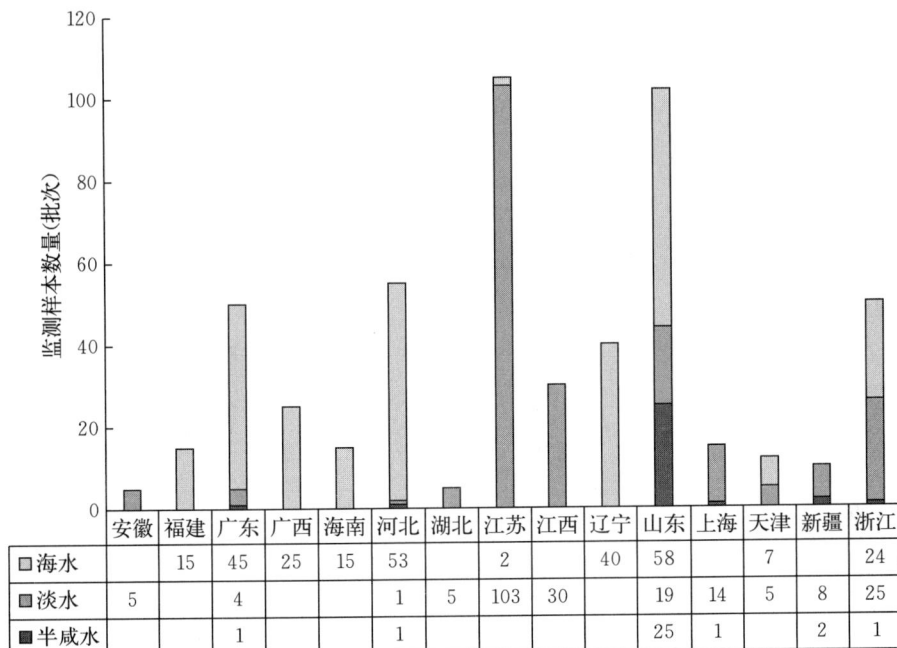

	安徽	福建	广东	广西	海南	河北	湖北	江苏	江西	辽宁	山东	上海	天津	新疆	浙江
海水		15	45	25	15	53		2		40	58		7		24
淡水	5		4			1	5	103	30		19	14	5	8	25
半咸水			1			1					25	1		2	1

图 8　2023 年 EHPD 各地专项监测样品的海淡水情况

市动物疫病预防控制中心、新疆水产技术推广总站、浙江省渔业检验检测与疫病防控中心、中国检验检疫科学研究院、中国水产科学研究院黄海水产研究所、中国水产科学研究院长江水产研究所和中国水产科学研究院珠江水产研究所。其中，江苏省水生动物疫病预防控制中心、山东省淡水渔业研究院和中国水产科学研究院黄海水产研究所承担的检测批次较多，分别占样品总批次的 19.7％、18.2％和 10.3％（图 9）。EHPD 检测采用虾肝肠胞虫病诊断规程（SC/T 7233—2020）第 8.2—8.3 条套式 PCR 检测，为确保检测结果的准确性，还需对所得的 PCR 产物进行测序分析确认。

三、EHPD 检测分析

（一）总体阳性检出情况及区域分布

2023 年 EHPD 监测共涉及 143 个区（县）、243 个乡（镇）。全年共从 514 个监测点采集样品 534 批次，平均监测点阳性率 16.1％（83/514），平均样品阳性率 15.5％（83/534）。

2023 年专项监测数据显示，安徽、福建、海南、湖北、江西和新疆无阳性样品检出，其监测点数分别为 4、15、14、5、30 和 10，其样本数分别为 5、15、15、5、30、10。各阳性检出省（自治区、直辖市）的检出情况分别为：广东的 EHP 样品阳性率为 18.0％（9/50），监测点阳性率为 18.8％（9/48）；广西的样品阳性率为 4.0％（1/25），监测点阳性率为 4.0％（1/25）；河北的样品阳性率为 25.5％（14/55），监测点阳性率

	安徽	福建	广东	广西	海南	河北	湖北	江苏	江西	辽宁	山东	上海	天津	新疆	浙江
中国水产科学研究院珠江水产研究所									5						
中国水产科学研究院长江水产研究所	5							5							
中国水产科学研究院黄海水产研究所					5	5				40	5				
中国检验检疫科学研究院													5		
浙江省渔业检验检测与疫病防控中心															50
新疆水产技术推广总站														10	
天津市动物疫病预防控制中心													7		
上海市水产技术推广站												15			
山东省淡水渔业研究院											97				
江西省农业技术推广中心									25						
江苏省水生动物疫病预防控制中心								105							
集美大学		5													
河北省水产技术推广总站						50									
海南省水产技术推广站					10										
广西渔业病害防治环境监测和质量检验中心				25											
广东省动物疫病预防控制中心			50												
福建省水产技术推广总站		10													

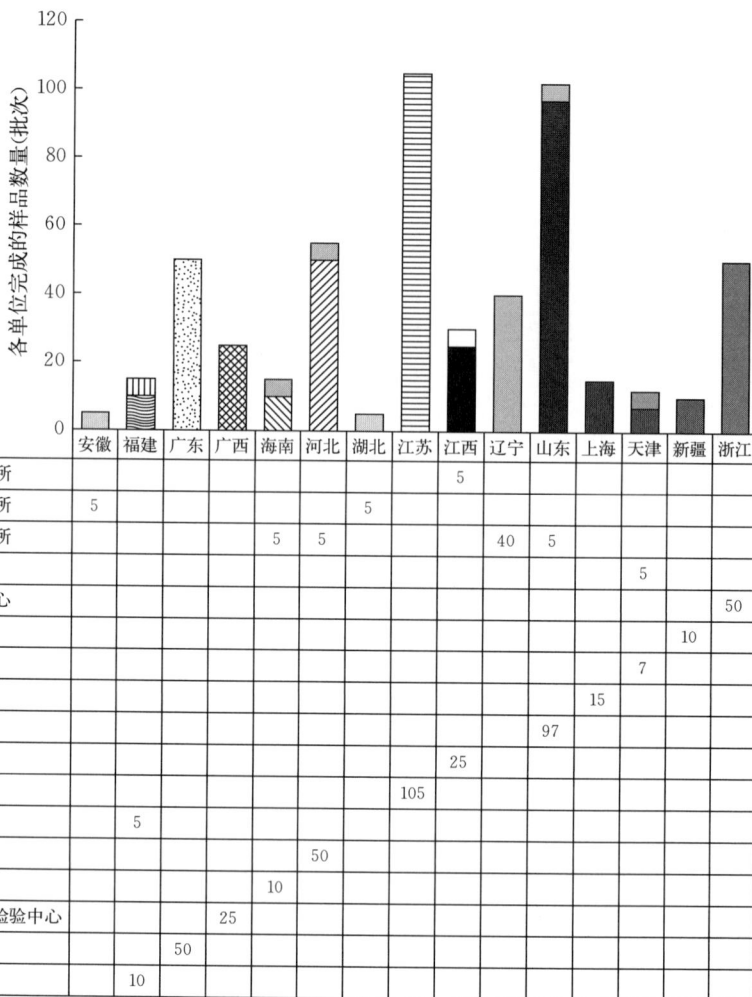

图 9　2023 年 EHPD 专项监测送检单位及检测样本批次数

均为 28.6%（14/49）；江苏的样品阳性率为 9.5%（10/105），监测点阳性率为 10.0%（10/100）；辽宁的样品阳性率和监测点阳性率均为 52.5%（21/40）；山东的样品阳性率为 22.5%（23/102），监测点阳性率为 22.8%（23/101）；上海的样品阳性率和监测点阳性率均为 13.3%（2/15）；天津的样品阳性率和监测点阳性率均为 16.7%（2/12）；浙江的样品阳性率为 2.0%（1/50），监测点阳性率为 2.2%（1/46）（图 10）。

（二）检出 EHPD 阳性的样品种类

2023 年 EHPD 监测中，淡水和海水养殖的凡纳滨对虾、罗氏沼虾、克氏原螯虾、日本对虾和中国对虾均有 EHP 阳性检出。阳性率排前 3 位的养殖种类分别为罗氏沼虾、凡纳滨对虾（海）和中国对虾，分别为 22.2%（8/36）、22.0%（55/250）和 20.0%（4/20）（图 11）。

146

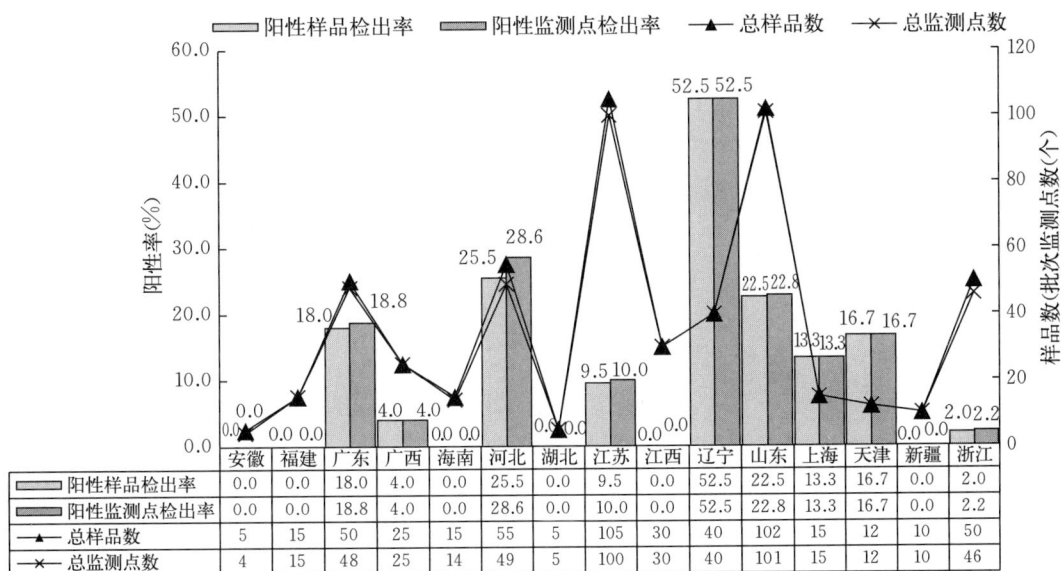

图 10　2023 年 EHPD 专项监测样品阳性率及检测样本数

	安徽	福建	广东	广西	海南	河北	湖北	江苏	江西	辽宁	山东	上海	天津	新疆	浙江
阳性样品检出率	0.0	0.0	18.0	4.0	0.0	25.5	0.0	9.5	0.0	52.5	22.5	13.3	16.7	0.0	2.0
阳性监测点检出率	0.0	0.0	18.8	4.0	0.0	28.6	0.0	10.0	0.0	52.5	22.8	13.3	16.7	0.0	2.2
总样品数	5	15	50	25	15	55	5	105	30	40	102	15	12	10	50
总监测点数	4	15	48	25	14	49	5	100	30	40	101	15	12	10	46

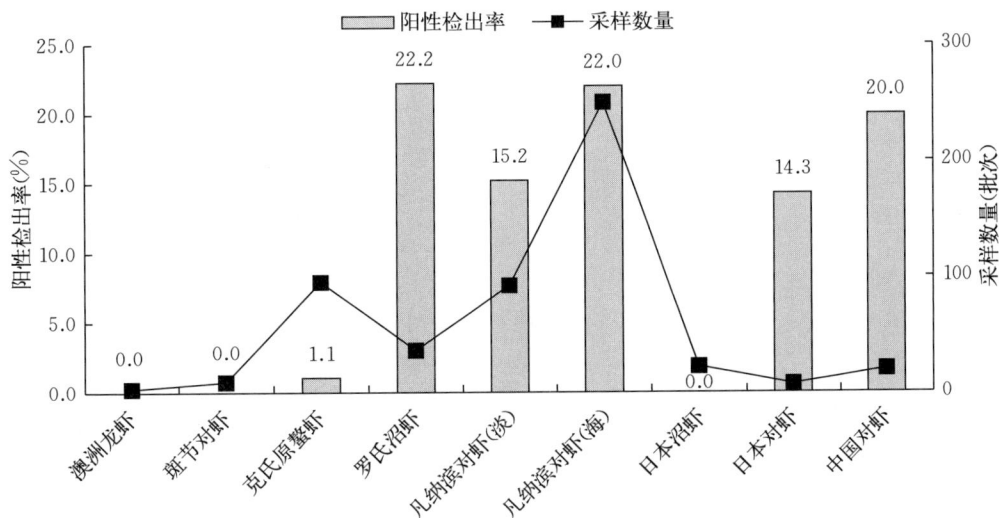

图 11　2023 年 EHPD 专项监测不同虾种 EHP 的阳性率及检测样本数

（三）各地区甲壳类样品中 EHPD 的阳性检出情况

2023 年监测中，安徽监测的克氏原螯虾无阳性样本检出（0/5）；福建监测的斑节对虾和凡纳滨对虾（海），阳性样本率分别为 0（0/13）和 0（0/2）；广东监测的斑节对虾、罗氏沼虾、凡纳滨对虾（淡）和凡纳滨对虾（海），阳性样本率分别为 0（0/2）、0（0/2）、0（0/2）和 21.4%（9/42）；广西监测的凡纳滨对虾（海）阳性样本率为 4.0%（1/25）；海南监测的斑节对虾和凡纳滨对虾（海），阳性样本率分别为 0（0/3）和 0（0/12）；河北监测的凡纳滨对虾（淡）、凡纳滨对虾（海）、日本对虾和中国对虾，阳性样本率分别为 0（0/1）、29.5％（13/44）、0（0/4）和 16.7％（1/6）；湖北监测的克氏原螯虾的阳性样本率为 0（0/5）；江苏监测澳洲龙虾、克氏原螯虾、罗氏沼虾、凡纳滨对虾（淡）、凡纳滨对虾（海）、日本沼虾和中国对虾，阳性样本率分别为 0（0/3）、2.2（1/46）、27.6％（8/29）、50％（1/2）、0（0/1）、0（0/22）和 0（0/2）；江西监测的克氏原螯虾的阳性样本率为 0（0/30）；辽宁监测的凡纳滨对虾（海）的阳性样本率为 52.5％（21/40）；山东监测的斑节对虾、克氏原螯虾、凡纳滨对虾（淡）、凡纳滨对虾（海）、日本对虾和中国对虾的阳性样本率分别为 0（0/2）、0（0/9）、26.5％（9/34）、23.3％（10/43）、33.3％（1/3）和 27.3％（3/11）；上海监测的罗氏沼虾和凡纳滨对虾（淡）的阳性样本率分别为 0（0/3）和 16.7％（2/12）；天津监测的凡纳滨对虾（淡）、凡纳滨对虾（海）和中国对虾的阳性样本率分别为 40.0％（2/5）、0（0/6）和 0（0/1）；新疆监测的凡纳滨对虾（淡）的阳性样本率为 0（0/10）；浙江监测的罗氏沼虾、凡纳滨对虾（淡）、凡纳滨对虾（海）的阳性样本率分别为 0（0/2）、0（0/24）和 4.2％（1/24）（图 12）。

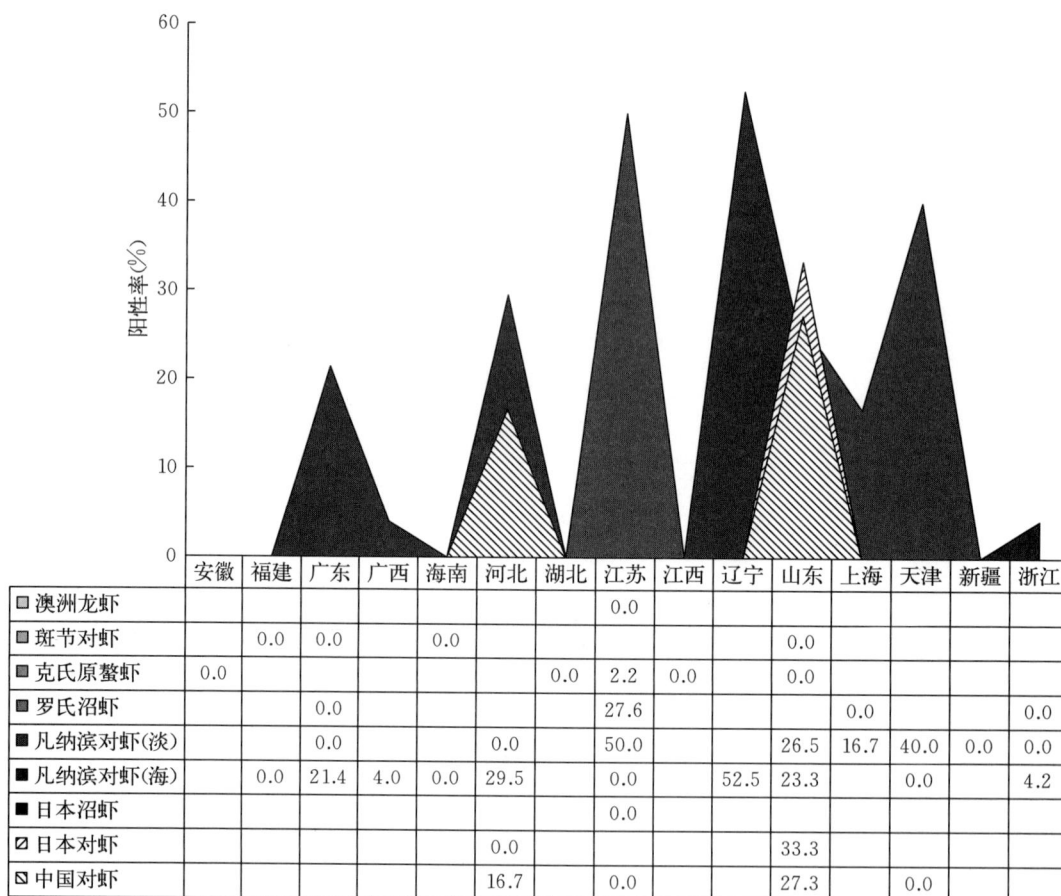

	安徽	福建	广东	广西	海南	河北	湖北	江苏	江西	辽宁	山东	上海	天津	新疆	浙江
☐澳洲龙虾								0.0							
▨斑节对虾		0.0	0.0		0.0						0.0				
▥克氏原螯虾	0.0						0.0	2.2	0.0		0.0				
▤罗氏沼虾			0.0					27.6				0.0			0.0
■凡纳滨对虾(淡)			0.0			0.0		50.0			26.5	16.7	40.0	0.0	0.0
■凡纳滨对虾(海)		0.0	21.4	4.0	0.0	29.5		0.0		52.5	23.3		0.0		4.2
■日本沼虾								0.0							
▧日本对虾						0.0					33.3				
◨中国对虾						16.7		0.0			27.3		0.0		

图 12 2023 年 EHPD 专项监测各地区不同甲壳种类 EHP 的阳性检出率

注：空白表示无样品检测

（四）不同大小个体样品中 EHPD 的阳性检出情况

2023 年 EHP 监测中，有体长规格的样品共 496 批次。不同规格虾类样品阳性率从高到低依次为：体长为 10～16 cm 的样品阳性率为 36.4％（4/11），体长为 1～3 cm 的样品阳性率为 20.9％（14/67），体长为 5～10 cm 的样品阳性率为 17.8％（31/174），体长小于等于 1 cm 的样品阳性率为 14.3％（32/224），体长为 3～5 cm 的样品阳性率为 10.0％（2/20）（图 13）。

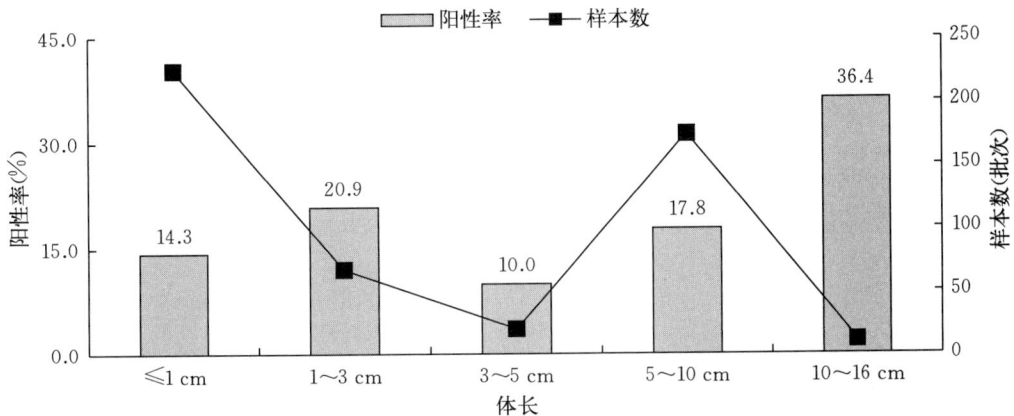

图 13　2023 年 EHPD 专项监测不同规格样品阳性率及检测样本数

（五）不同月份样品中 EHPD 的阳性检出情况

2023 年 EHP 的监测中，534 批次样品中阳性样品共 83 批次，其中 1 月、11 月和 12 月无记录样品。采样月份中，2 月样品阳性率为 25.0％（1/4）；3 月样品阳性率为 20.0％（8/40）；4 月样品阳性率为 15.1％（19/126）；5 月样品阳性率为 15.7％（30/191）；6 月样品阳性率为 1.1％（1/89）；7 月样品阳性率为 9.1％（1/11）；8 月样品阳性率为 15.6％（7/45）；9 月样品阳性率为 61.5％（16/26）；10 月样品阳性率为 0（0/2）。

（六）EHPD 阳性样品与采样时温度的关系

2023 年 EHP 的监测 534 批次样品，水温在小于 25 ℃ 的阳性率为 15.9％（20/126）；水温在 25 ℃ 的阳性率为 15.7％（13/83）；水温在 26 ℃ 的阳性率为 35.9％（23/64）；水温在 27 ℃ 的阳性率为 14.3％（9/63）；水温在 28 ℃ 的阳性率为 5.2％（4/77）；水温在 29 ℃ 的阳性率为 29.4％（10/34）；水温在 30 ℃ 的阳性率为 4.3％（3/70）；水温在大于 30 ℃ 的阳性率为 5.9％（1/17）（图 14）。

（七）EHPD 阳性样品与采样时 pH 的关系

2023 年监测中，记录采样时水体 pH 的样品仅 182 批次。其中，6.3≤pH≤6.5 的

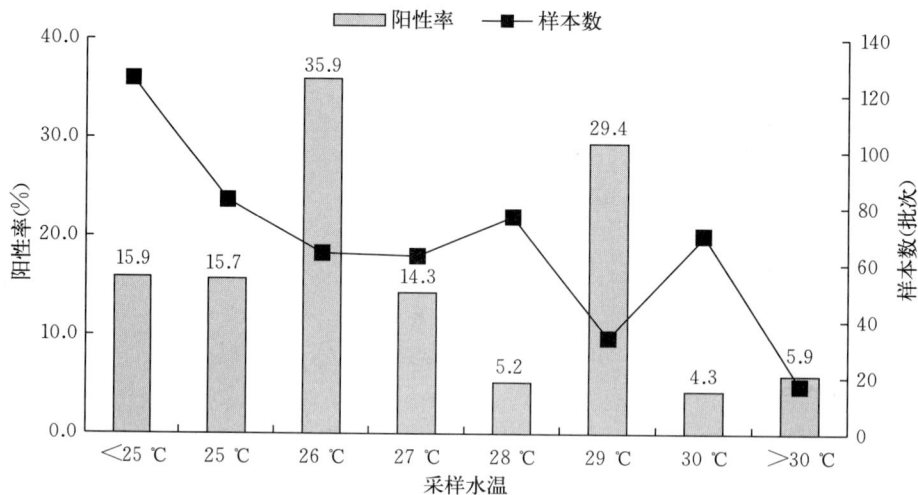

图 14　2023 年 EHPD 专项监测不同温度下阳性率及检测样本数

样本阳性率为 0（0/3）；6.5＜pH≤7.0 的样本阳性率为 8.3%（2/24）；7.0＜pH≤7.5 的样本阳性率为 3.7%（1/27）；7.5＜pH≤8.0 的样本阳性率为 2.3%（1/44）；8.0＜pH≤8.5 的样本阳性率为 23.8%（20/84）（图 15）。

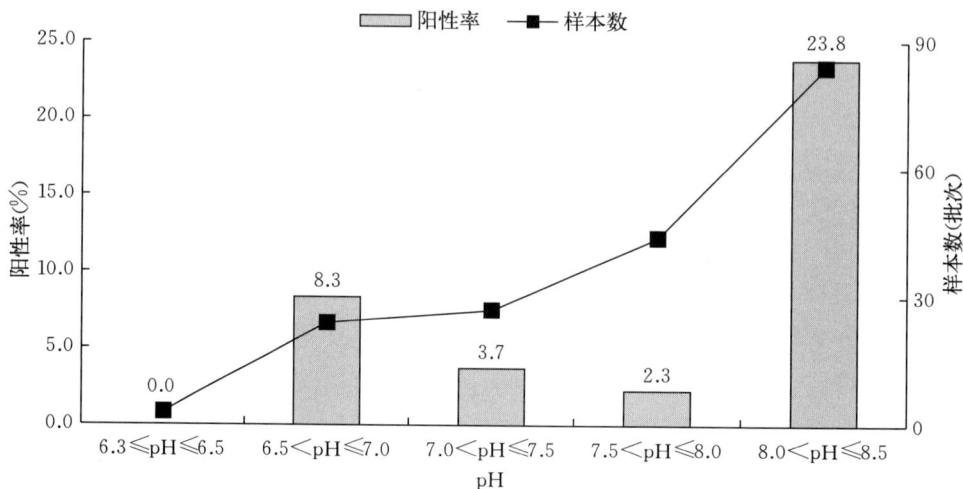

图 15　2023 年 EHPD 专项监测不同采样 pH 下阳性率及检测样本数

（八）不同养殖环境中 EHPD 的阳性检出情况

2023 年监测的 534 批次样品中，海水养殖样品的阳性率为 21.1%（60/284），淡水养殖样品的阳性率为 7.3%（16/219），半咸水养殖样品的阳性率为 22.6%（7/31）（图 16）。

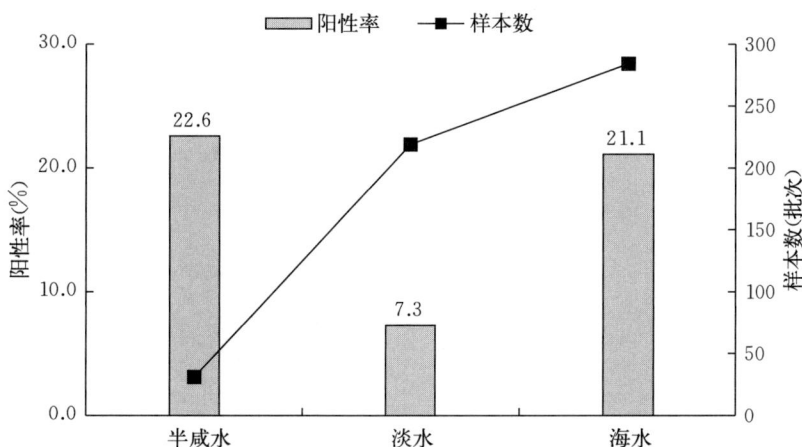

图 16　2023 年 EHPD 专项监测不同养殖环境下阳性率及检测样本数

（九）不同类型监测点样品中 EHPD 的阳性检出情况

2023 年监测结果中，国家级原良种场样品阳性率和监测点阳性率均为 16.7％（1/6）；省级原良种场样品阳性率为 8.9％（5/56），监测点阳性率为 9.6％（5/52）；重点苗种场的样品阳性率为 17.3％（38/220），监测点阳性率为 18.1％（38/210）；对虾养殖场的样品阳性率为 15.5％（39/252），监测点阳性率为 15.9％（39/246）（图 17）。

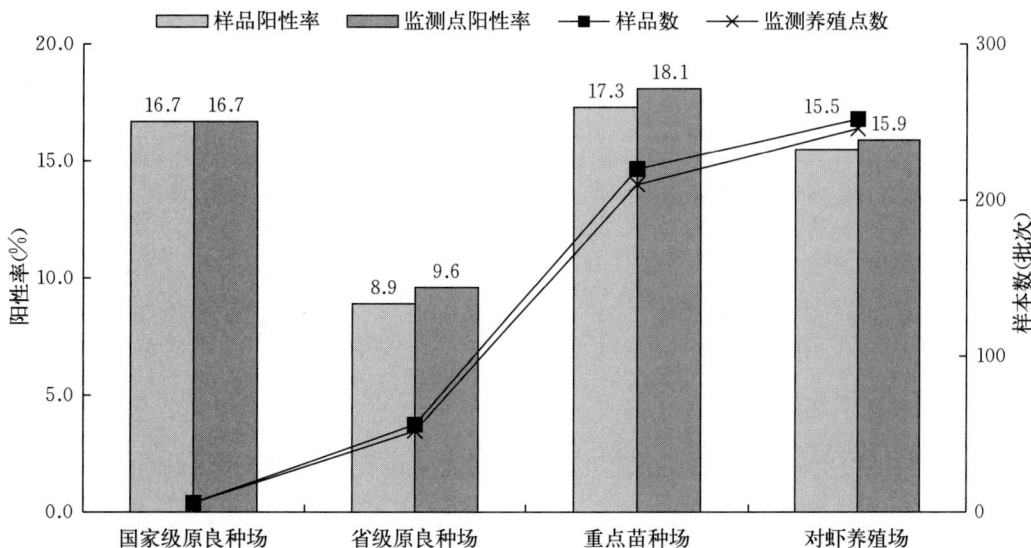

图 17　2023 年 EHPD 专项监测不同类型监测点阳性检出情况

（十）不同养殖模式监测点中 EHPD 的阳性检出情况

2023 年监测中，不同养殖模式下的样品阳性率：池塘养殖模式为 17.1%（53/310）；工厂化养殖模式为 16.0%（30/188）；稻虾连作（0/13）和其他（0/23）养殖模式下无阳性检出（图 18）。

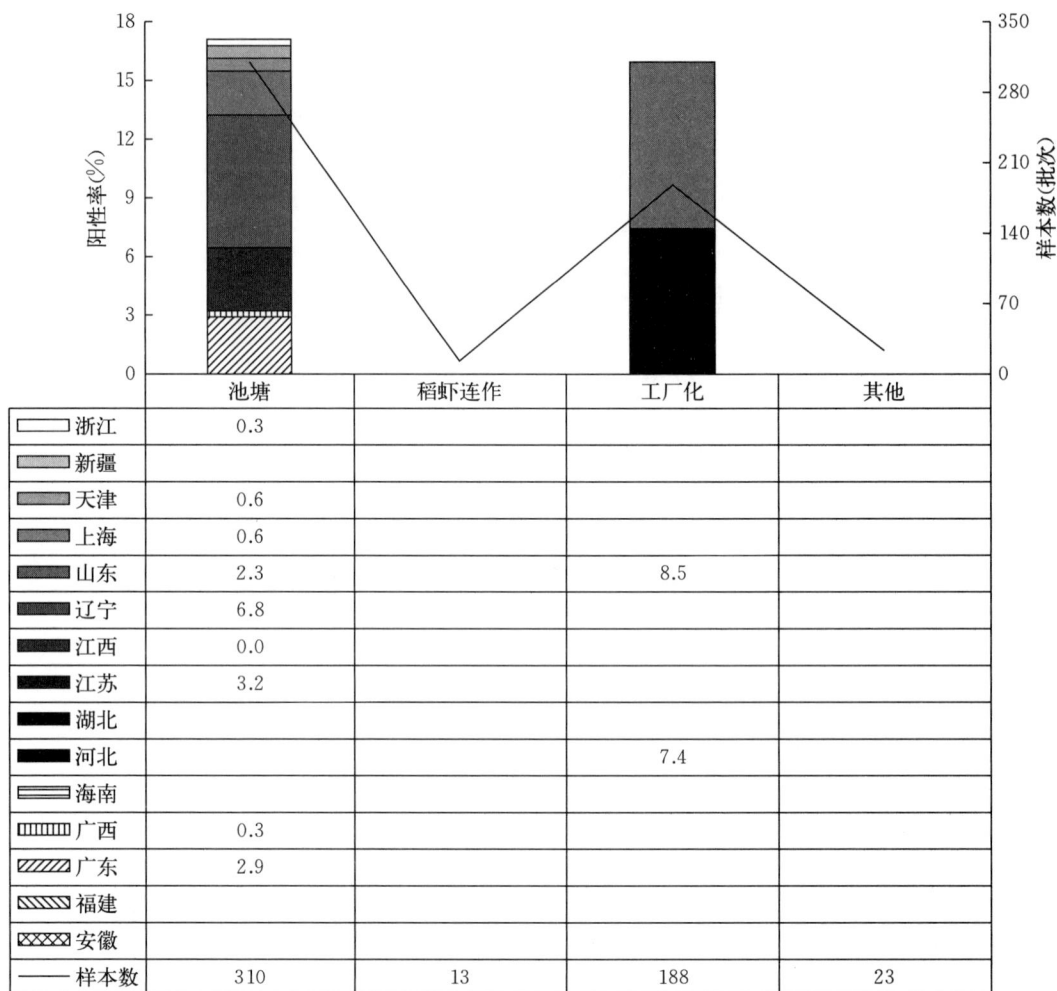

	池塘	稻虾连作	工厂化	其他
□ 浙江	0.3			
▨ 新疆				
▨ 天津	0.6			
▨ 上海	0.6			
▨ 山东	2.3		8.5	
▨ 辽宁	6.8			
▨ 江西	0.0			
▨ 江苏	3.2			
■ 湖北				
■ 河北			7.4	
▤ 海南				
▥ 广西	0.3			
▨ 广东	2.9			
▨ 福建				
▨ 安徽				
—— 样本数	310	13	188	23

图 18　2023 年 EHPD 专项监测不同养殖模式监测点样品阳性率和样本数

注：空白表示无样品检测

四、EHPD 风险分析及防控建议

（一）EHPD 在我国总体流行现状及趋势

EHPD 专项监测已连续开展了 7 年。2023 年 EHPD 监测点阳性率和样品阳性率相较 2022 年分别下降了 5.2 和 4.8 个百分点，下降幅度较为明显；但较 2021 年分别上升了 10.3 和 10.1 个百分点；较 2020 年分别上升了 0.6 和 0.8 个百分点（图 19）。2023 年度各级苗种场及养殖场的监测点阳性率为 9.6％～18.1％，样品阳性率为 8.9％～17.3％。该结果提示 EHPD 仍处于较高的感染水平，防控形势仍然严峻。

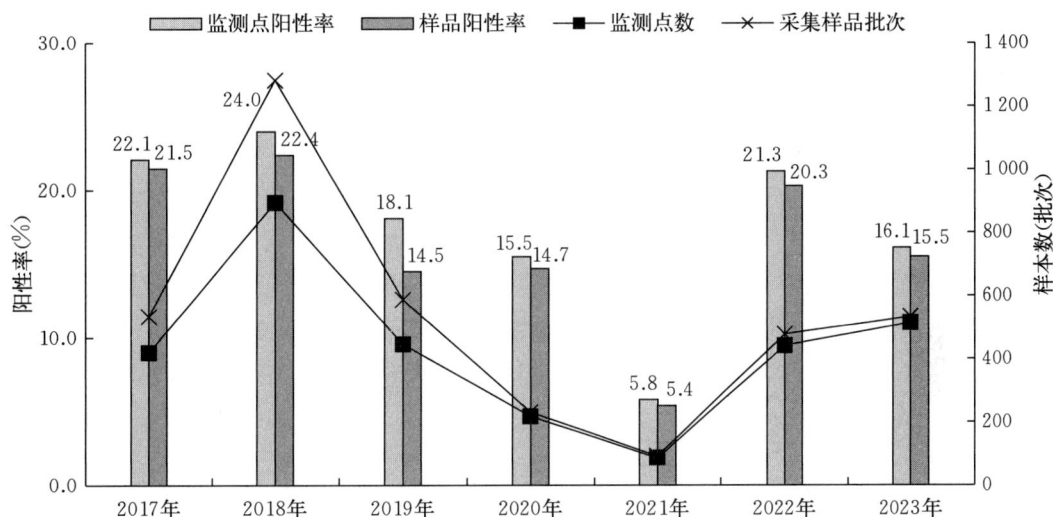

图 19　2017—2023 年 EHPD 专项监测样品阳性率和监测阳性率

（二）EHPD 在苗种场及养殖场检出情况

苗种是养殖产业健康发展的关键。但 2023 年国家级原良种场、省级原良种场和重点苗种场 EHPD 的样品阳性率和监测点阳性率均处于较高水平，对虾养殖场的样品阳性率和监测点阳性率分别为 15.5％和 15.9％。以上结果提示各级苗种场存在有较大的 EHP 的传播风险，仍需加强对其疫病监测和防控工作，以确保为产业提供无 EHP 的高质量苗种，有效控制 EHPD 的流行及发生。

（三）EHPD 阳性检出样品种类与易感宿主

2023 年 EHPD 专项监测涉及甲壳类 8 种，包括凡纳滨对虾、斑节对虾、日本对虾、中国对虾、罗氏沼虾、克氏原螯虾、日本沼虾和澳洲龙虾。其中，凡纳滨对虾、罗氏沼虾、克氏原螯虾、日本对虾和中国对虾样品中有 EHP 阳性检出。罗氏沼虾、日本对虾和中国对虾是否是其自然感染宿主仍有待确认，但该结果也提示有必要加强上述 3 种虾中 EHPD 的监测。

（四）EHPD 防控对策建议

2017—2023 年监测数据表明，EHPD 是当前我国对虾的重要疫病，该疫病也是 WOAH 收录为需通报的水生动物新发疫病。考虑到本年度各级苗种场较高 EHPD 阳性检出的结果，有必要加强各级苗种场的 EHP 的监测及防控。另外，也有必要加强该病防控药物的研发支持。

五、监测中存在的主要问题及建议

2023 年 EHPD 的监测获得了较为丰富的流行病学数据，这对掌握该疫病在国内的流行情况以及做好防控都具有重要意义。本年度 EHPD 监测工作中的不足以及相关建议如下：

（一）监测点数量和采样批次数量有必要增加

2023 年 EHPD 监测点数量及采样批次要高于 2022 年，但本年度监测 15 个省（自治区、直辖市），共 534 份样品、514 个监测点，涉及 8 种虾类，各地区平均有 35 份样品。一些重要养殖地区的采样数量明显不足（如广东省全年也仅有 50 份样品）。为全面掌握 EHPD 的流行情况，建议增加监测点数量和采样批次，以利于全面掌握疫病的流行情况。另外，作为监测数据的可靠补充，也建议将具有 CNAS 资质的甲壳类疫病监测实验室以及农业基础性长期性科技工作对 EHPD 的监测结果纳入 EHPD 监测数据中。

（二）监测数据的收集及管理有待加强

2023 年 EHPD 监测数据仍存在提交不完整的情况，如仅 34.1%（182/534）的样品有 pH 数据提供。监测点监测数据采集或提交不全，不利于对疫病的全面准确分析。另外，建议养殖环境中的半咸水采用准确的盐度值来表示，以获得不同盐度下的疫病监测结果。

六、对甲壳类疫病监测工作的建议

（一）扩大甲壳类养殖业重要疫病的监测种类

近年来对虾新发疫病包括对虾"玻璃苗"弧菌病（translucent post‐larvae vibriosis，TPV），偷死野田村病毒（covert mortality nodavirus，CMNV）以及 2022—2023 年在北方（如河北、辽宁和山东等地）突发的传染性肌坏死病毒（infectious myonecrosis virus，IMNV）也是严重危害对虾的重要病原，建议扩大甲壳类养殖业重要疫病的监测种类，以期全面掌握当前对虾疫病的流行情况，为渔业主管部门的综合防控决策的制定提供依据。

（二）持续提升全国甲壳类疫病监测实验室的病原检测能力

可靠的病原检测水平是疫病监测结果质量的重要保障。2014 年以来，在我国渔业主管部门指导下，全国水产技术推广总站与承担单位共同组织和实施了"水生动物防疫系统实验室检测能力测试"活动，该活动对全国甲壳类疫病监测实验室的病原检测能力的提升发挥了重要作用。建议所有承担国家水生动物疫病监测计划工作的监测单位都应纳入所承担监测项目的检测能力测试，确保监测单位的检测水平。

2023 年十足目虹彩病毒病状况分析

中国水产科学研究院黄海水产研究所

（邱　亮　王　蒙　董　宣　万晓媛　张庆利）

一、前言

十足目虹彩病毒病（infection with Decapod iridescent virus 1，iDIV1）是由十足目虹彩病毒 1（Decapod iridescent virus 1，DIV1）引起的甲壳类动物疫病，为世界动物卫生组织（WOAH）规定需通报的水生动物疫病，被亚太水产养殖中心网络（NACA）纳入《亚太水生动物疫病季度报告名录》（QAAD），被我国农业农村部列入《一、二、三类动物疫病病种名录》二类动物疫病。同时，iDIV1 也是《中华人民共和国进境动物检疫疫病名录》中的二类传染病。

中国水产科学研究院黄海水产研究所研究表明，DIV1 在浓盐溶液中，如在 3 mol/L 的 NaCl 溶液中，暴露 1 h 即可失去侵染能力；当液体 pH 低于 3.1 或高于 9.6 时，DIV1 在 1 h 内同样会失去其侵染能力。此外，Triton X－100 和 1% 甲醛也能够灭活 DIV1。研究发现，被 DIV1 和铁虾综合征病毒（IPV）同时感染的罗氏沼虾在个体和池塘层面呈现相互排斥的关系，在同一个体或同一池塘中，两种病毒的载量存在显著差异，总体上呈现负相关的趋势。

广东海洋大学研究者发现，（34±1）℃的水温可以有效抑制斑节对虾中 DIV1 的感染并有助于其清除体内的病毒。该项研究验证了中国水产科学研究院黄海水产研究所此前的研究结论，即 34 ℃的水温条件可有效抑制凡纳滨对虾中 DIV1 的感染，而 36 ℃的水温可使凡纳滨对虾彻底清除体内感染的病毒。以上研究成果为养殖对虾 iDIV1 的防控提供了新的思路和可能性。

二、全国各省份开展 iDIV1 的专项监测情况

（一）概况

2023 年，iDIV1 专项监测范围包括天津、河北、辽宁、湖北、江苏、浙江、福建、山东、上海、江西、安徽、广东、海南、新疆、广西等 15 个省（自治区、直辖市），涉及 136 个县、231 个乡镇、461 个监测点。其中，国家级原良种场 6 个，省级原良种场 50 个，苗种场 185 个，成虾养殖场 220 个。2023 年，实际采集和检测样品 475 批次，其中，天津监测样品数 2 批次，河北监测 5 批次，辽宁监测 40 批次，湖北监测 5 批次，江苏监测 105 批次，浙江监测 50 批次，福建监测 15 批次，山东监测 102 批次，上海监

测 15 批次，江西监测 30 批次，安徽监测 5 批次，广东监测 50 批次，海南监测 15 批次，新疆监测 10 批次，广西监测 26 批次。2017—2023 年，各省（自治区、直辖市）累计监测样品数 3 627 批次，其中，山东累计监测样品 486 批次、江苏累计监测样品 456 批次、广东累计监测样品 362 批次，累计监测样品的数量分列前三位（图 1）。

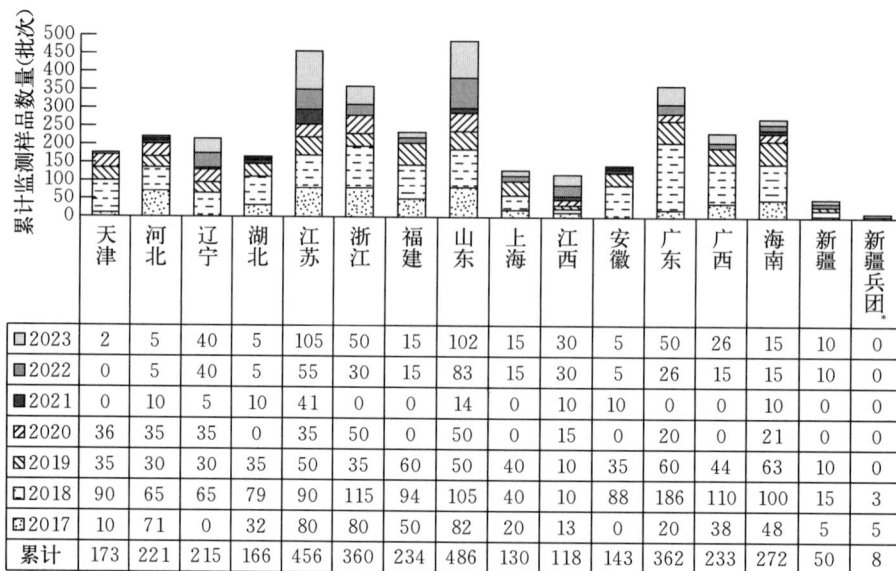

	天津	河北	辽宁	湖北	江苏	浙江	福建	山东	上海	江西	安徽	广东	广西	海南	新疆	新疆兵团*
2023	2	5	40	5	105	50	15	102	15	30	5	50	26	15	10	0
2022	0	5	40	5	55	30	15	83	15	30	5	26	15	15	10	0
2021	0	10	5	10	41	0	0	14	0	10	10	0	0	10	0	0
2020	36	35	35	0	35	50	0	50	0	15	0	20	0	21	0	0
2019	35	30	30	35	50	35	60	50	40	10	35	60	44	63	10	0
2018	90	65	65	79	90	115	94	105	40	10	88	186	110	100	15	3
2017	10	71	0	32	80	80	50	82	20	13	0	20	38	48	5	5
累计	173	221	215	166	456	360	234	486	130	118	143	362	233	272	50	8

图 1　2017—2023 年 iDIV1 专项监测的采样数量统计

注：* 新疆生产建设兵团以下简称"新疆兵团"

（二）不同养殖模式监测点情况

2023 年，各省份专项监测的 461 个监测点全部记录了养殖模式。其中，池塘养殖的监测点 293 个，占 63.6%；工厂化养殖的监测点 132 个，占 28.6%；稻虾养殖的监测点 12 个，占 2.6%；其他养殖模式的监测点 24 个，占 5.2%。

（三）2023 年采样的品种和规格

2023 年监测样品种类有澳洲龙虾、斑节对虾、克氏原螯虾、罗氏沼虾、凡纳滨对虾、日本沼虾、日本对虾、中国对虾。

2023 年，所监测的样品中有 468 批次记录了体长。其中，体长小于 1 cm 的样品 75 批次，占样品总量的 16.0%；体长为 1～4 cm 的样品 167 批次，占样品总量的 35.7%；体长为 4～7 cm 的样品 22 批次，占样品总量的 4.7%；体长为 7～10 cm 的样品 130 批次，占样品总量的 27.8%；体长大于等于 10 cm 的样品 74 批次，占样品总量的 15.8%。具体各省监测样品规格分布情况见图 2。

2017—2023 年监测样品的规格分布情况见图 3，可见 2017—2020 年期间，体长小于 1 cm 的样品所占比例逐年增加，2021—2023 年这个比例减少到较低水平；2017—

2020 年期间，体长 1～4 cm 的样品所占比例逐年减小，2021—2023 年这个比例增加到较高水平；2023 年，体长 4～7 cm 的样品所占比例为 7 年来最低，而体长 7～10 cm 的样品所占比例为 7 年来最高；2023 年，体长大于 10 cm 的样品相较 2022 年比例明显减少，与 2021 和 2020 年基本持平，较 2017—2019 年有所增加。

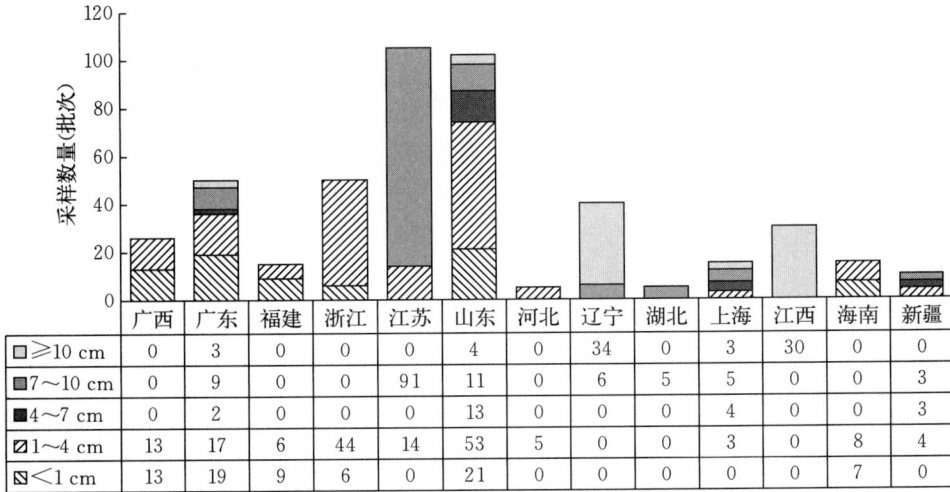

	广西	广东	福建	浙江	江苏	山东	河北	辽宁	湖北	上海	江西	海南	新疆
≥10 cm	0	3	0	0	0	4	0	34	0	3	30	0	0
7～10 cm	0	9	0	0	91	11	0	6	5	5	0	0	3
4～7 cm	0	2	0	0	0	13	0	0	0	4	0	0	3
1～4 cm	13	17	6	44	14	53	5	0	0	3	0	8	4
<1 cm	13	19	9	6	0	21	0	0	0	0	0	7	0

图 2　2023 年各省份 iDIV1 专项监测样品的采样规格

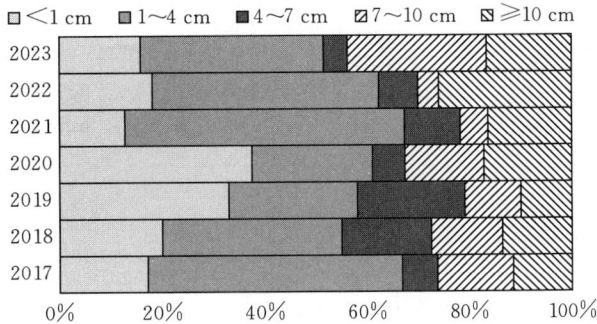

图 3　2017—2023 年 iDIV1 专项监测样品的采样规格百分比

（四）抽样的自然条件

2023 年，所监测的 475 批次样品全部记录了采样时间。其中，1 月无样品采集；2 月采集样品 11 批次，占总样品的 2.3%；3 月采集样品 36 批次，占总样品的 7.6%；4 月采集样品 60 批次，占总样品的 12.6%；5 月采集样品 139 批次，占总样品的 29.3%；6 月采集样品 109 批次，占总样品的 22.9%；7 月采集样品 33 批次，占总样品的 6.9%；8 月采集样品 34 批次，占总样品的 7.2%；9 月采集样品 50 批次，占总样品的 10.5%；10 月采集样品 2 批次，占总样品的 0.4%；11 月无样品采集；12 月采集样品 1 批次，占总样品的 0.2%。样品采集主要集中在 4 月至 9 月，其中，5 月采集样品数量最多，6 月次之。

2017—2023 年，各专项监测省（自治区、直辖市）的专项监测数据中总共 3 627 批次样品，全部记录了采样时间。其中，1 月采集样品 8 批次，占总样品的 0.2%；2 月采集样品 28 批次，占总样品的 0.8%；3 月采集样品 102 批次，占总样品的 2.8%；4 月采集样品 277 批次，占总样品的 7.6%；5 月采集样品 1 183 批次，占总样品的 32.6%；6 月采集样品 565 批次，占总样品的 15.6%；7 月采集样品 582 批次，占总样品的 16.0%；8 月采集样品 458 批次，占总样品的 12.6%；9 月采集样品 247 批次，占总样品的 6.8%；10 月采集样品 133 批次，占总样品的 3.7%；11 月采集样品 33 批次，占总样品的 0.9%；12 月采集样品 11 批次，占总样品的 0.3%。样品采集主要集中在 5—8 月，占总采样量的 76.8%（图 4）。

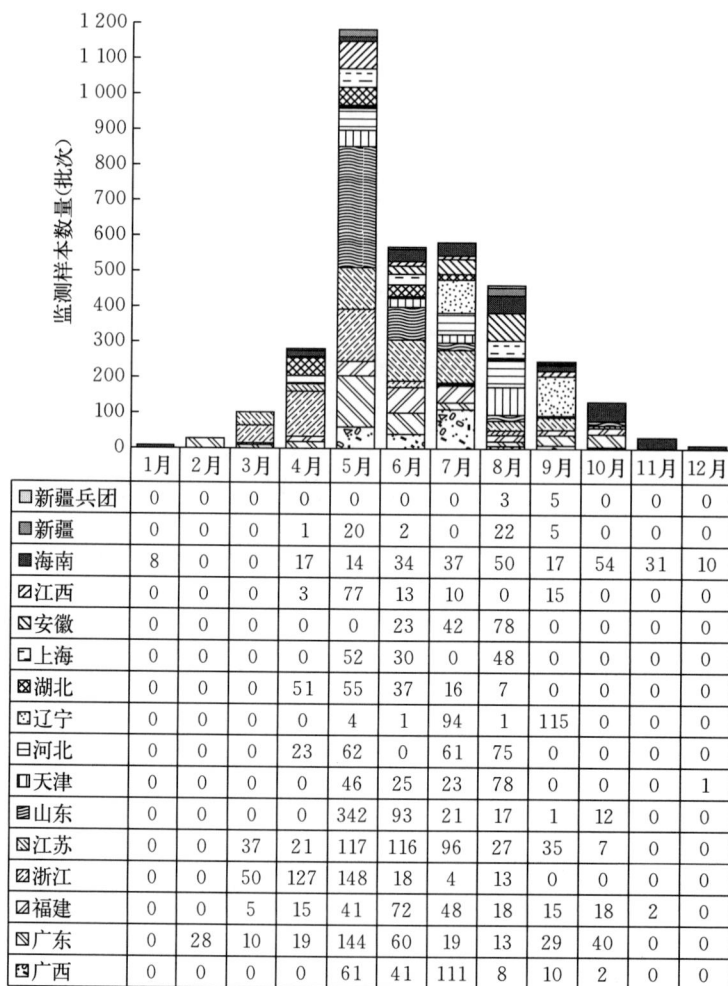

	1月	2月	3月	4月	5月	6月	7月	8月	9月	10月	11月	12月
新疆兵团	0	0	0	0	0	0	0	3	5	0	0	0
新疆	0	0	0	1	20	2	0	22	5	0	0	0
海南	8	0	0	17	14	34	37	50	17	54	31	10
江西	0	0	0	3	77	13	10	0	15	0	0	0
安徽	0	0	0	0	0	23	42	78	0	0	0	0
上海	0	0	0	0	52	30	0	48	0	0	0	0
湖北	0	0	0	51	55	37	16	7	0	0	0	0
辽宁	0	0	0	0	4	1	94	1	115	0	0	0
河北	0	0	0	23	62	0	61	75	0	0	0	0
天津	0	0	0	0	46	25	23	78	0	0	0	1
山东	0	0	0	0	342	93	21	17	1	12	0	0
江苏	0	0	37	21	117	116	96	27	35	7	0	0
浙江	0	0	50	127	148	18	4	13	0	0	0	0
福建	0	0	5	15	41	72	48	18	15	18	2	0
广东	0	28	10	19	144	60	19	13	29	40	0	0
广西	0	0	0	0	61	41	111	8	10	2	0	0

图 4 2017—2023 年各省份每月采样数量分布

2023 年，所监测的 475 批次样品全部记录了采样时水温。其中，78 批次样品采样时水温低于 24 ℃，占样品总量的 16.4%；41 批次样品采样时水温在 24～25 ℃，占 8.6%；89 批次样品采样时水温在 25～26 ℃，占 18.7%；45 批次样品采样时水温在 26～27 ℃，占 9.5%；46 批次样品采样时水温在 27～28 ℃，占 9.7%；67 批次样品采样时水温在 28～29 ℃，占 14.1%；23 批次样品采样时水温在 29～30 ℃，占 4.8%；71 批次样品采样时水温在 30～31 ℃，占 14.9%；8 批次样品采样时水温在 31～32 ℃，占 1.7%；7 批次样品采样时水温不低于 32 ℃，占 1.5%。

2017—2023 年监测样品的水温分布情况见图 5，2023 年采样水温在 24～25 ℃时的样品所占比例相比 2021 年有所降低，高于其他 5 年；采样水温在 25～26 ℃时的样品所占比例相比 2017 年有所降低，高于其他 5 年；采样水温在 28～30 ℃时的样品所占比例均低于前 6 年；采样水温在 31～32 ℃时的样品所占比例高于 2021 年，低于其他 5 年。

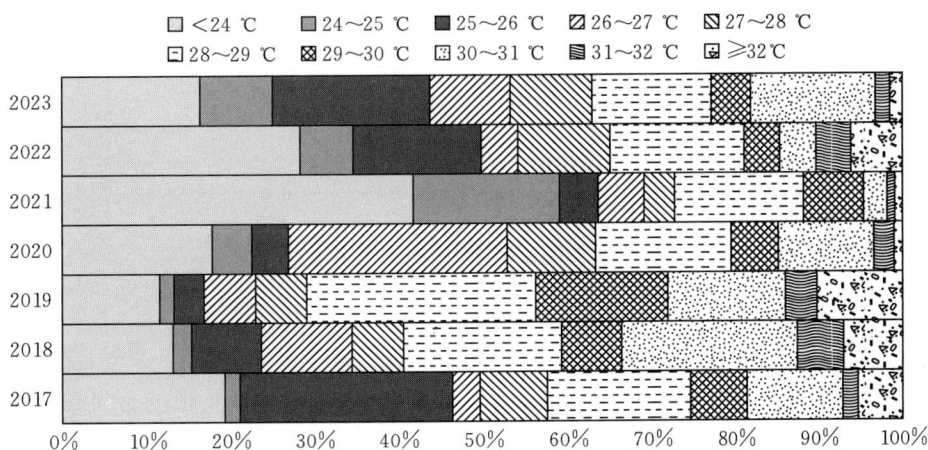

图 5   2017—2023 年 iDIV1 专项监测样品的采样水温百分比

2023 年，记录了采样水体 pH 的样品共 176 批次，占全年总样品量的 37.1%。这个比例在 2017 年、2018 年、2019 年、2020 年、2021 年、2022 年分别为 53.4%、31.2%、24.5%、8.8%、10.9%、48.7%，2023 年相比 2018—2021 年有所增加，低于 2017、2022 年。其中，33 批次样品采样水体 pH 不大于 7.4，占 18.8%；21 批次样品采样水体 pH 为 7.5，占 11.9%；1 批次样品采样水体 pH 为 7.6，占 0.6%；1 批次样品采样水体 pH 为 7.7，占 0.6%；2 批次样品采样水体 pH 为 7.8，占 1.1%；4 批次样品采样水体 pH 为 7.9，占 2.3%；30 批次样品采样水体 pH 为 8.0，占 17.0%；44 批次样品采样水体 pH 为 8.1，占 25%；17 批次样品采样水体 pH 为 8.2，占 9.7%；22 批次样品采样水体 pH 为 8.3，占 12.5%；1 批次样品采样水体 pH 为 8.5，占 0.6%。

2023 年，记录有养殖环境的样品数为 461 批次。其中，海水养殖的样品数为 224 批次，占样本总量的 48.6%；淡水养殖的样品数为 207 批次，占样本总量的 44.9%；半咸水养殖的样品数为 30 批次，占样本总量的 6.5%（图 6）。

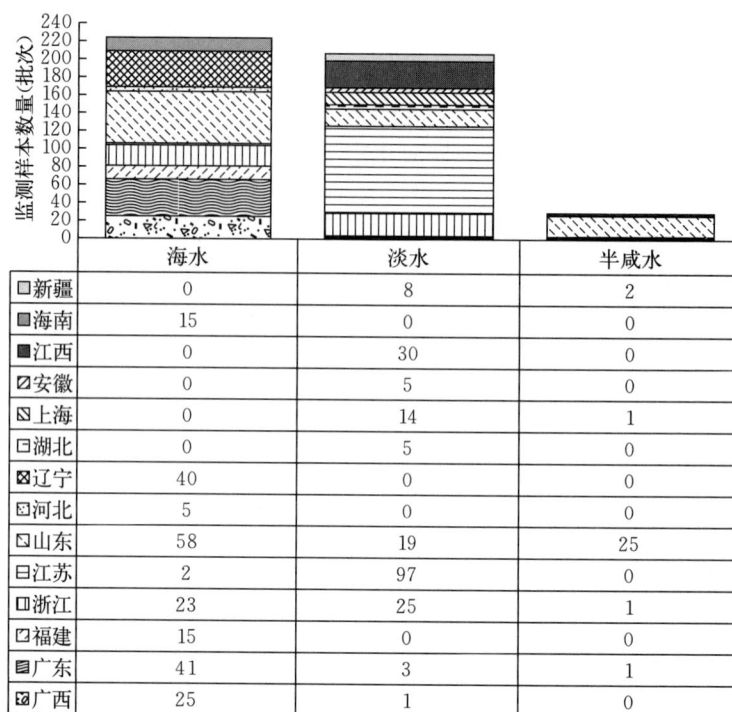

	海水	淡水	半咸水
新疆	0	8	2
海南	15	0	0
江西	0	30	0
安徽	0	5	0
上海	0	14	1
湖北	0	5	0
辽宁	40	0	0
河北	5	0	0
山东	58	19	25
江苏	2	97	0
浙江	23	25	1
福建	15	0	0
广东	41	3	0
广西	25	1	0

图6 2023年iDIV1专项监测样品的养殖环境分布

（五）样品检测单位

2023年各省份监测任务分别委托福建省水产技术推广总站、广东省动物疫病预防控制中心、广西渔业病害防治环境监测和质量检验中心、海南省水产技术推广站、集美大学、江苏省水生动物疫病预防控制中心、江西省农业技术推广中心、山东省淡水渔业研究院、上海市水产技术推广站、天津市动物疫病预防控制中心、新疆维吾尔自治区水产技术推广总站、浙江省渔业检验检测与疫病防控中心、中国水产科学研究院黄海水产研究所、中国水产科学研究院长江水产研究所、中国水产科学研究院珠江水产研究所等15家单位按照《虾虹彩病毒病诊断规程》（SC/T 7237—2020）套式PCR方法进行实验室检测。

福建委托福建省水产技术推广总站和集美大学承担其样品检测工作，分别检测样品10批次和5批次；广东委托广东省动物疫病预防控制中心承担其样品检测工作，检测样品50批次；广西委托广西渔业病害防治环境监测和质量检验中心承担其样品检测工作，检测样品26批次；海南委托海南省水产技术推广站和中国水产科学研究院黄海水产研究所承担其样品检测工作，分别检测样品10批次和5批次；江苏委托江苏省水生动物疫病预防控制中心承担其样品检测工作，检测样品105批次；江西委托江西省农业技术推广中心和中国水产科学研究院珠江水产研究所承担其样品检测工作，分别检测样品25批次和5批次；山东委托山东省淡水渔业研究院和中国水产科学研究院黄海水产研究所承担其样品检测工作，分别检测样品97批次和5批次；上海委托上海市水产技术推广站承担其样品检测工作，检测样品 15 批次；天津委托天津市动物疫病预防控制中心承担其样品检测工作，检测样品 2 批次；新疆委托新疆维吾尔自治区水产技术推广总站承担其样品检测工作，检测样品 10 批次；浙江委托浙江省渔业检验检测与疫病防控中心承担其样品检测工作，检测样品 50 批次；河北委托中国水产科学研究院黄海水产研究所承担其样品检测工作，检测样品 5 批次；辽宁委托中国水产科学研究院黄海水产研究所承担其样品检测工作，检测样品 40 批次；湖北委托中国水产科学研究院长江水产研究所承担其样品检测工作，检测样品 5 批次；安徽委托中国水产科学研究院长江水产研究所承担其样品检测工作，检测样品 5 批次（图 7）。

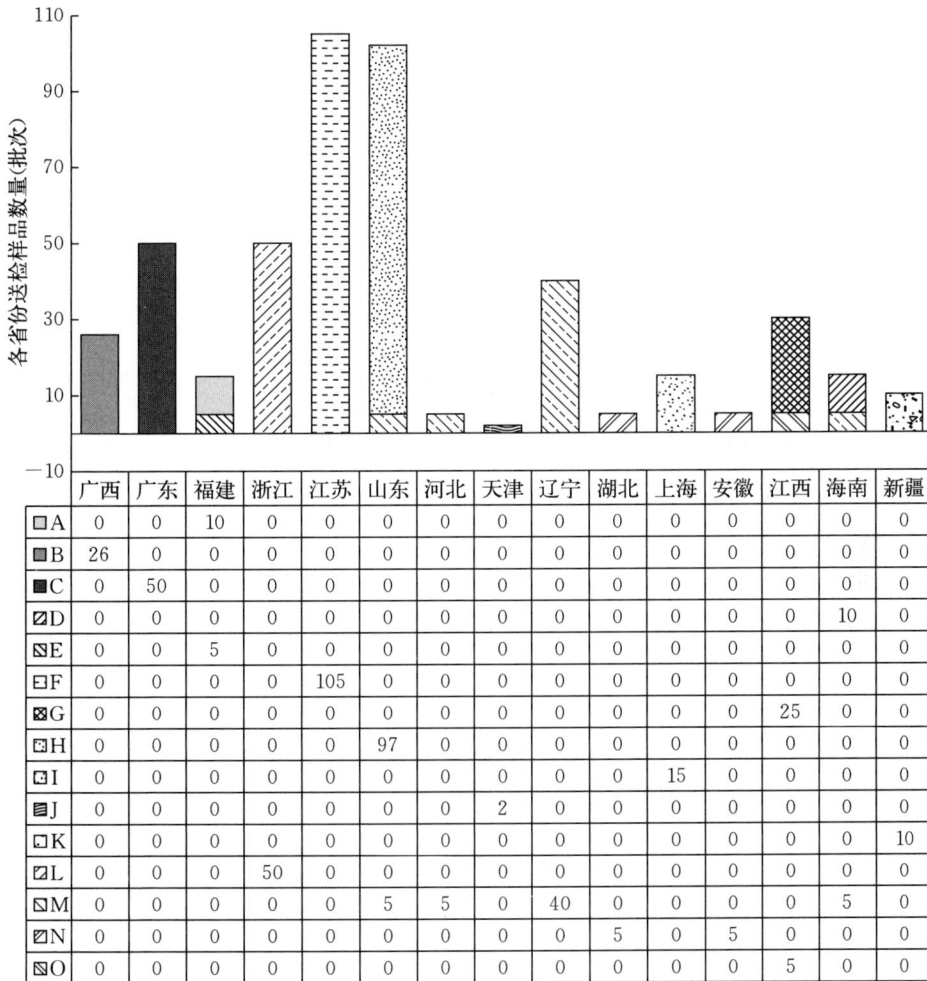

	广西	广东	福建	浙江	江苏	山东	河北	天津	辽宁	湖北	上海	安徽	江西	海南	新疆
□A	0	0	10	0	0	0	0	0	0	0	0	0	0	0	0
▨B	26	0	0	0	0	0	0	0	0	0	0	0	0	0	0
■C	0	50	0	0	0	0	0	0	0	0	0	0	0	0	0
▨D	0	0	0	0	0	0	0	0	0	0	0	0	0	10	0
▧E	0	0	5	0	0	0	0	0	0	0	0	0	0	0	0
⬚F	0	0	0	0	105	0	0	0	0	0	0	0	0	0	0
▨G	0	0	0	0	0	0	0	0	0	0	0	0	25	0	0
▨H	0	0	0	0	0	97	0	0	0	0	0	0	0	0	0
▢I	0	0	0	0	0	0	0	0	0	0	15	0	0	0	0
▨J	0	0	0	0	0	0	0	2	0	0	0	0	0	0	0
□K	0	0	0	0	0	0	0	0	0	0	0	0	0	0	10
▨L	0	0	0	50	0	0	0	0	0	0	0	0	0	0	0
▨M	0	0	0	0	0	5	5	0	40	0	0	0	0	5	0
▨N	0	0	0	0	0	0	0	0	0	5	0	5	0	0	0
▨O	0	0	0	0	0	0	0	0	0	0	0	0	5	0	0

图 7　2023 年 iDIV1 专项监测样品检测单位和送检样品数量

A. 福建省水产技术推广总站　B. 广西渔业病害防治环境监测和质量检验中心　C. 广东省动物疫病预防控制中心　D. 海南省水产技术推广站　E. 集美大学　F. 江苏省水生动物疫病预防控制中心　G. 江西省农业技术推广中心　H. 山东省淡水渔业研究院　I. 上海市水产技术推广站　J. 天津市动物疫病预防控制中心　K. 新疆维吾尔自治区水产技术推广总站　L. 浙江省渔业检验检测与疫病防控中心　M. 中国水产科学研究院黄海水产研究所　N. 中国水产科学研究院长江水产研究所　O. 中国水产科学研究院珠江水产研究所

2023 年，各检测单位共承担 475 批次的检测任务，江苏省水生动物疫病预防控制中心承担的检测任务量最多，为 105 批次；山东省淡水渔业研究院次之，为 97 批次。

三、检测结果分析

（一）总体阳性检出情况及其区域分布

2023 年，监测范围包括天津、河北、辽宁、湖北、江苏、浙江、福建、山东、上海、江西、安徽、广东、海南、新疆、广西 15 个省（自治区、直辖市），共采集样品 475 批次。检出阳性样品 33 批次，样品阳性率为 6.9%；设置监测点 461 个，检出阳性监测点 31 个，监测点阳性率为 6.7%。

累计来看，2017—2023 年共监测样品 3 627 批次，检出阳性样品 353 批次，平均样品阳性率为 9.7%；共设置监测点 2 946 个，检出阳性监测点 316 个，平均监测点阳性率为 10.7%。监测数据显示，除新疆和新疆生产建设兵团暂无阳性样品检出，天津、河北、辽宁、湖北、江苏、浙江、福建、山东、上海、江西、安徽、广东、广西和海南均监测到阳性。其中，天津的样品阳性率为 0.6%，监测点阳性率为 0.7%；河北的样品阳性率为 0.9%，监测点阳性率为 1.0%；辽宁的样品阳性率和监测点阳性率均为 2.8%；湖北的样品阳性率为 6.0%，监测点阳性率为 6.1%；江苏的样品阳性率为 11.2%，监测点阳性率为 12.1%；浙江的样品阳性率为 18.3%，监测点阳性率为 22.1%；福建的样品阳性率为 0.4%，监测点阳性率为 0.8%；山东的样品阳性率为 7.2%，监测点阳性率为 7.9%；上海的样品阳性率为 24.6%，监测点阳性率为 29.6%；江西的样品阳性率和监测点阳性率均为 21.2%；安徽的样品阳性率为 30.8%，监测点阳性率为 32.2%；广东的样品阳性率为 17.1%，监测点阳性率为 17.9%；广西的样品阳性率为 7.3%，监测点阳性率为 8.4%；海南的样品阳性率为 0.4%，监测点阳性率为 0.6%（图 8）。

（二）检出阳性的甲壳类

2023 年 iDIV1 专项监测结果显示，阳性样品种类有澳洲龙虾、克氏原螯虾、罗氏沼虾、凡纳滨对虾、日本沼虾、中国对虾。其中，澳洲龙虾样品的阳性检出率为 100%（3/3，样本量有限可能存在评估偏离风险），中国对虾样品的阳性检出率为 14.3%（2/14）。

（三）不同养殖规格的阳性检出情况

2017—2023 年 iDIV1 专项监测中，记录了采样规格的阳性样品共 353 批次。其中，体长为 4~7 cm 的样品阳性率最高，为 19.7%（91/463）；其次为 7~10 cm 的样品，阳性率为 9.1%（47/517）；1~4 cm 样品的阳性率为 9.0%（118/1 313）；小于 1 cm 样品的阳性率为 7.9%（63/801）；不小于 10 cm 样品的阳性率为 6.4%（34/533）。

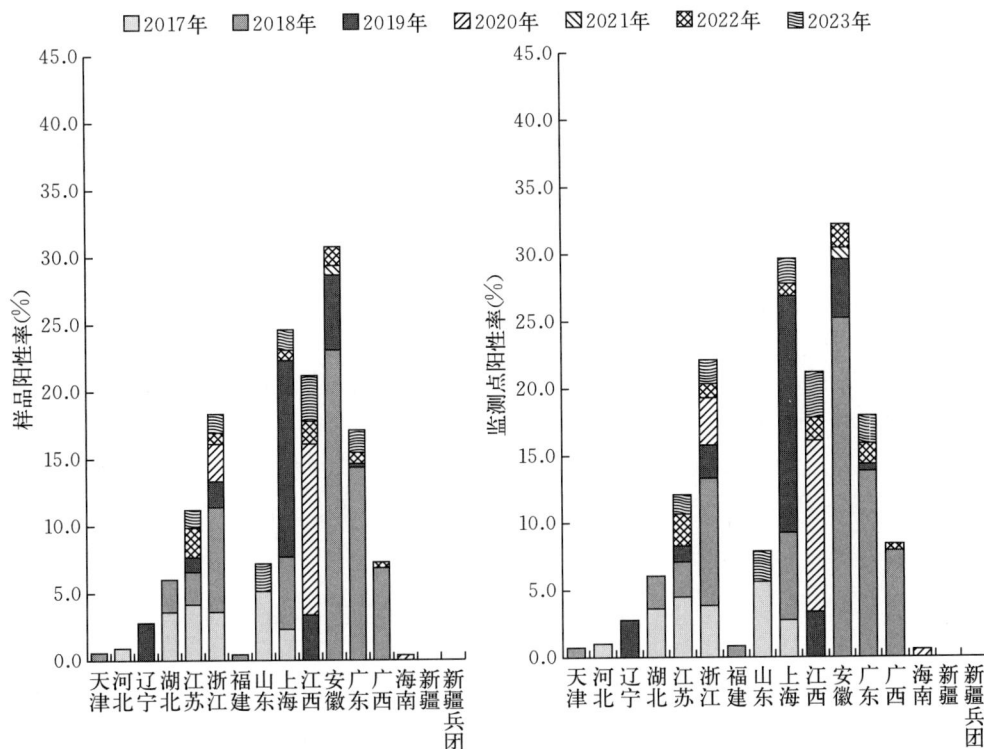

图 8　2017—2023 年 iDIV1 专项监测样品阳性率和监测点阳性率

注：各省份阳性率是以 2017 年至 2023 年的样品总数或监测点总数为基数计算

（四）不同月份的 iDIV1 阳性检出情况

2023 年 iDIV1 的专项监测中，记录采样月份的阳性样品共 33 批次。其中，4 月采集 1 批次，5 月采集 12 批次，6 月采集 14 批次，7 月采集 3 批次，8 月采集 2 批次，10 月采集 1 批次。1—3 月，9 月、11 月、12 月的监测样品无阳性检出。

2017—2023 年，各省（自治区、直辖市）和新疆生产建设兵团记录采样月份的阳性样品共 353 批次。七年的监测中，6 月的阳性率最高，为 13.5%（76/565）；其次是 5 月，为 11.5%（136/1 183）；然后是 7 月、4 月、8 月、9 月、10 月。总体来看，阳性样品全部集中在 4—10 月。1—3 月和 11 月、12 月暂无阳性样品检出（图 9）。

（五）阳性样品与采样时温度的关系

2023 年 iDIV1 的专项监测中，记录了采样水温的阳性样品有 33 批次。其中，水温 < 24 ℃时有 3 批次，水温为 24～25 ℃时有 2 批次，水温为 25～26 ℃时有 4 批次，水温为 26～27 ℃时有 7 批次，水温为 27～28 ℃时有 2 批次，水温为 28～39 ℃时有 3 批次，水温为 29～30 ℃时有 4 批次，水温为 30～31 ℃时有 6 批次，水温为 31～32 ℃时有 1 批次，水温不低于 32 ℃时有 1 批次。

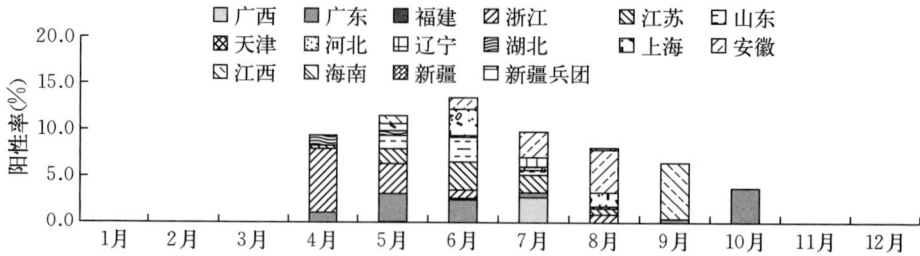

图 9　2017—2023 年 iDIV1 专项监测月份的阳性率分析

注：阳性率是以各月份的总样品数为基数计算

2017—2023 年，各省（自治区、直辖市）和新疆生产建设兵团记录采样水温的阳性样品共 353 批次。七年的监测中，温度在 31～32 ℃的阳性率最高，为 16.4％（22/134）；其次是 29～30 ℃，为 15.2％（43/282）；然后是 27～28 ℃，为 12.3％（34/276）（图 10）。整体来看，水温从 15～34 ℃均有阳性样品检出；而当采样水温低于 15 ℃或高于 34 ℃时，暂无阳性检出。

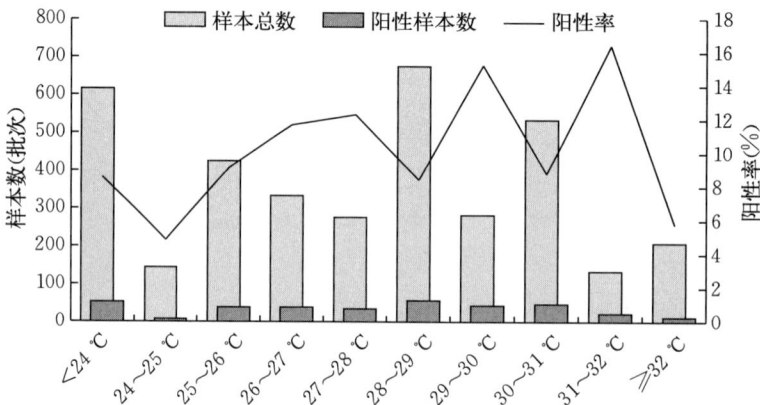

图 10　2017—2023 年 iDIV1 专项监测样品不同采样温度的阳性率

（六）阳性样品与采样时 pH 的关系

2017—2023 年记录采样时水体 pH 的样品共 1 216 批次，检出阳性 155 批次。对不同 pH 进行统计，表明 pH 为 7.6 时阳性率最高，为 25.0％（14/56）；其次为 pH7.5 时，阳性率为 20.9％（27/129）；pH 为 8.6 时的阳性率为 16.7％（1/6）；pH 为 8.2 时的阳性率为 15.3％（20/131）；pH 为 8.4 时的阳性率为 14.6％（6/41）；pH 为 7.8 时的阳性率为 13.2％（10/76）；pH 为 7.9 时的阳性率为 12.5％（2/16）；pH 为 8.0 时的阳性率为 12.4％（40/322）；pH 为 8.3 时的阳性率为 10.2％（5/49）；pH≤7.4 时的阳性率为 7.8％（16/206）；pH 为 8.1 时的阳性率为 8.3％（12/145）；pH 为 8.5 时的阳性率为 7.4％（2/27）；其余 pH 采集的样品无阳性检出。

（七）不同养殖环境的阳性检出情况

2017—2023 年记录有养殖环境的样品数为 3 557 批次，阳性样品数为 349 批次。其中，海水养殖的样品数为 1 584 批次，检出阳性样品 87 批次，阳性率为 5.5%，阳性样品来自广东、广西、福建、浙江、江苏、山东、河北、辽宁和海南，涉及的阳性物种有凡纳滨对虾、中国对虾、日本对虾、斑节对虾和脊尾白虾；淡水养殖的样品数为 1 723 批次，检出阳性样品 239 批次，阳性率为 13.9%，阳性样品来自广东、浙江、江苏、江西、湖北、天津、山东、上海和安徽，涉及的阳性物种有克氏原螯虾、罗氏沼虾、凡纳滨对虾、澳洲龙虾、日本沼虾和红螯螯虾；半咸水养殖的样品数为 250 批次，检出阳性样品 23 批次，阳性率为 9.2%，阳性样品来自广西、山东和浙江，阳性物种是凡纳滨对虾和罗氏沼虾。

（八）不同类型监测点的阳性检出情况

2023 年，监测数据显示：国家级原良种场的样品未测出阳性；省级原良种场的样品阳性率为 7.4%（4/54），监测点阳性率为 4.0%（2/50）；重点苗种场的样品阳性率为 6.8%（13/190），监测点阳性率为 7.0%（13/185）；对虾养殖场的样品阳性率为 7.1%（16/225），监测点阳性率为 7.3%（16/220）（图 11）。

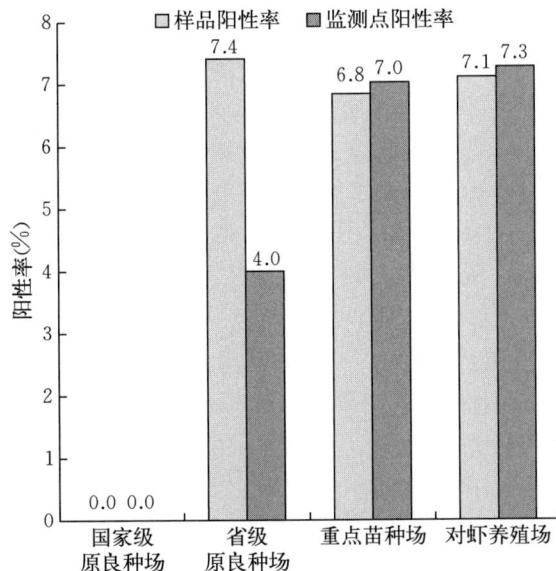

图 11 2017—2023 年不同类型 iDIV1 专项监测点的样品阳性率和监测点阳性率

（九）不同养殖模式监测点的阳性检出情况

2017—2023 年，15 个省（自治区、直辖市）和新疆生产建设兵团共 2 946 个记录养殖模式的监测点，检出 316 个阳性监测点，平均阳性率为 10.7%。其中，池塘养殖模式的阳性率为 12.2%（224/1 836）；工厂化养殖模式的阳性率为 7.5%（69/923）；网箱养殖模式的阳性率为 4.8%（1/21）；稻虾连作养殖模式的阳性率为 13.6%（6/44）；其他养殖模式的阳性率为 13.1%（16/122）（图 12）。

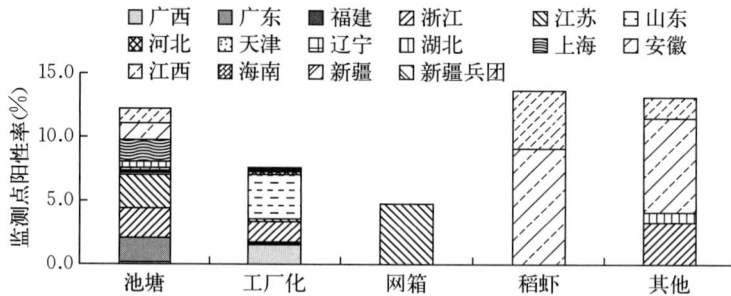

图 12　2017—2023 年不同养殖模式的 iDIV1 监测点阳性率

（十）不同检测单位的检测结果情况

2023 年度，福建省水产技术推广总站承担福建委托的样品检测工作，无阳性样品检出（0/10）；广西渔业病害防治环境监测和质量检验中心承担广西委托的样品检测工作，无阳性样品检出（0/26）；广东省动物疫病预防控制中心承担广东委托的样品检测工作，样品阳性率为 12.0%（6/50）；海南省水产技术推广站承担海南委托的样品检测工作，无阳性样品检出（0/10）；集美大学承担福建委托的样品检测工作，无阳性样品检出（0/5）；江苏省水生动物疫病预防控制中心承担江苏委托的样品检测工作，样品阳性率为 5.7%（6/105）；江西省农业技术推广中心承担江西委托的样品检测工作，样品阳性率为 16.0%（4/25）；山东省淡水渔业研究院承担山东委托的样品检测工作，样品阳性率为 9.3%（9/97）；上海市水产技术推广站承担上海委托的样品检测工作，样品阳性率为 13.3%（2/15）；天津市动物疫病预防控制中心承担天津委托的样品检测工作，无阳性样品检出（0/2）；新疆维吾尔自治区水产技术推广总站承担新疆委托的样品检测工作，无阳性样品检出（0/10）；浙江省渔业检验检测与疫病防控中心承担浙江委托的样品检测工作，样品阳性率为 10.0%（5/50）；中国水产科学研究院黄海水产研究所承担山东、河北、辽宁和海南委托的样品检测工作，样品阳性率为 1.8%（1/55）；中国水产科学研究院长江水产研究所承担湖北和安徽委托的样品检测工作，无阳性样品检出（0/10）；中国水产科学研究院珠江水产研究所承担江西委托的样品检测工作，无阳性样品检出（0/5）。

四、iDIV1 的被动监测工作小结

在国家虾蟹类产业技术体系病害防控岗位科学家任务等项目的支持下，中国水产科学研究院黄海水产研究所虾贝类流行病学与防控团队对 2023 年我国沿海主要省份的样品开展了 iDIV1 被动监测工作。

2023 年 1—12 月针对 iDIV1 的被动监测范围覆盖包括海南、广西、广东、福建、浙江、江苏、山东、河北、天津、辽宁等 10 个沿海省（自治区、直辖市）及内陆的新疆、湖北，共监测 575 批次样品，其中检出 iDIV1 阳性样品 37 批次，阳性检出率为 6.4%。

五、iDIV1 风险分析及防控建议

（一）iDIV1 在我国的阳性检出情况

2017—2023 年，我国先后在 15 个省（自治区、直辖市）和新疆生产建设兵团实施 iDIV1 的专项监测，累计监测样品 3 627 批次，涉及 2 946 个监测点次。其中，阳性样品 353 批次，阳性监测点 316 点次，平均样品阳性率为 9.7%，平均监测点阳性率为 10.7%。除新疆和新疆生产建设兵团以外，其他的 14 个省份均在不同的年份检出 iDIV1 阳性。其中，浙江省已经有 7 年监测到阳性样品，而江苏和上海有 6 年监测到阳性样品，江西和广东有 5 年监测到阳性样品。

从七年的监测结果来看，iDIV1 在不同年份我国主要甲壳类养殖地区均有阳性检出，但检出率整体呈波动下降趋势。相较于 2022 年，2023 年国家水生动物疫病检测计划对 iDIV1 的监测力度明显增强，共检测样品 475 批次，样品阳性率为 6.9%；共设置监测点 461 个，监测点阳性率为 6.7%。监测结果基本反映出此疫病在我国各养殖省份的流行本底和危害情况。

从不同类型监测点的阳性检出情况来看，2023 年我国对虾苗种的病原携带问题仍然存在，省级原良种场和重点苗种场的样品阳性率分别为 7.4%（4/54）和 6.8%（13/190），对虾养殖场带来严重的 iDIV1 引入风险，增加了下游养殖环节 iDIV1 流行危害的概率。

（二）检出 iDIV1 阳性的甲壳类

2023 年 iDIV1 的专项监测结果显示，监测到阳性的甲壳类物种有凡纳滨对虾、罗氏沼虾、澳洲龙虾、日本沼虾、中国对虾和克氏原螯虾。其中，中国对虾样品的阳性检出率达到 14.3%（2/14）、澳洲龙虾样品的阳性检出率达到了 100%（3/3，样本量有限可能存在评估偏离风险）。iDIV1 具有广泛的易感宿主范围，应警惕部分养殖地区多种易感宿主混养带来的疫病传播风险，这可能会引起部分养殖地区的 iDIV1 流行率居高不下。

（三）开展种虾 iDIV1 病原净化

2017—2023 年的专项监测数据统计显示，水温从 15 ℃ 至 34 ℃ 均有阳性样品检出；而当采样水温低于 15 ℃ 或高于 34 ℃ 时，无阳性检出。研究表明，热处理对凡纳滨对虾和斑节对虾感染 iDIV1 具有治疗和根除作用，为对虾 iDIV1 的防控提供了新的方法和思路。建议检出 iDIV1 阳性的对虾种业企业利用热治疗技术开展种虾 iDIV1 净化，推进无 iDIV1 种苗生产，助力对虾养殖绿色高质量发展。

2023 年急性肝胰腺坏死病状况分析

中国水产科学研究院黄海水产研究所

（万晓媛　张庆利　谢国驷　杨　冰　邱　亮　董　宣）

一、前言

急性肝胰腺坏死病（acute hepatopancreatic necrosis disease，AHPND）是由一类能产生 PirA 和 PirB 毒素蛋白的弧菌引起的虾类疫病，致病病原呈多样性，携带毒素基因 *pirA* 和 *pirB* 并产生 PirA 和 PirB 毒素蛋白的副溶血性弧菌、哈维氏弧菌、坎贝氏弧菌、欧文斯氏弧菌、溶藻弧菌和浦那弧菌等感染都可引起 AHPND。世界动物卫生组织（World Organization for Animal Health，WOAH）将其列为需通报的水生动物疫病，农业农村部第 573 号公告《一、二、三类动物疫病病种名录》将其列入三类动物疫病，《中华人民共和国进境动物检疫疫病名录》将其列入二类进境动物疫病。

《国家水生动物疫病监测计划》技术规范（2023 年版）(虾类) 第 5 部分及 SC/T 7027—2022《急性肝胰腺坏死病（AHPND）监测技术规范》规范了监测工作标准化流程和技术要求，WOAH 水生动物疾病诊断手册（2023）第 2.2.1 章和《急性肝胰腺坏死病诊断规程》（SC/T 7233—2020）为现行有效的诊断标准，系统性地阐述了疫病的基本特征、病例定义（临床特征、组织病理变化）、病原［菌株和毒力基因、宿主外的存活能力、稳定性（灭活方法）］、宿主（易感宿主种类、易感性证据不完全的种类、易感阶段、靶器官和感染组织）、疫病模式（传播机制、流行、地理分布、死亡率和发病率）等，并根据分子生物学、组织病理学等检测方法的灵敏度和特异性，分别针对调查监测和疫病确诊等不同目的，进行了不同检测和诊断方法的适用性评级。

2010 年 AHPND 在我国和越南出现后，迅速传播至全球主要对虾养殖国家和地区。2020 年，农业农村部将 AHPND 列为疫病监测对象（农渔养便函〔2020〕47 号），2021 年、2022 年、2023 年继续组织实施相应监测。4 年中累计设置监测点 460 个，监测范围涉及天津、河北、辽宁、江苏、安徽、江西、山东、广东、海南、湖北和广西 11 个省（自治区、直辖市），初步查明了我国对虾养殖产业中 AHPND 的感染分布和流行态势。

二、专项监测抽样概况

（一）总体概况

2023 年，AHPND 专项监测范围为天津、山东、海南、河北、辽宁、安徽、江西、湖北等 8 个省（直辖市），共涉及 23 个区（县）、32 个乡（镇），设 46 个监测点（场），采集样品 47 份。监测样品总体数量由 2020 年的 266 份缩减至 2021 年的 109 份、2022 年的 67 份和 2023 年的 47 份，四年中整体降低幅度达 82.3%；监测养殖场数量也分别由 246 个、101 个、67 个继续缩减至 46 个，整体降幅达 81.3%。2023 年，除海南省超过 10 份样品、10 个监测点外，其余各省仅维持在 5 份样品、5 个监测点及以下，任务基数维持在低位。2020—2023 年 AHPND 专项监测总体情况见表 1、图 1。

表 1　2020—2023 年 AHPND 专项监测总体情况

地区	采集样品数/阳性样品数				监测养殖场数/阳性场数				阳性区（县）数				阳性乡（镇）数			
	2023	2022	2021	2020	2023	2022	2021	2020	2023	2022	2021	2020	2023	2022	2021	2020
天津	2/0	/	/	35/1	2/0	/	/	32/1	0	/	/	1	0	/	/	1
河北	5/0	5/0	10/0	35/4	5/0	5/0	10/0	33/4	0	0	0	3	0	0	0	4
辽宁	5/0	5/0	5/0	35/3	5/0	5/0	5/0	35/3	0	0	0	2	0	0	0	2
江苏	/	5/0	40/0	35/0	/	5/0	32/0	35/0	/	0	0	0	/	0	0	0
安徽	5/0	5/0	10/0	20/0	5/0	5/0	10/0	10/0	0	0	0	0	0	0	0	0
江西	5/0	5/0	10/0	15/0	5/0	5/0	10/0	15/0	0	0	0	0	0	0	0	0
山东	5/0	17/0	14/1	50/2	5/0	17/0	14/1	48/2	0	0	1	2	0	0	1	2
广东	/	/	/	20/2	/	/	/	19/2	/	/	/	2	/	/	/	2
海南	15/0	15/0	10/0	21/0	14/0	15/0	10/0	19/0	0	0	0	0	0	0	0	0
湖北	5/0	5/0	10/0	/	5/0	5/0	10/0	/	0	0	0	/	0	0	0	/
广西	/	5/0	/	/	/	5/0	/	/	/	0	/	/	/	0	/	/
合计	47/0	67/0	109/1	266/12	46/0	67/0	101/1	246/12	0	0	1	10	0	0	1	11

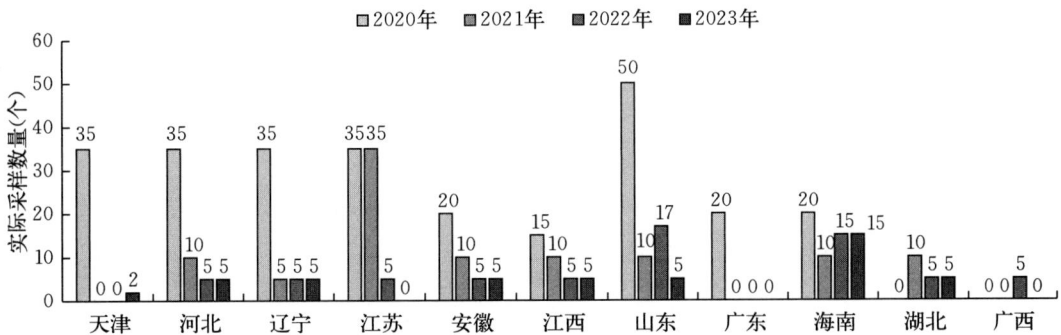

图 1　2020—2023 年 AHPND 专项监测实际采样数量

（二）监测抽样概况

2023 年，AHPND 专项监测共设置 46 处监测点（场）。

1. 养殖场类型

所有监测点中，国家级原良种场 2 个，占比 4.3%，分布于河北和湖北两省；省级原良种场 10 个，占比 21.7%，分布于天津、河北、辽宁、湖北和海南 5 个省（直辖市）；苗种场 17 个，占比 37.0%，以海南省为主，还分布于河北、辽宁、江西、山东，共 5 省；成虾养殖场 17 个，占比 37.0%，分布于辽宁、安徽、江西、山东和湖北，共 5 省（图 2）。从各省看，天津均为省级原良种场；安徽全部为成虾养殖场；辽宁、江西、山东及湖北 4 省以成虾养殖场为主；海南和河北 2 省以苗种场为主，兼含其他类型养殖场。

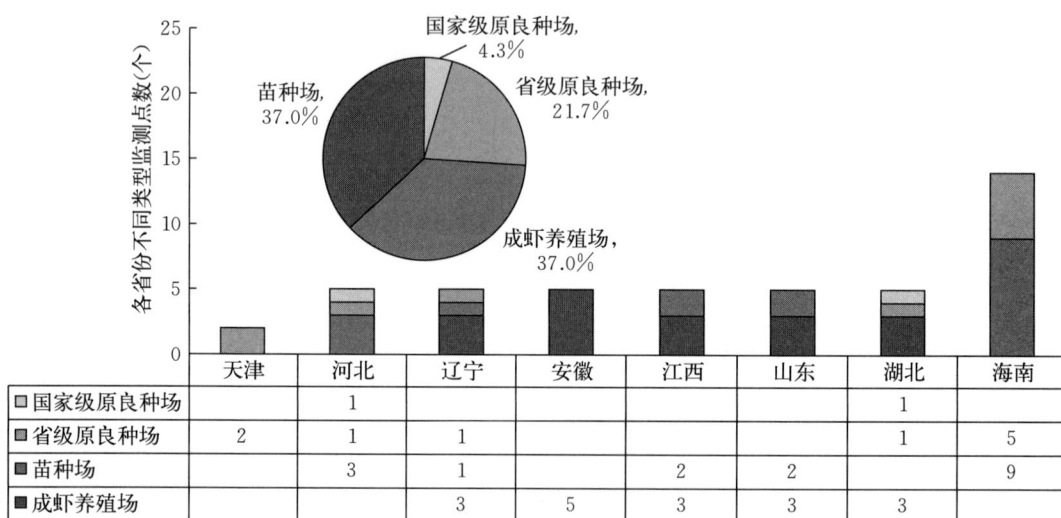

	天津	河北	辽宁	安徽	江西	山东	湖北	海南
□ 国家级原良种场		1					1	
□ 省级原良种场	2	1	1				1	5
□ 苗种场		3	1		2	2		9
■ 成虾养殖场			3	5	3	3	3	

图 2　2023 年 AHPND 监测各省份养殖场类型监测点统计

2. 养殖模式

养殖模式共分 6 种，以海水工厂化、海水池塘和稻虾连作养殖为主（图 3）。其中，海水工厂化养殖点 24 个，占总数的 51.1%，样品来自海南、河北、山东和天津；海水池塘 7 个，占总数的 14.9%，样品来自辽宁和山东；稻虾连作养殖点 7 个，占总数的 14.9%，样品来自安徽和江西；淡水其他养殖点 5 个，占总数的 10.6%，样品来自湖北和江西；淡水池塘 3 个，占总数的 6.4%，样品来自江西和湖北；淡水工厂化 1 个，占总数的 2.1%，来自山东省（图 3）。

3. 采样品种

2023 年采样品种包括凡纳滨对虾等 5 种甲壳类养殖品种。47 份样品中，海水养殖凡纳滨对虾 19 份，占比 40.4%，主要来自海南省；克氏原螯虾 15 份，占比 31.9%，来自安徽、江西、湖北 3 省；日本对虾 4 份，占比 8.5%，全部来自河北省；淡水养殖凡纳滨对虾 4 份，占比 8.5%，来自辽宁和山东 2 省；中国对虾 3 份，占比 6.4%，来自山东省和天津市；斑节对虾 2 份，占比 4.3%，全部来自海南省（图 4）。

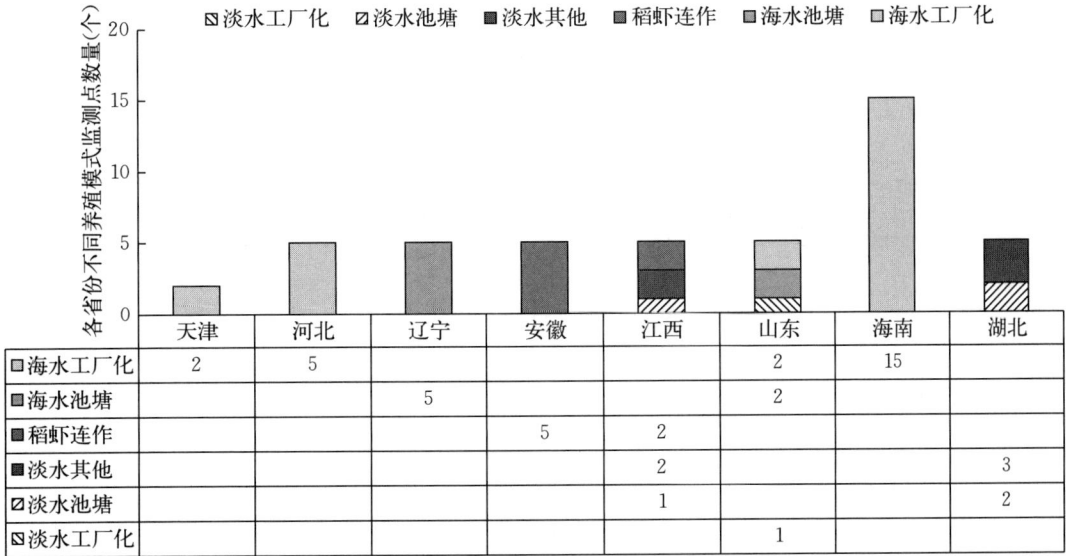

	天津	河北	辽宁	安徽	江西	山东	海南	湖北
□海水工厂化	2	5				2	15	
▨海水池塘			5			2		
■稻虾连作				5	2			
■淡水其他					2			3
▨淡水池塘						1		2
▨淡水工厂化						1		

图 3　2023 年 AHPND 监测各省份监测点养殖模式统计

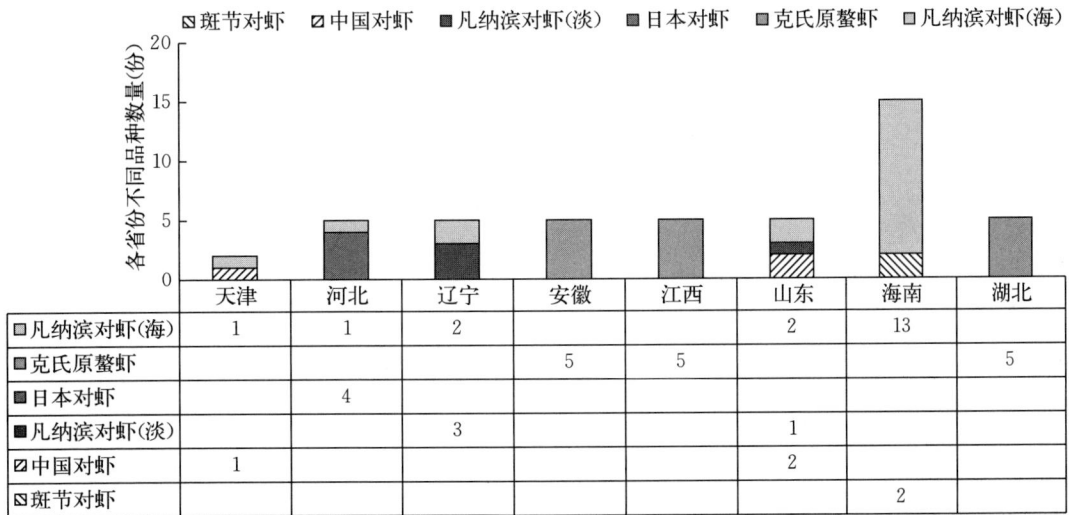

	天津	河北	辽宁	安徽	江西	山东	海南	湖北
□凡纳滨对虾(海)	1	1	2			2	13	
▨克氏原螯虾				5	5			5
■日本对虾		4						
■凡纳滨对虾(淡)			3			1		
▨中国对虾	1					2		
□斑节对虾							2	

图 4　2023 年 AHPND 监测各省份监测点养殖模式统计

4. 采样水温

2023 年 AHPND 专项监测月份分布于 4—12 月，主要集中于 4—9 月。全部样品记录采样温度，均高于 18 ℃。其中，18～20 ℃养殖水温中采集样品 1 份，占比 2.1%；21～25 ℃采集样品 15 份，占比 31.9%；26～30 ℃采集样品 24 份，占比 51.1%；30 ℃以上采集样品 7 份，占比 14.9%。依据不同品种的适应养殖水温和不同采样季节，海水养殖凡纳滨对虾采样水温分布在 24～32 ℃、克氏原螯虾在 18～33 ℃、日本对虾在 29～

30 ℃、淡水养殖凡纳滨对虾在 23.9～30.5 ℃、中国对虾在 22.5～26 ℃、斑节对虾在 30～31 ℃。

5. 其他环境因子

在实际采集过程中，其他可能调控生长、发育、繁殖及疫病发生的环境因子，如 pH、溶解氧、盐度等，未给予充分记录。

6. 采样规格

2023 年，47 份 AHPND 监测样品中，规格的记录单位较为混乱。绝大多数以体长（单位：cm）作为规格指标，少部分以体重（单位：g、钱*）、天数（单位：d）、生长阶段（如：P10）等作为指标。本次统计中为便于计算，所有样品均以体长作为指标，将体重、生长阶段等指标进行体长估算。

经统计，体长在 3 cm 以下仔虾和幼虾样品共 28 份样品，占样品总数的 59.6%；4～6 cm 幼虾和半成虾样品共 13 份，占样品总数的 27.7%；7～10 cm 及 10 cm 以上半成虾和成虾样品共 6 份样品，占样品总数的 12.8%。AHPND 多发生于虾类生长早期阶段，体长在 6 cm 以下样品占总数的 87.2%，采样规格遵循了该疾病的流行特点进行。

从各类采样品种看，海水养殖凡纳滨对虾、日本对虾、中国对虾和斑节对虾以规格≤6 cm 的仔虾和幼虾为主；克氏原螯虾以规格≥6 cm 的半成虾为主；淡水养殖凡纳滨对虾以规格≥6 cm 的半成虾、成虾为主（图 5）。从各省份采集样品看，海南、河北和天津多属于苗期；山东、安徽、江西、湖北 4 省以幼虾为主；辽宁则以半成虾和成虾为主（图 6）。

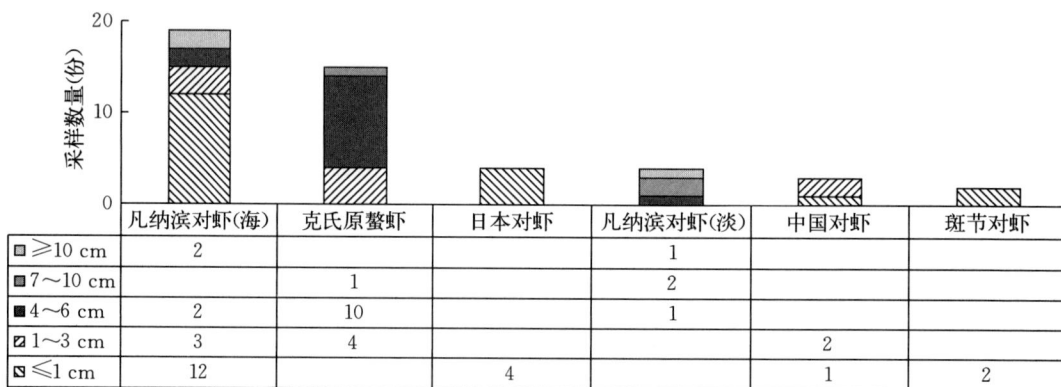

	凡纳滨对虾(海)	克氏原螯虾	日本对虾	凡纳滨对虾(淡)	中国对虾	斑节对虾
≥10 cm	2			1		
7～10 cm		1		2		
4～6 cm	2	10		1		
1～3 cm	3	4			2	
≤1 cm	12		4		1	2

图 5　2023 年 AHPND 监测各类品种采样规格统计

7. 检测单位和检测方法

承担 AHPND 监测病原检测的单位共 5 家（表 2），包括中国水产科学研究院 3 家单位（黄海水产研究所、长江水产研究所、珠江水产研究所）、海南省水产技术推广站

---

　　* 钱为非法定计量单位。1 钱＝5 g。——编者注

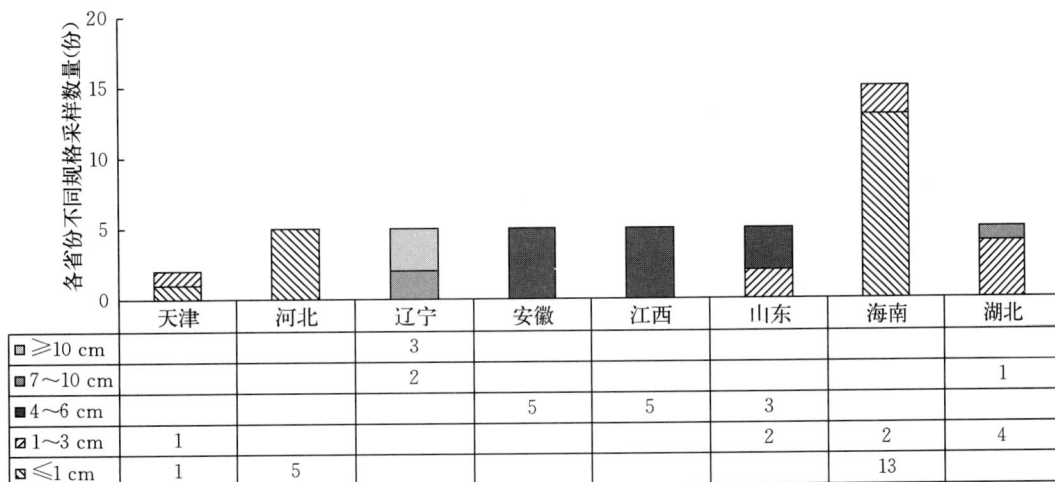

图6　2023年 AHPND 监测各省份采样规格统计

	天津	河北	辽宁	安徽	江西	山东	海南	湖北
☐ ≥10 cm			3					
▨ 7～10 cm			2					1
■ 4～6 cm				5	5	3		
▧ 1～3 cm	1					2	2	4
◪ ≤1 cm	1	5					13	

和天津市动物疫病预防控制中心。所有检测单位均将通过农业农村部和全国水产技术推广总站举行的能力验证，检测过程的质量得到充分保证。其中，中国水产科学研究院黄海水产研究所具有中国合格评定国家认可委员会（CNAS）认可资质。各检测单位采用的检测方法均来自《国家水生动物疫病监测计划》技术规范（2023年第四版）。

表2　2023年 AHPND 监测样品检测承担单位及任务量统计

检测单位	检测样品数量（份）
中国水产科学研究院黄海水产研究所	20
中国水产科学研究院长江水产研究所	10
海南省水产技术推广站	10
中国水产科学研究院珠江水产研究所	5
天津市动物疫病预防控制中心	2

三、专项监测结果和分析

2023年 AHPND 监测的47份样品中无阳性检出。与2022年度相比，无差异。受到采样数量限制，监测点设置、采样品种、规格、频次等均无法实现良好布局和设计，本年度监测样品和养殖场点中无阳性检出，可能与监测范围缩小、采样数量减少等因素直接相关，无法全面反映我国养殖对虾中 AHPND 的实际流行规律和感染情况。

四、其他相关监测

在国家虾蟹类产业技术体系病害防控岗位科学家任务、中国水产科学研究院基本科研业务费等项目的支持下，中国水产科学研究院黄海水产研究所养殖生物疾病控制与分子病理学研究室甲壳类流行病学与疫病防控团队对 2014—2023 年我国主要甲壳类养殖区的 AHPND 开展了被动监测。

2014—2023 年针对 AHPND 的被动监测范围包括辽宁、天津、河北、山东、江苏、上海、浙江、安徽、湖南、福建、广东、广西、海南、新疆等 14 个省（自治区、直辖市）。监测样品种类包括凡纳滨对虾、中国对虾、日本对虾、日本沼虾、罗氏沼虾、克氏原螯虾、龙虾、中华绒螯蟹、丰年虫卵、桡足类、饲料、粪便、虾仁制品、饵料生物、环境生物等，达 4 600 余份。监测中所采用的方法为 WOAH《水生动物疾病诊断手册》第 2.2.1 章中套式 PCR（引物 AP4）及 Real - time PCR 检测法。结果显示，2014—2019 年间每年的 V_{AHPND} 的阳性检出率在 13%～19% 间浮动；2020—2021 年为 2.8%；2022 年为 9% 左右；2023 年为 1.7%。

五、风险分析及建议

（一）风险分析

从《国家水生动物疫病监测计划》中 AHPND 监测结果以及相关科研项目资助的 AHPND 被动监测结果看，2023 年 V_{AHPND} 在国内养殖对虾中的流行呈现明显下降趋势。一方面，这可能与我国渔业主管部门实施的苗种产地检疫政策有关；另一方面，近年对虾养殖从业人员的生物安全意识逐渐增强，苗种企业与养殖户（企业）都加强了对虾类苗种中 V_{AHPND} 的检测，这在客观上也有助于 AHPND 防控，降低了其病原 V_{AHPND} 的流行率。

近年以来，有关 V_{AHPND} 致病质粒以及 AHPND 发病机理的研究逐渐揭示出，一些弧菌分离株虽然携带具有 $pirA$ 和 $pirB$ 基因的 pVA1 毒性质粒，但并不能完整表达 PirA 和 PirB 毒素蛋白，这就对此前普遍认为的具有 $pirA$ 和 $pirB$ 毒力基因或 pVA1 毒性质粒的弧菌菌株即可导致 AHPND 提出了挑战，同时也使目前基于 $pirA$ 和 $pirB$ 毒力基因或毒性质粒建立的 V_{AHPND} 分子生物学检测方法的有效性面临风险。建议国内 AHPND 相关研究者密切关注进展，并及时更新 V_{AHPND} 的分子生物学检测方法与监测方案。

（二）相关建议

2020 年以来，我国养殖对虾遭受玻璃苗弧菌病（TPV）冲击，该病害一度导致沿海 80% 以上对虾育苗场关闭，并持续危害至今。中国水产科学研究院黄海水产研究所针对 TPV 开展了致病机制研究和流行病学调查。研究发现，TPV 是由携带沙门氏菌毒性质粒毒力基因与杀虫蛋白毒力基因（双毒力基因）的弧菌（Vibrio spp. causing TPV，V_{TPV}）引起的细菌性疫病，TPV 关键毒力因子 VHVP - 2 由 187 kb 毒性质粒上的关键毒力基因 $vhvp$ - 2 编码，后者位于 V_{TPV} 毒性质粒可移动元件上，具有在不同弧菌菌株间扩散的能力，V_{TPV} 因获得了关键毒力基因 $vhvp$ - 2 基因而对对虾仔虾具有了强毒力和高致死性。针对海南、广西、广东、福建、浙江、江苏、山东、河北、天津、辽宁、湖北、新疆等省（自治区、直辖市）开展的被动流行病学调查结果显示，2021 至 2023 年间，国内养殖虾类 V_{TPV} 阳性检出率分别为 20.35%（81/398）、41.10%（90/219）和 20.40%（61/299）。研究还揭示出 TPV 致病菌具有多样性，除副溶血弧菌外，需钠弧菌和坎贝氏弧菌等均携带关键毒力基因 $vhvp-2$ 而对仔虾具有强致死性。鉴于 TPV 在国内养殖对虾中流行危害的趋势，建议将其纳入后续国家水生动物疫病监测计划。

六、监测工作存在的问题与建议

（一）优化 AHPND 专项监测方案

全国水生动物疫病防控体系连续四年对 AHPND 开展专项监测，但任务下达文件（农渔发〔2023〕6 号文件）农业农村部关于印发《2023 年国家产地水产品兽药残留监控计划》和《2023 年国家水生动物疫病监测计划》的通知中并未包含专门针对 AHPND 监测的任务计划。2023 年全年仅包含的 47 份数据，来自部分省份白斑综合征或传染性皮下造血组织坏死病监测时对 V_{AHPND} 的附加检测。查阅《2023 中国渔业统计年鉴》显示，2022 年全国海水养殖虾类产量达 166.1 万 t，淡水养殖虾类产量近 408 万 t，其中海水养殖虾类产量最高的广东省 2022 年产量达 68.1 万 t，但未有该省的 V_{AHPND} 监测数据；淡水养殖虾类产量最高的湖北省 2022 年产量达 115.4 万 t，该省开展 V_{AHPND} 监测的数据仅有 5 份。因此，现有 V_{AHPND} 监测数据与 AHPND 本身的流行特点可能存在偏差，难以全面反映国内 AHPND 的实际流行情况。为了更加全面的监测 AHPND 流行情况，建议对现有专项监测计划中的所有对虾样品进行 V_{AHPND} 检测筛查，并将其检测结果数据纳入专项监测数据，提交至国家水生动物疫病监测信息管理平台。

（二）提升监测数据信息质量

监测数据质量关系到监测结果分析的全面性和科学性，建议从以下方面提高 AHPND 专项监测信息质量：

（1）填报信息规范化 《国家水生动物疫病监测计划技术规范》（虾类）（2023 年第四版）附表 A.2 和 SC/T 7027—2022《急性肝胰腺坏死病（AHPND）监测技术规范》第 7.1.4 条"规格"和附表 A.2 明确要求"采样时应准确记录样品的体长"（单位：cm）。但 2023 年度的监测数据中，体长数据形式较为杂乱。建议新版《国家水生动物疫病监测计划技术规范》中提供虾体长测量示意图，明确标注测量区间，供采样人员参照。

（2）填报信息完整化 专项监测数据中临床表现描述及疫病发生相关环境因子的记录信息不全，如 pH、溶解氧、盐度等信息缺失。建议国家水生动物疫病监测信息管理系统进一步健全数据质量的审查制度，保障所登记关键性信息的完整性和真实性，避免错报、重报和漏报等情形出现。

（3）填报信息关联化　每年度、每种疫病单一的监测结果形成"信息孤岛"，造成统计资料使用效率不高。建议国家水生动物疫病监测信息管理系统增加数据之间的关联性分析功能，给监测方案制定者、采样人员、检测人员及数据分析人员以提示，更好地发挥国家水生动物疫病监测信息管理系统在流行病学风险评估中的预警作用。

2023 年传染性肌坏死病状况分析

中国水产科学研究院黄海水产研究所

（徐婷婷　万晓媛　张庆利）

一、前言

传染性肌坏死（Infectious myonecrosis，IMN）最早于 2002 年在巴西养殖凡纳滨对虾中暴发，2006 年传入印度尼西亚，使当地对虾养殖产业遭受了严重冲击。2007 年，世界动物卫生组织（World Organization for Animal Health，WOAH）将 IMN 收录为需通报的水生动物病毒性疫病。IMN 的病原为传染性肌坏死病毒（IMNV），IMNV 可感染不同生长阶段的对虾，其中幼虾和半成虾阶段受影响最大。池塘养殖模式下，该病发病进程慢，但整个养殖周期的累积死亡率高达 70%。

2020 年之前，国内尚未有 IMN 确诊阳性的报道。2020 年 4 月开始，辽宁丹东工厂化养殖凡纳滨对虾出现多批次 IMN 病害，并逐步传播到周边养殖地区。此后，IMN 相继在辽宁其他地市、河北、天津和山东等沿海省份的多地养殖场发生，给对虾养殖企业造成了严重经济损失。2023 年，农业农村部组织全国水生动物疫病防控体系在北方 5 个沿海省（直辖市）对 IMN 开展监测，以期为 IMN 综合防控提供有力的基础数据支持。2023 年 IMN 监测结果分析如下：

二、IMN 监测

（一）监测概况

2023 年 IMN 的监测范围是天津、山东、河北、辽宁、江苏等 5 省（直辖市），共涉及 51 个区（县）、84 个乡（镇），226 个监测点，采集 226 批次样品。其中，国家级原良种场 2 个，省级原良种场 12 个，苗种场 80 个，成虾养殖场 132 个。监测点以苗种场和成虾养殖场为主，分别占监测点总数的 35.4% 和 58.4%，监测区域及各采样批次如图 1 所示。

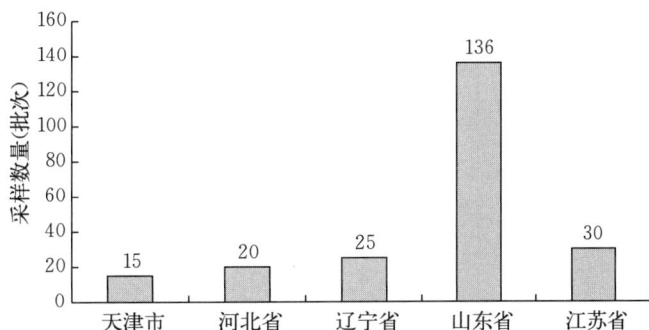

图 1　2023 年 IMN 监测任务中各地区采样批次

（二）不同养殖模式监测点情况

2023 年监测数据统计结果显示，本年度监测共在 5 个省（直辖市）设置监测点 226 个。其中，海水池塘养殖监测点 43 个，占 19.0%；淡水池塘养殖监测点 61 个，占 27.0%；海水工厂化养殖监测点 90 个，占 39.8%；淡水工厂化养殖监测点 31 个，占 13.7%；其他养殖模式（海水其他）监测点 1 个，占 0.4%（图 2）。

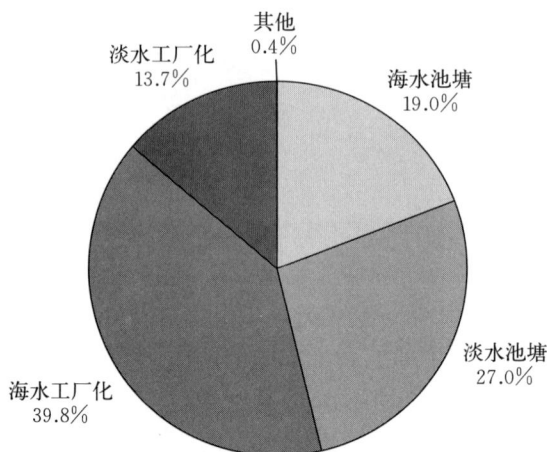

图 2 2023 年 IMN 监测任务中不同养殖模式比例

（三）采样的品种和规格

2023 年 IMN 监测样品种类包括凡纳滨对虾、斑节对虾、中国对虾、日本对虾、克氏原螯虾和罗氏沼虾，总计 6 种。

各省份监测虾类样品 1～5 种。其中，山东监测 5 种，江苏监测 3 种，辽宁省和河北省监测 2 种，天津市监测 1 种（图 3）。

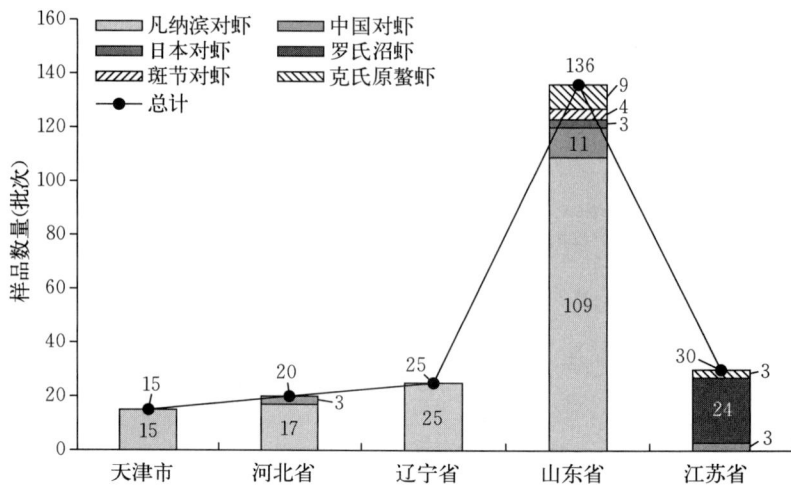

图 3 2023 年 IMN 监测虾种类及数量

2023 年监测的 226 批次样品中，共 224 批次有体长规格数据。体长小于 3 cm 的样品 116 批次，占样品总量的 51.3%；体长为 3～10 cm 的样品 95 批次，占样品总量的 42.0%；体长为 10～15 cm 的样品 15 批次，占样品总量的 6.6%（图 4）。

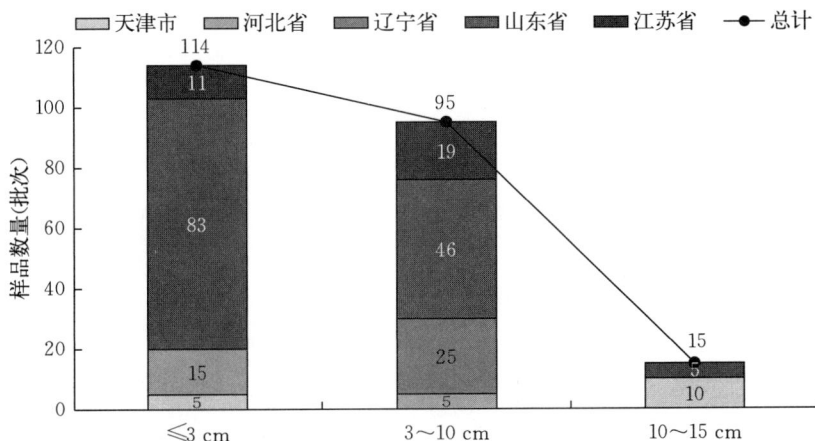

图 4　2023 年 IMN 监测任务中所采集虾类样品的体长规格

（四）抽样的自然条件

2023 年 IMN 监测记录中，1 月、2 月和 12 月期间无样品采集；5 月、6 月、4 月和 9 月期间采集样品较多，分别占到总批次比例的 30.5%、18.6%、15.9% 和 13.7%；3 月期间也有一定数量的样品采集，占到总批次比例的 7.1%；8 月、10 月、11 月和 7 月期间样品采集的比例非常低，分别为 4.4%、4.0%、3.1% 和 2.7%。各月采集样品占记录样品总量比例见图 5。

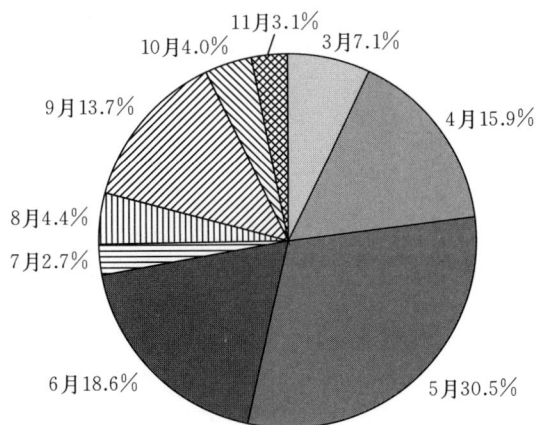

图 5　2023 年 IMN 监测样品的采样时间分布

2023 年 IMN 监测记录中，采样时水温小于 26 ℃以及采样时水温为 26 ℃、27 ℃和 28 ℃的样品批次较多，分别占总采样批次的 39.4%、25.2%、18.6% 和 12.4%。各温度下采样批次占总批次比例见图 6。

2023 年 IMN 监测记录了采样水体 pH 的仅有 104 批次，不同 pH 范围样本比例见图 7。

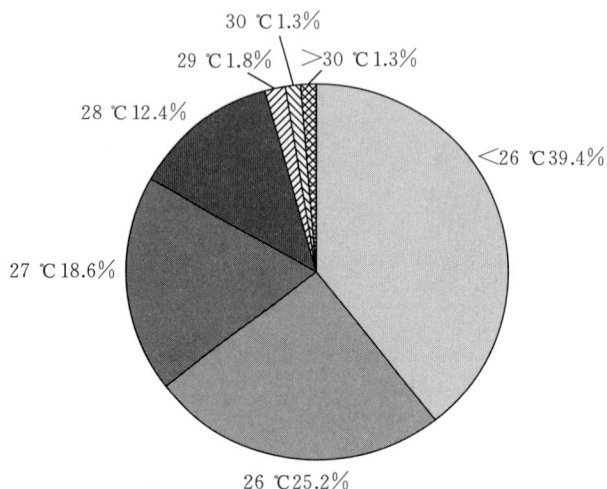

图 6 2023 年 IMN 监测样品的采样水温分布

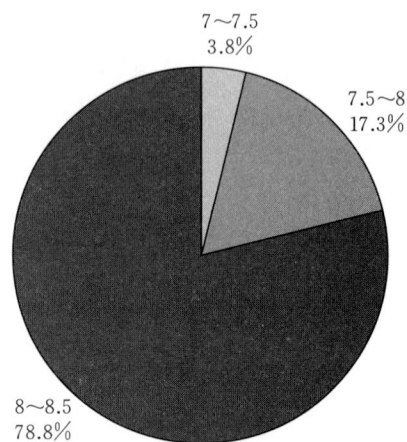

图 7 2023 年 IMN 监测任务中不同 pH 范围样品的比例情况

2023 年 IMN 监测的 226 批次样品中，222 批次记录了养殖条件。其中，海水、淡水和半咸水的比例分别为 58.6%、28.4% 和 13.1%，监测样品中海淡水养殖的比例情况见图 8。IMN 监测各地区采样样品中海淡水养殖情况见图 9。

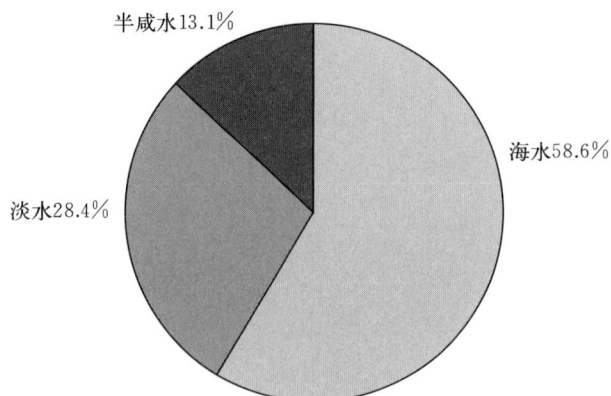

图 8 2023 年 IMN 监测样品中海淡水养殖的比例情况

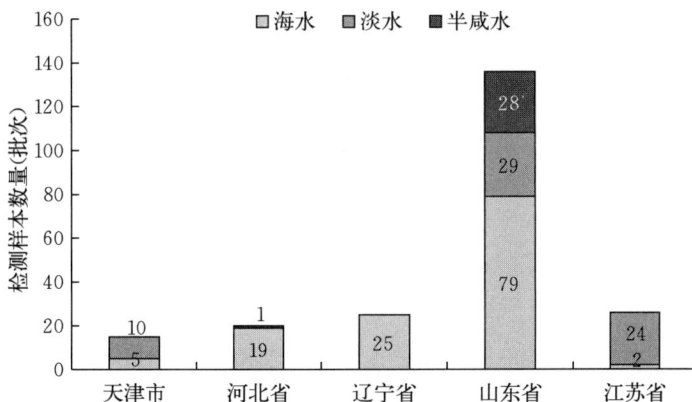

图 9　2023 年 IMN 监测各地区样品中海淡水养殖情况

（五）样品检测单位和检测方法

2023 年，IMN 监测样品分别委托中国水产科学研究院黄海水产研究所、山东省淡水渔业研究院和江苏省水生动物疫病预防控制中心检测，分别占样品总批次的 44.2%、42.5% 和 13.3%（图 10）。

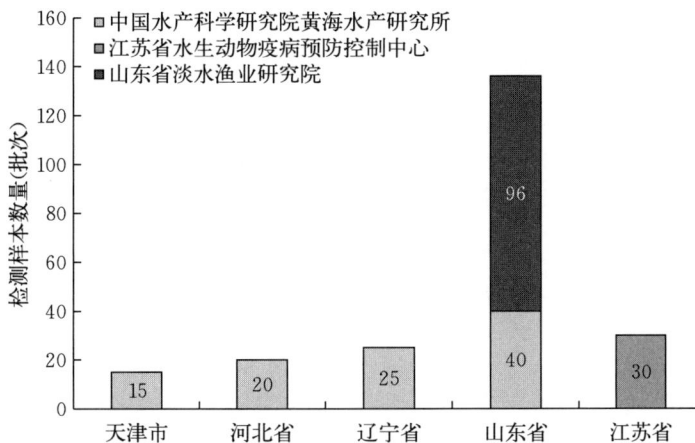

图 10　2023 年 IMN 监测样品检测单位及监测样本批次数

三、IMNV 检测分析

（一）IMN 总体阳性检出情况及区域分布

2023 年 IMN 监测中，226 个监测点共采集样品 226 批次，平均监测点阳性检出率 2.2%（5/226）。监测数据显示，天津市、河北省和江苏省无阳性样品检出。山东省的 IMNV 样品阳性检出率和监测点阳性检出率均为 1.5%（2/136），辽宁省的 IMNV 样品阳性检出率和监测点阳性检出率均为 12％（3/25）。

（二）检出 IMN 阳性的样品种类情况

2023 年 IMN 监测中，仅凡纳滨对虾中有 IMNV 阳性样品检出，阳性检出率为 3.0％（5/166）；克氏原螯虾、中国对虾、斑节对虾、日本对虾和斑节对虾未检出阳性样品。

（三）不同地区检出 IMN 阳性的情况

IMN 监测中各地区甲壳类中 IMNV 的阳性检出率较高的地区为河北，达 17.6％（3/17）；其次是山东，为 1.8％（2/109）。

（四）不同大小个体样品中 IMN 的阳性检出情况

2023 年 IMN 监测中，记录了采样体长规格的样品共 224 批次，不同规格样品中 IMNV 的阳性检出率见图 11。其中，较高样品阳性检出率的规格为体长 3～10 cm，样品的阳性检出率为 4.21％（4/95）；体长≤3 cm 样品的阳性检出率为 0.9％（1/14）。

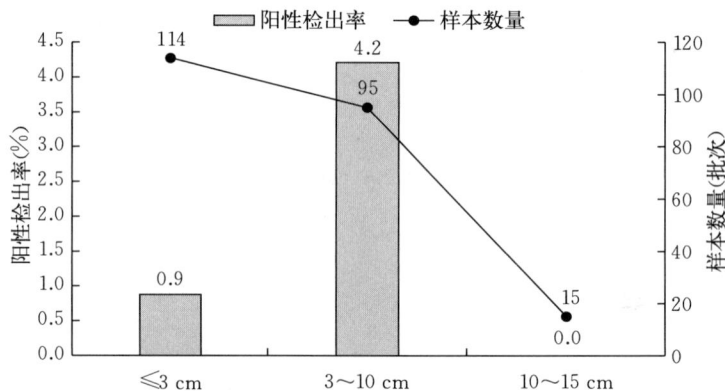

图 11　2023 年监测任务中不同规格样品的 IMNV 阳性检出率及监测样本数

（五）不同月份样品中 IMN 的阳性检出情况

2023 年 IMN 的监测中，各月份批次样品中 IMNV 阳性检出率见图 12。其中，4 月阳性检出率最高，为 8.3％（3/36）；6 月阳性检出率其次，为 4.8％（2/42）。

（六）IMN 阳性样品与采样时温度的关系

2023 年不同温度条件下所采集样品的 IMNV 阳性检出率见图 13。其中，水温 27 ℃时所采集样品的 IMNV 阳性检出率为 7.1％（3/42）；水温 28 ℃时所采集样品的 IMNV 阳性检出率为 7.1％（2/28）。

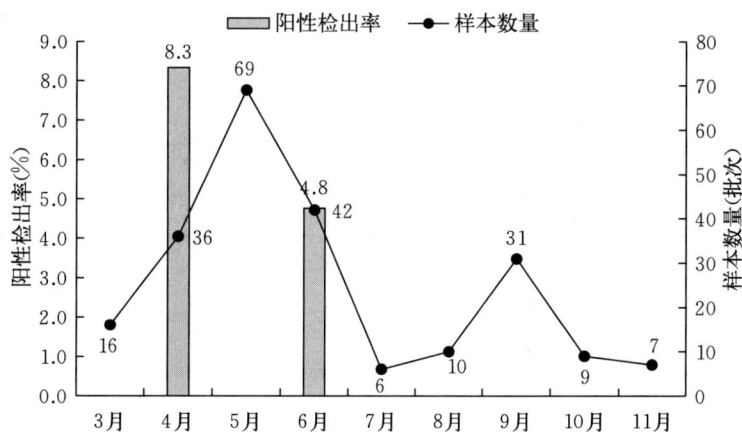

图 12 2023 年监测任务中各月份样品中的 IMNV 阳性检出率及监测样本数

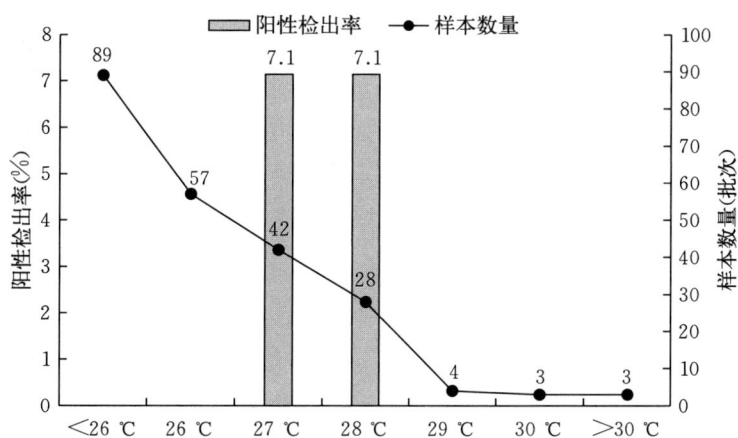

图 13 2023 年监测任务中不同温度下 IMNV 阳性检出率及监测样本数

（七）IMN 阳性样品与采样时 pH 的关系

2023 年 IMN 监测任务中记录了采样水体 pH 的样品为 104 批次。其中，$8 < \text{pH} \leqslant 8.5$ 采样条件下所采集样品的 IMNV 阳性检出率为 2.4%；其他 pH 条件下所采集样品中无 IMNV 阳性检出。

（八）不同养殖环境中 IMN 的阳性检出情况

2023 年 IMN 监测中养殖水体分为海水养殖、淡水养殖和半咸水 3 种。采集自以上 3 种养殖水体中的样品，只有海水养殖中检测出 IMNV 阳性，阳性检出率为 3.8%（5/130）。

（九）不同类型监测点样品中 IMN 的阳性检出情况

2023 年 IMN 监测结果中，国家级原良种场和省级原良种场均无 IMNV 阳性样本检出；苗种场样品和监测点的阳性检出率均为 2.5%（2/80）；成虾养殖场的样品和监测点的阳性检出率均为 2.3%（3/132）。

（十）不同养殖模式监测点中 IMN 的阳性检出情况

2023 年 IMN 监测中，只有海水工厂化养殖模式有 IMNV 阳性检出，阳性检出率为 5.6%（5/90）（图 14）。

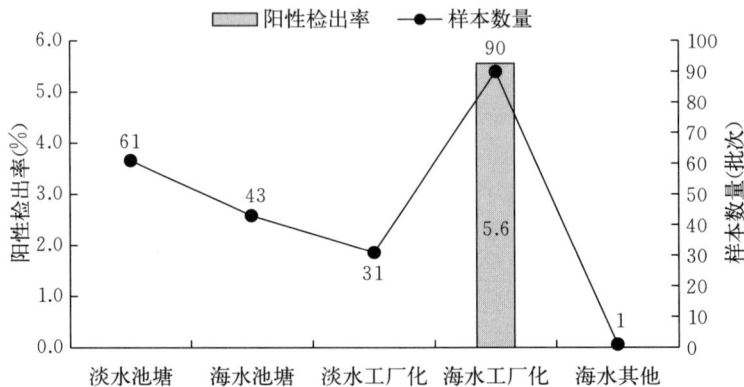

图 14 2023 年不同养殖模式监测点样品的 IMN 阳性检出率和样本数量

四、IMN 风险分析及防控建议

（一）IMN 在我国总体流行现状及趋势

2023 年，依托全国水生动物疫病防控体系开展的 IMN 监测中，在 5 个省（直辖市）共采集 226 批次样品，IMNV 阳性检出率为 2.2%（5/226），阳性样品种类为凡纳滨对虾。

2023 年 1—4 月，中国水产科学研究院黄海水产研究所团队依托科研项目在天津、河北和山东等省（直辖市）开展了 IMN 被动流行病学调查，对采集自上述地区的凡纳滨对虾亲体、虾苗、配合饲料、鲜活饵料以及水样等样品进行了 IMNV 检测。结果显示，采集自天津的 58 份凡纳滨对虾亲体、苗种和养成期样品中 IMNV 阳性检出率 41.4%（24/58），采集自河北的 29 份凡纳滨对虾和饵料样品中 IMNV 阳性检出率 79.3%（23/29），采集自山东的 44 份凡纳滨对虾苗种、养成期对虾、鲜活饵料和水样中 IMNV 阳性检出率 70.5%（31/44）。2023 年 1—12 月，中国水产科学研究院黄海水产研究所团队在海南、广西、广东、福建、浙江、江苏、山东、河北、天津、辽宁等10 个沿海省（直辖市）开展的 IMNV 流行病学调查中，共采集各类样品 385 份，

IMNV 的阳性检出率为 21.3％（82/385），IMNV 阳性样品主要来自辽宁、河北、天津、山东以及海南，阳性样品种类包括凡纳滨对虾和中国对虾；流行病学调查中发现，山东部分地区（东营、滨州）海水工厂化养殖对虾中 IMNV 流行最为严重，导致当地夏季 80％以上的海水工厂化养殖场停产或转产。

由此表明，IMNV 在我国部分对虾养殖区主要养殖品种中存在较高的传播流行和危害风险，建议 2024 年加强重点地区虾类苗种场和养殖场中 IMNV 监测，跟踪 IMN 疫情动态。

（二）IMN 在苗种场及养殖场检出情况

2023 年，在依托全国水生动物疫病防控体系开展的监测中，国家级原良种场和省级原良种场无 IMNV 阳性检出，但是苗种场和成虾养殖场均有 IMNV 阳性样本检出，平均阳性检出率均为 2.3％。

中国水产科学研究院黄海水产研究所团队在开展 IMN 流行病学调查发现，个别大型种业企业种虾中存在低载量的 IMNV 阳性检出。这表明凡纳滨对虾亲体或苗种携带并扩散 IMNV 的风险仍不容忽视。

（三）IMN 阳性检出样品种类与易感宿主

在依托全国水生动物疫病防控体系和中国水产科学研究院黄海水产研究所团队开展的 IMN 监测与流行病学调查中，凡纳滨对虾是 IMNV 阳性检出率最高的种类，中国对虾中也存在 IMNV 阳性检出，但中国对虾是否为 IMNV 的易感宿主还需继续跟踪确认。

（四）IMN 流行与环境条件的关系

2023 年全国水生动物疫病防控体系的 IMN 监测结果表明，在水温 27～28 ℃以及 $8.0 < pH \leqslant 8.5$ 条件下，海水养殖甲壳类样品中 IMNV 的阳性检出率相对较高。

（五）IMN 防控对策建议

2002 年 IMN 首次在巴西暴发后，3～4 年内使该国养殖对虾总产量下降 38％、单产下降 40％；2006 年，IMN 开始传入印度尼西亚，随后 3～4 年内印度尼西亚在对虾养殖面积增长近 30％的情况下，总产量却下降了 23％。2020 年前后，IMNV 传入国内开始引发养殖对虾 IMN 疫情，为遏制 IMN 疫情在部分对虾养殖地区的传播，保障对虾种业和养殖过程安全，最大限度降低 IMN 对我国养殖对虾产业的影响，对 IMN 病害研究和防控提出如下建议：

1. 开展 IMN 防控技术攻关，支撑产业高效防控疫情

IMN 高效检测和消杀技术缺乏是目前限制该疫病有效防控的瓶颈问题。建议开展 IMNV 定量检测技术研发以及高效消毒剂筛选，推动开展 IMN 疫情大范围精准监测，对确诊疫情进行扑灭，防止 IMNV 经由养殖种苗、海水、饵料和商品虾等病原风险扩散途径发生广泛传播，导致更大规模疫情暴发的风险。开展 IMNV 高效检测和消杀技术研发与应用，将为我国开展 IMN 疫情防控和养殖对虾"稳产保供"提供强有力的技术和产品支撑。

2. 加强种业企业 IMNV 检测监管，确保我国对虾种业安全

近年来，国家持续加大对水产种业的支持力度，业界涌现出一批开始掌握自主知识产权和拥有自主种源的种业企业。IMN 在我国北方部分省份迅速传播并引发局部地区 IMN 疫情，严重威胁刚起步的我国对虾种业的生物安全。建议渔业主管部门针对对虾大型种业企业制定 IMNV 定期检测与监测计划，委托专业部门加强种业企业 IMNV 检测监管，保障我国对虾种业安全。

3. 及时发布 IMN 疫情信息，加强全国 IMN 监测与防控

IMNV 最早在辽宁出现规模化感染后，快速扩散到环渤海的河北、天津和山东沿海地区，导致 2022 年底至 2023 年初这些地区 80％以上海水工厂化养殖场发生 IMN 疫情，引发部分养殖场停产或转产。建议渔业主管部门定时发布 IMN 全国预警信息，向业界警示 IMN 疫情风险，以便引导产业从业人员及早防范，最大限度降低 IMN 对我国对虾养殖产业的冲击。

2023 年水生动物重要疫病监测/调查情况汇总

2023 年，农业农村部组织实施了《2023 年国家水生动物疫病监测计划》，针对鲤春病毒血症等 11 种重要水生动物疫病进行专项监测，并对传染性皮下和造血组织坏死病等 3 种有关疫病开展调查，同时组织专家进行了风险评估，汇总情况见表 1—表 14。

表 1　2023 年鲤春病毒血症监测情况

| 省份 | 监测养殖场点（个） |||||||| 病原学检测 |||||||||||||||
| | | | | | | | | | 其中（批次） |||||||||| 检测结果 |||||
	区（县）数	乡（镇）数	国家级原良种场	省级原良种场	苗种场	观赏鱼养殖场	成鱼养殖场	监测养殖场点合计	国家级原良种场抽样数量	国家级原良种场阳性样品数量	省级原良种场抽样数量	省级原良种场阳性样品数量	苗种场抽样数量	苗种场阳性样品数量	观赏鱼养殖场抽样数量	观赏鱼养殖场阳性样品数量	成鱼养殖场抽样数量	成鱼养殖场阳性样品数量	抽样总数	阳性样品总数（批次）	样品阳性率（%）	阳性品种	阳性样品处理措施
北京	2	6				9		9							10	0			10	0	0		
天津	2	5	1	1			3	5	1	0	1	0					3	1	5	1	20	鲤	CL、M、Z
河北	11	18			3		22	25					3				22		25	0	0		
山西	4	4	1	4				5	1	0	4	1							5	1	20	鲤	CL
内蒙古	1	3					5	5	0								5	1	5	1	20	鲤	CL、Gsu、Tsu、Z、T
辽宁	5	10		2		1	12	15	0		2	1			1	0	12	6	15	7	46.7	锦鲤、鲤	CL、Z
吉林	2	2	2					2	2	0									2	0	0		
上海	4	4		2	1	1	1	5			2		1		1		1		5	0	0		
江苏	26	34	1	10	4	5	20	40	1	0	11		4		5		21		42				
江西	5	9	2	2	2	2		10	2		2		2						10	0	0		
山东	23	29	1		16	9	10	36	1	0			17		9		10		37				
河南	4	5	1		1		2	5	1	0													

（续）

省份	监测养殖场点（个）								病原学检测 其中（批次）										检测结果				
	区（县）数	乡（镇）数	国家级原良种场	省级原良种场	苗种场	观赏鱼养殖场	成鱼养殖场	监测养殖场点合计	国家级原良种场抽样数量	国家级原良种场阳性样品数量	省级原良种场抽样数量	省级原良种场阳性样品数量	苗种场抽样数量	苗种场阳性样品数量	观赏鱼养殖场抽样数量	观赏鱼养殖场阳性样品数量	成鱼养殖场抽样数量	成鱼养殖场阳性样品数量	抽样总数	阳性样品总数（批次）	样品阳性率（%）	阳性品种	阳性样品处理措施
湖北	4	4	1	3			1	5	1	0	3	0					1	0	5	0	0		
湖南	11	14	1	7	5	2		15	1	0	7	0	5	0	2	0			15	0	0		
重庆	8	10	1	1			8	10	1	0	3	0					12	0	16	0	0		
四川	4	4		1	2		2	5			1	0	2	0			2	0	5	0	0		
陕西	5	5		1	1	2	1	5			1	0	1	0	2	0	1	0	5	0	0		
宁夏	3	5					5	5									5	0	5	0	0		
新疆	5	5				4		5					1	0			4	0	5	0	0		
新疆兵团*	5	6					6	6									7	0	7	0	0		
合计	134	182	9	43	35	33	98	218	9	0	46	2	36	0	34	0	104	8	229	10	4.4		

注：CL 代表消毒，M 代表监控，Gsu 代表全面监控，Tsu 代表专项调查，Qi 代表移动控制，S 代表全群扑杀，Z 代表分区隔离，V 代表免疫接种，T 代表治疗，O 代表其他措施，N 代表未采取任何措施。表2—表14 同。*新疆生产建设兵团以下简称"新疆兵团"。

表2　2023 年锦鲤疱疹病毒病监测情况

省份	监测养殖场点（个）								病原学检测 其中（批次）										检测结果				
	区（县）数	乡（镇）数	国家级原良种场	省级原良种场	苗种场	观赏鱼养殖场	成鱼养殖场	监测养殖场点合计	国家级原良种场抽样数量	国家级原良种场阳性样品数量	省级原良种场抽样数量	省级原良种场阳性样品数量	苗种场抽样数量	苗种场阳性样品数量	观赏鱼养殖场抽样数量	观赏鱼养殖场阳性样品数量	成鱼养殖场抽样数量	成鱼养殖场阳性样品数量	抽样总数	阳性样品总数（批次）	样品阳性率（%）	阳性品种	阳性样品处理措施
北京	3	8				10	2	12							13	0	2	0	15	0	0		
天津	5	6				6	4	10							6	0	4	0	10	0	0		
河北	18	26		2	5	2	28	37			2	0	5	0	2	0	29	1	38	1	2.6	鲤	CL、M、Tsu
内蒙古	1	3					5	5									5	0	5	0	0		

（续）

省份	监测养殖场点（个）								病原学检测														
									其中（批次）										检测结果				
省份	区（县）数	乡（镇）数	国家级原良种场	省级原良种场	苗种场	观赏鱼养殖场	成鱼养殖场	监测养殖场点合计	国家级原良种场 抽样数量	阳性样品数量	省级原良种场 抽样数量	阳性样品数量	苗种场 抽样数量	阳性样品数量	观赏鱼养殖场 抽样数量	阳性样品数量	成鱼养殖场 抽样数量	阳性样品数量	抽样总数	阳性样品总数（批次）	样品阳性率（%）	阳性品种	阳性样品处理措施
辽宁	3	8				1	9	10							1	0	9	0	10	0	0		
吉林	2	2		2				2			2	0							2	0	0		
黑龙江	4	5	2	1		2		5	2	0	1	0			2	0			5	0	0		
江苏	16	24		3	10		12	25			3	0	10	0			12	0	25	0	0		
安徽	11	16		4	15	1		20					5	0	19	1	1	0	25	1	4	锦鲤	CL、M
江西	5	9	2	2	2		1	10	2	0	2	0	2	0			3	0	10	0	0		
山东	23	29		1	16	9	10	36			1	0	17	0	9	0	10	0	37	0	0		
湖南	19	24	1	10	11	2		24	1	0	11	0	11	0	2	0			25	0	0		
广东	8	12			1	7	6	14							1	0	6	0	15	0	0		
重庆	8	8	1	1	1		5	8	2	0	3	0			1	0	9	0	15	0	0		
四川	4	5				2	2	4			1	0			2	0	2	0	5	0	0		
陕西	4	5		1	1		2	4			1	0	1	0			2	0	5	0	0		
合计	134	190	4	22	44	70	88	228	5	0	25	0	46	0	78	1	93	1	247	2	0.8		

表 3　2023 年草鱼出血病监测情况

省份	监测养殖场点（个）								病原学检测														
									其中（批次）										检测结果				
省份	区（县）数	乡（镇）数	国家级原良种场	省级原良种场	苗种场	观赏鱼养殖场	成鱼养殖场	监测养殖场点合计	国家级原良种场 抽样数量	阳性样品数量	省级原良种场 抽样数量	阳性样品数量	苗种场 抽样数量	阳性样品数量	观赏鱼养殖场 抽样数量	阳性样品数量	成鱼养殖场 抽样数量	阳性样品数量	抽样总数	阳性样品总数（批次）	样品阳性率（%）	阳性品种	阳性样品处理措施
天津	3	5					5	5									5	5	5	5	100	草鱼	CL、M、Z
河北	16	21		2	6		31	39			2	0	6	2			31	3	39	5	12.8	草鱼	CL、M、Tsu

（续）

省份	监测养殖场点（个）								病原学检测														
									其中（批次）										检测结果				
	区（县）数	乡（镇）数	国家级原良种场	省级原良种场	苗种场	观赏鱼养殖场	成鱼养殖场	监测养殖场点合计	国家级原良种场 抽样数量	阳性样品数量	省级原良种场 抽样数量	阳性样品数量	苗种场 抽样数量	阳性样品数量	观赏鱼养殖场 抽样数量	阳性样品数量	成鱼养殖场 抽样数量	阳性样品数量	抽样总数	阳性样品总数（批次）	样品阳性率（%）	阳性品种	阳性样品处理措施
山西	3	4	1	4				5	1	0	4	0							5	0	0		
吉林	4	4		4	1			5			4	0	1	0					5	0	0		
上海	6	9	1	5	1		3	10	1	0	5	0	1	0			3	0	10	0	0		
江苏	26	29	1	13	4		11	29	1	0	14	0	4	0			11	0	30	0	0		
浙江	11	14	1	1	13			15	1	0	1	0	13	0					15	0	0		
安徽	20	25		1	19		12	32			3	0	26	3			17	4	46	7	15.2	草鱼	CL、M
江西	13	18	1	7	17		5	30	1	0	7	2	17	0			5	1	30	3	10	草鱼	CL、M、V、Z、O
山东	11	17		1	6	1	9	17			1	0	6	0	1	0	10	0	18	0	0		
河南	4	4			4		1	5					4	0			1	1	5	1	20	草鱼	CL、M、Tsu
湖北	5	5	3	2				5	3	2	2	1							5	3	60	草鱼	CL、M
湖南	18	25	1	15	9			25	1	0	15	6	9	4					25	10	40	草鱼	CL、M
广东	13	14		3	2		10	15			3	1	2	0			10	6	15	7	46.7	草鱼	CL、O、V、T
广西	17	19	3	20		1		24			3	0	22	8			1	0	26	8	30.8	草鱼	CL、M
重庆	10	19	1	1	1		25	28	1	0							26	2	29	2	6.9	草鱼	CL、T
四川	4	4			3		2	5					3	0			2	0	5	0	0		
贵州	1	1			5			5					5	4					5	4	80	草鱼	CL、Qi、Z
宁夏	3	5		5				5			5	0							5	0	0		
合计	188	242	10	67	111	1	115	304	10	2	70	10	120	21	1	0	122	22	323	55	17		

表 4　2023 年传染性造血器官坏死病监测情况

| 省份 | 监测养殖场点（个） | | | | | | | | 病原学检测 | | | | | | | | | | | | | | | 阳性样品处理措施 |
	区（县）数	乡（镇）数	国家级原良种场	省级原良种场	苗种场	成鱼养殖	引育种中心	监测养殖场点合计	国家级原良种场 抽样数量	国家级原良种场 阳性样品数量	省级原良种场 抽样数量	省级原良种场 阳性样品数量	苗种场 抽样数量	苗种场 阳性样品数量	成鱼养殖场 抽样数量	成鱼养殖场 阳性样品数量	引育种中心 抽样数量	引育种中心 阳性样品数量	抽样总数	阳性样品总数（批次）	样品阳性率（%）	阳性品种	
北京	2	4			3	2		5					3	0	2	0			5	0	0		
河北	9	14		1	1	32		34			1	1	2	0	32	7			35	8	22.9	鳟	CL、M、Tsu
辽宁	3	6		2	8	10		20			2	0	8	1	10	0			20	1	5	鳟	CL、Z
吉林	5	5	1	4				5	1	0	4	1							5	1	20	鳟	CL、Gsu、Tsu、Z、S
黑龙江	1	1			1		1	2					2	0			3	0	5	0	0		
山东	2	2				5		5							5				5	0	0		
云南	1	3			2	3		5					2	0	3	0			5	0	0		
陕西	4	5				5		5							5				5	0	0		
甘肃	2	3	1	1	1			3	2	0	2	2			1	1			5	3	60	鳟	CL、Gsu、Qi
青海	11	16			4	21		25					9	0	46	0			55	0	0		
新疆	5	5													6	0			6	0	0		
合计	45	64	2	8	19	84	1	114	3	0	9	4	26	1	110	8	3	0	151	13	8.6		

表 5　2023 年病毒性神经坏死病监测情况

省份	监测养殖场点（个）							病原学检测												
								其中（批次）								检测结果				
	区（县）数	乡（镇）数	国家级原良种场	省级原良种场	苗种场	成鱼养殖场	监测养殖场点合计	国家级原良种场 抽样数量	国家级原良种场 阳性样品数量	省级原良种场 抽样数量	省级原良种场 阳性样品数量	苗种场 抽样数量	苗种场 阳性样品数量	成鱼养殖场 抽样数量	成鱼养殖场 阳性样品数量	抽样总数	阳性样品总数（批次）	样品阳性率（%）	阳性品种	阳性样品处理措施
天津	1	3		7	1		8			15	0	2	0			17	0	0		
辽宁	2	2				20	20							20	0	20	0	0		
浙江	7	9		5		9	14					6	0	9	1	15	1	6.7	鲈（海）	CL、M
福建	3	6		2	11	1	14			2	1	12	4	1	0	15	5	33.3	石斑鱼	
山东	14	17	5	4	8	5	22	8	0	5	2	8	0	5	0	26	2	7.7	半滑舌鳎、鲈（海）	CL、M
广东	11	13		7	5	5	17			9	5	6	3	5	2	20	10	50	鲷、鲈（海）、美国红鱼、石斑鱼	CL、O
广西	6	7			2	13	15					2	1	13	0	15	1	6.7	石斑鱼	CL、M
海南	6	10		3	6	4	13			4	0	7	1	4	3	15	4	26.7	石斑鱼	CL
合计	50	67	5	28	33	57	123	8	0	41	8	37	9	57	6	143	23	16.1		

表 6　2023 年鲫造血器官坏死病监测情况

省份	区（县）数	乡（镇）数	国家级原良种场	省级原良种场	苗种场	观赏鱼养殖场	成鱼养殖场	监测养殖场点合计	国家级原良种场 抽样数量	国家级原良种场 阳性样品数量	省级原良种场 抽样数量	省级原良种场 阳性样品数量	苗种场 抽样数量	苗种场 阳性样品数量	观赏鱼养殖场 抽样数量	观赏鱼养殖场 阳性样品数量	成鱼养殖场 抽样数量	成鱼养殖场 阳性样品数量	抽样总数	阳性样品总数（批次）	样品阳性率（%）	阳性品种	阳性样品处理措施
北京	4	6				7	2	9							7	0	3	0	10	0	0		
天津	8	11		1	1		9	11			1	0	1	0			9	0	11	0	0		
河北	12	15		3	3	1	18	25			3	0	3	0	1	0	18	0	25	0	0		
内蒙古	1	3					5	5									5	0	5	0	0		
吉林	4	4		4				4			4	0							4	0	0		
上海	8	9	1	5	1		3	10	1	0	5	0	1	0			3	0	10	0	0		
江苏	29	38	2	7	8	1	35	53	2	0	7	0	8	0	2	0	36	9	55	9	16.4	鲫	CL、M
浙江	10	14	1	1	12	1		15	1	0	1	0	12	0	1	0			15	0	0		
安徽	21	29			10		23	33					14	1			32	0	46	1	2.2	鲫	CL、M
江西	7	10	1	4	8		2	15	1	0	4	0	8	0			2	0	15	0	0		
山东	7	8			5	1	4	10					5	0	1	0	4	0	10	0	0		
河南	3	3			2	1		3					2	0	1	0			3	0	0		
湖北	5	5	3	2				5	3	0	2	0							5	0	0		
湖南	14	18		11	8	1		20			11	0	8	0	1	0			20	0	0		
广东	5	5		4			1	5			4	0					1	0	5	0	0		
重庆	11	20	1	1	3		22	27	1	0	1	0	3	0			23	0	28	0	0		
四川	5	5		1	3		1	5			1	0	3	0			1	0	5	0	0		
合计	154	203	9	44	64	13	125	255	9	0	44	0	68	1	14	0	137	9	272	10	3.7		

表 7　2023 年鲤浮肿病监测情况

省份	区(县)数	乡(镇)数	国家级原良种场	省级原良种场	苗种场	观赏鱼养殖场	成鱼养殖场	监测养殖场点合计	国家级抽样数量	国家级阳性样品数量	省级抽样数量	省级阳性样品数量	苗种场抽样数量	苗种场阳性样品数量	观赏鱼抽样数量	观赏鱼阳性样品数量	成鱼抽样数量	成鱼阳性样品数量	抽样总数	阳性样品总数(批次)	样品阳性率(%)	阳性品种	阳性样品处理措施
北京	3	8				11	2	13							15	2	2	0	17	2	11.8	锦鲤	CL、Tsu
天津	8	10			1		9	10					1	0			9	0	10	0	0		
河北	19	26		2	5	2	28	37			2	0	5	0	2	1	29	8	38	9	23.7	鲤	CL、M、Tsu
内蒙古	1	3					5	5									5	0	5	0	0		
辽宁	5	10		2		1	12	15			2	0			1	0	12	0	15	0	0		
吉林	2	2		2				2			2	0							2	0	0		
黑龙江	4	4			3	2		5					3	0	2	0			5	0	0		
上海	4	4		2	1	1	1	5			2	0	1	0	1	0	1	0	5	0	0		
江苏	2	5		2	1		2	5			2	0	1	0			2	0	5	0	0		
江西	5	9	2		3	2	3	10	2	0			3	0	2	1	3	0	10	1	10	鲤	CL、M、Z、O
山东	23	29		1	16	9	10	36			1	0	17	0	9	0	10	0	37	0	0		
河南	6	6		3	3	1		7			3	0	3	0	1	0			7	0	0		
湖南	19	24	1	10	12	2		25	1	0	10	1	12	3	2	2			25	6	24	锦鲤、鲤	CL、M
广东	8	12			1	7	6	14					1	0	8	0	6	0	15	0	0		
重庆	10	13	1	1		1	10	13	2	0	3	0			1	0	14	0	20	0	0		
贵州	1	1			5			5					5	0					5	0	0		
合计	120	166	4	25	51	39	88	207	5	0	27	1	52	3	44	6	93	8	221	18	8.1		

表 8　2023 年传染性胰脏坏死病调查情况

省份	监测养殖场点（个）								病原学检测														
									其中（批次）										检测结果				
	区（县）数	乡（镇）数	国家级原良种场	省级原良种场	苗种场	引育种中心	成鱼养殖场	监测养殖场点合计	国家级原良种场 抽样数量	国家级原良种场 阳性样品数量	省级原良种场 抽样数量	省级原良种场 阳性样品数量	苗种场 抽样数量	苗种场 阳性样品数量	引育种中心 抽样数量	引育种中心 阳性样品数量	成鱼养殖场 抽样数量	成鱼养殖场 阳性样品数量	抽样总数	阳性样品总数（批次）	样品阳性率（%）	阳性品种	阳性样品处理措施
北京	3	5			3		3	6					13	3			7	0	20	3	15	鳟	CL、M
河北	1	1					5	5									5	0	5	0	0		
吉林	5	5	1	4				5	1		4	0							5	0	0		
黑龙江	1	1			1	1		2					2	0	3	0			5	0	0		
四川	1	1					1	1									2	0	2	0	0		
陕西	5	6					6	6									6	0	6	0	0		
甘肃	4	5	1	1			3	5	6	0	5	0					7	0	18	0	0		
青海	11	15			4		19	23					7	0			40	0	47	0	0		
新疆	1	1					1	1									1	1	1	1	100	鳟	CL、M
合计	32	40	2	5	8	1	38	54	7	0	9	0	22	3	3	0	68	1	109	4	3.7		

表 9　2023 年白斑综合征监测情况

省份	监测养殖场点（个）							病原学检测												
								其中（批次）								检测结果				
	区（县）数	乡（镇）数	国家级原良种场	省级原良种场	苗种场	成虾养殖场	监测养殖场点合计	国家级原良种场 抽样数量	国家级原良种场 阳性样品数量	省级原良种场 抽样数量	省级原良种场 阳性样品数量	苗种场 抽样数量	苗种场 阳性样品数量	成虾养殖场 抽样数量	成虾养殖场 阳性样品数量	抽样总数	阳性样品总数（批次）	样品阳性率（%）	阳性品种	阳性样品处理措施
天津	1	2		4	3		7			4	0	3	0			7	0	0		
河北	4	9	2	1	25	21	49	2	0	2	1	30	2	21	0	55	3	5.5	凡纳滨对虾（海）、日本对虾、中国对虾	CL、M、Tsu
辽宁	6	14		2	2	36	40			2	0	2	1	36	12	40	13	32.5	凡纳滨对虾（海）	CL、Z
上海	4	11		1	1	13	15			1	0	1	0	13	1	15	1	6.7	凡纳滨对虾（淡）	CL、M
江苏	23	53		5	16	81	102			5	0	16	0	85	42	106	42	39.6	红螯螯虾、克氏原螯虾、青虾	CL、M
浙江	17	29	1	3	40	2	46	1	0	3	0	44	0	2	0	50	0	0		
安徽	13	21				37	37							45	29	45	29	64.4	克氏原螯虾	CL、M
福建	2	5		1	14		15			1	0	14	0			15	0	0		
江西	10	19		1	11	18	30			1	0	11	1	18	7	30	8	26.7	克氏原螯虾	CL、M、Z、O
山东	26	38	1	4	49	47	101	1	0	4	1	50	6	47	12	102	19	18.6	克氏原螯虾、凡纳滨对虾（海）、日本对虾、中国对虾	CL、M
湖北	4	5	1	1		3	5	1	0	1	0			3	2	5	2	40	克氏原螯虾	CL、M
湖南	1	4				5	5							10	0	10	0	0		
广东	20	29	1	22	17	8	48	1	0	24	3	17	0	8	0	50	3	6	凡纳滨对虾（海）	CL、O
广西	7	9		2	23		25			2	0	24	0			26	0	0		
海南	6	10		5	9		14			6	0	9	0			15	0	0		
陕西	4	4				5	5							5	0	5	0	0		
新疆	6	6				10	10							10	0	10	0	0		
合计	154	268	6	52	210	286	554	6	0	56	5	221	10	303	105	586	120	20.5		

表 10 2023 年虾肝肠胞虫病监测情况

| 省份 | 监测养殖场点（个） | | | | | | | 病原学检测 | | | | | | | | | | | | |
| | | | | | | | | 其中（批次） | | | | | | | | 检测结果 | | | | |
	区（县）数	乡（镇）数	国家级原良种场	省级原良种场	苗种场	成虾养殖场	监测养殖场点合计	国家级原良种场 抽样数量	阳性样品数量	省级原良种场 抽样数量	阳性样品数量	苗种场 抽样数量	阳性样品数量	成虾养殖场 抽样数量	阳性样品数量	抽样总数（批次）	阳性样品总数（批次）	样品阳性率（%）	阳性品种	阳性样品处理措施
天津	6	7		4	3	5	12			4	0	3	0	5	2	12	2	16.7	凡纳滨对虾（淡）	CL、M、Z
河北	4	9	2	1	25	21	49	2	1	2	0	30	8	21	5	55	14	25.5	凡纳滨对虾（海）、中国对虾	CL、M、Tsu
辽宁	6	14		2	2	36	40			2	2	2	2	36	17	40	21	52.5	凡纳滨对虾（海）	CL、Z
上海	4	11		1	1	13	15			1	0	1	0	13	2	15	2	13.3	凡纳滨对虾（淡）	CL、M
江苏	23	51		5	16	79	100			5	0	16	6	84	4	105	10	9.5	克氏原螯虾、罗氏沼虾、凡纳滨对虾（淡）	CL、M
浙江	17	29	1	3	40	2	46	1	0	3	0	44	1	2	0	50	1	2	凡纳滨对虾（海）	CL、M
安徽	2	2				4	4							5	0	5	0	0		
福建	2	5		1	14		15			1	0	14	0			15	0	0		
江西	10	19		1	11	18	30			1	0	11	0	18	0	30	0	0		
山东	26	38	1	4	49	47	101	1	0	4	0	50	15	47	7	102	23	22.5	凡纳滨对虾（淡）、凡纳滨对虾（海）、日本对虾、中国对虾	CL、M
湖北	4	5	1	1		3	5	1	0	1	0			3	0	5	0	0		
广东	20	29	1	22	17	8	48	1	0	24	0	17	5	8	0	50	9	18	凡纳滨对虾（海）	CL、O、S
广西	7	9		2	23		25			2	0	23	1			25	1	4	凡纳滨对虾（海）	CL、M
海南	6	10		5	9		14			6	0	9	0			15	0	0		
新疆	6	6				10	10							10	0	10	0	0		
合计	143	244	6	52	210	246	514	6	1	56	5	220	38	252	39	534	83	15.5		

表 11　2023 年十足目虹彩病毒病监测情况

| 省份 | 监测养殖场点（个） | | | | | | | 病原学检测 | | | | | | | | | | | | |
| | | | | | | | | 其中（批次） | | | | | | | | 检测结果 | | | | |
	区（县）数	乡（镇）数	国家级原良种场	省级原良种场	苗种场	成虾养殖场	监测养殖场点合计	国家级原良种场抽样数量	国家级原良种场阳性样品数量	省级原良种场抽样数量	省级原良种场阳性样品数量	苗种场抽样数量	苗种场阳性样品数量	成虾养殖场抽样数量	成虾养殖场阳性样品数量	抽样总数	阳性样品总数（批次）	样品阳性率（%）	阳性品种	阳性样品处理措施
天津	1	2		2			2			2	0					2	0	0		
河北	1	1	1	1	3		5	1	0	1	0	3	0			5	0	0		
辽宁	6	14		2	2	36	40			2	0	2	0	36	0	40	0	0		
上海	4	11		1	1	13	15			1	0	1	0	13	2	15	2	13.3	罗氏沼虾、凡纳滨对虾（淡）	CL、M
江苏	23	51		5	16	79	100			5	0	16	0	84	6	105	6	5.7	红螯螯虾、青虾	CL、M
浙江	17	29	1	3	40	2	46	1	0	3	0	44	5	2	0	50	5	10	凡纳滨对虾（淡）、凡纳滨对虾（海）	CL、M
安徽	2	2				5	5							5	0	5	0	0		
福建	2	5		1	14		15			1	0	14	0			15	0	0		
江西	10	19		1	11	18	30			1	0	11	1	18	3	30	4	13.3	克氏原螯虾	CL、M、Z、O
山东	26	38	1	4	49	47	101	1	0	4	1	50	4	47	5	102	10	9.8	克氏原螯虾、凡纳滨对虾（淡）、凡纳滨对虾（海）、中国对虾	CL、M
湖北	4	5	1	1		3	5	1	0	1	0			3	0	5	0	0		
广东	20	28	1	22	17	7	47	1	0	25	3	17	3	7	0	50	6	12	凡纳滨对虾（海）	CL、O、M、S
广西	8	10	1	2	23		26	1	0	2	0	23	0			26	0	0		
海南	6	10		5	9		14			6	0	9	0			15	0	0		
新疆	6	6				10	10							10	0	10	0	0		
合计	136	231	6	50	185	220	461	6	0	54	4	190	13	225	16	475	33	6.9		

表 12　2023 年传染性皮下和造血组织坏死病调查情况

省份	监测养殖场点（个）							病原学检测								检测结果				
								其中（批次）												
	区（县）数	乡（镇）数	国家级原良种场	省级原良种场	苗种场	成虾养殖场	监测养殖场点合计	国家级原良种场		省级原良种场		苗种场		成虾养殖场		抽样总数	阳性样品总数（批次）	样品阳性率（%）	阳性品种	阳性样品处理措施
								抽样数量	阳性样品数量	抽样数量	阳性样品数量	抽样数量	阳性样品数量	抽样数量	阳性样品数量					
天津	1	2		2			2			2	0					2	0	0		
河北	1	1	1	1	3		5	1	0	1	0	3	0			5	0	0		
辽宁	4	4		1	1	3	5			1	0	1	0	3	0	5	0	0		
浙江	4	4		1	3		4			1	0	3	0			4	0	0		
安徽	2	2				5	5							5	0	5	0	0		
江西	2	3			2	3	5					2	0	3	0	5	0	0		
山东	3	5			2	3	5					2	0	3	0	5	0	0		
湖北	4	5	1	1		3	5	1	0	1	0			3	0	5	0	0		
海南	6	10		5	9		14			6	0	9	0			15	0	0		
合计	27	36	2	11	20	17	50	2	0	12	0	20	0	17	0	51	0	0		

表 13 2023 年急性肝胰腺坏死病调查情况

省份	监测养殖场点（个）							病原学检测												
								其中（批次）								检测结果				
								国家级原良种场		省级原良种场		苗种场		成虾养殖场						
	区（县）数	乡（镇）数	国家级原良种场	省级原良种场	苗种场	成虾养殖场	监测养殖场点合计	抽样数量	阳性样品数量	抽样数量	阳性样品数量	抽样数量	阳性样品数量	抽样数量	阳性样品数量	抽样总数	阳性样品总数（批次）	样品阳性率（%）	阳性品种	阳性样品处理措施
天津	1	2		2			2			2	0					2	0	0		
河北	1	1	1	1	3		5	1	0	1	0	3	0			5	0	0		
辽宁	4	4		1	1	3	5			1	0	1	0	3	0	5	0	0		
安徽	2	2				5	5							5	0	5	0	0		
江西	2	3			2	3	5					2	0	3	0	5	0	0		
山东	3	5			2	3	5					2	0	3	0	5	0	0		
湖北	4	5	1	1		3	5	1	0	1	0			3	0	5	0	0		
海南	6	10		5	9		14			6		9	0			15	0	0		
合计	23	32	2	10	17	17	46	2	0	11	0	17	0	17	0	47	0	0		

表 14　2023 年传染性肌坏死病监测情况

省份	监测养殖场点（个）							病原学检测												
								其中（批次）								检测结果				
	区（县）数	乡（镇）数	国家级原良种场	省级原良种场	苗种场	成虾养殖场	监测养殖场点合计	国家级原良种场		省级原良种场		苗种场		成虾养殖场		抽样总数	阳性样品总数（批次）	样品阳性率（%）	阳性品种	阳性样品处理措施
								抽样数量	阳性样品数量	抽样数量	阳性样品数量	抽样数量	阳性样品数量	抽样数量	阳性样品数量					
天津	7	11		2	3	10	15			2	0	3	0	10	0	15	0	0		
河北	3	7	1		10	9	20	1	0			10	1	9	2	20	3	15	凡纳滨对虾（海）	CL、M、Tsu
辽宁	6	8	1		24	25				1	0			24	0	25	0	0		
江苏	7	16		5	11	14	30			5	0	11	0	14	0	30	0	0		
山东	28	43	1	4	53	69	127	1	0	4	0	56	1	75	1	136	2	1.5	凡纳滨对虾（海）	CL、M
合计	51	85	2	12	77	126	217	2	0	12	0	80	2	132	3	226	5	2.2		

地　方　篇

2023 年北京市水生动物病情分析

北京市水产技术推广站

（徐立蒲　王　姝　王静波　张　文

吕晓楠　王小亮　曹　欢）

2023 年北京市水产技术推广站继续开展重要水生动物疫病监测、疾病测报、减量用药推广以及其他防控工作。现将 2023 年北京市养殖鱼类病情分析如下：

一、重要水生动物疫病监测

（一）基本情况

根据 2023 年《国家水生动物疫病监测计划》（农渔发〔2023〕6 号）及《2023 年北京市水生动物疫病监测计划实施方案》，2023 年北京市对 10 种重要水生动物疫病进行监测，监测 37 个养殖场，110 批次样品；对 5 个食源性寄生虫项目（异尖线虫幼虫、华支睾吸虫囊蚴、裂头绦虫裂头蚴、棘口吸虫囊蚴、鄂口线虫幼虫）实施监测，监测 5 个虹鳟养殖场，5 批次样品。

（二）监测结果

（1）监测数量　完成监测传染性造血器官坏死病（IHN）样品 7 批次、传染性胰脏坏死病（IPN）样品 7 批次、鲤春病毒血症（SVC）样品 19 批次、鲫造血器官坏死病（CHN）样品 13 批次、锦鲤疱疹病毒病（KHVD）样品 20 批次、鲤浮肿病（CEVD）样品 25 批次、大口黑鲈弹状病毒病（MSRVD）样品 4 批次、大口黑鲈虹彩病毒病（LMBVD）样品 4 批次、细胞肿大虹彩病毒病样品 4 批次、草鱼出血病（GCHD）样品 7 批次，共计 110 批次的监测工作。监测虹鳟食源性寄生虫样品 5 批次。

（2）阳性样品及阳性养殖场检出情况　检出 7 个养殖场的 8 批次样品阳性，分别是 IHN 阳性 2 批次、CHN 阳性 2 批次、CEVD 阳性 2 批次、LMBVD 阳性 1 批次、细胞肿大虹彩病毒阳性 1 批次。养殖场阳性检出率 18.9%。食源性寄生虫监测项目，检测全部为阴性。

（3）时间分布　2023 年 1—12 月均进行抽样监测，检出的阳性集中在 5—7 月（表1）。

表1 阳性检出时间分布

月份	1	2	3	4	5	6	7	8	9	10	11	12
阳性数（批次）	0	0	0	0	2	2	2	1	0	1	0	0

（4）地区分布 2023年在通州、朝阳、密云、平谷、顺义、怀柔、房山、大兴、丰台、昌平、延庆、门头沟12个区抽样监测，在朝阳、通州、顺义、大兴、怀柔5个区检出阳性。

（5）品种分布 2023年检测的水产养殖品种有金鱼、草金鱼、锦鲤、鲢、鳙、草鱼、鲈、鲫、鲂、虹鳟（金鳟）10个品种，检出阳性的品种有金鱼、锦鲤、虹鳟（金鳟）、鲈、草金鱼5个品种。

（6）应急处置 按照《农业农村部关于印发〈2018年国家水生动物疫病监测计划〉的通知》（农渔发〔2018〕10号）要求和《中华人民共和国动物防疫法》第三十一条关于发现动物疫病时的处理规定，对检出的阳性场，北京市水产技术推广站完成以下工作：一是及时将监测结果报告渔业主管部门和全国水产技术推广总站；通知辖区水产技术推广部门以及养殖场；及时将处理结果和调查情况通过"国家水生动物疫病监测管理系统"上报。二是发放消毒等相关药物，指导养殖场采取隔离、消毒、无害化处理等防控措施。三是开展阳性样品的流行病学调查与溯源；密切关注上述阳性养殖场的后续情况。

（三）重要水生动物疫病流行病情况分析

在全年重要水生动物疫病监测工作中，检出7个养殖场的8批次样品阳性。样品阳性率7.2%，养殖场阳性率18.9%（图1和图2）。检出阳性的养殖场，发病多数集中在1~2个鱼池，没有进一步扩散造成更大危害。对比历年监测数据，样品阳性率和养殖场阳性率均趋缓，目前北京地区的重要水生动物疫病可防可控。

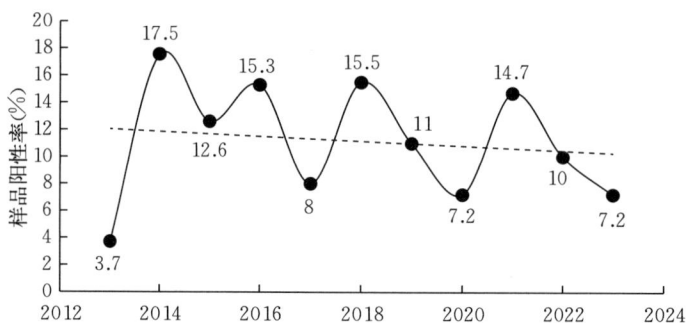

图1 2013—2023年北京市重要水生动物疫病监测样品阳性率年度变化

（1）鲤春病毒血症（SVC）监测结果分析 2023年北京市在平谷、顺义、通州、密云、怀柔、顺义、房山、延庆8个区的18个养殖场采集20批次样品，监测鲤、锦

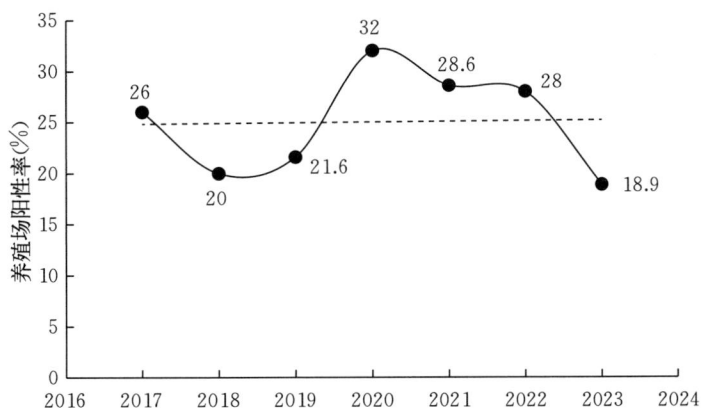

图 2　2017—2023 年北京市重要水生动物疫病监测养殖场阳性率年度变化

鲤、金鱼、鲢、鳙等品种，未发现 SVC 阳性。2015 年 SVC 样品阳性率达到 9.1‰峰值后，北京地区 SVC 样品阳性率呈逐年下降趋势（图 3 和图 4）。自 2019 年开始，北京市连续 5 年未监测到 SVC 阳性。

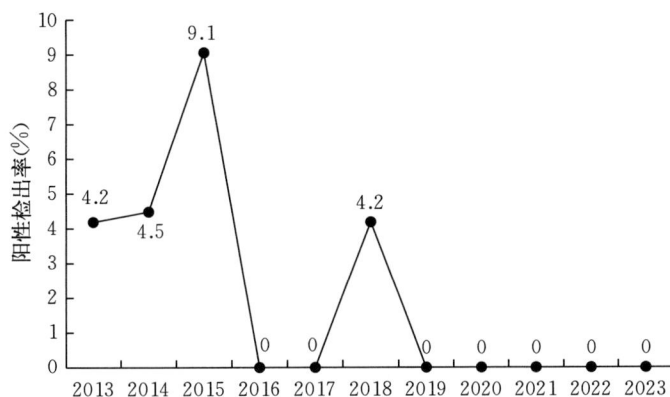

图 3　2013—2023 年北京市 SVC 样品阳性率趋势

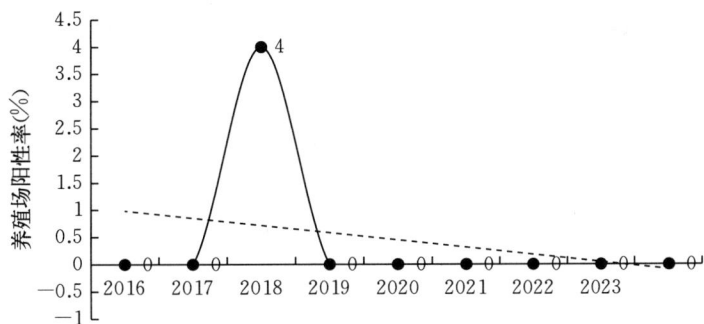

图 4　2017—2023 年北京市 SVC 养殖场阳性率趋势

（2）传染性造血器官坏死病（IHN）和传染性胰脏坏死病（IPN）监测分析　2023年在北京怀柔、房山2区的5个养殖场采集7批次虹鳟样品，检出2个养殖场的2批次虹鳟样品为IHN阳性，IPN检测全部为阴性。该2批次样品均是由进口虹鳟三倍体鱼卵孵化的苗种。2批次鱼卵引进时均经过IHN病原检验，呈阴性；在后期孵化养殖过程中出现IHN阳性，分析可能与养殖场成鱼带病毒有关。可见北京市虹鳟养殖中IHN依然是影响苗种成活率的一个重要疫病，需要进一步加强防控工作（图5和图6）。

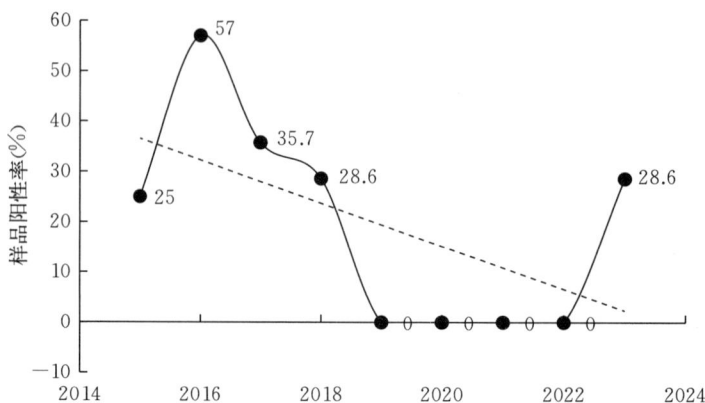

图5　2015—2023年北京市IHN样品阳性率趋势

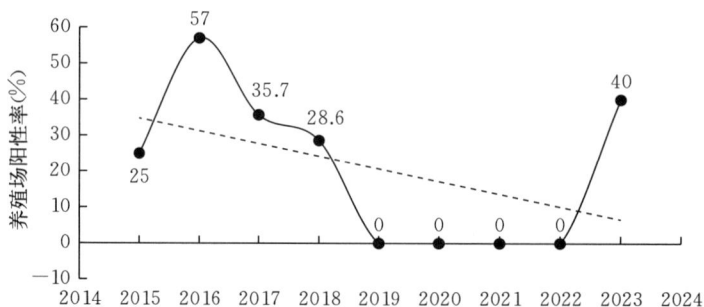

图6　2015—2023年北京市IHN养殖场阳性率趋势

（3）锦鲤疱疹病毒病（KHVD）监测分析　2023年北京市在平谷、顺义、通州3个区的15个养殖场采集20批次样品，监测鲤和锦鲤，未发现KHVD阳性。自2022年开始，北京市连续2年未监测到KHVD阳性（图7和图8）。

（4）鲤浮肿病（CEVD）监测分析　2023年北京市在通州、平谷、昌平、通州、朝阳5个区采集18个养殖场的25批次样品，检出CEVD阳性2批次，阳性检出率8%。2018—2022年北京地区CEVD阳性检出率在20%～50%，变化趋势见图9和图10。2023年检出率明显下降，说明北京地区CEV流行状况有所缓解。由于防控技术措施的推广使用，发病率和死亡率都呈下降趋势。

（5）鲫造血器官坏死病（CHN）监测分析　2023年北京市在通州、顺义、房山、

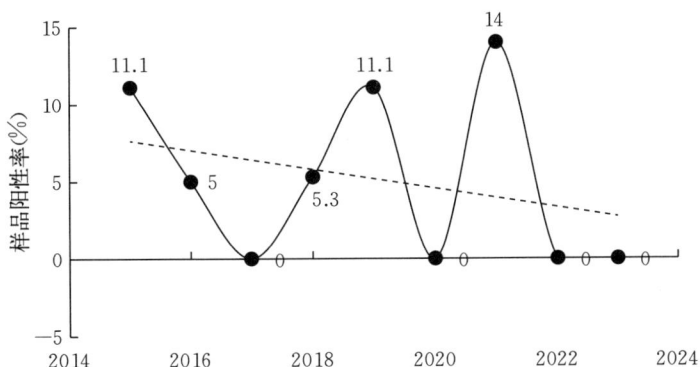

图 7　2015—2023 年北京市 KHVD 样品阳性率趋势

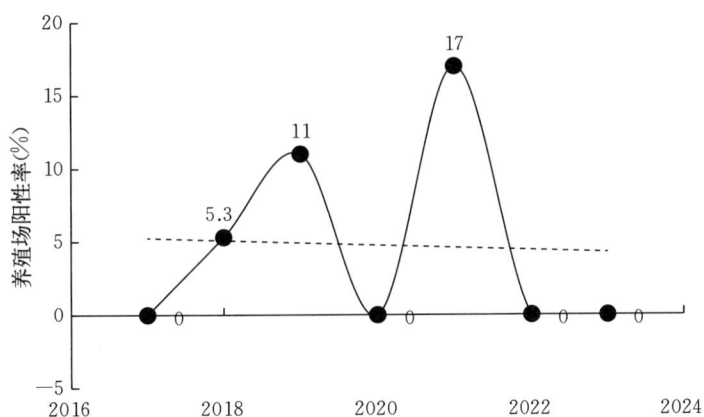

图 8　2017—2023 年北京市 KHVD 养殖场阳性率趋势

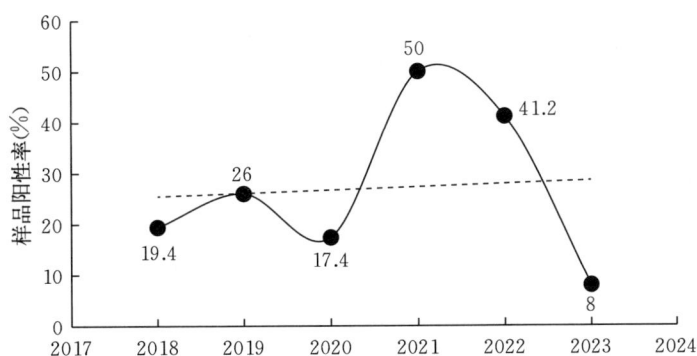

图 9　2018—2023 年北京市 CEVD 样品阳性率趋势

平谷、朝阳、丰台 6 个区采集 11 个养殖场的 13 批次样品，发现 2 个养殖场的 2 批次样品为 CHN 阳性，阳性检出率 15.4%。2014—2022 年，北京地区 CHN 阳性检出率高值在 50% 以上，低值在 10%，变化趋势见图 11 和图 12。由图可见，目前北京地区 CHN 流行状况处于低位运行。

209

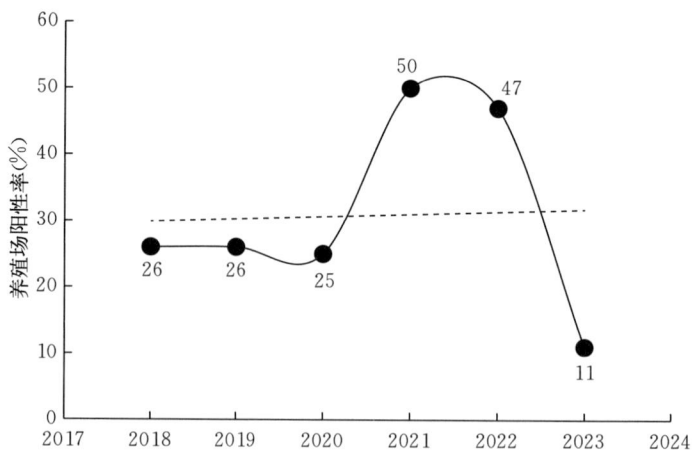

图10　2018—2023年北京市CEVD养殖场阳性率趋势

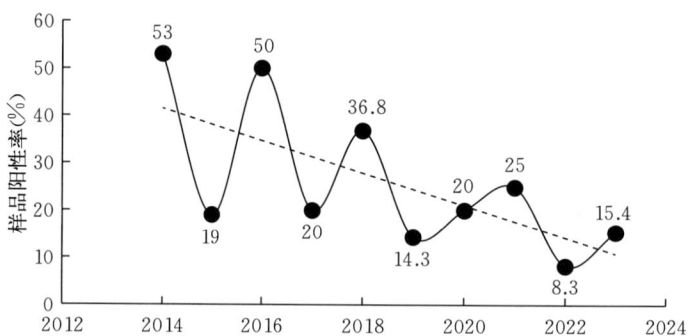

图11　2014—2023年北京市CHN样品阳性率趋势

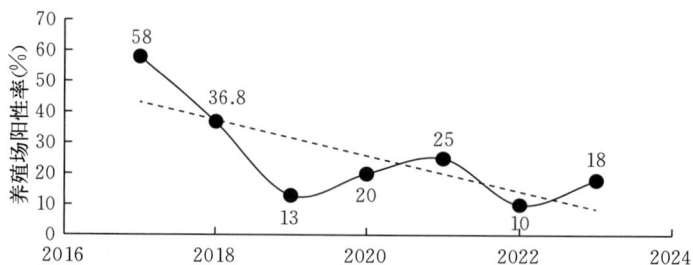

图12　2017—2023年北京市CHN养殖场阳性率趋势

（6）三种鲈病毒性疾病（MSRVD、LMBVD、细胞肿大虹彩病毒）监测分析　目前报道的感染大口黑鲈的病毒主要有三种：虹彩病毒、弹状病毒和细胞肿大病毒，危害性也较大。2023年大兴的一家工厂化鲈养殖场，引进一批体长15 cm的鲈鱼苗，在其体内检测到了LMBVD和细胞肿大虹彩病毒。针对鲈病毒病的有效防控药物很少，防治难度大，需要采取综合防病技术，多角度、全方位加强管理，将危害降低到最小。

二、疾病测报

（1）监测点设置　共在 50 个养殖场开展测报工作，其中 10 个养殖场由北京市水产技术推广站直接监测后上报，其余由各区水产技术部门测报员负责按月上报。全市测报面积 149.33 hm²。主要监测品种：草鱼、鲢鳙、鲤、鲫、鮰、观赏鱼（金鱼、锦鲤）、虹鳟、鲟、鲈等。监测项目：病毒性疾病、细菌性疾病、寄生虫性疾病、真菌病以及非生物原性疾病。

（2）测报结果　全年共上报 9 期、174 条测报数据以及预报 7 期。各监测的养殖品种（草鱼、鲤、鲫、虹鳟、鲟、鲈、鮰、锦鲤、金鱼等）均有不同程度的发病情况。全年发病面积率约 20%。监测到造成一定经济损失的疾病种类有大口黑鲈虹彩病毒病、细胞肿大虹彩病毒病、鲤浮肿病、鲫造血器官坏死病、传染性造血器官坏死病、淡水鱼细菌性败血症、细菌性肠炎病、细菌性烂鳃病、爱德华氏菌病、溃疡病、车轮虫病、指环虫病、三代虫病、小瓜虫病和水霉病等。

三、病情分析

在池塘养殖鱼类中，车轮虫病、指环虫病、小瓜虫病等寄生虫疾病最为常见多发，不易根治，多与细菌性疾病并发感染。烂鳃病、肠炎病、细菌性出血病等细菌性疾病时有发生，偶发死亡，多半与药不对症、治疗不及时有关，预计全年细菌性发病率在 20%～30%，死亡率为 6%～7%。鲫造血器官坏死病、鲤浮肿病 2 种病毒性疾病检出率分别在 15% 和 8%，是观赏鱼疾病的防控重点。在北京某场引进的鲈鱼苗种体内，检测到虹彩病毒和细胞肿大虹彩病毒；针对鲈病毒病的有效防控药物很少，防治难度大，需要重视苗种检疫。

在冷水性鱼类养殖中，鲟养殖主要发生了气泡病、细菌性出血病，无病毒性疾病发生。虹鳟（金鳟）养殖中发生率高、危害大的依然是传染性造血器官坏死病和传染性胰脏坏死病，可造成 50% 以上的死亡率。

四、2024 年北京市水产养殖病害预测

根据往年监测数据以及结合北京市水产养殖品种情况，2024 年北京市水产养殖品种发病情况预测如下：

（1）大宗养殖鱼类（鲤、鲫、草鱼等）易发生烂鳃病、肠炎病、赤皮病、淡水鱼细菌性败血症以及寄生虫性等疾病。其中，鲤易发生鲤浮肿病，鲫易发生鲫造血器官坏死病，草鱼易发生草鱼出血病。

（2）特色养殖品种淡水鲈易发生虹彩病毒病和弹状病毒病。

（3）冷水性养殖鱼类（虹鳟、鲟等）易发生水霉病、烂鳃病等细菌性疾病。其中，虹鳟鱼苗易发生传染性造血器官坏死病和传染性胰脏坏死病。

（4）观赏鱼养殖鱼类（金鱼和锦鲤）易发生烂鳃病、肠炎病、赤皮病以及寄生虫性疾病。其中，金鱼易发鲫造血器官坏死病，锦鲤易发鲤浮肿病。

2023 年天津市水生动物病情分析

天津市动物疫病预防控制中心

（马文婷　张　丽　林春友　杨　凯　董学旺　刘桐山　冯守明）

一、基本情况

根据农业农村部的要求，2023 年天津市动物疫病预防控制中心组织天津市疫病监测部门，开展了水产养殖动物病情监测工作。将天津市水产养殖区划分为 10 个监测区，监测 12 个养殖品种（表 1），监测面积 7 893.2 hm²，病情监测数据通过全国水产养殖动植物病情测报系统报送完成。

表 1　2023 年天津市开展病情监测的水产养殖品种

类别	养殖品种	数量
鱼类	鲢、鳙、草鱼、鳊、鲫、鲤、鲖、半滑舌鳎、石斑鱼、鲆	10
甲壳类	凡纳滨对虾、中华绒螯蟹	2
合　计		12

二、监测结果与分析

（一）水产养殖动物疾病流行情况及特点

2023 年，监测到水产养殖动物发病品种 11 种（表 2），监测到疾病 27 种（宗）。其中，细菌性疾病 13 种，真菌性疾病 2 种，寄生虫性疾病 6 种，水质因子致病 1 种，营养因子致病 1 种，有毒藻类致病 1 种，不明病因致病 3 宗（表 3）。各类疾病种数比率见图 1。

表 2　2023 年天津市监测到的水产养殖发病品种（种）

类别	发病品种	数量
鱼类	鲢、鳙、草鱼、鳊、鲫、鲤、鲖、半滑舌鳎、石斑鱼、鲆	10
甲壳类	凡纳滨对虾	1
合　计		11

表 3　2023 年天津市监测到的水产养殖动物疾病种类数量

类别		鱼类疾病	甲壳类疾病	合计
疾病性质	细菌性疾病（种）	9	4	13
	真菌性疾病（种）	2	0	2
	寄生虫性疾病（种）	5	1	6
	水质因子致病（种）	0	1	1
	营养因子致病（种）	0	1	1
	有毒藻类致病（种）	1	0	1
	不明病因致病（宗）	1	2	3
合计		18	9	27

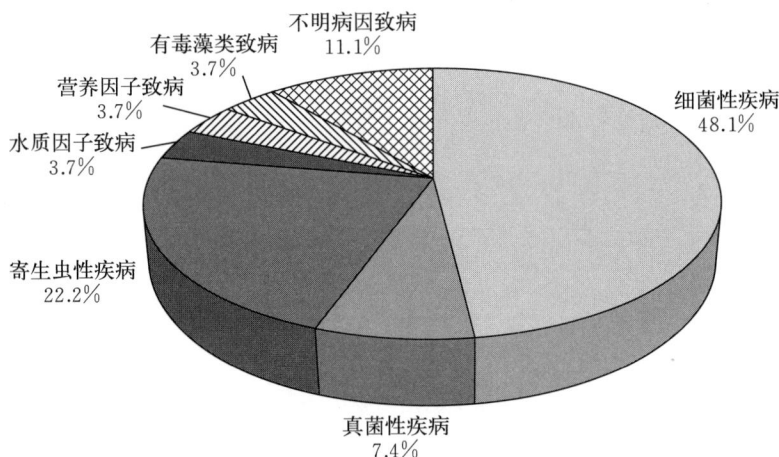

图 1　2023 年天津市水产养殖动物各种疾病比率

从月发病面积比例、月死亡率来看，2023 年养殖鱼类发病面积比例 6 月最高，为 3.046 9%；8 月次之，为 1.356 3%；1 月、12 月最低，均为 0。鱼类死亡率 6 月最高，为 0.016 2%；4 月次之，为 0.014 0%；1 月、2 月、12 月最低，均为 0（图 2）。养殖甲壳类发病面积比例 7 月最高，为 1.030 4%；8 月次之，为 0.591 2%；5 月最低，为 0.013 5%。甲壳类死亡率 6 月最高，为 0.004 1%；7 月次之，为 0.000 5%；5 月、9 月最低，均为 0（图 3）。

疾病对养殖鱼类、甲壳类危害程度受病原侵袭力强弱、养殖水环境优劣、养殖动物免疫力等因素综合作用的影响。2023 年，疾病对池塘养殖鱼类的危害程度受水环境因素和人为因素的影响较大；疾病对养殖甲壳类的危害程度受病原侵袭力影响较大。

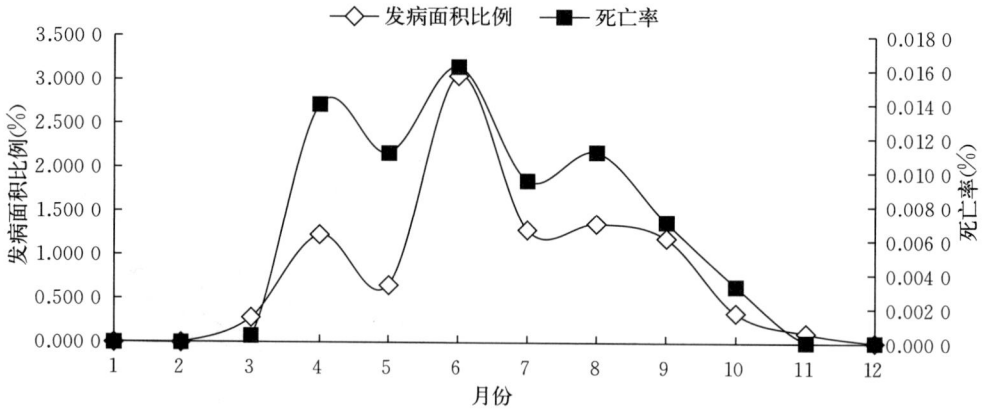

图2　2023年天津市养殖鱼类发病面积比例及死亡率

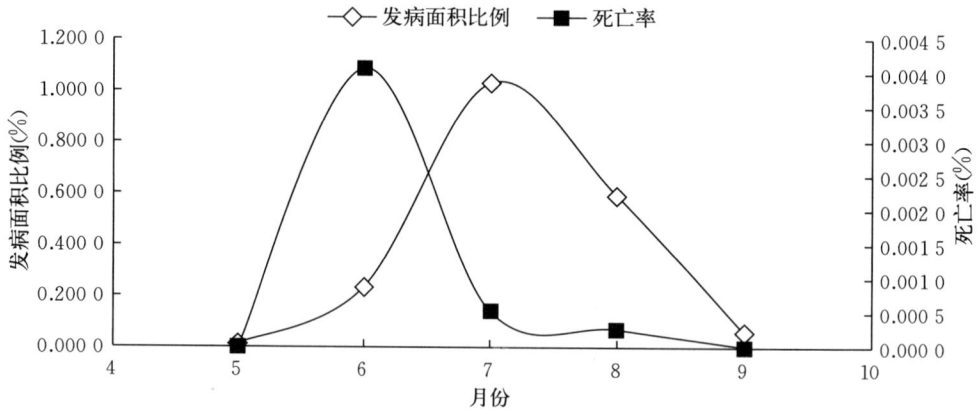

图3　2023年天津市养殖甲壳类发病面积比例及死亡率

（二）鱼类疾病发生情况

2023年共监测到鱼类疾病18种。其中，细菌性疾病9种，真菌性疾病2种，寄生虫性疾病5种，有毒藻类致病1种，不明病因致病1种（表4）。

2023年鱼类各养殖品种中，月发病面积比例均值较高的品种有鲢、鳙、草鱼、鳊、鲤、鲫，均达1%以上；月死亡率均值较高的品种有鲢、鳙、草鱼，均达0.02%以上。

表4　2023年天津市养殖鱼类疾病种类（种）

疾病类别	疾病名称	数量
细菌性疾病	打印病、竖鳞病、赤皮病、疖疮病、溃疡病、肠炎病、烂鳃病、淡水鱼细菌性败血症、鲫肠类败血症	9
真菌性疾病	水霉病、鳃霉病	2

（续）

疾病类别	疾病名称	数量
寄生虫性疾病	黏孢子虫病、车轮虫病、指环虫病、三代虫病、锚头鳋病	5
有毒藻类致病	三毛金藻中毒症	1
不明病因致病		1
合　计		18

1. 池塘主要养殖鱼类疾病发生情况

2023 年池塘养殖鱼类监测面积为 2 558.87 hm²。月发病面积比例 6 月最高，为 3.049 1%；8 月次之，为 1.357 2%；9 月最低，为 0.083 5%。月死亡率 4 月最高，为 0.018 1%；6 月次之，为 0.016 4%；3 月最低，为 0.000 5%（图 4）。疾病对池塘养殖鲢、鳙、草鱼、鲤、鲫、鲖的危害较重（图 5、图 6）。

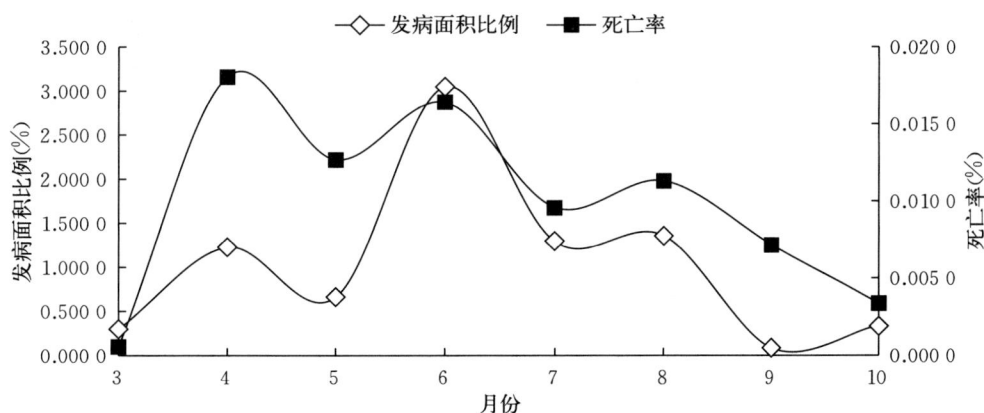

图 4　2023 年天津市池塘养殖鱼类月发病面积比例及死亡率

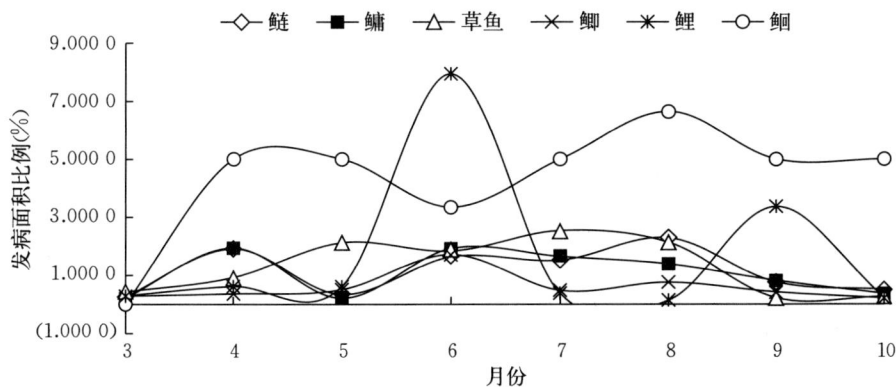

图 5　2023 年天津市池塘主要养殖品种发病面积比例

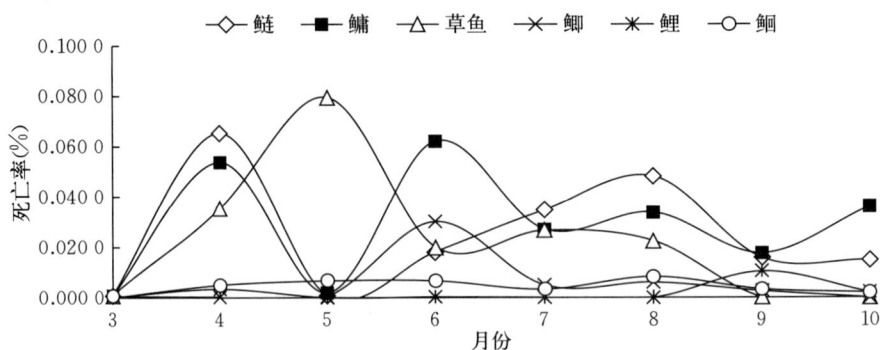

图 6　2023 年天津市池塘主要养殖品种死亡率

（1）鲢　监测时间 3—10 月，监测面积 2 558.87 hm²。从总体上看，鲢发病面积比例 8 月最高，为 2.292 8%。死亡率 4 月最高，为 0.065 3%。各种疾病中，打印病、淡水鱼细菌性败血症、水霉病、锚头鳋病对鲢的危害较大。鲢主要疾病的发病情况（图 7、图 8）：

打印病：流行于 4—5 月，发病面积 6 hm²。发病面积比例分别为 0.082 5%、0.156 3%；死亡率分别为 0.000 4%、0。

淡水鱼细菌性败血症：流行于 6—10 月，发病面积 136 hm²。6 月发病面积比例最高，为 1.485 0%；7 月死亡率最高，为 0.034 7%。

水霉病：流行于 3—4 月，发病面积 42.2 hm²。发病面积比例分别为 0.115 5%、1.630 9%；死亡率分别为 0.001 1%、0.064 9%。

锚头鳋病：流行于 7—8 月，发病面积 28.33 hm²。发病面积比例分别为 0.091 1%、1.016 1%；死亡率分别为 0.000 1%、0.022 0%。

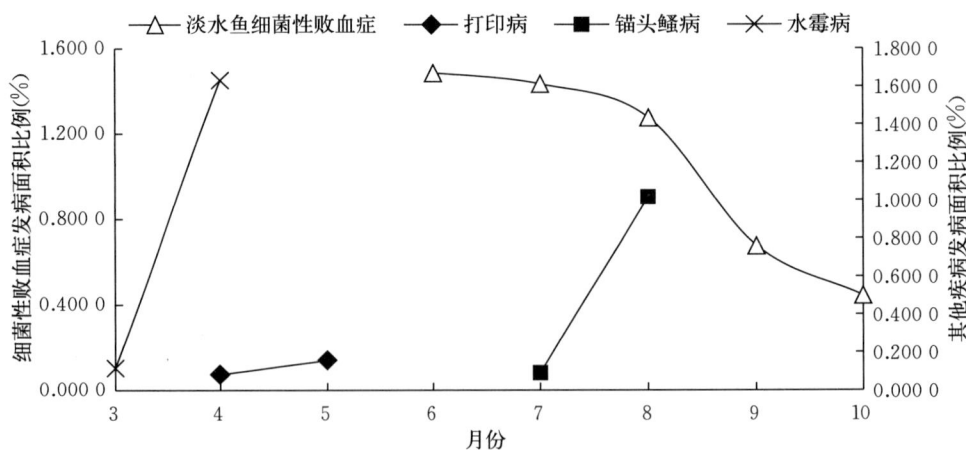

图 7　2023 年天津市鲢主要疾病发病面积比例

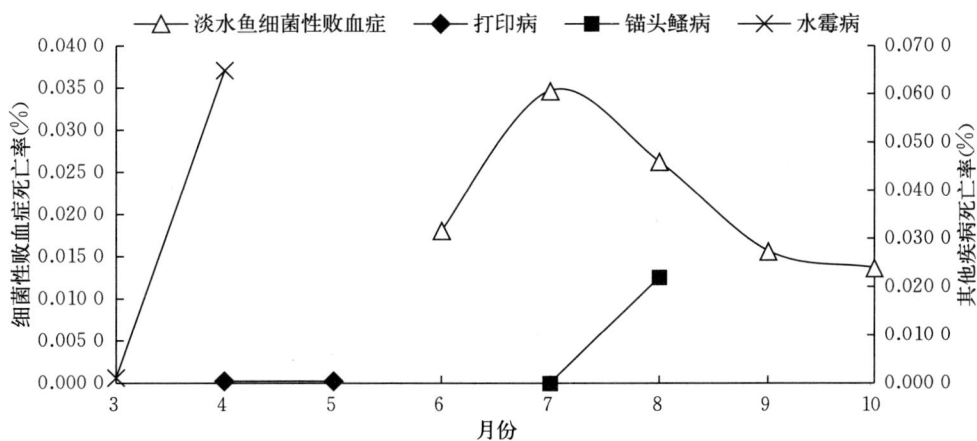

图 8　2023 年天津市鲢主要疾病死亡率

（2）鳙　监测时间 3—10 月，监测面积 2 558.87 hm²。从总体来看，鳙发病面积比例 4 月最高，为 1.947 3%；死亡率 6 月最高，为 0.062 2%。各种疾病中，赤皮病、溃疡病、淡水鱼细菌性败血症对鳙的危害较大。鳙主要疾病发病情况（图 9、图 10）：

赤皮病：流行于 3—4 月，发病面积 8.33 hm²。发病面积比例分别为 0.144 0%、0.206 3%；死亡率均为 0。

溃疡病：流行于 5 月、7 月，发病面积 8 hm²。发病面积比例均为 0.156 3%；死亡率分别为 0.000 4%、0。

淡水鱼细菌性败血症：流行于 6—10 月，发病面积 138.66 hm²。7 月发病面积比例最高，为 1.497 9%。6 月死亡率最高，为 0.036 7%。

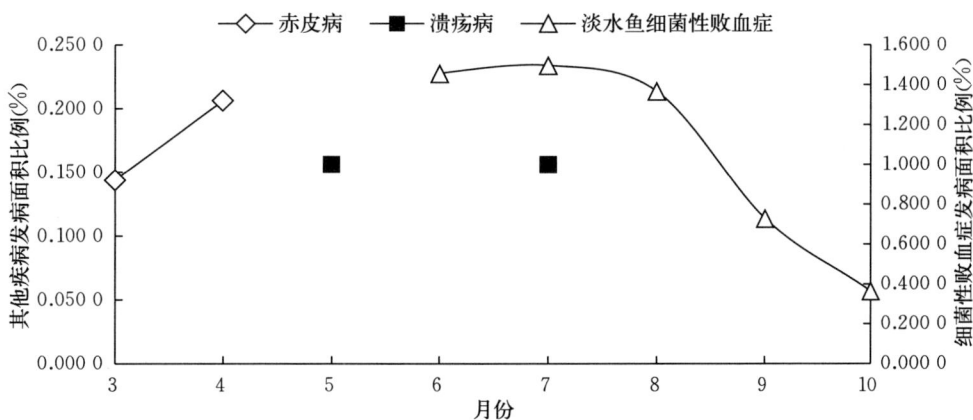

图 9　2023 年天津市鳙主要疾病发病面积比例

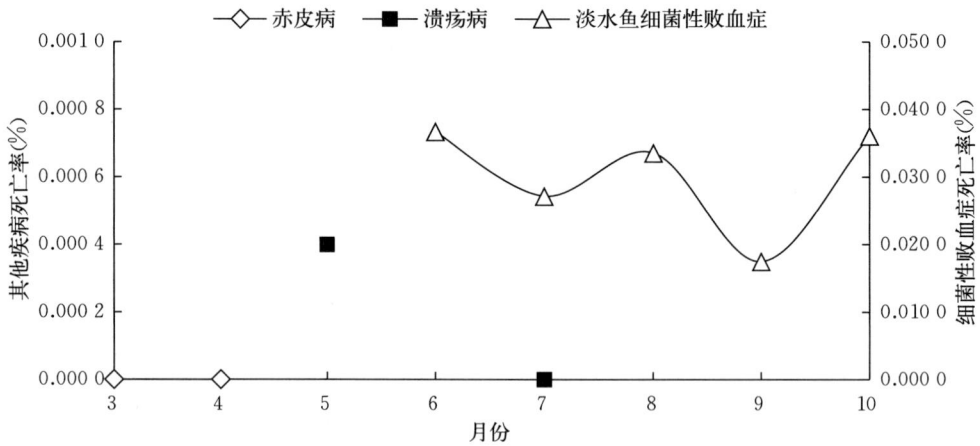

图 10　2023 年天津市鳙主要疾病死亡率

（3）草鱼　监测时间 3—10 月，监测面积 1 502 hm²。从总体来看，草鱼发病面积比例 7 月最高，为 2.547 9%；死亡率 5 月最高，为 0.079 5%。各种疾病中，烂鳃病、肠炎病的危害较大。草鱼主要疾病的发病情况（图 11、图 12）：

赤皮病：流行于 3—5 月、7—9 月，发病面积 9.992 8 hm²。4 月发病面积比例最高，为 0.300 0%；3 月死亡率最高，为 0.005 0%。

烂鳃病：流行于 5—8 月，发病面积 35 hm²。5 月发病面积比例最高，为 0.710 4%；5 月死亡率最高，为 0.039 7%。

肠炎病：流行于 5—8 月，发病面积 67.19 hm²。7 月发病面积比例最高，为 1.451 4%；5 月死亡率最高，为 0.039 7%。

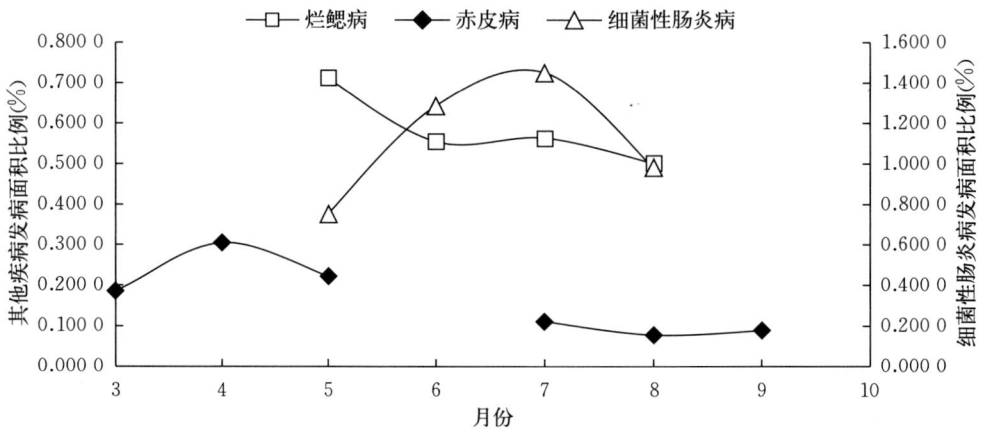

图 11　2023 年天津市草鱼主要疾病发病面积比例

（4）鳊　监测时间 3—10 月，监测面积 20 hm²。监测到车轮虫病、指环虫病、三

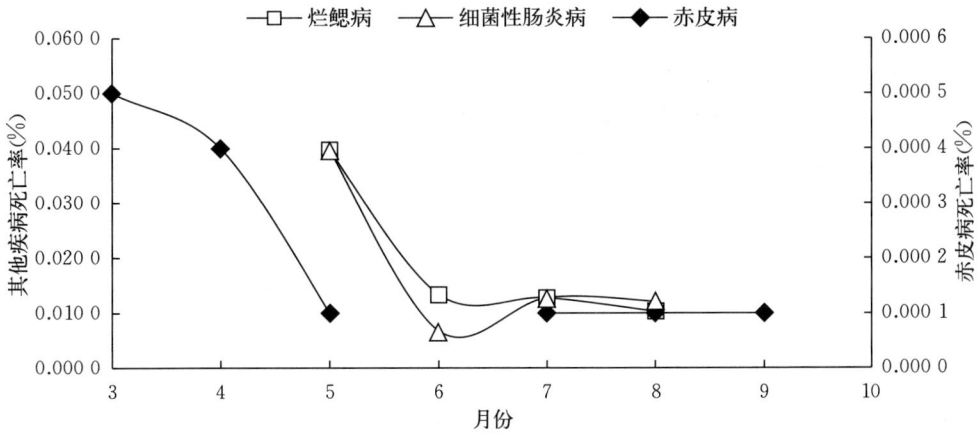

图 12　2023 年天津市草鱼主要疾病死亡率

代虫病、锚头鳋病。

车轮虫病：发生于 5 月，发病面积 0.67 hm²。发病面积比例为 3.350 0%，死亡率为 0.003 3%。

指环虫病：发生于 7—8 月，发病面积 2 hm²。发病面积比例为 5.000 0%，死亡率为 0.003 3%。

三代虫病：发生于 6 月，发病面积 0.67 hm²。发病面积比例为 3.35%，死亡率为 0.006 7%。

锚头鳋病：发生于 9 月，发病面积 1 hm²。发病面积比例为 5.000 0%，死亡率为 0.005 0%。

（5）鲫　监测时间 3—10 月，监测面积 1 908.73 hm²。从总体来看，鲫发病面积比例 6 月最高，为 1.718 4%；死亡率 6 月最高，为 0.030 2%。各种疾病中，烂鳃病、淡水鱼细菌性败血症、锚头鳋病、车轮虫病的危害较大。鲫主要疾病发病情况（图 13、图 14）：

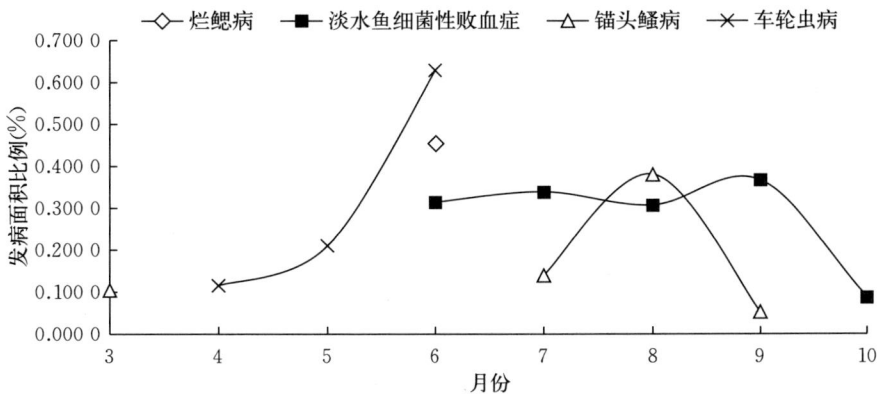

图 13　2023 年天津市鲫主要疾病发病面积比例

烂鳃病：流行于6月，发病面积8.67 hm²。发病面积比例为0.454 2%，死亡率为0.008 3%。

淡水鱼细菌性败血症：流行于6—10月，发病面积27.01 hm²。9月发病面积比例最高，为0.366 7%；6月死亡率最高，为0.005 1%。

锚头鳋病：流行于3月、7—9月，发病面积12.94 hm²。8月发病面积比例最高，为0.380 9%；8月死亡率最高，为0.003 3%。

车轮虫病：流行于4—6月，发病面积18.33 hm²。6月发病面积比例最高，为0.628 7%；4月死亡率最高，为0.000 3%。

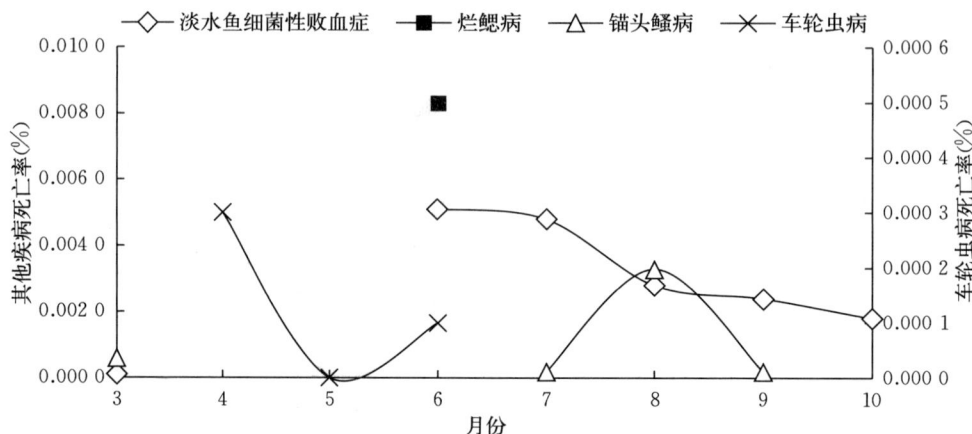

图14 2023年天津市鲫主要疾病死亡率

（6）鲤 监测时间3—10月，监测面积2 031.67 hm²。从总体来看，鲤发病面积比例6月最高，为7.944 9%；死亡率9月最高，为0.010 4%。各种疾病中，赤皮病、烂鳃病、肠炎病、三代虫病的危害较重。鲤主要疾病发病情况（图15、图16）：

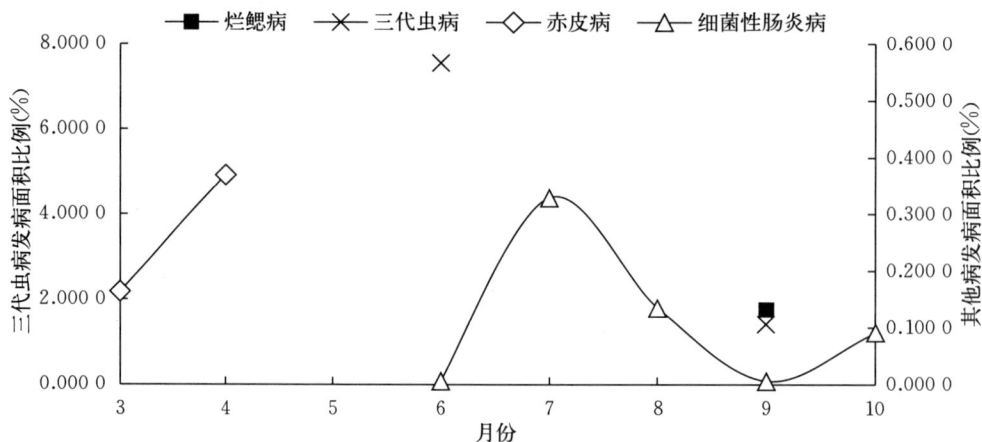

图15 2023年天津市鲤主要疾病发病面积比例

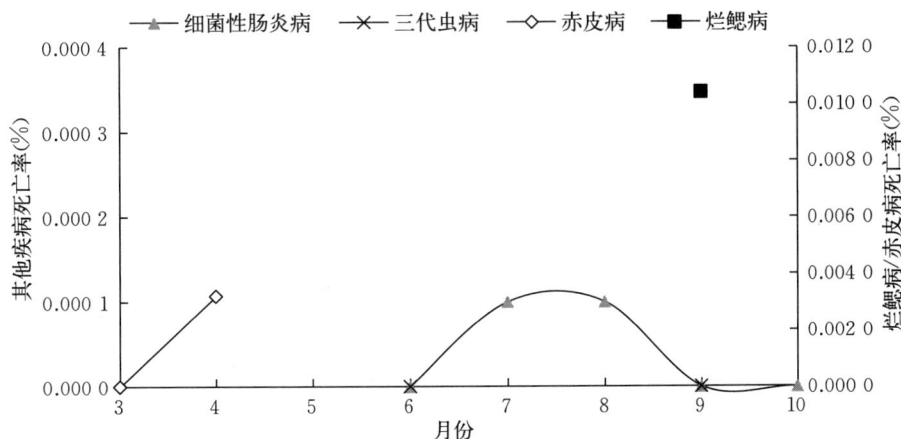

图 16　2023 年天津市鲤主要疾病死亡率

赤皮病：流行于 3—4 月，发病面积 11.33 hm²。4 月发病面积比例最高，为 0.369 5%；4 月死亡率最高，为 0.003 2%。

烂鳃病：流行于 9 月，发病面积 38.93 hm²。发病面积比例为 0.140 0%；死亡率为 0.010 4%。

肠炎病：流行于 6—10 月，发病面积 12.53 hm²。7 月发病面积比例最高，为 0.329 2%；7 月、8 月死亡率最高，均为 0.000 15%。

三代虫病：流行于 6 月、9 月，发病面积 198 hm²。6 月发病面积比例最高，为 7.546 9%；死亡率均为 0。

（7）鲫　监测时间 3—10 月，监测面积 20 hm²。监测到鲫类肠败血症、车轮虫病、三代虫病。

鲫类肠败血症：发生于 5 月、8 月，发病面积 2.33 hm²。发病面积比例分别为 5.000 0%、6.650 0%，死亡率分别为 0.006 7%、0.008 3%。

车轮虫病：发生于 4 月、6 月、9 月，发病面积 2.67 hm²。发病面积比例分别为 5.000 0%、3.350 0%、5.000 0%，死亡率分别为 0.005 0%、0.006 7%、0.003 3%。

三代虫病：发生于 7 月、10 月，发病面积 2 hm²。发病面积比例均为 5.000 0%，死亡率分别为 0.003 3%、0.002 0%。

2. 海水工厂化养殖鱼类疾病发病情况

2023 年监测海水工厂化养殖月最高监测面积为 11.99 hm²。从疾病发生情况看，海水工厂化养殖鱼类 5 月发病面积比例最高，为 0.124 4%；8 月、9 月次之，均为 0.097 6%；2 月、3 月、11 月最低，均为 0。7 月死亡率最高，为 0.000 9%；9 月次之，为 0.000 5%；2 月、3 月、11 月最低，均为 0（图 17）。监测到发病品种有半滑舌鳎、石斑鱼、鲆，其中溃疡病对半滑舌鳎的危害较重。

（1）半滑舌鳎　监测时间 1—12 月，监测到溃疡病。

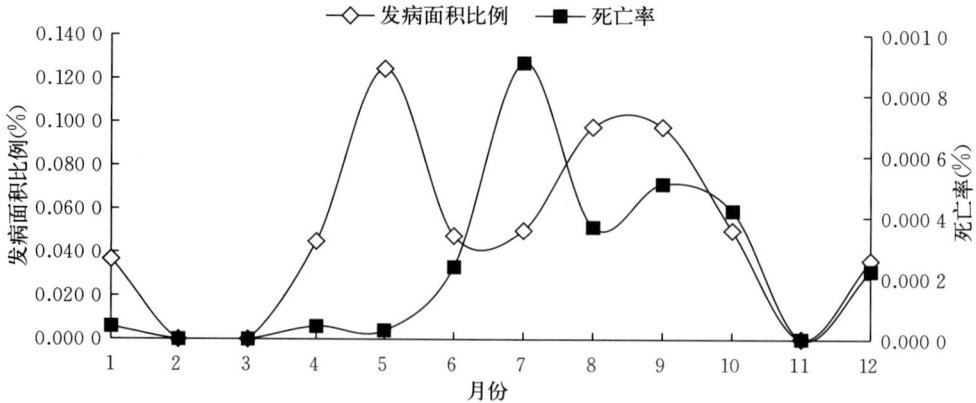

图 17　2023 年天津市海水工厂化养殖鱼类发病面积比例和死亡率

溃疡病：发生在 1 月、4—11 月，发病面积 0.033 8 hm²。发病面积比例最高为 0.050 0%；7 月死亡率最高，为 0.000 9%。

（2）石斑鱼　监测时间 1—12 月，监测到车轮虫病。

车轮虫病：流行于 1 月、8 月、9 月，发病面积 0.012 1 hm²。8 月、9 月发病面积比例最高，均为 1.010 0%；死亡率均为 0。

（3）鲆　监测时间 1—12 月，监测到溃疡病、肠炎病。

溃疡病：发生在 5 月，发病面积 0.01 hm²。发病面积比例为 0.258 7%，死亡率为 0。

肠炎病：发生在 4 月，发病面积 0.001 4 hm²。发病面积比例为 0.040 0%，死亡率为 0。

（三）甲壳类疾病流行情况

2023 年，养殖甲壳类监测面积 5 284.03 hm²。其中，凡纳滨对虾监测面积为 4 950.7 hm²，中华绒螯蟹监测面积 333.33 hm²。监测到疾病 9 种（宗）。其中，细菌性疾病 4 种，寄生虫性疾病 1 种，营养因子致病 1 种，水质因子致病 1 种，不明病因致病 2 宗，如表 5 所示。

表 5　2023 年天津市养殖甲壳类疾病种类

疾病类别	疾病名称	数量
细菌性疾病	烂鳃病、肠炎病、弧菌病、对虾红腿病	4 种
寄生虫性疾病	固着类纤毛虫病	1 种
营养因子致病	蜕壳不遂症	1 种
水质因子致病	缺氧症	1 种
不明病因致病		2 宗
合　计		9

（1）凡纳滨对虾　监测时间 4—10 月，2023 年天津市池塘养殖凡纳滨对虾月最高监测面积为 4 950.7 hm²，发病面积总计 95.41 hm²。从月发病面积比例来看，7 月最高，为 1.030 4%；8 月次之，为 0.591 2%；5 月最低，为 0.013 5%。从月死亡率来看，6 月最高，为 0.004 1%；7 月次之，为 0.000 5%；4 月、9 月最低，均为 0（图 18）。

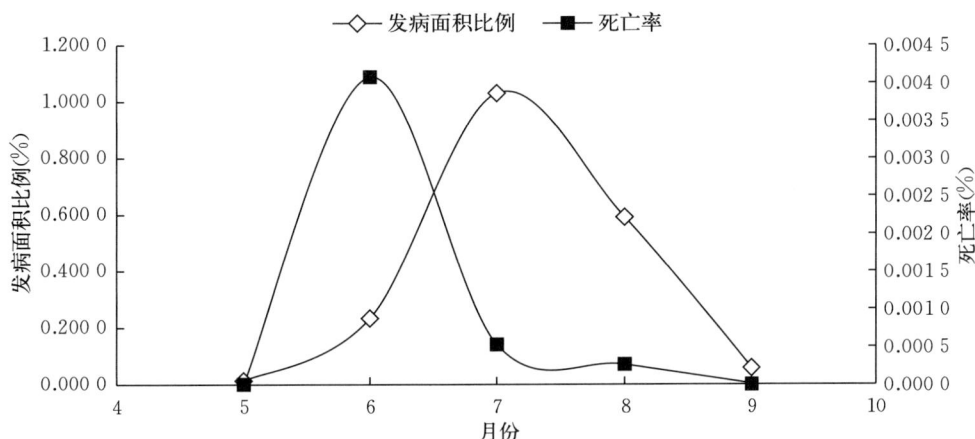

图 18　2023 年天津市凡纳滨对虾发病面积比例和死亡率

各种疾病中，固着类纤毛虫病对凡纳滨对虾的危害较大。该病流行于 6—7 月，发病面积 21.33 hm²。发病面积比例分别为 0.228 9%、0.202 0%，死亡率分别为 0.004 1%、0。

（2）中华绒螯蟹　2023 年天津市池塘养殖中华绒螯蟹监测时间 3—10 月，监测面积为 333.33 hm²。未监测到疾病发生。

（四）病情分析

1. 池塘养殖鱼类病情分析

从整体看，2023 年天津市池塘养殖鱼类细菌性疾病危害最重，危害严重的有烂鳃病、淡水鱼细菌性败血症、肠炎病、赤皮病、溃疡病；真菌性疾病次之，危害较重的为水霉病；寄生虫性疾病危害最轻。

从疾病对池塘养殖鱼类各品种的危害程度看，由重到轻依次为鳙、鲢、草鱼、鲫、鮰、鲤。与 2022 年相比，2023 年疾病对鳙、鲢危害程度依然居高不下，对草鱼的危害程度有所上升，对鲤的危害程度有所下降。其中，草鱼月死亡率均值由 0.017 3% 升至 0.023 2%；鲤月死亡率均值由 0.014 2% 降至 0.002 1%。

从疾病的流行分布来看，池塘养殖鱼类淡水鱼细菌性败血症分布于武清、宁河、蓟州；烂鳃病分布于蓟州；肠炎病分布于滨海新区、西青、武清、宁河、蓟州；溃疡病分布于武清、滨海新区；水霉病分布于武清、宁河。

（1）池塘养殖鱼类细菌性疾病病情分析

① 体表细菌病病情分析　2023 年，池塘养殖鱼类发生的体表细菌病包括赤皮病、竖鳞病、溃疡病、打印病、疖疮病，其危害程度春季较重（图 19、图 20）。体表细菌病多由外力致鱼机械损伤而诱发，其病程长短和危害程度往往受治疗是否及时等因素的影响。

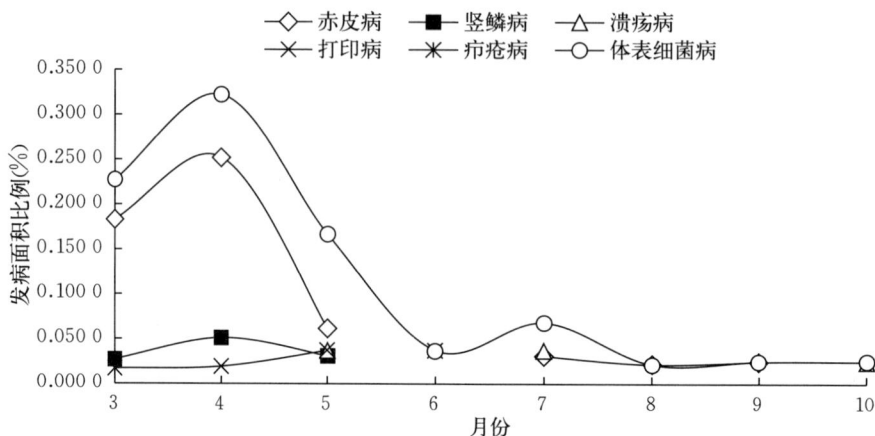

图 19　2023 年天津市池塘养殖鱼类体表细菌病发病面积比例

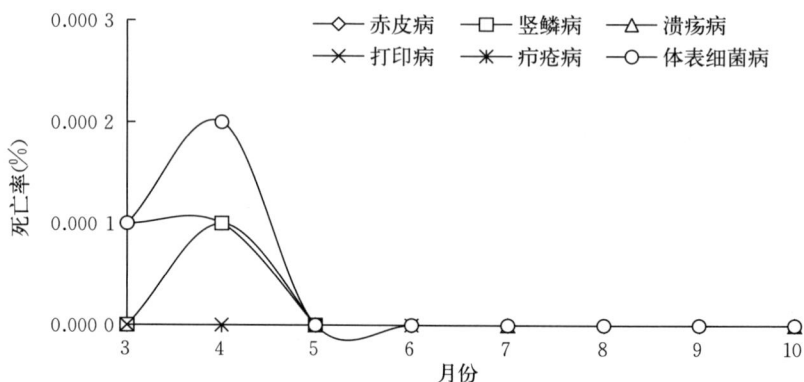

图 20　2023 年天津市池塘养殖鱼类体表细菌病死亡率

② 烂鳃病、肠炎病、淡水鱼细菌性败血症病情分析　池塘养殖鱼类烂鳃病、肠炎病、淡水鱼细菌性败血症的发病面积比例与水温呈正相关，且受到水质富营养化程度的影响（图 21）。三种疾病的危害程度见图 22。从疾病流行季节来看，三种疾病均发生于夏、秋季，夏季危害较重。池水较浅、浊度较大且长时间低氧的寡营养型池塘易发生烂鳃病，摄饵过量易引发肠炎病。水质高度富营养化、老化的池塘易发生淡水鱼细菌性败血症；其他细菌病（如肠炎病、赤皮病、溃疡病等）病程较长时，也可诱发淡水鱼细菌性败血症。

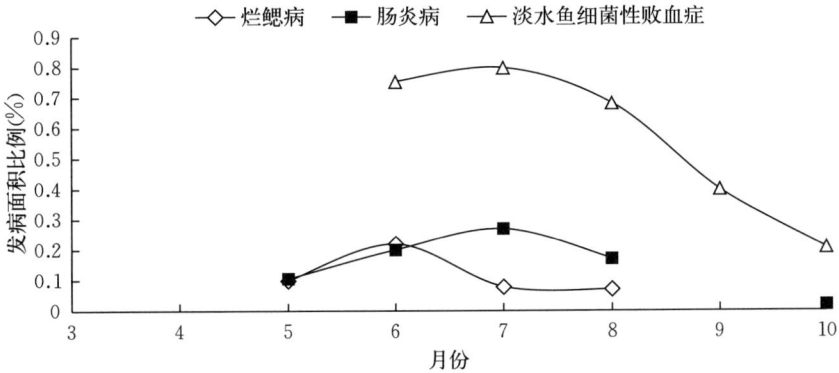

图 21　2023 年天津市池塘养殖鱼类烂鳃病、肠炎病、细菌性败血症发病面积比例

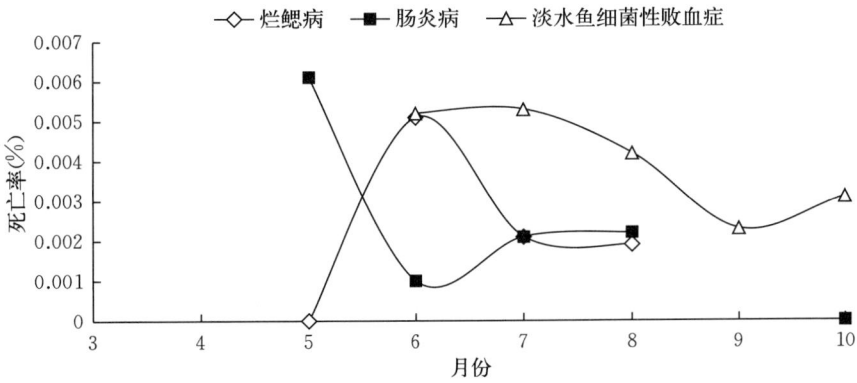

图 22　2023 年天津市池塘养殖鱼类烂鳃病、肠炎病、细菌性败血症死亡率

（2）真菌性疾病病情分析　2023 年，池塘养殖鱼类发生的真菌病为水霉病、鳃霉病。多发于春季和夏初，春季危害较重（图 23、图 24）。春季鱼体受伤后，伤口愈合较慢且易产生腐肉，水环境中的真菌孢子散落其中萌发，汲取其营养，引发了水霉病。水质恶化，尤其是有机物含量高时，易引发鳃霉病。

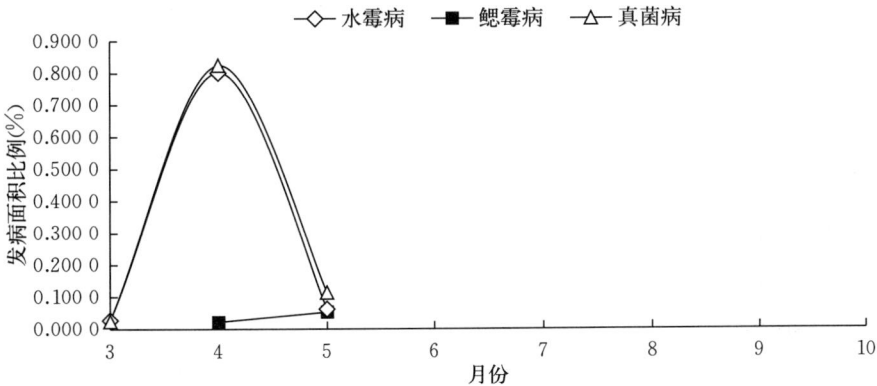

图 23　2023 年天津市池塘养殖鱼类真菌病发病面积比例

225

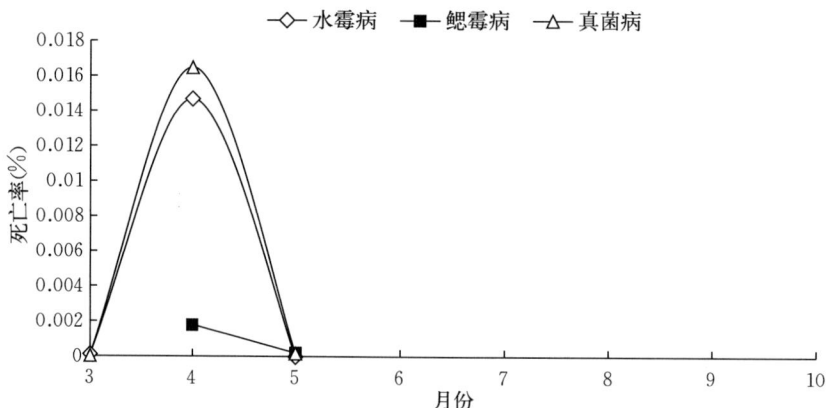

图 24　2023 年天津市池塘养殖鱼类真菌病死亡率

（3）寄生虫病病情分析　2023 年，池塘养殖鱼类发生的寄生虫病为黏孢子虫病、车轮虫病、指环虫病、三代虫病、锚头鳋病。其中，车轮虫病、指环虫病、三代虫病的发生频率较高（图 25），但死亡率均较低（图 26）。寄生虫病对养殖鱼类的危害程度往往受寄生虫繁殖力和侵袭力的影响。

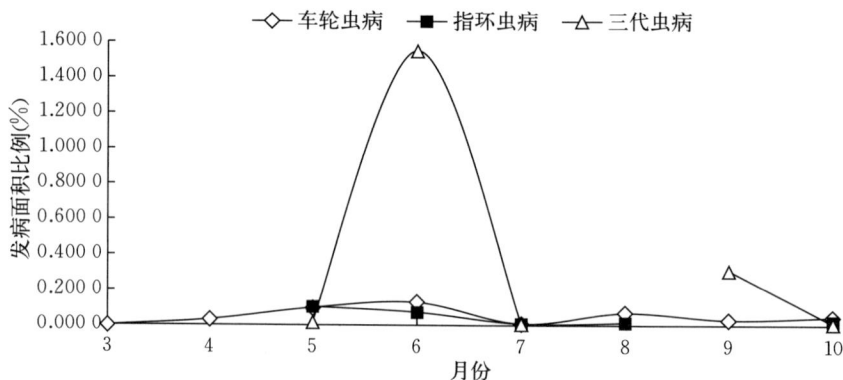

图 25　2023 年天津市池塘养殖鱼类主要寄生虫病发病面积比例

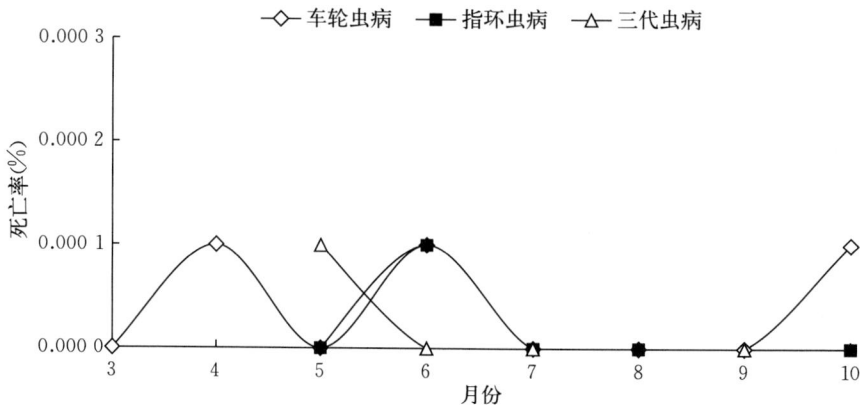

图 26　2023 年天津市池塘养殖鱼类主要寄生虫病死亡率

2. 海水工厂化养殖鱼类病情分析

2023 年，海水工厂化养殖鱼类发生的细菌性疾病有溃疡病、肠炎病；发生的寄生虫性疾病为车轮虫病。其中，细菌性疾病的危害较重。

从疾病的流行分布来看，溃疡病、肠炎病、车轮虫病均分布于滨海新区。

从发病面积比例、死亡率来看，海水工厂化养殖鱼类 2023 年月发病面积比例均值由 2022 年的 0.201 8%降至 0.048 8%；月死亡率均值由 2022 年的 0.000 1%略升至 0.000 2%，但相比 2021 年的 0.002 3%降幅明显。以上数据表明，天津市海水工厂化养殖鱼类疾病危害程度呈减弱趋势。

3. 池塘养殖甲壳类病情分析

2023 年，池塘养殖甲壳类危害较严重的疾病为凡纳滨对虾固着类纤毛虫病、弧菌病，全年未监测到白斑综合征。

从疾病的流行分布来看，凡纳滨对虾固着类纤毛虫病分布于宁河、武清、西青；弧菌病分布于西青；肠炎病、不明病因致病分布于滨海新区。

从发病面积比例、死亡率来看，2023 年池塘养殖凡纳滨对虾月发病面积比例均值由 2022 年的 0.324 1%略升至 0.385 4%，月死亡率均值由 2022 年的 0.002 9%降至 0.001 0%。2023 年发病较严重的月份集中在 6～8 月，其中 6 月死亡率最高，达 0.004 1%。对虾弧菌病危害程度与 2022 年相比基本持平，月发病面积比例均值虽由 0.108 5%上升至 0.269 36%，但月死亡率均值均为 0.000 3%。

（五）疾病风险分析

2019—2023 年，天津市动物疫病预防控制中心对锦鲤疱疹病毒病、鲤浮肿病、鲫造血器官坏死病等重要疫病进行了监测。锦鲤疱疹病毒病监测结果：2019 年未检出阳性样本，2020 年检出阳性样本 4 例（4/30，样品阳性率 13.3%），2021 年未检出阳性样本，2022 年检出阳性样本 2 例（2/10，样品阳性率 20%），2023 年未检出阳性样本。鲤浮肿病监测结果：2019 年未监测到阳性样本，2020 年阳性样本 4 例（4/25，样品阳性率 16%），2021—2023 年均未检出阳性样本。鲫造血器官坏死病监测结果：2019—2023 年未检出阳性样本。近年监测结果表明，天津地区依然存在着发生锦鲤疱疹病毒病、鲤浮肿病的风险。

三、2024 年疾病流行预测

1. 春季疾病流行趋势

春季池塘水温较低，受拉网、分池、苗种投放等生产活动的影响，池塘养殖鱼类易发生鱼体表细菌病、真菌病，具体情况如下：

（1）池塘养殖鱼类　易发生赤皮病、竖鳞病、溃疡病、疖疮病、水霉病、鳃霉病、车轮虫病，同时存在发生鲫造血器官坏死病的潜在风险。

（2）海水工厂化养殖鱼类　易发生溃疡病、烂尾病、车轮虫病。

2. 夏季疾病流行趋势

夏季是水产养殖动物快速生长季节，也是水产养殖动物疾病高发季节，具体情况如下：

（1）池塘养殖鱼类 易发生淡水鱼细菌性败血症、烂鳃病、肠炎病、车轮虫病、指环虫病、三代虫病、缺氧症，同时存在发生锦鲤疱疹病毒病、鲤浮肿病的潜在风险。

（2）海水工厂化养殖鱼类 易发生烂尾病、溃疡病、腹水病。

（3）池塘养殖凡纳滨对虾 易发生白斑综合征、弧菌病、对虾肝胰腺坏死病、对虾肠道细菌病、虾肝肠胞虫病、固着类纤毛虫病。

（4）池塘养殖中华绒螯蟹 易发生固着类纤毛虫病、缺氧症。

3. 秋季疾病流行趋势

秋季气压逐渐升高，气温逐渐凉爽，水质逐步得到改善，但仍应注意下列疾病造成的危害：

（1）池塘养殖鱼类 易发生烂鳃病、肠炎病、淡水鱼细菌性败血症、车轮虫病、三代虫病，同时存在发生鲫造血器官坏死病、鲤浮肿病的潜在风险。

（2）海水工厂化养殖鱼类 易发生溃疡病、烂尾病。

（3）池塘养殖凡纳滨对虾 易发生白斑综合征、弧菌病、对虾肠道细菌病、虾肝肠胞虫病、固着类纤毛虫病。

（4）池塘养殖中华绒螯蟹 易发生固着类纤毛虫病。

4. 冬季疾病流行趋势

鱼类越冬期间易发生下列疾病：

（1）池塘养殖鱼类 易发生溃疡病、鲢肠炎病、鳙肠炎病、水霉病、气泡病、冻伤。

（2）海水工厂化养殖鱼类 易发生溃疡病、烂尾病、车轮虫病。

2023 年河北省水生动物病情分析

河北省水产技术推广总站

（刘晓丽　杨　蕾　孙朝娣　孙绍永　曹岩峰）

2023 年河北省水产技术推广总站继续开展疾病测报、重要水生动物疫病监测工作，现将 2023 年河北省水生动物病情分析如下：

一、病害总体情况

（一）疾病测报

1. 基本情况

2023 年在河北省 11 个市 47 个县共设立 189 个监测点，测报员 92 名，开展水产养殖疾病测报工作；监测养殖面积 7 961.7 hm²，约占河北省水产养殖总面积 6.25%；测报养殖品种包括 6 大类 24 个品种（表 1），其中鱼类 13 种、虾类 4 种、其他类 2 种、观赏鱼 3 种、蟹类 1 种、贝类 1 种。监测时间为 1—12 月。

表 1　2023 年河北省水产养殖疾病测报监测品种

类别	养殖品种	数量（种）
鱼类	草、鲢、鳙、鲤、鲫、鮰、鳟、鳜、鲈（淡）、鲟、鲆、河鲀、半滑舌鳎	13
虾类	凡纳滨对虾、日本对虾、中国对虾、罗氏沼虾	4
其他类	鳖、海参	2
观赏鱼	金鱼、锦鲤、其他	3
蟹类	梭子蟹	1
贝类	扇贝	1
合　计		24

2. 发病养殖种类

监测数据显示，全省测报点共监测到发病养殖种类 8 种（表 2），分别是草鱼、虹鳟、青鱼、鲈（淡水）、鳖、鲆、日本对虾、扇贝。

表2 2023年河北省监测到发病水产养殖种类汇总

类别		种类	数量（种）
淡水	鱼类	草鱼、虹鳟、青鱼、鲈（淡）	4
	其他类	鳖	1
海水	鱼类	鲆	1
	虾类	日本对虾	1
	贝类	扇贝	1
合　计			8

3. 监测到的疾病种类

监测到的疾病种类共有13种（表3）。其中，监测到鱼类主要疾病有淋巴囊肿病、细菌性肠炎病、诺卡氏菌病、水霉病等；监测到的虾类主要疾病有弧菌病；监测到的其他类主要疾病有鳖红底板病、鳖红脖子病、鳖穿孔病、鳖溃烂病、鳖腮腺炎、鳖白眼病。这些疾病中病毒性疾病占3种，细菌性疾病7种，真菌性疾病1种，非病原性损害2种，另有不明病因4宗。在生物源性疾病发病原因中，病毒性疾病占27%，细菌性疾病占64%，真菌性疾病占9%（图1）。

表3 2023年河北省水产养殖病情测报监测疾病种类

类别		病名	数量（种）
鱼类	病毒性疾病	淋巴囊肿病	1
	细菌性疾病	细菌性肠炎病、诺卡氏菌病	2
	真菌性疾病	水霉病	1
虾类	细菌性疾病	弧菌病	1
其他类	病毒性疾病	鳖红底板病、鳖腮腺炎病	2
	细菌性疾病	鳖红脖子病、鳖穿孔病、鳖溃烂病、鳖白眼病	4
非病原性损害	缺氧症、赤潮		2
合　计			13
不明病因	涉及鳟		4

4. 经济损失情况

河北省2023年水产养殖测报区因病害造成的经济损失588.48万元（表4），较2022年同期1 302.06万元减少713.58万元，主要是凡纳滨对虾病害损失减少、虹鳟病害损失增加所致，其他养殖品种病害较往年同期未有明显变化。

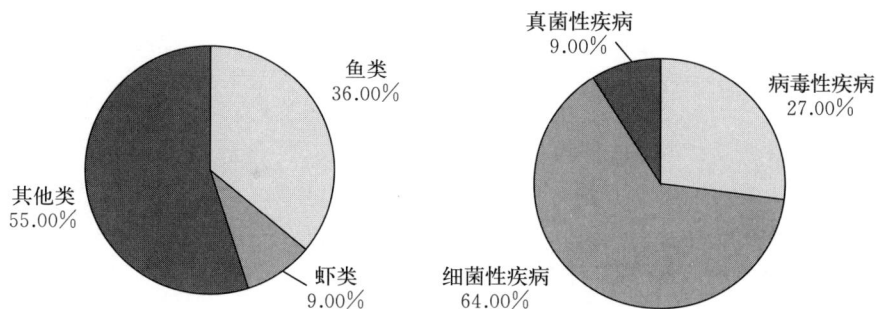

图 1　2023 年河北省监测到的疾病种类和发病种类比例

表 4　2023 年河北省测报区各品种经济损失情况

品种	经济损失（万元）
草鱼	0.35
虹鳟	503.93
青鱼	2.09
鲈（淡）	31.97
中华鳖	4.25
鲆	12.14
日本对虾	15
扇贝	18.75
合计	588.48

（二）重要水生动物疫病监测

1. 监测情况

2023 年农业农村部下达《2023 年国家水生动物疫病监测计划》、河北省农业农村厅下达《2023 河北省水生动物疫病监测计划》。其中，国家监测任务 65 个样品，省级监测任务 480 样品。主要对河北省鲤春病毒血症（鲤科鱼类）、传染性造血器官坏死病（鲑鳟）、传染性胰脏坏死病（鲑鳟）、锦鲤疱疹病毒病（鲤和锦鲤）、鲤浮肿病（鲤和锦鲤）、鲫造血器官坏死病（鲫）、草鱼出血病（草鱼）、传染性皮下和造血器官坏死病（对虾）、白斑综合征（对虾）、对虾肝肠胞虫病（对虾）、虹彩病毒病（对虾）、传染性肌坏死病等 12 种疫病开展专项监测，监测范围是河北省 11 个市。

2. 监测结果

2023 年实际完成国家监测任务 70 个，省级监测任务 686 个。共检出 9 种疫病阳性，分别是鲤浮肿病、锦鲤疱疹病毒病、鲫造血器官坏死病、草鱼出血病、白斑综合征、传染性皮下及造血器官坏死病、虾肝肠胞虫病、传染性肌坏死病、偷死野田村病毒病，共检出阳性样品 132 个（表 5）。

表5　2023年河北省主要水生动物疫病监测结果

疫病种类	国家监测数	阳性数	检测单位	省级监测数	阳性数量	检测单位
SVCV	5	0	A	20	0	C
IHNV	5	0	A	33	9	C
IPNV	5	0	A	0	0	
CEV	5	0	A	33	9	C
KHV	5	0	A	33	1	C
GCHD	5	0	A	35	5	C
GFHNV	5	0	A	20	1	C
WSSV	5	1	B	118	17	C
IHHNV	0	0	B	84	6	C
DIV1	5	0	B	0	0	
EHP	5	1	B	118	41	C
IMNV	20	3	B	90	25	C
CMNV				68	13	C
AHPND				34	0	C
合计	70	5		686	127	

注：A为中国水产科学研究院黑龙江水产研究所；B为中国水产科学研究院黄海水产研究所；C为河北省水产技术推广总站。

2023年河北省全年监测养殖场共228家，检出阳性的养殖场有98家，就检测结果来看，虾类疫病的阳性检出情况最为严重（表6）。其中，EHP检出量最多，阳性检出率34%；IHHNV的阳性检出率7%，相较2022年降低6.3个百分点；WSD阳性检出率14%，较2022年降低1个百分点；传染性肌坏死病阳性检出率27%；偷死野田村病毒阳性检出率17%。监测中发现，IMN病原在外海水、养殖池水和养殖池底泥样品中都有检出，而且苗种个体特别小时检出率不高。

表6　2020—2023年河北省对虾疫病监测检出率（%）

年份	EHP	IHHNV	WSD	IMNV	CMNV
2020	25	23.33	23.33	—	—
2021	49	21.82	10.90	—	—
2022	48	13.3	15	—	—
2023	34	7	14	27	17

二、主要病害情况分析

（一）鲤病害情况

鲤病害主要是鲤浮肿病（CEVD）。鲤浮肿病对河北省鲤养殖产业影响较大，2023

年专项监测检出 9 例。经 2018—2023 年连续监测（表 7），鲤浮肿病在河北检出率依然很高，在流行病学调查过程中，虽有 CEV 阳性检出，但并未发病。

河北省 2016—2019 年专项监测未检出 KHV 阳性，2020 年检出 KHV 阳性 9 例，2021 年检出阳性 2 例，2022 年未检出，2023 年检出 1 例（表 8），没有发病死亡报告，但仍应引起重视。

表 7　河北省 2018—2023 年 CEV 监测情况

年份	样品数（个）	阳性数（例）	阳性率（%）
2018	60	2	3.3
2019	30	5	16.7
2020	47	11	23.4
2021	30	4	13.3
2022	40	5	12.5
2023	38	9	23.7
合计/平均	245	36	14.7

表 8　河北省 2013—2023 年 KHV 监测情况

年份	样品数（个）	阳性数（例）	阳性率（%）
2013	12	3	25.0
2014	70	0	0
2015	75	2	2.7
2016	60	0	0
2017	60	0	0
2018	30	0	0
2019	30	0	0
2020	43	5	11.6
2021	39	2	5.1
2022	35	0	0
2023	38	1	2.6
合计/平均	492	13	2.6

（二）草鱼病害情况

草鱼病害主要有草鱼出血病、肠炎病、烂鳃病、赤皮病、细菌性败血症、锚头鳋病等。以 5—8 月发病较多，发病原因主要是水质恶化，病原微生物对养殖生物构成危害。2021 年之前河北省从未检出草鱼出血病；2021 年国家专项监测检出 3 例；2022 年专项监测检出 4 例，应急检出 1 例，死亡率 100%；2023 年省级任务检出 5 例阳性样品，应急检出 1 例，检出率 17％。分析认为，因目前草鱼出血病大部分为Ⅱ型，随着检测标准修订，草鱼出血病检出率会相应发生变化。

2023 年越冬综合征在应急检测中发现 3 起，均是草鱼养殖，死亡量非常大，其中一家达到 100％，另外两家达到 50％以上。

（三）鲈病害情况

河北省大口黑鲈养殖规模逐渐扩大，主要病害有虹彩病毒病、诺卡氏菌病、水霉病及不明病因病等。2023 年石家庄地区有一家在小型水库采用网箱养殖大口黑鲈，养殖水体 1 100 ㎡，7 月暴发虹彩病毒病和诺卡氏菌病，死亡率接近 100％。

（四）虹鳟病害情况

2023 年，虹鳟主要是 IHN、不明病因病等。2023 年专项监测工作，检出 IHNV 阳性 9 例。经流行病学调查发现，苗期均出现大量死亡，成鱼期虽检测阳性，但流行病学调查及跟踪回访没有发病。IPN 专项监测无阳性。

（五）鲟病害情况

鲟病害主要是链球菌病、细菌性肠炎病等。由于疫情及价格因素影响，养殖密度均有所降低，鲟链球菌病害平均发病率和死亡率均有所下降。

（六）中华鳖病害情况

中华鳖病害主要有鳖红底板病、鳖红脖子病、鳖穿孔病、鳖溃烂病、鳖白眼病、鳖腮腺炎病等。2023 年河北省进行了中华鳖主要养殖病害防控技术研发，通过对石家庄和保定地区 6 家养殖场监测，发现随着中华鳖传统养殖技术的改进，如实施底增氧技术、调水技术，中华鳖养殖发病比率及死亡率均有所降低。但是通过药敏监测试验，抗生素使用情况仍比较严峻，水产用抗生素耐药性情况不容乐观，甚至发现了超级细菌。

（七）对虾病害情况

对虾病害主要是弧菌病、烂鳃病、白斑综合征、传染性皮下和造血器官坏死病、对虾肝肠胞虫病等。自 2021 年以来，对虾传染性肌坏死病在河北出现并且影响很大，2023 年省级专项监测增加了 IMN，并且开展了对虾主要疫病防控技术研发。根据 2023 年全年监测结果，EHP 检出最多，但是相比 2022 年减少 14％；IMN 次之，2023 年监测阳性率 27％。根据监测结果，IMN 主要对于工厂化养殖危害较大，在外塘对虾养殖监测过程中检出率很低，分析与养殖密度以及环境关系很大；CMNV 监测阳性率达到 17％，对养殖影响也不容小觑。

（八）鲆鲽类病害情况

鲆鲽类主要病害是细菌性肠炎病和淋巴囊肿病等。与 2022 年相比，死亡率及造成的经济损失大幅降低。

（九）其他品种病害情况

其他养殖品种如青鱼等发生了不同程度的水霉病，但河北省养殖青鱼规模不大，其发病率和死亡率均较低；另外，扇贝因缺氧、赤潮等非生物病原影响造成损失，比 2022 年监测结果高出 18.75 万元；虹鳟因冬季大雪等原因造成缺氧，造成很大损失。

三、2024 年河北省水产养殖病害趋势预测

根据近年来河北省水产养殖病害发生情况，预测 2024 年病害发生趋势如下：

淡水鱼类病害仍以病毒性疾病、细菌性疾病和寄生虫病为主，主要是鲤浮肿病、草鱼出血病、传染性造血器官坏死病、大口黑鲈虹彩病毒病、诺卡氏菌病、肠炎病、烂鳃病等。鲤浮肿病近些年通过优化池塘管理、更换养殖品种等措施发病率有所下降，2023 年引进抗病鲤品种进行试验，2024 年计划进行良种扩繁，提高河北省鲤抗病新品种覆盖率。草鱼出血病有扩散趋势，应加强苗种检疫和运输管理，推广实施草鱼免疫技术及抗病草鱼良种培育；大口黑鲈病害随着河北省养殖规模扩大将呈上升趋势，应引起高度关注；越冬综合征危害逐步加大，要加强技术研发，联合科研院所开展越冬综合征防控技术研发。

对虾类病害主要是对虾肝肠胞虫病、白斑综合征、急性肝胰腺坏死病、弧菌病等。对虾肝肠胞虫病发病率很高，传染性肌坏死病在河北工厂化养殖对虾中发病率和死亡率均很高，2024 年需要重点关注，加强专项监测及防控。

中华鳖病害主要是鳖溃烂病、鳖红底板病、鳖红脖子病等，不会有明显变化。但是需要加强中华鳖病害用药宣传及精准用药技术指导。

2023 年山西省水生动物病情分析

山西省水产技术推广服务中心

（景秀芳　张　元　韩明利　赵　强　武　斌）

一、基本情况

（一）国家重要水生动物疫病专项监测

根据农业农村部印发的《2023 年国家水生动物疫病监测计划》安排和要求，山西省监测项目为鲤春病毒血症 5 个样品并按计划完成。抽检单位为中国检验检疫科学研究院。

监测品种为鲤，规格为夏花。监测点覆盖了山西省省级原良种场、国家级原良种场及 2022 年样品阳性场。

（二）省级重要水生动物疫病专项监测

根据山西省农业农村厅印发《开展 2023 年水生动物疫病监测工作的通知》（晋农办发〔2023〕5 号）通知安排，省级监测项目为草鱼出血病和锦鲤疱疹病毒病。计划抽检 10 个样品，全部完成。

监测品种为草鱼、鲤，草鱼全长为 10～20 cm/尾、鲤为夏花。监测点覆盖了山西省省级原良种场、国家级原良种场及重点苗种场。

二、监测结果与分析

（一）鲤春病毒血症（SVC）监测结果与风险分析

2023 年抽取 SVC 样品 5 个，检出阳性 1 例。2017—2023 年间，国家从山西省省级原良种场、国家级原良种场共采集 25 个样品，以了解山西省鲤春病毒血症的病原流行病学状况。SVCV 监测共检出阳性 2 例（图 1），阳性率为8.0%，均为山西省省级原良种场。对阳性养殖场限制销售并进行调查跟踪，未发现该疫病发生。经分析，鲤春病毒

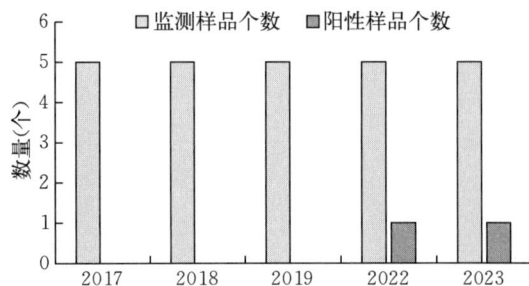

图 1　2017—2023 年山西省 SVCV 监测情况

236

虽未发病，但可能存在于上述良种场的亲本流入、苗种生产或成鱼流通环节。此情况下，山西省仍需要加强水生动物疫病流入的防范意识，并提高控制能力。

（二）草鱼出血病（GCHD）监测结果与风险分析

2023 年共抽取 GCHD 样品 5 个，检测结果均为阴性。山西省从 2023 年开始，开展草鱼出血病省级监测工作，从山西省水产良种场，也是草鱼主养单位，共采集样品 5 个，以了解山西省草鱼出血病的流行病学状况。苗种检疫和疫苗接种是预防草鱼出血病的有效措施，在做好苗种检疫的同时及时做好疫苗接种，可将该病发生风险降至最低。

（三）锦鲤疱疹病毒病（KHVD）监测结果与风险分析

2023 年共抽取 KHVD 样品 5 个，检测结果均为阴性。山西省从 2023 年开始，开展锦鲤疱疹病毒省级监测工作，从山西省水产良种场，也是鲤主养单位共采集样品 5 个，以了解山西省锦鲤疱疹病毒病的流行病学状况。2023 年虽然未检出 KHV，但其预防工作不可松懈，需重视苗种、成鱼流入环节检疫工作，选择国家级原良种场、省级原良种场或无规定疫病苗种场且经检疫合格的产品。

三、2023 山西省水生动物病害发生特点分析

近年来，山西省积极实施国家水生动物疫病监测计划，先后于 2022 年、2023 年通过锦鲤疱疹病毒病、草鱼出血病、鲤浮肿病、鲫造血器官坏死病共 4 项国家水生动物疫病防控系统实验室检测能力验证，并组织开展了相关疫病监测工作，监测情况如下：

（一）2023 年山西省未发生大规模水生动物疫情

个别生产单位虽有少量死亡病例疑似鲤浮肿病，但未经检定也未形成较大影响。2023 年实施省级水生动物疫病监测计划，监测项目为草鱼出血病和锦鲤疱疹病毒病。

（二）疫病防控与应急处置

对检出鲤春病毒血症的单位，开展流行病学调查与溯源，并持续关注。指导相关养殖单位进行预防，主要预防措施为：推荐使用二氧化氯、戊二醛、聚维酮碘等对养殖用水、池塘、渔具等设施工具严格消毒；推荐使用大黄、发酵中药、三黄粉等配合药饵投喂；指导养殖场采用解毒安等改良水质底质；开展形式多样的培训和宣传活动，积极引导养殖户对引入苗种进行检测，建立苗种隔离池，加强日常管理。

四、2024 年山西省水产养殖病害发病趋势预测

根据历年国家监测和 2023 年的省级监测结果，2024 年山西省主要发病情况预测如下：

（1）大宗淡水鱼　以草鱼、鲤、鲫为主。易发生烂鳃病、肠炎病、赤皮病、淡水鱼细菌性败血症以及寄生虫病等常见疾病。草鱼易发生草鱼出血病，鲤可能发生鲤春病毒

血症和鲤浮肿病等疫病。

（2）冷水鱼　以虹鳟、鲟为主，易发生水霉病以及烂鳃病等真菌性、细菌性疾病。苗种阶段易发生传染性造血器官坏死病和传染性胰脏坏死病等疫病。

（3）观赏鱼　以金鱼、锦鲤为主。易发生烂鳃病、肠炎病、赤皮病以及寄生虫病。金鱼可能发生鲫造血器官坏死病，锦鲤可能发生鲤浮肿病和锦鲤疱疹病毒病等疫病。

（4）大口黑鲈　以高密度养殖的，易发生诺卡氏菌病、虹彩病毒病和弹状病毒病。

2023 年内蒙古自治区水生动物病情分析

内蒙古农牧业技术推广中心水产技术处

（冯伟业　武二栓　高　杰　乌兰托亚

胡鹏飞　陈国华　李根林）

一、基本情况

内蒙古自治区农牧业技术推广中心水产技术处（原内蒙古自治区水产技术推广站）继续组织开展 2023 年全区水生动物病情测报和重要疫病的监测工作。

内蒙古自治区 2023 年承担了《2023 年国家水生动物疫病监测计划》中 4 种疫病 20 个批次的监测任务。从 3 月开始组织内蒙古自治区 12 个盟（市）、30 个旗（县）的 80 个测报点对水产病害进行了监测和跟踪，重点对自治区中西部黄河沿岸地区的集中连片养殖区和重要湿地生态保护区"一湖两海"（呼伦湖、乌梁素海、岱海）的水生生物病害情况进行了监测。监测面积 9 989 hm²，其中池塘监测面积 2 349 hm²（表 1）。

表 1　2023 年内蒙古自治区进行水生动物病情监测的品种

类别	水产品种	数量
鱼类	鲤、鲫、草鱼、鲢、鳙、乌鳢、泥鳅、瓦氏雅罗鱼、虹鳟	9
甲壳类	凡纳滨对虾、中华绒螯蟹	2
合　计		11

二、监测结果与分析

（一）国家监测任务

6 月 13 日水产技术处派员配合中国检验检疫科学研究院采样人员赴巴彦淖尔市进行了鲤春病毒病、鲤浮肿病、锦鲤疱疹病毒病、鲫造血器官坏死病共计 20 个批次样品的采集工作，样品经中国检验检疫科学研究院检测。其中，鲤春病毒病 5 个批次中有 1 个批次样品检测结果为阳性，阳性检出率为 20%；其余 19 个批次样品鲤春病毒病、鲤浮肿病、锦鲤疱疹病毒病和鲫造血器官坏死病检测结果为阴性；总体检出率为 5%。病害监测检出情况详见表 2。

表 2　2023 年内蒙古自治区送检的 20 个批次的鱼病监测样品检测情况

监测种类	采样水温 （℃）	样品数量 （批次）	每批次中鱼的 数量（尾）	样品规格 （cm）	阳性检出率 （%）	检测单位
鲤春病毒病	20	5	150	2～2.5	20	中国检验 检疫科学 研究院
鲤浮肿病	20	5	150	2～2.5	0	
锦鲤疱疹病毒病	20	5	150	2～2.5	0	
鲫造血器官坏死病	20	5	150	2～2.5	0	
合　计					5	

（二）自治区鱼类病害监测情况

2023 年被列为内蒙古省级监测的养殖水生动物种类 11 种，分别为鲤、鲫、草鱼、鲢、鳙、乌鳢、泥鳅、瓦氏雅罗鱼、虹鳟、凡纳滨对虾和中华绒螯蟹，全年监测到发生的养殖病害共计 24 种。其中，真菌性疾病 2 种（水霉病、中华绒螯蟹牛奶病），占8.3%；病毒性疾病 3 种（鲤浮肿病、鲤春病毒血症、草鱼出血病），占 12.5%；细菌性疾病 7 种（竖鳞病、溃疡病、烂鳃病、肠炎病、细菌性败血症、打印病、虾类弧菌病），占 29.2%；寄生虫性疾病 6 种（车轮虫病、斜管虫病、三代虫病、吉陶单极虫病、绦虫病、锚头鳋病），占 25.0%；营养性疾病 1 种（脂肪肝病），占 4.2%；有害藻类引起的疾病 3 种（小三毛金藻、微囊藻、裸藻），占 12.5%；不明病因鱼病 1 种（鱼瘟/越冬综合征），占 4.2%；非病原性鱼病 1 种（气泡病），占 4.2%（图 1）。

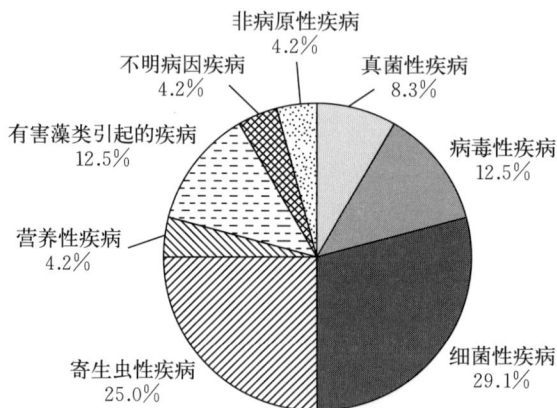

图 1　2023 年内蒙古自治区监测到的各类疾病占比

从发病情况上分析，细菌性疾病和寄生虫性疾病的发病率均大于 25%，属于发病率较高的病种；病毒性疾病、有害藻类引起的疾病随着养殖池塘水质和底质环境恶化发病率有所上升；饲料原料涨价导致的劣质原料使用和高能量饲料配方的普遍应用，导致营养性疾病发生率有所提高。通过优化鱼病防治措施和有效使用防治药物，一定程度上控制了细菌性败血症、肠炎病、烂鳃病及三代虫病、车轮虫病、黏孢子虫病等发生率较高疾病的病死率。

从养殖周期发生病害种类所占的比例看，4月、5月水霉病、竖鳞病、"春瘟"和小三毛金藻等一些低温病害时有发生；6月和10月因养殖环境水温未达病原微生物适宜繁殖温度而发病率偏低；7月、8月是一年中气温最高的季节，也是病害微生物生长繁殖的季节，这个阶段投饵率一般偏高，水质容易恶化，是鱼病的高发季节（表3）。

表3　2023 年内蒙古自治区水产养殖病害发生情况统计

	种类	4月	5月	6月	7月	8月	9月	10月
鱼类	真菌性	水霉病	水霉病	—	—	—	—	水霉病
	细菌性	竖鳞病、溃疡病	溃疡病	烂鳃病	烂鳃病、肠炎病、细菌性败血症	烂鳃病、肠炎病、细菌性败血症	肠炎病、打印病	肠炎病
	寄生虫性	—	—	车轮虫、斜管虫	三代虫病、吉陶单极虫病、绦虫病	三代虫病、吉陶单极虫病、绦虫病	锚头鳋病	锚头鳋病
	病毒性	—	鲤浮肿病	鲤浮肿病	鲤浮肿病、草鱼出血病	鲤浮肿病、草鱼出血病	鲤浮肿病	—
	营养性	—	—	—	—	脂肪肝病	脂肪肝病	—
	有害藻类	小三毛金藻	小三毛金藻	—	微囊藻	微囊藻	小三毛金藻	—
	不明病因	越冬综合征	越冬综合征	—	—	—	—	—
	非病原性	—	—	气泡病	—	—	—	—
虾蟹	真菌性	—	中华绒螯蟹牛奶病	—	—	—	—	—
	细菌性	—	—	—	虾类弧菌病	虾类弧菌病	—	—
合计病种		5	6	5	10	11	6	3

发生上述病害的原因是多方面的。例如，鱼体在秋冬季转塘时捕捞造成机械损伤，消毒不规范，防控意识不强；池塘老化，水质调控、底质改良不到位；投饵不精准、施肥不合理等。

（三）2023 年内蒙古自治区水生动物病情分析

近年来，内蒙古水生动物疫病出现新趋势，越冬综合征（俗称鱼瘟）和鲤浮肿病逐步上升为危害鲤的重大性鱼病，发病鱼塘的鲤死亡率可达 20%～50% 甚至更高；鲤春病毒血症在 2023 年的检测中也检测出阳性病例，而且在个别地区也出现了病害。今后应加强对以上 3 种疾病的监测，但锦鲤疱疹病毒病一直作为疑似病例未得到实验室确诊。

总体上看，细菌性鱼病仍是内蒙古渔业生产高发病害，淡水鱼细菌性败血症和肠炎病、烂鳃病等高发疾病，由于治疗方案有效可行，死亡率和危害性已明显降低。车轮虫病、三代虫病（包括指环虫病）、孢子虫病等寄生虫性疾病防治要规范药物使用，避免因过量和长时间用药造成新的危害，严禁使用农用药物作为杀虫剂。微囊藻、裸藻和小三毛金藻是近年内蒙古沿黄区域养殖池塘重点防范的对象，尤其应关注春秋低温季节小三毛金藻造成鱼类死亡的现象（表4）。

表4　2023年内蒙古自治区重要疫病的发病占监测面积比例、监测和发病区域死亡率（%）

项目	水霉病	鲤浮肿病	细菌性败血症	肠炎病	烂鳃病	三代虫病	车轮虫病	小三毛金藻引发疾病
发病面积占监测面积的比例	1.86	1.47	5.82	11.14	11.38	5.37	1.53	1.14
监测区域死亡率	1.03	1.34	1.20	1.22	1.34	1.28	0.05	1.09
发病区域死亡率	2.16	17.25	5.83	3.87	3.28	1.35	0.13	3.44

三、2024年内蒙古自治区水产养殖动物病害流行情况预测

通过分析近年监测数据，预测2024年内蒙古水产养殖动物病害仍以真菌性疾病、病毒性疾病、细菌性疾病、寄生虫性疾病为主，以及呈上升态势不明病因引起的"春瘟"鱼病和鱼类肝胆营养性疾病为流行总趋势。

从流行规律可以看出，春季以水霉病、竖鳞病、溃疡病和越冬综合征及黄河盐碱地鱼塘特有的小三毛金藻中毒症多发；夏季以淡水鱼细菌性败血症、肠炎病、烂鳃病、鲤浮肿病、三代虫病、车轮虫病、孢子虫病、微囊藻引发疾病等多发；秋季以肠炎病、打印病、脂肪肝病和小三毛金藻引发疾病为多发。近几年越冬综合征及病毒性疾病（鲤浮肿病）在一些渔区时有发生，给自治区的水产养殖业造成了一定的危害，应严加防范和控制。

对各季各类鱼病的防治，坚持"预防为主，防重于治"原则，及时清除过多淤泥，定期排放池塘老水引新水，定期施用微生态菌制剂，用生物型和氧化型改底药物改底、注重碳源的施入，对一些镜检发现藻类组成单一的水体及时进行多品种藻类扩繁措施以保障水体藻类的生物多样性。对有发病症状的鱼体，在显微镜镜检的基础上，及时、准确出具用药方案。对发生过重大疫病的疫区，注意把好引进苗种检疫关，做好疾病预防和日常管理，最大限度地减少病害损失。

2023 年辽宁省水生动植物病情分析

辽宁省水产技术推广站

（陈　静　李重实　白　鹏　袁　甜）

一、水生动物病害总体情况

（一）水产养殖病情测报

1. 基本情况

按照农业农村部的统一部署，2023 年辽宁省通过"全国水产养殖动植物病情测报系统"对全省 14 个市、39 个县（市、区）开展了水产养殖病情测报工作。2023 年辽宁省调配水产养殖病情测报员 78 名，设置监测点 141 个，监测面积 5 290.635 2 hm²（表 1），监测品种 24 个（表 2）。监测项目计划为病毒性疾病、细菌性疾病、寄生虫性疾病、真菌性疾病及非病原性疾病（表 3）。测报期为 1—12 月，2023 年辽宁省上报记录数 708 次。

表 1　2022 年辽宁省水产养殖病情测报面积汇总

省份	监测面积（hm²）					
	海水池塘	海水工厂化	淡水池塘	淡水网箱	淡水工厂化	淡水其他
辽宁省	1 115.000 6	3.866 7	1 178.233 7	22.666 6	2.866 5	2 968.001 1
合计	5 290.635 2					

表 2　2023 年辽宁省水产养殖病情监测品种汇总

地区	监测品种	小计（个）
沈阳市	鲤、鲫、草鱼、乌鳢	4
抚顺市	鲢、鳙、中华绒螯蟹、鲤	4
本溪市	鲑、鲟、鳜	3
丹东市	海蜇、中国对虾、蛏、蛤、草鱼、鲢、鳙、鳟、鲤、鲫	10
辽阳市	草鱼、鲤、鲇	3
大连市	海带、海参、蛤、牡蛎	4
盘锦市	中华绒螯蟹、鲤、凡纳滨对虾	3
朝阳市	鲤、草鱼、鲢	3

（续）

地区	监测品种					小计（个）
铁岭市	鲤、草鱼、鲢、鳙、青鱼、泥鳅					6
葫芦岛市	罗非、鲆、海参、蛏、蛤					5
省份	监测种类数量（种）					
	鱼类	虾类	蟹类	贝类	藻类	其他类
辽宁省	15	2	1	3	1	2
合计	24					

注：监测水产养殖种类合计数是剔除相同种类后的数量。

表 3　2023 年辽宁省水产养殖病情监测的主要疾病种类

疾病类别	疾病名称
病毒性疾病	鲤春病毒血症、锦鲤疱疹病毒病、鲤浮肿病、草鱼出血病、传染性造血器官坏死病、病毒性神经坏死病、传染性胰坏死病、白斑综合征、桃拉综合征、传染性皮下和造血器官坏死病、虾虹彩病毒病、偷死野田村病毒病、鲆类淋巴囊肿病、牙鲆弹状病毒病、大菱鲆病毒性红体病
细菌性疾病	淡水鱼细菌性败血症、细菌性烂鳃病、细菌性肠炎病、打印病、竖鳞病、赤皮病、疖疮病、链球菌病、虾类弧菌病、虾类烂鳃病、虾类红腿病、急性肝胰腺坏死病、鲆类腹水病、鲆类爱德华氏菌病、文蛤弧菌病、溃疡病、海参腐皮综合征
寄生虫性疾病	小瓜虫病、三代虫病、指环虫病、固着类纤毛虫病、车轮虫病、中华鳋病、锚头鳋病、黏孢子虫病、盾纤毛虫病、刺激隐核虫病、虾肝肠胞虫病、蟹奴病
真菌性疾病	水霉病、鳃霉病、中华绒螯蟹"牛奶病"
非病原性疾病	气泡病、畸形、脂肪肝、维生素 C 缺乏症、肝胆综合征、不明原因疾病
其他	中华绒螯蟹颤抖病

2. 测报结果

2023 年，辽宁省在葫芦岛市、辽阳市、沈阳市、铁岭市和盘锦市共监测到水产养殖动物疾病 10 种 28 例（表 4）。其中，辽阳市 13 例，占比 46.4%；沈阳市 8 例，占比 28.6%；盘锦市 3 例，占比 10.7%；葫芦岛市 2 例，占比 7.1%；铁岭市 2 例，占比 7.1%。28 例疾病中病毒性疾病 3 例，占比 10.7%；细菌性疾病 16 例，占比 57.1%；真菌性疾病 1 例，占比 3.6%；寄生虫性疾病 8 例，占比 28.6%。发病养殖品种为草鱼、鲤、凡纳滨对虾（淡）、鲆、鲇、青鱼和泥鳅，各品种监测到病例分别为 13 例、7 例、3 例、2 例、2 例和 1 例，占比分别为 46.4%、25.0%、10.7%、7.1%、7.1% 和 3.6%。总发病面积 44.25 hm²，平均发病面积率为 1.61%（表 5）。

表 4　2023 年辽宁省监测到的疾病汇总

类别		疾病名称	数量
鱼类	病毒性疾病	草鱼出血病	辽阳市 1 例
	细菌性疾病	赤皮病	辽阳市 1 例
		细菌性肠炎病	沈阳市 3 例 辽阳市 6 例 葫芦岛市 2 例
		淡水鱼细菌性败血症	辽阳市 2 例 铁岭市 1 例
	真菌性疾病	鳃霉病	铁岭市 1 例
	寄生虫性疾病	黏孢子虫病	沈阳市 2 例 辽阳市 3 例
		车轮虫病	沈阳市 2 例
		三代虫病	沈阳市 1 例
虾类	细菌性疾病	弧菌病	盘锦市 1 例
	病毒性疾病	白斑综合征	盘锦市 2 例
合计			10 种 28 例

表 5　2023 年辽宁省各养殖品种平均发病面积率

养殖种类	淡水							海水
	鱼类						虾类	鱼类
	青鱼	草鱼	鲤	泥鳅	鲇	合计	凡纳滨对虾（淡）	鲆
总监测面积（hm²）	16.3	662.867	1 930.467 6	16.3	23.333 3	2 649.267 9	97.133 4	4.766 7
总发病面积（hm²）	0.333 3	19.533 3	7.466 7	0.333 3	1.666 7	29.333 3	14.666 7	0.25
平均监测区域死亡率（%）	1.33	0.067	0.025	1	0.03	0.49	0	0.18
平均发病区域死亡率（%）	6.67	0.207	0.325	20	0.57	5.55	0	1.31
经济损失（万元）	1.8	0.7	0.52	0.48	0.2	3.7	0	0.65
平均发病面积率（%）	2.04	2.95	0.39	2.04	7.14	11.07	15.10	5.24

（二）重要水生动物疫病监测

1. 国家监测任务

《2023 年国家水生动物疫病监测计划》中，辽宁省承担 7 种疫病 55 批次样品的监测任务，包括鲤春病毒血症、锦鲤浮肿病、传染性造血器官坏死病、白斑综合征、虾肠肝包虫病和十足目虹彩病毒病各 5 批次，传染性肌肉坏死病 25 批次。按照总站要求，将样品送至规定检测机构。

2. 省级监测任务

2023 年辽宁省对凡纳滨对虾（南美白对虾）、大菱鲆、鲑鳟、鲤、锦鲤等 5 个品种 225 批次样品进行了 9 种水生动物重大疫病的专项监测。年初制订《2023 年辽宁省水生动物疫病监测计划实施方案》下发各市（表 6）。根据监测计划，组织重点监测的市、县渔业主管部门，科学选择采样点，采样点覆盖辖区内省级以上水产原良种场、重点苗种场、遗传育种中心、引育种中心和往年出现阳性样品的场家。辽宁省水产技术推广站工作人员在各地渔业主管部门配合下，严格按照《水生动物产地检疫采样技术规范》（SC/T 7103—2008）采集样品，依规填写《现场采样记录表》并将样品送至检测机构。

表 6　2023 年辽宁省疫病监测任务分配（批次）

疫病	营口	盘锦	锦州	丹东	辽阳	葫芦岛	沈阳	鞍山	本溪	合计
鲤春病毒血症					8		4	3		15
锦鲤疱疹病毒病					6		4			10
鲤浮肿病					8		4	3		15
传染性造血器官坏死病						10			10	20
白斑综合征	10	10	10	10						40
虾肝肠胞虫病	10	10	10	10						40
十足目虾虹彩病	10	10	10	10						40
传染性肌肉坏死病	10	5	5	5						25
病毒性神经坏死病毒病	5					15				20
合计	45	35	35	35	22	25	12	6	10	225

3. 丹东市虾类监测

丹东市是辽宁省虾类主产区之一。为掌握辖区内虾类疾病状况及流行情况，2023 年丹东市对 25 批次中国对虾、3 批次凡纳滨对虾和 2 批次斑节对虾监测 HPV、WSSV、VAHPND、IHHNV、CMNV、EHP、DIV1、IMNV、YHV-1 和 TSV 10 种病原。

4. 监测结果

2023 年，国家级和省级监测的 9 种重要疫病 225 批次样品中，4 种疫病有检出：传染性造血器官坏死病阳性样品 1 批次，阳性检出率 5.0%；白斑综合征阳性样品 13 批次，阳性检出率 32.5%；虾肝肠胞虫病阳性样品 21 批次，阳性检出率 52.5%；鲤春病毒血症阳性样品 3 批次，阳性检出率 20.0％；合计阳性样品 38 批次，总阳性检出率为 16.9％（表7）。

表7　2023 年辽宁省重要疫病监测结果汇总

序号	疫病名称	监测数量（批次）	阳性样品数量（批次）	阳性检出率（％）
1	鲤春病毒血症	15	3	20.0
2	锦鲤疱疹病毒病	10	0	0.0
3	鲤浮肿病	15	0	0.0
4	传染性造血器官坏死病	20	1	5.0
5	白斑综合征	40	13	32.5
6	虾肝肠胞虫病	40	21	52.5
7	十足目虹彩病毒病	40	0	0.0
8	传染性肌肉坏死病	25	0	0.0
9	病毒性神经坏死病毒病	20	0	0.0
	合计	225	38	16.9

2023 年，丹东市监测的 10 种虾类疫病中，5 种疫病有检出：白斑综合征阳性样品 17 批次，阳性检出率 56.7％；传染性皮下和造血器官坏死病阳性样品 3 批次，阳性检出率 10.0％；对虾肝胰腺细小病毒病阳性样品 10 批次（监测 25 批次样品），阳性检出率 40.0％；急性肝胰腺坏死病阳性样品 1 批次，阳性检出率 3.3％；偷死野田村病毒病阳性样品 10 批次，阳性检出率 33.3％（表8）。

表8　2023 年丹东市虾类疫病监测结果汇总

序号	疫病名称	监测数量（批次）	阳性样品数量（批次）	阳性检出率（％）
1	白斑综合征	30	17	56.7
2	虾肝肠胞虫病	30	0	0.0
3	十足目虹彩病毒病	30	0	0.0
4	传染性肌肉坏死病	30	0	0.0
5	传染性皮下和造血器官坏死病	30	3	10.0
6	桃拉综合征	30	0	0.0
7	对虾黄头病	30	0	0.0
8	对虾肝胰腺细小病毒病	25	10	40.0
9	急性肝胰腺坏死病	30	1	3.3
10	偷死野田村病毒病	30	10	33.3

二、病害情况分析

（一）2023 年辽宁省水产养殖病害测报情况分析

1. 总体情况分析

2023 年，辽宁省依然是在沈阳市、盘锦市、铁岭市、葫芦岛市和辽阳市 5 市监测到水产养殖动物疾病 10 种 28 例，与 2022 年 11 种 25 例相比基本持平。从 2023 年监测到的病害情况分析，和 2022 年监测结果基本一致，依然是夏季为发病高峰季节，8 月发病面积比最高，为 2.24%；发病种类仍然以细菌性疾病为主，占比为 57.1%（图 1），虽然比 2022 年的 64.0% 有所下降，但是危害依然较大；发病养殖品种中草鱼占比最高，其次是鲤，与 2022 年监测结果一致；虾类疾病，虽在盘锦市只发生 2 例白斑综合征，但是危害却相对较大，14.666 7 hm² 发病，占总发病面积的 33.1%。

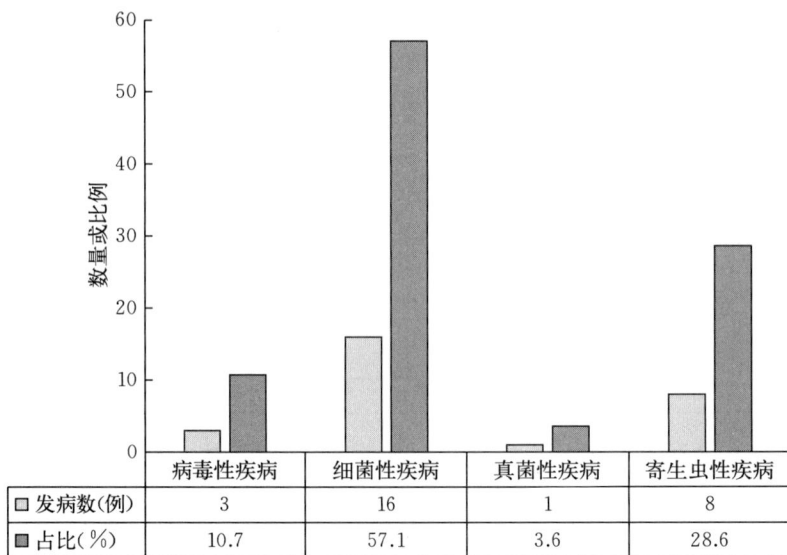

	病毒性疾病	细菌性疾病	真菌性疾病	寄生虫性疾病
□ 发病数（例）	3	16	1	8
■ 占比（%）	10.7	57.1	3.6	28.6

图 1　2023 年辽宁省监测到的疾病种类比例

2. 鱼类病害分析

2023 年辽宁省监测到 28 例病例中有 25 例是鱼类疾病（图 2），占比 89.3%。赤皮病总发病面积 6.666 7 hm²，发病面积比 62.5%，居首位；其次为草鱼出血病，发病面积比为 12.5%。鱼类疾病中细菌性疾病病例最多。因此养殖户在养殖过程中，一是要投放健康苗种；二是加强养殖水环境管理，注意改良池塘底质和水质，保持水环境的相对稳定；三是加强饲养管理，增强养殖品种的体质，提高抗病能力；四是密切关注天气变化，做好日常管护。

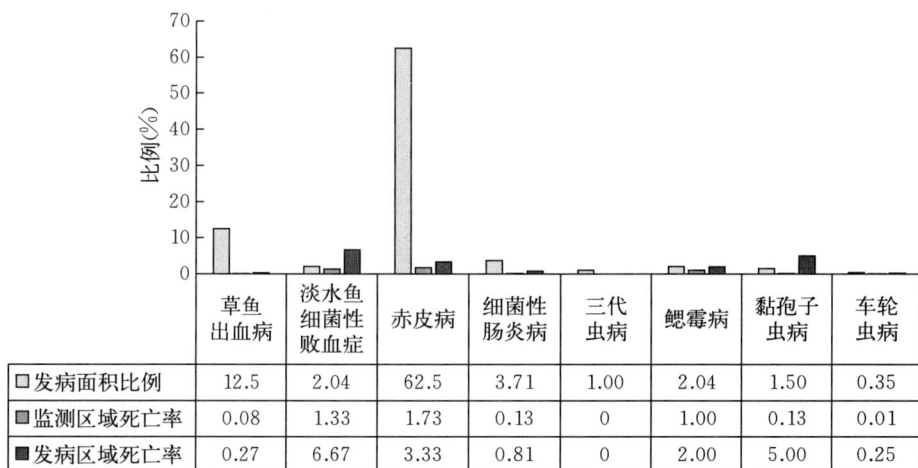

	草鱼出血病	淡水鱼细菌性败血症	赤皮病	细菌性肠炎病	三代虫病	鳃霉病	黏孢子虫病	车轮虫病
□ 发病面积比例	12.5	2.04	62.5	3.71	1.00	2.04	1.50	0.35
■ 监测区域死亡率	0.08	1.33	1.73	0.13	0	1.00	0.13	0.01
■ 发病区域死亡率	0.27	6.67	3.33	0.81	0	2.00	5.00	0.25

图 2　2023 年辽宁省鱼类病害情况

（二）2023 年辽宁省重大水生动物疫病监测分析

1. 总体情况分析

2023 年，辽宁省共监测 9 种重大水生动物疫病、225 批次样品（国家级任务 55 批次、省级任务 170 批次），与 2022 年样品量 200 批次（国家级任务 30 批次、省级任务 170 批次）相比略有提升。监测结果显示，225 批次样品中 38 批次阳性检出，总阳性检出率为 16.9%；9 种疫病中 4 种阳性检出，为虾肝肠胞虫病（52.5%）、白斑综合征（32.5%）、鲤春病毒血症（20.0%）和传染性造血器官坏死病（5.0%）（图 3）。丹东

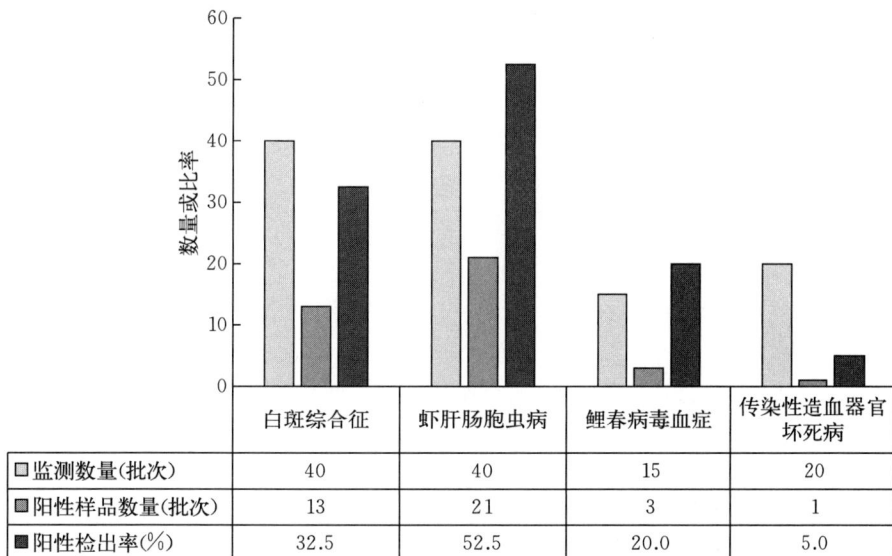

	白斑综合征	虾肝肠胞虫病	鲤春病毒血症	传染性造血器官坏死病
□ 监测数量（批次）	40	40	15	20
■ 阳性样品数量（批次）	13	21	3	1
■ 阳性检出率（%）	32.5	52.5	20.0	5.0

图 3　2023 年辽宁省监测水生动物疫病阳性检出情况

市监测虾类样品 30 批次，10 种疫病中有 5 种阳性检出，为白斑综合征（56.7%）、对虾肝胰腺细小病毒病（40.0%）、偷死野田村病毒病（33.3%）、传染性皮下和造血器官坏死病（10.0%）和急性肝胰腺坏死病（3.3%）。

2. 虾类病害情况分析

（1）虾类疫病白斑综合征、对虾肝胰腺细小病毒病和虾肝肠胞虫病连年阳性检出率偏高，给辽宁省对虾养殖业造成巨大经济损失，成为目前对虾养殖业可持续发展的主要障碍之一。养殖户在养殖过程中首先要做好养殖池塘的清淤、消毒及培水工作；其次要选择健康无病毒的虾苗进行放养；三是饲养管理过程中要注意水质及各种理化因子的变化，保持水体的相对稳定；四是坚持巡塘，定期检查，正确诊断，积极治疗。

（2）2020 年中国水产科学研究院黄海水产研究所在辽宁丹东凡纳滨对虾中检出传染性肌肉坏死病阳性样品。但 2023 年辽宁省共对 55 批次（丹东 35 批次、营口 10 批次、盘锦 5 批次和锦州 5 批次）样品进行传染性肌肉坏死病专项监测，从结果看未有阳性样品检出。传染性肌肉坏死病在辽宁省的流行情况还有待进一步斟酌。

三、2024 年病害流行预测及对策

从历年水产养殖病害测报和重大水生动物疫病风险监测数据的汇总分析看，2024年辽宁省水产养殖病害风险隐患依然不小。沈阳、辽阳、营口、丹东、鞍山等大宗淡水鲤科鱼养殖区要重点防范鲤春病毒血症、草鱼出血病、赤皮病、细菌性肠炎病、细菌性败血病、黏孢子虫病、车轮虫病、三代虫病和锚头鳋病等疾病。本溪、丹东、葫芦岛等鲑鳟养殖区要重点防范传染性造血器官坏死病、小瓜虫病、三代虫病、肠炎病、烂鳃病、烂鳍病等疾病。盘锦中华绒螯蟹稻田、苇田养殖区要重点防范牛奶病、黑鳃病、纤毛虫病、水肿病和中华绒螯蟹螺原体病等。营口、丹东、盘锦、葫芦岛等凡纳滨对虾养殖区要重点防范白斑综合征、对虾肝肠胞虫病、对虾肝胰腺细小病毒病、急性肝胰腺坏死病、偷死野田村病毒病及弧菌病等。葫芦岛、营口等大菱鲆养殖区要重点防范神经坏死病、红嘴病、肠炎病及腹水病等疾病。沿海各市海参养殖区要重点防范腐皮综合征、盾纤毛虫病、后口虫病、弧菌病和养殖池内发生草害，以及夏季需要密切关注天气变化。营口、丹东等海蜇养殖区要重点防范"气泡病"、顶网、长脖、萎缩、上吊等危害。

生产过程中，要坚持"预防为主、防治结合、防重于治"的原则。苗种培育期要做好受精卵、养殖器材、养殖水体等相关消毒工作，加强日常管理。苗种放养期要选择健康无病的苗种，选择合适的放养密度，放养前 15 d，加水 15～20 cm，生石灰 1 500～2 250 kg/hm² 全池泼洒清塘消毒。水生动物放养后，使用二氧化氯或聚维酮碘等常规消毒剂消毒一次。养殖期间要合理控制水环境；合理投喂，适量添加免疫增强剂，提高机体免疫力；要加强日常管理管护。整个养殖过程中要合理规范用药：一是合理使用外用药物，注意药物适用对象、用量和配伍禁忌。二是严禁抗生素滥用，避免盲目增加药物使用量，不得以预防为目的的全池泼洒抗生素。三是严格落实水产养殖用投入品使用白名单制度。养殖规范用药，严格遵循《水产养殖用药明白纸 2022 年 1 号》《水产养殖用药

明白纸 2022 年 2 号》中规定水产养殖药物。不盲目听信某种药物效果，不使用假劣兽药、人用药、原料药以及所谓"非药品""动保产品"等国家未批准药品（无兽药产品批准文号）。一旦发现养殖品种出现大规模发病和大量死亡现象，要及时向当地渔业主管部门报告，由专业技术人员进行诊治，明确具体致病源后选择对症药物进行治疗，确保治疗的针对性，并采取相应措施防止病情的扩散。更多疾病防控方法请登录"全国水生动物疾病远程辅助诊断网辽宁省分诊平台"查找，也可通过"数智病防"微信小程序选择相关专家进行咨询诊疗。

2023 年吉林省水生动物病情分析

吉林省水产技术推广总站

（杨质楠　孙宏伟　蔺丽丽　袁海延）

2023 年吉林省水产技术推广总站继续开展水生动物重要疫病监测、水产养殖疾病测报工作，对吉林省主要养殖区域的病害发生情况进行监测分析，依此掌握吉林省水产养殖病害发生规律和流行态势，为做好科学防控提供数据参考。

一、基本情况

（一）水产养殖疾病测报

2023 年吉林省 9 个市（州）、42 个县（市、区）开展水产养殖病害监测工作，共设置监测点 111 个，测报员 63 人。其中，淡水池塘监测面积 4 550.73 hm²，淡水工厂化监测面积 0.01 hm²。监测养殖品种 15 个，包括鲤、草鱼、鲢等 8 个主养品种，涵盖 30 余种大宗淡水鱼类疾病。

（二）重要水生动物疫病监测

《2023 年国家水生动物疫病监测计划》中，吉林省承担 6 种疫病的 20 个样品的监测任务。其中，鲤春病毒血症 2 个、锦鲤疱疹病毒病 2 个、鲤浮肿病 2 个、草鱼出血病 5 个、传染性造血器官坏死病 5 个、鲫造血器官坏死病 4 个。按照文件要求，将样品送至规定检测机构进行检测。

二、监测结果及分析

（一）病情测报监测结果

2023 年吉林省共监测 15 个品种。其中，发病品种 5 个，分别为鲢、鳙、草鱼、鲤、鳊。疾病类别为 4 大类：细菌性疾病 2 种（细菌性肠炎病、打印病），发病数量 2 次；真菌性疾病 2 种（鳃霉病、水霉病），发病数量 5 次；寄生虫性疾病 3 种（车轮虫病、舌状绦虫病、指环虫病），发病数量 3 次；非病原性疾病 1 种（缺氧症），发病次数 1 次。具体见表 1。

表 1　2023 年吉林省水产养殖病害汇总

监测品种	发病种类	疾病类别	病名	发病次数（次）
草鱼、鲢、鳙、鲤、鲫、鳊、青鱼、鲇、鲴、鲑鳟、鳜、红鲌、洛氏鱥、锦鲤	鲢、鳙、草鱼、鲤、鳊	细菌性疾病	细菌性肠炎病、打印病	2
		真菌性疾病	水霉病、鳃霉病	5
		寄生虫性疾病	车轮虫病、舌状绦虫病、指环虫病	3
		非病原性疾病	缺氧症	1

全年监测到各疾病总发病次数 11 次。其中，水霉病发生 4 次，占总发病比例的 36.36%；鳃霉病、细菌性肠炎病、打印病、指环虫病、车轮虫病、舌状绦虫病均发生 1 次，分别占总发病比例 9.09%；非病原性疾病缺氧症发生 1 次，占总发病比例 9.09%。具体见表 2。

表 2　2023 年吉林省监测到的鱼类疾病比例

疾病名称	水霉病	细菌性肠炎病	指环虫病	车轮虫病	打印病	缺氧症	鳃霉病	舌状绦虫病	总数
发病次数（次）	4	1	1	1	1	1	1	1	11
占比（%）	36.36	9.09	9.09	9.09	9.09	9.09	9.09	9.09	100

2023 年吉林省真菌性疾病发病比例最高，其中水霉病发生次数最多，发病品种为鲢、鳙，主要与拉网、运输、机械损伤等操作有关；其次是寄生虫病，发病品种为草鱼、鲤、鳊，受水温、气候、水质以及鱼自身体质、管理等条件影响；细菌性疾病与 2022 年相比发病比例有所下降，主要发病品种为鲢、草鱼，发病品种也比往年减少；与 2022 年相比新监测到非病原性疾病缺氧症发生 1 例。

2023 年吉林省养殖鱼类病害主要集中在 5—8 月。其中，真菌性疾病水霉病、鳃霉病发生在 5 月，因真菌性疾病目前没有较好的渔药根治，鳃霉病如果大面积暴发可能会造成的死亡率很高，在此期间应注意做好防控措施。细菌性疾病、寄生虫病多发生在 6—8 月，在此期间除应定期做好消毒、检测水质、检查鱼情况、做好管控等防范措施，减少病害发生频率。对于寄生虫病应减少中间宿主切断传播途径，尽量避免病害发生。

2023 年吉林省监测发病品种为 5 种。草鱼发生鳃霉病、细菌性肠炎病、车轮虫病，平均发病面积率 0.03%，发病死亡率 0.03%；鲢发生水霉病、打印病、缺氧症，平均发病面积率 0.02%；鳙发生水霉病，平均发病面积率 0.01%；鲤发生水霉病、舌状绦虫病，平均发病面积率 0.14%；鳊发生指环虫病，平均发病面积率 2.84%。具体见表 3。

表 3　2023 年吉林省各养殖种类平均发病面积率

养殖种类	草鱼	鲢	鳙	鲤	鳊	合计
总监测面积（hm²）	8 674.671	10 965.477 5	10 534.143 9	4 848.407 8	703.133 7	35 725.833 9
总发病面积（hm²）	2.666 7	2.666 7	1.333 3	6.666 7	20	33.333 4
平均发病面积率（%）	0.03	0.02	0.01	0.14	2.84	0.09

（二）重要水生动物疫病监测结果

2023 年，吉林省共监测 6 类重大水生动物疫病、12 个养殖场、20 份样品。抽检品种包括草鱼、鲫、鲤和虹鳟。监测点覆盖吉林省的水产主养区，包括 11 家省级原良种场和 1 家国家级原良种场。监测结果显示有 1 例传染性造血器官坏死病呈阳性，其余 19 例全部为阴性。阳性样品已按照规定上报给渔业主管部门，同时做好苗种溯源、无害化处理等工作。

三、2024 年吉林省病害流行预测

根据 2023 年吉林省病情数据分析，预测 2024 年主要发病情况如下：

（1）真菌性疾病　水霉病、鳃霉病。水霉病一般开冰后 4 月、5 月易发，各类主养品种都有可能感染，一般鱼体受伤后易患，及时消毒是防控的有效手段；鳃霉病目前没有明确患病的具体感染方式，但对于发病较重的池塘，死亡率较高损失严重，应定期检查养殖鱼类，注意做好防控措施。

（2）细菌性疾病　细菌性败血症、细菌性肠炎病、细菌性烂鳃病等，集中在 6—9 月期间暴发。由于细菌性疾病发展速度较快，死亡率也很高，因此需养殖户定期做好检测。如遇细菌病暴发，应及时检测细菌种类，做好药敏试验等，选择有针对性治疗的渔药，避免滥用渔药。

（3）寄生虫性疾病　车轮虫病、指环虫病、锚头鳋病等，基本 4—10 月整个养殖期间均有发生，虽然寄生虫病的发生较为常见，除需定期做好预防，还应驱散候鸟等中间传播宿主。对于不同寄生虫感染，应确诊后对症使用渔药，避免产生耐药性。

（4）病毒性疾病　病毒性疾病根据不同品种，患病情况不同，应分别做好防控工作。虽然吉林省近几年病毒性疾病发生较少，但由于病毒病缺乏相关的治疗渔药，因此在养殖期间，应从病毒病的发病水温、养殖密度、苗种来源等几个客观条件做好预防工作。

（5）非病原性疾病　2023 年吉林省有缺氧症发生，2024 年应在越冬管理方面、养殖技术方面等提高专业技术水平，尽量避免人为因素造成养殖损失。

2023 年黑龙江省水生动物病情分析

黑龙江省水产技术推广总站

（胡光源　王昕阳　李庆东）

2023 年，黑龙江省采取以点测报方式进行了水产养殖病害测报工作，共设了 12 个监测区、158 个测报点，测报品种为鲤、鲫、鲢、鳙、草鱼等，测报面积为 7 360 hm²。全年共监测到水产养殖病害 9 类。其中，细菌性疾病 6 种，寄生虫性疾病 2 种，真菌性疾病 1 种。通过 6 个月的测报统计结果表明：黑龙江省的主要养殖鱼类病害为细菌性疾病、寄生虫性疾病和真菌性疾病。在细菌性疾病中，赤皮、竖鳞病危害较重；在寄生虫病中以锚头鳋病、车轮虫病较为常见；在真菌性疾病中，水霉病较重（表 1）。

表 1　2023 年黑龙江省水产养殖病害监测汇总

监测品种	发病种类	疾病类别	病　名	累计发病数量（例）	比率（%）
青鱼、草鱼、鲢、鳙、鲤、鲫、鲌、黄颡鱼、鳜、中华绒螯蟹（河蟹）	鲤、鲫、鲢、草鱼	细菌性疾病	打印病、竖鳞病、赤皮病、细菌性肠炎病、溃疡病、淡水鱼细菌性败血症	14	53.85
		寄生虫性疾病	锚头鳋病、车轮虫病	8	30.77
		真菌性疾病	水霉病	4	15.38

一、2023 年度主要病害发生与流行情况

1. 病原情况分析

全年共监测到水产养殖病害 3 类。其中，细菌性疾病发病数量 14 例，占总数的 53.85%；寄生虫病发病数量 8 例，占总数的 30.77%；真菌性疾病发病数量 4 例，占总数的 15.38%。

2. 各月份病害数及流行情况分析

图 1 反映出不同月份的发病情况，5 月、6 月和 9 月为发病高峰。

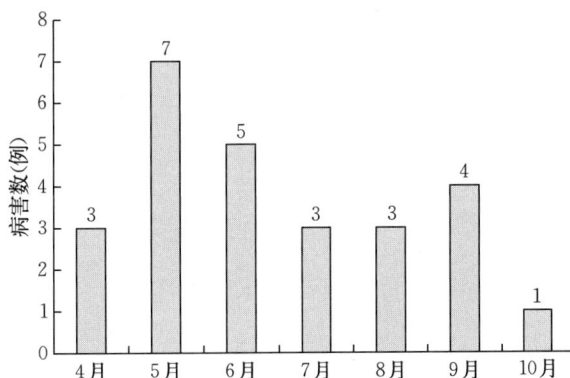

图 1　2023 年黑龙江省监测各月份病害数

二、各月份病害测报数据及分析

1. 4月

全月发病数量合计 3 例，其中竖鳞病 1 例、水霉病 2 例。共发生 2 种病害。其中，细菌性疾病 1 种，为竖鳞病，发病面积比例为 1.39%；真菌性疾病 1 种，为水霉病，发病面积比例为 1.13%。

2. 5月

全月发病数量合计 7 例，其中竖鳞病 1 例、淡水鱼细菌性败血症 2 例、水霉病 2 例、车轮虫病 2 例。共发生 4 种病害。其中，细菌性疾病 2 种，为竖鳞病、淡水鱼细菌性败血症，发病面积比例分别为 0.3%、2.78%；真菌性疾病 1 种，为水霉病，发病面积比例为 0.31%；寄生虫性疾病 1 种，为车轮虫病，发病面积比例为 0.03%。

3. 6月

全月发病数量合计 5 例，其中赤皮病 2 例、溃疡病 1 例、车轮虫病 1 例、锚头鳋病 1 例。共发生 4 种病害。其中，细菌性疾病 2 种，为赤皮病、溃疡病，发病面积比例分别为 0.18%、1.32%；寄生虫性疾病 2 种，为车轮虫病、锚头鳋病，发病面积比例分别为 0.01%、0.77%。

4. 7月

全月发病数量合计 3 例，其中溃疡病 1 例、锚头鳋病 2 例。共发生 2 种病害。其中，细菌性疾病 1 种，为溃疡病，发病面积比例为 1.54%；寄生虫性疾病 1 种，为锚头鳋病，发病面积比例为 0.8%。

5. 8月

全月发病数量合计 3 例，其中赤皮病 2 例、细菌性肠炎病 1 例。共发生 1 种病害，为 2 种细菌性疾病，分别为赤皮病、细菌性肠炎病，发病面积比例分别为 1.02%、0.51%。

6. 9月

全月发病数量合计 4 例，其中竖鳞病 2 例、锚头鳋病 2 例。共发生 2 种病害。其中，细菌性疾病 1 种，为竖鳞病，发病面积比例为 0.83%；寄生虫病 1 种，为锚头鳋病，发病面积比例为 0.45%。

7. 10月

全月发病数量 1 例，为打印病。发生 1 种病害，为细菌性疾病的打印病，发病面积比例为 0.33%。

三、2024 年病害流行趋势研判

2024 年，预计黑龙江省水产养殖病害流行趋势与 2023 年大致相同，主要还是以细菌性疾病和寄生虫性疾病为主。在细菌性疾病中，要以竖鳞病、赤皮病、打印病等为主要防控对象；在寄生虫性疾病中，要以锚头鳋病、车轮虫病、中华鳋、斜管虫、指环虫等为主要防控对象。同时，结合黑龙江省水产苗种产地检疫工作的实施，要高度警惕鲤春病毒血症、锦鲤疱疹病毒、鲤浮肿病、鲫造血器官坏死病、传染性造血器官坏死病及小瓜虫病的发生。5 月至 9 月既是养殖生长期，又是疾病易发期，要在养殖生产过程中密切观察鱼类病害，早发现、早诊断、早治疗，做到安全、合理、有效用药。

四、水产养殖病防服务工作建议

针对黑龙江省水产养殖病害测报数据的汇总分析，笔者认为全省各地测报员上报的数据大体上反映出了当地的病害流行情况，测报员错报、漏报偶有发生，还需要在今后工作中加强培训，使测报工作日趋科学化、专业化和规范化。

黑龙江省自 2003 年开展水产养殖动植物病害测报工作以来，一直面临无专项资金、技术人员力量不足的困扰。特别是随着机构改革，有些地区存在着疫病防控体系有所弱化、人员流失等问题。一些县级基层推广机构在人员数量、业务能力、基础设施条件等方面与当前日益繁重的疫病防控任务不相适应。由于缺少工作经费支持，一定程度上影响了基层测报员在养殖季节需要到生产一线去开展监测工作。希望各地农业农村主管部门能够提高对水产养殖病害测报工作的重视程度，依托基层水生动物疫病防控体系建设，设置相应岗位人员，并配套经费以支撑工作开展。

2023 年上海市水生动物病情分析

上海市水产技术推广站

（高晓华　安　伟　张小明　邵　玲　何　兰）

一、基本情况

（一）水产养殖总体情况

2023 年上海市养殖总面积为 8 503.87 hm²，养殖品种 30 余种，养殖模式以淡水池塘养殖为主，凡纳滨对虾、中华绒螯蟹及鲫等仍是主要养殖品种。其中，凡纳滨对虾养殖面积为 2 608.99 hm²，占养殖总面积的 30.68％；中华绒螯蟹养殖面积为 2 227.08 hm²，占养殖总面积的 26.19％；常规鱼养殖面积为 2 047.40 hm²，占养殖总面积的 24.08％。

（二）疾病测报

根据农业农村部的要求，2023 年上海市水产技术推广站继续开展水产养殖动物疾病测报工作。在奉贤、金山、青浦、崇明等 9 个涉农区共设置监测点 81 个，监测养殖品种 13 种，测报面积为 907.19 hm²，占总养殖面积的 10.67％。病情监测数据通过"全国水产养殖动植物病情测报信息系统"报送完成。

二、监测结果与分析

（一）疾病监测及水生动物病情分析

2023 年，上海市水产养殖疾病测报共对 13 种主要水产养殖品种进行了疾病监测与报告，监测对象包括 8 种鱼类、4 种甲壳类、1 种爬行类，详见表 1。

表 1　2023 年上海市水产养殖疾病测报监测品种

类别	病害监测品种	数量（种）
鱼类	草鱼、鲫、鲢、鳙、鳊、鲈、黄颡鱼、翘嘴鲌	8
甲壳类	罗氏沼虾、青虾、凡纳滨对虾、中华绒螯蟹	4
爬行类	中华鳖	1
合　计		13

13 种主要水产养殖品种中监测到疾病发生的有 10 种，其余 3 种（翘嘴鲌、青虾、中华鳖）在设定的监测点内未监测到疾病发生。发病的 10 个养殖品种全年共监测到各类疾病 12 种、累计 31 次，各类疾病累计发病次数占比见表 2。

表 2　2023 年度上海市水产养殖动物各类疾病累计发病次数统计

疾病种类	鱼类（次）	甲壳类（次）	爬行类（次）	合计（次）	占比（%）
病毒性	2	0	0	2	6.45
细菌性	6	3	0	9	29.03
真菌性	3	0	0	3	9.68
寄生虫	5	0	0	5	16.13
蜕壳不遂症	—	3		3	9.68
不明病因疾病	4	5	0	9	29.03
合计	20	11	0	31	100

（二）主要养殖鱼类监测到的病害情况

2023 年上海市 8 种主要养殖鱼类（草鱼、鲢、鳙、鲫、鳊、鲈、黄颡鱼、翘嘴鲌），监测面积为 409.83 hm²。经全年监测，7 种养殖鱼类有疾病发生（草鱼、鲢、鳙、鲫、鳊、鲈、黄颡鱼），共监测到 9 种疾病。其中，细菌性疾病 2 种、病毒性疾病 2 种、真菌性疾病 2 种、寄生虫性疾病 2 种、不明病因疾病 1 种，各类疾病累计发病 20 次，详见表 3。

表 3　养殖鱼类疾病种类和发病次数

疾病类别	疾病名称	数量（次）
病毒性疾病	草鱼出血病、鲫造血器官坏死病	2
细菌性疾病	淡水鱼细菌性败血症、赤皮病	6
真菌性疾病	水霉病、鳃霉病	3
寄生虫性疾病	指环虫病、车轮虫病	5
其他	不明病因疾病	4
合　计		20

1. 草鱼

监测面积 59.76 hm²，共监测到 4 种疾病，分别为草鱼出血病、赤皮病、水霉病、不明病因疾病。从总体来看，草鱼的疾病主要发生在水温较低的 1—4 月，其余月份在监测点内未监测到疾病。全年累计发病面积比例为 9.93%，监测区域死亡率为 0.69%，较 2022 年累计发病面积比例 3.38%、监测区域死亡率 0.11%，均有上升。全年各月发病面积比例和监测区域死亡率以 4 月最高，分别为 6.25%、0.56%；1—3 月次之，发病面积比例为 3.68%，监测区域死亡率为 0.13%。草鱼出血病、赤皮病、水霉病、不明病因疾病均造成草鱼不同数量的死亡，草鱼各种疾病的发病面积比例、监测区域死亡率和发病区域死亡率，详见图1。

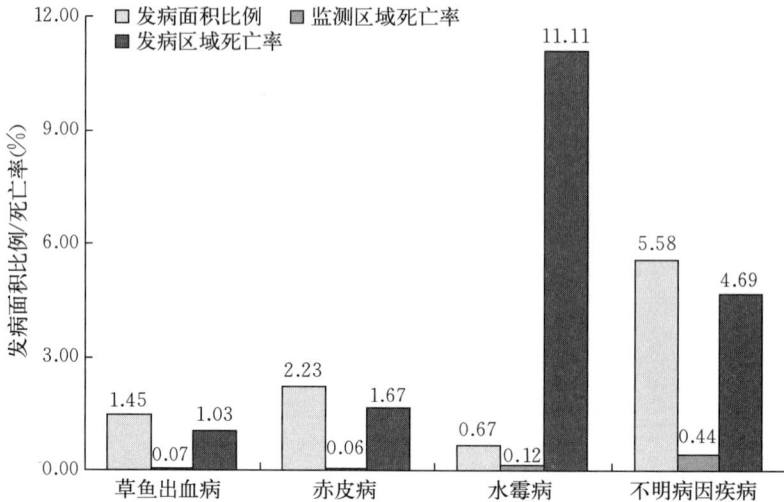

图1 2023年上海市草鱼各疾病发病面积比例和死亡率

草鱼出血病：发生于1—3月，累计发病面积比例为1.45%，监测区域死亡率为0.07%，发病区域死亡率为1.03%。

赤皮病：发生于1—3月，累计发病面积比例为2.23%，监测区域死亡率为0.06%，发病区域死亡率为1.67%。

水霉病：发生于4月，累计发病面积比例为0.67%，监测区域死亡率为0.12%，发病区域死亡率为11.11%。

不明病因疾病：发生于4月，累计发病面积比例为5.58%，监测区域死亡率为0.44%，发病区域死亡率为4.69%。

2. 鲢

监测面积91.09 hm²，共监测到1种疾病，为不明病因疾病。病害发生在7月，累计发病面积比例为1.32%，发病区域死亡率为0.03%。

3. 鳙

监测面积83.80 hm²，共监测到2种病害，分别为水霉病、不明病因疾病。病害发生在1—3月和7月，全年累计发病面积比例为3.02%，监测区域死亡率为0.03%。全年各月发病面积比例和监测区域死亡率以1—3月最高，分别为1.59%、0.03%；7月次之，累计发病面积比例为1.43%，监测区域内造成鳙零星死亡。

水霉病：发生于1—3月，累计发病面积比例为1.59%，监测区域死亡率为0.03%，发病区域死亡率为10.0%。

不明病因疾病：发生于7月，发病面积比例为1.43%，监测区域内造成鳙零星死亡。

4. 鲫

监测面积 85.19 hm²，共监测到 2 种病害，分别为淡水鱼细菌性败血症、鲫造血器官坏死病。从总体来看，病害主要集中在 1—5 月，其余月份未监测到病害发生。全年累计发病面积比例为 5.72%，监测区域死亡率为 0.21%，较 2022 年发病面积比例 8.76%、监测区域死亡率 2.01%，有所下降，且细菌性疾病明显减少。全年各月发病面积比例以 4 月、5 月最高，均为 2.35%，1—3 月次之为 1.02%；全年各月监测区域死亡率以

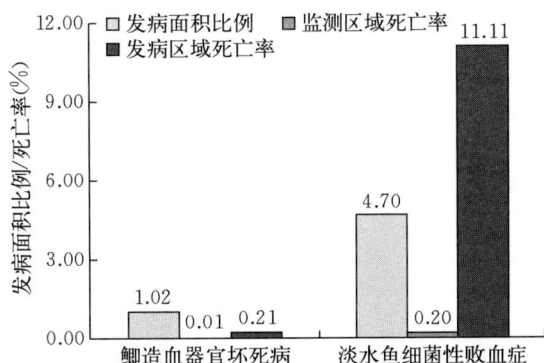

图 2　2023 年上海市鲫各疾病发病面积比例和死亡率

5 月最高，为 0.12%，4 月次之为 0.08%。淡水鱼细菌性败血症、鲫造血器官坏死病均造成鲫不同数量的死亡，鲫各种疾病的发病面积比例、监测区域死亡率和发病区域死亡率，详见图 2。

鲫造血器官坏死病：发生于 1—3 月，累计发病面积比例为 1.02%，监测区域死亡率为 0.01%，发病区域死亡率为 0.21%。

淡水鱼细菌性败血症：发生于 4 月、5 月，全年累计发病面积比例为 4.70%，监测区域死亡率为 0.20%，发病区域死亡率为 11.11%。

5. 鳊

监测面积 50.92 hm²，共监测到 5 种病害，分别为淡水鱼细菌性败血症、赤皮病、车轮虫、指环虫病、不明病因疾病。从总体来看，病害的发生主要集中在 5—9 月，其余月份未监测到病害发生。全年累计发病面积比例为 4.67%，监测区域死亡率为 0.13%，较 2022 年累计发病面积比例 2.38%、监测区域死亡率 0.07%，均有上升。全年各月发病面积比例以 7 月最高，为 1.56%，6 月次之为 0.92%；全年各月监测区域死亡率以 5 月最高，为 0.06%，7 月次之为 0.03%。淡水鱼细菌性败血症、赤皮病、车轮虫、指环虫病、不明病因疾病，均造成鳊不同数量的死亡，鳊各种疾病发病面积比例、监测区域死亡率和发病区域死亡率，详见图 3。

赤皮病：发生于 5 月，累计发病面积比例为 0.24%，监测区域死亡率为 0.06%，发病区域死亡率为 0.83%。

淡水鱼细菌性败血症：发生于 7 月、8 月，全年累计发病面积比例为 1.04%，监测区域死亡率为 0.04%，发病区域死亡率为 0.61%。

指环虫病：发生于 6 月、7 月，全年累计发病面积比例为 1.44%，监测区域死亡率为 0.02%，发病区域死亡率为 0.18%。

车轮虫病：发生于 5 月、9 月，全年累计发病面积比例为 1.30%，未造成鳊死亡。

不明病因疾病：发生于 7 月，累计发病面积比例为 0.65%，监测区域死亡率为

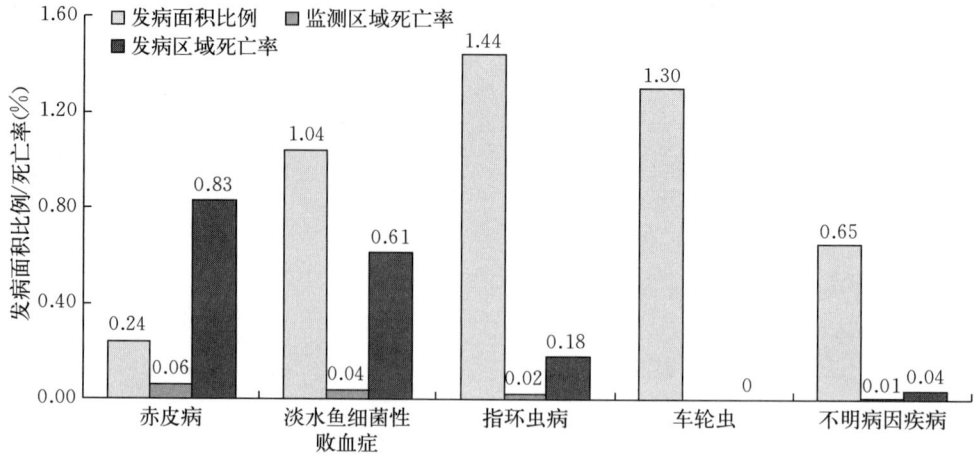

图 3　2023 年上海市鳊各疾病发病面积比例和死亡率

0.01％，发病区域死亡率为 0.04％。

6. 鲈

监测面积 27.28 hm²，共监测到 1 种疾病，为鳃霉病。病害发生在 9 月，累计发病面积比例为 0.62％，监测区域死亡率为 0.33％，发病区域死亡率为 1.04％。

7. 黄颡鱼

监测面积 3.47 hm²，共监测到 1 种疾病，为车轮虫病。病害发生在 4 月，累计发病面积比例为 53.85％，监测区域死亡率为 0.73％，发病区域死亡率为 1.07％。黄颡鱼较高的发病面积比例与其监测面积（3.47 hm²）较少可能相关联。

8. 翘嘴鲌

监测面积为 8.32 hm²，监测点内全年未监测到病害。

（三）甲壳类疾病

2023 年上海市监测的 4 种主要养殖甲壳类（罗氏沼虾、青虾、凡纳滨对虾、中华绒螯蟹），监测面积为 451.96 hm²。经全年监测，3 种养殖甲壳类有疾病发生（罗氏沼虾、凡纳滨对虾、中华绒螯蟹），共监测到 4 种疾病。其中，细菌性疾病 2 种、蜕壳不遂症 1 种、不明病因疾病 1 种，各类疾病累计发病 11 次（表 4）。

表 4　2023 年上海市养殖甲壳类疾病种类和发病次数

疾病类别	疾病名称	发病次数（次）
细菌性疾病	对虾红腿病、弧菌病	3
非病原性疾病	蜕壳不遂症	3
其他	不明病因疾病	5
合　计		11

1. 凡纳滨对虾

监测面积 317.63 hm²，共监测到 2 种疾病，分别为弧菌病、对虾红腿病。从总体来看，疾病的发生主要集中在 5 月、6 月、7 月，其余月份未监测到病害发生。全年累计发病面积比例为 1.88%，监测区域死亡率为 0.21%，较 2022 年凡纳滨对虾细菌性疾病呈上升趋势。全年各月发病面积比例以 6 月最高，为 1.57%，5 月次之为 0.16%；全年各月监测区域死亡率以 6 月最高，为 0.13%，7 月次之为 0.08%。

弧菌病：发生于 6 月、7 月，全年累计发病面积比例为 1.72%，监测区域死亡率为 0.21%，发病区域死亡率为 41.44%。对虾弧菌病具有传播快、致病性强、发病死亡率高等特点，因此养殖中应及时监测凡纳滨对虾以及养殖水体中弧菌载量变化，做好弧菌病的防控工作。

对虾红腿病：发生于 5 月，累计发病面积比例为 0.16%，未造成凡纳滨对虾死亡。

2. 中华绒螯蟹

监测面积 83.47 hm²，共监测到 2 种疾病，分别为蜕壳不遂症、不明病因疾病。疾病主要发生在 5—10 月，其余月份未监测到疾病发生。全年累计发病面积比例为 21.54%，监测区域死亡率为 0.15%。蜕壳不遂症、不明病因疾病，均造成中华绒螯蟹不同数量的死亡，中华绒螯蟹各疾病发病面积比例、监测区域死亡率和发病区域死亡率详见图 4。

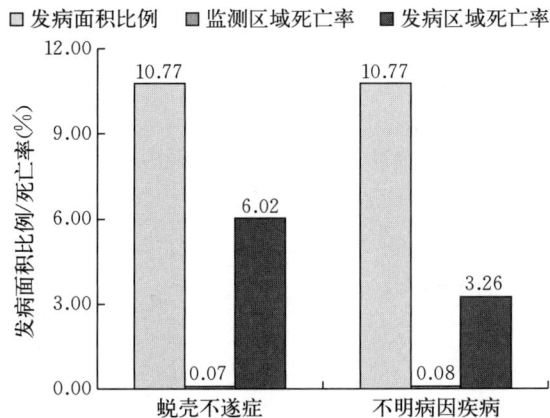

图 4　2023 年上海市中华绒螯蟹各疾病发病面积比例和死亡率

蜕壳不遂症：发生于 5 月、6 月、7 月，全年累计发病面积比例为 10.77%，监测区域死亡率为 0.07%，发病区域死亡率为 6.02%

不明病因疾病：发生于 8 月、9 月、10 月，全年累计发病面积比例为 10.77%，监测区域死亡率为 0.08%，发病区域死亡率为 3.26%。

3. 罗氏沼虾

监测面积为 26.57 hm²，共监测到 1 种疾病，为不明病因疾病。病害发生在 6 月、8 月，其余月份未监测到疾病发生。全年累计发病面积比例为 9.04%，监测区域内造成罗氏沼虾零星死亡。

4. 青虾

监测面积为 24.29 hm²，在监测点内全年未监测到病害。

（四）爬行类病害

2023 年度上海市主要养殖爬行类为中华鳖，监测面积 45.40 hm²，在监测点内全年未监测到病害。

三、2024 年病害流行趋势分析

2024 年上海市可能发生、流行的水产养殖病害与近两年疾病流行趋势一致，鱼类以细菌性和寄生虫病为主；但仍会散发草鱼出血病、鲫造血器官坏死病等病毒性疾病，在养殖生产中也需引起足够重视。鱼类在春冬两季由于气温变化反复，还应警惕水霉病、赤皮病以及车轮虫病等疾病；此外，夏秋季节应警惕淡水鱼细菌性败血症、肠炎病、溃疡病、锚头鳋病、中华鳋病等病害。

2024 年度上海市甲壳类的病害仍将主要发生于凡纳滨对虾、中华绒螯蟹、罗氏沼虾等品种。从病原来看，仍将以细菌性疾病、病毒性疾病为主，但需要注意养殖水体变化而引起应激反应。另外，根据上海市近年来对虾类疫病监测数据的统计分析，虾肝肠胞虫病、虾虹彩病毒病和急性肝胰腺坏死病等病害也可能会对上海市 2024 年养殖虾类产生较大潜在危害，养殖生产中应重点防范。

四、应对措施与建议

（1）继续强化健全市、区两级防疫体系，加强区级防疫站建设，不断提升本市水生动物病害病原监测、病情预测报及病害防控能力。

（2）积极争取水生动物疫病防控经费投入，致力于培养专业、精干的疫病防控人才队伍，切实提高基层专业技术水平。

（3）强化引进苗种检疫工作，从源头控制病害的发生。通过加强检疫宣传，提高养殖者科学防病意识，引导养殖者自觉挑选具有检疫合格证的苗种厂家，并做好引种后的消毒、隔离观察和日常管理工作。

（4）市、区两级渔业行政主管部门应继续加强对引进水产苗种的监督管理，杜绝无证（动物检疫合格证）苗种流入本市。

（5）进一步加大绿色健康养殖技术、养殖模式等宣传力度，使广大养殖者牢固树立绿色、生态、健康养殖理念。

2023 年江苏省水生动植物病情分析

江苏省水生动物疫病预防控制中心

（王晶晶　陈　静　吴亚锋　郭　闯

唐嘉苳　袁　锐　方　苹　刘肖汉）

2023 年江苏 13 个市 76 个县（市、区）共设立监测点 394 个，包括国家级健康养殖示范场 249 个、国家级原良种场 1 个、省级原良种场 7 个、重点苗种场 7 个、观赏鱼养殖场 2 个、其他养殖场 128 个。测报点养殖方式主要为淡水养殖，包括淡水池塘、淡水网箱、淡水工厂化等，养殖模式以混养为主。连云港、盐城等东部沿海城市个别测报点养殖方式为海水养殖。2023 年江苏设立水产养殖病害测报员 436 名，全年上报测报记录 4 756 条。监测养殖品种共 32 种，其中鱼类 17 种、虾类 8 种、蟹类 2 种、藻类 1 种、其他类（龟鳖类）2 种、观赏鱼 2 种。

一、病害总体情况

监测数据显示，2023 年测报点共监测到发病种类 26 种。发病种类中鱼类占比 66.07%、虾类 11.46%、蟹类 20.52%、观赏鱼 1.69%、其他类 0.26%。测到的疾病种类有细菌性疾病、寄生虫疾病、病毒性疾病以及真菌性疾病等。其中，细菌性疾病占比 51.07%，病毒性疾病占比 8.44%，真菌性疾病占比 5.86%，寄生虫性疾病占比 16.52%，非病原性疾病占比 10.57%，病原不明占比 1.33%，其他病害占比 6.21%。测报点因病害导致经济损失最高的养殖品种主要是青鱼、草鱼、鲫、罗氏沼虾、中华绒螯蟹等，各养殖种类平均发病面积比例见表 1。

表 1　2023 年江苏省各养殖种类发病情况

养殖种类		总监测面积（hm²）	总发病面积（hm²）	平均监测区域死亡率（%）	平均发病区域死亡率（%）	经济损失（万元）	平均发病面积比例（%）
淡水	鱼类	青鱼 922.11	184.53	0.94	4.41	119.26	20.01
		草鱼 4 826.24	988.79	0.12	2.95	374.05	20.49
		鲢 4 038.62	400.67	1.85	6.03	38.17	9.92
		鳙 3 765.82	250.53	0.23	7.47	20.68	6.65
		鲤 463.13	82.27	0.01	0.34	3.21	17.76
		鲫 5 573.82	1 239.63	0.09	3.95	382.95	22.24
		鳊 1 906.37	916.73	0.79	1.50	126.89	48.09

（续）

养殖种类		总监测面积（hm²）	总发病面积（hm²）	平均监测区域死亡率（%）	平均发病区域死亡率（%）	经济损失（万元）	平均发病面积比例（%）
淡水	鱼类 泥鳅	85.00	13.12	0.01	0.25	0.87	15.44
	鲫	696.67	160.80	0.80	3.71	39.50	23.08
	黄颡鱼	391.20	35.93	1.94	8.79	115.50	9.18
	河鲀（淡）	151.00	49.33	0.00	0.08	5.56	32.67
	鳜	787.40	29.27	1.42	18.85	179.68	3.72
	鲈（淡）	238.07	58.67	0.16	1.57	19.78	24.64
	乌鳢	41.33	3.00	0.00	0.02	0.00	7.26
	梭鱼	222.73	5.47	0.04	1.01	0.10	2.46
	虾类 罗氏沼虾	649.73	649.73	0.38	2.00	1 235.62	100
	青虾	1 805.53	162.87	0.08	0.81	6.34	9.02
	克氏原螯虾	3 306.78	198.07	0.09	3.55	44.64	5.99
	凡纳滨对虾（淡）	2 374.07	235.93	3.41	23.28	166.18	9.94
	蟹类 中华绒螯蟹	13 616.43	2 672.82	0.03	1.82	503.27	19.63
	其他类 鳖	227.91	10.00	0.04	4.39	2.50	4.39
	观赏鱼 金鱼	19.80	10.15	0.01	0.83	8.47	51.26
	锦鲤	13.17	3.40	0.20	1.60	18.10	25.82
海水	虾类 凡纳滨对虾（海）	288.00	29.00	1.29	1.33	424.00	10.07
	脊尾白虾	73.33	66.67	2.74	13.29	55.00	90.92
	蟹类 梭子蟹	103.33	0.33	0.00	0.33	1.00	0.32

　　江苏省不同季节水产养殖全部类别发病面积比例详见图1。1—3月初期低温，寒潮频袭，对不耐寒的温水性鱼、虾类，如果保温措施不当，可能出现冻死、冻伤，寒潮过后，天气回暖，水产养殖面临着冻伤、水霉病等严峻考验。2023年全年水产养殖发病共有4月、7月、9月三个高峰：3月发病面积比例迅速攀升，4月达到第一个高峰后下降，这与2022年类似，但2023年4月发病面积比例和往年同期相比增加了1.32%；5—7月随着水温持续上升，发病面积比例再次缓慢上升，7月达到第二个高峰后缓慢下降；全年发病面积比例最高的是9月，为2.83%，与往年同期相比上升了0.64%。

　　总体来看，4月、9月处于转季换季时期，由于水温剧烈变化，昼夜温差大，鱼病发病面积比例往往较高；而7月为全年气温和水温较高的月份，养殖水生动物进入生长旺盛期，残饵和代谢物大量增多，另外7—8月台风、暴雨等恶劣天气较多，水环境较为复杂，水产动物病害发病率和死亡率较高。11—12月由于水温较低，水生动物病害相对较少，但冬季由于某些细菌和寄生虫在低温时繁殖、侵袭越冬鱼种和成鱼，也会引起养殖鱼类大批死亡。尤其囤养越冬池,鱼类密度大,鱼苗或成鱼也会因体表损伤而发生水霉病,死亡率增加。

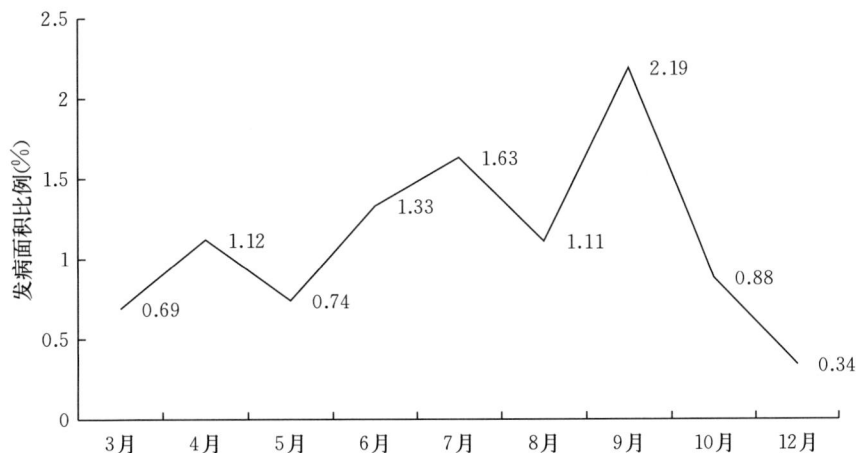

图1　2023年江苏省不同季节水产养殖全部类别发病面积比例

二、不同品种养殖病害情况分析

(一)鱼类病害

测报点上报次数最多的病害是淡水鱼细菌性败血症,占比33.19%;其次是细菌性肠炎病,占比16.39%。其他上报次数较多的病害有赤皮病、水霉病、鲫造血器官坏死病,以及锚头鳋病、指环虫病、车轮虫病等常见寄生虫病。越冬后鱼类抵抗力差,真菌类疾病和体表细菌性疾病暴发率较高,鱼类易感染水霉病、竖鳞病、赤皮病。夏季水温高,易患细菌性败血症、烂鳃病、肠炎病。秋季气温下降进入养殖关键阶段,养殖密度大,水质易恶化,发病率又继续升高。测报点监测到的鱼类病害汇总见表2。

表2　2023年江苏省监测到的鱼类病害汇总

类别	疾病名称	上报疾病次数(次)	占比(%)
细菌性疾病	淡水鱼细菌性败血症	239	33.19
	细菌性肠炎病	118	16.39
	赤皮病	39	5.42
	溃疡病	14	1.94
	柱状黄杆菌病	11	1.53
	竖鳞病	5	0.69
	疖疮病	2	0.28
	弧菌病	1	0.14

（续）

类别	疾病名称	上报疾病次数（次）	占比（%）
细菌性疾病	内脏白点病	5	0.69
	打印病	5	0.69
	鲫类肠败血症	3	0.42
病毒性疾病	鲫造血器官坏死病	32	4.44
	草鱼出血病	9	1.25
	传染性脾肾坏死病	7	0.97
	虹彩病毒病	4	0.56
寄生虫疾病	锚头鳋病	57	7.92
	指环虫病	31	4.31
	车轮虫病	18	2.50
	粘孢子虫病	12	1.67
	中华鳋病	10	1.39
	固着类纤毛虫病	4	0.56
	鱼波豆虫病	2	0.28
	复口吸虫病	1	0.14
	斜管虫病	1	0.14
	小瓜虫病	6	0.83
真菌性疾病	水霉病	45	6.25
	鳃霉病	10	1.39
	流行性溃疡综合征	5	0.69
非病原性疾病 及其他	肝胆综合征	14	1.94
	脂肪肝	3	0.42
	缺氧症	7	0.97

1. 异育银鲫

监测点平均发病面积比例 1.78%，发病区死亡率 4.04%。鲫精养是江苏省内几个鲫主产区的主要养殖模式。近年来鲫病害尤其鲫造血器官坏死病带来损失严重，为降低发病概率，养殖户将原本的精养模式改为混养模式，大部分选择与草鱼混养，但鲫造血器官坏死病发病情况仍未显著改善，加上养殖成本上升，饲料价格上涨等原因，江苏近年鲫养殖面积与往年相比有所下降。鲫造血器官坏死病一直是鲫测报点发病区域死亡率最高的病害，也是鱼类病毒性疾病中上报次数最多的病害，春秋季为发病高峰，严重威胁鲫养殖业健康发展。从全年养殖情况来看，前期存塘量多的塘口由于密度大，加上开春后鱼体质差，抗应激能力低，常暴发越冬综合征。开春后随着气温上升，病害逐渐高发，竖鳞病、赤皮病、溃疡病等病害较多；7—9月进入投喂高峰期，鱼体肝脏和肠道负担加重，加上病原菌繁殖，常诱发淡水鱼细菌性败血症、肠炎病等细菌性疾病（图2）。

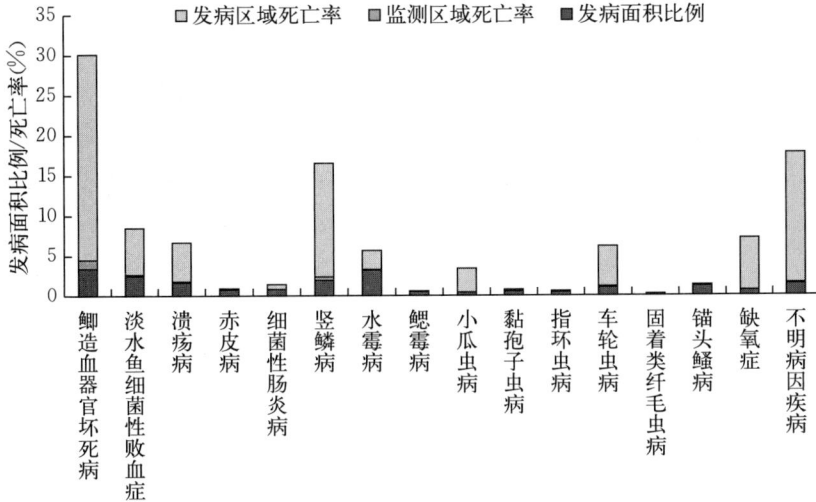

图 2　2023 年江苏省异育银鲫发病面积比例和死亡率

2. 草鱼、青鱼

测报区青鱼平均发病面积比例 10.69%，平均发病区死亡率 4.60%。其中，不明原因疾病发病面积比例最高，为 31.58%；其次为细菌性肠炎病，发病面积比例 17.97%；此外赤皮病、锚头鳋病、水霉病等以体表侵害为特点的疾病也易多发。尤其以赤皮病发病较多，发病面积比例 14.51%，赤皮病多发于 2~3 龄大鱼，当年鱼也发生，常与肠炎病、烂鳃病同时发生，形成并发症，一年四季都有流行，尤其是在捕捞、运输后，受伤鱼更易发病。

测报区草鱼平均发病面积比例 1.08%，平均发病区死亡率 2.91%。发病面积比例最高的为锚头鳋病，占比 5.29%；其次为流行性溃疡综合征，占比 3.92%。发病区死亡率最高的病害为流行性溃疡综合征，占比 9.46%。夏季淡水鱼细菌性败血症、草鱼出血病、细菌性肠炎病、细菌性烂鳃病比例较高，秋季草鱼、青鱼好发脂肪肝、肝胆综合征等疾病，此外也监测到车轮虫、指环虫、锚头鳋等常见寄生虫病（图3）。存塘量大、载鱼量多的池塘一旦暴发病害，病情发展快、死亡量大，日常注意保肝护肠、定期驱虫，增强鱼体免疫力。同时，保持水质、底质优良，使氨氮、亚硝酸盐、溶氧等指标保持在正常范围，有助于减少病害急性暴发。

3. 鲢、鳙

测报区鲢、鳙平均发病面积比例 2.45%，平均发病区死亡率 6.46%。监测到病害主要有流行性溃疡综合征、淡水鱼细菌性败血症、细菌性肠炎病、打印病、水霉病、鳃霉病以及常见寄生虫疾病。指环虫病发病面积比例最高，占比 7.88%，但发病区死亡率低，为 1.53%；流行性溃疡综合征发病面积比例 3.07%，但发病区死亡率高，占比

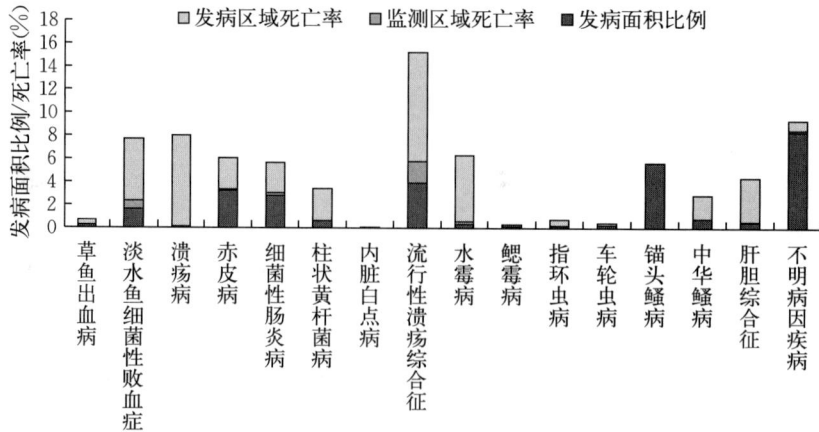

图3　2023年江苏省草鱼、青鱼发病面积比例和死亡率

75%（图4）。预防鲢、鳙等淡水鱼暴发性疾病，应合理控制养殖密度，防止水质恶化引发疾病，减少外界环境对鱼体的刺激；控制投喂量防止鱼摄食过量造成消化负担；发病的池塘要准确诊断病原，对症用药，避免用药不当加重病情。

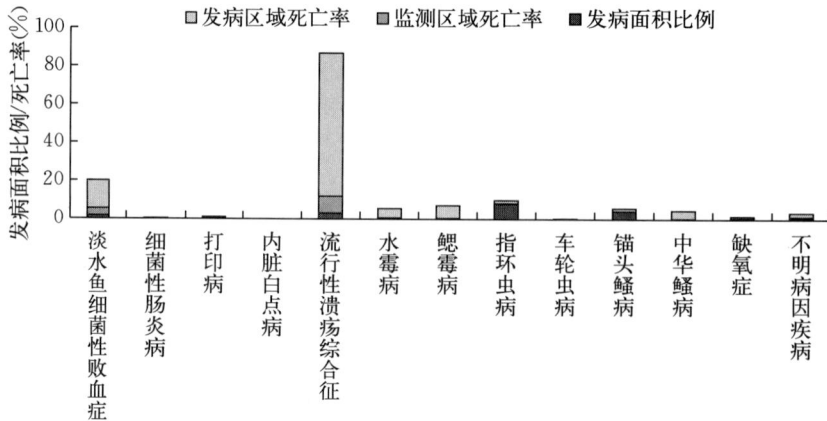

图4　2023年江苏省鲢、鳙发病面积比例和死亡率

4. 鳊

测报区平均发病面积比例16.27%，平均发病区死亡率1.48%，监测到病害主要有细菌性败血症、细菌性肠炎病、锚头鳋病等。测报点细菌性败血症和锚头鳋病发病面积比例较高。发病区死亡率较高的病害为淡水鱼细菌性败血症和小瓜病（图5）。

5. 鲤

测报区平均发病面积比例4.42%，平均发病区死亡率0.34%。主要疾病有细菌性肠炎病、竖鳞病、指环虫病、车轮虫病等。细菌性肠炎病发病面积比例最高，占比为8.11%（图6）。

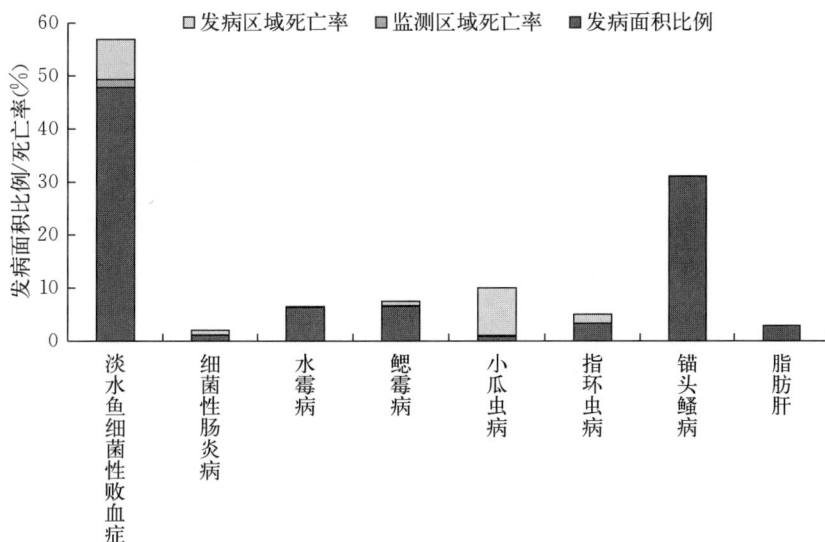

图 5　2023 年江苏省鳊发病面积比例和死亡率

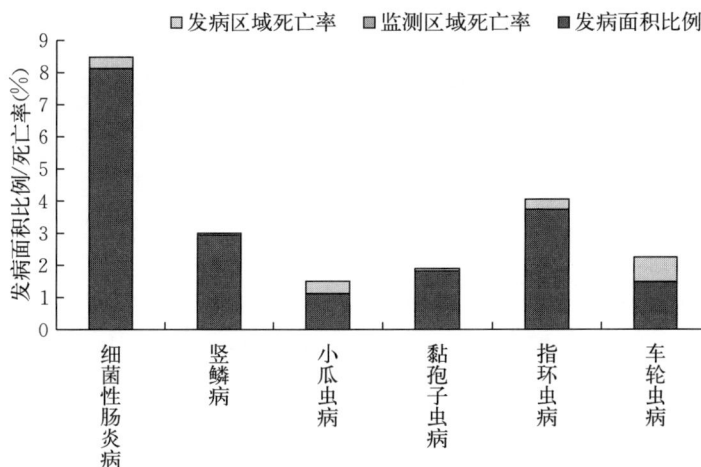

图 6　2023 年江苏省鲤发病面积比例和死亡率

6. 鳜

　　测报区平均发病面积比例 1.78%，平均发病区死亡率 18.85%。监测到病害主要是传染性脾肾坏死病、虹彩病毒病、指环虫病等（图 7）。传染性脾肾坏死病主要流行 7—8 月，平均发病面积比例 1.07%，平均发病区死亡率 7.56%，较 2022 年有所降低，该病在水温 25 ℃ 以上多发，天气剧烈变化、缺氧、水质恶化、过量投喂等严重应激都可诱发疾病。虹彩病毒病发病面积比例 4.26%，发病区死亡率 52.5%，是测报区监测到的鳜严重病害之一。长期以来，病毒性疾病在鳜病害中发病率和致死率均较高，发病原因复杂，治疗难度大，前期预防十分重要，病毒可通过水体和饵料鱼传播，养殖过程中必须对水源、养殖设施、饵料鱼等进行严格消毒，由于鳜具有贪食的习性，应避免摄食过量导致脂肪肝，使鱼体免疫力下降引起发病。

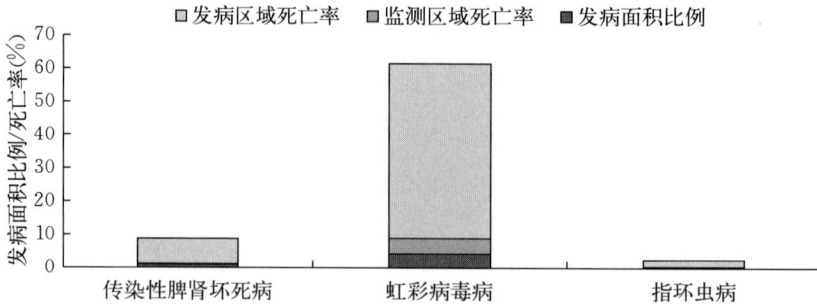

图 7　2023 年江苏省鳜发病面积比例和死亡率

7. 其他养殖鱼类

鲫 2023 年监测到平均发病面积比例 4.79%，发病区死亡率 3.71%；**鲫**养殖主要分布在盐城、宿迁等地，以池塘精养和池塘工业化系统水槽养殖等养殖方式为主；主要病害为纤毛虫病、小瓜虫病。黄颡鱼平均发病面积比例 15.04%，发病区死亡率 8.79%，主要病害为淡水鱼细菌性败血症、细菌性肠炎病。泥鳅平均发病面积比例 7.93%，发病区死亡率 30.25%，主要病害为细菌性肠炎病、溃疡病、指环虫病。鲈平均发病面积比例 17.56%，发病区死亡率 1.57%，其中内脏白点病、肝胆综合征发病比例高，其次车轮虫病、鱼波豆虫病、锚头鳋病等常见寄生虫病害也较多。此外，其他养殖鱼类也不同程度地监测到了各种病害的发生，以细菌性疾病和寄生虫疾病为主。

（二）蟹类病害

测报区平均发病面积比例 1.59%，平均发病区死亡率 1.82%。蟹类病害中从近几年测报情况看，以蜕壳不遂症上报比例最多，2023 年上报疾病次数占比 23.38%，与去年相比降低了 6.49%；其次肠炎病上报次数也较多，占比 18.18%。此外，中华绒螯蟹烂鳃病、纤毛虫病、中华绒螯蟹水瘪子病等均为常见病害（表 3）。

表 3　2023 年江苏省监测到的蟹类病害汇总

类别	疾病名称	上报疾病次数（次）	占比（%）
细菌性疾病	肠炎病	42	18.18
	烂鳃病	25	10.82
	弧菌病	9	3.9
	腹水病	4	1.73
	急性肝胰腺坏死病	6	2.6
	甲壳溃疡病	2	0.87
病毒性疾病	白斑综合征	4	1.73

（续）

类别	疾病名称	上报疾病次数（次）	占比（%）
寄生虫疾病	固着类纤毛虫病	23	9.96
非病原性疾病	蓝藻中毒症	1	0.43
	蜕壳不遂症	54	23.38
	缺氧	15	6.49
其他	中华绒螯蟹螺原体病	2	0.87
	中华绒螯蟹水瘪子病	13	5.62
	不明病因疾病	31	13.42

2023 年测报区中华绒螯蟹监测到的病害有中华绒螯蟹螺原体病、蓝藻中毒症、蜕壳不遂症、腹水病、烂鳃病、弧菌病、肠炎病、中华绒螯蟹水瘪子病、固着类纤毛虫病、白斑综合征等（图8）。其中，中华绒螯蟹螺原体病发病面积比例最高，占比 15.24%，发病区死亡率 1.63%。白斑综合征发病面积比例低，但发病区死亡率最高为 10%。养殖初期监测到主要病害为蜕壳不遂症；中华绒螯蟹水瘪子病在中华绒螯蟹养殖的全年均有发生，影响中华绒螯蟹的产量和规格，造成中华绒螯蟹回捕率低、规格小，给养殖户造成了严重的损失。

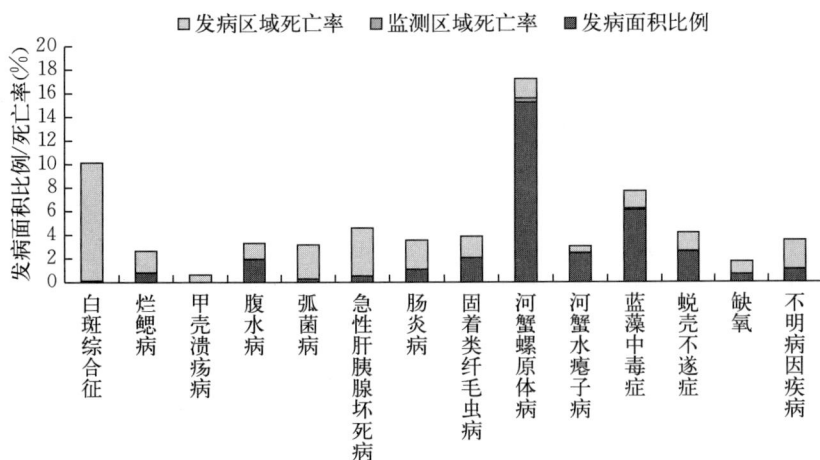

图 8　2023 年江苏省中华绒螯蟹主要病害

（三）虾类病害

虾类养殖病害主要为虾虹彩病毒病、蜕壳不遂症、烂鳃病、弧菌病、肠炎病、固着类纤毛虫病、白斑综合征、虾肝肠胞虫病等（表4）。自 2022 年罗氏沼虾主要养殖区暴发虹彩病毒病以来，给生产带来严重经济损失。2023 年度测报区内虾虹彩病毒病上报次数最多，占比 21.71%。虾类病毒病重在预防，从提高对虾抗应激能力、改善和优化水体环境、切断病原体传播途径等方面着手，尽量少用药，要在准确诊断的基础上对症用药，防止细菌继发感染。2023年虾类不明原因疾病上报仍较多，需加强检测、明确病原，提高测报精确度和测报水平。

表4　2023年江苏省监测到的虾类病害汇总

类别	疾病名称	上报疾病次数（次）	占比（%）
细菌性疾病	烂鳃病	13	10.08
	弧菌病	12	9.3
	肠炎病	11	8.53
	对虾黑鳃综合征	1	0.78
	青虾甲壳溃疡病	2	1.55
病毒性疾病	十足目虹彩病毒病	28	21.71
	白斑综合征	3	2.33
	传染性皮下和造血组织坏死病	1	0.78
	罗氏沼虾肌肉白浊病	1	0.78
寄生虫疾病	虾肝肠胞虫病	3	2.33
	固着类纤毛虫病	12	9.3
非病原性疾病	蜕壳不遂症	18	13.95
	缺氧	4	3.07
其他	畸形	1	0.78
	不明病因疾病	19	14.73

1. 克氏原螯虾

测报区平均发病面积比例4.21%，平均发病区死亡率3.53%。主要病害有弧菌病、烂鳃病、蜕壳不遂症、肠炎病、固着类纤毛虫病、白斑综合征等（图9）。其中，弧菌病发病面积比例最高，其次为蜕壳不遂症。疾病预防应做好养殖池消毒和育苗用水过滤消毒处理，及时清除池底污物。

2. 凡纳滨对虾

测报区平均发病面积比例5.09%，平均发病区死亡率8.29%。监测到主要病害有白斑综合征、烂鳃病、肌肉白灼病、弧菌病、肠炎病等（图10）。发病区域死亡率最高的为白斑综合征，其次为虾肌肉白浊病。虾类由于高密度养殖以及苗种质量等多种原因，一旦发病，使用消毒剂、内服药等效果一般且较难控制，导致死亡率较高。

3. 青虾

测报区平均发病面积比例5.35%，平均发病区死亡率0.80%。江苏青虾养殖主要分布在常州、苏州、南京等地区，测报区监测到的病害为蜕壳不遂症、固着类纤毛虫病、烂鳃病、弧菌病、甲壳溃疡病等（图11）。

4. 罗氏沼虾

测报区平均发病面积比例5.71%，平均发病区死亡率2.00%。罗氏沼虾养殖主要

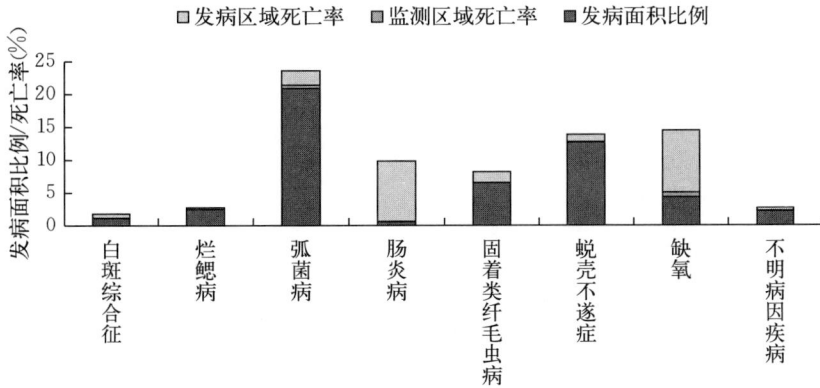

图 9　2023 年江苏省克氏原螯虾主要病害

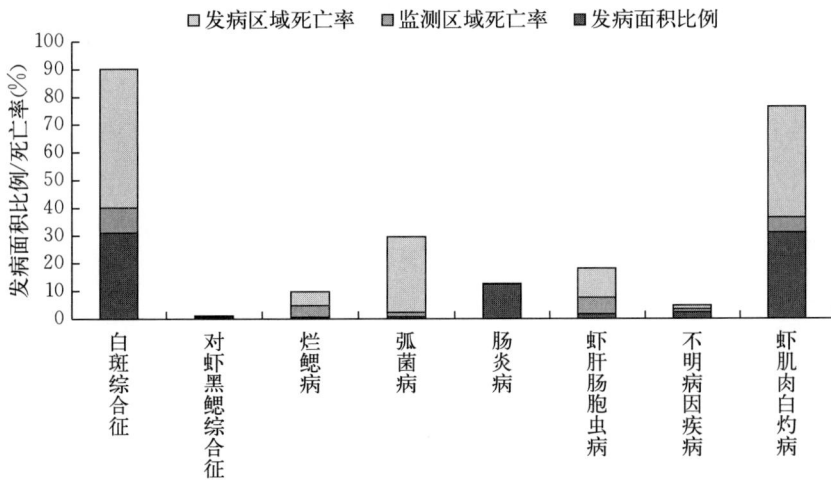

图 10　2023 年江苏省凡纳滨对虾主要病害

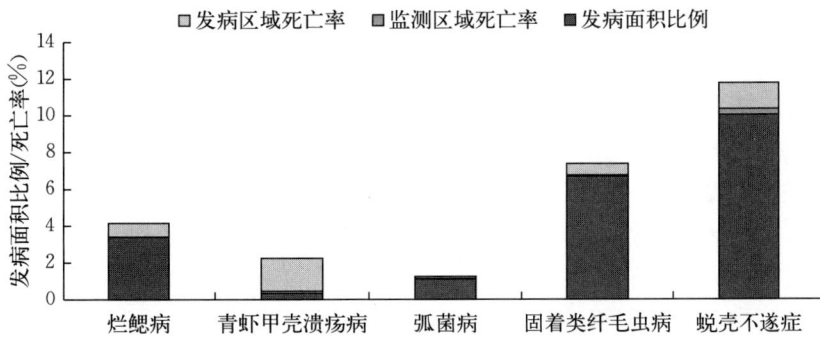

图 11　2023 年江苏省青虾主要病害

分布在扬州高邮、江都等地区，监测到主要病害有十足目虹彩病毒病、烂鳃病、蜕壳不遂症等（图 12）。

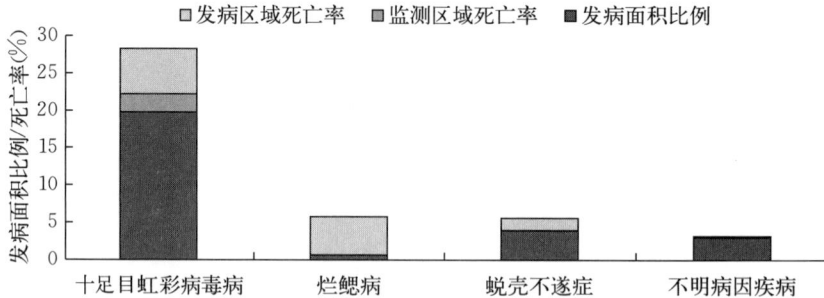

图 12　2023 年江苏省罗氏沼虾主要病害

（四）其他种类病害

鳖类测报区平均发病面积比例 2.40%，发病区死亡率 4.39%，监测到的病害主要有鳖溃烂病和鳖穿孔病。观赏鱼测报区平均发病面积比例 8.52%，发病区死亡率 1.03%，监测到病害主要有车轮虫病、指环虫病、赤皮病、鳃霉病、锦鲤疱疹病毒病等。

三、病害流行预测与对策建议

（一）病害流行预测

根据疾病流行规律和趋势来看，2024 年需重点关注鲫造血器官坏死症、鳜传染性脾肾坏死病、鳜虹彩病毒病、草鱼出血病、锦鲤疱疹病毒病、斑点叉尾鮰病毒病、虾类病毒性疾病、淡水鱼类流行性溃疡综合征、水霉病、常规细菌性疾病和寄生虫病等。

（二）对策建议

（1）加强塘口巡查、保持水质清爽。定期监测氨氮、pH，加强管理，合理投喂。适当开启增氧机，保持池塘水体良好的溶氧水平。通过水质调控、底质改良，消除或降低水体中有毒有害因子，保持水环境健康与稳定，减少应激，对于预防鲫造血器官坏死病、甲壳类病毒性疾病的发生有重要作用。

（2）关注水温变化，科学投喂，适时开启增氧机，使用生物制剂进行调水，使水质保持良好。选择活力强的优质苗种，定时、定量投喂营养全面的优质饵料，在中华绒螯蟹池塘养殖过程中，种植水草，培殖螺蛳，合理施肥，调控水质，改善底质，营造良好生态环境，提高中华绒螯蟹机体抗病力。捕捞、转运和放养操作中避免鱼体受伤；鱼苗下塘时进行消毒处理后再放塘。定期投喂免疫增强剂，提高鱼体抗病能力。

（3）科学用药、减量用药。在养殖过程中针对鱼体上的常见寄生虫和从患病鱼体中分离的致病菌，利用药物敏感性试验的方法，精选高效药物，避免抗生素类药物的滥用。使用剂量科学、合理，避免多次、大量使用各种药物对养殖鱼类造成应激性刺激，尽可能选用对养殖水体中浮游动、植物与益生微生物破坏作用小的药物进行水体消毒，选用毒副作用小的药物进行内服，且避免长时间高剂量使用药物。

（4）继续加强水产养殖病害监测和防控工作，尤其对不明原因疾病，做到明确病原，精准测报，研究病害流行规律，减少病害危害，服务渔业生产，提升水产品质量安全。除加强监测点病害的监测外，对突发疫情、新发疫情及时上报，掌握重大病害流行规律，特别是病害高峰季节加强预警预测，防止疫情暴发和蔓延。

（5）积极贯彻落实"五大行动"，推进水产养殖绿色发展。落实新发展理念，推广生态健康养殖模式，以渔业绿色高质量发展为目标，科学规范使用水产养殖用兽药，不断提高配合饲料替代率，支持尾水处理设施升级改造，培育壮大联合育种攻关主体以及重要保种、苗种繁育主体，改善种质，从源头减少鱼病发生。

2023 年浙江省水生动物病情分析

浙江省水产技术推广总站

（朱凝瑜　何润真　梁倩蓉　田全全　周　凡　丁雪燕）

2023 年浙江省在 11 个市 71 个县（市、区）开展了水产养殖病害监测工作，共设立 400 个监测点，监测品种 24 个，监测面积 3 626.67 hm²。与上年相比，2023 年监测点的病害总数增加 3 种，年发病率减少 3.7 个百分点，经济损失减少 2.2 个百分点。

一、总体发病情况

2023 年开春浙江省阴雨天气较多，气温、水温较低，发病较上年减少；6—7 月进入梅雨和高温期，雨量分布不均，局地还伴有短时暴雨、大风天气，受"杜苏芮""卡努"等超强台风以及连续阴雨天气影响，发病较上年增加。全年整体发病情况与上年相比略有减少，在 24 个品种共监测到各类病害总数 33 种，较上年增加 3 种；年发病率为 7.4%，较上年减少 3.66 个百分点；测报点直接经济损失 1 978.62 万元，较上年减少 43.59 万元。发病较严重、造成的经济损失较大的品种有大黄鱼、七星鲈和凡纳滨对虾等，具体表现为：

（一）发病品种减少，病害总数增加

24 个监测品种中，草鱼、鲤、鲫、红鲌、黄颡鱼、大口黑鲈、大黄鱼、七星鲈、马口鱼、光唇鱼、罗氏沼虾、凡纳滨对虾、梭子蟹、青蟹和鳖等 15 个品种监测到各类病害 33 种，发病品种较上年减少 1 种（青鱼），病害总数增加 3 种。其中，病毒性疾病 6 种，细菌性疾病 13 种，真菌性疾病 3 种，寄生虫性疾病 8 种，非生物源性病害 3 种（表 1）。病害发生高峰期在 6—9 月，每月病害数在 18 种以上（图 1）。从病害种类看，细菌性疾病和真菌性疾病较上年有所增加；从监测类别看，鱼类发病总数较上年增加 3 种，甲壳类和爬行类不变，贝类未监测到病害。另有病因不明 11 宗，比上年增加 1 宗。

表 1　2023 年浙江省水产养殖发病种类、病害属性分析（种）

类别	鱼类	甲壳类	爬行类	贝类	2023 年合计	2022 年
监测品种数	13	7	1	3	24	24
监测品种发病数	10	4	1	0	15	16

（续）

	类别	鱼类	甲壳类	爬行类	贝类	2023 年合计	2022 年
疾病性质	病毒性	3	2	1	0	6	6
	细菌性	8	4	2	0	13	12
	真菌性	3	0	0	0	3	1
	寄生虫性	8	1	0	0	8	8
	非生物源性	3	1	0	0	3	3
合计		25	8	3	0	33	30

注："2023 年合计"中已合并不同品种中的相同病原。

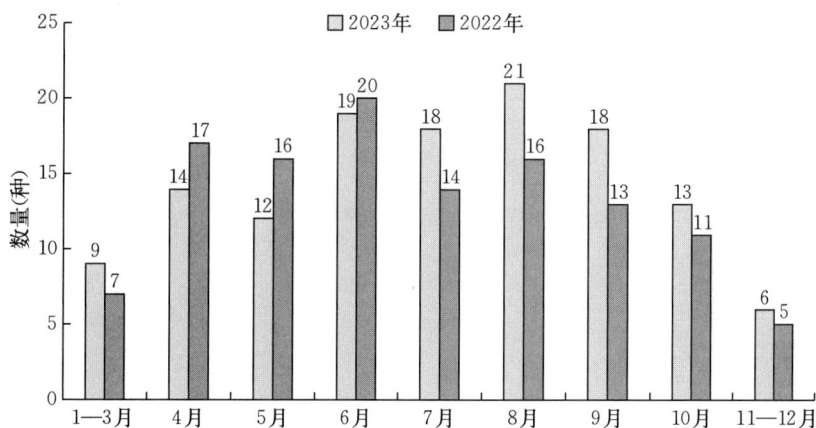

图 1　2023 年浙江省水产养殖月病害数比较

（二）下半年病害多发，总体发病情况减弱

2023 年浙江省水产养殖监测点年发病率为 7.4%，较上年减少 3.66 个百分点，全年总体发病情况减弱，但下半年的病害较上年有所增加。其中，8—10 月月平均发病率均高于上年度同期（图 2）；7—11 月月平均死亡率、每月病害数均高于上年度同期（图 3）。各月份发病情况大致为：1—3 月主要发生细菌性败血症、溃疡病、水霉病和大黄鱼内脏白点病；4—5 月监测到淡水鱼细菌性败血症、车轮虫病、大黄鱼内脏白点病、虾类十足目虹彩病毒病和肝肠胞虫病；6—9 月为疾病高发期，淡水鱼各类细菌性（败血症、肠炎病、溃疡病）和寄生虫性疾病（小瓜虫病、锚头鳋病、车轮虫病）、七星鲈溃疡病、大黄鱼寄生虫病（刺激隐核虫病、本尼登虫病）和病毒病（虹彩病毒病和白鳃症）、虾类常见病（白斑综合征、十足目虹彩病毒病、肝肠胞虫病、急性肝胰腺坏死病）、蟹类弧菌病、鳖细菌病等频发；10—11 月凡纳滨对虾白斑综合征发病率和死亡率较高；12 月病害较少，偶发水霉病和寄生虫病。

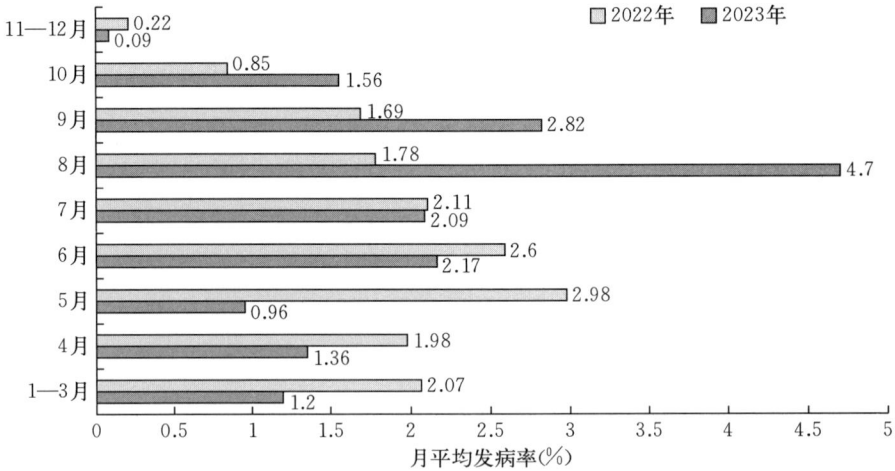

图2　2023年浙江省水产养殖月平均发病率比较

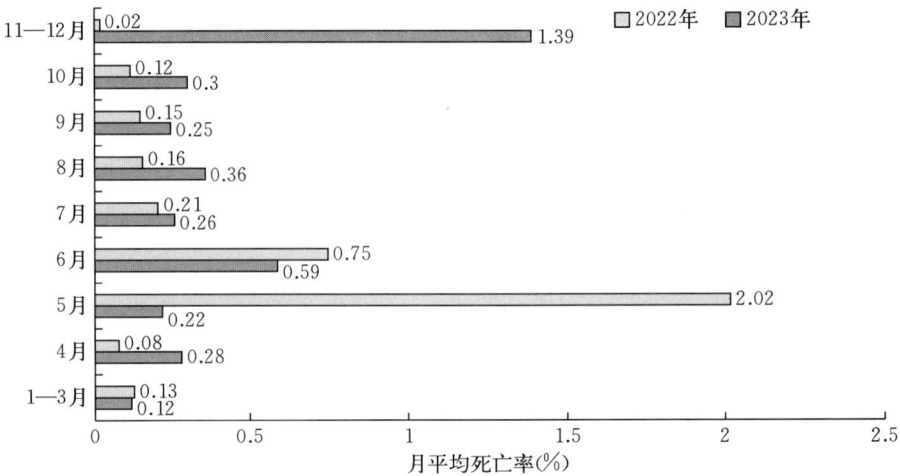

图3　2023年浙江省水产养殖月平均死亡率比较

（三）病害造成的经济损失略有减少

2023年监测点总体经济损失1 978.62万元，较上年减少2.2%。从养殖大类看，淡水鱼类、虾类和爬行类单位面积经济损失较上年减少，海水鱼类和蟹类单位面积经济损失较上年增加（表2）。经济损失较大的几个品种有：大黄鱼内脏白点病、虹彩病毒病、本尼登虫病和白鳃病经济损失460.3万元；七星鲈本尼登虫病和溃疡病经济损失322.5万元；凡纳滨对虾急性肝胰腺坏死病、十足目虹彩病毒病、白斑综合征和肝肠胞虫病经济损失为244.77万元。

表 2 监测品类单位面积经济损失对比

项目	年份	淡水鱼类	海水鱼类	虾类	蟹类	爬行类
经济损失（万元）	2023	108.98↓	1 218.06↑	455.4↓	100.65↑	95.53↓
	2022	148.19	821.9	873.37	29.22	149.53
单位面积经济损失（元/hm²）	2023	1 246.5↓	32 397↑	3 998.25↓	1 605.3↑	3 296.1↓
	2022	1 696.5	25 719.75	7 368.75	422.7	4 926.75

（四）各类养殖品种发病情况

15 个发病品种中，月平均发病率较高的有马口鱼、七星鲈、大黄鱼和鲫；月平均死亡率较高的有凡纳滨对虾、草鱼和大黄鱼（表 3）。其中，鲫、黄颡鱼、七星鲈、大黄鱼和凡纳滨对虾等 5 个品种的月平均发病率和月平均死亡率均比上年度增加，青鱼、鲤和罗氏沼虾等 3 个品种的月平均发病率和月平均死亡率均比上年度降低。

表 3 2023 年浙江省监测品种月平均发病率和月平均死亡率统计结果

监测品种	养殖模式	平均发病率（%）			平均死亡率（%）			监测品种	养殖模式	平均发病率（%）			平均死亡率（%）		
		2023 年	2022 年	比较	2023 年	2022 年	比较			2023 年	2022 年	比较	2023 年	2022 年	比较
青鱼	池塘	/	6.07	—	/	0.07	—	凡纳滨对虾	池塘	2.95	2.55	+	8.38	0.90	+
草鱼	池塘	0.76	2.48	—	1.52	0.47	+	青虾	池塘	/	/	/	/	/	/
鲢	池塘	/	/	/	/	/	/	罗氏沼虾	池塘	1.27	6.25	—	0.04	3.89	—
鳙	池塘	/	/	/	/	/	/	克氏原螯虾	池塘	/	/	/	/	/	/
鲤	池塘	2.93	4.54	—	0.04	0.48	—	梭子蟹	池塘	0.65	0.47	+	0.02	0.02	/
鲫	池塘	5.25	2.26	+	0.22	0.05	+	青蟹	池塘	3.25	4.44	—	0.06	0.04	+
翘嘴红鲌	池塘	1.03	0.96	+	0.002	0.005	—	中华绒螯蟹	池塘	/	/	/	/	/	/
大口黑鲈	池塘	0.74	0.69	+	0.03	0.05	—	中华鳖	池塘	0.2	1.59	—	0.03	0.02	+
黄颡鱼	池塘	0.91	0.70	+	0.19	0.11	+	泥蚶	池塘	/	/	/	/	/	/
七星鲈	海水网箱	7.41	0.81	+	0.96	0.33	+	缢蛏	池塘	/	/	/	/	/	/
大黄鱼	海水网箱	6.94	5.53	+	1.33	1.14	+	三角帆蚌	池塘	/	/	/	/	/	/
光唇鱼	池塘	0.01	0.16	—	0.41	0.14	+	马口鱼	池塘	9.83	3.11	+	0.5	1.98	—

注："+"表示比 2022 年同期增加；"-"表示比 2022 年同期减少；"/"表示未发病。

1. 淡水养殖鱼类病害

监测的 11 个淡水鱼类品种除青鱼、鲢和鳙外，其余 8 个品种都有病害发生，共监测到 25 种病害，较上年增加 3 种。其中，发病较为严重的有水霉病、细菌性败血症和锚头鳋病。

（1）草鱼　年发病率为 3.06%，较上年的 21.82% 大幅减少。全年共监测到流行性溃疡综合征、溃疡病、水霉病、小瓜虫病、车轮虫病和淡水鱼细菌性败血症等 6 种病害。1—4 月流行性溃疡综合征发病较多，5—10 月小瓜虫病较为流行危害最大。

（2）鲤　年发病率为 9.59%，比上年的 24.11% 大幅减少。全年监测到细菌性败血症和缺氧症，发病率和死亡率较低。

（3）鲫　年发病率为 13.41%，较上年的 12.76% 略有增加。全年共监测到水霉病、细菌性败血症、肠炎病、溃疡病、打印病、鳃霉病、烂鳃病、病毒性出血、头槽绦虫病和锚头鳋病等 10 种病害，较上年度减少 2 种。其中，细菌性败血症最为流行，在 1—10 月均有发生；危害最大的为病毒性出血病，造成的经济损失最大。

（4）大口黑鲈　年发病率为 4.57%，较上年增加。全年监测到水霉病、弧菌病、固着类纤毛虫病等病害，月平均发病率和月平均死亡率均较低。此外，流行病学调查显示，3—5 月大口黑鲈苗期弹状病毒病仍较为严重，发病率和死亡率均较高。受饲料成本上升、消费下行的影响，大口黑鲈流通和销售受到很大的影响，池塘大规格成鱼存塘量较多，加上高温天气水质恶化，6—8 月虹彩病毒感染导致的体表出血、溃疡多发。10—12 月成鱼诺卡氏菌病也较为严重，该病病程长不易发现，会引起鱼体表溃烂和内脏结节，导致整塘鱼品质降低，影响销售。

（5）黄颡鱼　年发病率为 4.73%，较上年增加。主要监测到诺卡氏菌病、溃疡病和弧菌病。流行病学调查显示，3—5 月以杯状病毒病为主；6—9 月以细菌病为主，如方形溃疡病、裂头病和红下巴病等。

（6）溪流性鱼类（马口鱼和光唇鱼）　马口鱼年发病率为 18.58%。全年主要监测到水霉病、细菌性败血症、车轮虫病、锚头鳋病、中华鳋病和指环虫病等 6 种疾病。光唇鱼年发病率为 0.1%，主要监测到车轮虫病。近几年流行病学调查显示，小瓜虫病和链球菌病对溪流性鱼类的危害逐年升高，从小苗到商品鱼、亲本均可感染发病。

（7）翘嘴红鲌　年发病率为 1.73%，与上年持平。全年主要监测到细菌性败血症和缺氧症，发病率和死亡率均较低。

2. 海水养殖鱼类病害

（1）大黄鱼　年发病率为 30.8%，比上年减少 9.91 个百分点。其中，1—4 月内脏白点病频发；6—10 月以白鳃病、虹彩病毒病和本尼登虫病为主，月平均发病率和月平均死亡率均高于上年度；8—9 月虹彩病毒病和本尼登虫病最为严重，发病率和死亡率全年最高。流行病学调查显示，2023 年大黄鱼总体发病率依然较高，病害种类依然为近年来的常见病害。相比上年度，虹彩病毒发病率显著升高，推测可能与夏季 8 月中下旬持续的高水温有关。此外，虹彩病毒的发病个体也从以往的 1 龄幼鱼为主扩大到大规格亚成鱼上。

(2) 七星鲈　年发病率为 16.36%，较上年增加。主要监测到溃疡病、弧菌病和本尼登虫病。其中，6—9 月溃疡病较为流行，10 月本尼登虫病发病严重。

3. 虾类病害

(1) 凡纳滨对虾　年发病率 8.69%，较上年增加。全年共监测到 8 种病害。其中，5—9 月虾肝肠胞虫病、急性肝胰腺坏死病较为流行，月平均发病率和月平均死亡率较高，造成的经济损失较大。11 月苍南县一凡纳滨对虾养殖场因白斑综合征暴发，死亡率为 65.31%，造成的经济损失高达 100 万元，分析可能是水鸟捕食带入的病毒。白斑综合征、急性肝胰腺坏死病和十足目虹彩病毒病等 3 种疫病已连续多年在对虾中监测到，需多加留意。

(2) 罗氏沼虾　全年监测到十足目虹彩病毒病、白斑综合征和弧菌病等 3 种病害，病害主要流行于 5—10 月，年发病率 7.02%，较上年的 42.21% 大幅减少。流行病学调查显示，额剑白点病和水泡白体病仍有发生，而铁虾综合征发生率较往年大大下降。

4. 蟹类病害

(1) 青蟹　年发病率 13.53%，较上年大幅降低。病害流行时间为 6—10 月，流行病学调查显示，青蟹苗种携带十足目虹彩病毒比例依然较高，其次为呼肠孤病毒。而养殖过程中引起青蟹较为严重发病的仍以呼肠孤病毒和血卵涡鞭虫为主；十足目虹彩病毒和白斑病毒在青蟹成体中虽然有较高的携带率，但一般较少单独引发致死性病害。

(2) 梭子蟹　年发病率为 2.94%，较上年减少。其中，6—8 月监测到弧菌病的流行，监测点经济损失较大。流行病学调查显示，白斑病毒、十足目虹彩病毒的发病风险依然存在，且发病致死率极高，需引起养殖户的高度重视。

5. 中华鳖病害

年发病率为 1.86%，较上年有所减少。主要监测到病毒性鳃腺炎病、溃烂病和红脖子病等 3 种病害，流行于 6—9 月。流行病学调查显示，鳃腺炎、红底板病和白底板病流行发病严重，黄病毒病也仍有发生。

二、2024 年病害流行预测

根据历年浙江省水产养殖病情监测结果，预测 2024 年的病害流行情况如下：

1—3 月气温、水温偏低，病害发生概率较小。淡水鱼类仍需注意防范水霉病和细菌性败血症等细菌病，大黄鱼注意内脏白点病，同时防范低温冻伤等非生物源性疾病。春季天气多变，可能有持续降雨或雨夹雪等冰冻天气，要防止水温变化引起的水生动物应激反应和缺氧。此外，做好池塘的清塘消毒、修整工作，为放苗开始新一轮的养殖做好准备。

4—6 月是水产养殖动物大量投苗后进入生产旺季的关键时期，随着气温逐渐回升，水生动物的摄食、游动等活动增加，代谢量大，易滋生细菌，从而导致细菌性疾病的暴发。此外，梅雨季节期间阴雨连绵，低温与暖湿气候交替出现，增加病害发生概率。淡水鱼类要预防细菌性疾病（如细菌性败血症、肠炎病、溃烂病等）和寄生虫性疾病（如指环虫病、锚头鳋病等）；海水鱼类主要预防内脏白点病和弧菌病；甲壳类要注意水体条件变化引起的应激反应，预防弧菌病、缺氧、蜕壳不遂症，加强对病毒性疾病的检测与无害化处理；鳖经过冬眠期的消耗后体质较差，应注意补充营养，预防腮腺炎病和各类细菌性疾病的暴发。

7—9月水产养殖动物进入摄食、生长旺季，容易导致水中病原微生物大量繁殖，诱发各种疾病。需要格外关注高温闷热、雷阵雨、台风预警等恶劣天气，提前做好相应措施防止水生动物缺氧、泛塘和逃逸。预计这段时期大黄鱼易发刺激隐核虫病、本尼登虫病、白鳃病和虹彩病毒病，七星鲈易发溃疡病，大口黑鲈易发虹彩病毒病，凡纳滨对虾易发肝肠胞虫病、十足目虹彩病毒病、白斑综合征和急性肝胰腺坏死病，海水蟹类以黄水病和固着类纤毛虫病为主，鳖要留意细菌性疾病和腮腺炎病，贝类要预防台风过后缺氧和盐度变化引起的应激死亡。

9月下旬至10月正值夏秋交替，昼夜温差大。而池塘底部累积的大量残饵和粪便，易造成缺氧和水质变差，导致水生动物疾病的发生。预计淡水鱼类以细菌性疾病和寄生虫病为主；海水鱼类中大黄鱼要注意虹彩病毒病和本尼登虫病的发生，七星鲈主要预防溃疡病；甲壳类中凡纳滨对虾要预防弧菌病；海水蟹类要留意清水病和黄水病等。

11—12月各地气温、水温持续降低，昼夜温差进一步加大，应密切关注天气预报，预防温度骤降或者暴雪冰雹等极端天气情况，提前做好应急准备，并做好存塘鱼的越冬管理工作。预计后期水产养殖疾病的发生率会有所下降，但仍需警惕淡水鱼赤皮病、小瓜虫病和水霉病等病害。

三、养殖注意要点

在养殖过程中要采取健康养殖技术，切实强化养殖户"以防为主、治疗为辅、防治结合"的科学防病意识，认真做好养殖全过程管理工作，做到早发现、早治疗，减少疾病的发生，促进养殖提质增效。

一是强化水质管理。根据天气情况密切注意水质变化，定期检测池水的溶氧、pH、氨氮、亚硝酸盐等指标，发现异常要及时采取换水、增氧、消毒、改底等应对措施，确保鱼池水质维持稳定，减少养殖动物的应激反应。

二是强化投喂管理。要按照"四定"原则（定质、定量、定点、定时）进行投喂，投喂次数和投喂量根据天气、水温、水质、水生动物摄食情况等及时做出调整。随着水温的逐步降低，养殖动物的摄食能力下降，需相应减少投喂量；越冬期间也可视天气情况适当少量投喂，为鱼类越冬提供充足营养和能量。在饲料中适当添加维生素、中草药制剂等增强水产动物体质及抗病力。

三是强化日常管理。按时巡塘，观察水生动物的活动和摄食情况，据此调整措施。水生动物捕捞收货时需注意捕捞操作，防止擦伤等引发细菌或真菌继发感染。

四是强化用药管理。发病时要及时确诊，对患病动物进行相应的寄生虫镜检、细菌分离及药敏试验和病毒检测工作。严格遵循《水产养殖用药明白纸》上规定的合法合规药物进行治疗，坚决抵制未获批准的假冒伪劣药物。

2023 年安徽省水生动物病情分析

安徽省水产技术推广总站

（魏　涛　杨伟宁　吴义鸿）

2023 年安徽省 16 个市 58 个县（区）设立监测点 235 个，测报员 194 名。监测养殖品种共 23 种，其中鱼类 15 种、虾类 2 种、蟹类 1 种、贝类 1 种、其他类（龟鳖类）2 种、观赏鱼 2 种。监测面积 15 510.4 hm²，其中淡水池塘 11 312.8 hm²、工厂化养殖 81.9 hm²、其他类型淡水养殖水面 4 115.7 hm²。全年上报测报记录 1 497 次。

一、水产养殖动物病害总体情况

2023 年安徽省测报点共监测到发病养殖品种 14 种（表 1），未发病养殖品种 13 种。全年监测到的疾病上报记录有 265 次。其中，细菌性疾病 158 次，占比 59.62%；病毒性疾病 15 次，占比 5.66%；真菌性疾病 20 次，占比 7.55%；寄生虫性疾病 50 次，占比 18.87%；非病原性疾病 11 次，占比 4.15%；其他类不明病因疾病 11 次，占比 4.15%（表 2）。

表 1　2023 年安徽省监测到发病的养殖种类汇总

类别		种类	数量
淡水	鱼类	青鱼、草鱼、鲢、鳙、鲫、鳊、黄颡鱼、长吻鮠、鳜、鲈（淡）	10
	虾类	克氏原螯虾	1
	蟹类	中华绒螯蟹	1
	贝类	无	0
	其他类	龟、鳖	2
	观赏鱼	无	0
合　计			14

表 2　2023 年安徽省监测到的疾病种类上报次数汇总

疾病类别	病毒性疾病	细菌性疾病	真菌性疾病	寄生虫性疾病	非病原性疾病	其他	总数
上报次数（次）	15	158	20	50	11	11	265
占比（%）	5.66	59.62	7.55	18.87	4.15	4.15	

二、主要养殖水生动物疾病发生情况

（一）养殖鱼类发病总体情况

2023 年监测到安徽省养殖鱼类平均发病面积比例为 7.075%，平均监测区域死亡率为 0.484%，平均发病区域死亡率为 3.701%。共监测到养殖发病鱼类 10 种，分别为青鱼、草鱼、鲢、鳙、鲫、鳊、黄颡鱼、长吻鮠、鳜和鲈（淡水）。鱼类疾病 30 种，其中病毒性疾病 5 种、细菌性疾病 12 种、真菌性疾病 3 种、寄生虫性疾病 6 种、非病原性疾病 2 种、其他不明病因疾病 2 种（表 3）。

表 3　2023 年安徽省监测养殖鱼类疾病种类汇总（种）

类别		病名	数量
鱼类	病毒性疾病	草鱼出血病、鲫造血器官坏死病、石斑鱼虹彩病毒病、鳜弹状病毒病、虹彩病毒病	5
	细菌性疾病	溃疡病、淡水鱼细菌性败血症、链球菌病、赤皮病、细菌性肠炎病、打印病、鱼爱德华氏菌病、弧菌病、疖疮病、柱状黄杆菌病、竖鳞病、细菌性肾病	12
	真菌性疾病	水霉病、鳃霉病、流行性溃疡综合征	3
	寄生虫性疾病	指环虫病、车轮虫病、锚头鳋病、中华鳋病、小瓜虫病、黏孢子虫病	6
	非病原性疾病	肝胆综合征、气泡病	2
	其他	不明病因疾病、越冬综合征	2
合　计			30

（二）主要养殖鱼类疾病发生情况

1. 草鱼发病情况

2023 年安徽省监测草鱼养殖面积 8 451.15 hm²，平均发病面积比例为 17.36%，监测区域平均死亡率为 0.167%，发病区域平均死亡率为 3.795%。发病面积比例最高的是溃疡病，监测区域死亡率最高的是水霉病，发病区域死亡率最高的是淡水鱼细菌性败血症（图 1）。

2. 鲫发病情况

2023 年安徽省监测鲫养殖面积 4 485.79 hm²，平均发病面积比例为 3.54%，监测区域平均死亡率为 0.104%，发病区域平均死亡率为 6.3%。发病面积比例最高的是链球菌病，监测区域死亡率最高的疾病是淡水鱼细菌性败血症，发病区域死亡率最高的疾病为越冬综合征（图 2）。

3. 鲢、鳙发病情况

2023 年安徽省监测鲢养殖面积 6 878.54 hm²，平均发病面积比例为 12.85%；监测

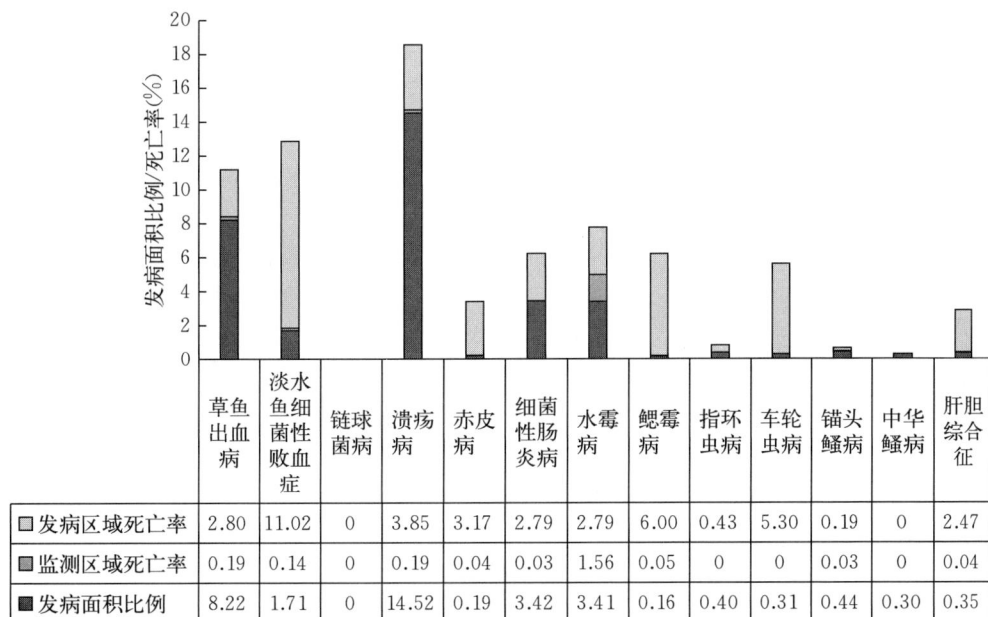

	草鱼出血病	淡水鱼细菌性败血症	链球菌病	溃疡病	赤皮病	细菌性肠炎病	水霉病	鳃霉病	指环虫病	车轮虫病	锚头鳋病	中华鳋病	肝胆综合征
发病区域死亡率	2.80	11.02	0	3.85	3.17	2.79	2.79	6.00	0.43	5.30	0.19	0	2.47
监测区域死亡率	0.19	0.14	0	0.19	0.04	0.03	1.56	0.05	0	0	0.03	0	0.04
发病面积比例	8.22	1.71	0	14.52	0.19	3.42	3.41	0.16	0.40	0.31	0.44	0.30	0.35

图 1 2023 年安徽省草鱼各疾病发病面积比例和死亡率

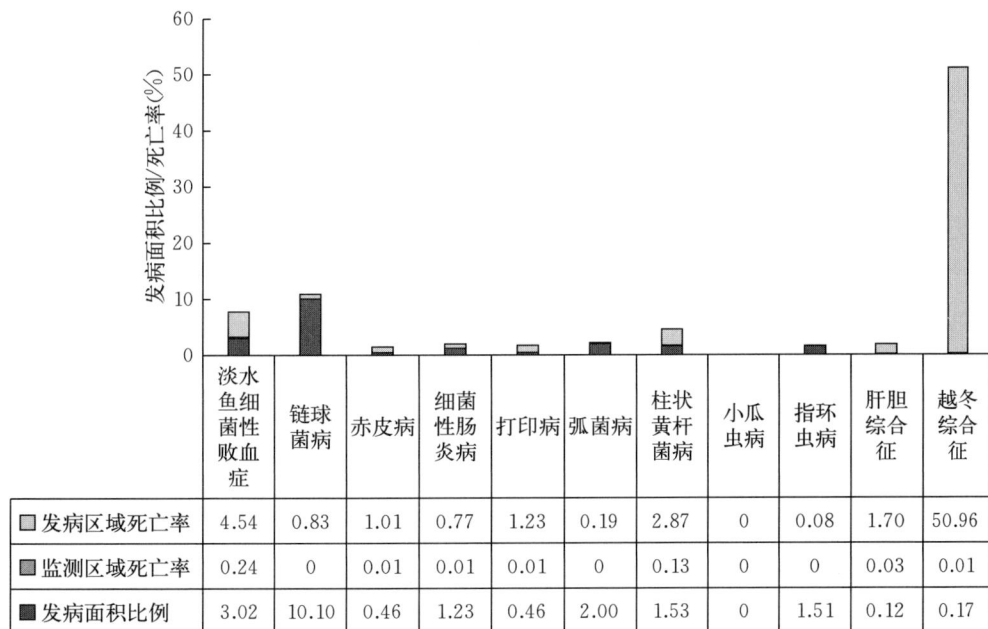

	淡水鱼细菌性败血症	链球菌病	赤皮病	细菌性肠炎病	打印病	弧菌病	柱状黄杆菌病	小瓜虫病	指环虫病	肝胆综合征	越冬综合征
发病区域死亡率	4.54	0.83	1.01	0.77	1.23	0.19	2.87	0	0.08	1.70	50.96
监测区域死亡率	0.24	0	0.01	0.01	0.01	0	0.13	0	0	0.03	0.01
发病面积比例	3.02	10.10	0.46	1.23	0.46	2.00	1.53	0	1.51	0.12	0.17

图 2 2023 年安徽省鲫各疾病发病面积比例和死亡率

鳙养殖面积 8 408.34 hm²，平均发病面积比例 15.34%。鲢、鳙监测区域平均死亡率为 0.488%，发病区域平均死亡率为 2.65%。发病面积比例、监测区域死亡率和发病区域死亡率最高的疾病均是水霉病（图 3）。

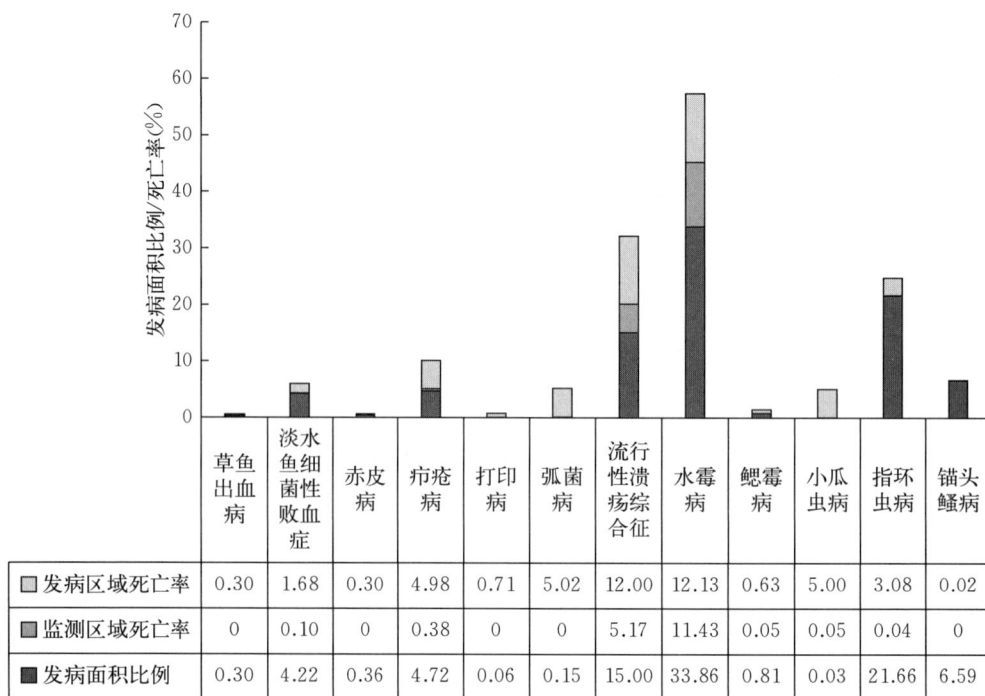

	草鱼出血病	淡水鱼细菌性败血症	赤皮病	疖疮病	打印病	弧菌病	流行性溃疡综合征	水霉病	鳃霉病	小瓜虫病	指环虫病	锚头鳋病
▨ 发病区域死亡率	0.30	1.68	0.30	4.98	0.71	5.02	12.00	12.13	0.63	5.00	3.08	0.02
▩ 监测区域死亡率	0	0.10	0	0.38	0	0	5.17	11.43	0.05	0.05	0.04	0
■ 发病面积比例	0.30	4.22	0.36	4.72	0.06	0.15	15.00	33.86	0.81	0.03	21.66	6.59

图 3　2023 年安徽省鲢、鳙各疾病发病面积比例和死亡率

4. 鳊（团头鲂）发病情况

2023 年安徽省监测鳊养殖面积 1 152.73 hm²，平均发病面积比例为 6.1%。监测区域平均死亡率为 0.341%，发病区域平均死亡率为 1.978%。发病面积比例最高的疾病是水霉病，监测区域死亡率和发病区域死亡率最高的疾病均是黏孢子虫病（图 4）。

5. 鳜发病情况

2023 年安徽省监测鳜养殖面积 451.53 m²，平均发病面积比例为 9.6%。监测区域平均死亡率为 0.304%，发病区域平均死亡率为 0.517%。监测区域发病面积比例最高的是车轮虫病，监测区域死亡率和发病区域死亡率最高的疾病均是细菌性肾病，同时还监测到的疾病是细菌性肠炎病（图 5）。

6. 其他养殖鱼类情况

2023 年安徽省其他养殖鱼类测报面积少，病害范围较小。黄颡鱼、淡水鲈、乌鳢等也不同程度地监测到了各种病害的发生，以细菌性疾病和寄生虫病为主。

（三）主要养殖甲壳类动物发生情况

1. 克氏原螯虾发病情况

2023 年安徽省监测克氏原螯虾养殖面积 2 640.868 hm²，监测区域平均发病面积比例 4.49%，平均监测区域死亡率为 0.058%，平均发病区域死亡率为 1.084%。发病

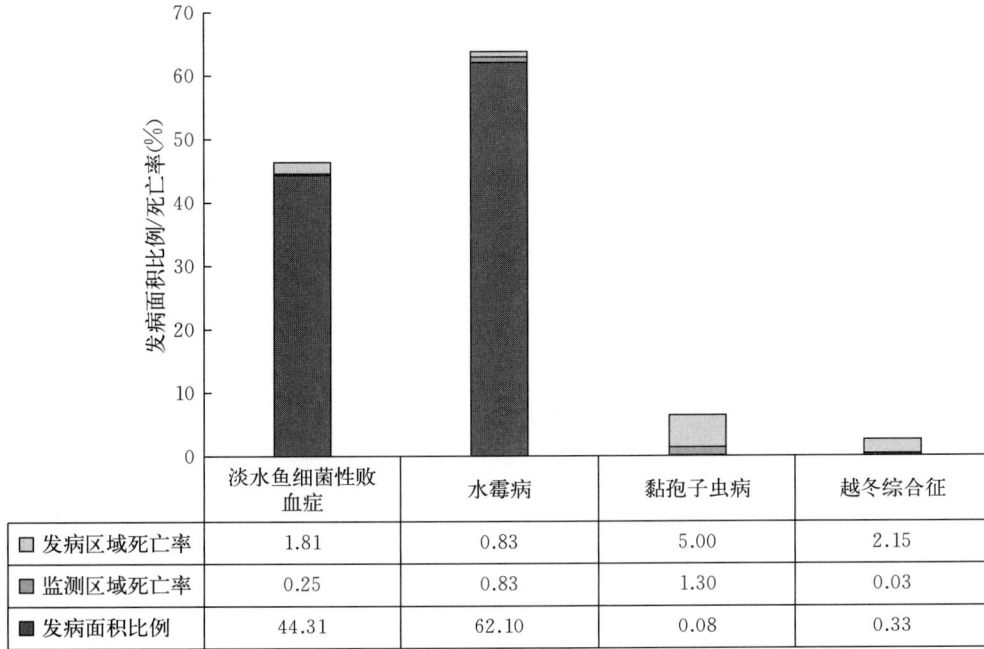

	淡水鱼细菌性败血症	水霉病	黏孢子虫病	越冬综合征
□ 发病区域死亡率	1.81	0.83	5.00	2.15
■ 监测区域死亡率	0.25	0.83	1.30	0.03
■ 发病面积比例	44.31	62.10	0.08	0.33

图 4　2023 年安徽省鳊（团头鲂）各疾病发病面积比例和死亡率

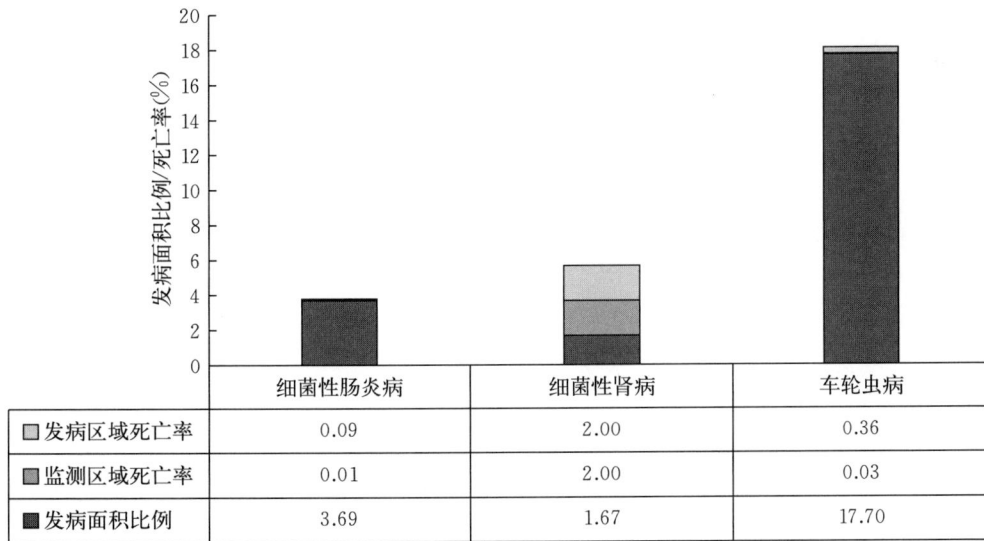

	细菌性肠炎病	细菌性肾病	车轮虫病
□ 发病区域死亡率	0.09	2.00	0.36
■ 监测区域死亡率	0.01	2.00	0.03
■ 发病面积比例	3.69	1.67	17.70

图 5　2023 年安徽省鳜各疾病发病面积比例和死亡率

面积比例最高的是弧菌病，监测区域死亡率最高的疾病是虾蓝藻中毒症，发病区域死亡率最高的疾病是烂鳃病，同时还监测到的疾病有白斑综合征、蜕壳不遂症等（图 6）。安徽省克氏原螯虾养殖主要是稻虾综合种养模式，虾田在高温季节容易出现蓝藻暴发现象，引起克氏原螯虾大面积发病，影响克氏原螯虾的产量和效益。蓝藻的预防主要是调水、补草、控饵，高温期避免过量投喂，营造良好的水质环境。

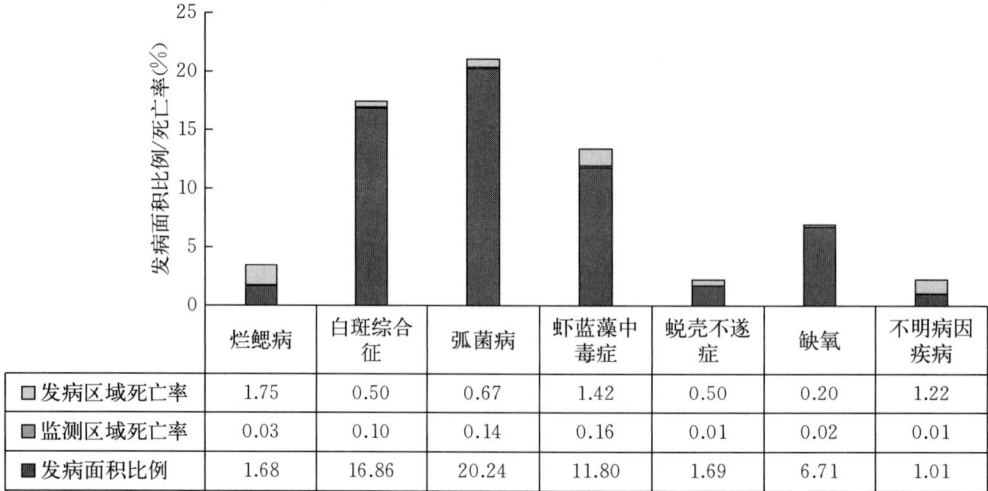

	烂鳃病	白斑综合征	弧菌病	虾蓝藻中毒症	蜕壳不遂症	缺氧	不明病因疾病
☐ 发病区域死亡率	1.75	0.50	0.67	1.42	0.50	0.20	1.22
▨ 监测区域死亡率	0.03	0.10	0.14	0.16	0.01	0.02	0.01
■ 发病面积比例	1.68	16.86	20.24	11.80	1.69	6.71	1.01

图 6　2023 年安徽省克氏原螯虾各疾病发病面积比例和死亡率

2. 中华绒螯蟹发病情况

2023 年安徽省监测中华绒螯蟹养殖面积 3 390.735 hm²，平均发病面积比例为 34.19%。监测区域平均死亡率为 0.997%，发病区域平均死亡率为 6.953%。发病面积比例和监测区域死亡率最高的疾病是弧菌病，发病区域死亡率最高的疾病是肠炎病，同时还监测到的疾病有烂鳃病、固着类纤毛虫病和不明病因疾病等（图 7）。

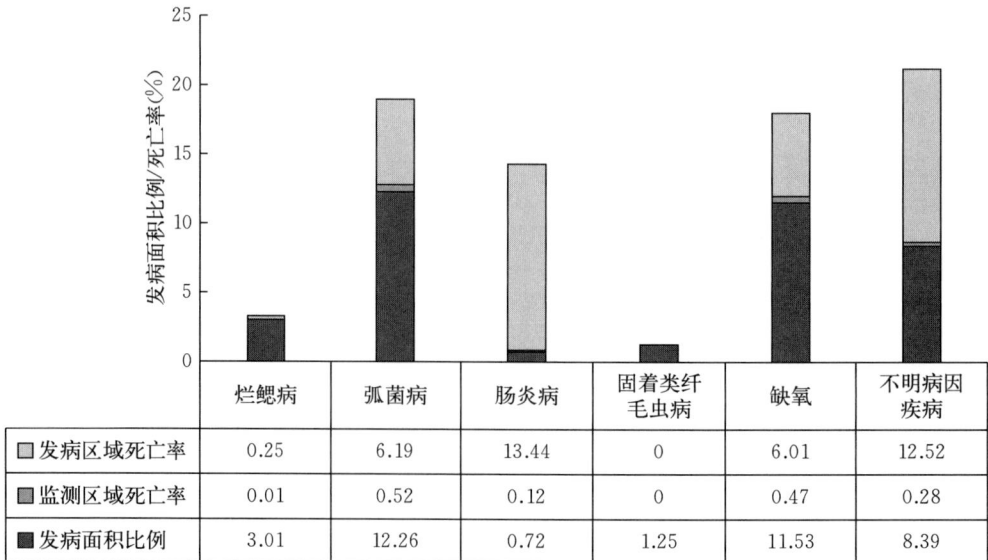

	烂鳃病	弧菌病	肠炎病	固着类纤毛虫病	缺氧	不明病因疾病
☐ 发病区域死亡率	0.25	6.19	13.44	0	6.01	12.52
▨ 监测区域死亡率	0.01	0.52	0.12	0	0.47	0.28
■ 发病面积比例	3.01	12.26	0.72	1.25	11.53	8.39

图 7　2023 年安徽省中华绒螯蟹各疾病发病面积比例和死亡率

三、病害流行预测和病害防控建议

（一）病害流行预测

根据历年水产养殖病情监测结果预测，2024 年安徽省水产品养殖过程中仍将发生不同程度的病害，疾病种类仍会是以细菌性疾病和寄生虫疾病为主、病毒性疾病少量发生，仍需重点关注草鱼出血病、淡水鱼细菌性出血败血症、鳜传染性脾肾坏死病、锦鲤疱疹病毒病、克氏原螯虾白斑综合征以及常规细菌性疾病和寄生虫病。

（二）对策建议

一是持续推进水生动物防疫工作。继续开展病害测报、重大疫病监测、苗种产地检疫等工作；做好疫病监测、预测、预警和病害诊断、处置服务等工作；增强病害防治服务，利用"智能渔技"信息平台，加强对渔业环境、养殖生产、投入品质量、整理和发布，通过实时数据采集和共用，使水生动物防疫工作更加快捷和高效。

二是加强水生动物防疫体系建设。加强现有区域监控中心检测人员的技术培训，提高业务能力，积极报名参加全国水生动物防疫系统实验室疫病检测能力验证活动，持续提升水生动物疫病检测的准确性和权威性，为开展重大水生动物疫病防控、水产苗种产地检疫等工作提供强有力技术支撑。

三是加快水生动物疫病快速诊断技术应用。进一步加强与科研院所的合作交流，了解前沿科学技术探索开发的快速诊断技术，推广适用于基层的现场快速诊断技术和"远程鱼病防治网"的应用，解决鱼病防治"最后一公里"的问题。

2023 年福建省水生动植物病情分析

福建省水产技术推广总站

（李水根　陈燕婷　元丽花　廖碧钗　孙敏秋　林国清）

2023 年，福建省 9 个设区市 52 个县（市、区）共设立测报点 204 个，测报品种为"十大福建省特色品种"及大宗养殖品种（草鱼、罗非鱼等）共计 13 种。测报面积 1 699.43 hm²，包括海水监测面积 932.02 hm²（其中，海水池塘 101.33 hm²、海水网箱 84.81 hm²、海水滩涂 6.00 hm²、海水筏式 706.40 hm²、海水工厂化 13.31 hm²、海水高位池 20.17 hm²）、淡水监测面积 757.07 hm²（其中，淡水池塘 701.47 hm²、淡水网箱 1.14 hm²、淡水工厂化 47.73 hm²、淡水其他 6.73 hm²）、半咸水池塘 10.34 hm²，详见表 1。

表 1　2023 年福建省测报点总体情况

测报市	测报种类	测报面积（hm²）	测报点（个）
福 州	鳗鲡、凡纳滨对虾、鲍、海带	165.19	26
厦 门	凡纳滨对虾	8.07	5
宁 德	大黄鱼、紫菜、海带、海参	147.19	41
莆 田	凡纳滨对虾、鲍、牡蛎	89.62	11
漳 州	罗非鱼、石斑鱼、河鲀、凡纳滨对虾、鲍、牡蛎、大口黑鲈	386.31	26
泉 州	鲍、牡蛎、紫菜	361.88	14
南 平	草鱼、鳗鲡	120.29	20
三 明	草鱼、鳗鲡	187.47	18
龙 岩	草鱼、鳗鲡、大口黑鲈	233.41	43
合　计		1 699.43	204

一、病害总体情况

2023 年各主要养殖种类除海带和紫菜外，其余品种均有不同程度病害发生（图 1）。从监测结果看，2023 年病害整体流行趋势与 2022 年不同。在 7 月高温期病害发生种类最多；1—3 月气温低，病害发生种类相对较少。全年病害发生种数总体呈现先升后降的趋势。

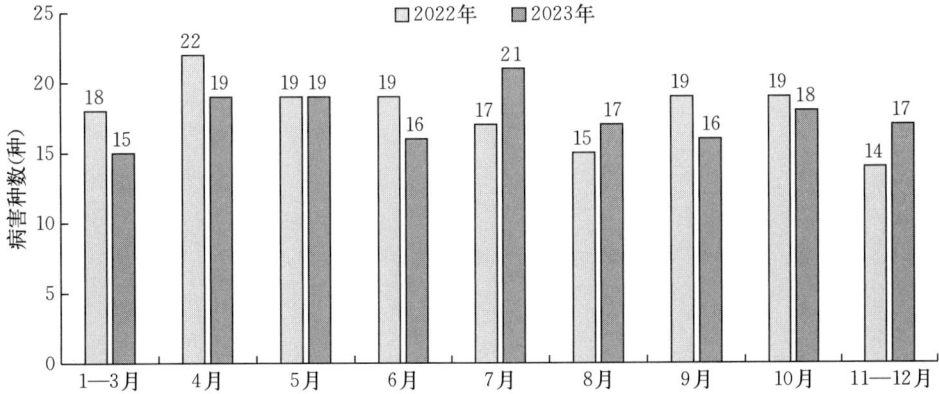

图 1　2023 年和 2022 年福建省水产养殖月病害种数比较

2023 年全省共监测到发病养殖品种 11 种，监测到水产养殖动植物病害 45 种。其中，病毒性疾病 3 种、细菌性疾病 16 种、寄生虫性疾病 14 种、真菌性疾病 4 种、非病原性疾病 4 种、不明病因疾病 4 种（表 2）。与 2022 年相比，病害种类持平，主要是病毒性疾病和细菌性疾病有所减少，寄生虫病、真菌病和非病原性疾病有所增加。

表 2　2023 年福建省监测到的各养殖种类病害分类汇总（种）

	类别	鱼类	虾类	贝类	藻类	棘皮类	合计	2022 年
疾病性质	病毒性疾病	3	0	0	0	0	3	6
	细菌性疾病	10	4	1	0	1	16	18
	寄生虫性疾病	14	0	0	0	0	14	11
	真菌性疾病	3	1	0	0	0	4	3
	非病原性疾病	4	0	0	0	0	4	3
	不明病因疾病	2	1	1	0	0	4	4
合　计		36	6	2	0	1	45	45

2023 年水产养殖测报点月平均发病率 3.69%，比 2022 年降低了 0.50 个百分点（图 2）。主要原因是 5 月淡水鱼细菌性败血症、指环虫病、河鲀刺激隐核虫病、对虾肠炎病及 8 月草鱼及鳗鲡柱状黄杆菌病、草鱼氨中毒发病率大幅下降。月平均死亡率 0.85%，比 2022 年增加了 0.68 个百分点（图 3）；2023 年 5—12 月平均死亡率均高于 2022 年，特别是 10 月罗非鱼链球菌病、对虾肠炎病及牡蛎不明病因疾病平均死亡率大幅升高。2023 年 10 月泉州测报点大港湾牡蛎死亡率达 80% 以上，产量损失约 1 万 t；深沪湾产量损失达 1 500 t。专家分析，牡蛎死亡原因可能是大港湾、深沪湾水深较浅、底质大部分为泥质，受 14 号台风"小犬"影响，海区底部淤泥翻滚覆盖到牡蛎表面，造成牡蛎缺氧死亡。

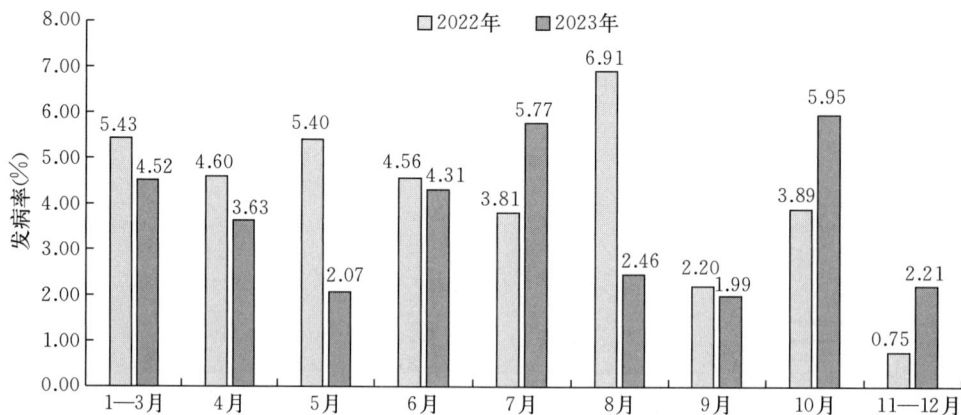

图2　2023年和2022年福建省水产养殖月平均发病率比较

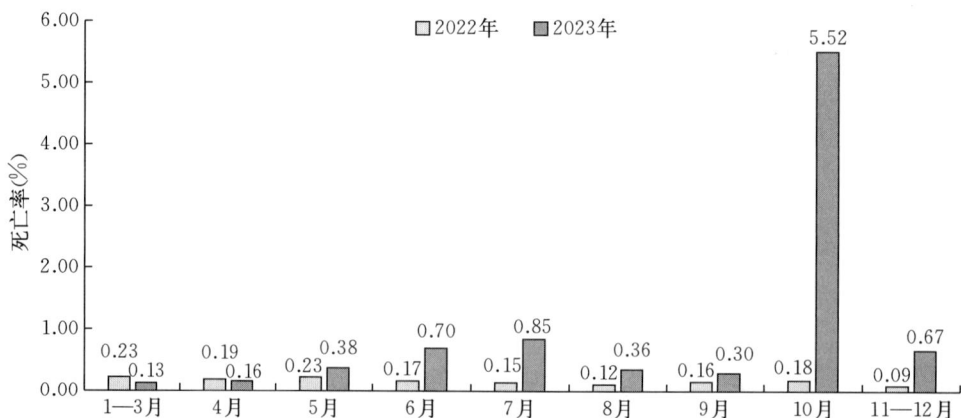

图3　2023年和2022年福建省水产养殖月平均死亡率比较

　　2023年福建省水产养殖测报区域养殖种类因病害造成的直接经济损失为1 209.02万元（表3），比2022年增加166.17万元。贝类因病害造成的直接经济损失均比2022年大幅增加，主要是受14号台风"小犬"影响，牡蛎大量缺氧死亡，经济损失达318.00万元，鲍不明病因疾病造成的损失有所增加；鱼类、虾类、棘皮类因病害造成的直接经济损失均比2022年有所减少。

表3　不同品种养殖种类病害造成的经济损失（万元）

年份	草鱼	罗非鱼	鳗鲡	大口黑鲈	大黄鱼	石斑鱼	河鲀	对虾	鲍	牡蛎	紫菜	海带	海参	合计
2023年	53.73	32.50	66.63	14.23	209.75	5.15	14.13	375.70	76.50	323.70	0	0	37.00	1 209.02
2022年	37.39	29.07	78.54	34.93	297.8	10.75	2.55	479.48	27	7	0	0	38.34	1 042.85

二、不同品种发病情况

(一) 鱼类病害

2023 年,养殖鱼类总监测面积 720.39 hm²。测报数据显示,1—3 月淡水鱼类水霉病、车轮虫病及指环虫病多发;海水鱼类大黄鱼内脏白点病、盾纤毛虫病多发。4—6 月淡水鱼类细菌性败血症、赤皮病、水霉病、锚头鳋病、细菌性肠炎病、指环虫病、车轮虫病、诺卡氏菌病、链球菌病多发;海水鱼类大黄鱼内脏白点病、盾纤毛虫病、肝胆综合征、刺激隐核虫病、鱼蛭病多发。7—10 月淡水鱼类细菌性败血症、细菌性肠炎病、锚头鳋病、小瓜虫病、柱状黄杆菌病、赤皮病、指环虫病、车轮虫病、链球菌病多发;海水鱼类赤皮病、刺激隐核虫病和大黄鱼内脏白点病、白鳃症、本尼登虫病多发。11—12 月淡水鱼类虹彩病毒病、锚头鳋病、水霉病多发;海水鱼类内脏白点病、涡虫病多发。

1. 草鱼

监测时间为 1—12 月,监测面积 487.25 hm²。监测到疾病 20 种,其中,病毒性疾病 1 种、细菌性疾病 7 种、寄生虫性疾病 7 种、真菌性疾病 1 种,另有非病原性疾病和不明病因疾病 4 种。月平均发病率和死亡率分别为 4.65% 和 0.20%,与 2022 年相比,月平均发病率下降了 2.44 个百分点、平均死亡率上升了 0.13 个百分点(图 4)。月平均发病率下降主要是 1—3 月水霉病、5 月细菌性败血症及指环虫病、8 月柱状黄杆菌病平均发病率降低,月平均死亡率上升主要是 5 月车轮虫病和 7 月指环虫病引起的。

监测到的疾病主要有草鱼出血病、细菌性败血症、柱状黄杆菌病、赤皮病、肠炎病、小瓜虫病、流行性溃疡综合征、锚头鳋病、指环虫病、车轮虫病和水霉病等。

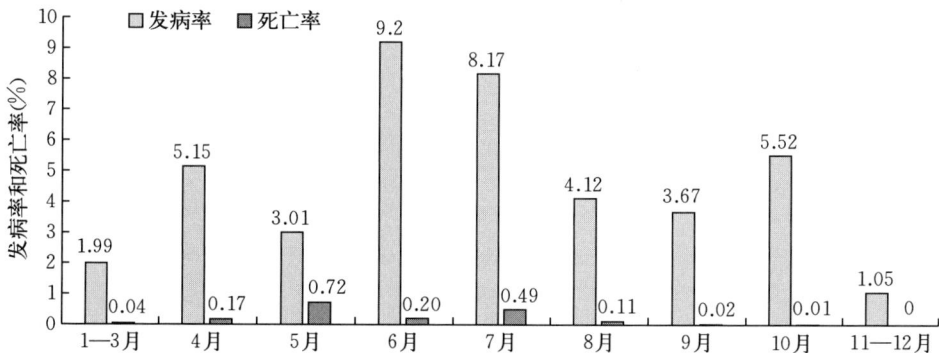

图 4　2023 年福建省草鱼各月的发病率和死亡率

2. 鳗鲡

监测时间为 1—12 月,监测面积 76.50 hm²。监测到疾病 10 种,其中,病毒性疾病 1 种、细菌性疾病 3 种、寄生虫性疾病 4 种和真菌性疾病 2 种。月平均发病率和死亡率分别为 1.72% 和 0.032%,与 2022 年相比,月平均发病率下降了 0.99 个百分点、月平均死亡率上升了 0.012 个百分点（图 5）。平均发病率较 2022 年总体下降，月平均死亡率上升主要是 1—5 月黏孢子虫病、水霉病及拟指环虫病死亡率相对较高引起的。

监测到的疾病主要有细菌性肠炎病、车轮虫病、小瓜虫病、水霉病、柱状黄杆菌病和拟指环虫病等。

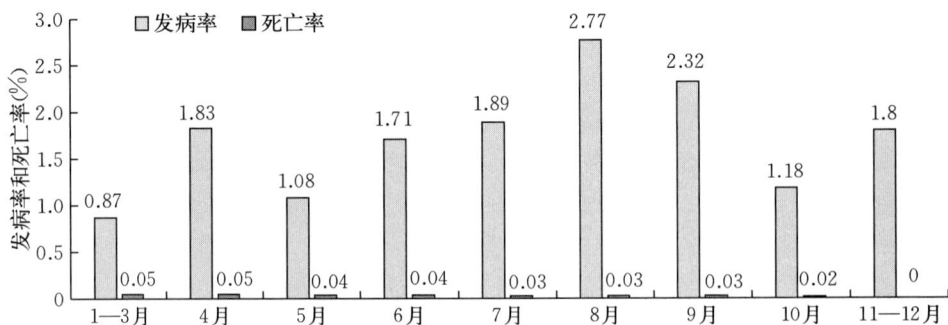

图 5　2023 年福建省鳗鲡各月的发病率和死亡率

3. 罗非鱼

监测时间为 1—12 月，监测面积 29.34 hm²。从 6 月开始到 10 月都监测到链球菌病。月平均发病率和死亡率分别为 9.04% 和 2.41%，与 2022 年相比，月平均发病率下降了 6.86 个百分点、月平均死亡率上升了 1.23 个百分点（图 6）。月平均发病率下降主要是 9—10 月链球菌病发病率大幅下降，但死亡率比 2022 年同期有所上升。整体呈现发病时间长、发病率高，发病高峰集中在 6—10 月高温期。

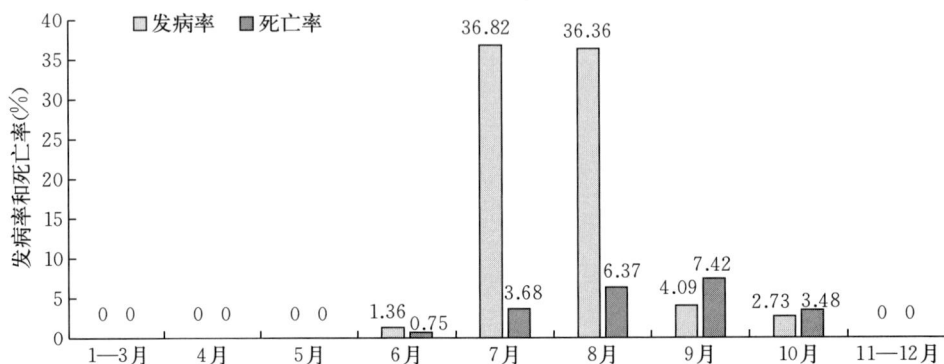

图 6　2023 年福建省罗非鱼各月的发病率和死亡率

4. 大口黑鲈

监测时间为 1—12 月，监测面积 16.31 hm²。监测到疾病 8 种，其中，病毒性疾病 1 种、细菌性疾病 3 种、寄生虫性疾病 3 种，另有不明病因疾病 1 种。月平均发病率和死亡率分别为 1.53% 和 0.34%，与 2022 年相比，月平均发病率下降了 2.85 个百分点、月平均死亡率上升了 0.21 个百分点（图 7）。平均死亡率上升主要是 9 月小瓜虫病引起的。

监测到的疾病主要有淡水鱼细菌性败血症、指环虫病、赤皮病、诺卡氏菌病、虹彩病毒病、车轮虫病等。

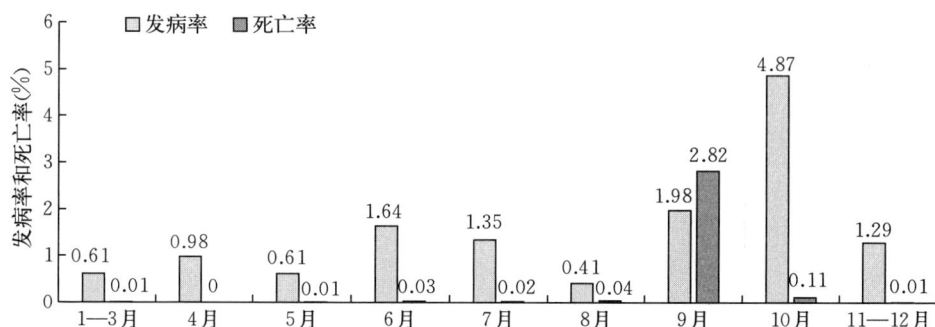

图 7　2023 年福建省大口黑鲈各月的发病率和死亡率

5. 大黄鱼

监测时间为 1—12 月，监测面积 52.19 hm²。监测到疾病 8 种，其中，细菌性疾病 1 种、寄生虫性疾病 5 种，另有非病原性疾病和不明病因疾病 2 种。月平均发病率和死亡率分别为 1.53% 和 0.37%，与 2022 年相比，分别下降了 2.36 个百分点和 1.12 个百分点（图 8）。内脏白点病、刺激隐核虫病和白鳃症发病率降低，5 月和 10 月未发生溃疡病是月平均死亡率降低的主要原因。

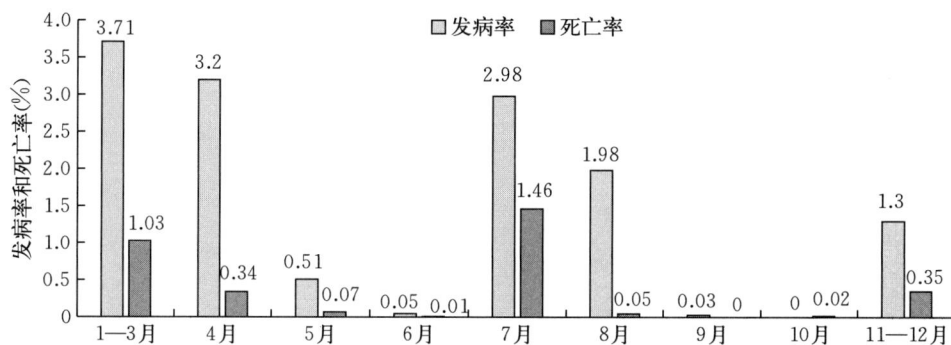

图 8　2023 年福建省大黄鱼各月的发病率和死亡率

监测到的疾病主要有内脏白点病、盾纤毛虫病、本尼登虫病、白鳃症、刺激隐核虫病、涡虫病等。内脏白点病在 1—10 月均有监测到，内脏白点病较往年呈现发病率高、范围广的特点，各种规格的大黄鱼均会感染，春苗损耗较大。1—6 月（水温 13～22 ℃）内脏白点病致病菌主要为假单胞菌，以感染二龄的鱼种（50～250 g）为主，主要症状为鱼体发黑、瘦弱，脾、肾上有白色结节，肝肿大、变性、有白色结节，与 2022 年同期相比病鱼腹水症状增多。7—10 月高温期内脏白点病致病菌主要为诺卡氏菌，主要影响当年的春苗，症状除脾肾有白色结节外，鳃丝布满白色结节是与低温期内脏白点病的主要区别，常与虹彩病毒病、本尼登虫病或涡虫病等并发，导致病程长、死亡率高。盾纤毛虫病在1—5月监测到，主要感染春苗，养殖密度大且投喂鲜料、水流不畅的网箱病程长、患病率高，与2022年同期相比小苗发病率低。本尼登虫病在7—9月和11—12月均有监测到，主要症状为出血、烂尾、红眼等，台风、暴雨过后，发病减少。白鳃症在7—10月各网箱养殖区均有不同程度发生，主要影响100~300 g的二龄鱼，与2022年同期相比总体发病率降低且流行期有所缩短，该病在溶氧高的养殖区死亡率明显降低。刺激隐核虫病在5—7月、11—12月监测到，主要发生在渔排密集、小苗暂养密度大的网箱。涡虫病在9—12月监测到，主要影响体型瘦小、体质差的春苗（50~150 g），特别是已感染内脏白点病的鱼体更易感该虫，发病率较2022年同期有所降低，但流行期延长。

测报点外，6—9月监测到虹彩病毒病，主要影响15~40 g的鱼苗，严重者日死亡率达1%，停饵数天后，损耗减少；主要症状为脾脏肿大、肝脏肿大、出血、呈水溶状，鳃丝失血。10—12月监测到锥体虫病，锥体虫病为2023年新发病例，主要影响50~150 g的鱼体，死亡率高，日死亡达1%，主要症状为呼吸困难，离群缓慢独游，下颌发红，体表溃烂，严重贫血；镜检在鳃、血液、肝脏等均有发现大量虫体，当水温降至16~17 ℃时，溃烂的症状明显好转，目前无有效治疗方法。

6. 石斑鱼

监测时间为1—12月，监测面积23.80 hm²。监测到疾病3种，其中，细菌性疾病1种、寄生虫性疾病2种。月平均发病率和死亡率分别为3.84%和0.02%，与2022年相比，分别下降了3.02个百分点和0.07个百分点（图9），主要原因是5月刺激隐核虫病引起的死亡率有所下降及6月未发生病害。监测到的疾病主要有赤皮病、刺激隐核虫病、鱼蛭病等。

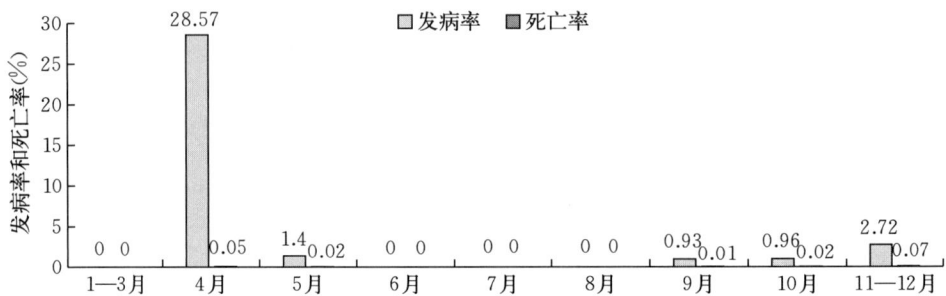

图9 2023年福建省石斑鱼各月的发病率和死亡率

7. 河鲀

监测时间为1—12月，监测面积35.00 hm²。在4月和10月监测到刺激隐核虫病。月平均发病率和死亡率分别为10.71%和0.42%，与2022年相比，平均发病率下降了3.26个百分点、平均死亡率上升了0.24个百分点（图10）。发病时间缩短，但总体发病率、死亡率较2022年高。

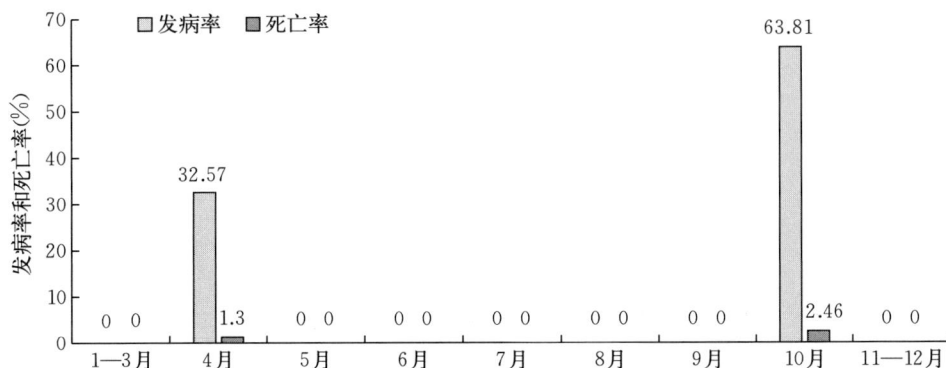

图 10　2023 年福建省河鲀各月的发病率和死亡率

（二）虾类（凡纳滨对虾）病害

监测时间为 1—12 月，监测面积 230.55 hm²。监测到病害 5 种，其中细菌性疾病 3 种、真菌性疾病 1 种、不明病因疾病 1 种。月平均发病率和死亡率分别为 14.79% 和 4.11%，与 2022 年相比，分别上升了 3.13 个百分点和 2.33 个百分点（图 11）。月平均发病率上升主要是 1—3 月和 7 月肠炎病及 11—12 月肠炎病和虾肝肠胞虫病发病率较高引起的；死亡率整体上升，主要是因为肠炎病和弧菌病引起的死亡率较往年高。

1—3 月监测到的病害以弧菌病和急性肝胰腺坏死病为主，4—10 月主要监测到肠炎病、对虾红腿病、虾肝肠胞虫病、弧菌病，11—12 月监测到的病害以弧菌病为主。

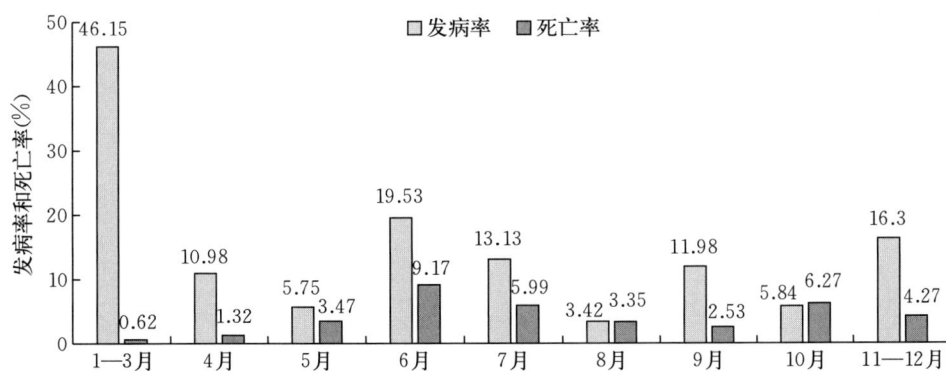

图 11　2023 年福建省凡纳滨对虾各月的发病率和死亡率

（三）贝类病害

1. 鲍

监测时间为 1—12 月，监测面积 71.29 hm²。监测到鲍脓疱病和不明病因疾病。月平均发病率和死亡率分别为 6.90% 和 0.30%，与 2022 年相比，分别上升了 5.96 个百分点和 0.26 个百分点（图 12）。发病期集中在 5 月、7 月和 10 月，主要是 7 月受强台风带来的暴雨影响，海水淡化，导致养殖的鲍产生应激反应而引起死亡，部分地区损失严重；10 月受季节交替影响发病率较高，引起较高的损失。

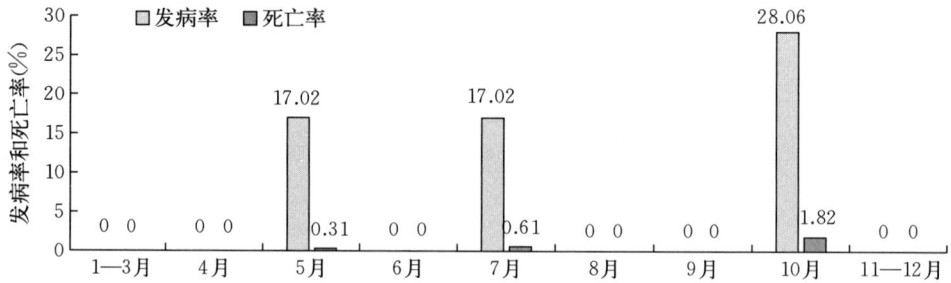

图 12　2023 年福建省鲍各月的发病率和死亡率

2. 牡蛎

监测时间为 1—12 月，监测面积 383.47 hm²。在 5 月、7 月和 10 月监测到不明病因疾病，其余各月均未监测到明显的病害。月平均发病率和死亡率分别为 1.02% 和 0.90%，均高于 2022 年（图 13）。由于海区饵料不足、养殖密度大等原因，2023 年牡蛎普遍肥满度不足，育肥时间较长。同时，7 月受 5 号强台风"杜苏芮"的影响，泉州、莆田受灾严重，养殖设施受损，吊养绳索缠绕，导致牡蛎脱落，造成 20%～100% 的损失；10 月受 14 号台风"小犬"影响，泉州测报点损失严重。

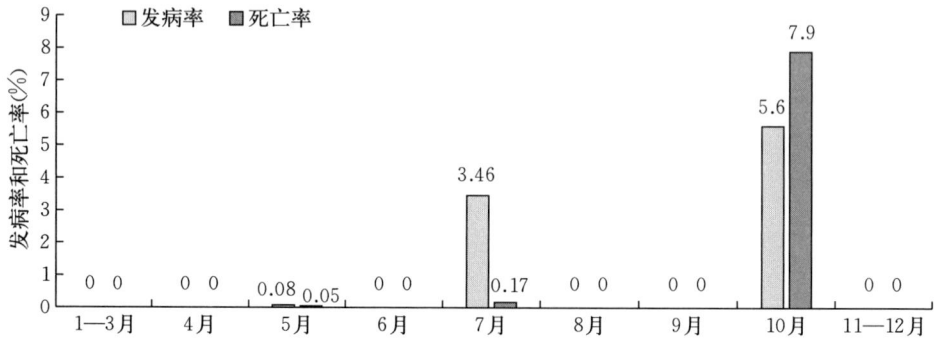

图 13　2023 年福建省牡蛎各月的发病率和死亡率

（四）藻类病害

1. 紫菜

监测时间为 1—12 月，监测面积 122.53 hm²。2023 年测报点未监测到明显的病害。

2. 海带

监测时间为 1—5 月和 11—12 月，监测面积 134.53 hm²。2023 年测报点未监测到明显的病害。

（五）棘皮类（海参）病害

监测时间为 1—4 月和 11—12 月，监测面积 30.00 hm²。监测到的病害为腐皮综合征，月平均发病率和死亡率分别为 0.37% 和 0.04%，与 2022 年相比，分别上升了 0.09 个百分点和 0.02 个百分点。发病高峰集中在 11—12 月低温期，发病率较高。

三、2024 年病害流行预测

根据病害流行规律、福建省水产养殖病害发生实际情况，结合往年水产养殖病情监测情况分析，预测 2024 年全省水产养殖品种仍将发生不同程度的病害，疾病种类仍可能以细菌性疾病和寄生虫性疾病为主。

1—3 月气温、水温较低，需注意水霉病、鳃霉病、内脏白点病等低温期易发疾病，同时要注意预防环境因素引起的应激反应，避免冻伤、缺氧、水质不良等引起的损失。

4—6 月淡水鱼类以细菌性败血症、肠炎病、赤皮病、柱状黄杆菌病等细菌性疾病及指环虫病、车轮虫病、锚头鳋病等寄生虫病为主；海水鱼类以细菌性溃疡病和刺激隐核虫病等为主；虾类以肠炎病、弧菌病等为主；贝类以预防鲍脓疱病和季节转换引起水环境变化而造成的应激反应为主。

7—9 月淡水鱼类以罗非鱼链球菌病、大口黑鲈诺卡氏菌病、柱状黄杆菌病、肠炎病等细菌性疾病，以及指环虫病、车轮虫病等寄生虫病为主；海水鱼类以大黄鱼刺激隐核虫病、白鳃症、虹彩病毒病、锥体虫病、本尼登虫病等为主；虾类以虾肝肠胞虫病、弧菌病、肠炎病等为主；贝类以弧菌病等为主，同时还要预防台风、高温、暴雨等环境因素造成养殖水体缺氧和盐度变化引起的死亡。

10—12 月需警惕淡水鱼赤皮病、水霉病，大黄鱼锥体虫病等病害，做好水产养殖动植物入冬前的防寒抗冻和低溶氧、低温真菌性疾病的预防工作。

四、病害防控建议

（一）采取科学的防控技术

将"预防为主、防治结合、防重于治"的原则贯穿于养殖全过程，做到科学管理。密切关注天气变化，维持良好的水质环境，控制适宜的放养密度，投喂优质饲料，在饲料中添加免疫增强剂等以提高养殖动物免疫力，做好疾病的防控工作。一旦发生病害，要找准病因，对症下药，选择合适的药物进行疾病防治，不要盲目用药和滥用药。

（二）完善水产养殖病害测报机制

在水产养殖动植物病情测报工作的基础上，加强与 11 家水产养殖动物病害流动测报点的合作。病害发生时，能快速召集流动测报点人员针对发生的病害情况进行集中分析会诊，在第一时间及时准确地了解到一线病害发生、流行情况等，以减少因病害造成的损失，从而推进水产养殖病害防控"最后一公里"落地生效。

（三）坚持做好水产苗种产地检疫工作

充分利用水产苗种产地检疫出证管理系统，做好苗种产地检疫工作，做到应检尽检，从源头开始预防和控制养殖病害，防止疫病传播，保障水产品质量安全。加大检疫宣传力度，提高养殖者科学防疫意识，自觉选用检疫合格的苗种。

（四）提升基层水产技术人员疫病防控能力

组织基层水产技术系统参加全国水生动物防疫系统实验室检测能力验证，不断提升基层技术人员疫病防控能力，同时，争取为基层水产技术系统配备基础的检测设备，提高检测结果的准确性。

（五）努力探索新发疫病解决方法

针对水产养殖新发疫病、水产病害疑难杂症和"卡脖子"问题，联合全省水产技术系统与省内高校、科研院所等之间深度合作，谋划项目实施，联合开展项目申报、技术攻关，探索有效治疗及防控水产养殖病害的方法，推进全省水产养殖绿色发展。

2023 年江西省水生动物病情分析

江西省农业技术推广中心畜牧水产推广处

（江西省水生动物疫病监控中心）

（裴建明　田飞焱　孟　霞　黄海莉　徐节华
李小勇　刘文珍　张锦波　周文华　邱桂萍）

一、基本情况

（一）重要、新发水生动物疫病专项监测

2023 年江西省组织实施并完成了国家级和省级水生动物疫病监测计划，开展了鲤春病毒血症、草鱼出血病、锦鲤疱疹病毒病、鲫造血器官坏死病、鲤浮肿病、传染性脾肾坏死病、白斑综合征、十足目虾虹彩病毒病、虾肝肠胞虫病、传染性皮下和造血器官坏死病、急性肝胰腺坏死病等 11 种疫病的专项监测，计划实施 180 批次，实际完成监测 199 批次，其中国家级监测计划实际完成 40 批次、省级监测计划实际完成 159 批次（表 1）。

表 1　2023 年江西省重要、新发水生动物疫病监测情况

序号	监测疫病	监测数（批次）	采样品种
1	鲤春病毒血症	10	
2	锦鲤疱疹病毒病	10	鲤、锦鲤
3	鲤浮肿病	10	
4	鲫造血器官坏死病	15	鲫
5	草鱼出血病	30	草鱼、青鱼
6	传染性脾肾坏死病	24	鲈、鳜
7	白斑综合征	30	
8	十足目虾虹彩病毒病	30	
9	虾肝肠胞虫病	30	克氏原螯虾
10	传染性皮下和造血组织坏死病	5	
11	急性肝胰腺坏死病	5	

（二）常规水生动物疾病病情测报

2023 年在江西省 30 个重点水产养殖县（区）组织开展水生动物疾病病情测报工

作，每个县设 3~4 个测报点，共设置 100 个测报点，涵盖国家级原良种场、省级原良种场和重点苗种场等苗种生产单位，测报面积合计 31 515.367 hm²（表 2）。测报对象包括鱼类、甲壳类、两栖/爬行类、贝类 4 个类别 13 个品种，分别是草鱼、鲢、鳙、鲫、鲈、鳜、黄颡鱼、黄鳝、鳗鲡、克氏原螯虾、中华绒螯蟹、鳖、池碟蚌（河蚌）。测报方式采用全国水产技术推广总站研发的"病情测报系统"软件进行实时上报。其中，1—3 月为一个监测月度；4—10 月期间，每个月为一个监测月度。

表 2　2023 年江西省水产养殖病情监测种类和面积

省份	监测种类数量（种）					监测面积（hm²）			
	鱼类	虾类	蟹类	贝类	其他类	淡水池塘	淡水网箱	淡水工厂化	淡水其他
江西省	9	1	1	1	1	1 246.1	4.066 6	14.518	30 250.681 9
合计			13					31 515.367	

注：监测水产养殖种类合计数不是监测种类的直接合计数，而是剔除相同种类后的数量。

二、监测结果与分析

（一）重要新发水生动物疫病疫情监测风险分析

1. 鲤春病毒血症（SVC）

2023 年共监测 SVC 样品 10 批次，分别取自 10 家水产品养殖生产单位，包括 2 家国家级原良种场、2 家省级原良种场、4 家观赏鱼养殖场、2 家苗种场，样品检测结果均为阴性。2005—2023 年间，从江西省 72 个县（市、区）的鲤科鱼类养殖场共采集 676 份样品，采用标准方法监测鲤春病毒血症病毒（SVCV），以了解江西省鲤春病毒血症的病原流行病学状况。持续 19 年的 SVCV 监测共检出 23 例阳性（图 1），均属于 SVCV Ⅰa 亚型，阳性检出率为 3.4%，在锦鲤、鲤、草鱼、鲫中均有检出。目前，我国共监测到两种基因型的 SVCV 毒株，分别是 Ⅰa 和 Ⅰd 基因型，江西省仅发现 Ⅰa 亚

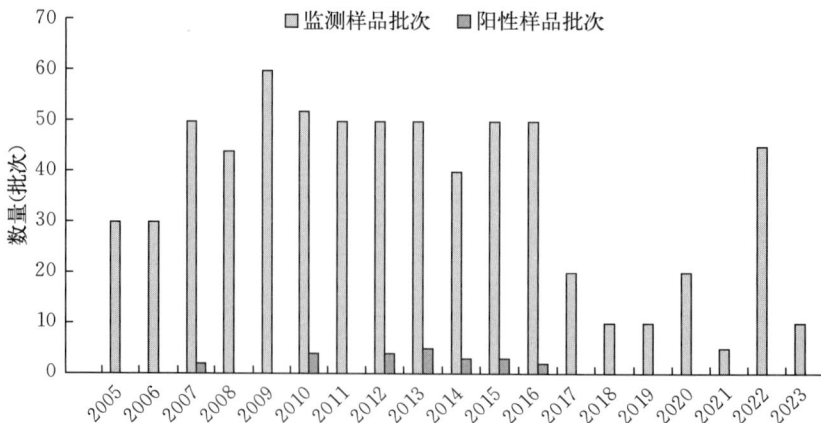

图 1　2005—2023 年江西省水产苗种（养殖）场 SVCV 监测情况

型 SVCV 毒株。江西省虽然近些年未有检出，但在特殊条件下（气候、养殖环境等）Ⅰa 和Ⅰd 基因型 SVCV 毒株均存在引起一定规模疫情的可能性。因此，仍需要加强生物安保意识的宣传，提高渔民在养殖环节中对染疫对象的生物无害化处理意识，筑牢生物安全屏障。

2. 草鱼出血病（GCHD）

2023 年共检验 GCHD 样品 30 批次，分别取自 30 家水产品养殖生产单位，包括 1 家国家级原良种场、8 家省级原良种场、16 家苗种场、5 家成鱼养殖场，阳性检出 4 批次，阳性率为 13.33%。2015—2023 年间，从江西省主要草鱼、青鱼等养殖场共采集 295 份样品，以了解江西省草鱼出血病的流行病学状况。连续 9 年的监测共检出阳性样品 31 批次，检出平均样品阳性率 10.5%（图 2），阳性养殖场类型有省级原良种场、苗种场、成鱼养殖场，表明江西省一些苗种场提供的草鱼苗种携带有草鱼呼肠孤病毒（GCRV）。苗种检疫和疫苗接种是预防草鱼出血病的有效措施，在做好苗种检疫的同时对引进的苗种及时做好疫苗接种，才能将草鱼出血病的发病风险降至最低。

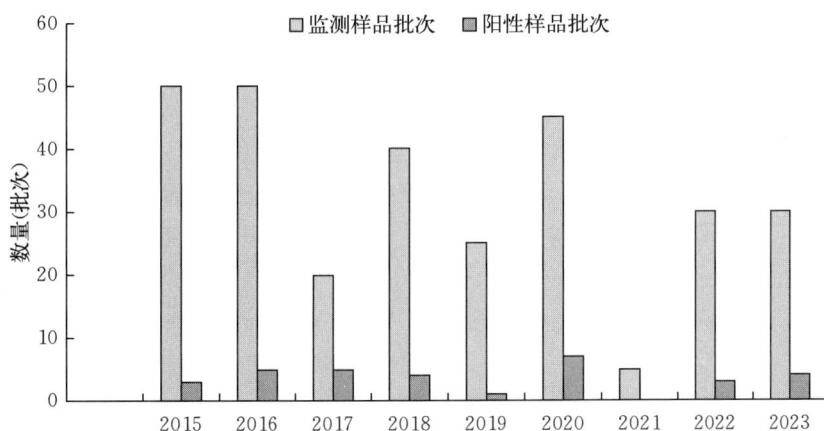

图 2　2015—2023 年江西省水产养殖（苗种）场 GCRV 监测情况

3. 白斑综合征（WSD）

2023 年江西省共监测 WSD 样品 30 批次，分别取自 30 家水产品养殖生产单位，包括 2 家省级原良种场、16 家苗种场、9 家成虾养殖场、3 家稻鱼种养场，共检出阳性样本 8 例，阳性率为 26.7%。2017—2023 年，江西省共采集 115 批次虾类样品监测白斑综合征病毒（WSSV）（图 3），连续 7 年的监测共检出阳性样品 41 批次，平均样品阳性率 35.65%。监测结果显示，江西省区域内克氏原螯虾 WSSV 带毒率较高，说明近些年 WSSV 在克氏原螯虾中存在扩散传播，会给江西省该疫病的防控带来较大难度。

4. 锦鲤疱疹病毒病（KHVD）

2023 年共监测 10 批次 KHVD 样品，分别取自 10 家水产品养殖生产单位，包括 2 家国家级原良种场、2 家省级原良种场、4 家观赏鱼养殖场、2 家苗种场，样品检测结果均为阴性。2014—2023 年间，从江西省主要鲤、锦鲤等养殖场共采集 150 份样品监

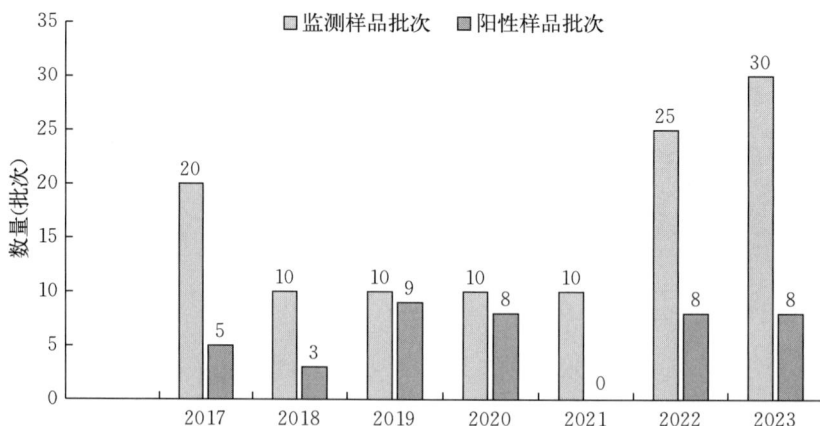

图 3　2017—2022 年江西省虾场 WSSV 监测情况

测 KHV，连续 10 年的监测在江西省均未发现锦鲤疱疹病毒病的病原。从监测情况来看，江西省辖区内尚处于 KHVD 无疫状态，近期内出现该病疫情的可能性不大，但鉴于锦鲤疱疹病毒存在潜伏感染的特点，尤其应注意的是跨境引种时病原的传入。

5. 鲫造血器官坏死病（CCHND）

2023 年共监测 15 批次 CCHND 样品，分别取自 15 家水产品养殖生产单位，包括 1 家国家级原良种场、4 家省级原良种场、8 家苗种场、2 家成鱼养殖场，检测结果均为阴性。2015—2023 年间，从江西省主要鲫、观赏金鱼等养殖场共采集 200 份样品（图 4）监测鲤疱疹病毒 2 型（CyHV‑2），连续 9 年的监测共计有 12 批次阳性样品检出，平均样品阳性率 6％，一些鱼病门诊也接诊过该病疑似病例。由于鲫造血器官坏死病对江西省观赏金鱼流通和鲫苗种供给安全造成了一定的危险，是江西省鲫、金鱼养殖的一大隐患。养殖户在购买鲫鱼种时，应对购买的鲫鱼种进行检疫或询问苗种产地发病历史等，避免购买携带病毒的鲫鱼种。

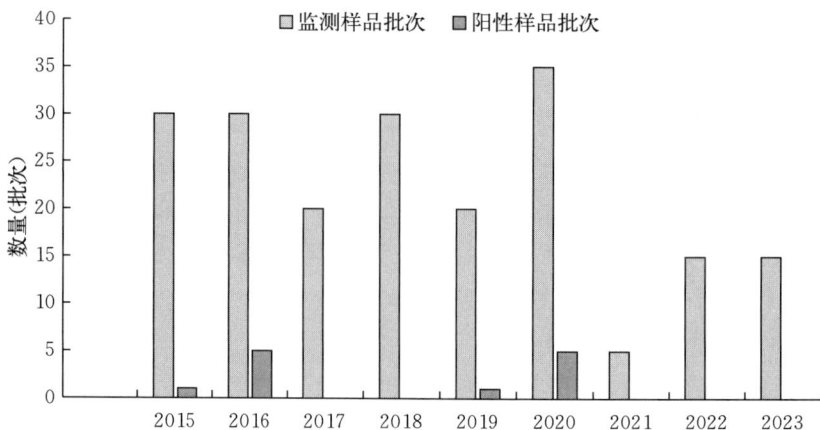

图 4　2015—2023 年江西省水产养殖（苗种）场 CyHV‑2 监测情况

6. 鲤浮肿病（KSD）

2023 年江西省共检验鲤浮肿病样品 10 批次，分别取自 10 家水产品养殖生产单位，包括 2 家国家级原良种场、2 家省级原良种场、4 家观赏鱼养殖场、2 家苗种场，检出阳性 1 批次，阳性率为 10%。2015—2023 年间，从江西省主要鲤、锦鲤养殖场共采集 75 份样品监测鲤浮肿病毒（CEV），其中 2021 年、2023 年各检出 1 例阳性（图 5）。锦鲤是我国有重要价值的观赏鱼品种，各地均有繁育、保种和流通，跨区域、跨省交易现象较普遍，锦鲤感染 CEV 后将成为病毒传播的载体，存在很高传播风险，而且有从观赏鱼扩散到鲤的风险。江西省鲤、锦鲤养殖场需加强防控工作，引进苗种时建议从国家、省级水生动物疫病监测阴性苗种场购买苗种，避免引入带病原苗种；一旦发现疑似病例，应立即对养殖场相关鱼池采取隔离措施，限制养殖场病鱼的移动和运输，及时向所辖县（区）水生动物疫病预防控制机构（或水产技术推广机构）报告，并送典型发病样品到有资质实验室诊断。

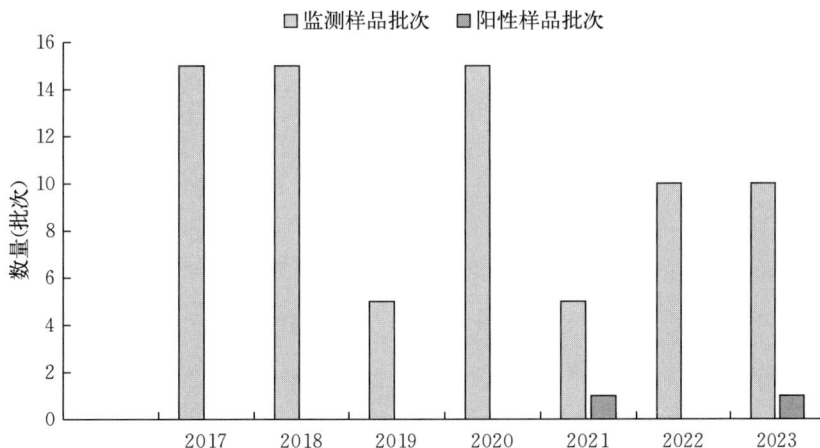

图 5　2017—2023 年江西省水产养殖场 CEV 监测情况

7. 虾肝肠胞虫病

2023 年江西省共采集样品 30 批次，分别取自 30 家水产品养殖生产单位，包括 2 家省级原良种场、16 家苗种场、9 家成虾养殖场、3 家稻鱼种养场，样品检测结果均为阴性。自 2017 年江西省按照农业部《国家水生动物疫病监测计划》并组织实施以来，江西省已经对虾肝肠胞虫（EHP）开展了 6 年的监测，仅 2019 年从克氏原螯虾中检出 EHP 阳性样本，EHP 易感宿主主要有凡纳滨对虾和斑节对虾，克氏原螯虾是否是 EHP 的易感宿主有必要进一步确认（图 6）。

8. 虾虹彩病毒病

2023 年江西省共采集样品 30 批次，分别取自 30 家水产品养殖生产单位，包括 2 家省级原良种场、16 家苗种场、9 家成虾养殖场、3 家稻鱼种养场，检出 4 例阳性。2017—2022 年间，从江西省克氏原螯虾养殖场共采集 113 份样品监测十足目虹彩病毒 1（DIV1），连续 7 年的监测，共计有 24 批次阳性样品检出，平均样品阳性率 21.24%，

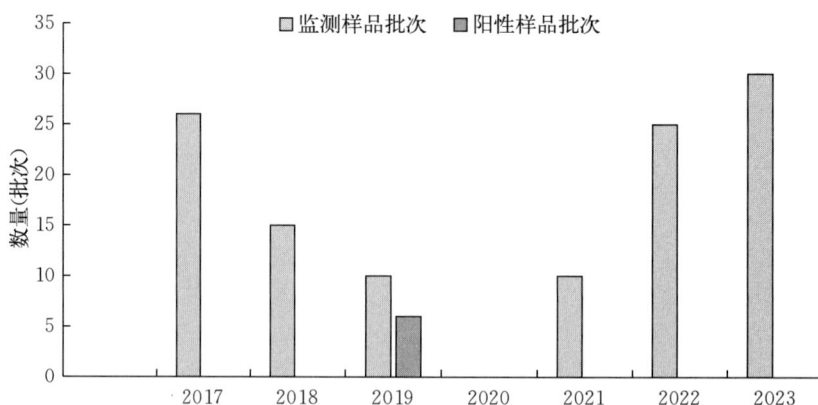

图 6　2017—2022 年江西省水产养殖虾场 EHP 监测情况

DIV1 可以通过水平传播的方式，感染同类及近缘的甲壳类物种，在克氏原螯虾养殖中应重点警惕克氏原螯虾在养殖水域中携带和传播 DIV1 的风险。近些年全国的监测情况显示检出的阳性省份逐步增多，说明 DIV1 在我国主要虾类养殖区广泛传播，提示有必要进一步确立和实施该病的应对措施，阻止该病病原的扩散和传播。甲壳类不具备特异性免疫及免疫记忆能力，加强产业中生物安保体系建设是甲壳类病害防控的核心，通过生物安保的实施来逐步实现病原净化。

（二）常规水生动物疾病发生情况分析

2023 年，全省测报区共监测到病害种类 33 种，其中鱼类疾病 24 种、虾类疾病 5 种、蟹类疾病 1 种、其他类（鳖）疾病 3 种（表 3）。监测结果表明引起水产养殖动物发病的原因较多，病因复杂。其中，又以细菌性疾病为主，占比 53.71％；其次是寄生虫性疾病，占比 16％；真菌性疾病、病毒性疾病、非病原性疾病、其他类疾病分别占比 12.57％、8.57％、6.86％、2.29％（图 7）。

表 3　2023 年江西省监测到的水产养殖病害汇总

	类别	病名	数量（种）
鱼类	病毒性疾病	草鱼出血病	1
	细菌性疾病	淡水鱼细菌性败血症、溃疡病、赤皮病、细菌性肠炎病、柱状黄杆菌病、打印病、诺卡氏菌病、鳗鲡红点病	8
	真菌性疾病	流行性溃疡综合征、水霉病	2
	寄生虫性疾病	指环虫病、车轮虫病、锚头鳋病、斜管虫病、中华鳋病、似嗜子宫线虫病、黏孢子虫病、小瓜虫病	8
	非病原性疾病	缺氧症、脂肪肝、肝胆综合征、氨中毒症	4
	其他	不明病因疾病	1

(续)

类别		病名	数量（种）
虾类	病毒性疾病	白斑综合征、急性肝胰腺坏死病	2
	细菌性疾病	弧菌病	1
	非病原性疾病	虾蓝藻中毒症、缺氧	2
蟹类	细菌性疾病	烂鳃病	1
其他类	细菌性疾病	鳖穿孔病、鳖溃烂病、鳖腮腺炎病	3
合　计			33

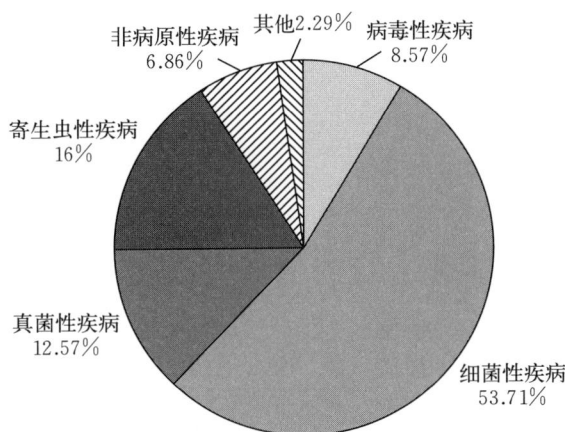

图 7　2023 年江西省监测到的常规水生动物疾病种类比例

三、2023 江西省水生动物病害发生特点分析

（一）江西地区未发生大规模水生动物疫情

2023 年，江西省积极实施国家级、省级水生动物疫病监测计划和病害测报等工作，及时发布水产养殖病害预测预警信息，积极开展病害防控生产技术指导。2023 年，除个别地区养殖的草鱼、鲢、鳙、鲈、黄颡鱼等散发水生动物病情，总体上江西省水生动物疫情状况较为平稳，水产养殖对象发病率和经济损失与上一年大致相当，未发生区域性重大水生动物疫情，从而保障了江西省水产养殖业绿色高质量发展。

（二）疫病传播流行给水产养殖带来巨大压力

2023 年表现为发病品种多、病害类型多，江西省几乎所有的养殖品种都有发病的记录。此外，寄生虫性疾病造成的危害进一步凸显，随着江西省渔区生态环境的改善，养殖区域鸟类数量剧增，导致养殖水域的寄生虫性疾病有所增加，原本在江西部分区域绝迹的扁弯口吸虫病、绦虫病等寄生虫病又有发现，还有像小瓜虫、斜管虫、孢子虫等危害较大的疾病尚无有效的治疗药物；细菌性疾病的致病菌耐药性进一步增强，细菌性疾病有严重化的趋势，疗程变长，复发次数变多；病毒性疾病的发生率有所提高，特别是新发病毒，如鲫的造血器官坏死病病毒，鳜、鲈的蛙虹彩病毒与弹状病毒感染呈上升趋势。

（三）水产苗种带毒流通风险大

监测结果显示，部分原良种场、苗种场的苗种携带有重大水生动物疫病病原，如草鱼苗种携带有草鱼呼肠孤病毒、鲤苗种携带有鲤春病毒血症病毒和鲤浮肿病病毒，鲫苗种携带有鲤疱疹病毒 2 型，克氏原螯虾携带有白斑综合征病毒、虾虹彩病毒等。

（四）水生动物疫病防控不确定因素多

不明原因发病仍然比较多、综合性并发症多、病毒性疾病引起的死亡率高、区域流行的疫病基因型不明等情况造成经济损失大，一些新的病害如越冬综合征、早春未知病害等对养殖的影响持续加大，还有一些病害虽然知道病原但没有切实可行的解决方案，养殖生产病害问题不能得到有效解决，病害损失无法控制。

四、2024 年江西省水产养殖病害发病趋势预测

根据近年疫病监测结果，结合江西省水产养殖特点，预测 2024 年主要发病养殖品种有草鱼、鲫、鲈、鳜、黄颡鱼、鲢、鳙、克氏原螯虾、鳗鲡、泥鳅、中华绒螯蟹、中华鳖等；可能发生、流行的水产养殖病害：鱼类易患越冬综合征、草鱼出血病、鲫造血器官坏死病、大口黑鲈虹彩病毒病、细菌性败血症、烂鳃病、赤皮病、肠炎病、黄颡鱼裂头病、水霉病、指环虫病、小瓜虫病、车轮虫病、锚头鳋病等，同时注意防止细菌、寄生虫等多病原混合感染；虾类易患白斑综合征、固着类纤毛虫病、肠炎病、脱壳不遂等病（症）；蟹类易患腹水病、烂鳃病、肝胰腺坏死病等；鳖类易发腮腺炎病、腐皮病、疖疮病等；贝类易发车轮虫病、水霉病、钩介幼虫病等。江西省近年重大疫病专项监测中克氏原螯虾、草鱼、鲤等品种的相关疫病病原有检出，2024 年需重点防范。

2023 年山东省水生动植物病情分析

山东省渔业发展和资源养护总站

（倪乐海　徐　涛　李晓爱）

2023 年共组织全省 16 个地级市渔业重点养殖区的 426 处测报点，对 40 个优势养殖品种进行了动态监测报告。现将 2023 年全省水产养殖病情测报情况总结分析如下：

一、总体情况

测报品种：共六大类 40 个品种，其中有鱼类 26 种、甲壳类 6 种、贝类 4 种、藻类 2 种、爬行类 1 种、棘皮动物 1 种（表 1）。

表 1　2023 年山东省水产养殖病害监测品种情况

类别	品种	数量（种）
鱼类	草鱼、鲢、鳙、鲤、鲫、泥鳅、鲇、鲴、鳜、淡水鲈、乌鳢、罗非鱼、鲟、红鲌、淡水石斑鱼、白斑狗鱼、大菱鲆、牙鲆、鲽、海水鲈、河鲀、石斑鱼、鲷、半滑舌鳎、许氏平鲉、绿鳍马面鲀	26
甲壳类	凡纳滨对虾、中国对虾、日本对虾、克氏原螯虾、中华绒螯蟹、梭子蟹	6
贝类	扇贝、牡蛎、蛤、鲍	4
藻类	海带、江蓠	2
爬行类	鳖	1
棘皮动物	刺参	1

测报规模：测报总面积 4.22 万 hm²，占全省水产养殖总面积的 5.5%。测报区域的养殖模式涉及池塘、工厂化、网箱、海上筏式、底播、滩涂等多种模式。

测报数据显示，草鱼、鲤、鲢、鳙、鲟、大菱鲆、半滑舌鳎、凡纳滨对虾、中国对虾、克氏原螯虾和扇贝 11 个测报品种监测到有病害发生，其余 29 个测报品种未监测到病害。

全年共监测到 24 种病害，其中有细菌性疾病 7 种、病毒性疾病 2 种、寄生虫疾病 3 种、真菌性疾病 1 种、非病原性疾病 3 种、不明病因疾病 8 种（表 2）。

表 2　2023 年山东省水产养殖病害种类、疾病属性综合分析（种）

类别		鱼类	甲壳类	贝类	合计
疾病性质	细菌性疾病	5	2		7
	病毒性疾病		2		2
	寄生虫疾病	3			3
	真菌性疾病	1			1
	非病原性疾病	2	1		3
	不明病因疾病	6	1	1	8
合计		17	6	1	24

如图 1 所示，山东省 2023 年水产养殖发生最多的病害类型是细菌性疾病（占比 48.05%）；其次为不明病因疾病，占 14.29%；再次为真菌性疾病和非病原性疾病，均占 11.69%；病毒性疾病和寄生虫病分别占 7.79% 和 6.49%。

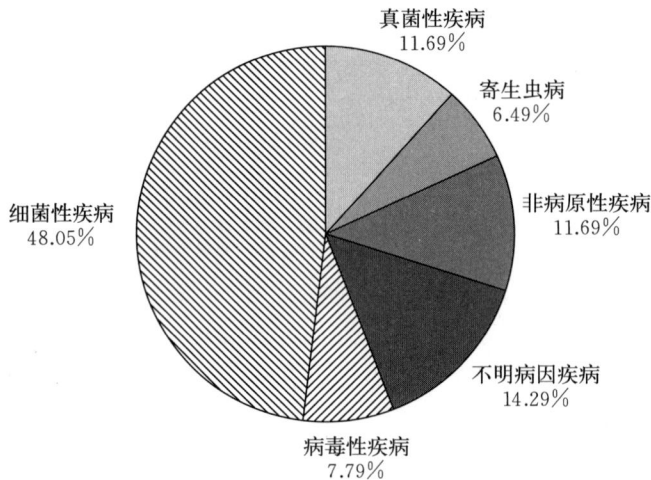

图 1　2023 年山东省水产养殖各病害类型比例

二、监测结果与分析

（一）各品种监测结果

（1）草鱼　2023 年草鱼共监测到赤皮病、肠炎病、水霉病和越冬综合征 4 种病害（图 2）。其中，肠炎病的发病持续时间最长，从 5 月到 8 月都有，其月平均发病率和发病区平均死亡率分别为 0.13% 和 0.49%；赤皮病发生集中在 7—8 月，其月平均发病率和发病区平均死亡率分别为 0.08% 和 0.63%；水霉病和越冬综合征主要在 4 月发生，其月平均发病率分别为 0.08% 和 0.66%。

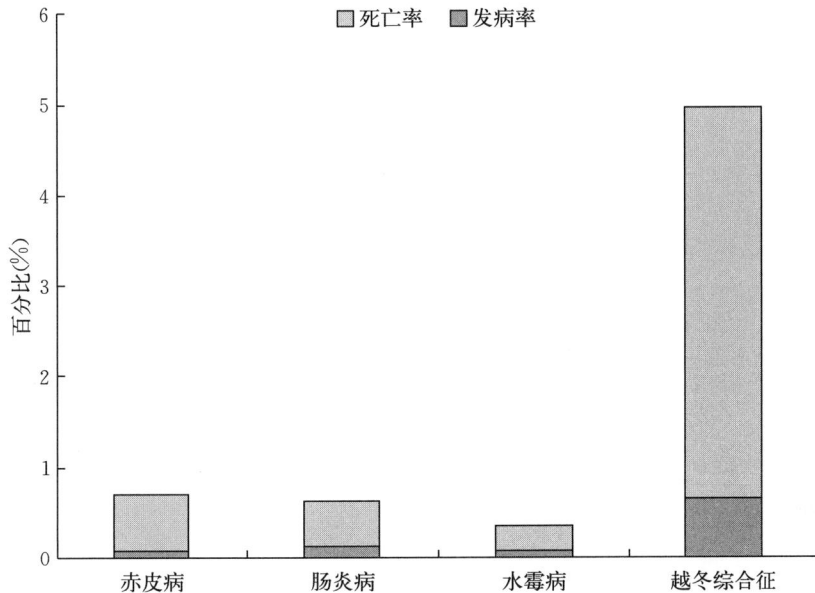

图 2　2023 年山东省草鱼主要疾病发病率与发病区内平均死亡率

（2）鲤　共发生 7 种病害，包括 2 种细菌性疾病、2 种寄生虫病、1 种真菌性疾病、1 种非病原性病害和 1 种不明病因疾病（图 3）。其中，发生最多的是细菌性败血症，在 6—10 月均有发生；其次为不明病因疾病。细菌性疾病中，细菌性败血症和赤皮病的月平均发病率分别为 0.14％和 0.13％，发病区内平均死亡率分别为 0.62％和 0.13％；寄生虫病中，指环虫病和锚头鳋病的月平均发病率分别为 0.03％和 0.11％，发病区内平均死亡率分别为 0.1％和 0.14％；水霉病的发生集中在 1—4 月，发病率为 0.11％；缺氧症的发病率为 0.05％；不明病因疾病在 5 月、7 月、10—12 月都有发生，其月平均发病率和发病区平均死亡率分别为 0.07％和 0.26％。

（3）鲢　发生缺氧症和不明病因疾病 2 种病害。缺氧症仅在 10 月发生，其月平均发病率和发病区平均死亡率分别为 0.03％和 20％；不明病因疾病仅在 7 月发生，其月平均发病率和发病区平均死亡率分别为 0.21％和 0.3％。

（4）鳙　在 4 月监测到水霉病 1 种病害，其月平均发病率和发病区平均死亡率分别为 0.53％和 1.67％。

（5）鲟　在 6 月监测到 1 种不明病因疾病，其月平均发病率和发病区平均死亡率分别为 0.42％和 25％。

（6）大菱鲆　监测到弧菌病 1 种病害，主要在 9 月、11—12 月发生，其月平均发病率和发病区平均死亡率分别为 0.18％和 10.1％。

（7）半滑舌鳎　发生盾纤毛虫病和溃疡病 2 种病害。在 4 月发生盾纤毛虫病，其月平均发病率和发病区平均死亡率分别为 17.1％和 5％；在 10 月发生溃疡病，其月平均发病率和发病区平均死亡率分别为 8.55％和 13.3％。

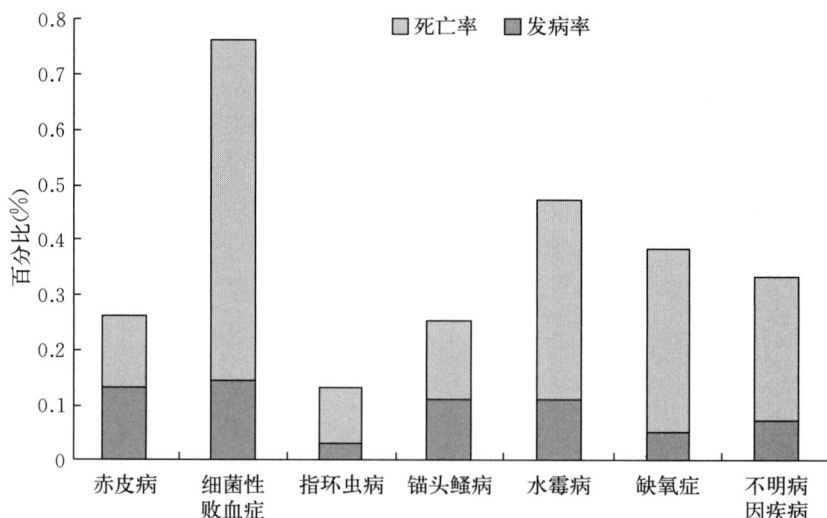

图 3 2023 年山东省鲤主要疾病发病率与发病区内平均死亡率

（8）凡纳滨对虾　发生传染性肌坏死病、急性肝胰腺坏死病、弧菌病与不明病因疾病 4 种病害（表 3）。其中，急性肝胰腺坏死病发生较多，在 5—10 月都有发生，其月平均发病率和发病区内死亡率分别为 0.01％和 0.22％；危害较大的传染性肌坏死病，集中在 1—3 月发生，其月平均发病率和发病区内死亡率分别为 0.03％和 100％；弧菌病和不明病因疾病的月平均发病率分别为 0.000 4％和 0.01％。

表 3　2023 年山东省凡纳滨对虾主要疾病发病率与发病区内平均死亡率

病名	发病率（%）	死亡率（%）
急性肝胰腺坏死病	0.01	0.22
弧菌病	0.000 4	8.33
不明病因疾病	0.01	5
传染性肌坏死病	0.03	100

（9）中国对虾　监测到传染性肌坏死病、肝胰腺细小病毒病 2 种病害（图 4）。肝胰腺细小病毒病发生较多，在 6—9 月均有发生，其月平均发病率和发病区内死亡率分别为 2.47％和 45.9％；传染性肌坏死病的月平均发病率和发病区内死亡率分别为 0.05％和 100％。

（10）克氏原螯虾　在 6 月发生蜕壳不遂症 1 种病害，其月平均发病率和发病区内死亡率分别为 0.18％和 2.5％。

（11）扇贝　在 9 月发生 1 种不明病因疾病，其月平均发病率和发病区平均死亡率分别为 0.8％和 30％。

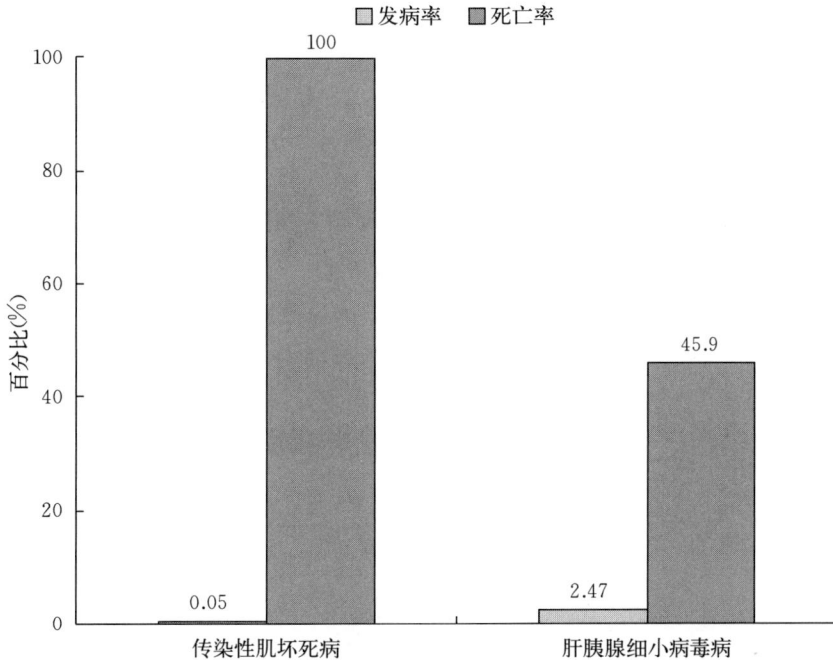

图 4　2023 年山东省中国对虾主要疾病发病率与发病区内平均死亡率

（二）监测结果分析

4—10 月，病害发生种类的数量整体呈先升后降的趋势（图 5）。4—5 月，月度病害发生种类数量相对较少；6—9 月，月度病害发生种类数也相对较多，是养殖病害的高发期；10 月病害发生数量显著减少。

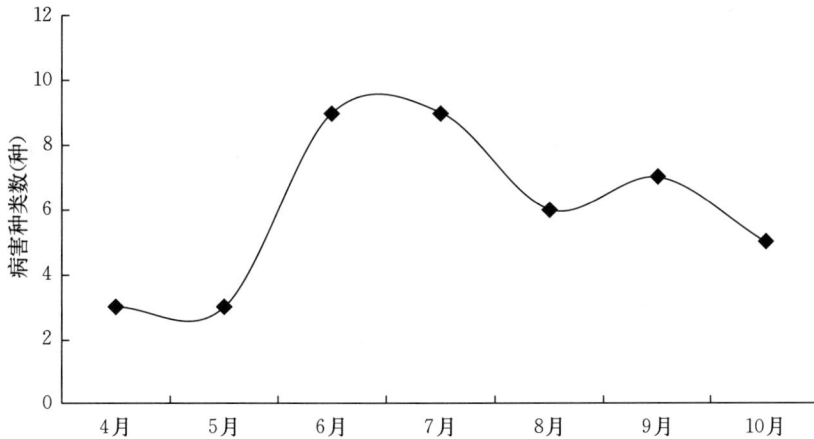

图 5　2023 年山东省水产养殖病害发生种类月度情况

2023 年，鱼类的月平均发病率为 0.05％（图 6），与 2022 年持平；甲壳类的月平均发病率为 0.85％，较 2022 年（1.3％）降低；贝类的月平均发病率为 0.21％，而在 2022 年未监测到病害发生；棘皮动物和爬行类在 2023 年未监测到病害发生。

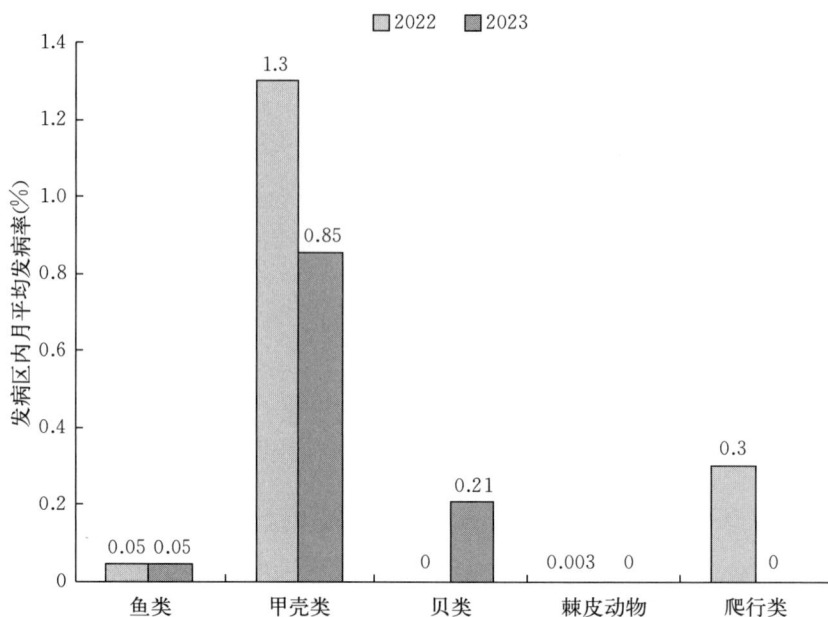

图 6　2023 年和 2022 年山东省各养殖种类发病区内月平均发病率比较

2023 年危害养殖淡水鱼类较大的是肠炎病、细菌性败血症等细菌性疾病，发生集中在 6—9 月高温季节；不明病因疾病发生也相对较多，有待于强化检测诊断进行确定；寄生虫病和真菌性疾病也时有发生。对于海水鱼类，弧菌病、溃疡病和盾纤毛虫病是威胁鲆鲽类养殖的主要病害。

2023 年甲壳类养殖主要病害是传染性肌坏死病、急性肝胰腺坏死病和肝胰腺细小病毒病。其中，传染性肌坏死病是危害最严重的病害，主要在 1—3 月发生，发病后对虾死亡率接近 100％；急性肝胰腺坏死病是发病最多的病害，在 5—10 月都有发生，主要危害凡纳滨对虾；肝胰腺细小病毒病是危害中国对虾养殖的主要病害，发病集中在 6—9 月。

2023 年养殖贝类的主要病害是不明病因疾病。

三、2024 年养殖病害发生趋势预测

1. 鱼类

淡水养殖鱼类的病害主要是细菌性败血症、烂鳃病、肠炎病、赤皮病等细菌性疾病，整个养殖周期都可能发生，细菌性疾病在 6—9 月高温季节易暴发流行；锚头鳋病、指环虫病等寄生虫病在养殖过程中也时有发生；水霉病等真菌性疾病多在春季低温时期发生。

大菱鲆等海水养殖鱼类需要重点做好腹水病、肠炎病等细菌性疾病的防控；盾纤毛虫病、刺激隐核虫病等寄生虫病也需要加强预防。

2. 甲壳类

传染性肌坏死病因感染率高、死亡率高，已成为威胁凡纳滨对虾工厂化养殖的一大病害，对虾工厂化养殖要特别注意防控该病害；急性肝胰腺坏死病近年来在对虾养殖生产发生较多，2024 年也应强化对该病的预防和控制；白斑综合征近年来虽发生不多，但其感染面广、传播快、易造成重大损失，在虾蟹类养殖中白斑综合征的威胁仍不容忽视；虾肝肠胞虫病也是对虾养殖中的一种常发疾病，该病虽然不会造成对虾大量死亡，但会导致对虾生长缓慢甚至停滞、增加养殖成本、造成较大经济损失，也需要注意防范。

梭子蟹和克氏原螯虾易发生蜕壳不遂症，应提前做好预防工作。

3. 贝类

贝类养殖多采用筏式养殖、浅海底播等模式，其养殖生产环境受外界环境影响大、不可控，养殖牡蛎、扇贝等在高温季节可能会发生不明病因病害。

4. 刺参

腐皮综合征是刺参养殖中的常见病害，养殖中要做好对该病的预防。夏季异常高温、强降雨等极端天气因素，也可能会给刺参带来较大威胁，甚至造成巨大经济损失。因此，刺参养殖单位应注意关注天气变化，发生极端天气时及时采取有效措施，保障养殖刺参安全度夏。

四、病害防控对策与建议

（1）把好水产苗种质量关　水产种业是渔业的芯片，水产苗种质量是决定水产养殖成败的关键因素。建议各级渔业主管部门落实推进水产苗种产地检疫制度，理顺水产苗种产地检疫工作机制，形成工作合力，依法开展渔业官方兽医资格确认工作，健全渔业官方兽医队伍，加强水产苗种检疫执法监督，从源头控制重大水生动物疫病传播，降低病害暴发概率和经济损失。依托各级科研院校、推广机构、企业及第三方建设的病害检测实验室，开展放苗前苗种病原检测，防止从水产苗种引入病原。

（2）推广应用绿色病防技术模式　各级渔业技术推广机构应树立并传播水产养殖绿色发展理念，深入推进水产绿色健康养殖技术推广"五大行动"的实施，因地制宜推广工厂化循环水养殖、鱼菜共生养殖、稻渔综合种养、大水面生态增养殖等绿色养殖技术模式，推进池塘标准化生态化改造和养殖尾水治理，持续促进水产养殖用药减量，积极探索配合饲料替代幼杂鱼，示范推广优良水产新品种，推动水产养殖业向绿色发展方向转型升级。

（3）科学防控水产养殖病害　防控水产养殖病害，应坚持"全面预防、科学治疗"的原则。未发病时，通过采取清塘消毒、苗种检疫、水质底质调控、投饵管理、控制合理养殖密度等措施做好常见易发病害预防。发现病害后，及时联系当地水生动物执业兽医、乡村渔医或渔业技术推广部门，争取对应领域病害防控专家的专业技术指导，减少盲目用药现象，规范使用国标渔药，增强渔病防治科学性，有效降低养殖病害造成的损失。

（4）深化渔业病害防控技术服务　各级渔业技术推广部门应织密病情监测报告网络，建立病害多元化信息收集渠道，推动建立监测预报与应急处置协调统一的工作模式。依托病防服务基地或龙头企业实验室区域化开展病防技术服务，提升病害防治技术服务效能。联动科研体系与产业主体，促进病害防治技术成果转化应用，推动产学研深度融合。开展病防专家行、围塘话渔、塘边课堂培训、科技下乡等系列活动，送病防实用技术进村入户到塘，开创病防技术服务常下基层的工作新局面。

2023 年河南省水生动物病情分析

河南省水产技术推广站

（尚胜男　李旭东　程明珠）

一、基本情况

2023 年，河南省监测的品种有鱼类、虾蟹类和其他类 3 个养殖大类、21 个养殖品种（表1）。在 17 个地级市 64 个县（市、区）设立了 176 个测报点，监测面积 6 369 hm²，其中淡水池塘 5 655 hm²。现将 2023 年河南省水产养殖病情监测结果分析如下：

表 1　2023 年河南省监测的养殖品种

类别	养殖品种	数量（种）
鱼类	青鱼、草鱼、鲢、鳙、鲤、鲫、鳊、鲴、鮰、鳟、鲟、泥鳅、黄颡鱼、锦鲤、金鱼	15
虾蟹类	克氏原螯虾、青虾、中华绒螯蟹	3
其他	龟、鳖、大鲵	3
合　计		21

二、2023 年河南省水产养殖病情分析

2023 年监测养殖品种 21 种，其中 8 种发生了不同程度的病害，整体流行趋势与 2022 年基本一致。全年上报月报汇总数据 9 期，以 4 月、7 月和 8 月三个月为发病高峰期，病害种类较多、发病周期长。病源以生物源性疾病为主，在生物源性疾病中又以细菌性疾病和寄生虫疾病较严重。

（一）水产养殖病情监测总体情况

1. 监测面积

全省监测的养殖模式主要有海水池塘、淡水池塘、淡水工厂化和淡水其他，各养殖模式监测面积见表2，约占全省养殖面积的 3%。

表 2　2023 年河南省各养殖模式的监测面积

养殖模式	面积（hm²）
淡水池塘	5 655.695 3
淡水工厂化	15.733 3
淡水其他	964.667 2

2. 水产养殖发病种类

全省监测到水产养殖发病种类 8 种，其中鱼类 6 种、虾蟹类 1 种、观赏鱼 1 种，见表 3。

表 3   2023 年河南省水产养殖发病种类（种）

种类	品种	数量
鱼类	草鱼、鲢、鳙、鲤、鲫、黄颡鱼	6
甲壳类	中华绒螯蟹（河蟹）	1
观赏鱼	锦鲤	1
合　计		8

3. 水产养殖病害种类

全年监测到的水产养殖病害种类有 25 种，其中病毒性疾病 5 种、细菌性疾病 10 种、真菌性疾病 3 种、寄生虫病 6 种、非病原性疾病 1 种，见表 4。

表 4   2023 年河南省水产养殖病害种类（种）

病害种类	名称	数量
病毒病	草鱼出血病、鲤春病毒血症、斑点叉尾鮰病毒病、鲤浮肿病、流行性造血器官坏死病	5
细菌病	淡水鱼细菌性败血症、赤皮病、细菌性肠炎病、打印病、鲫类肠败血症、鱼爱德华氏菌病、弧菌病、竖鳞病、斑点叉尾鮰传染性套肠症、肠炎病	10
寄生虫病	三代虫病、指环虫病、车轮虫病、锚头鳋病、鱼虱病、小瓜虫病	6
真菌病	鳃霉病、水霉病、流行性溃疡综合征	3
非病原性疾病	蜕壳不遂症	1
合　计		25

4. 各养殖种类平均发病面积比例

各养殖种类平均发病面积比例为 4.8%，最高的为黄颡鱼 13.49%，最低的为鳙 0.11%，见表 5。与 2022 年相比，鲢、鲫和黄颡鱼的发病面积比例上升外，其余品种呈下降趋势。

表 5   2023 年河南省各养殖种类平均发病（率）面积比例与面积

养殖种类	草鱼	鲢	鳙	鲤	鲫	黄颡鱼	中华绒螯蟹	锦鲤
总监测面积（hm²）	1 620.03	3 104.07	3 060.4	1 568.67	813.54	166	55.33	235.07
总发病面积（hm²）	42.27	12.67	3.33	31.47	63.13	22.4	4.8	7.33
平均发病面积比例（%）	2.61	0.41	0.11	2.01	7.76	13.49	8.68	3.12

（二）主要养殖种类病情流行情况

1. 草鱼

草鱼监测到的病害主要有淡水鱼细菌性败血症等 9 种。其中，三代虫病发病面积比例最高，鳃霉病死亡率较高；6 月、7 月的发病面积比例最高，均为 0.11%，见图 1。

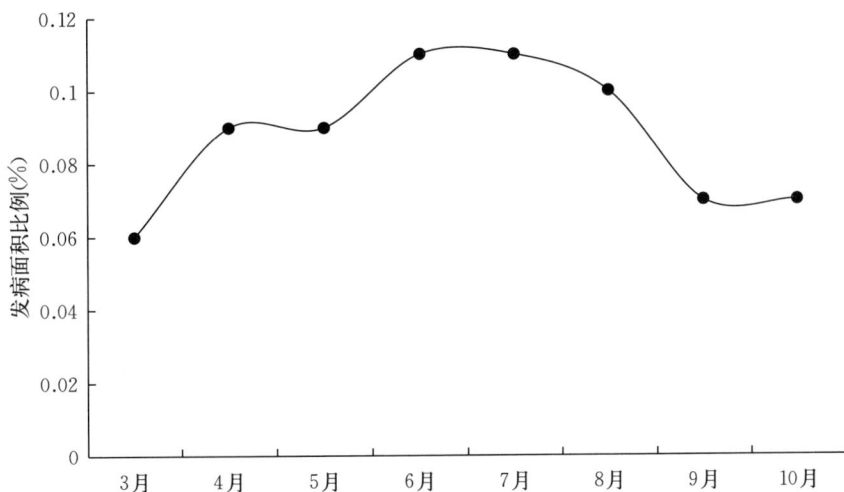

图 1　2023 年河南省草鱼发病面积比例

2. 鲢

鲢监测到的病害主要有淡水鱼细菌性败血症等 5 种。其中，鳃霉病发病面积比例较高，淡水鱼细菌性败血症的死亡率最高；4 月、7 月的发病面积比例最高，均为 0.06%，见图 2。

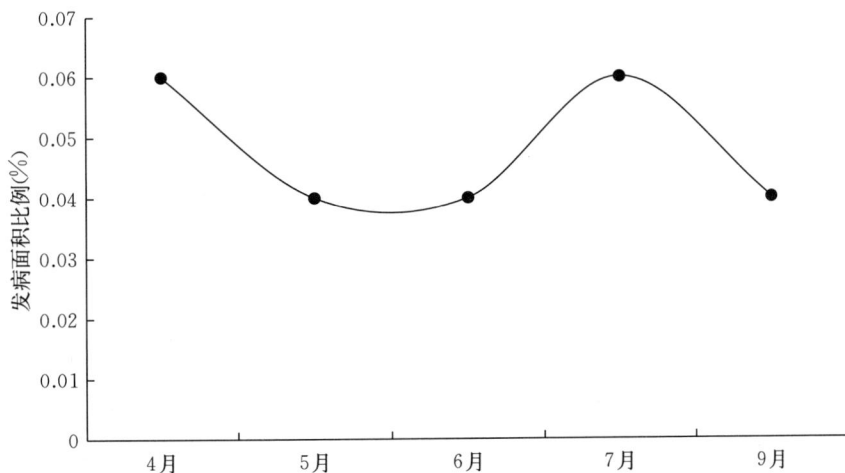

图 2　2023 年河南省鲢发病面积比例

3. 鳙

鳙监测到的病害主要有淡水鱼细菌性败血症和水霉病 2 种。其中，淡水鱼细菌性败血症的发病面积比例和死亡率均较高，发病时间主要集中在 4 月和 7 月；7 月发病面积比例最高为 0.07%，见图 3。

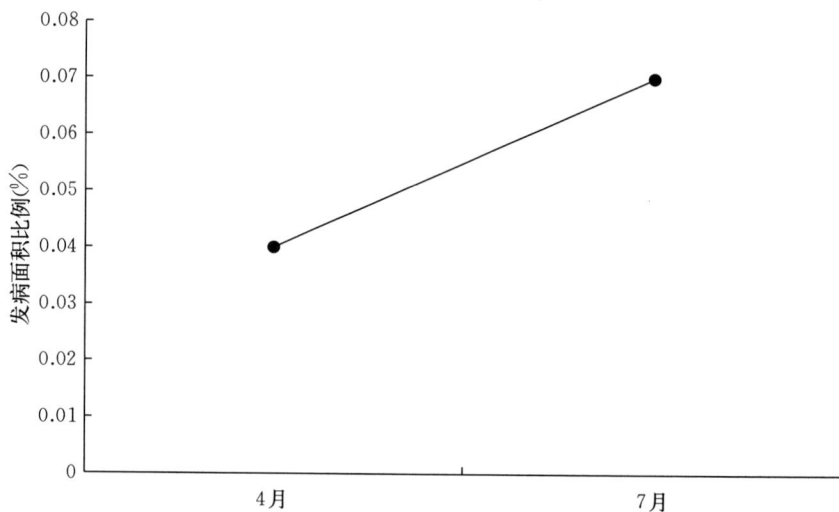

图 3　2023 年河南省鳙发病面积比例

4. 鲤

鲤监测到的病害主要有鲤春病毒血症和淡水鱼细菌性败血症等 10 种。其中，鱼虱病的发病面积比例较高，流行性溃疡综合征的死亡率最高；4 月的发病面积比例最高为 0.25%，见图 4。

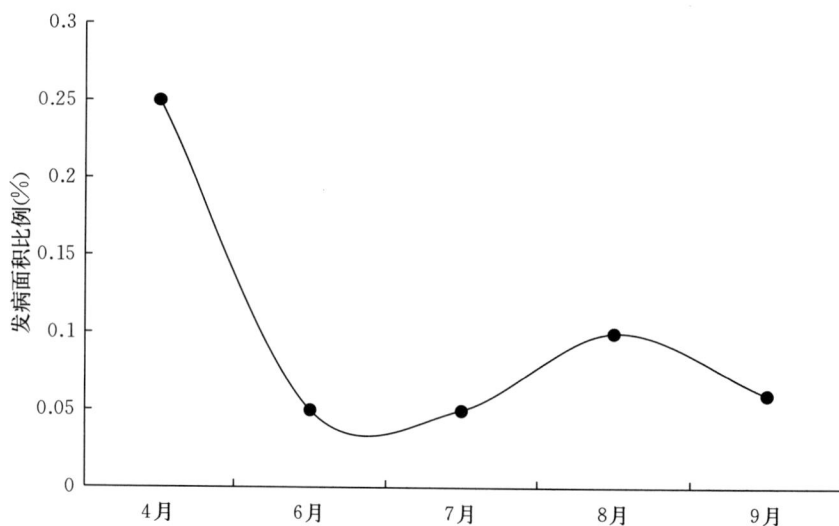

图 4　2023 年河南省鲤发病面积比例

5. 斑点叉尾鮰

斑点叉尾鮰监测到的病害主要有斑点叉尾鮰传染性套肠症和细菌性肠炎病等 8 种。其中，细菌性肠炎病发病面积比例较高，流行性溃疡综合征死亡率最高；8 月的发病面积比例最高为 1.59%，见图 5。

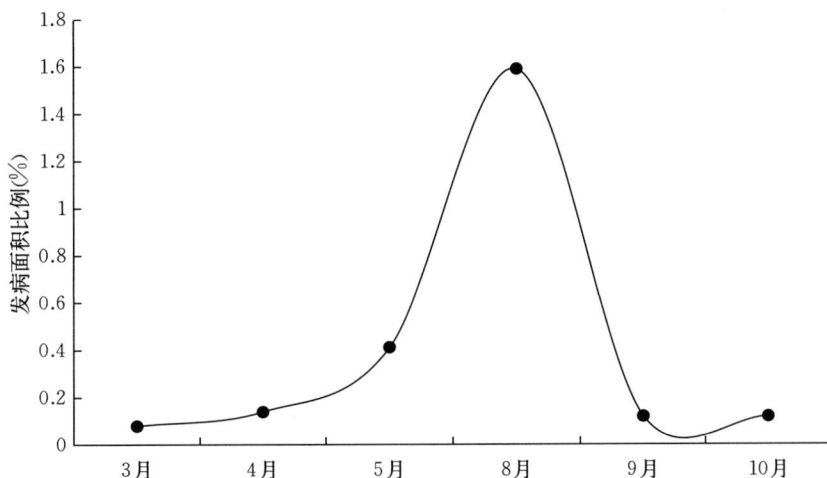

图 5　2023 年河南省鮰发病面积比

（三）重大水生动物疫病专项监测

全年共送检 20 个样品。其中，国家级原良种场 1 个，省级原良种场 3 个，苗种场 10 个，观赏鱼养殖场 3 个，成鱼养殖场 3 个。成鱼养殖场检出 1 例阳性样品，见图 6。

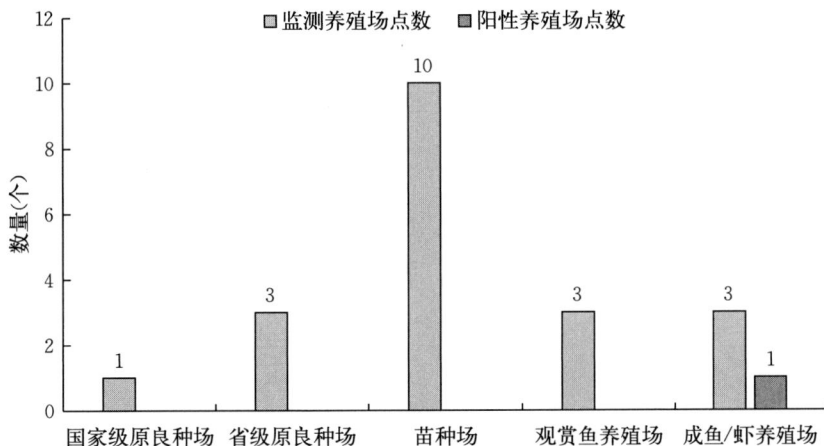

图 6　2023 年河南省养殖场点的阳性检出情况

三、2024 年河南省水产养殖病害流行预测

根据历年的监测结果，结合河南水产养殖的特点，预测 2024 年可能发生、流行的水产养殖病害主要以草鱼、鲢鳙、鲤、鲫、鳊和鲴等大宗淡水鱼类感染鲤浮肿病、淡水鱼细菌性败血症、烂鳃病、细菌性肠炎病、鲴类肠败血症、三代虫病、车轮虫病、孢子虫病和小瓜虫病等为主。2024 年需重点防范鲤浮肿病、斑点叉尾鲴传染性套肠病和鲈虹彩病毒病等。

四、防控措施

（一）加强水产苗种产地检疫

购买具有产地检疫合格证明的苗种，从严管控，确保引进健康优质的水产苗种。引导养殖场主动申报检疫，加强购入种苗的检疫工作，建立苗种隔离池，加强日常管理，从源头杜绝疫病的发生。

（二）转变养殖模式，推广绿色健康养殖技术

围绕绿色、生态、健康、高效的目标，积极发展节水、节地、节能、减排型生态循环养殖模式，降低放养密度，发展鱼菜共生、稻田综合种养等生态养殖模式，保持养殖系统的稳定。

（三）规范用药，科学防病

继续做好水产养殖规范用药科普下乡活动，加强《水产用药明白纸》等的宣传培训力度，结合药物敏感试验，做到规范用药、科学防病。

（四）提高病情的预防预警能力

加强疫情监测，切实做好疫情预警预报。建立严格的疫情报告制度，做到早发现、早报告、早控制。

（五）用好鱼病远程诊断网，发挥防疫实验室的作用

建立省级鱼病远程诊断网专家服务团队，用好鱼病远程诊断网，利用好疫病防控专家队伍。发挥省级防疫实验室的带动作用，做好病害检测技术服务。

2023 年湖北省水生动物病情分析

湖北省水产科学研究所

（湖北省鱼类病害防治及预测预报中心）

（卢伶俐　高立方　张惠萍　韩育章　魏志宇　温周瑞）

一、基本情况

（一）水产养殖动物病害测报

2023 年湖北省在 16 个市（州）46 个县（市、区）开展水产养殖动物病害测报工作，共设立 137 个监测点，监测面积 20 272.34 hm²。监测养殖品种 19 个，全年共监测到 15 种养殖品种发病，详见表 1。

表 1　2023 年湖北省监测到的水产养殖发病动物种类

类别		种类	数量（种）
淡水	鱼类	青鱼、草鱼、鲢、鳙、鲤、鲫、鳊、黄颡鱼、鳜、鲈（淡）、鲟、鲌	12
	虾类	克氏原螯虾（小龙虾）	1
	蟹类	中华绒螯蟹（河蟹）	1
	爬行类	鳖	1
合　计			15

（二）重要水生动物疫病专项监测

2023 年湖北省承担鲤春病毒血症（SVCV）、白斑综合征（WSSV）、草鱼出血病（GCRV）、鲫造血器官坏死病（CyHV-2）、虾肝肠胞虫病（EHP）、十足目虹彩病毒病（DIV1）共 6 种疫病 30 个样品的专项监测工作，样品检测由中国水产科学研究院长江水产研究所完成。

二、监测结果与分析

（一）病害测报结果

2023 年湖北全省测报区内，共监测到鱼类疾病 22 种、虾类疾病 7 种、蟹类疾病 1

种、其他类（鳖）疾病 4 种，详见表 2。

表 2   2023 年湖北省监测到的水产养殖病害汇总

类别		病名	数量（种）
鱼类	病毒性疾病	草鱼出血病、鲤浮肿病	2
	细菌性疾病	赤皮病、细菌性肠炎病、淡水鱼细菌性败血症、链球菌病、柱状黄杆菌病、打印病、溃疡病、鱼爱德华氏菌病	8
	真菌性疾病	水霉病、鳃霉病	2
	寄生虫性疾病	指环虫病、车轮虫病、中华鳋病、锚头鳋病、小瓜虫病、黏孢子虫病	6
	非病原性疾病	肝胆综合征、缺氧症	2
	其他	不明病因疾病、越冬综合征	2
虾类	病毒性疾病	白斑综合征	1
	细菌性疾病	烂鳃病、弧菌病、肠炎病	3
	寄生虫性疾病	固着类纤毛虫病	1
	其他	蜕壳不遂症、缺氧症	2
蟹类	细菌性疾病	肠炎病	1
其他类（鳖）	病毒性疾病	鳖鳃腺炎病	1
	细菌性疾病	鳖溃烂病、鳖红脖子病	2
	其他	不明病因疾病	1

（二）测报范围内病害经济损失

2023 年湖北省测报范围内因病害造成经济损失合计 453.65 万元，各品种经济损失详见表 3。

表 3   2023 年湖北省测报区各品种经济损失情况

养殖品种	经济损失（万元）	养殖品种	经济损失（万元）
青鱼	7.00	鳜	0.60
草鱼	150.51	鲈	1.70
鲢鳙	88.96	鲟	19.20
鲤	0.10	鲌	2.00
鲫	48.16	克氏原螯虾	21.32
鳊	51.95	中华绒螯蟹	20.00
黄颡鱼	29.32	鳖	12.83

（三）主要养殖品种病情分析

通过监测数据分析，2023 年湖北省无重大水生动物疫病发生，全年主要发病季节为 6 月至 9 月。从各品种的病害发生情况看，监测到的鱼类疾病相对较多，发病率也相对较高，其中细菌性疾病造成的危害较大。各养殖品种发病情况也各不相同，现将主要病害高发的养殖品种病情作如下分析：

（1）草鱼　全年共监测到疾病 13 种，平均发病面积比例 7.70%，监测区域平均死亡率 0.42%，发病区域平均死亡率 2.57%。全年发病情况详见图 1。

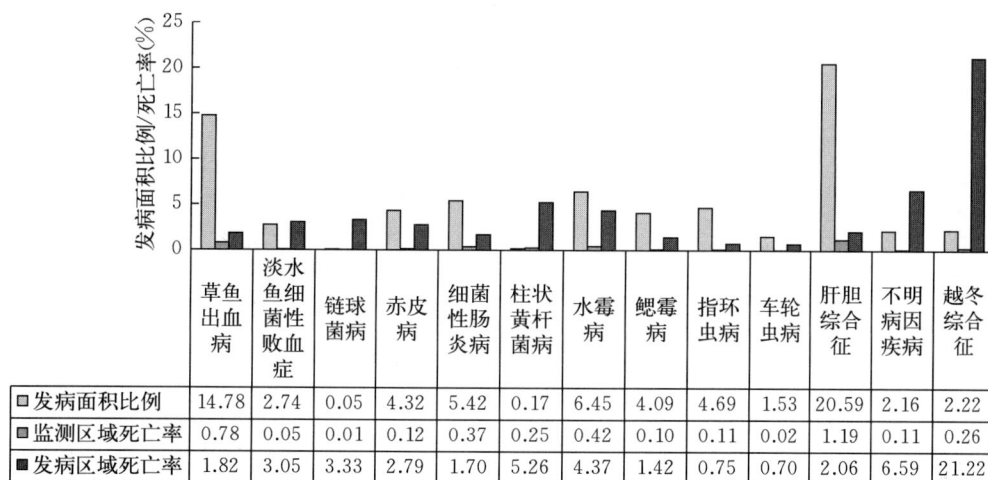

	草鱼出血病	淡水鱼细菌性败血症	链球菌病	赤皮病	细菌性肠炎病	柱状黄杆菌病	水霉病	鳃霉病	指环虫病	车轮虫病	肝胆综合征	不明病因疾病	越冬综合征
发病面积比例	14.78	2.74	0.05	4.32	5.42	0.17	6.45	4.09	4.69	1.53	20.59	2.16	2.22
监测区域死亡率	0.78	0.05	0.01	0.12	0.37	0.25	0.42	0.10	0.11	0.02	1.19	0.11	0.26
发病区域死亡率	1.82	3.05	3.33	2.79	1.70	5.26	4.37	1.42	0.75	0.70	2.06	6.59	21.22

图 1　2023 年湖北省草鱼发病面积比例和死亡率

（2）鲢、鳙　全年共监测到疾病 9 种，平均发病面积比例 10.97%，监测区域平均死亡率 0.53%，发病区域平均死亡率 2.50%。全年发病情况详见图 2。

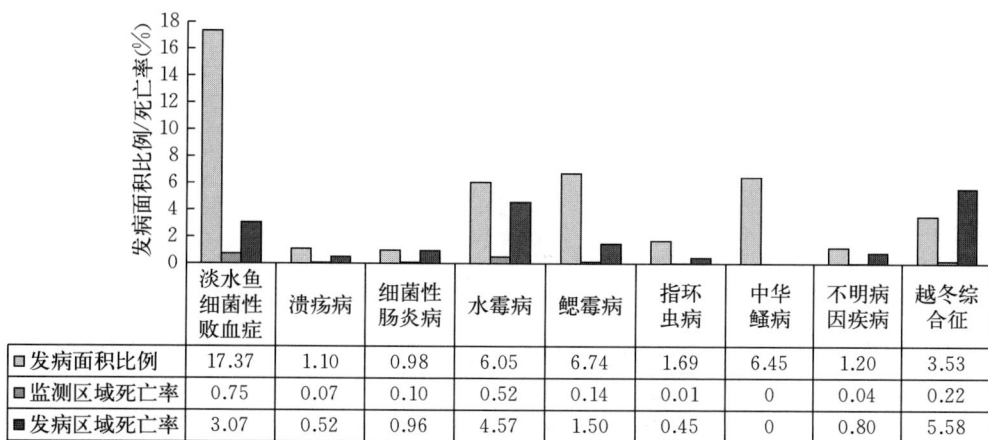

	淡水鱼细菌性败血症	溃疡病	细菌性肠炎病	水霉病	鳃霉病	指环虫病	中华鳋病	不明病因疾病	越冬综合征
发病面积比例	17.37	1.10	0.98	6.05	6.74	1.69	6.45	1.20	3.53
监测区域死亡率	0.75	0.07	0.10	0.52	0.14	0.01	0	0.04	0.22
发病区域死亡率	3.07	0.52	0.96	4.57	1.50	0.45	0	0.80	5.58

图 2　2023 年湖北省鲢、鳙发病面积比例和死亡率

（3）鲫　全年共监测到疾病 7 种，平均发病面积比例 12.72%，监测区域平均死亡率 0.34%，发病区域平均死亡率 2.80%。全年发病情况详见图 3。

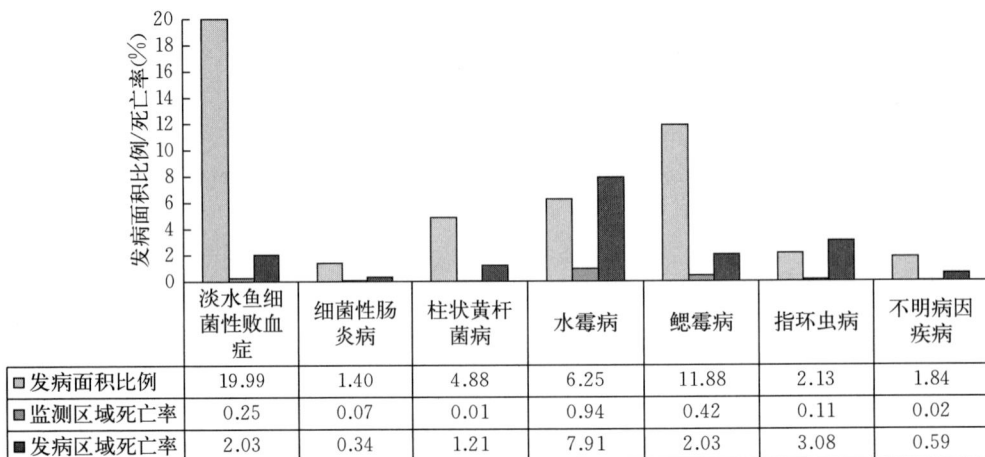

	淡水鱼细菌性败血症	细菌性肠炎病	柱状黄杆菌病	水霉病	鳃霉病	指环虫病	不明病因疾病
发病面积比例	19.99	1.40	4.88	6.25	11.88	2.13	1.84
监测区域死亡率	0.25	0.07	0.01	0.94	0.42	0.11	0.02
发病区域死亡率	2.03	0.34	1.21	7.91	2.03	3.08	0.59

图 3　2023 年湖北省鲫发病面积比例和死亡率

（4）鳊　全年共监测到疾病 3 种，平均发病面积比例 22.21%，监测区域平均死亡率 0.30%，发病区域平均死亡率 9.37%。全年发病情况详见图 4。

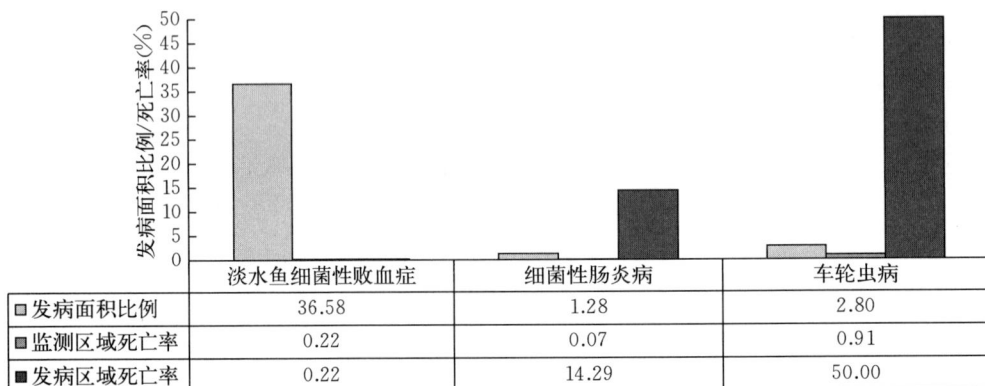

	淡水鱼细菌性败血症	细菌性肠炎病	车轮虫病
发病面积比例	36.58	1.28	2.80
监测区域死亡率	0.22	0.07	0.91
发病区域死亡率	0.22	14.29	50.00

图 4　2023 年湖北省鳊发病面积比例和死亡率

（5）黄颡鱼　全年共监测到疾病 5 种，平均发病面积比例 1.87%，监测区域平均死亡率 0.41%，发病区域平均死亡率 7.59%。全年发病情况详见图 5。

（6）克氏原螯虾　全年共监测到疾病 5 种，平均发病面积比例 1.02%，监测区域平均死亡率 0.13%，发病区域平均死亡率 3.38%。全年发病情况详见图 6。

（7）鳖　全年共监测到疾病 4 种，平均发病面积比例 18.27%，监测区域平均死亡率 0.36%，发病区域平均死亡率 1.27%。全年发病情况详见图 7。

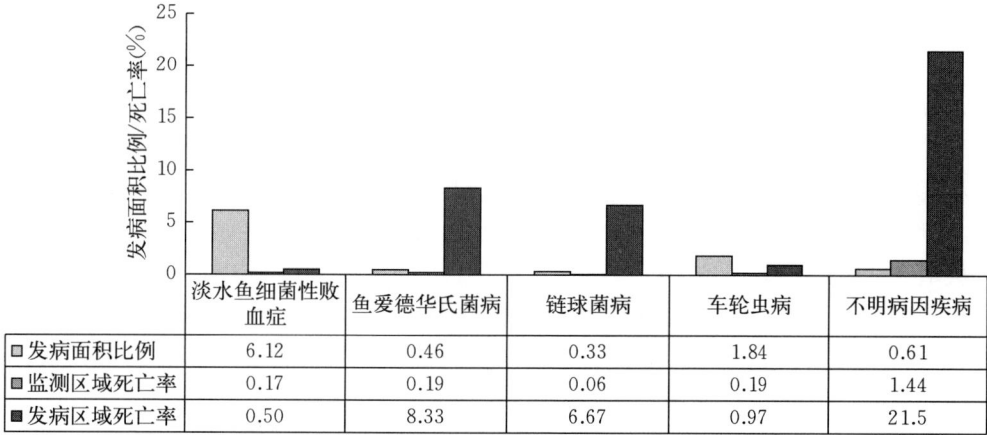

	淡水鱼细菌性败血症	鱼爱德华氏菌病	链球菌病	车轮虫病	不明病因疾病
□ 发病面积比例	6.12	0.46	0.33	1.84	0.61
▨ 监测区域死亡率	0.17	0.19	0.06	0.19	1.44
■ 发病区域死亡率	0.50	8.33	6.67	0.97	21.5

图 5　2023 年湖北省黄颡鱼发病面积比例和死亡率

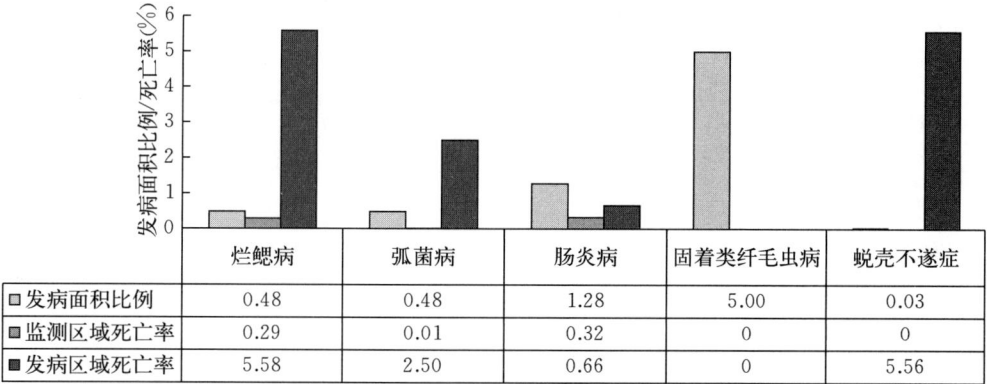

	烂鳃病	弧菌病	肠炎病	固着类纤毛虫病	蜕壳不遂症
□ 发病面积比例	0.48	0.48	1.28	5.00	0.03
▨ 监测区域死亡率	0.29	0.01	0.32	0	0
■ 发病区域死亡率	5.58	2.50	0.66	0	5.56

图 6　2023 年湖北省克氏原螯虾发病面积比例和死亡率

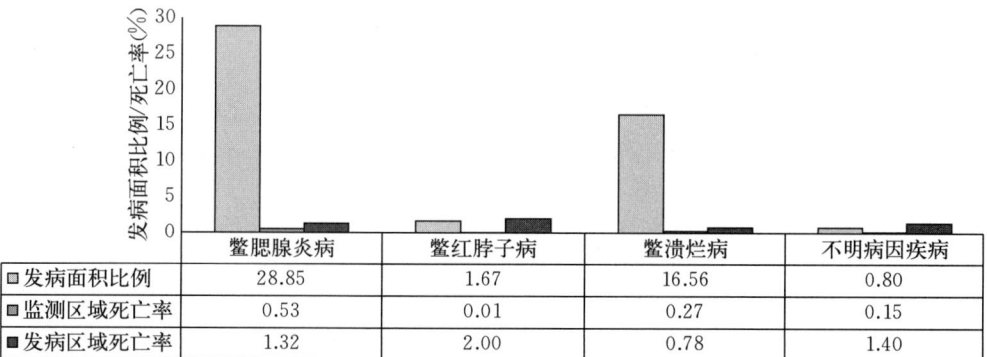

	鳖腮腺炎病	鳖红脖子病	鳖溃烂病	不明病因疾病
□ 发病面积比例	28.85	1.67	16.56	0.80
▨ 监测区域死亡率	0.53	0.01	0.27	0.15
■ 发病区域死亡率	1.32	2.00	0.78	1.40

图 7　2023 年湖北省鳖发病面积比例和死亡率

（四）病害发生特点分析

从病害发生整体情况看，水产养殖鱼类细菌性疾病产生的危害最大，占疾病种类的59.78%；其次是寄生虫病，占疾病种类的13.13%。危害最严重的细菌性疾病是淡水鱼细菌性败血症，危害最严重的寄生虫病是指环虫病。

从疾病危害程度看，由重到轻排列，鱼类依次为草鱼、鲢、鳙、鲫、鳊、黄颡鱼、青鱼、鳜、鲟、鲌、鲈、鲤；甲壳类依次为中华绒螯蟹、克氏原螯虾。

从疾病流行分布看，鱼类细菌性败血症主要分布于应城、枝江、老河口、潜江、东西湖区、蔡甸区、京山市、新洲区、黄陂区、云梦、沙洋、安陆等地。鱼类细菌性肠炎病主要分布于安陆、应城、宜都、东西湖区、新洲区、黄陂区、云梦、潜江、老河口、蔡甸区等地。烂鳃病主要分布于黄陂区、新洲区。

（五）重要水生动物疫病专项监测结果

对全省2019—2023年开展的重要水生动物疫病专项监测结果进行分类汇总，各种疫病监测样品总数及阳性样品数详见表4。

表4 2019—2023年湖北省重要水生动物疫病监测结果

疫病名称	样品总数/阳性样品数				
	2019年	2020年	2021年	2022年	2023年
鲤春病毒血症 SVCV	20/4	21/10	5/1	5/0	5/0
白斑综合征 WSSV	35/29	16/12	10/9	5/3	5/2
草鱼出血病 GCRV	20/3	40/10	5/2	5/1	5/3
鲫造血器官坏死病 CyHV-2	25/3	30/1	5/0	5/0	5/0
传染性皮下和造血器官坏死病 IHHNV	35/0	16/0	10/0	—	—
鲤浮肿病 CEV	—	25/0	5/0	—	—
十足目虹彩病毒病 DIV1	35/0	—	—	5/0	5/0
虾肝肠胞虫病 EHP	35/0	—	—	5/0	5/0

注："—"表示未监测该病种。

监测结果显示，近五年来克氏原螯虾白斑综合征、草鱼出血病一直有阳性样本出现，且克氏原螯虾白斑综合征阳性率一直居高不下，克氏原螯虾养殖暴发重大疫病的风险仍然存在，防控形势依然严峻。

三、2024年湖北省水产养殖病害流行预测及对策建议

（一）病害流行预测

春季应警惕的疾病：黄颡鱼细菌病及病毒病，斑点叉尾鮰细菌病，大宗品种草鱼、鲫等主要为水霉病、鳃霉病、赤皮病、溃疡病等多种常见病并发交织，有些还伴有车轮

虫、小瓜虫等寄生虫病，初春同时要警惕鱼类越冬综合征的发生。

夏季应警惕的疾病：大宗鱼类常见多发病害主要有淡水鱼细菌性败血症、草鱼出血病、鲫造血器官坏死病、烂鳃病、细菌性肠炎病、车轮虫病等，黄颡鱼细菌病及病毒病，大口黑鲈诺卡氏菌病、虹彩病毒病等。虾类要高度警惕白斑综合征暴发。鳖需预防腮腺炎病、红脖子病、溃烂病、红底板病的发生。

秋季应警惕的疾病：大宗鱼类常见多发病害主要有淡水鱼细菌性败血症、烂鳃病、细菌性肠炎病、车轮虫病，黄颡鱼细菌病及病毒病等。

冬季应警惕的疾病：鱼类水霉病、冻伤。

（二）对策建议

（1）推广绿色健康养殖模式　注意改良池塘底质和水质，给鱼类提供良好的生活环境。采取科学规范养殖措施进行健康养殖、生态养殖，提高鱼体免疫力；优选抗病力强品种，降低发病率，减少渔药使用。

（2）加强水产苗种产地检疫　购买具有产地检疫合格证明的苗种，从源头管控，杜绝引进携带特定病原的苗种。苗种生产企业需选育优质亲本，强化培育工作，投喂优质配合饲料，并在饲料中适量添加增强免疫力的维生素 C、维生素 E 和免疫多糖等添加剂，以增强鱼体抵抗力。

（3）合理投喂饲料　春季鱼类开口后，要循序渐进增加投饵量。选择优质的人工配合饲料，及时观察鱼、虾、蟹摄食情况，根据气候条件、水质、鱼虾蟹养殖阶段及健康状况及时调整每天饲料投喂量。

（4）加强饲养管理，增强鱼体体质，提高抗病能力　在捕捞、运输过程中尽可能避免鱼体受伤。水温低于 15 ℃时，尽量减少人为操作，防止鱼体出现应激反应，导致擦伤或冻伤。

2023 年湖南省水生动物病情分析

湖南省畜牧水产事务中心渔业发展部

（周　文　何东波）

一、基本情况

（一）疾病测报

2023 年，湖南省在 12 个市（州）、44 个县（市、区）、128 个养殖场开展了水生动物病情测报工作。监测养殖种类 20 种，监测到发病养殖种类 10 种，监测养殖水面 1.79 万 hm²，监测到病害 22 种。其中，鱼类细菌病 4 种、鱼类寄生虫病 5 种、鱼类病毒病 2 种、鱼类真菌病 2 种，另有鱼类非病原性疾病和不明病因疾病 3 种（表 1、表 2）。

表 1　2023 年湖南省监测到发病的水产养殖种类汇总

类别		种类	数量（种）
淡水	鱼类	青鱼、草鱼、鲢、鳙、鲤、鲫、鲈（淡）	7
	虾类	克氏原螯虾、凡纳滨对虾（淡）	2
	观赏鱼	锦鲤	1
合　计			10

表 2　2023 年湖南省监测到的水产养殖病害汇总

类别		病名	数量（种）
鱼类	病毒性疾病	草鱼出血病、病毒性出血性败血症	2
	细菌性疾病	细菌性肠炎病、淡水鱼细菌性败血症、溃疡病、赤皮病	4
	真菌性疾病	水霉病、鳃霉病	2
	寄生虫性疾病	指环虫病、车轮虫病、锚头鳋病、中华鳋病、小瓜虫病	5
	非病原性疾病	缺氧症、肝胆综合征	2
	其他	不明病因疾病	1
观赏鱼	细菌性疾病	打印病	1
	真菌性疾病	鳃霉病	1
	寄生虫性疾病	指环虫病、车轮虫病	2

332

（续）

类别		病名	数量（种）
虾类	细菌性疾病	肠炎病	1
	非病原性疾病	蜕壳不遂症	1
合　计			22

（二）重大水生动物疫病监测

根据农业农村部要求，湖南省结合实际，制订下发了《2023 年湖南省重大水生动物疫病监测方案》，对草鱼、鲤、鲫和凡纳滨对虾等养殖品种，开展监测草鱼出血病、鲫造血器官坏死病和白斑综合征等 6 种重大水生动物疫病监测，共监测采集检测样品 120 个，其中国家监测计划 20 个、省级监测计划 100 个（表 3）。

表 3　2023 年重大水生动物疫病监测点汇总（个）

病名	区（县）数	乡（镇）数	国家级原良种场	省级原良种场	苗种场	观赏鱼养殖场	成鱼/虾养殖场	监测养殖场点合计
鲤春病毒血症	11	14	1	7	5	2		15
鲫造血器官坏死病	14	18		11	8	1		20
草鱼出血病	19	25	1	15	9			25
锦鲤疱疹病毒病	19	24	1	11	11	2		25
鲤浮肿病	19	24	1	11	11	2		25
白斑综合征	1	5					10	10

二、监测结果与分析

（一）病害流行情况及特点

2023 年共上报 9 期、169 组测报数据及预报 7 期。从监测的疾病种类比例（图 1）可以看出，所有疾病中细菌性疾病所占比例最高占 49%，真菌性疾病占 21%，寄生虫性疾病占 14%，病毒性疾病和非病原性疾病分别占 11% 和 4%。在各种类疾病比例中，细菌性疾病中的细菌性肠炎病测报点上报病例最多，占比 34.89%；其次是淡水鱼细菌性败血症，占比 17.32%。

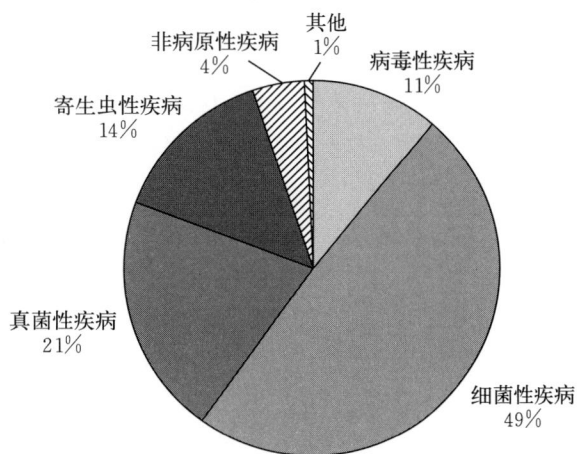

图 1　2023 年湖南省监测疾病种类比例

从月发病面积比（图2）来看，2023年水产养殖发病高峰在8月，发病面积比例为0.39%。

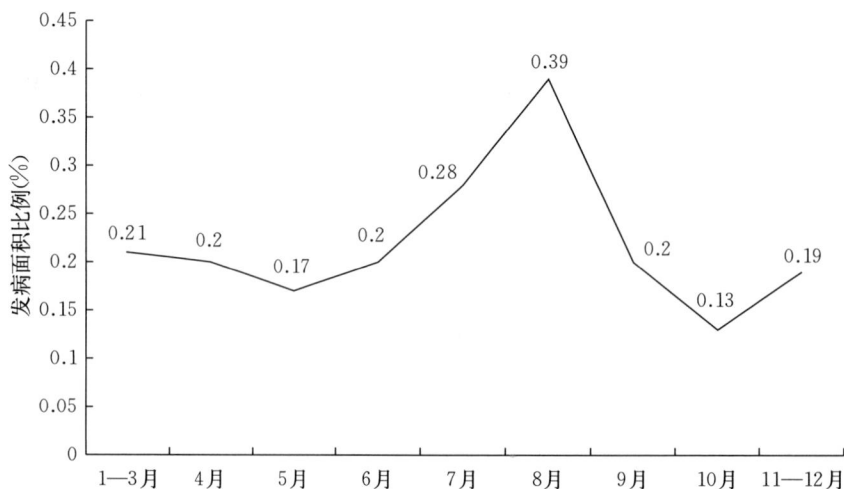

图2　2023年湖南省不同季节水产养殖发病面积比例

（二）主要养殖品种病害情况分析

（1）草鱼　监测到草鱼出血病、病毒性出血性败血症、淡水鱼细菌性败血症、溃疡病、赤皮病、细菌性肠炎病、水霉病、鳃霉病、指环虫病、车轮虫病、锚头鳋病、中华鳋病、缺氧症、肝胆综合征等14种病害。从不同季节草鱼的发病面积比例（图3）来看，7月和10月草鱼发病面积比例全年最高，均为0.26%；11—12月则是全年最低，为0.06%。

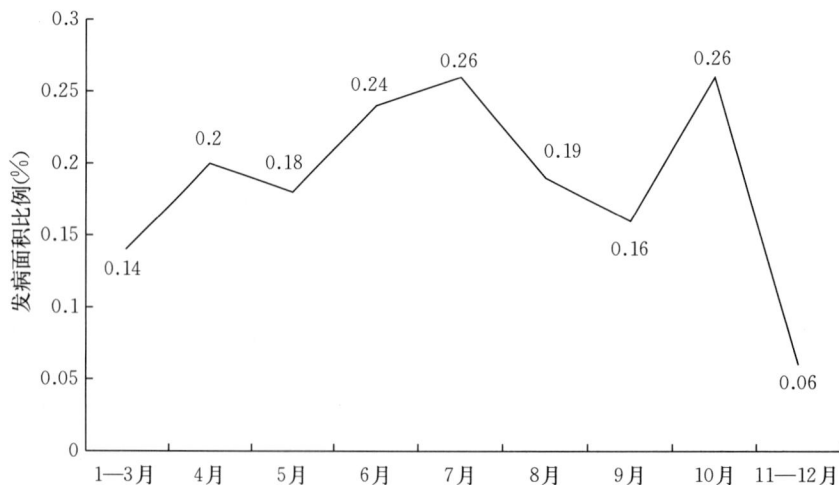

图3　2023年湖南省不同季节草鱼发病面积比例

2023 年草鱼的平均发病面积比例为 1.30%，平均监测区域死亡率为 0.40%，平均发病区域死亡率为 3.62%。草鱼各病害发病面积比例（图 4）最高的是赤皮病，发病面积比例为 2.42%；从各病害造成的发病区域死亡率来看，鳃霉病造成的发病区域死亡率最高，为 16.08%。

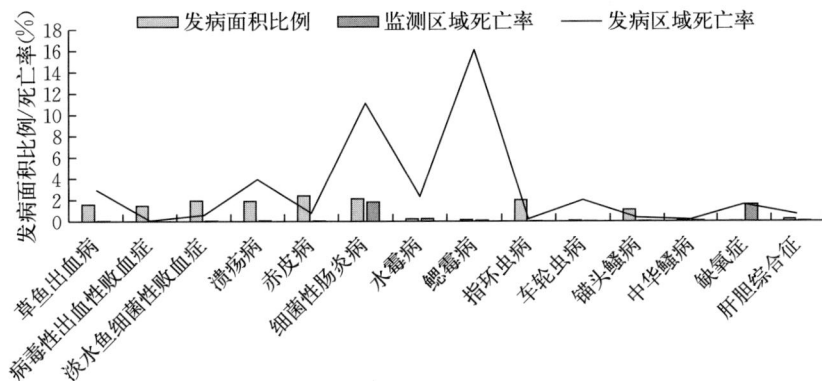

图 4　2023 年湖南省草鱼的平均发病面积比例和死亡率

（2）鲢　监测到病毒性出血性败血症、淡水鱼细菌性败血症、细菌性肠炎病、流行性溃疡综合征、水霉病、缺氧症、不明原因疾病等 7 种病害。从不同季节鲢的发病面积比例（图 5）来看，7 月鲢发病面积比例全年最高，为 0.08%；11—12 月则是全年最低，为 0.01%。

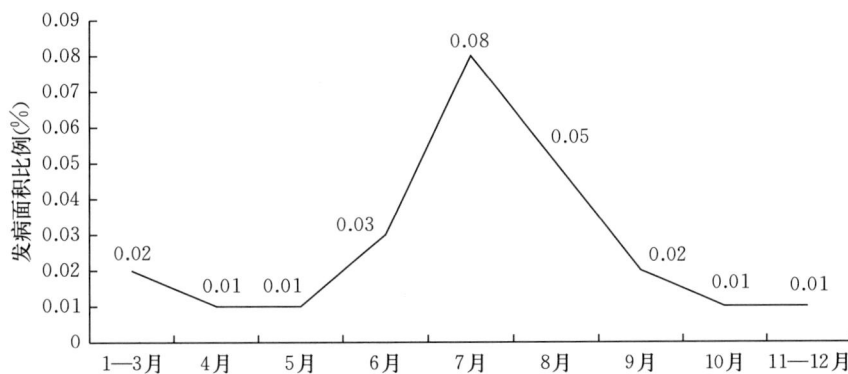

图 5　2023 年湖南省不同季节鲢发病面积比例

2023 年鲢的平均发病面积比例为 0.26%，平均监测区域死亡率为 3.93%，平均发病区域死亡率为 4.28%。鲢各病害发病面积比例（图 6）最高的是病毒性出血性败血症，发病面积比例为 1.21%；从各病害造成的发病区域死亡率来看，病毒性出血性败血症造成的发病区域死亡率最高，为 10.83%。

（3）鳙　监测到病毒性出血性败血症、打印病、溃疡病、水霉病、鳃霉病等 5 种病害。从不同季节鳙的发病面积比例（图 7）来看，8 月鳙发病面积比例全年最高，为

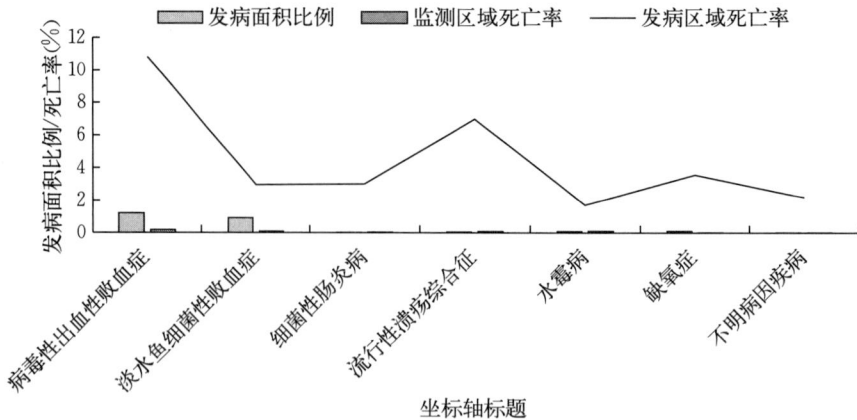

图 6　2023 年湖南省鲢的平均发病面积比例和死亡率

0.39％；1—3 月则是全年最低为 0.02％。

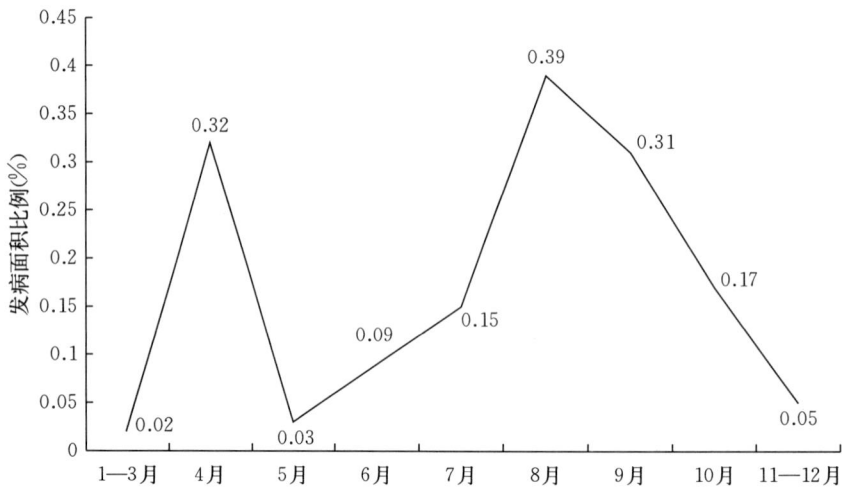

图 7　2023 年湖南省不同季节鳙发病面积比例

2023 年鳙的平均发病面积比例为 1.07％，平均监测区域死亡率为 0.61％，平均发病区域死亡率为 0.07％。鳙各病害发病面积比例（图 8）最高的是鳃霉病，发病面积比例为 5.09％；从各病害造成的发病区域死亡率来看，病毒性出血性败血症造成的发病区域死亡率最高，为 15％。

（4）鲤　监测到淡水鱼细菌性败血症、细菌性肠炎病、鳃霉病、车轮虫病等 4 种病害。从不同季节鲤的发病面积比例（图 9）来看，1—3 月鲤发病面积比例全年最高，为 0.07％；11—12 月则是全年最低，为 0。

2023 年鲤的平均发病面积比例为 1.58％，平均监测区域死亡率为 0.11％，平均发病区域死亡率为 1.46％。鲤各病害发病面积比例（图 10）最高的是淡水鱼细菌性败血

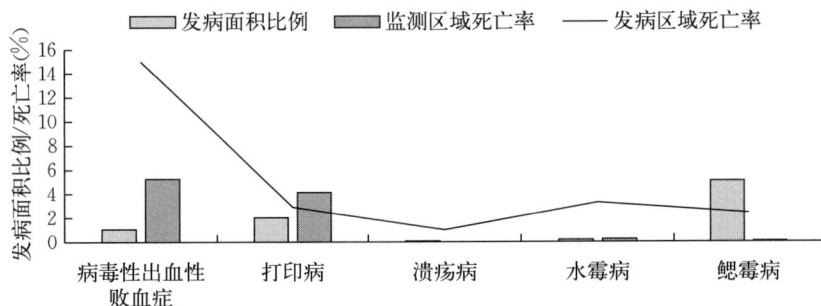

图 8　2023 年湖南省鲴的平均发病面积比例和死亡率

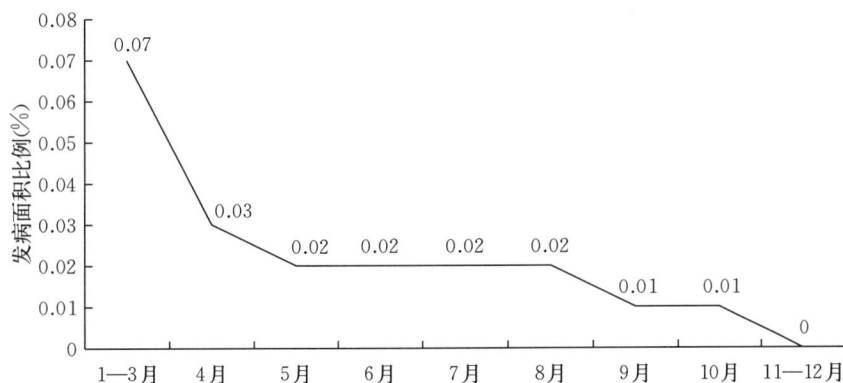

图 9　2023 年湖南省不同季节鲤发病面积比例

症，发病面积比例为 2.7%；从各病害造成的发病区域死亡率来看，细菌性肠炎病造成的发病区域死亡率最高，为 2.34%。

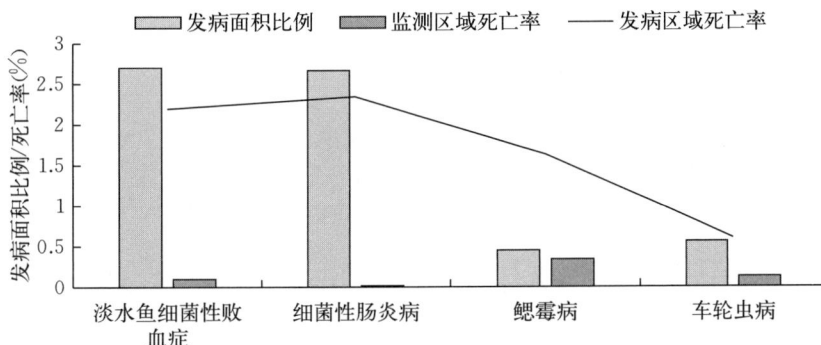

图 10　2023 年湖南省鲤的平均发病面积比例和死亡率

　　总体来看，发生上述病害的主要原因是养殖户鱼病防控意识不强、池塘老化现象严重，加上投饵不科学、用量不精准，残饵和过度施用有机肥逐年沉积导致淤泥加厚，致使养殖池塘病害多；也有部分病害是由于饵料带入寄生虫、鱼苗种质量差所致。因此，养殖户在养殖过程中，要加强日常管理，定期加注新水，用水质改良剂调节水质，使用底质改良剂改良底质，控制有害病菌的浓度，保证水质"肥、活、嫩、爽"。

（三）重要疫病监测结果及分析

从表4来看，2023年检出的阳性样品数量有所增加，其中草鱼出血病检出率达到44%，相比2022年增加24%，虽然属于带毒无症状，但是在水质、温度等养殖环境因子恶化的情况下可能发生疾病，而草鱼出血病一旦发病无特效药治疗。另外，2023年采集检测的鲤样品大多为锦鲤，且均为传统模式的土池养殖，锦鲤感染鲤浮肿病的情况也比较普遍，样品检出阳性概率较大。从图11来看，省级原良种场、苗种场和观赏鱼养殖场均检出阳性场点，表明从源头传播病原的风险较大，须加强苗种场防疫管理，并开展苗种调运的产地检疫。

表4 2023年湖南省水生动物疫病监测结果

监测疫病名称	样品数量（个）	阳性数（个）	阳性率（%）	与2022年比较（%）
鲤春病毒血症	15	0	0	0
鲫造血器官坏死病	20	0	0	0
草鱼出血病	25	11	44	+24
锦鲤疱疹病毒病	25	0	0	0
鲤浮肿病	25	6	24	−6
白斑综合征	10	0	0	0
合计/平均	120	17	14.17	+3.64

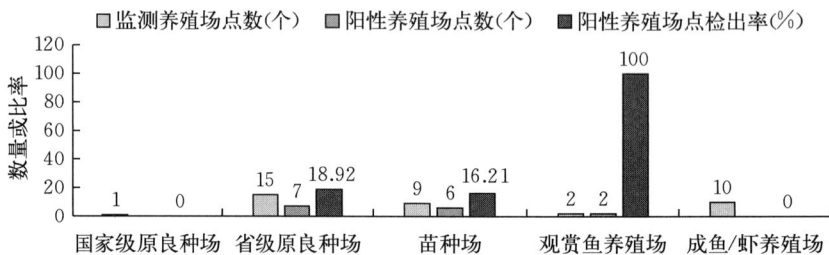

图11 2023年湖南省养殖场点阳性检出情况

2023年虽然没有发生大规模流行性水生动物疫病，全省水生动物疫病防控形势基本稳定，但从监测区域来看，水生动物疫病病原仍然存在，这些疾病有可能在湖南省大面积流行和传播。各地需要引起重视，加强对鱼类疫病的专项监测，深入研究致病机理和防控技术，确保湖南省渔业的健康持续发展。

三、存在的问题

一是疫病防控意识不足。由于当前养殖生产规模化、集约化程度提高，同时极端气候时而无规律出现，导致疫病发生的频率和危害程度也在增加。基层工作人员、养殖户疫病防控意识不够强，对水产病害危害性认识不足，相关预防措施也未充分落实到位。

二是基层疫病防控能力不足。机构改革后，部分市、县水生动物疫病防控机构、水产技术推广体系也不健全。湖南省虽已建成"省-市-县"三级病害测报体系，但市级、县级基层站点普遍存在人员短缺、专业知识水平不高的问题，导致病情报送不及时，病情信息数据量不足和缺损，影响了区域病情信息的可靠性。

三是经费支持力度不够。重大疫病监测、病害测报和用药减量行动等工作都是属于公益性工作。历年来，都未将该项工作经费列入各级预算，导致工作开展存在困难。

四、2024 年病害流行预测

近年来，湖南省通过在各地大力推广生态渔业养殖、稻渔综合种养等绿色健康养殖模式，鱼类的主要养殖病害呈现下降趋势。2024 年湖南省可能发生、流行的水产养殖病害与 2023 年大致相同，主要还是以鱼类的细菌病、寄生虫病为主，少量出现病毒性疾病。大宗淡水鱼易发生细菌性败血症、烂鳃病、鳃霉病、肠炎病、指环虫病、锚头鳋病、中华鳋病。另外，根据近年来检测机构的采样抽检结果，预计 2024 年，岳阳、常德、湘潭和郴州等地的草鱼出血病、鲤浮肿病和锦鲤疱疹病毒病，还有可能检出阳性，需重点防范。

五、建议采取的措施

（1）加强病害测报和疫病专项监测等基础性工作　继续推进湖南省水生动物重大疫病专项监测计划，立足于区域养殖状况，合理设置相应的监测点，推动相关机构定期开展重大水生动物疾病调查和实验室监测。同时，逐步引导各级水产技术推广部门积极调整自身的角色定位，增强测报意识，提升测报水平精准性。保障监测经费，通过逐步扩大监测的种类和范围，对湖南省重点水产苗种生产单位实施病原监测，摸清苗种病原携带情况和重大水生动物疫病病原分布情况，推动无规定疫病苗种场建设，强化疫病绿色防控技术指导，做好水生动物疫病防控和风险预警，避免区域性水生动物疫情发生。

（2）扎实落实水产苗种产地检疫与监督管理　加强基层水生动物检疫机构建设，优化水产苗种场的各项设施及管理流程，严格执行苗种检验检疫合格证制度，加强培训力度，提高各经营单位以及养殖户对苗种检验检疫重要性的认识，增强各经营单位主动申报检疫的自觉性，力争从源头减少病害的跨区域传播；同时，与周边省份建立苗种检疫的联防联控机制，加强水产苗种流通和可追溯体系管理。

（3）树立适应新形势的水产病害防控理念　坚持"预防为主、防治结合、精准防控、快速处置"的病害防治原则，强化病害综合防控理念，从源头上控制病原体的侵入扩散，运用疫苗免疫、水质调控、应激防控、疾病预警预报等技术构建水产病害防控技术方案，科学合理地使用中草药、微生态制剂和水质改良剂，增强鱼体免疫力。加强指导科学安全用药，推进水产养殖用药的减量增效。

（4）加强水生动物疫病防控技术培训和推广　组织水产养殖从业人员参加水生动物疫病防治知识讲座，深入养殖基地、塘口开展水生动物疫病防治和规范用药指导，积极倡导"减量用药""减抗用药"，降低防治成本，提高防治效果。充分利用湖南省水产产业技术体系，邀请体系专家深入生产一线，实地解决养殖户面临的病害防控难题，通过现场指导、专题培训等方式开展各种形式的技术培训活动。及时总结在疾病防控过程中的好经验、好做法，在全省范围内推广，减少病害损失，保障水产养殖持续健康发展。

2023 年广东省水生动物病情分析

广东省动物疫病预防控制中心

（唐　姝　林华剑　张　志　马亚洲　张远龙）

2023 年广东省未发生重大水生动物疫病情，但出现部分野生鲮和养殖草鱼出现局部死亡现象，对虾养殖偶有小规模突发性死亡事件，总体发病态势较 2022 年严重，发病面积比例、监测区域发病率、经济损失均有所上升。淡水鱼类养殖发病面积比例、监测区域发病率、发病区死亡率和经济损失同比均上升；海水鱼类发病区死亡率下降，2023 年损失有所降低；虾类养殖发病面积比例、发病区死亡率同比均上升。

2023 年水产养殖病害总体呈高发态势。虾类养殖总体病害较 2022 年严重，特别在珠三角咸淡水主产区，弧菌病和十足目虹彩病毒病造成较大死亡。海水鱼养殖病害以病毒性神经坏死病和刺激隐核虫病危害最高；淡水鱼养殖病害以传染性脾肾坏死病和鳜弹状病毒病造成的损失最大，淡水鱼类细菌性病害及寄生虫性病害暴发频繁。

一、水产养殖病害常规监测情况

2023 年广东省共监测水生动物养殖面积 12 665.76 hm²，其中淡水养殖面积 12 072.26 hm²、海水养殖面积 593.50 hm²。监测养殖种类 37 种，其中淡水种类 25 种、海水种类 12 种（表1）。

表 1　2023 年广东省监测水产养殖种类汇总

类别		种类	数量（种）
淡水	鱼类	青鱼、草鱼、鲢、鳙、鲤、鲫、泥鳅、鲇、鲴、黄颡鱼、长吻鮠、鳜、鲈（淡）、乌鳢、罗非鱼、鳗鲡、鲮、笋壳鱼、鳊、倒刺鲃	20
	虾类	罗氏沼虾、凡纳滨对虾（淡）	2
	其他类	龟、鳖	2
	观赏鱼	锦鲤	1
海水	鱼类	鲈（海）、河鲀（海）、石斑鱼、卵形鲳鲹、鲷、鮸	6
	虾类	凡纳滨对虾（海）、斑节对虾	2
	蟹类	锯缘青蟹	1
	贝类	牡蛎、鲍、螺	3

二、病害流行与监测结果

（一）水产养殖病害流行情况

1. 总体流行情况

2023 年广东省监测到水产养殖病害 73 种。按病原分，病毒性病害 18 种、细菌性病害 23 种，寄生虫性病害 16 种，非病原性病害 8 种，真菌性病害 5 种，不明病因病害 3 种。按养殖种类分，鱼类病害 48 种，甲壳类病害 21 种，其他类病害 4 种（表 2）。

表 2   2023 年广东省水产养殖病害种类分类统计

类别		病名	数量（种）
鱼类	病毒性病害	草鱼出血病、病毒性出血性败血症、虹彩病毒病、锦鲤疱疹病毒病、传染性脾肾坏死病、鳜弹状病毒病、弹状病毒病、真鲷虹彩病毒病、流行性造血器官坏死病、病毒性神经坏死病	10
	细菌性病害	淡水鱼细菌性败血症、链球菌病、溃疡病、赤皮病、细菌性肠炎病、柱状黄杆菌病、鲫类肠败血症、鱼爱德华氏菌病、斑点叉尾鮰传染性套肠症、打印病、诺卡氏菌病、疖疮病、弧菌病、类结节病、内脏白点病、竖鳞病	16
	真菌性病害	流行性溃疡综合征、水霉病、鳃霉病	3
	寄生虫性病害	小瓜虫病、指环虫病、车轮虫病、锚头鳋病、斜管虫病、中华鳋病、黏孢子虫病、固着类纤毛虫病、鱼波豆虫病、舌状绦虫病、血居吸虫病、鱼蛭病、微孢子虫病	13
	非病原性病害	缺氧症、肝胆综合征、气泡病、氨中毒症、脂肪肝	5
	其他	不明病因病害	1
甲壳类	病毒性病害	罗氏沼虾肌肉白浊病、白斑综合征、传染性皮下和造血组织坏死病、传染性肌坏死病、肝胰腺细小病毒病、十足目虹彩病毒病、青蟹呼肠孤病毒病	7
	细菌性病害	青虾甲壳溃疡病、肠炎病、对虾黑鳃综合征、弧菌病、急性肝胰腺坏死病、对虾红腿病	6
	真菌性病害	虾肝肠胞虫病、链壶菌病	2
	寄生虫性病害	固着类纤毛虫病、梭子蟹肌孢子虫病	2
	非病原性病害	虾蓝藻中毒症、蜕壳不遂症、缺氧	3
	其他	不明病因病害	1
其他养殖种类	病毒性病害	鳖鳃腺炎病	1
	细菌性病害	鳖溃烂病	1
	寄生虫性病害	固着类纤毛虫病	1
	其他	不明病因病害	1
合　计			73

在各类病害中，细菌性病害占 48.83%（2022 年 48.35%），寄生虫性病害占 23.52%（2022 年 25.66%），病毒性病害占 13.78%（2022 年 10.84%），真菌性病害占 5.15%（2022 年 6.35%），非病原性病害占 5.06%（2022 年 5.42%），其他占 3.66%（2022 年 3.39%），与 2022 年的监测结果相近（图 1）。细菌性病害仍然是广东省水产养殖最严重的病害，其次是寄生虫性病害，病毒性病害所占比例有所上升。

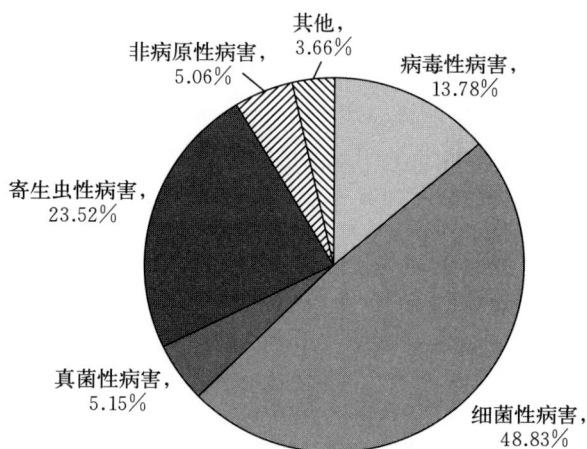

图 1 2023 年广东省各种病害所占总数的比例

2. 监测养殖品种发病面积比例情况

2023 年广东省 37 种监测品种中，发病种类达到 28 种。全部类别发病面积比例在 8 月最高，平均值为 1.12%；12 月最低，平均值为 0.53%。其中，虾类在 5 月最高，平均值为 1.2%；7 月最低，平均值为 0.4%；鱼类在 8 月最高，平均值为 1.26%；在 4 月最低，平均值为 0.33%。除 6—8 月鱼类发病面积比例大于虾类外，其余月份均为虾类发病面积比例大于鱼类（图 2）。

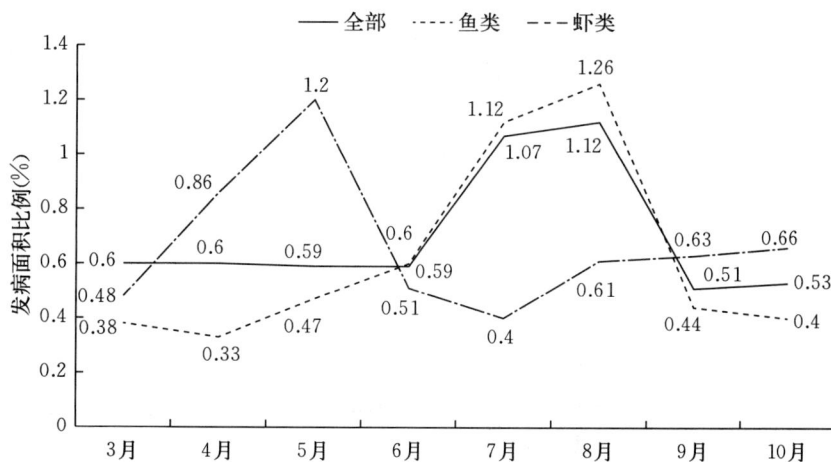

图 2 2023 年广东省不同季节水产养殖类别发病面积比例

3. 各种类发病面积比例与病害发病死亡率

2023 年广东省监测的草鱼、鲤、鲫、鲈（淡）、黄颡鱼等 18 种淡水鱼类中，平均发病面积比例为 16.60%，监测区域平均死亡率 2.04%，发病区域平均死亡率为 4.8%。监测的鲈（海）、河鲀（海）、鲷、卵形鲳鲹 4 种海水鱼中，平均发病面积比例为 4.66%，监测区域平均死亡率 4.19%，发病区域平均死亡率为 13.37%。监测的罗氏沼虾和凡纳滨对虾（淡）2 种淡水虾中，平均发病面积比例为 38.15%，监测区域平均死亡率 1.84%，发病区域平均死亡率为 12.85%。监测的凡纳滨对虾（海）和锯缘青蟹 2 种海水甲壳类中，平均发病面积比例为 6.27%，监测区域平均死亡率 1.23%，发病区域平均死亡率为 5.28%。监测的龟和鳖 2 种其他类中，平均发病面积比例为 4.23%，监测区域平均死亡率 0.53%，发病区域平均死亡率为 18.72%。

整体而言，虾类的发病面积比例及平均死亡率要高于鱼类。其中，海水鱼的平均发病面积比例要低于淡水鱼，但平均死亡率却比淡水鱼高；淡水虾发病面积比例、平均死亡率均比海水虾高。

根据"某病害占所有暴发病害的比例越大，则暴发该病害越频繁；病害发病区域死亡率越高，则暴发该病害时的危害越大"原则，2023 年 48 种鱼类病害中，发病率高的是细菌性肠炎病（12.94%）、车轮虫病（9.65%）、诺卡氏菌病（8.51%）等，与 2022 年基本一致（图 3）。鱼类病害发病区域死亡率最高的是传染性脾肾坏死病（64.93%）、鳜弹状病毒病（50%）、不明病因病（28.15%）等（图 4）。鱼类细菌性病害及寄生虫性病害发病率高，死亡率高的是病毒性病害。

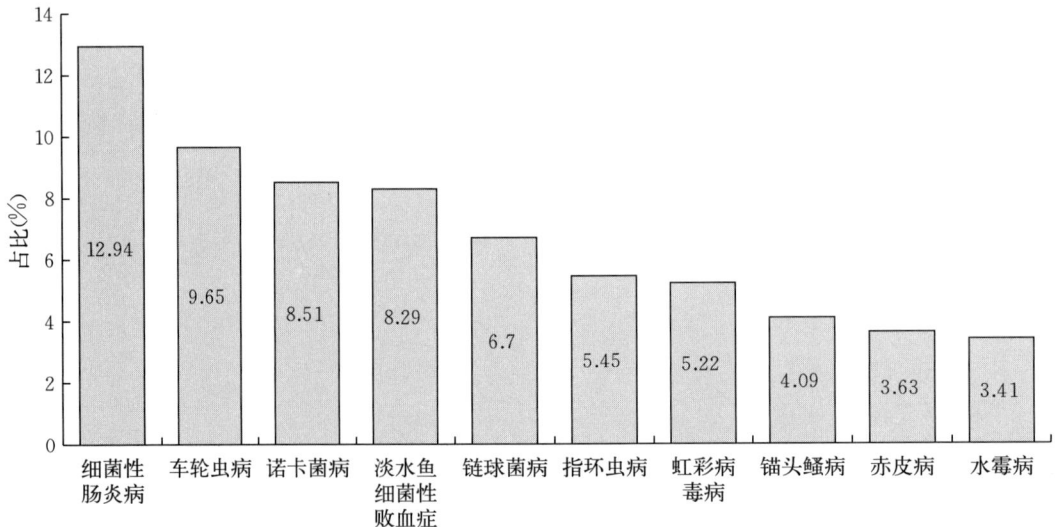

图 3 2023 年广东省鱼类病害占比

2023 年广东省暴发的 21 种甲壳类病害中，发病比例高的是弧菌病（28.22%）、十足目虹彩病毒病（17.18%）、不明病因病（12.88%）等（图 5）。发病区域死亡率高的是十足目虹彩病毒病（37.74%）、对虾黑鳃综合征（36.18%）、急性肝胰腺坏死病

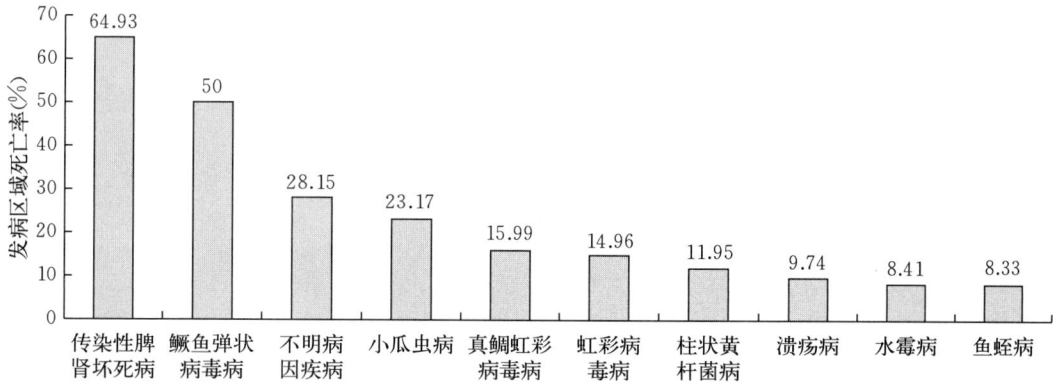

图 4　2023 年广东省鱼类病害发病区域死亡率

（25.97％）等（图 6）。弧菌病及十足目虹彩病毒病暴发频繁，且发病区域死亡率高，是制约虾类养殖的重要病害。不明病因病害的发病逐年升高，应注意新发病害对对虾养殖的危害。

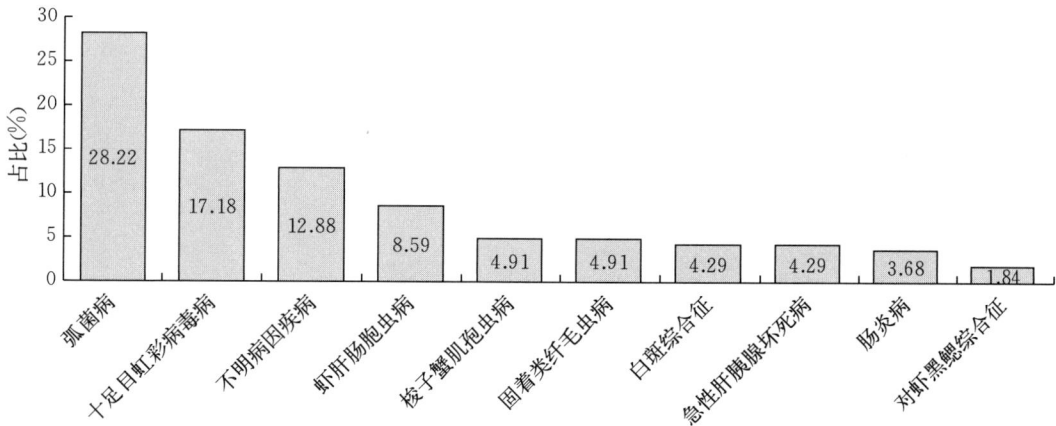

图 5　2023 年广东省虾类病害占比

其他类病害中，发病率高的是鳖鳃腺炎病（45.45％）、固着类纤毛虫病（27.27％）、不明病因病害（18.18％）等（图 7）。发病区域死亡率高的是不明病因病害（41.67％）、鳖鳃腺炎病（4％）、固着类纤毛虫病（2％）等（图 8）。

（二）主要水生动物病害监测结果

按照《2023 年国家水生动物疫病监测计划》要求和广东省水生动物疫病监测方案，广东开展了虾类白斑综合征（WSSV）、传染性皮下及造血组织坏死病（IHHNV）、虾肝肠胞虫病（EHP）、十足目虹彩病毒病（DIV1）、急性肝胰腺坏死病（AHPND）、传染性肌坏死病（IMNV），鱼类草鱼出血病（GCRV）、锦鲤疱疹病毒病（KHV）、鲤浮肿病（CEV）、鲫造血器官坏死病（CyHV）、弹状病毒病、虹彩病毒病（ISKNV/

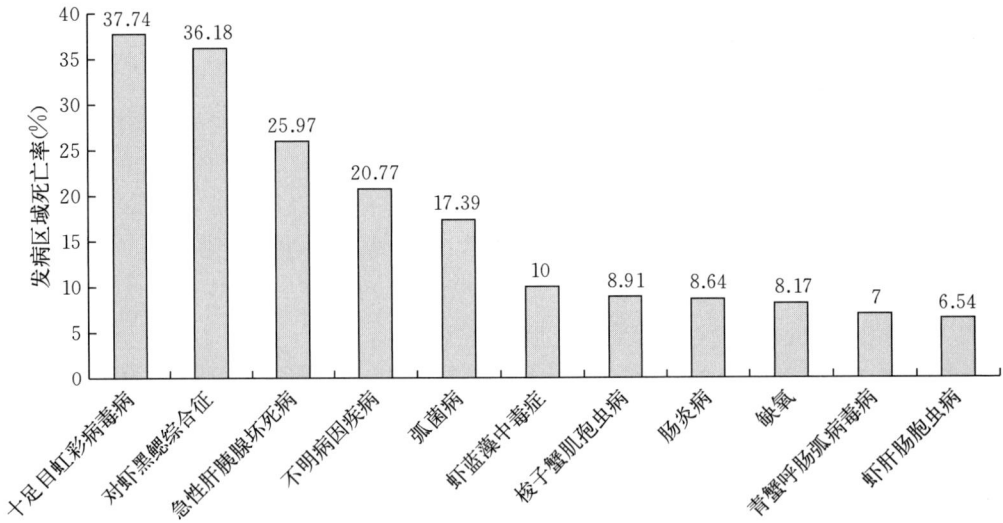

图 6 2023 年广东省甲壳类发病区域死亡率

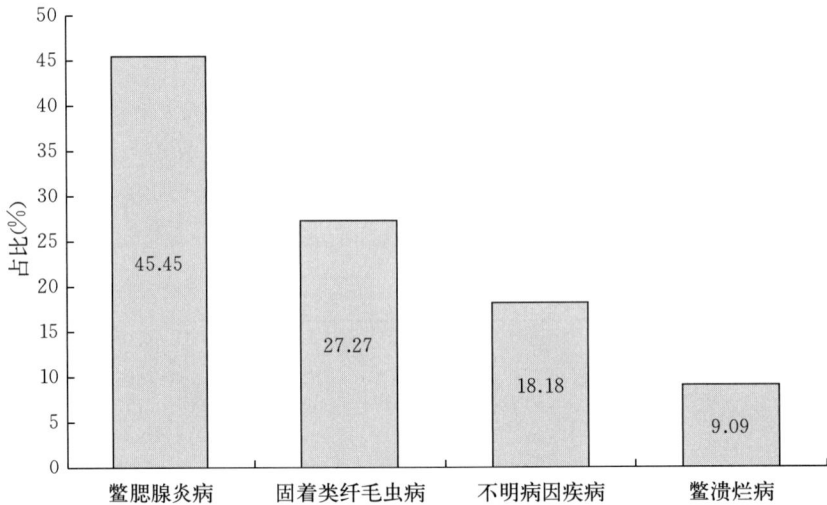

图 7 2023 年广东省其他类病害占比

RSIV/LMBV/SGIV)、病毒性神经坏死病（VNN）和刺激隐核虫病，共 17 种主要水生动物疫病的专项监测。从监测结果分析，对虾和海水鱼暴发重大病害的风险仍然较高，防控形势依然较为严峻。2023 年虾类疫病阳性率从高到低是虾肝肠胞虫（12.27%）、十足目虹彩病毒（9.76%）、传染性皮下和造血组织坏死病（3.21%）、白斑综合征（3.07%）、急性肝胰腺坏死病（2.65%）、传染性肌坏死病（0.7%）。海水鱼疫病仍是病毒性神经坏死病毒（57.73%）和刺激隐核虫危害性最高（25.41%）；淡水鱼养殖病害以大口黑鲈虹彩病毒病（20%）和草鱼出血病（23.38%）危害最为严重，常见寄生虫病如小瓜虫等以及弧菌、气单胞菌病也给淡水鱼养殖造成一定的经济损失。

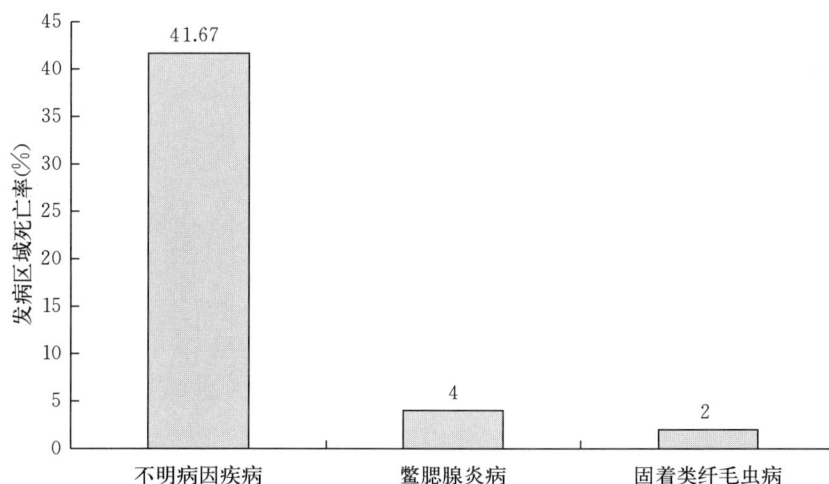

图 8　2023 年广东省其他类发病区域死亡率

1. 对虾类病害

2023 年 1—12 月期间，在江门、阳江、湛江等 12 个地级市采集凡纳滨对虾、斑节对虾等样品共 61 688 份，检测白斑综合征（WSSV）、传染性皮下及造血组织坏死病（IHHNV）、虾肝肠胞虫病（EHP）、急性肝胰腺坏死病（AHPND）、十足目虹彩病毒病（DIV1）、传染性肌坏死病（IMNV）、副溶血弧菌病（$V.\,par$）、哈维弧菌病（$V.\,har$）、坎氏弧菌病（$V.\,cam$）、诺达病毒病（MrNV）、高致病性弧菌病（HLV）等 11 种虾类病害，监测点覆盖了广东省 21 家省级对虾良种场及大规模虾苗种场和养殖场。

检测结果显示，急性肝胰腺坏死病（AHPND）在检测 8 054 份样品中，阳性 554 份，阳性率 6.88%；十足目虹彩病毒病（DIV1）在检测 8 837 份样品中，阳性 1 390 份，阳性率 15.73%；虾肝肠胞虫病（EHP）在检测 11 184 份样品中，阳性 1 666 份，阳性率 14.90%；传染性皮下及造血组织坏死病（IHHNV）在检测 2 807 份样品中，阳性 475 份，阳性率 16.92%；传染性肌坏死病（IMNV）在检测 720 份样品中，阳性 5 份，阳性率 0.69%；白斑综合征（WSD）在检测 5 486 份样品中，阳性 475 份，阳性率 8.66%；副溶血弧菌（$V.\,par$）在检测 11 516 份样品中，阳性 3 089 份，阳性率 26.82%；哈维弧菌（$V.\,har$）在检测 4 604 份样品中，阳性 1 208 份，阳性率 26.24%；高致病性弧菌病（HLV）在检测 7 683 份样品中，阳性 1 219 份，阳性率 15.87%；坎氏弧菌（$V.\,cam$）在检测 107 份样品中，阳性 31 份，阳性率 28.97%；诺达病毒（MrNV）在检测 690 份样品中，阳性 129 份，阳性率 18.70%（图 9）。

虾类病害中，细菌病是影响虾类养殖的主要病害，弧菌病检出率最高，副溶血弧菌、哈维弧菌和坎氏弧菌的检出率高达 25% 以上。虾肝肠胞虫病仍然是近年来对虾养殖中检出率最高的病害。病毒性病害中，传染性皮下及造血组织坏死病和十足目虹彩病毒病的检出率最高。总体上看，弧菌病对对虾养殖业造成的高风险仍在持续；白斑综合

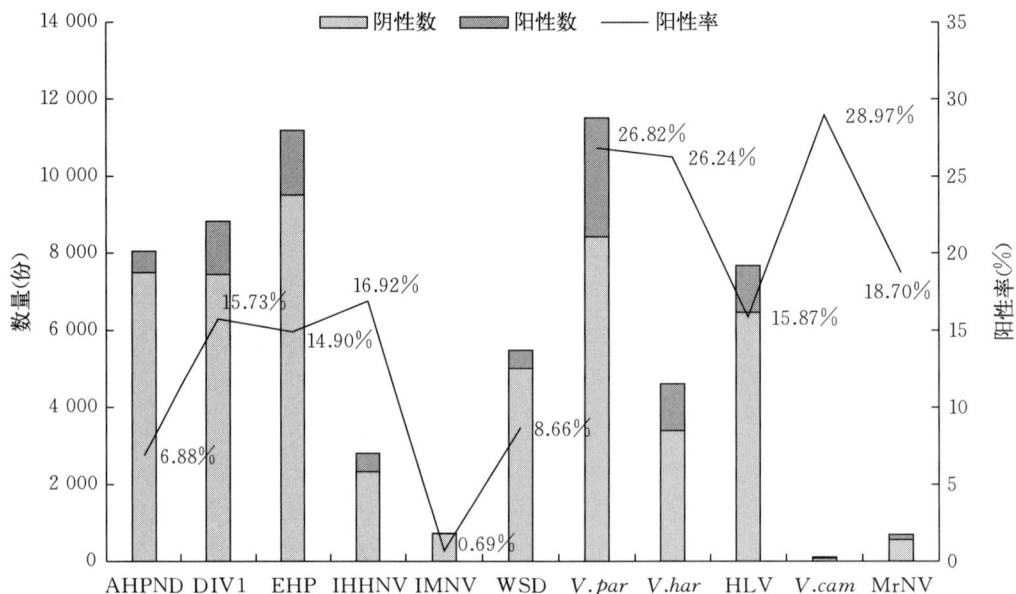

图 9　2023 年广东省虾类病害监测结果

征的阳性检出率与往年相同，呈平缓态势；传染性皮下及造血组织坏死病、虾肝肠胞虫病、十足目虹彩病毒病呈多发、高发态势，是制约对虾养殖业健康持续发展的重要因素（图 10）。

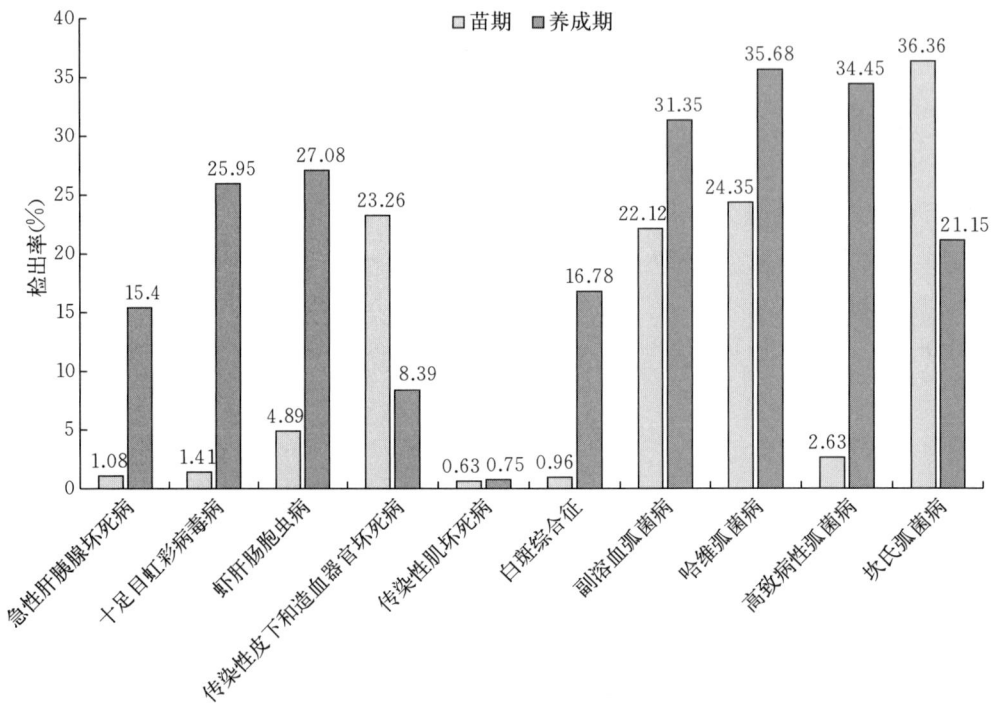

图 10　2023 年广东省虾类病害苗期与养成期的检出率

监测的 10 种虾类疫病中，传染性皮下及造血组织坏死病和坎氏弧菌病在苗期的检出率大于养成期，急性肝胰腺坏死病、十足目虹彩病毒病等 8 种疫病的检出率则是养成期大于苗期。虾类苗种应注意传染性皮下及造血组织坏死病、坎氏弧菌病、副溶血弧菌病和哈维氏弧菌病的检测及防护，养成期虾不仅要注意弧菌病的防护，还需注意十足目虹彩病毒病、虾肝肠胞虫病等病的常规监测。

2. 鱼类病害

2023 年在广东省共采集大口黑鲈、罗非鱼、草鱼、石斑鱼等养殖鱼类样品共计 19 050 份次，检测寄生虫性病害、细菌性病害及常见病毒性病害。

在有病症的鱼类中，细菌性病害及寄生虫性病害检出率更高。80% 的细菌性病害阳性来源于有病症的鱼类样品。淡水鱼类细菌性病害的阳性检出率为 14.97%，多在草鱼、罗非鱼、乌鳢中检出。其中，气单胞菌检出率最高（60.71%），其次是邻单胞菌（10.71%）、诺卡氏菌（7.14%）、乳球菌（7.14%）和爱德华氏菌（3.57%）。海水鱼类细菌性病害多在石斑鱼和卵形鲳鲹中检出，主要为气单胞菌和弧菌。淡水鱼类的寄生虫病害检出率（6.95%）远远低于海水鱼类寄生虫病害检出率（20%）。淡水鱼类寄生虫多在草鱼与乌鳢中检出，以锚头鳋、指环虫、杯体虫、车轮虫（30.77%）居多；其次是肠道内绦虫感染（23.08%），多数鱼存在同时感染几种淡水鱼类寄生虫的现象。海水鱼类寄生虫多为刺激隐核虫（25%），在石斑鱼、黄鳍棘鲷和卵形鲳鲹中多有检出。海水鱼类感染刺激隐核虫后，易引起细菌的继发性感染。

（1）草鱼出血病（GCHD）在河源、韶关、清远、广州等 10 个草鱼主要养殖地区采集样品 730 份次，检测出草鱼出血病阳性 180 份次，阳性率 24.66%（2022 年为 7.93%）。主要集中在云浮、梅州、肇庆和河源 4 个地级市，云浮市和梅州市的检出率最高，而广州、佛山、清远、阳江和中山 5 个地级市没有检出（图 11）。

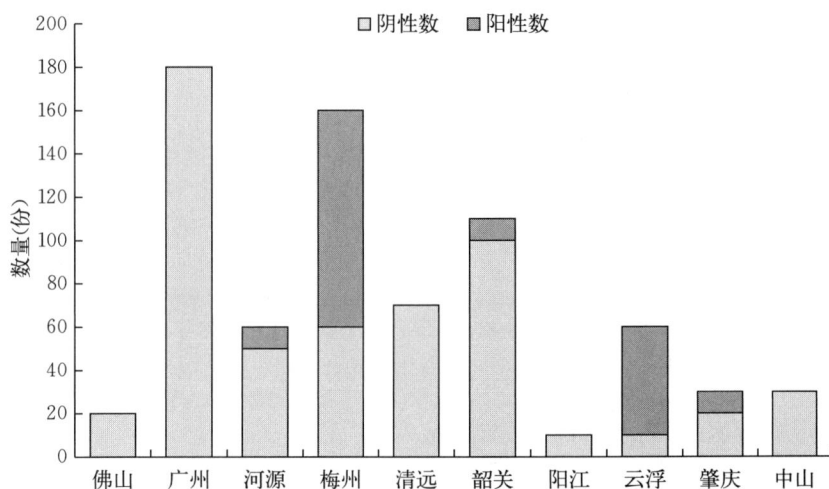

图 11　2023 年广东省草鱼出血病监测结果

（2）鲤疱疹病毒病 II 型（CyHV‑II）、III 型（KHV）和鲤浮肿病（CEV）在清

远、河源、东莞、江门、中山、韶关和广州等 10 个地级市，共采集鲤科鱼类鲤、鲫、锦鲤样品 570 份次，检测鲤疱疹病毒病 Ⅱ 型、Ⅲ 型和鲤浮肿病毒病。三种病毒均没有检出阳性（2022 年，锦鲤 CyHV-Ⅱ 阳性率 12.50%，KHV 阳性率 15.15%；鲫 CyHV-Ⅱ 阳性率 2.73%）。

（3）病毒性神经坏死病（VNN） 在湛江、阳江、茂名及珠海等 8 个沿海地区，采集石斑鱼、黄鳍棘鲷、卵形鲳鲹等 19 种海水鱼样品 2 190 份次，检测病毒性神经坏死病（图 12），阳性 1 240 份次，阳性率 56.62%，其中，在卵形鲳鲹中检出率最高（21.67%），其次为石斑鱼（15.83%）、黄鳍棘鲷（15%）、紫红笛鲷与尖吻鲈（10%）。

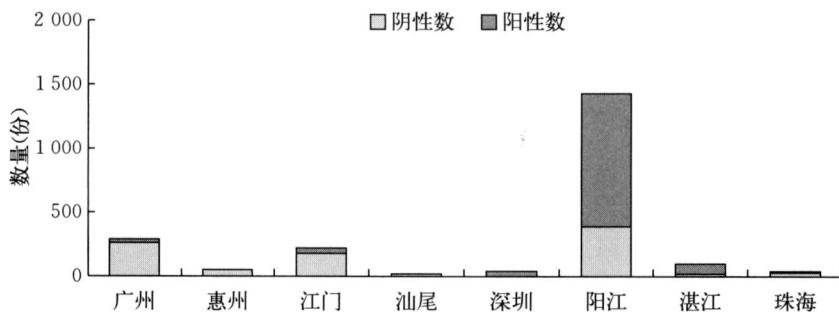

图 12　2023 年广东省海水鱼病毒性神经坏死病监测结果

在广州、湛江、佛山、茂名和珠海等 10 个地级市，采集大口黑鲈、鳜和乌鳢等淡水鱼样品 1 770 份次，检测病毒性神经坏死病（图 13），阳性 40 份次，阳性率 2.26%，主要在大口黑鲈和鳜中检出。

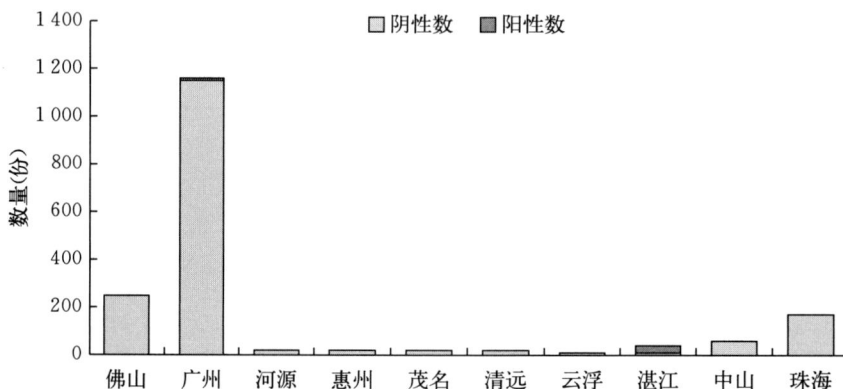

图 13　2023 年广东省淡水鱼病毒性神经坏死病监测结果

（4）虹彩病毒病与弹状病毒病调查情况

淡水鱼：在佛山、中山、广州和茂名等 10 个地级市，采集大口黑鲈、乌鳢/杂交鳢、鳜和黄颡鱼等淡水鱼类样品 1 770 份次，进行虹彩病毒病、传染性脾肾坏死病（ISKNV）、大口黑鲈虹彩病毒病（蛙属虹彩病毒病 LMBV）和弹状病毒病（SCRV/

HSHRV）检测。其中，检测出大口黑鲈虹彩病毒病阳性 460 份次，阳性率 25.99％；检测出传染性脾肾坏死病阳性 140 份次，阳性率 7.91％；检测出弹状病毒病阳性 30 份次，阳性率 1.69％。检出率以大口黑鲈虹彩病毒病最高，弹状病毒病最低（图 14、图 15、图 16）。

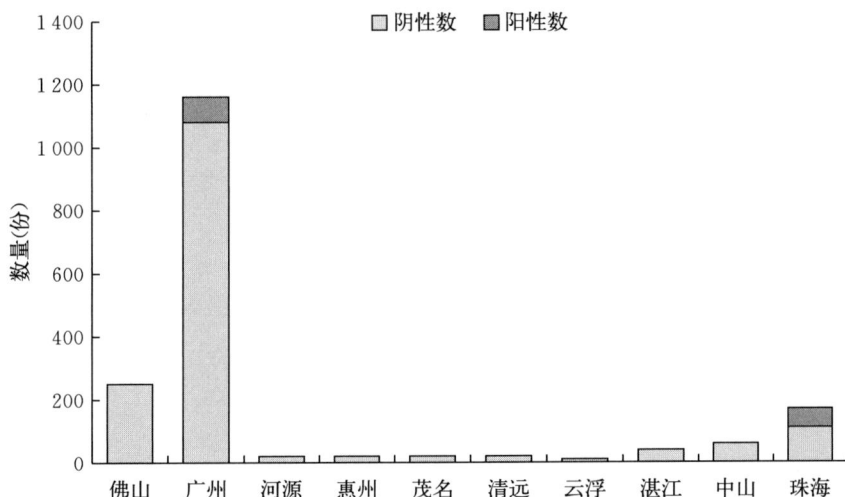

图 14 2023 年广东省淡水鱼传染性脾肾坏死病监测结果

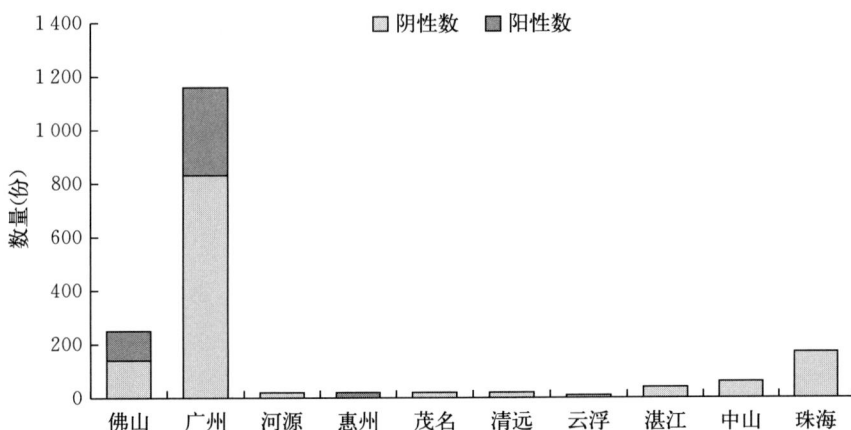

图 15 2023 年广东省淡水鱼大口黑鲈虹彩病毒病监测结果

海水鱼：在湛江、阳江和珠海等 8 个海水鱼主要养殖地区采集石斑鱼、卵形鲳鲹、黄鳍棘鲷等 19 种海水鱼共 2 190 份次，进行真鲷虹彩病毒病（RSIV）和石斑鱼虹彩病毒病（蛙属虹彩病毒病 SGIV）检测。其中，真鲷虹彩病毒病检测出阳性 100 份次，阳性率 4.57％，主要在石斑鱼（60％）和卵形鲳鲹（30％）中检出；石斑鱼虹彩病毒病检测出阳性 90 份次，阳性率 4.11％，主要在石斑鱼（55.56％）和黄鳍棘鲷（22.22％）中检出。海水鱼的两种虹彩病毒病检出率均不高，两种病毒均只在广州、江

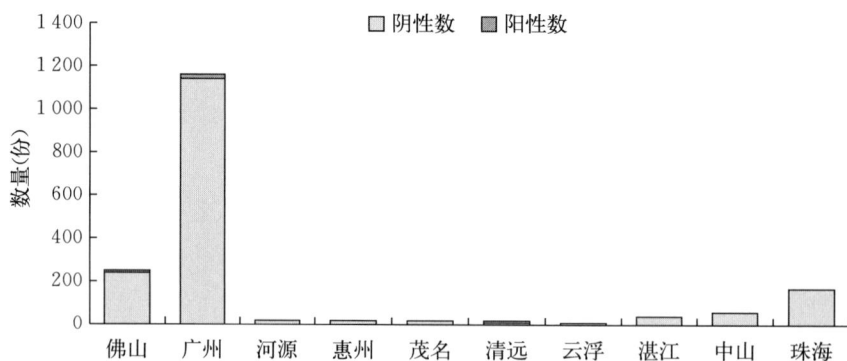

图 16　2023 年广东省淡水鱼弹状病毒病监测结果

门及阳江地区被检测到，广州和江门的真鲷虹彩病毒阳性检出率大于石斑鱼虹彩病毒阳性检出率（图 17、图 18）。

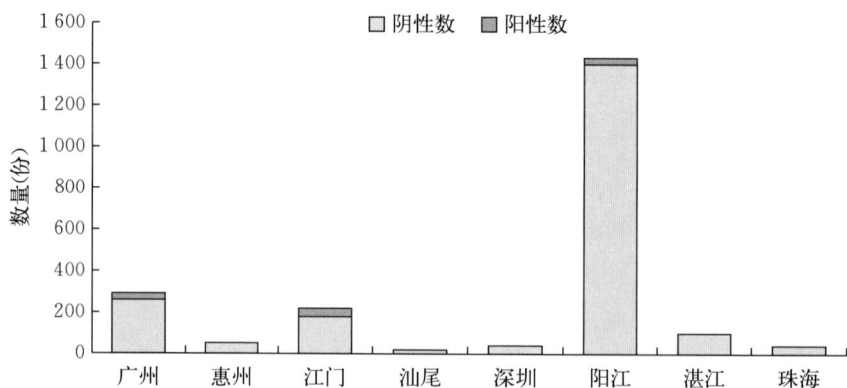

图 17　2023 年广东省海水鱼真鲷虹彩病毒病监测结果

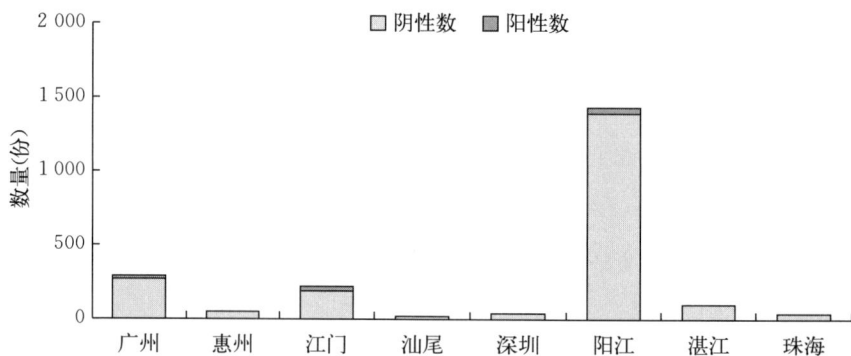

图 18　2023 年广东省海水鱼石斑鱼虹彩病毒病监测结果

三、流行态势与分析

（一）流行态势

1. 虾类病害

白斑综合征的流行情况从 2018 年至 2021 年呈现逐年稳步下降趋势，但 2022 年、2023 年检出率又变高。传染性皮下及造血组织坏死病的检出率呈波动态势，2023 年检疫率高于 15%。十足目虹彩病毒病是 2018 年在虾类新检测出来的病害（黑脚病），当时的暴发地区主要集中在粤东地区，阳性检出率最高，引起广泛关注后，在 2019 年阳性检出率下降，随后每年逐渐递增，在 2023 年阳性检出率达到 15.73%。虾肝肠胞虫病是近年来影响养殖对虾成活率的主要病害之一，除 2019 年之外，每年在整个广东省的对虾养殖中都呈较高趋势，2022—2023 年检出率有所降低。急性肝胰腺坏死病从 2021 年纳入国家病害监测计划以及广东省省级病害监测方案中，其阳性率基本保持在 7% 左右（图 19）。传染性肌坏死病毒在 2023 年纳入广东省疫病监测计划中，阳性检出率不高。

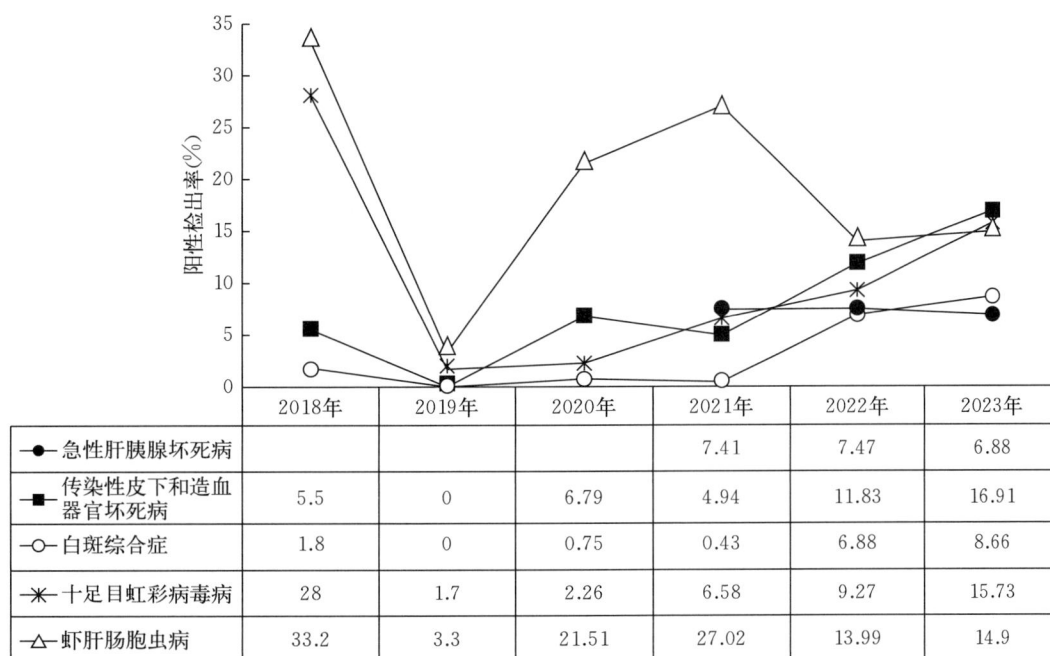

	2018年	2019年	2020年	2021年	2022年	2023年
● 急性肝胰腺坏死病				7.41	7.47	6.88
■ 传染性皮下和造血器官坏死病	5.5	0	6.79	4.94	11.83	16.91
○ 白斑综合症	1.8	0	0.75	0.43	6.88	8.66
＊ 十足目虹彩病毒病	28	1.7	2.26	6.58	9.27	15.73
△ 虾肝肠胞虫病	33.2	3.3	21.51	27.02	13.99	14.9

图 19　2018—2023 年广东省虾类 5 种病害监测情况

虾类苗期与养成期的病害阳性检出率各有不同，需注意不同阶段时病害监测的侧重，同时饵料、水体及环境中病害、水质等的定期监测也必不可少。虾类病害防控应该是生产全过程、全要素防控，应从亲本检疫、亲本培育与管理、苗期病害防控与管理、苗种产地检疫、清塘、水体培育与消毒、优质饵/饲料与科学投喂、日常科学管理等关键点着手做好病害防控。

2. 鱼类病害

淡水鱼类中，草鱼出血病（GCRV）的阳性检出率呈现忽高忽低的状态，低时的阳性检出率为 7.93%（2022 年），高时可达 24.66%（2023 年）。罗非鱼链球菌病除了在 2020 年阳性检出率高达 32.87% 外，其余年份的检出率均在 10% 以下，2023 年没有检出。鲤科鱼类，尤其是鲤与锦鲤的鲤浮肿病（CEV），2018 年到 2021 年阴性检出率呈现缓步上升趋势，2022 年到 2023 年又逐渐下降。锦鲤疱疹病（KHV）的阳性检出率呈无规则变化，高时可达 18%，低时为 0。淡水鱼类的两种虹彩病阳性检出率呈现逐年升高态势，尤其是大口黑鲈虹彩病，在 2023 年阳性检出率已高达 25.99%。海水鱼类的石斑鱼虹彩病与真鲷虹彩病的检出率有所下降；病毒性神经坏死病（VNN）从 2018 年开始，阳性检出率一直居高不下，除了 2022 年低于 10% 以外，其余年份均保持在 30% 以上（图 20 至 23）。

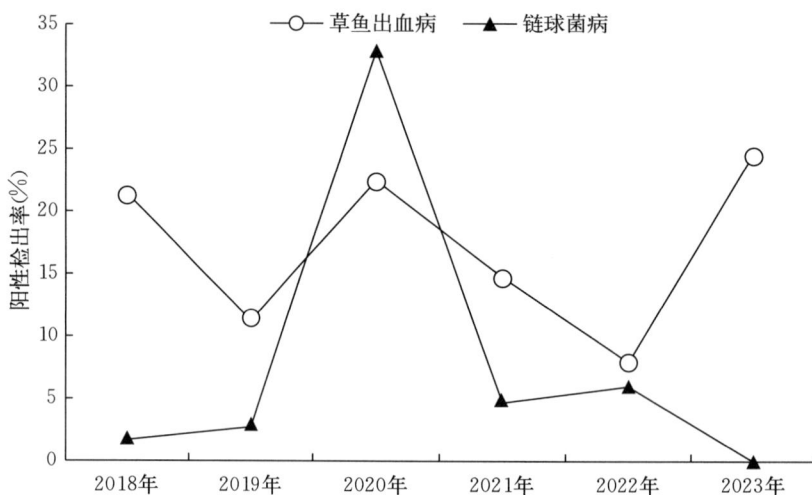

图 20　2018—2023 年广东省淡水鱼类 2 种病害监测情况

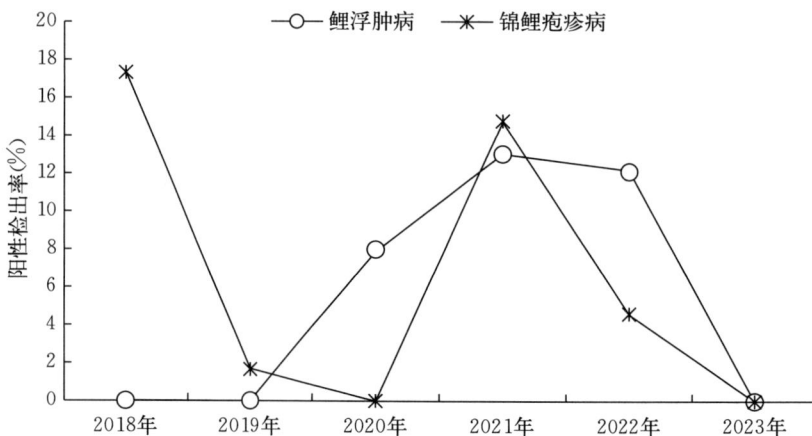

图 21　2018—2023 年广东省鲤科鱼类 2 种病害监测情况

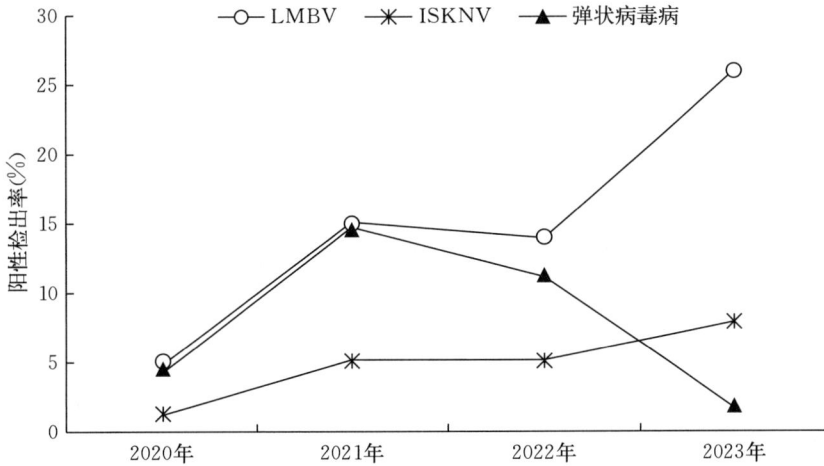

图 22　2020—2023 年广东省淡水鱼类虹彩病毒病与弹状病毒病监测情况

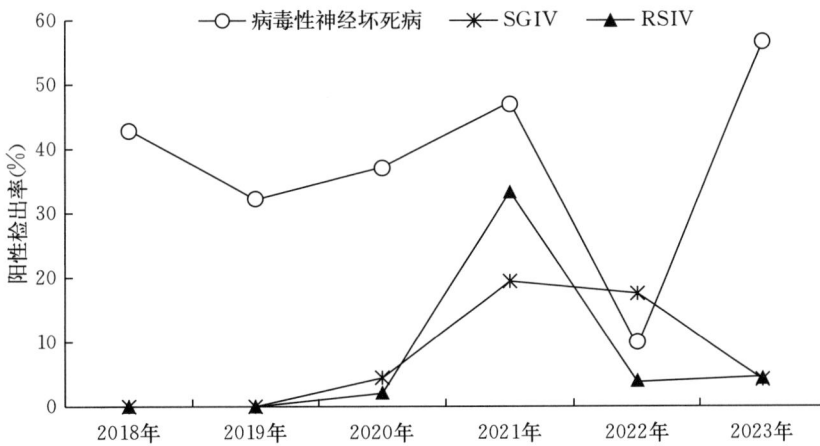

图 23　2018—2023 年广东省海水鱼类虹彩病毒病与病毒性神经坏死病监测情况

　　值得注意的是，2023 年广东省在罗非鱼的常规监测中虽没有检出链球菌病，但笔者团队检出了链球菌科下另一属的致病菌—格氏乳球菌，应当注意乳球菌对罗非鱼的危害。病毒性神经坏死病对海水鱼类的危害日益严重，且逐渐对淡水鱼造成威胁。海水鱼的种质安全需多加重视，在 2023 年 6—8 月的阳西海水鱼苗种疫病专项调研中，采集了59 家苗种场的卵形鲳鲹、石斑鱼、黑鲷等 12 个品种，完成 2 580 个指标检测显示，刺激隐核虫病阳性率 22.48%、病毒性神经坏死病阳性率 77.52%、真鲷虹彩病毒病阳性率 2.32%、石斑鱼虹彩病毒病阳性率 0.78%，细菌性疾病主要为美人鱼发光杆菌、金色葡萄球菌和少量弧菌或链球菌。病毒性神经坏死病的超高阳性检出率，说明它对海水鱼苗种的威胁；其次是刺激隐核虫病。做好这两种病的防控，有助于保障健康苗种供应海洋牧场生产。

（二）原因分析

（1）种质退化、种苗质量差、带毒率高。监测发现，2023 年广东省苗种带毒率比往年高，海水鱼苗的病毒携带率高达六成。

（2）养殖密度过大。例如，对虾养殖放苗达每公顷 150 万尾（土塘）或 450 万尾以上（高位池），乌鳢养殖产量 150 t/hm²，大口黑鲈产量 75 t/hm²，且同一口池塘养殖同一品种年限超过 10 年，造成池塘老化和养殖水质富营养化。

（3）病害监测面积小、覆盖率低，无法实时反映实际生产中发病态势；测报工作缺经费，实验室检测监测未能全面落实。

（4）养殖从业者防控意识薄弱、技术水平偏低。养殖户生产全过程全要素防控意识差，苗种检疫意识淡薄；家庭式养殖场专业技术水平偏低；乡村渔医短缺，养殖前期防控意识不足。

（5）防治技术研究滞后。水产养殖病害防控技术研究和推广应用滞后生产实际需要，耐药性调查和替代药物研究滞后，致病菌、寄生虫的耐药性逐年增强。

四、防控对策建议

（1）加强苗种检疫和质量检测，切断垂直传播途径。健康苗种是保证水产养殖成功的第一因素。要以水产苗种产地检疫为抓手，加强检疫监测执法，加快检疫制度实施，做到"责有人负、活有人干、事有人管"；同时，鼓励养殖企业开展苗种质量自检，择优选取苗种，倒逼苗种生产企业选育优良亲本，促进苗种质量提升，亲本选育良性循环。

（2）加大病害监测预警和病害测报力度。广东省每年在国家监测计划基础上，制订并实施《广东省水生动物疫病监测预警实施方案》。2023 年广东省水生动物疫病预防控制机构共监测水生动物病害病原学样品虽然有 6 万多份，但病害监测面积与病害测报面积不到 1.3 万 hm²，相对广东省 47.56 万 hm² 养殖面积，监测、测报面积太小，应加大财政扶持力度，扩大监测、测报范围，达到"早发现、早预报、早控制"。

（3）加大疫苗研发扶持力度和免疫防病引导，提升免疫防病水平。加大大宗养殖品种草鱼、罗非鱼、鲈、海水养殖鱼类及对虾多发性病害疫苗研发与应用推广力度，提升免疫防病水平。宣传引导养殖企业使用工厂化生产疫苗，提升养殖体抗病能力。

（4）转变思想，控制养殖密度，高质量养殖。提倡"以绿色健康为宗旨，控制养殖密度；以提质增效为目标，树立品牌价值"的新养殖观念，降低病害因密度过高而暴发的风险。传统追求万斤亩产的养殖模式，容易造成养殖环境过早、过快恶化，养殖环境破坏导致病害滋生，养殖成功率降低。

（5）加强科学管理，建立病害、水质预警机制，提升防控意识。加强病害和养殖水环境全过程监管，强化养殖品种与环境的动态监管。做到及时清塘消毒，病害、水质监测，建立环境容纳预警机制，通过监测水环境变化，及时发出预警信息，提升养殖防控意识。人员、物料进出严格按照生物安全管控方式进行管理，尽量做到防止外源性病原输入。

（6）加大主要养殖品种主要病害流行病学调查力度，及时掌握流行动态。组织力量对历年来严重影响广东省水产养殖安全的草鱼出血病、鱼（虾）虹彩病毒病、病毒性神经坏死病、急性肝胰腺坏死病、刺激隐核虫病、虾肝肠胞虫病、气单胞菌病、罗非鱼链球菌病、对虾弧菌病开展流行病学调查，掌握病害分布、耐药性、毒株类型等原始数据，利用大数据技术，预测预警流行态势，科学指导养殖生产行为，保障养殖生产安全。

（7）加强联合攻关，着力解决养殖技术关键问题。联合各科研高校机构，针对重要病害问题，增加投入，开展专项研究，建设病害防控示范点，解决时下养殖关键问题。

（8）加强技术培训，提升基层一级技术人员技术水平和渔民养殖技能。

五、2024 年病害流行预测

根据 2023 年广东省水产养殖病害流行态势和 2024 年预测天气情况分析，2024 年广东省主要水产养殖病害仍会呈高发态势。细菌病病害依然是养殖中最常见、影响最广的病害，其次是寄生虫病。虾类急性肝胰腺坏死病的危害性可能会比 2023 年高，且要注意其他弧菌对对虾养殖的影响；制约海水鱼养殖发展的主要病害依然是苗种培育期病毒性神经坏死病，要重点关注刺激隐核虫病对海水鱼养殖特别是深远海网箱养殖的危害；大口黑鲈虹彩病毒病及传染性脾肾坏死病发病可能会更加频繁；淡水鱼类暴发流行病毒性神经坏死病风险仍会较高。除了重视往年常见病害之外，还有关注新病出现、老病侵害原不易感品种以及病原混合感染的普遍性。

2023 年广西壮族自治区水生动物病情分析

广西壮族自治区水产技术推广站

（施金谷　韩书煜　黄珊珊　王明灿　乃华革）

2023 年，广西在柳州市、桂林市、梧州市、北海市、防城港市、贵港市、玉林市、百色市、河池市、来宾市、崇左市等 11 个市 16 个县（区）设置 151 个监测点，现将 2023 年广西水生动物病情分析如下：

一、基本情况

（一）基本情况

1. 监测点设置

2023 年，广西在柳州市等 11 个市设置 151 个监测点，测报员 17 名，全年上报测报记录 1 799 次，比上年度增加 80 次，监测面积 2,457.388 5 hm²，其中海水池塘面积 109.033 5 hm²，海水工厂化 40 hm²，淡水池塘 1 830.179 7 hm²，淡水网箱 2.704 3 hm²，淡水工厂化 20.660 8 hm²，淡水其他 454.810 2 hm²。相比 2022 年，淡水养殖池塘及淡水养殖网箱监测面积分别减少了 427.898 3 hm²、3.164 2 hm²，而淡水工厂化（陆基圆桶养殖）及淡水其他（稻田综合种养）则分别增加了 16.733 4 hm²、413.694 1 hm²（表 1）。

表 1　2023 年广西不同养殖模式监测面积（hm²）

年份	海水池塘	海水工厂化	淡水池塘	淡水网箱	淡水工厂化	淡水其他	合计
2023	109.033 5	40	1 830.179 7	2.704 3	20.660 8	454.810 2	2 457.388 5
2022	110.033 5	41.1	2 258.078	5.868 5	3.927 4	41.116 1	2 460.123 5
增减	−1	−1.1	−427.898 3	−3.164 2	16.733 4	413.694 1	−2.735

2. 主要监测品种

2023 年监测鱼类 19 种，虾类 2 种，贝类 1 种，其他类 2 种，观赏鱼 1 种，共 25 种。其中，监测到发病的有青鱼、草鱼、鲢、鳙、鲤、鲫、鳊、鲇、斑点叉尾鮰、黄颡鱼、赤眼鳟、大口黑鲈、乌鳢、罗非鱼、鲮、倒刺鲃、海鲈、石斑鱼、克氏原螯虾、凡纳滨对虾、文蛤、田螺、鳖等 23 个品种。

358

（二）监测结果与分析基本情况

1. 病害总体情况

（1）病害总数有所降低　监测结果显示，2023 年监测种类共 25 种，其中监测到发病的有 23 个品种，未发病种类 2 种。2023 年初广西出现倒春寒及春季极度干旱现象，但其余季节较 2022 年气候温和，因此呈现总体病害数降低现象。根据监测数据，2023 年广西共监测到疾病次数 491 次，较 2022 年减少了 207 次。全年监测到的疾病种类中，细菌性疾病占比 38.29%，较上年度减少 1.54 个百分点；病毒性疾病 0.61%，较上年增加 0.18 个百分点；真菌性疾病 7.54%，较上年增加 2.24 个百分点；寄生虫疾病 42.36%，较上年增加 3.1 个百分点；非病原性疾病 6.72%，较上年减少 5.03 个百分点，其他（冻死，干旱等）4.48%，较上年度增加了 1.04 个百分点（表2）。

表 2　2023 年广西不同类别疾病次数及占比

年度		病毒性疾病	细菌性疾病	真菌性疾病	寄生虫性疾病	非病原性疾病	其他	总数
2023	次数（次）	3	188	37	208	33	22	491
	占比（%）	0.61	38.29	7.54	42.36	6.72	4.48	
2022	次数（次）	3	278	37	274	82	24	698
	占比（%）	0.43	39.83	5.3	39.26	11.75	3.44	
增减		0.18	−1.54	2.23	3.11	−5.03	1.04	−207

2023 共监测到 37 种疾病，危害程度较为严重的有柱状黄杆菌病、细菌性败血症、溃疡病、车轮虫病、指环虫病、锚头鳋病和水霉病。监测到的虹彩病毒病、草鱼出血病、病毒性神经坏死等 3 种病毒性疾病占比均较上一年度增加，具体见表3。

表 3　2023 年监测到的病害汇总及其占比

类别	患病种类	疾病名称	发病次数（次）	2023 年占比（%）	2022 年占比（%）
细菌性疾病	鱼类	柱状黄杆菌病	71	15.4	8.21
		淡水鱼细菌性败血症	35	7.59	8.36
		溃疡病	26	5.64	3.28
		细菌性肠炎病	19	4.12	4.03
		链球菌病	12	2.6	2.24
		赤皮病	6	1.3	5.52
		鱼爱德华氏菌病	5	1.08	0.75
		诺卡氏菌病	2	0.43	0.3
		弧菌病	1	0.22	0.15
		斑点叉尾鮰传染性套肠症	1	0.22	1.04
		小计	178	—	—

（续）

类别	患病种类	疾病名称	发病次数（次）	2023年占比（%）	2022年占比（%）
细菌性疾病	虾类	弧菌病	6	22.22	17.86
		肠炎病	3	11.11	0
		小计	9	—	—
	其他类	鳖白眼病	1	100	0
病毒性疾病	鱼类	虹彩病毒病	1	0.22	0.15
		草鱼出血病	1	0.22	0.15
		病毒性神经坏死病	1	0.22	0.15
		小计	3	—	—
寄生虫疾病	鱼类	车轮虫病	79	17.14	14.78
		指环虫病	69	14.97	11.19
		锚头鳋病	29	6.29	2.84
		斜管虫病	16	3.47	4.33
		小瓜虫病	11	2.39	3.88
		三代虫病	1	0.22	1.64
		黏孢子虫病	1	0.22	0.6
		血居吸虫病	1	0.22	0.15
		微孢子虫病	1	0.22	0.45
		鱼蛭病	0	0	0.15
		舌状绦虫病	0	0	0.15
		黏孢子虫病	0	0	0.15
		中华鳋病	0	0	0.15
		小计	208	—	—
	虾类	虾肝肠胞虫病	1	3.7	0
真菌性疾病	鱼类	水霉病	28	6.07	5.37
		流行性溃疡综合征	6	1.3	0.15
		鳃霉病	2	0.43	0.45
		小计	36	—	—
非病原性疾病及其他	鱼类	肝胆综合征	12	2.6	1.49
		缺氧症	8	1.74	3.88
		脂肪肝	7	1.52	1.64
		冻死	3	0.65	1.19
		氨中毒症	3	0.65	4.03
		不明病因疾病	3	0.65	0.15
		小计	36	—	—
	虾类	不明病因疾病	17	62.96	82.14
	田螺	不明病因疾病	2	100	0

（2）疾病暴发时间提前，且呈现前移现象　2023 年因广西 1—3 月出现极度干旱现象，局部管辖区域水库、养殖池塘甚至出现干旱见底情况，从而导致水质败坏，引起养殖动物病害的暴发，因此 2023 年 1—3 月发病面积高达 14.42％，远高于 2022 年的 1.6％。2023 年 8—10 月，广西因台风长时间盘旋引起多次长达一周以上的暴雨阴天天气，虽造成局部地区内涝，导致池塘坍塌养殖动物逃逸、死亡情况，但总体呈现水量充沛，气温较 2022 年低的状况，从而缩短了水产养殖动物疾病暴发时间，8—12 月均呈现低发病面积比率情况（图 1）。

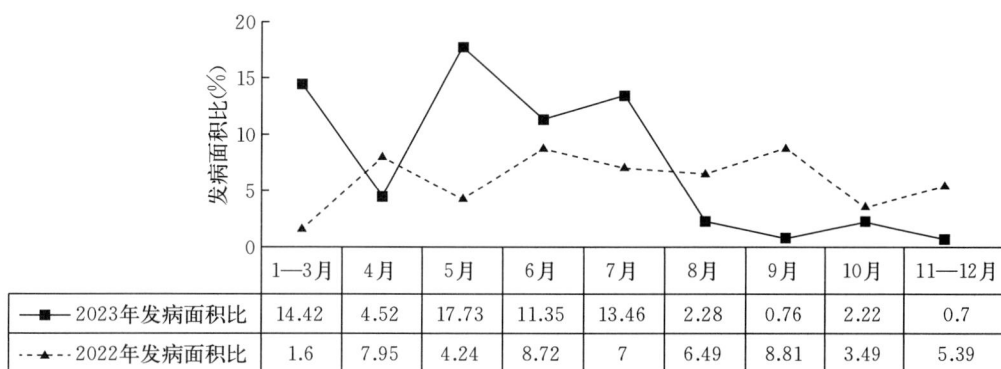

	1—3 月	4 月	5 月	6 月	7 月	8 月	9 月	10 月	11—12 月
■ 2023年发病面积比	14.42	4.52	17.73	11.35	13.46	2.28	0.76	2.22	0.7
▲ 2022年发病面积比	1.6	7.95	4.24	8.72	7	6.49	8.81	3.49	5.39

图 1　广西不同月份全部水产养殖类别发病面积比

（3）发病种类、经济损失有所增加　2023 年发病种类中，增加了克氏原螯虾、螺和龟类，主要是因为随着稻田综合种养模式的大规模推广，稻田综合种养克氏原螯虾、螺在局部区域成为主要养殖模式，养殖规模及密度的增加导致了疾病的增加。

2023 年广西水生动物疫病造成总经济损失 8 370.99 万元，为 2022 年的 2.57 倍。其中，淡水养殖鱼类及海水养殖虾类经济损失均有所增加，分别为 2022 年的 2.57 倍、1.98 倍，单位面积经济损失呈现相同情况（表 4）。2023 年广西由原有的主养草鱼、罗非鱼转变为主养大口黑鲈、克氏原螯虾、斑鳢、斑点叉尾鲴、龟鳖等经济价值较高的养殖品种，同时因饲料价格及土地租金的上涨，导致经济损失增加。

表 4　不同养殖品种经济损失情况

损失	年份	淡水				海水		合计
		鱼类	虾类	螺	龟	鱼类	虾类	
经济损失（万元）	2023	8 197.73 ↑	12.15	0.23	0.1	1.18	159.6 ↑	8 370.99 ↑
	2022	3 165.63	—	—	—	11.04	80.53	3 257.20
单位面积经济损失（元/hm²）	2023	19 022.00 ↑	338.63	6 900.69	260.33	355.79	4 223.40 ↑	—
	2022	7 388.43				3 328.63	2 131.11	—

2. 广西主要经济养殖品种病害情况分析

（1）青鱼、草鱼　2023 年广西监测到青鱼、草鱼的平均发病面积比例为 13.920％，平均监测区域死亡率为 0.247％，平均发病区域死亡率为 2.020％，主要有草鱼出血病、淡水鱼细菌性败血症、溃疡病、赤皮病、细菌性肠炎病、小瓜虫等疾病（图2）。青鱼、草鱼主要发病时间为3—10月。1—3月主要为草鱼出血病、斜管虫病、指环虫病、流行性溃疡综合征、柱状黄杆菌病，4—8月主要为细菌性疾病和寄生虫疾病，需要注意的是2023年11—12月期间监测到小瓜虫，且发病面积比例较大，为1.69%。

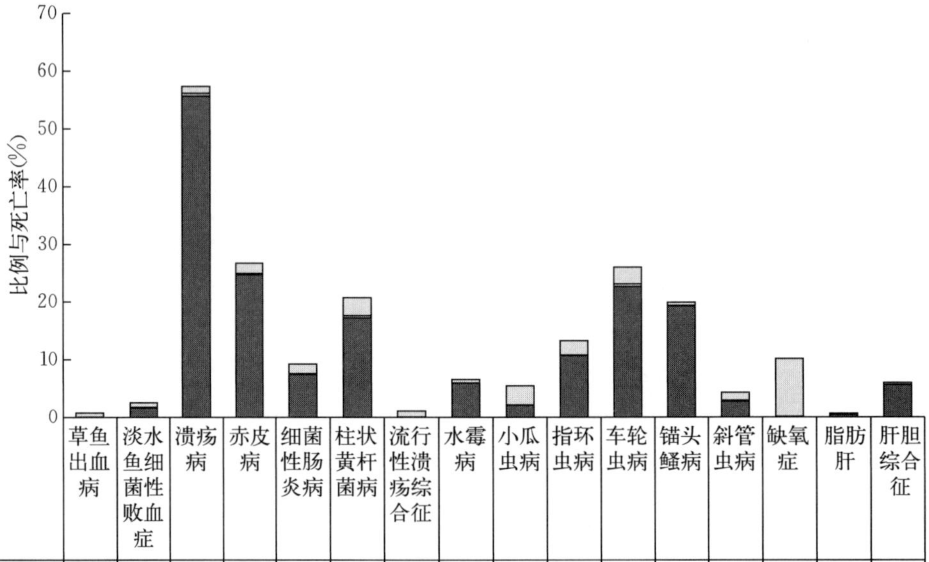

	草鱼出血病	淡水鱼细菌性败血症	溃疡病	赤皮病	细菌性肠炎病	柱状黄杆菌病	流行性溃疡综合征	水霉病	小瓜虫病	指环虫病	车轮虫病	锚头鳋病	斜管虫病	缺氧症	脂肪肝	肝胆综合征
发病区域死亡率	0.67	0.76	1.21	1.76	1.62	3.1	1.03	0.61	3.27	2.5	2.88	0.53	1.39	10	0.28	0.34
监测区域死亡率	0.08	0.13	0.52	0.28	0.19	0.41	0	0.04	0.07	0.11	0.5	0.11	0.18	0.06	0.01	0.06
发病面积比例	0.01	1.65	55.66	24.72	7.4	17.17	0.08	5.92	2.09	10.65	22.61	19.23	2.74	0.09	0.38	5.56

图2 青鱼、草鱼发病面积及死亡率

（2）大口黑鲈 2023年大口黑鲈测报区平均发病面积比例为2.093%，平均监测区域死亡率为3.307%，平均发病区域死亡率为4.873%，主要有虹彩病毒病、溃疡病、诺卡氏菌病、指环虫病、车轮虫和斜管虫病（图3）。主要发病时间为4—9月，1—4月主要为斜管虫、车轮虫病等寄生虫疾病，5月主为溃疡病，而虹彩病毒病和诺卡氏菌病则分别在8月和9月发生，且虹彩病毒病发病急，死亡率和发病面积均明显高于往年。

（3）斑点叉尾鲴、黄颡鱼、鲇 测报区斑点叉尾鲴、黄颡鱼和鲇的平均发病面积比例为16.079%，平均监测区域死亡率为4.061%，平均发病区域死亡率11.426%。主要监测到淡水鱼细菌性败血症、鱼爱德华氏菌病、链球菌病、溃疡病、细菌性肠炎病、斑点叉尾鲴传染性套肠症、指环虫、车轮虫、血居吸虫病、微孢子虫病和氨中毒等疾病（图4）。流行性溃疡综合征、溃疡病、柱状黄杆菌病和链球菌病的死亡率和发病面积均呈现较高比例。年初干旱水位低引起水温上升，鱼爱德华氏菌病较往年提前，且黄颡鱼链球菌病呈现全年发病现象。

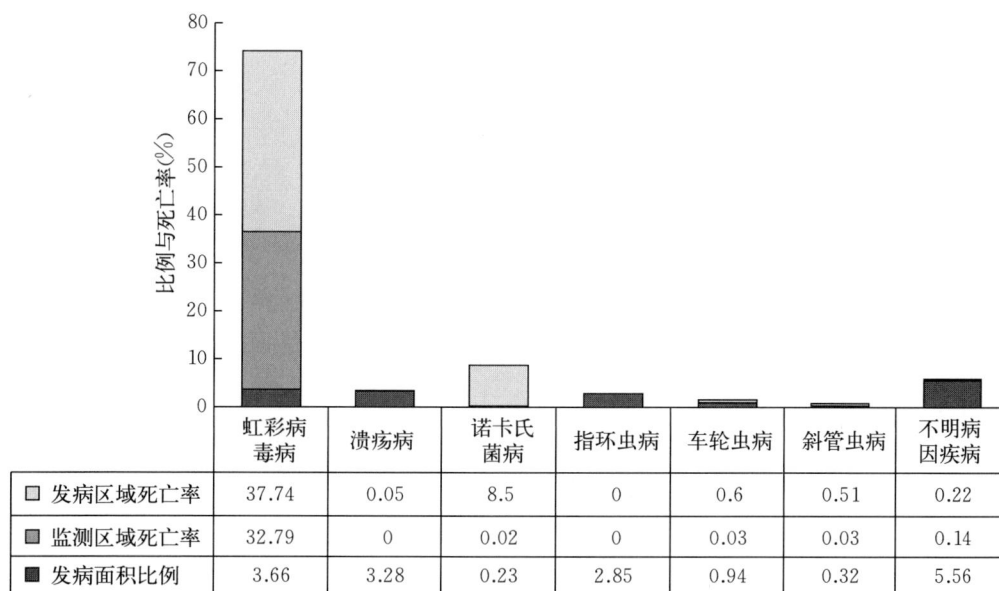

	虹彩病毒病	溃疡病	诺卡氏菌病	指环虫病	车轮虫病	斜管虫病	不明病因疾病
发病区域死亡率	37.74	0.05	8.5	0	0.6	0.51	0.22
监测区域死亡率	32.79	0	0.02	0	0.03	0.03	0.14
发病面积比例	3.66	3.28	0.23	2.85	0.94	0.32	5.56

图 3　大口黑鲈发病面积及死亡率

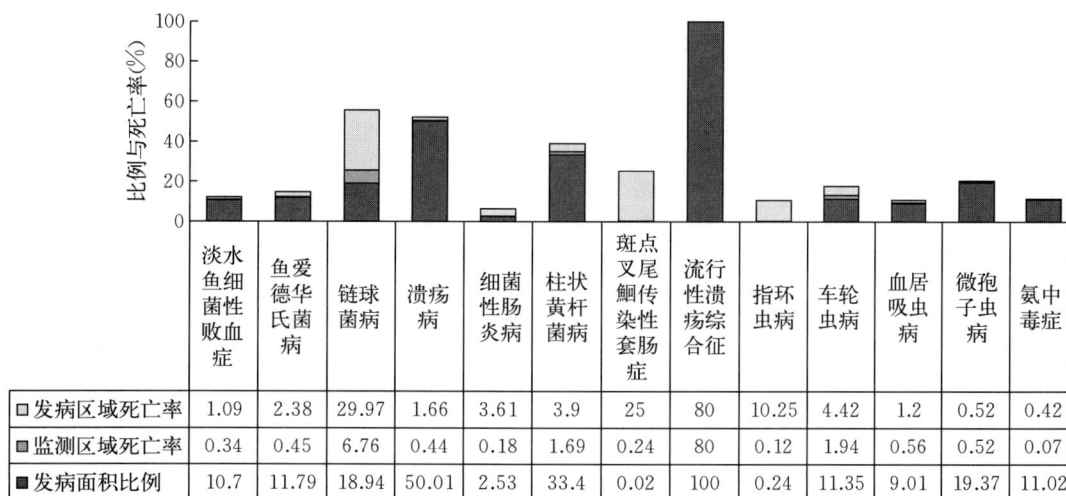

	淡水鱼细菌性败血症	鱼爱德华氏菌病	链球菌病	溃疡病	细菌性肠炎病	柱状黄杆菌病	斑点叉尾鮰传染性套肠症	流行性溃疡综合征	指环虫病	车轮虫病	血居吸虫病	微孢子虫病	氨中毒症
发病区域死亡率	1.09	2.38	29.97	1.66	3.61	3.9	25	80	10.25	4.42	1.2	0.52	0.42
监测区域死亡率	0.34	0.45	6.76	0.44	0.18	1.69	0.24	80	0.12	1.94	0.56	0.52	0.07
发病面积比例	10.7	11.79	18.94	50.01	2.53	33.4	0.02	100	0.24	11.35	9.01	19.37	11.02

图 4　斑点叉尾鮰、黄颡鱼、鲇发病面积及死亡率

（4）罗非鱼　测报区罗非鱼的平均发病面积比例为 5.762%，平均监测区域死亡率为 5.989%，平均发病区域死亡率 8.873%。主要监测到淡水鱼细菌性败血症、链球菌病、溃疡病、细菌性肠炎病、水霉病、车轮虫病、斜管虫病、缺氧、冻死和肝胆综合征等疾病（图 5）。因年初干旱水位低引起水温上升，冻死和链球菌病仍然是罗非鱼死亡的主要原因。

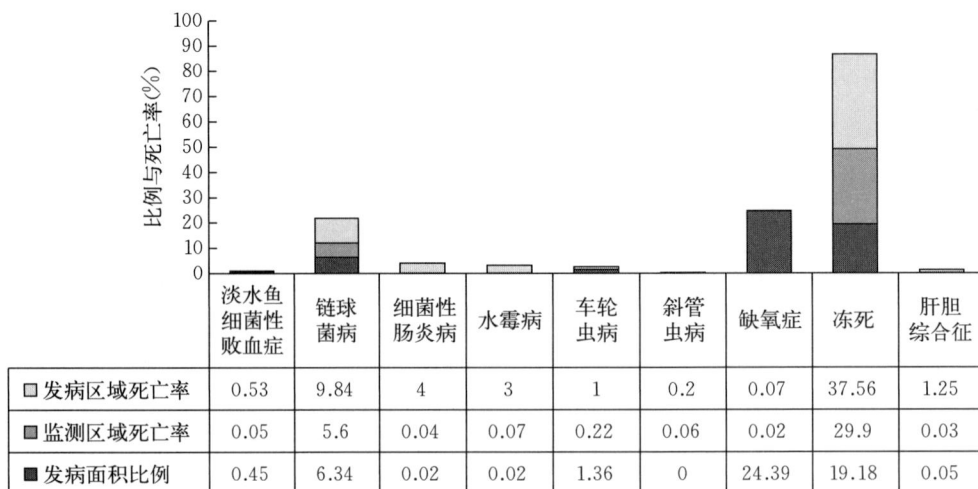

	淡水鱼细菌性败血症	链球菌病	细菌性肠炎病	水霉病	车轮虫病	斜管虫病	缺氧症	冻死	肝胆综合征
□ 发病区域死亡率	0.53	9.84	4	3	1	0.2	0.07	37.56	1.25
■ 监测区域死亡率	0.05	5.6	0.04	0.07	0.22	0.06	0.02	29.9	0.03
■ 发病面积比例	0.45	6.34	0.02	0.02	1.36	0	24.39	19.18	0.05

图 5　罗非鱼发病面积及死亡率

（5）虾类病害　广西虾类主要感染弧菌病、肠炎病、肝肠胞虫病和不明病因疾病等 4 种疾病，2023 年监测到检测区虾的平均发病面积比例为 4.479%，平均监测区域死亡率为 2.269%，平均发病区域死亡率 10.867%（图 6）。

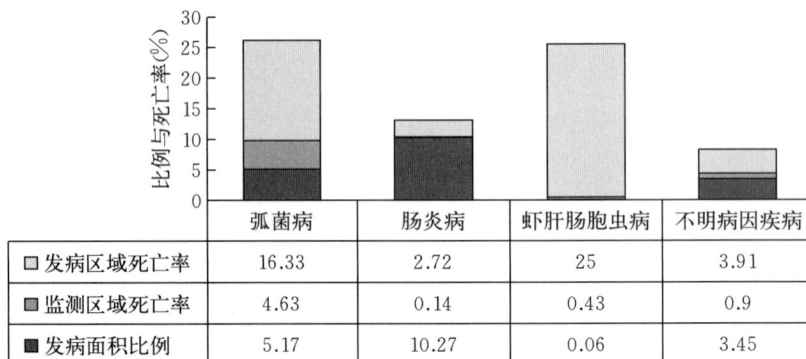

	弧菌病	肠炎病	虾肝肠胞虫病	不明病因疾病
□ 发病区域死亡率	16.33	2.72	25	3.91
■ 监测区域死亡率	4.63	0.14	0.43	0.9
■ 发病面积比例	5.17	10.27	0.06	3.45

图 6　虾类主要发病面积及死亡率

克氏原螯虾：广西的克氏原螯虾主要分布在贵港、南宁、玉林、北海等温度较高且地势相对平缓的地区。监测数据显示克氏原螯虾主要疾病为弧菌病和肠炎病；弧菌病发病面积比例为 10%，发病区域死亡率为 5.33%；肠炎病发病面积比例为 10.27%，发病区域死亡率为 2.72%。白斑综合征虽在疫病监测中有检出，但尚未引起明显发病。

凡纳滨对虾：凡纳滨对虾主要分布在北海、钦州和防城港等沿海城市，其主要疾病为弧菌病、虾肝肠胞虫病和不明病因疾病等疾病，其中弧菌病发病面积比例为 3.56%，发病区域死亡率为 20%，虾肝肠胞虫病发病面积比例为 0.06%，发病面积死亡率为 25%。

二、2024 年广西水产养殖病害发生趋势预测

广西水产养殖总体上依然维持细菌性疾病和寄生虫性疾病为主，病毒性疾病、真菌性疾病及非生物源性疾病为辅的病害发生趋势，但因广西近年来大力发展稻田综合种养、陆基圆池养殖和小棚养虾模式，结合 2023 年广西冬季连续出现气温骤降的情况，广西 2024 年水产病害预测会呈现出以下特点：

（1）倒春寒以及连续阴雨天造成长期低温且光照不足，养殖水体浮游植物生长缓慢，底质容易恶化，从而影响克氏原螯虾生长速度且引起纤毛虫病、脱壳不遂等疾病。建议通过勤换水、加注新水和泼洒增氧剂等方式改良养殖水体水质，合理规划投饵量，投饵同时增加钙离子的投入，避免出现脱壳不遂现象。

（2）部分病毒性疾病提前。1—4 月为广西大口黑鲈繁殖期，特别注意大口黑鲈弹状病毒病、虹彩病毒病等病毒性疾病的防控。建议提前进行苗种检疫并在繁殖期加强苗种的培育，提高免疫能力。

（3）2024 年因赤眼鳟、黄颡鱼和斑点叉尾鮰养殖量增加，要注意预防淡水鱼细菌性败血症、鱼爱德华氏菌病、链球菌病、溃疡病、细菌性肠炎病、斑点叉尾鮰传染性套肠症等疾病。

（4）寄生虫疾病在往年的基础上出现新的情况，注意 2022 年、2023 年均出现的水体微生物腹毛纲动物危害养殖鱼类的情况，及时使用水体改良剂改良水质，避免腹毛纲类对鱼类造成影响。

三、水产养殖病害防控服务对策建议

（1）加大水生动物疫病防控体系人才培养，培养专业精干的疫病防控人才队伍，做好新老防控体系人员的交接，提高新入职基层测报员的技能水平，特别是病害诊断及防控能力等方面。

（2）完善和整合渔业信息服务平台。现有的渔业信息平台多且内容重复，建议对现有的渔情信息、养殖生产、投入品使用、病害监测诊断等信息进行整合、互通，避免因多系统造成的人力浪费和数据混乱。

2023 年海南省水生动物病情分析

海南省水产品质量安全检测中心（海南省水产技术推广站）

（刘天密　王秀英　何雪莲）

一、水产养殖病害测报基本情况

2023 年海南省水产养殖品种监测工作涵盖 16 个市（县）。测报队伍 67 人，监测点 42 个，上报监测数据 331 条。监测面积 700.6 hm²（表 1），涵盖海水池塘、海水工厂化、淡水池塘、淡水工厂化、淡水其他等养殖模式。监测品种有 4 大类 8 个养殖品种，其中鱼类 3 种，甲壳类 4 种，贝类 1 种（表 2），测报时间为 2023 年 1—12 月。

表 1　2023 年海南省水生动物病害监测面积汇总

养殖模式	海水池塘	海水工厂化	淡水池塘	淡水工厂化	淡水其他	合计
监测面积（hm²）	425.6	102.4	159.9	4.7	8	700.6

表 2　2023 年海南省水生动物病害监测品种

类别	测报的养殖品种	合计（种）
鱼类	石斑鱼、罗非鱼、卵形鲳鲹	3
虾类	凡纳滨对虾（海）、斑节对虾、澳洲淡水龙虾	3
蟹类	锯缘青蟹	1
贝类	方斑东风螺	1

注：监测水产养殖种类为剔除相同种类后的数量。

二、监测结果与分析

（一）监测病害总体情况

2023 年海南省共监测到 3 大类养殖品种发生 70 例病害，以细菌性疾病、真菌性疾病和寄生虫疾病为主，其中细菌性疾病 41 例、病毒性疾病 5 例、寄生虫疾病 17 例、非病原性疾病 3 例、真菌性疾病 1 例、其他不明病因疾病 3 例（表 3）。

所有疾病中细菌性疾病所占比例最高，占 58.57%，寄生虫性疾病占 24.29%，病毒性疾病占 7.14%，真菌性疾病占 1.43%，非病原性疾病占 4.29%，其他占 4.29%。

表 3　2023 年不同养殖品种全年发生的病害种类统计

类别	鱼类	虾类	蟹类	贝类	合计
病毒性疾病	5	0	0	0	5
细菌性疾病	37	4	0	0	41
寄生虫性疾病	17	0	0	0	17
非病原性疾病	2	1	0	0	3
真菌性疾病	1	0	0	0	1
不明原因疾病	0	1	0	2	3
合计	62	6	0	2	70

从主要养殖种类不同季节水产养殖发病面积比（图 1）来看，2023 年主要水产养殖种类发病高峰期为 7 月，发病面积比为 4.15%，其次为 10 月，发病面积比为 2.26%。

2023 年仅监测到 3 大类养殖品种发病，所有发病品种中鱼类发病比例最高为 88.57%，其次为虾类，发病比例为 8.57%，贝类发病比例为 2.86%。

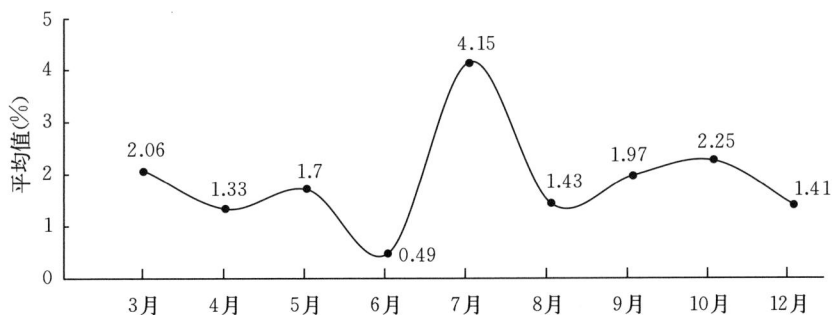

图 1　2023 年海南省主要养殖种类不同季节水产养殖发病面积比

（二）主要养殖品种病害情况

鱼类养殖监测病害有链球菌病、弧菌病、车轮虫病、细菌性肠炎病、柱状黄杆菌病（细菌性烂鳃病）、微孢子虫病、本尼登虫病、溃疡病、小瓜虫病、鱼蛭病等（表 4）。

表 4　2023 年海南省鱼类疾病比例

名称	链球菌病	弧菌病	车轮虫病	细菌性肠炎病	柱状黄杆菌病	石斑鱼虹彩病毒病	微孢子虫病	本尼登虫病	溃疡病	小瓜虫病	鱼蛭病	缺氧症	鳃霉病	病毒性神经坏死病	打印病	肝胆综合征	总数（例）
数量（例）	13	9	8	6	6	4	3	3	2	2	1	1	1	1	1	1	62
占比（%）	20.97	14.52	12.9	9.68	9.68	6.45	4.84	4.84	3.23	3.23	1.61	1.61	1.61	1.61	1.61	1.61	

1. 罗非鱼

2023 年海南省罗非鱼养殖过程中监测发现的病害有链球菌病、细菌性肠炎病、柱状黄杆菌病、缺氧症。从监测数据分析发现，平均发病面积比例 1.660%，平均监测区域死亡率 0.153%，平均发病区域死亡率 1.383%。较 2022 年均有所下降（2022 年相应数据分别为 2.772%、0.842%、3.940%）。发病面积比例最高的为细菌性肠炎病，为 3.68%；监测区域死亡率最高的为链球菌病，为 0.52%；从各病害造成的发病区域死亡率来看，链球菌病最高，为 3.64%（表 5）。

表 5　2023 年罗非鱼发病面积比例、发病区域死亡率、监测区域死亡率（%）

疾病名称	链球菌病	细菌性肠炎病	柱状黄杆菌病	缺氧症
发病面积比例	1.38	3.68	0.09	0.12
监测区域死亡率	0.52	0	0.19	0.02
发病区域死亡率	3.64	0.01	1.96	0.83

2. 石斑鱼

2023 年海南省石斑鱼养殖过程中监测发现的病害有病毒性神经坏死病、石斑鱼虹彩病毒病、链球菌病、溃疡病、细菌性肠炎病、弧菌病、鳃霉病、小瓜虫病、车轮虫病、鱼蛭病、微孢子虫病、肝胆综合征等。从监测数据分析发现，2023 年石斑鱼平均发病面积比例为 0.146%，平均监测区域死亡率为 0.043%，平均发病区域死亡率为 11.863%。较 2022 年均有所下降（2022 年相应数据分别为 0.329%、0.137%、13.071%）。从各病害发病面积比例、监测区域死亡率、发病区域死亡率来看，最高的为病毒性神经坏死病，分别为 0.25%、0.71%、80%（表 6）。

表 6　2023 年石斑鱼发病面积比例、发病区域死亡率、监测区域死亡率（%）

疾病名称	病毒性神经坏死病	石斑鱼虹彩病毒病	链球菌病	溃疡病	细菌性肠炎病	弧菌病	鳃霉病	小瓜虫病	车轮虫病	鱼蛭病	微孢子虫病	肝胆综合征
发病面积比例	0.25	0.18	0.05	0.01	0.13	0.05	0.13	0.13	0.4	0.16	0.13	0.1
监测区域死亡率	0.71	0.12	0.03	0.03	0.06	0.03	0.13	0	0	0	0.15	0.05
发病区域死亡率	80	31.2	20	3.65	10.78	25.79	21.88	0	0.35	0.15	31.67	16.67

3. 卵形鲳鲹

2023 年海南省卵形鲳鲹养殖过程中监测发现的病害有链球菌病、小瓜虫病、车轮虫病、本尼登虫病。从监测数据分析发现，2023 年平均发病面积比例为 6.890%，平均监测区域死亡率为 0.358%，平均发病区域死亡率为 6.081%。较 2022 年均有所下降（2022 年相应数据分别为 16.820%、6.600%、35.823%）。发病面积比例最高的为本尼登虫病，为 9.7%；监测区域死亡率最高的为小瓜虫病，为 0.72%；从各病害造成的发病区域死亡率来看，车轮虫病最高，为 9.17%（表 7）。

表 7　2022 年卵形鲳鲹发病面积比例、发病区域死亡率、监测区域死亡率（%）

疾病名称	链球菌病	小瓜虫病	车轮虫病	本尼登虫病
发病面积比例	7.9	7.9	3.95	9.7
监测区域死亡率	0.36	0.72	0.07	0.63
发病区域死亡率	0.78	0.72	9.17	3.68

4. 凡纳滨对虾

2022 年海南省凡纳滨对虾养殖过程中监测发现病害有对虾黑鳃综合征、肠炎病、缺氧症、不明病因疾病。从监测数据分析发现，2023 年平均发病面积比例为 2.887%，平均监测区域死亡率为 17.822%，平均发病区域死亡率为 43.958%。较 2022 年平均发病面积比例和平均监测区域死亡率有所上升，平均发病区域死亡率有所下降（2022 年相应数据分别为 1.748%、15.380%、46.297%）。发病面积比例最高的为肠炎病，为 4.83%；监测区域死亡率最高的为肠炎病，为 29.44%；从各病害造成的发病区域死亡率来看，不明病因疾病最高，为 100%（表 8）。

表 8　2023 年凡纳滨对虾发病面积比例、发病区域死亡率、监测区域死亡率（%）

疾病名称	对虾黑鳃综合征	肠炎病	缺氧	不明病因疾病
发病面积比例	0.46	4.83	0.31	2.07
监测区域死亡率	0.08	29.44	3.52	15
发病区域死亡率	3.95	33.27	60	100

5. 斑节对虾与锯缘青蟹

在 2023 年的监测过程中无上报疾病。

6. 方斑东风螺

2023 年海南省方斑东风螺养殖过程中监测发现不明病因疾病。从监测数据分析发现，平均发病面积比例 66.665%，平均监测区域死亡率 3.88%，平均发病区域死亡率 4.375%。

三、重要水生动物疫病监测情况

根据《农业农村部关于印发〈2023 年国家产地水产品兽药残留监控计划〉和〈2023 年国家水生动物疫病监测计划〉的通知》（农渔发〔2023〕6 号）等文件要求，2023 年海南省全年国家级监测白斑综合征、虾肝肠胞虫病、病毒性神经坏死病、十足目虹彩病毒病 4 种水生动物疫病，各 5 个样品，省级监测白斑综合征、虾肝肠胞虫病、病毒性神经坏死病、十足目虹彩病毒病、传染性皮下和造血组织坏死病和急性肝胰腺坏死病共 6 种水生动物疫病，各 10 个样品。

2023 年海南省国家级监测任务由中国水产科学研究院黄海水产研究所负责，省级监测任务由海南省水产技术推广站负责。样品分布于海南省文昌、琼海、陵水、乐东、东方，样品来源包含省级良种场与普通育苗场。国家级监测全批次样品检测项目均为阴性；省级监测检出 4 个鱼样神经坏死病毒阳性。样品检出率 26.7%。

四、2024 年水产养殖病害流行趋势的预测

根据海南省气候特征与往年病害流行特点，2024 年海南省水产养殖病害有暴发的可能。

（1）养殖鱼类　神经坏死病毒病、石斑鱼脱黏病、微孢子虫病、链球菌病、细菌性败血症、细菌性肠炎病、柱状黄杆菌病（细菌性烂鳃病）、烂身病（细菌性）、肠炎病、寄生虫病等病害可能频发。小瓜虫、刺激隐核虫病、本尼登虫病等呈现季节性危害和流行性危害态势。春、秋两季易出现缺氧、水霉病、小瓜虫病、微孢子虫病、肠炎病、链球菌病、刺激隐核虫病、烂身病（细菌性）等；夏季危害养殖鱼类的主要病害为细菌性败血症、链球菌、细菌性肠炎病等；冬季主要为肠炎病、小瓜虫病、刺激隐核虫病等。

（2）养殖对虾类　虾肝肠胞虫病、白斑综合征、传染性肌坏死病毒、急性肝胰腺坏死病毒病、传染性皮下和造血组织坏死病等可能将严重制约对虾养殖的发展。

（3）养殖贝类　方斑东风螺养殖受种质退化、养殖环境恶化与交叉感染等众多因素影响，病毒性疾病、细菌性疾病有日趋严重的趋势。

五、病害预防对策及建议

（1）扎实推进水生动物疫病监测工作，优化测报点及监测品种布局　通过举办水水产养殖病害测报培训班，提升测报人员专业业务水平，提高测报质量，有效预警疫情，确保病害早发现、早报告、早控制。

（2）大力推广水产绿色健康养殖技术，强化生产管理，降低病害发生率　加强水产养殖基础设施建设，完善水产养殖配套设施，提高养殖水体水质调控能力，改善养殖内部环境条件，减少养殖密度，避免交叉感染。通过水产绿色健康养殖技术推广"五大行动"和水产养殖用药减量行动，加强对氟苯尼考、氟甲喹、恩诺沙星、盐酸多西环素、盐酸环丙沙星、硫酸新霉素、复方磺胺嘧啶等药物的耐药性监测。

（3）科学防控养殖病害，在养殖过程中应坚持"全面预防，科学治疗"　健全水产苗种产地检疫制度，积极引导省级良种场申报无规定水生动物疫病苗种场，从源头预防疫病发生。通过采取清塘消毒、苗种检疫、水质底质调控、投饵管理等管理措施做好病害预防工作。发病后，应及时与主管部门联系，寻求专家的专业指导，减少乱用、滥用药物现象，提高鱼病防治的科学水平，降低病害造成的经济损失与环境污染。

（4）建立完善的预防体系　养殖者需要构建一套全面的病害预防体系，包括水质监测、饲料管理、生物安全控制等多个方面。通过定期检查和监测，及时发现并解决潜在问题，确保养殖环境的稳定和健康。

2023年重庆市水生动物病情分析

重庆市水产技术推广总站

（张利平　廖雨华　马龙强　王　波）

2023年重庆市在38个区（县）开展水产养殖病害监测，共设立190个测报点，其中国家级健康养殖示范场63个，重点苗种场12个，省级原良种场5个，观赏鱼养殖场2个，其他101个；区（县）测报员59人，监测总面积719.3 hm²，全年测报点共计上报586次。监测养殖品种14种，包括草鱼、鲢、鳙、鲤、鲫、鳊、泥鳅、大口鲇、黄颡鱼、虹鳟、大口黑鲈、乌鳢、杂交鲟和红鲌。监测到发病品种主要为草鱼、鲢、鳙、鲤、鲫、鳊、黄颡鱼、大口黑鲈、杂交鲟和红鲌。

一、水产养殖病害总体情况

（一）重要水生动物疫病监测情况

根据《农业农村部关于印发〈2023年国家水生动物疫病监测计划〉的通知》《全国水产技术推广总站关于印发〈2023年国家水生动物疫病监测计划实施方案〉的通知》精神，重庆市水产技术推广总站结合本市水产养殖情况，科学制定实施方案并及时印发至各区（县），做到监测点全覆盖，对重点区域、重点场加强监测和检测。2023年重庆市部市两级检测样品105批次，涵盖了草鱼出血病、鲤浮肿病、锦鲤疱疹病毒病、鲤春病毒血症、鲫造血器官坏死病5项重大疫病监测指标。实施方案根据每种疫病的发病特点和水温，规范抽采样，按照标准方法进行检测，及时将检测结果上报至国家监测系统。在市级监测任务中，检测出1例鲤浮肿病和1例鲫造血器官坏死病病原阳性，将阳性养殖场情况及时报送市农业农村委，属地农业执法部门按照规定进行了规范化处理。

（二）常规水生动物病害测报情况

2023年监测到鱼类病害种类21种（表1），鱼病共计48例，占比100%。其中，细菌性疾病24例，占比50%；寄生虫性疾病12例，占比25%；真菌性疾病3例，占比6.25%；病毒性疾病7例，占比14.58%；非病原性疾病2例，占比4.17%。各类疾病比例见图1。与2022年相比增加了3种，病害种类以细菌性疾病和寄生虫性疾病为主。

2023年监测养殖面积为719.3 hm²，鱼类平均发病面积为0.72%，平均监测区域死亡率为0.58%，平均发病区域死亡率为12.51%。发病面积比例较高的疾病主要为肝胆综合征、鲤春病毒血症、小瓜虫病、细菌性肠炎病、淡水鱼细菌性败血症，分别为

3.84%、3.03%、1.93%、0.97%。发病区域死亡率较高的为黏孢子虫病、斜管虫病、打印病、虹彩病毒病、鲤春病毒血症等，死亡率分别为 86.67%、50%、23.33%、21.06%、18%（图 2）。

表 1   2023 监测到的水产养殖病害汇总

类别		病名	数量（种）
鱼类	病毒性疾病	草鱼出血病、病毒性出血性败血症、鲤春病毒血症、虹彩病毒病	4
	细菌性疾病	溃疡病、赤皮病、细菌性肠炎病、淡水鱼细菌性败血症、打印病、竖鳞病、诺卡氏菌病	7
	真菌性疾病	水霉病、鳃霉病	2
	寄生虫性疾病	小瓜虫病、车轮虫病、黏孢子虫病、指环虫病、斜管虫病、固着类纤毛虫病	6
	非病原性疾病	肝胆综合征、缺氧症	2
	其他	不明病因疾病	0
总　计			21

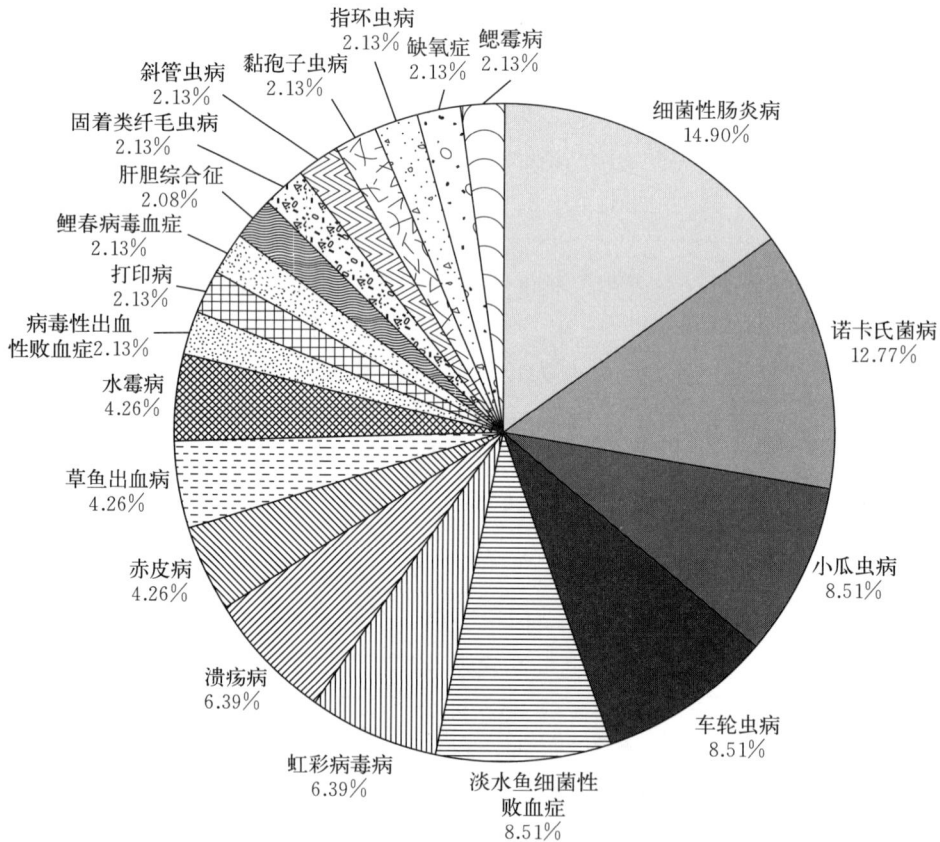

图 1   2023 年重庆市监测各种疾病比例

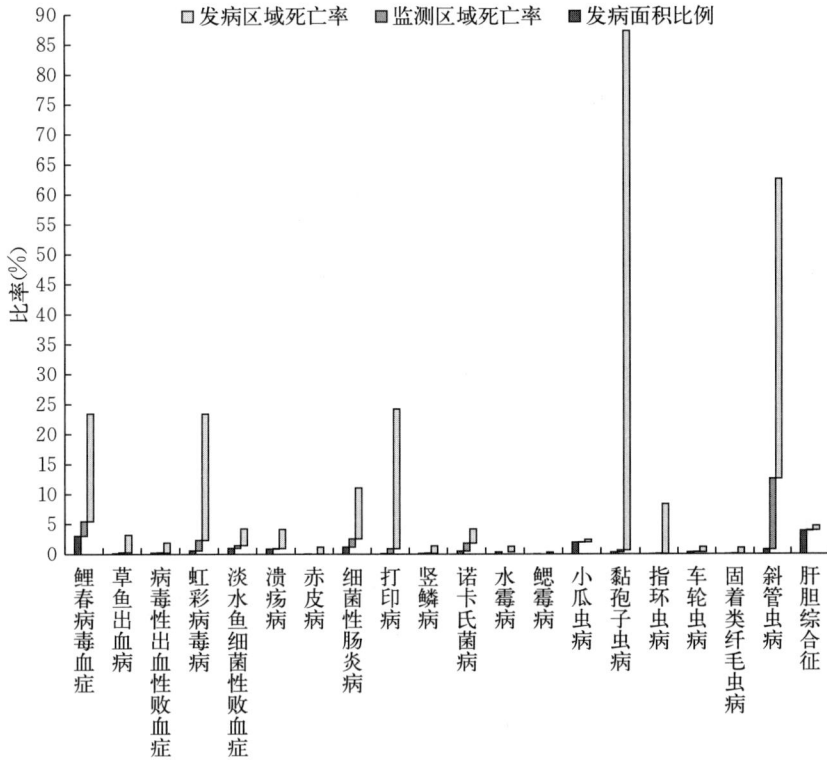

图 2　2023 年重庆市鱼病死亡情况

（三）主要养殖鱼类病害情况

通过监测数据分析，2023 年无重大水生动物疫情发生，但是小病害不断，主要为细菌性疾病和寄生虫性疾病。图 3 显示，3 月水生动物疫情达到高峰，这就是近几年高

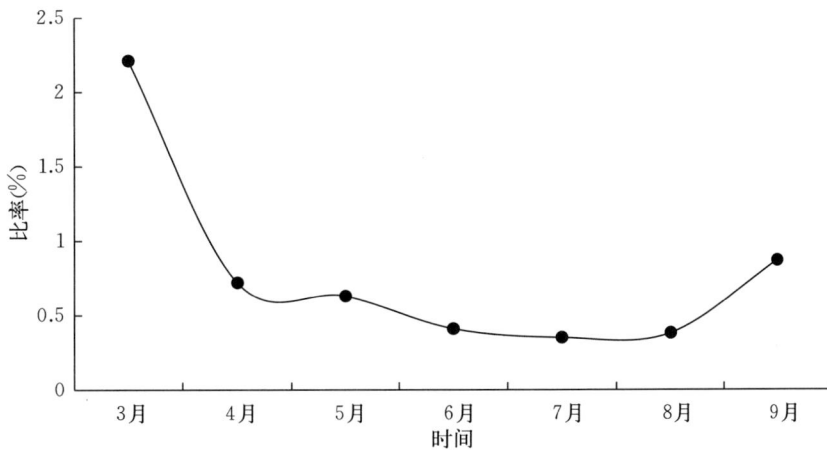

图 3　2023 重庆市不同季节水产养殖全部类别发病面积比

发的越冬综合征导致暴发性死亡，需养殖户高度重视，减少经济损失；9月水生动物疫情出现一个小高峰，可能是由于水温较高导致水体内微生物的大量繁殖，水生动物活动频繁使得细菌性病害和寄生虫性疾病发病概率增加。

1. 草鱼

监测时间为1—12月，监测到的疾病共计9种，平均发病面积比例为0.98%，平均监测区域死亡率为0.046%，平均发病区域死亡率为1.564%，与2022年相比发病面积比例有所上升，死亡率有所下降。发病区域死亡率较高的是草鱼出血病、病毒性出血性败血症、赤皮病、冻死，分别为2.92%、1.67%、2.19%、4.29%（图4）。

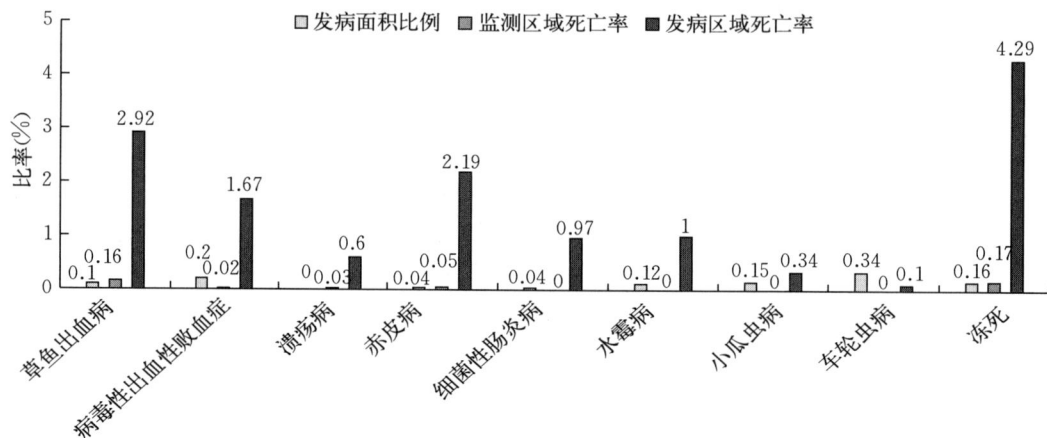

图 4　草鱼病害

2. 鲢

监测时间为1—12月，监测到疾病2种，平均发病面积率为1.35%，平均监测区域死亡率为0.64%，平均发病区域死亡率为7.61%。监测到的疫病种类主要为淡水鱼细菌性败血症、打印病，发病区域死亡率分别为2.37%、23.33%（图5）。

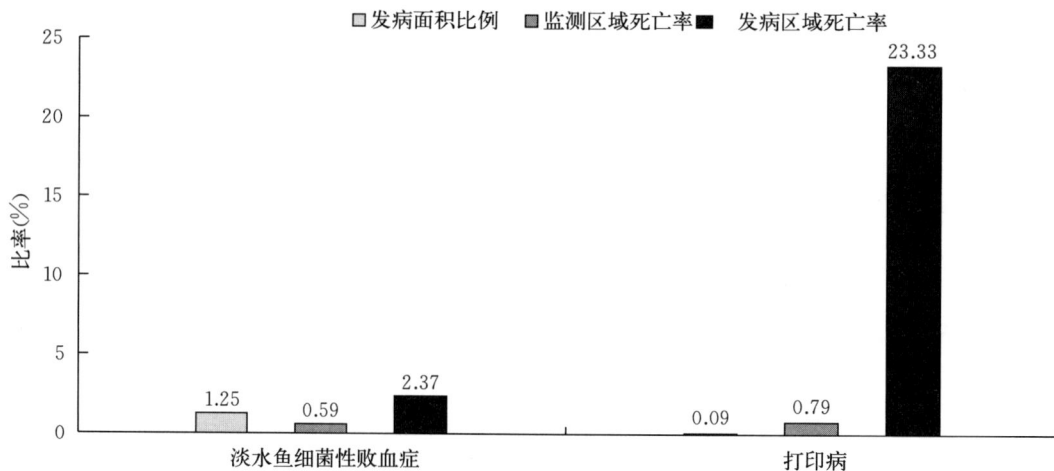

图 5　鲢病害

3. 黄颡鱼

监测时间为 1—12 月，监测到疾病 6 种，平均发病面积率为 10.36%，平均监测区域死亡率为 1.24%，平均发病区域死亡率为 7.21%。发病面积比例较高的为细菌性肠炎病、水霉病、小瓜虫病，发病区域死亡率较高的是细菌性肠炎病、斜管虫病、溃疡病，分别为 10.49%、50%、6%（图 6）。

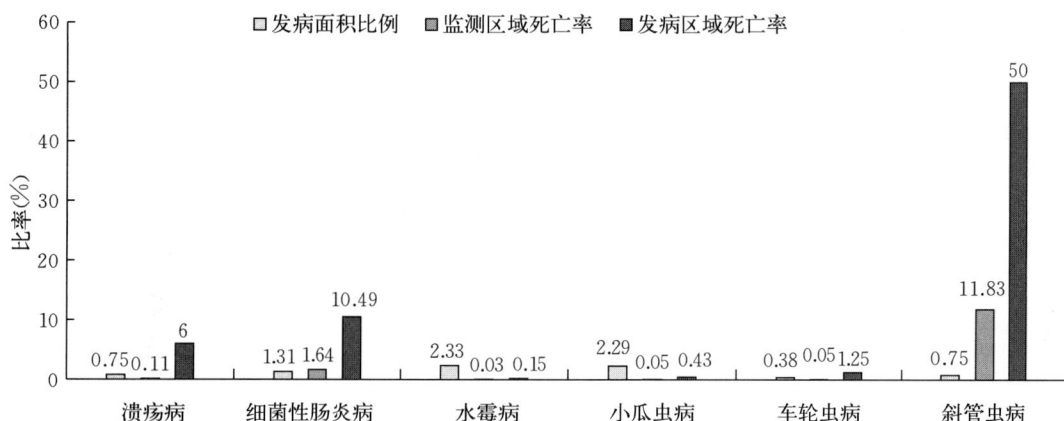

图 6 黄颡鱼病害

4. 鲈

监测时间为 1—12 月，监测到疾病 6 种，平均发病面积比例为 6.09%，平均监测区域死亡率为 1.001%，平均发病区域死亡率为 6.53%。监测到的疫病种类为虹彩病毒病、溃疡病、诺卡氏菌病、车轮虫病、固着类纤毛虫病、肝胆综合征，其中虹彩病毒病、溃疡病、肝胆综合征发病面积比例较高，分别为 0.59%、0.96%、3.84%；发病区域死亡率较高的是虹彩病毒病，为 21.06%（图 7）。

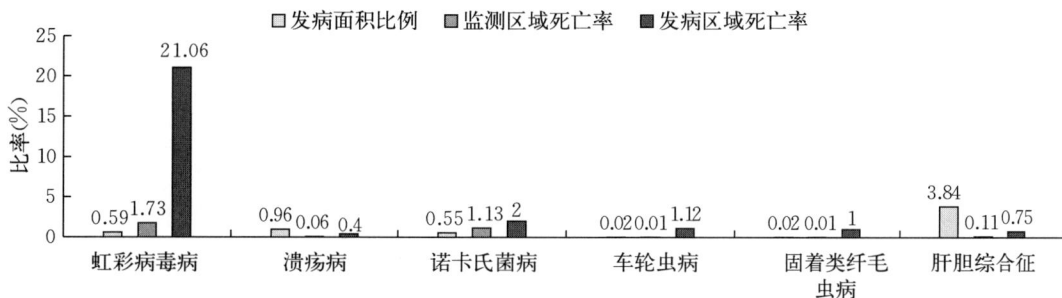

图 7 鲈病害

5. 鲫

监测时间为 1—12 月，监测到疾病 5 种，平均发病面积比例为 0.41%，平均监测区域死亡率为 0.23%，平均发病区域死亡率为 66.05%。监测到的疫病种类主要为淡水鱼细菌性败血症、鳃霉病、黏孢子虫病、指环虫病，其中淡水鱼细菌性败血症和黏孢子虫病的发病面积比例分别为 0.12% 和 0.31%，发病区域死亡率较高的是黏孢子虫病和指环虫病，分别为 86.67%、8.33%（图 8）。

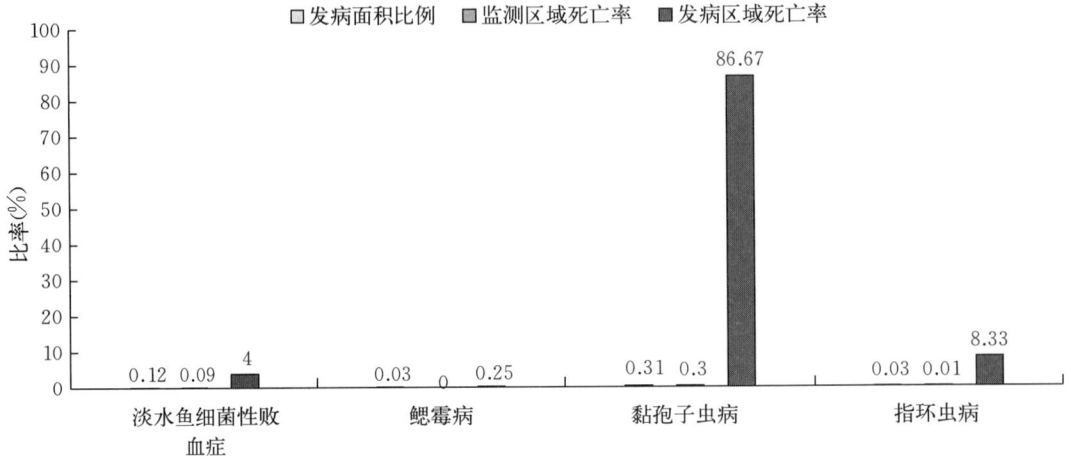

图 8　鲫病害

6. 鲤

监测时间为 1—12 月，监测到疾病 4 种，平均发病面积比例为 2.59%，平均监测区域死亡率为 0.63%，平均发病区域死亡率为 5.15%。监测到的疫病种类主要为鲤春病毒血症，发病区域死亡率为 18%（图 9）。

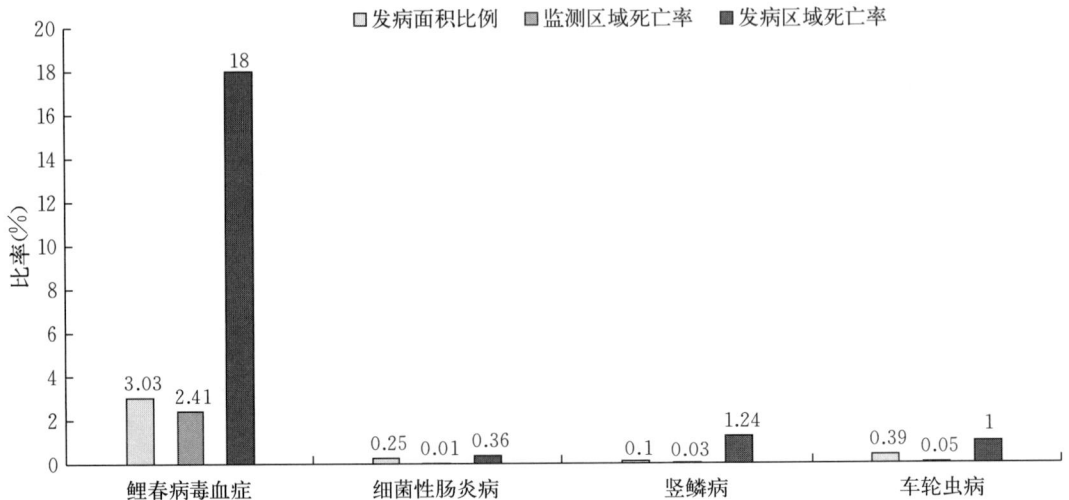

图 9　鲤病害

7. 鲟

监测时间为 1—12 月，监测到疾病 2 种，平均发病面积比例为 1.95%，平均监测区域死亡率为 0.6%，平均发病区域死亡率为 0.6%（图 10）。

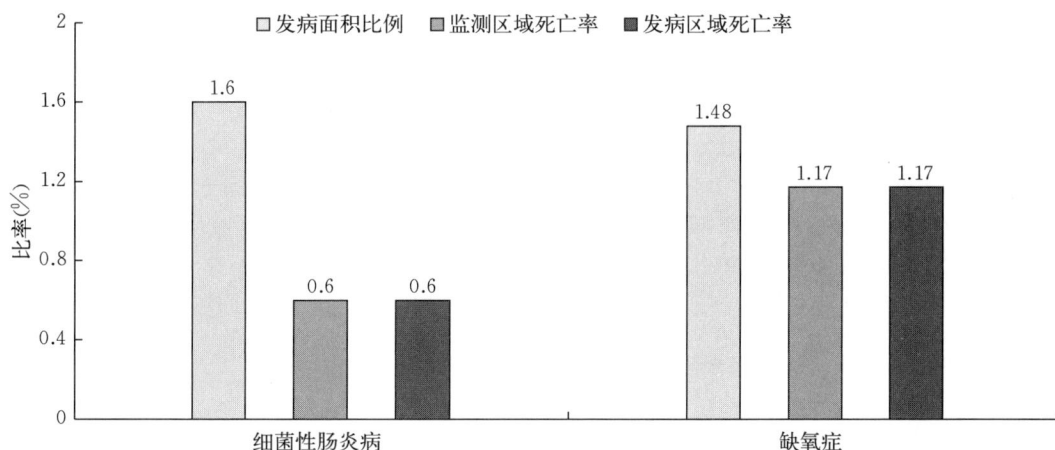

图 10　鲟病害

二、重庆水产养殖病害防控分析

一是水生动物防疫体系薄弱。水产技术推广机构相对弱势，区（县）水产技术推广机构老员工逐步退出工作一线，新员工还未完全成熟，导致专业技术人员出现断层，人员配置紧缺。

二是对水产苗种产地检疫重要性的认识不够。水产苗种流通性大，未经检疫的苗种具有极高的风险性，要从源头切断疾病传播的可能性。乡镇和养殖户对水产苗种产地检疫重要性的认识不够，水生动物防疫工作起步晚、推动慢，人员流动性大、专业技术人员不足，渔民养殖缺少专业技术培训。

三是基层工作人员的专业技术能力不足。一线水产养殖品种发病到送样至区（县）或市级单位检验、得出结论、开展针对性防治需要较长周期；养殖渔民专业性不足、检验设备不足，无法第一时间开展疾病诊治，给水产养殖业带来巨大损失。

三、2024 年重庆水产养殖病害流行趋势预测

重庆市水产养殖过程中预计仍将发生不同程度的病害，疫病种类主要是细菌性疾病、真菌性疾病、寄生虫性疾病。在鱼类的细菌性疾病中，要注意防控细菌性肠炎、诺卡氏菌病、淡水鱼细菌性败血症、溃疡病等；在寄生虫疾病中，要注意防控小瓜虫病、车轮虫病和黏孢子虫病等；另外，近几年监测数据显示，草鱼出血病、鲈虹彩病毒病、鳜肿大病在重庆范围内有区域流行趋势，2024 年要继续加强监测。通过连续几年监测发现，每年 3 月为病害高发期，应指导渔民做好越冬前、越冬中、越冬后的生产管理，避免发生越冬综合征。渔民在选购苗种时，要从有生产资质的种苗场购买，并查验水产苗种产地检疫合格证明；在投放苗种前，注意对苗种进行消毒，以防带入病原；投放最好选择在早晨或傍晚，还可适当注入新水；严格控制苗种的放养密度。

四、应对措施及建议

一是持续推进水产养殖"五大行动"，开展主要病原菌耐药性监测，形成《重庆市水产养殖主要病原微生物耐药性监测分析报告》，为科学用药、规范用药、减量用药提供技术支撑。

二是大力加强水产推广机构队伍建设，加强区（县）病防实验室与试验基地建设，积极争取建设区域性水生动物疫病监控中心和区（县）级水生动物病防站，提升区（县）级水生动物疫病防控能力，助推乡村振兴。

三是做好疫病防控相关工作。加大宣传、普及疫病防控相关法律法规，宣传源头防控、绿色防控、精准防控理念以及疫病防控管理和技术服务新模式等。开展重大水生动物疫病专项监测及重点品种的流行病学调查工作，做到监测点全覆盖，重点区域、重点池塘加强监测和检测。加强预测预报与智能渔技相结合，指导养殖户对重点疫病做好防范工作。继续参报水生动物防疫系统实验室能力验证，提升检验检测水平。继续组织水产养殖规范用药宣传和科普下乡，指导养殖业主规范用药、减量用药，促进渔业绿色健康发展。

四是按照《中华人民共和国动物防疫法》《动物检疫管理办法》的规定，对水产苗种严格实行产地检疫，保障水生动物及其产品安全，保护人体健康，维护公共安全。

五是加强技术培训，提高渔民技能。组织区（县）水产技术推广机构、水生动物病害防治员、一线水产养殖者参与水生动物疫病防控培训、知识讲座等，不断提升从业者水平。

六是加强现场快速检测、便携式诊断设备和快速检测试剂盒的评价和应用。提升基层检测手段，及时掌握发病信息，以便采取及时有效的控制措施。

七是积极利用现代信息技术装备，提升渔业生产、技术服务、管理信息化水平。充分利用智能渔技平台，将科学分析运用到理论和实践中，制订有效防控措施，提高水生动物疾病防控的准确性、时效性和有效性。

2023 年四川省水生动物病情分析

四川省水产局

（王 俊 莫 茜）

一、基本情况

2023 年，四川省在 15 个市（州）、81 个测报监测点开展了水产养殖动物病害测报，主要监测模式为池塘养殖，监测面积 1 926 hm²，主要监测养殖品种 15 个，全年测报点共计上报 855 次。

二、监测结果与分析

（一）发病品种与疾病类型

2023 年，四川省监测到发病水产养殖品种 9 种（表 1）。水产养殖动物疫病共 19 种，其中鱼类养殖病害 18 种：细菌性疾病 6 种，寄生虫性疾病 5 种，病毒性疾病 2 种，非病原性疾病 2 种，真菌性疾病 2 种，不明病因疾病 1 种（表 2）；虾类养殖病害 1 种，为细菌病。与 2022 年相比，监测到发病的病害种类增加了病毒性出血性败血症和指环虫病 2 种，病害种类以细菌性疾病和寄生虫性疾病为主。

表 1　2023 年监测到发病的水产养殖种类汇总

类别	种类	数量
鱼类	草鱼、鲢、鳙、鲤、鲫、鲴、黄颡鱼、鲈（淡）	8
虾类	克氏原螯虾	1
合　计		9

表 2　2023 年监测到发病的水产养殖病害汇总

类别		病名	数量
鱼类	病毒性疾病	草鱼出血病、病毒性出血性败血症	2
	细菌性疾病	淡水鱼细菌性败血症、溃疡病、赤皮病、细菌性肠炎病、柱状黄杆菌病、打印病	6
	真菌性疾病	水霉病、鳃霉病	2
	寄生虫性疾病	指环虫病、车轮虫病、锚头鳋病、小瓜虫病、黏孢子虫病	5

（续）

类别		病名	数量
鱼类	非病原性疾病	缺氧症、肝胆综合征	2
	其他	不明病因疾病	1
虾类	细菌性疾病	弧菌病	1
合　计			19

（二）病害流行情况

2023 年，各养殖品种中，平均发病面积率较高的是草鱼、鲫和鲢，分别为 27.15%、18.93% 和 11.27%，其余品种平均发病面积率在 10% 以下（表3）。从疾病数量的占比来看，危害最严重的为细菌性败血症，占比为 21.91%，其次为柱状黄杆菌病，占比为 16.85%，其他疾病占比为 10% 以下（表4）。

表3　2022年各养殖种类平均发病面积比例

养殖种类	淡水								虾类
	鱼类								
	草鱼	鲢	鳙	鲤	鲫	鲴	黄颡鱼	鲈（淡）	克氏原螯虾
总监测面积（hm²）	502.33	414.60	360.33	264.93	317.80	101.87	41.80	65.80	86.67
总发病面积（hm²）	136.38	46.73	22.27	6.52	60.16	3.47	0.60	1.40	1.33
平均发病面积比例（%）	27.15	11.27	6.18	2.46	18.93	3.4	1.44	2.13	1.53

表4　2023年监测到的鱼类疾病比例

疾病名称	淡水鱼细菌性败血症	柱状黄杆菌病	水霉病	肝胆综合征	车轮虫病	缺氧症	溃疡病	黏孢子虫病	赤皮病	打印病	细菌性肠炎病	锚头鳋病	草鱼出血病	小瓜虫病	病毒性出血性败血症	其他	总数（例）
数量（例）	39	30	15	15	13	12	10	9	8	7	7	5	3	2	2	1	178
占比（%）	21.91	16.85	8.43	8.43	7.30	6.74	5.62	5.06	4.49	3.93	3.93	2.81	1.69	1.12	1.12	0.56	

（三）疾病危害情况

四川省疾病平均发病面积比例为 4.76%，平均监测区域死亡率为 0.21%，平均发病区域死亡率为 16.15%。草鱼出血病和细菌性肠炎病发病面积比例较大，分别为 22.51% 和 22.57%，但监测区域和发病区域死亡率并不高。除草鱼出血病监测区域死亡率为 1.03% 外，其他疾病均未超过 1%。发病区域死亡率最高的是指环虫病，达到 37.3%，其余依次为车轮虫病、不明病因疾病、溃疡病、锚头鳋病、缺氧症、黏孢子虫病、水霉病，均超过了 20％（表 5）。

表 5　2023 年监测发病面积比例、监测区域死亡率、发病区域死亡率（％）

疾病名称	发病面积比例	监测区域死亡率	发病区域死亡率	疾病名称	发病面积比例	监测区域死亡率	发病区域死亡率
草鱼出血病	22.51	1.03	5.3	鳃霉病	6.45	0.06	0.29
病毒性出血性败血症	9.26	0.18	2.17	小瓜虫病	2.57	0.14	4.05
淡水鱼细菌性败血症	5.32	0.41	13.27	黏孢子虫病	1.59	0.22	21.68
溃疡病	3.55	0.28	23.51	指环虫病	0.08	0	37.3
赤皮病	2.34	0.01	2.51	车轮虫病	0.8	0.02	28.27
细菌性肠炎病	22.57	0.16	2.49	锚头鳋病	1.32	0.03	22.18
打印病	1.44	0.01	17.64	缺氧症	1.17	0.1	21.91
柱状黄杆菌病	7.21	0.12	11.44	肝胆综合征	3.86	0.04	16.39
水霉病	2.75	0.35	20.4	不明病因疾病	2.49	0.01	27.33

三、存在的问题

（一）水生动物防疫体系需要进一步健全

防疫检疫工作专业性强，基层工作人员在人员数量、业务能力、基础设施条件方面与当前日益繁重的疫病防控任务不适应；多数区县水产技术推广专业机构由于机构改革整合，无专人专职负责水生动物疫病防控工作。

（二）测报点数据质量有待提升

掌握科学有效的数据，是开展水生动物疫病测报工作的前提和保障，但当前测报点确定时间较早，部分养殖场存在关停、业主更换、品种调整等情况，同时区县测报员诊断水平参差不齐，影响测报数据，因此需要进一步改进和规范各测报点信息。

（三）疫病防控意识还需加强

随着水产养殖的集约化发展，疫病发生风险增大，部分养殖户理念陈旧，一定程度上还存在法律意识淡薄、投入品使用把关不严，盲目用药，水产养殖生产记录、用药记录和销售记录不全的情况，需进一步宣传教育和监督指导，提倡"防大于治"疫病防控理念。

四、2024 年病害流行趋势预测及应对措施

从近几年情况看，四川面临水产养殖病害多发局面，预计 2024 年仍面临不同程度

病害，疫病种类主要是细菌性疾病、病毒性疾病和寄生虫病性疾病。在细菌性疾病中，要重点防控淡水鱼细菌性败血症、溃疡病、赤皮病、细菌性肠炎病、柱状黄杆菌病、打印病等；病毒性疾病中，要重点关注草鱼出血病、病毒性出血性败血症等；寄生虫疾病中，要重点防控指环虫病、车轮虫病、锚头鳋病、小瓜虫病、黏孢子虫病等。同时，由于药物使用不当或盲目用药，细菌耐药性增强、养殖环境恶化，直接影响水产养殖生产。为此，需要采取以下应对措施：

（一）提高从业人员疫病防控意识和水平

加强苗种产地检疫管理，大力宣传检疫相关政策要求，提升养殖户主动索要检疫证明意识，从源头控制疫病传播。组织专家不定期开展疫病防控技术培训，及时更新水产推广技术人员和养殖户等从业人员防控知识，提高疫病防治水平。

（二）进一步完善水产动物疫病监测与预报体系建设

加强病害测报点管理，提高疫病监测准确性，摸清四川水产动物疫病流行的基本情况，为科学、有效开展疫病防控提供参考。

（三）科学防控水产养殖病害

坚持"预防为主、防治结合、防重于治"的原则，做到科学管理。一旦发生病害，要找准病因，对症下药，避免盲目用药造成耐药性增强。

（四）加强科研投入与疫病监测实验室体系建设

加大科研投入，开展重大疫病，尤其是新发疫病病原学与防控技术研究，为疾病的有效防控提供技术支撑；加强疫病监测实验室体系建设，提高疾病准确诊断的能力，为疾病的有效防控提供科学依据。

2023 年贵州省水生动物病情分析

贵州省水产技术推广站

（杨　曼　温燕玲　安元银　熊　伟　杨绪海）

一、基本情况

（一）病害测报

2023 年贵州省测报点覆盖全省 9 个市（州）的 60 个区（县），测报员 85 人，测报点 107 个，监测面积 10 757.207 7 hm²，监测模式主要包括淡水池塘、淡水工厂化和淡水其他（含大水面生态养殖）等（表 1）。监测养殖品种共 3 大类 20 个品种（表 2），全年共监测到 6 个养殖品种发病，包括草鱼、鳙、鲤、黄颡鱼、大口黑鲈、鲟。监测到的鱼类平均发病面积比例 0.42%，平均监测区域死亡率 0.92%，平均发病区域死亡率 6.51%。

表 1　2023 年各养殖模式的监测面积

养殖模式	监测面积（hm²）
淡水池塘	309.095 9
淡水工厂化	15.896 1
淡水其他	10 432.078 7
其他	0.14
合计	10 757.207 7

表 2　2023 年监测的养殖品种

类别	养殖品种	数量
鱼类	鲤、草鱼、鲢、鳙、鲫、鲟、大口黑鲈、鳜、青鱼、黄颡鱼、鳟、乌鳢、裂腹鱼、鲇、鲴	15
虾蟹类	凡纳滨对虾（海）、克氏原螯虾（小龙虾）、中华绒螯蟹（河蟹）	3
其他	蛙、大鲵	2
合　计		20

（二）重大水生动物疫病专项监测

贵州省 2023 年承担草鱼出血病、鲤浮肿病的专项监测工作，共采集样品 10 个，采样和检测由中国水产科学研究院珠江水产研究所完成。

二、监测结果与分析

（一）病害测报

1. 水产养殖病害种类

贵州省监测到的病害有 14 种，其中细菌性疾病 7 种、病毒性疾病 1 种、真菌性疾病 1 种、寄生虫性疾病 2 种、非病原性疾病 2 种、其他 1 种（表 3）。

表 3　2023 年监测到的水产养殖病害汇总

类别		病害名称	数量（种）	占比（%）
鱼类	细菌性疾病	细菌性肠炎病，柱状黄杆菌病，溃疡病，赤皮病，打印病，竖鳞病，诺卡氏菌病	7	50
	病毒性疾病	虹彩病毒病	1	7.14
	真菌性疾病	水霉病	1	7.14
	寄生虫性疾病	车轮虫病、指环虫病	2	14.29
	非病原性疾病	缺氧症、氨中毒症	2	14.29
	其他	不明病因疾病	1	7.14
合　计			14	100

2023 年贵州省发生水生动物疾病 41 次，其中细菌性疾病发生次数最多，占比 56.10%；其次是真菌性疾病，占比 12.20%；病毒性疾病和寄生虫病均占比 9.76%；非病原性疾病占比 7.32%（表 4）。细菌性肠炎病发病次数最高，占比 17%；其次是诺卡氏菌病、赤皮病和水霉病，占比均为 12%；虹彩病毒病占比 10%（图 1）。

表 4　2023 年监测到的疾病种类比例

疾病类别	细菌性疾病	真菌性疾病	病毒性疾病	寄生虫病	非病原性疾病	其他	合计
数量（次）	23	5	4	4	3	2	41
占比（%）	56.10	12.20	9.76	9.76	7.32	4.88	100

2. 养殖品种发病情况

2023 年监测到鲟有水霉病、细菌性肠炎病、赤皮病、溃疡病；大口黑鲈有虹彩病毒病、水霉病、诺卡氏菌病、指环虫病、车轮虫病；鲤有溃疡病、赤皮病、打印病、细菌性肠炎病、竖鳞病；草鱼有水霉病、柱状黄杆菌病、细菌性肠炎病；黄颡鱼有车轮虫病；鳙有水霉病。

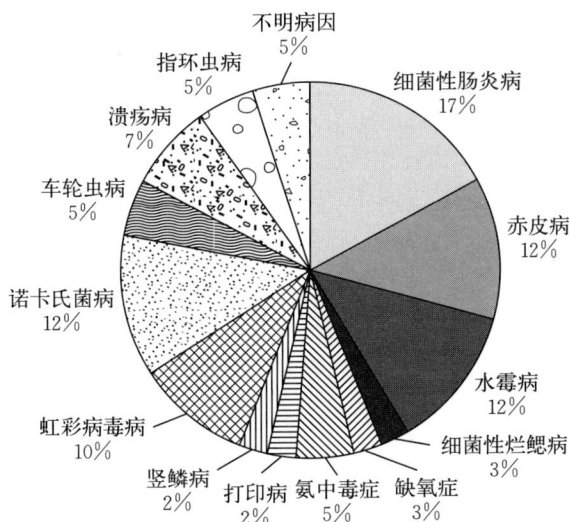

图 1　2023 年监测的疾病名称和个数

3. 经济损失情况

2023 年因病害造成的经济损失共计 142.80 万元（表 5），较 2022 年增加 32.02 万元。造成经济损失 10 万元以上的，主要是大口黑鲈发生诺卡氏菌病和虹彩病毒病（表 6）。

表 5　2023 年各养殖品种经济损失情况

养殖品种	大口黑鲈	鲟	鳙	草鱼	鲤	黄颡鱼	合计
经济损失（万元）	103.56	21.87	10	8.15	2.92	0.3	142.80

表 6　2023 年经济损失 10 万元以上的发病具体情况

种类	监测面积（hm²）	病名	监测区域月初存塘量（尾）	发病区域月初存塘量（尾）	死亡数量（尾）	经济损失（万元）	发病时间
大口黑鲈	8.000 004	诺卡氏菌病	1 270 000	800 000	30 000	22	7月3日
大口黑鲈	8.000 004	虹彩病毒病	910 000	500 000	30 000	17	9月1日
大口黑鲈	8.000 004	虹彩病毒病	700 000	400 000	15 000	15	10月2日
大口黑鲈	0.22	诺卡氏菌病	300 000	30 000	8 000	12	10月1日
大口黑鲈	8.000 004	诺卡氏菌病	1 500 000	730 000	20 000	10	5月8日
鳙	4 000.002	水霉病	1 500 000	1 500 000	2 000	10	4月20日
鲟	1.3	不明病因疾病	300 000	130 000	125 000	10	10月2日

（二）重大水生动物疫病专项监测

2023年完成2种疫病的监测任务，采集样品共10个，其中4个草鱼出血病样品检测结果为阳性，其他结果均为阴性。针对检测出阳性的养殖场，已按《动物防疫法》等有关规定要求，指导养殖主体对阳性样品同池同区域的养殖对象进行隔离、限制流通、无害化处理和净化，组织开展流行病学调查和病原溯源工作，防止疫病扩散。

三、2024年病害流行预测

2023年细菌性疾病发生次数最多，其次是真菌性疾病，病毒性疾病和寄生虫病也时有发生，预测2024年细菌性疾病发生频率也是最高的，要重点做好诺卡氏菌病、细菌性肠炎病、赤皮病等疾病的防控。近几年贵州鲈养殖火热，但鲈诺卡氏菌病和虹彩病毒病频发，给养殖主体造成较大经济损失，2024年要密切关注鲈诺卡氏菌病和虹彩病毒病。早春要警惕水霉病、赤皮病、竖鳞病、溃疡病、车轮虫病和指环虫病，切勿频繁拉网、分塘，避免鱼体受伤。夏季警惕细菌性肠炎病、烂鳃病、诺卡氏菌病、虹彩病毒病和车轮虫病。秋季警惕烂鳃病、细菌性肠炎病、车轮虫病。冬季警惕水霉病。

四、建议采取的措施

（1）全面提升苗种质量　以水产苗种产地检疫为抓手，实施水产品苗种产地检疫制度，购买具有水产苗种产地检疫合格证明的苗种，对一些没有纳入国家检疫范围的疾病，引导养殖主体开展自检，杜绝引进携带特定病原的苗种。鼓励本土苗种生产企业培育优质亲本，繁育抗病性强、生长发育好的苗种，切断垂直传播途径，加强辖区内良种繁育和苗种培育能力。

（2）加强预警工作和病害监测　调动测报人员积极性，稳定测报人员队伍，提高预警信息水平。加强测报信息的收集、整理，开展病原监测和流行病学调查，全面掌握病情形势，为制订科学的防控措施提供科学依据，提升病情测报工作质量。

（3）广泛开展鱼病诊疗服务　推动养殖主体与科研院校、兽药企业合作，鼓励社会化服务团体广泛开展诊疗服务，充分发挥水生动物防疫实验室作用，依据实验室检测和药敏试验结果防治病害，做到对症下药、科学用药。

（4）强化基层人员能力　目前基层工作人员学历普遍不高，缺乏利用设备准确诊断疾病的技术，应加大基层人员技术培训力度。加强官方兽医队伍建设，提升官方兽医检验检测能力。鼓励符合条件的人员报考执业兽医资格证（水生生物类），逐步提升基层工作人员诊治疾病的能力。

（5）改善养殖环境　持续推进水产绿色健康养殖技术推广"五大行动"实施，完善水产养殖配套设施，提高水质调控能力，多措并举，改善养殖环境，减少疾病的发生。

2023年云南省水生动物病情分析

云南省渔业科学研究院

（王　静　熊　燕）

2023年云南省渔业科学研究院积极开展重大水生动物疫病专项监测、疾病测报工作，通过此项工作了解、掌握云南省水产养殖病害分布和流行态势，做到科学预防，合理用药和保障水产品食用安全。

一、工作开展情况

（一）重要水生动物疫病专项监测——传染性造血器官坏死病（IHN）监测工作

（1）监测基本情况　2023年云南省IHN监测工作主要集中在4月开展。云南省渔业科学研究院在曲靖市会泽县大桥乡、金钟街道的养殖场共采集了5批次样品，监测品种为IHN易感品种：虹鳟鱼苗、金鳟鱼苗。采集的样品送至深圳海关动植物检验检疫技术中心进行专项检测。

（2）监测结果分析　深圳海关动植物检验检疫技术中心采用《传染性造血器官坏死病诊断规程》（GB/T 15805.2—2017）检测并通过"国家水生动物疫病信息管理系统"反馈，5份IHN送检样品未检出阳性，均为阴性。

2017—2023年云南省IHN监测情况如图1所示，结果显示2017—2018年阳性场检出率较高，2019—2023年云南省均未检测出IHN阳性。出现此现象的原因主要有：一是云南省监测任务较少，采样点覆盖面不够广，数据不全面；二是一些养殖户养殖品种不固定，会根据市场需求选择养殖经济效益好的水产品种；三是云南省养殖的三倍体虹鳟苗种均来源于美国、挪威、丹麦、西班牙等的"发眼卵"，近几年虹鳟苗种引进受限，苗种量大大减少，养殖面积也相应减少；四是养殖户防病意识有所提高，对引进的苗种产地检疫高度重视，降低了苗种带病的风险。

（二）疾病测报工作

云南省根据《水产养殖动植物疾病测报规范》（SC/T 7020—2016）按照覆盖主要养殖方式、主要养殖种类的原则组织设立监测点，在全省重点养殖区域开展水生动植物病害测报工作。但由于云南省各市（县）机构改革和人员变动，水产养殖动植物病情测报工作未能达到预期效果。

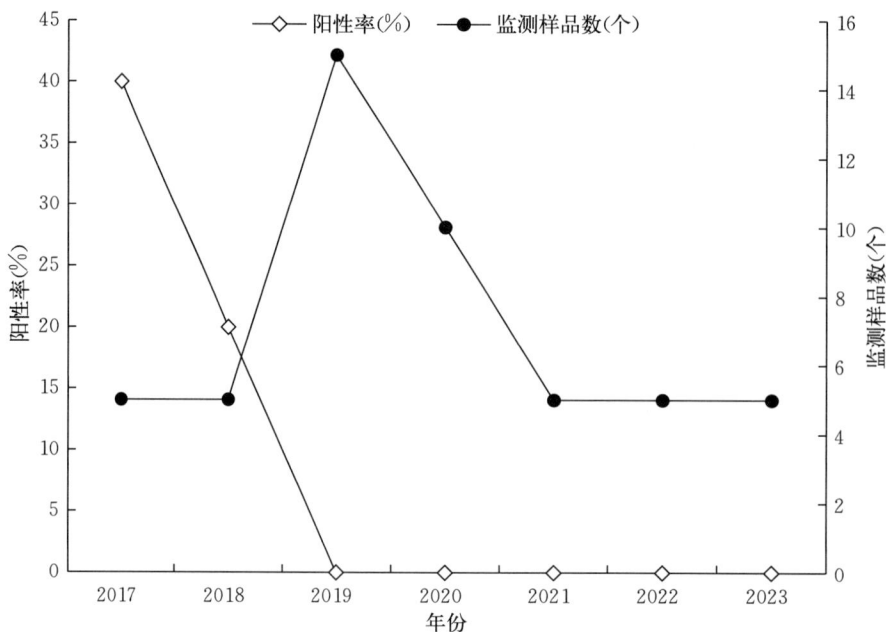

图 1　2017—2023 年云南省 IHN 监测情况

云南省通过测报系统上报的测报面积累计达 1 596.96 hm²，监测到发病的水产养殖种类有 10 种，分别是青鱼、草鱼、鲢、鳙、鲤、鲫、鳟、罗非鱼、鲟、金鱼，监测到的水产养殖鱼类病害 23 种，观赏鱼病害 6 种（表 1）。

通过开展疾病测报工作，认真分析历年测报数据，做到科学预警。按全国水产技术推广总站要求，对辖区内重点养殖区域、主要养殖品种的发病趋势进行预测，按时将预报信息上报。通过及时发布预测预报和预警信息，使养殖生产单位了解病害发生情况，控制病害流行，减少养殖生产损失。

表 1　监测到的水产养殖病害汇总（种）

类别		病名	数量
鱼类	病毒性疾病	草鱼出血病、病毒性出血性败血症、锦鲤疱疹病毒病	3
	细菌性疾病	淡水鱼细菌性败血症、烂鳃病、赤皮病、细菌性肠炎病、烂尾病、溃疡病、打印病、竖鳞病	8
	真菌性疾病	水霉病	1
	寄生虫性疾病	小瓜虫病、三代虫病、指环虫病、车轮虫病、锚头鳋病、头槽绦虫病、黏孢子虫病、鱼虱病	8
	非病原性疾病	缺氧症、脂肪肝	2
	其他	不明病因疾病	1

（续）

类别		病名	数量
观赏鱼	细菌性疾病	溃疡病、烂鳃病、细菌性肠炎病、烂尾病	4
	真菌性疾病	水霉病	1
	寄生虫性疾病	指环虫病	1
合　计			29

二、病情分析

（一）病害流行情况及特点

（1）病害流行范围广，发病种类多，遍及各养殖区、各养殖种类。

（2）病害发生有明显的季节性。全年均有疾病发生，但主要集中在 6—10 月，7—9 月最严重。不同种类和不同疾病的发病高峰期不同。

（3）病害种类多，同一种类多种疾病交叉感染。同一品种并发病毒、细菌、寄生虫等多种疾病的现象普遍。

（4）发病率与死亡率高，发病率与死亡率成明显的正相关。

2023 年，云南省范围内受病害侵袭的水产养殖品种主要为鱼类，病原涉及细菌、病毒、真菌、寄生虫等。同时，无病原烂鳃、营养代谢综合征等非病原性病害亦有发生。全省范围烂鳃病、赤皮病、肠炎病、竖鳞病、水霉病及各种寄生虫疾病均有发生。

（二）2024 年云南水产养殖病害流行趋势预测

根据对 2023 年监测数据进行汇总、分析，2024 年在水产养殖中，预测将发生不同程度的病害，疾病种类主要是细菌性、病毒性、寄生虫性疾病。

鱼类发病主要集中在 6—10 月，7—9 月最为严重。草鱼四病（肠炎病、赤皮病、烂鳃病、出血病）将继续在全省流行，鱼类寄生虫性疾病可能有上升的趋势。在继续做好防治的同时，应加强管理和监测。

三、应对措施和建议

（1）强化健全省防疫体系，加强基层防疫站建设，不断提升全省水生动物病害病原监测、病情预测报及病害防控能力。

（2）积极争取水生动物疫病防控经费投入，培养专业、精干的疫病防控人才队伍，提高基层专业技术水平。

（3）强化引进苗种检疫工作，从源头控制病害的发生。引种需挑选具有检疫合格证的苗种厂家，并做好引种后的消毒、隔离观察和日常管理工作。

（4）加大绿色健康养殖技术、养殖模式等宣传力度，使广大养殖者牢固树立绿色、生态、健康养殖理念。

2023 年陕西省水生动物病情分析

陕西省水产研究与技术推广总站

（王　华　夏广济　王西耀）

一、水产养殖病害测报基本情况

2023 年，对陕西省 17 个主要水产养殖品种进行了全年的病害监测和预报工作，通过实施"五大行动"，有效防控渔病发生，减少病害造成的损失，促进了渔业高质量发展。监测结果表明：2023 年水产养殖品种发病率及死亡率较上年有所下降，全年无重大疫病发生，水产品质量安全水平得到提高。

（一）监测点设置

根据陕西省各地水产养殖生产实际，全省共设置 39 个测报县（区），设置鱼类病情监测点 136 个（表 1），监测水生动物 18 种，监测面积 2 991.73 hm²，覆盖了全省所有国家级健康养殖示范场。

表 1　陕西省 2023 年度水产养殖病情测报县（区）分布（个）

测报区域	市名	测报县（区）	测报点数
关中片区	西安	长安区、临潼区、蓝田县	9
	宝鸡	陈仓区、扶风县、凤翔区、眉县	10
	咸阳	礼泉县、兴平市	6
	渭南	临渭县、合阳县、大荔县、蒲城县、华阴市	15
陕南片区	汉中	汉台区、西乡县、城固县、南郑区、勉县、佛坪县	39
	安康	汉滨区、汉阴县、石泉县、紫阳县、岚皋县、旬阳县、白河县	18
	商洛	商州区、洛南县、山阳县、商南县、镇安县	15
陕北片区	铜川	耀州区	3
	延安	宝塔区、黄陵县、吴起县	9
	榆林	榆阳区、横山区、靖边县	12
合计	10	39	136

（二）测报内容

对草鱼、鲢、鳙、鲤、鲫、泥鳅、鮰、虹鳟、罗非鱼、杂交鲟、黄颡鱼、鲈、克氏原螯虾、澳洲龙虾（淡）、中华鳖、大鲵、锦鲤等 17 个养殖品种的 38 种病害（表 2）开展监测预报工作。

表 2　监测养殖品种和病情种类

养殖品种	病害种类
草鱼、鲤、鲫、鲢、鳙、罗非鱼、虹鳟、杂交鲟、鮰、黄颡鱼、鲈、泥鳅、大鲵、澳洲龙虾、克氏原螯虾、中华鳖、锦鲤	（1）病毒性疾病　草鱼出血病、鲤春病毒病、传染性造血器官败血症、传染性胰脏坏死病、病毒性出血性败血症、暴发性出血病（6 种） （2）细菌性疾病　出血性败血症、溃疡病、烂鳃病、肠炎病、赤皮病、疖疮病、白皮病、打印病、竖鳞病、链球菌病、爱德华氏病、白头白嘴病（12 种） （3）真菌性疾病　水霉病、鳃霉病（2 种） （4）藻类疾病　楔形藻病、卵甲藻病、淀粉卵甲藻病、丝状藻附着病、三毛金藻病（5 种） （5）原生动物病　黏孢子虫病、小瓜虫病、车轮虫病（3 种） （6）后生动物病　三代虫病、复口吸虫病、指环虫病、中华鳋病、锚头鳋病、鱼虱病（6 种） （7）其他　缺氧症、中毒、脂肪肝、肝胆综合征（4 种）

二、监测结果与分析

2023 年各监测点共向全国水产养殖病害监测数据库传送有效监测数据 862 条，其中无病上报 690 条，有病上报 172 条，可见在养殖周期内大部分时间、大部分养殖品种处于健康状态。部分养殖品种发生了疾病，监测出青鱼、草鱼、鲢、鲤、鲫、鳖 6 个养殖品种发生疾病。

其中，草鱼发病率较高，年均发病面积比率为 14.3%；鲢次之，年均发病面积比率分别为 7.1%；鲤、鲫和鳖发病率较小，年均发病面积比率分别为 6.8%、5.8% 和 2.5%。其他养殖品种因养殖规模小、数量少、监测点少，未监测出病害。

全年共监测出病毒性疾病 2 种、细菌性疾病 7 种、真菌性疾病 2 种、寄生虫病 3 种、非病原疾病（缺氧症、肝胆综合征）2 种、不明病因疾病 1 例，鳖病 1 例。

全年无重大疫情发生，渔业生产总体平稳。

三、疾病发生情况

2023 年陕西省对水产养殖品种进行了为期 12 个月的监测，其中 1—2 月和 11—12 月水温低，鱼处于冬眠状态，未监测到疾病。水产养殖病害主要发生在 3—9 月，共监测到青鱼、草鱼、鲤、鲢、鲫和中华鳖 6 个养殖品种发生草鱼出血病、烂鳃病、肠炎病、车轮虫病等 19 种病害。从发病时间看，养殖病害的发生呈现春季发病率较高，随后慢慢降低的趋势。3 月、4 月发病率较高，3 月发病面积比率为 1.5%，4 月发病面积比率为 1.9％为全年最高（表 3）。

表 3　各月发病面积比率

月份	3	4	5	6	7	8	9	10
平均值（％）	1.5	1.98	0.61	1.12	0.31	0.61	0.1	0.04

（一）主要养殖品种病情分析

（1）草鱼　草鱼养殖期间发病率、死亡率较高，全年共监测出草鱼病害 45 例，分别为草鱼出血病、淡水鱼细菌性败血症、鱼爱德华氏菌病、赤皮病、细菌性肠炎病、打印病、水霉病、鳃霉病、指环虫病、车轮虫病、缺氧症、肝胆综合征、不明病因疾病等，其中赤皮病、鳃霉病、指环虫病发病率较高。全年发病率最高出现在 3 月，为 1.04％。全年共监测到草鱼病害 6 类，以细菌性疾病、真菌性疾病为主，细菌性疾病 16 例，占总发病比例的 35.6％，真菌性疾病 11 例，占 24.4％，非病原性疾病 9 例，占 20％（图 1）。

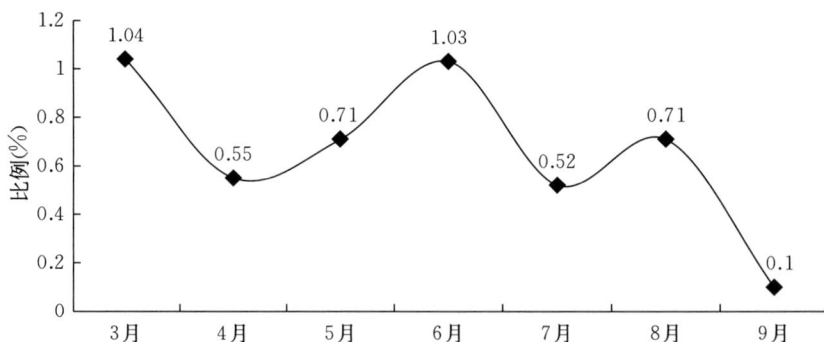

图 1　草鱼各月发病面积比率

（2）鲤　全年共监测出鲤病害 35 例，分别为病毒性出血性败血症、淡水细菌性败血症、鱼爱德华氏菌病、溃疡病、细菌性肠炎病、柱状黄杆菌病、流行性溃疡综合征、水霉病、指环虫病、缺氧症、肝胆综合征和不明病因疾病。其中，细菌性肠炎病危害较大。从时间上看，4 月发病率最高，为 0.91％（图 2）。

鲤全年共发生疾病 6 类，病毒性疾病 1 例，占总发病比例的 2.86％，细菌性疾病 10 例，占 28.57％，真菌性疾病 14 例，占 40.00％，寄生虫性疾病 1 例，占 2.86％，非病原性疾病 8 例，占 22.86％，其他 1 例，占 2.86％。

（3）鲢　共监测出鲢疾病 14 例，分别是淡水鱼细菌性败血症、打印病、水霉病、鳃霉病、锚头鳋病、缺氧症和不明病因疾病。3 月发病率最高，为 4.5％（图 3）。

（4）鲫　监测出鲫疾病 1 种，即鱼爱德华氏菌病，监测区域发病率为 1.2％，主要发病出现在 6 月。

（5）中华鳖　监测到溃烂病 1 种，监测区域发病率为 2.5％，发病区域死亡率为零。

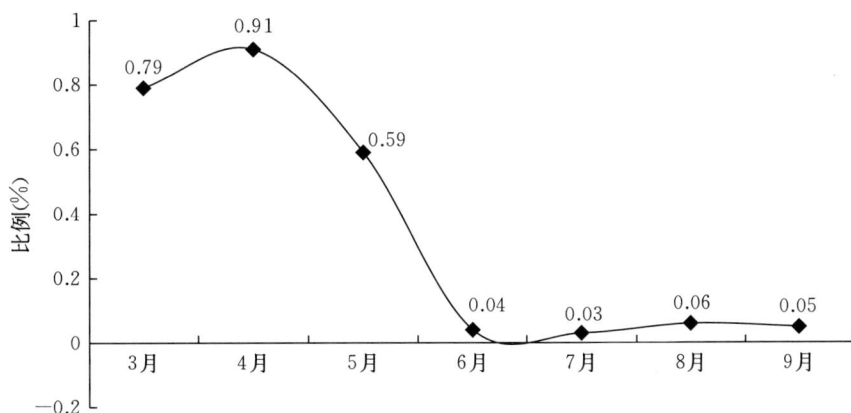

图 2　鲤各月发病面积比率

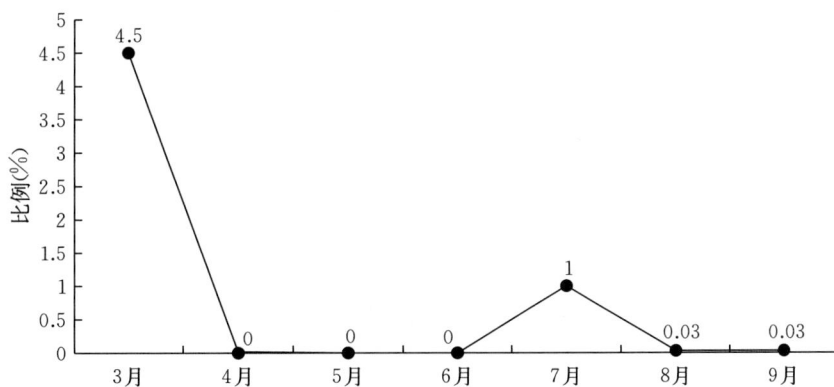

图 3　鲢各月发病面积比率

（二）疾病种类分析

全年共监测到水产养殖病害草鱼出血病、赤皮病、车轮虫病等 19 种（表 4）。按疾病种类分：病毒性疾病和非病原性疾病各占 10.52％，细菌性疾病占 42.11％，真菌性疾病和寄生虫性疾病各占 15.79％，不明原因疾病占 5.26％。细菌性疾病、真菌性疾病和寄生虫性疾病为主要病害。

表 4　2023 年监测到的水产养殖病害汇总

类别		病名	数量
鱼类	病毒性疾病	草鱼出血病，病毒性出血性败血症	2
	细菌性疾病	细菌性肠炎病，淡水鱼细菌性败血症，鱼爱德华氏菌病，赤皮病，打印病，溃疡病，柱状黄杆菌病	7

（续）

类别		病名	数量
鱼类	真菌性疾病	水霉病，鳃霉病，流行性溃疡综合征	3
	寄生虫性疾病	指环虫病，车轮虫病，锚头鳋病	3
	非病原性疾病	缺氧症，肝胆综合征	2
	其他	不明病因疾病	1
其他类	细菌性疾病	鳖溃烂病	1
合　计			19

1. 细菌性疾病

从疾病的种类看，细菌性疾病占 42.11%。监测到的有细菌性肠炎病、淡水鱼细菌性败血症、鱼爱德华氏菌病、赤皮病、打印病、溃疡病、柱状黄杆菌病等。其中，淡水鱼细菌性败血症、鱼爱德华氏菌病、溃疡病、赤皮病发病率较高，溃烂病发病率较低。

（1）细菌性肠炎病　全年监测区域发病 9 次，占总发病次数比例的 9.4%。病原为嗜水气单胞菌和豚鼠气单胞菌。此病流行于 3—9 月，发病为 4—7 月，4 月达到发病高峰期，发病率为 25%，死亡率为 0.67%；6 月发病率为 5.37%，死亡率为 1.89%（图4）。

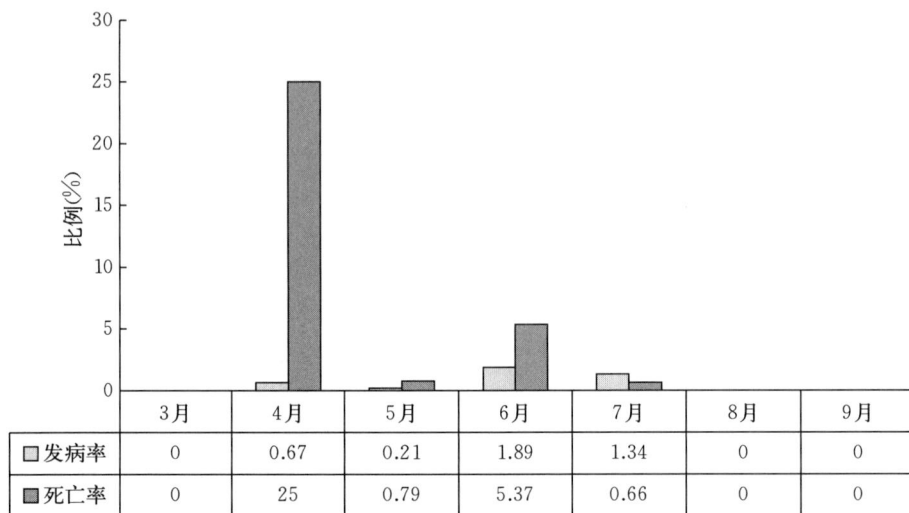

	3月	4月	5月	6月	7月	8月	9月
□ 发病率	0	0.67	0.21	1.89	1.34	0	0
■ 死亡率	0	25	0.79	5.37	0.66	0	0

图 4　细菌性肠炎病月均发病率及死亡率

（2）淡水鱼细菌性败血症　全年发病 8 次，占比 8.3%。4 月发病率最高达 17.01%，死亡率最高在 5 月达 1.43%。该病主要危害草鱼、鲤和鲫等（图5）。

（3）赤皮病　该病主要危害草鱼、青鱼、鲤、团头鲂等多种淡水鱼类，发病时间 4—5 月，监测到赤皮病 11 例。发病高峰期在 5 月，为 25.07%，死亡率高峰期在 4 月，为 0.59%（图6）。

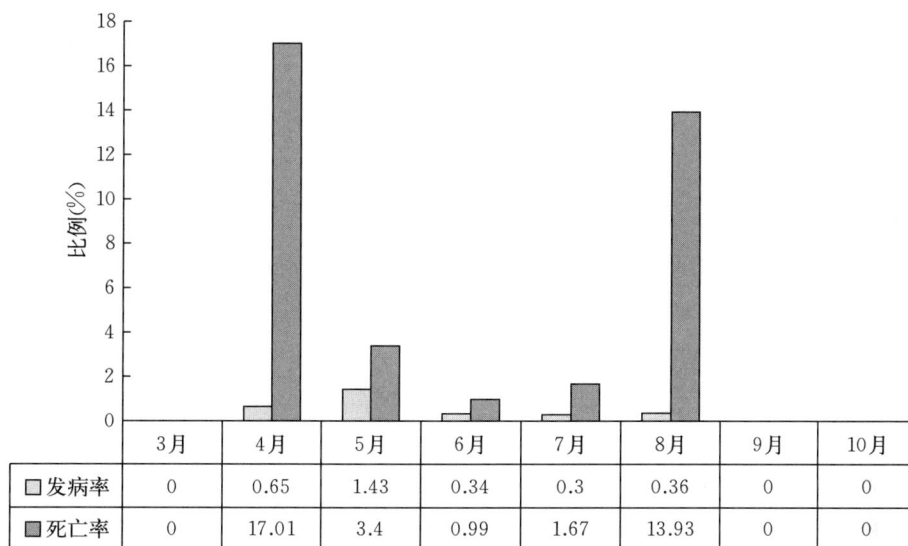

	3月	4月	5月	6月	7月	8月	9月	10月
□ 发病率	0	0.65	1.43	0.34	0.3	0.36	0	0
■ 死亡率	0	17.01	3.4	0.99	1.67	13.93	0	0

图 5　淡水鱼细菌性败血症月均发病率及死亡率

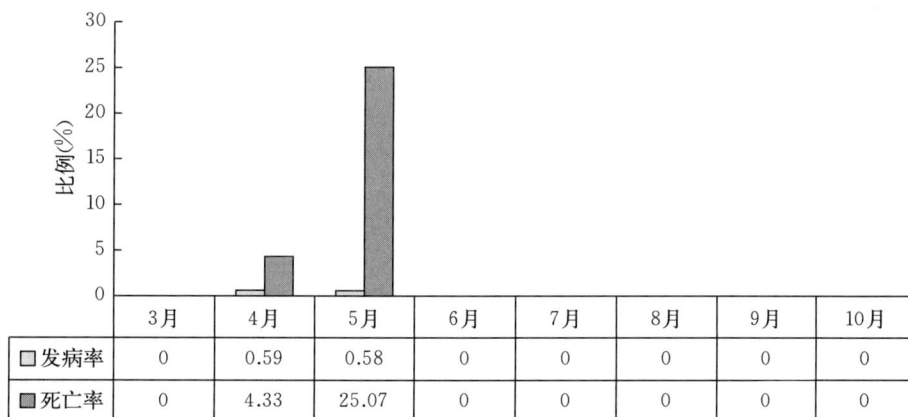

	3月	4月	5月	6月	7月	8月	9月	10月
□ 发病率	0	0.59	0.58	0	0	0	0	0
■ 死亡率	0	4.33	25.07	0	0	0	0	0

图 6　赤皮病月均发病率及死亡率

（4）鱼爱德华氏菌病　流行季节为夏季和秋初高温期，全年发病 17 例（图 7）。

2. 真菌性疾病

（1）水霉病　各养殖品种均有发生。全年共监测到 24 次，发生在 3—5 月，占比 28%。此病主要发生在春季水温较低时。

（2）鳃霉病　全年监测到鳃霉病 2 次。3 月、4 月各监测到此病 1 例，发病率为 1.5% 和 1.8%，死亡率为 0.1% 和 0.2%。

3. 非病原疾病

2023 年陕西省监测到非病原疾病 18 次，占比 18.75%。该病由管理不善引起，主要有缺氧症、脂肪肝、肝胆综合征、气泡病。

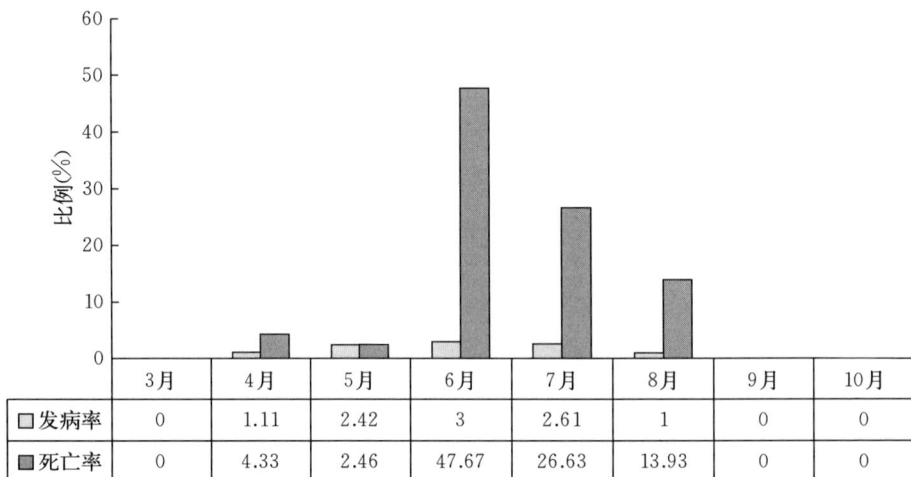

	3月	4月	5月	6月	7月	8月	9月	10月
□ 发病率	0	1.11	2.42	3	2.61	1	0	0
■ 死亡率	0	4.33	2.46	47.67	26.63	13.93	0	0

图 7　鱼爱德华氏菌病月均发病率及死亡率

（1）缺氧　缺氧主要发生在 6 月之后，由池塘负荷量增加、池中有机物耗氧量增大所致，是养鱼常见现象。

（2）肝胆综合征　肝胆综合征是以肝胆疾患为主要特征的新的鱼类疾病。该病是近年发生频繁，从 6 月开始直到 10 月都有发生。

四、2024 年病害流行预测

根据病害流行规律，结合往年水产养殖病情监测情况分析，预测 2024 年陕西省水产养殖品种疾病种类仍以细菌性疾病和寄生虫性疾病为主。

春季气温、水温较低，越冬鱼类体质较弱，抗病能力差，生物源性疾病可能有所减少，但仍需注意水霉病、鳃霉病等低温期易发疾病，同时要注意预防环境因素引起的缺氧、水质不良等影响。夏季随着气温、水温逐渐回升，水产养殖进入生产旺季，投饵量增加，排泄物增多，养殖水体中各类病原微生物大量繁殖，水生动物病害多发季节也随之而来。以细菌性败血症、细菌性肠炎病等细菌性疾病及指环虫病、车轮虫病等寄生虫病为主。秋冬季随着气温、水温的下降，水产养殖动物病害发生率下降，病情也将不断减轻，重点防范水霉病以及缺氧症。

五、病害预防对策及建议

（1）强化防疫检疫工作　结合水产苗种产地检疫及无规定疫病苗种场建设等工作，加大宣传力度，提高市（县）水产站及有关养殖企业和个人对水生动物重大疫病监测工作的认识，积极引导符合条件的国家级、省级水产苗种场，原良种场参加疫病监测工作，全面推动水产苗种产地检疫工作。

（2）继续实施水产健康绿色养殖　继续巩固和深化水产健康养殖示范场创建工作，大力宣传生态健康发展理念，推动水产健康养殖方式转变，促进标准化、规范化养殖生产，提升整体健康养殖水平。对已挂牌的农业农村部健康养殖示范场加强跟踪指导和督查，保持其示范带动作用。

（3）加大投入力度，提高工作能力　加强省级水生动物防疫检疫中心建设，不断完善水生动物病害检测及疫病监测项目，发挥省级水生动物疫病监测中心实验室作用，提升病害防控能力和水平，满足水生动物防疫检疫工作需求。同时结合水产苗种产地检疫等工作，积极组织开展相关技术培训，加大市（县）水产站技术人员培训力度，为高质量完成病害监测及防控工作奠定基础。

2023 年甘肃省水生动物病情分析

甘肃省渔业技术推广总站（甘肃省水生动物疫病预防控制中心）

（丁丰源　康鹏天　王秀琴　杨　娟）

一、基本情况

2023 年，甘肃省 9 个市（州）17 个县（区）设立测报点 49 个开展病害监测（表 1）。测报面积 260.949 1 hm^2。主要监测品种 6 种（表 2、表 3）。

表 1　2023 年度水产养殖疫病测报县（区）分布（个）

省份	市（州）	测报县	检测点数量
甘肃省	兰州市	红古区、永登县、皋兰县、榆中县	12
	白银市	靖远县	4
	天水市	武山县	2
	平凉市	崆峒区	3
	酒泉市	肃州区、金塔县、玉门市、敦煌市	9
	庆阳市	西峰区、宁县、镇原县	4
	定西市	临洮县	3
	陇南市	文县	1
	临夏回族自治州	永靖县	11
合计	9	17	49

表 2　2023 年度水产养殖病害监测种类、面积分类汇总

甘肃省	监测种类数量（种）	监测面积（hm^2）		
	鱼类	淡水池塘	淡水网箱	淡水工厂化
	6	256.219 9	1.893 6	2.835 6
合计	6	260.949 1		

表 3　2023 年水产养殖病害监测品种（种）

类别	品种	数量
鱼类	草鱼、鲫、鲢、鲑、虹鳟、鲟	6

2023 年共监测到鱼类疾病 28 种，其中病毒性疾病 4 种、细菌性疾病 9 种、真菌性疾病 2 种、寄生虫性疾病 6 种、非病原性疾病 7 种（表 4）。

表 4　2023 年水产养殖病害汇总（种）

类别	病名	种数
病毒性疾病	草鱼出血病、传染性造血器官坏死病、流行性造血器官坏死病、传染性皮下和造血组织坏死病（传染性皮下和造血器官坏死病）	4
细菌性疾病	烂鳃病、赤皮病、细菌性肠炎病、烂尾病、打印病、溃疡病、竖鳞病、疖疮病、淡水鱼细菌性败血症	9
真菌性疾病	水霉病、鳃霉病	2
寄生虫性疾病	刺激隐核虫病、指环虫病、车轮虫病、锚头鳋病、小瓜虫病、钩介幼虫病	6
非病原性疾病	氨中毒症、脂肪肝、维生素 C 缺乏病、肝胆综合征、冻死、气泡病、缺氧症	7
合　计		28

二、监测结果与分析

全年共完成病情月报表 9 期，预测预报 7 期，监测信息按时上报全国水产技术推广总站，同时在甘肃省内病害测报 QQ 群发布病害预警信息，指导做好病害防控工作。

（一）常规监测及结果分析

2023 年全省监测到病害的养殖品种有草鱼、鲫、鲢、鲑、虹鳟、鲟 6 个品种。养殖病害平均发病面积比例为 4.136%，平均监测区域死亡率为 0.746%，平均发病区域死亡率为 14.024%。

（1）草鱼　全年监测到赤皮病、脂肪肝、维生素 C 缺乏症、肝胆综合征、不明病因疾病 5 种养殖病害，各种病害平均发病面积比例为 8.32%，平均监测区域死亡率为 0.383%，平均发病区域死亡率为 20.314%。详见表 5。

表 5　2023 年草鱼监测情况（%）

项目	赤皮病	脂肪肝	维生素 C 缺乏病	肝胆综合征	不明病因疾病
发病面积比例	17	15	10	12.5	0.85
监测区域死亡率	0.15	0.04	0.04	0.04	0.76
发病区域死亡率	36.43	27.78	29.41	30	5.7

（2）鲤　全年监测到赤皮病、水霉病、缺氧症、维生素 C 缺乏病、肝胆综合征 5 种养殖病害，平均发病面积比例为 4.79%，平均监测区域死亡率为 0.147%，平均发病

区域死亡率为 23.690%。详见表 6。

表 6　2023 年鲤监测情况（%）

项目	赤皮病	水霉病	缺氧症	维生素 C 缺乏病	肝胆综合征
发病面积比例	7.92	0.03	5.94	2.97	5.94
监测区域死亡率	0	0.87	0	0	0.01
发病区域死亡率	20.83	20	37.5	0.06	31.88

（3）虹鳟　全年监测到传染性造血器官坏死病、水霉病和不明病因疾病 3 种养殖病害，平均发病面积比例为 0.743%，平均监测区域死亡率为 1.564%，平均发病区域死亡率为 5.540%。详见表 7。

表 7　2023 年虹鳟监测情况（%）

项目	传染性造血器官坏死病	水霉病	不明病因疾病
发病面积比例	0.4	0.8	0.8
监测区域死亡率	0.67	3.33	1.39
发病区域死亡率	4	10.48	4.86

（4）鲟　全年监测到细菌性肠炎、维生素 C 缺乏病和不明病因疾病 3 种养殖病害，平均发病面积比例为 1.238%；平均监测区域死亡率为 0.517%；平均发病区域死亡率为 2.810%。详见表 8。

表 8　2023 年鲟监测情况（%）

项目	细菌性肠炎病	维生素 C 缺乏病	不明病因疾病
发病面积比例	1.55	0.44	1.17
监测区域死亡率	0.65	0.01	0.57
发病区域死亡率	3.12	0.01	3.75

（二）重大疫病专项监测及结果分析

1. 监测基本情况

2023 年，根据国家水生动物疫病监测计划，甘肃省主要开展传染性造血器官坏死病（IHN）和传染性胰脏坏死病（IPN）专项监测工作，5 月在甘肃永靖县、临夏县抽检 10 份虹鳟样品。

2. 检测结果及分析

抽检的 10 份样品中阳性样品 3 份，分别为刘家峡水库虹鳟 IHN 阳性 2 份、文祥生态渔业有限公司三文鱼（三倍体虹鳟）IHN 阳性 1 份。IPN 未检测出阳性。

全省虹鳟 IHN 和 IPN 发病情况仍然比较严重。有的养殖场虽然没有监测出阳性，但疫病隐患依然存在。传染性造血器官坏死病和传染性胰脏坏死病仍然严重威胁着甘肃省鲑鳟养殖业，疾病防控工作依然不能放松。

三、2024 年水产养殖病害发展趋势预测

根据甘肃省历年水生动物病害监测数据，2024 年水生动物病害以真菌性、细菌性、病毒性和非病原性疾病为主。2024 年病害预测如下：

1—3 月，水温较低，大宗淡水鱼水生动物病害较少，以水霉病、细菌病、竖鳞病为主；鲑鳟要重点预防传染性造血器官坏死病和传染性胰脏坏死病。

4—5 月，各地气温逐渐回升，越冬鱼类体质较弱，抗病能力差，重点防范水霉病、赤皮病、肠炎病的发生；鲑鳟要重点预防传染性造血器官坏死病和传染性胰脏坏死病。

6—8 月，气温、水温持续升高，养殖病害发病率、死亡率迅速上升，主要病害有烂鳃病、肝胆综合征、赤皮病等。

9—10 月，水温开始下降，水生动物病害开始下降，但是池塘水质较肥，要加强日常管理，预防病害发生，同时做好休药期管理，主要病害以传染性造血器官坏死病和传染性胰脏坏死病为主。

11—12 月，水温迅速下降，病害减少，仍要重点防范水霉病、烂鳃病、肠炎病、传染性造血器官坏死病和传染性胰脏坏死病。

四、对策及建议

（1）提高水生动物疫病防控体系能力。进一步发挥甘肃省水生动物疫病监测中心实验室作用，强化基层专业技术人员队伍建设，提高病害防控能力。

（2）继续实施水产绿色健康养殖技术推广"五大行动"。通过推广生态健康养殖模式，开展养殖尾水治理、用药减量等措施改善养殖水体环境，减少病害发生。

（3）扩大全省病害预测预报测报点和监测面积。完成全年监测任务目标，及时发布病害预警信息。配合全国水产技术推广总站做好水生动物疾病防控技术等培训和相关技术指引的发布工作。

（4）强化虹鳟 IHN 专项检测。积极配合全国水产技术推广总站完成 IHN、IPN 流行病学调查等相关工作，做好无规定水生动物疫病苗种场申报工作。

2023 年青海省水生动物病情分析

青海省渔业技术推广中心

（赵　娟　龙存敏　火兴民　薛长安　蔡　赟　李鲜存
魏金良　李英钦　刘筱波　蔡亮山　马成林）

一、水产养殖动物疾病总体情况

2023 年对全省 19 个监测点 1 个水产养殖品种（虹鳟）开展了疾病监测工作，监测到发病品种 1 种（虹鳟），监测面积 29.19 hm²。监测到水产养殖动物疾病 2 种，其中真菌性疾病 1 种，寄生虫性疾病 1 种。

2023 年水产养殖动物发病率 7 月最高，为 27.87％；11 月次之，为 15.99％；6 月最低，为 0.22％；1—3 月、5 月、12 月未发病。水产养殖动物死亡率 9 月最高，为 0.25％；7 月、10 月和 11 月次之，为 0.14％；6 月最低，为 0.01％；1—3 月、5 月、12 月未出现死亡（图 1）。月平均发病率为 5.12％，月平均死亡率为 0.07％（表 1）。水产养殖动物发病、死亡夏、秋季比较严重，且受病原侵袭力、水环境条件等因素的影响。

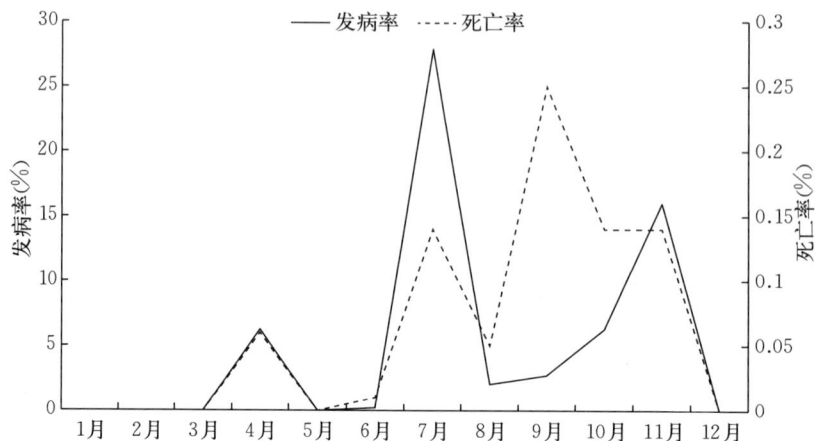

图 1　2023 年青海省水产养殖动物发病率、死亡率

表 1　水产养殖动物月发病率、月死亡率（％）

项目	1月	2月	3月	4月	5月	6月	7月	8月	9月	10月	11月	12月	月均值
发病率	0	0	0	6.25	0	0.22	27.87	2.06	2.72	6.28	15.99	0	5.12
死亡率	0	0	0	0.06	0	0.01	0.14	0.05	0.25	0.14	0.14	0	0.07

注：月发病率均值＝监测期月发病面积总和÷监测期月监测面积总和×100％；月死亡率均值＝监测期月死亡尾数总和÷监测期月监测尾数总和×100％。

2023 年青海省水产养殖动物表现出以下发病特点：水产养殖动物疾病主要流行于 7—11 月，7—11 月危害较重。各种疾病中，真菌性疾病和寄生虫性疾病的危害范围广，尤其是水霉病和三代虫病对虹鳟类危害较重。

二、虹鳟疾病发病情况

监测时间 1—12 月，监测面积 29.19 hm²。2023 年共监测到虹鳟疾病 2 种，其中真菌性疾病 1 种，寄生虫性疾病 1 种（表 2）。主要疾病的发病情况见表 3 和图 2。

表 2　虹鳟疾病

疾病类别	疾病名称	种数
真菌性疾病	水霉病	1
寄生虫性疾病	三代虫病	1
合计		2

表 3　虹鳟主要疾病发病情况（％）

品种	项目	1 月	2 月	3 月	4 月	5 月	6 月	7 月	8 月	9 月	10 月	11 月	12 月	月均值
水霉病	发病率	0	0	0	6.25	0	0	27.87	2.06	2.72	6.28	15.99	0	5.097 5
	死亡率	0	0	0	0.06	0	0	0.14	0.05	0.25	0.14	0.14	0	0.065 0
三代虫病	发病率	0	0	0	0	0	0.22	0	0	0	0	0	0	0.018 3
	死亡率	0	0	0	0	0	0.01	0	0	0	0	0	0	0.000 8

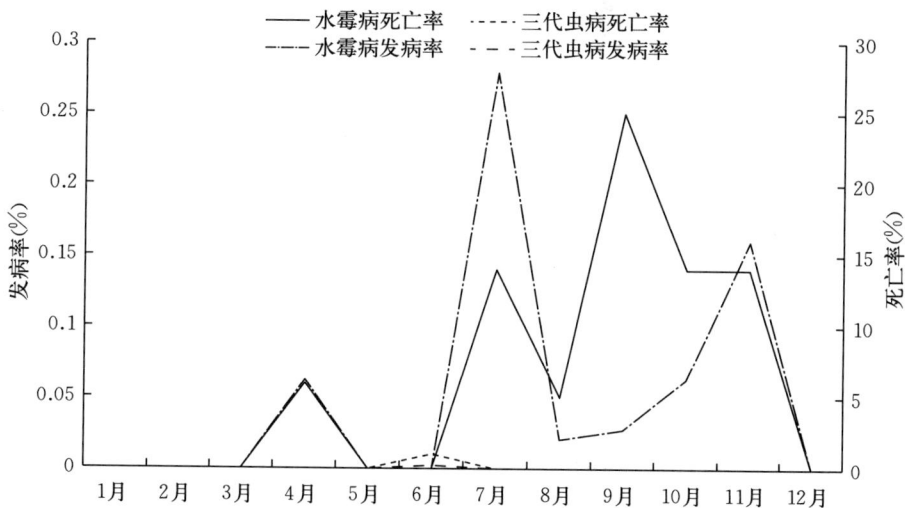

图 2　2023 年虹鳟主要疾病发病情况

三、病情分析

从疾病的流行分布来看，水霉病、三代虫病主要分布于龙羊峡水库。2023年养殖虹鳟发病较严重的时间集中在4—11月，其中9月死亡率最高，达为0.25％。从历年月平均发病率、死亡率来看，发病率和死亡率呈逐年上升趋势，月平均发病率由2016年的0.30％上升到2022年30.40％，月平均死亡率由2016年的0.06％上升到2023年0.25％；疾病对鱼类的危害呈上升趋势，应引起广大从业者的高度重视。以上疫情分析结果表明，青海省网箱养殖鱼类疫情防控形势依然严峻。从应对策略方面看，应加强对真菌性疾病、寄生虫病、细菌性疾病、病毒性疾病的防控，病毒性疾病应采取强化苗种检疫、疾病检测，加强对发病鱼和发病池塘的隔离管控等措施，防止疾病传播。

四、2024年水产养殖病害发病趋势预测

根据历年青海省水产养殖病害监测结果，2024年全省水产养殖过程中仍将发生不同程度的病害，疾病种类主要为真菌性疾病、细菌性疾病、寄生虫病和病毒性疾病。

1—4月天气寒冷，气温、水温偏低，病害发生相对减少，重点防范水霉病。在生产操作过程中，要尽量避免人为操作不当造成鱼类机械损伤，导致水霉病发生。做好网箱遮盖工作，防止鸟类侵害网箱及网箱中的鱼。

5—10月随着气温、水温的上升，鲑鳟进入生长旺盛期，鲑鳟容易发生三代虫病、小瓜虫病、传染性造血器官坏死病、传染性胰脏坏死病、疖疮病等。在养殖过程中，应加强生产管理，开展水产苗种产地检疫，严格按照青海省《冷水鱼养殖生物安全管理技术规范》《虹鳟网箱养殖技术规范》中的投饵率和鱼类生长情况及时调整投喂量，并做好水质监测、水体和工具的消毒工作，根据实际情况及时清洗网衣，保证网箱内外水流正常交换，做好汛期和水电站泄洪期间的防范工作。

11—12月随着气温、水温下降，鲑鳟的病害发生率也将降低，但易发生水霉病。因此，不能放松生产管理，应及时分箱，尽量减少对养殖鱼类的人为刺激和干扰。

2023 年宁夏回族自治区水生动物病情分析

宁夏回族自治区水产技术推广站/宁夏回族自治区鱼病防治中心

（曹根宝　王　灏　杨玉芹）

2023 年宁夏回族自治区水产技术推广站继续开展全区水生动物疫病监测工作，监测面积 2 070.21 hm²。其中，池塘 1 950.21 hm²，其他类型 120.00 hm²。监测面积占水产养殖总面积的 9.14%。通过开展水生动物疫病监测工作，基本掌握了宁夏水生动物病害分布和流行态势，为科学研判病害防控形势、制定防控决策提供了可靠依据。

一、重要水生动物疫病专项监测

2023 年宁夏回族自治区水产技术推广站根据《2023 年国家水生动物疫病监测计划》要求，完成了鲤春病毒血症（SVC）和草鱼出血病（GCHD）（各 5 份）共 10 份样品的采集送检工作。抽样场点涉及 4 家省级原良种繁育场和 1 家普通养殖场，所抽样品两种疫病均未检出，检测结果详情见表 1。

表 1　2023 年宁夏回族自治区送检疫病检测样品情况统计

种类	送检日期	样品份数（份）	阳性（份）	监测单位
鲤春病毒血症	6 月 20 日	5	0	中国水产科学研究院珠江研究所
草鱼出血病	6 月 20 日	5	0	

（一）鲤春病毒血症（SVC）

2019—2023 年，宁夏连续 5 年对鲤春病毒血症病毒（SVCV）进行监测，协助部级相关检测机构采集鲤春病毒血症疫病监测样本 25 份，共检出阳性样本 1 份（2020 年采集样本 5 份，阳性 1 份），5 年内的阳性检出率 4.00%。具体情况见表 2。

表 2　鲤春病毒血症养殖场点阳性检出情况

项目	2019	2020	2021	2022	2023
监测养殖场样本数（个）	5	5	5	5	5
阳性养殖场样本数（个）	0	1	0	0	0
阳性养殖场点检出率（%）	0.00	20.00	0.00	0.00	0.00
5 年检出率（%）	4.00				

（二）草鱼出血病（GCHD）

2019—2023 年，宁夏连续 5 年对草鱼呼肠孤病毒（GCRV）进行监测，协助部级相关检测机构采集草鱼出血病疫病监测样本 25 份，均未发现阳性样本。具体统计情况见表 3。

表 3　草鱼出血病养殖场点阳性检出情况

项目	2019	2020	2021	2022	2023
监测养殖场点样本数（个）	5	5	5	5	5
阳性养殖场点样本数（个）	0	0	0	0	0
阳性养殖场点检出率（%）	0.00	0.00	0.00	0.00	0.00
5 年检出率（%）	0.00				

二、常规水生动物疫病监测结果及分析

（一）总体情况及分析

1. 基本情况

2023 年宁夏回族自治区常规水生动物疫病病情测报区域覆盖全区 4 个市、12 个水产养殖重点县（市、区），共设置水产养殖动植物病情测报点 36 个（表 4）。

表 4　水产养殖动植物病情测报点分布统计（个）

地市级	县（市、区）级	监测点
银川市	兴庆区、西夏区、永宁县、贺兰县、灵武市	19
石嘴山市	大武口区、惠农区、平罗县	5
吴忠市	利通区、青铜峡市	4
中卫市	沙坡头区、中宁县	8
合计	12	36

全区测报养殖品种共 3 大类 10 个品种，其中鱼类 8 种，虾类 1 种，蟹类 1 种（表 5）。监测时间为 1—12 月。其中：1—3 月为 1 个监测月，4—10 月期间每月监测 1 次，11—12 月为 1 个监测月。全年共开展常规水生动物疫病病情测报 9 次，监测数据通过全国水产技术推广总站的"智能渔技综合信息服务平台"及时上传。

表 5　水产养殖疾病测报监测品种统计（种）

类别	养殖品种	数量
鱼类	鲤、草鱼、鲢、鳙、鲫、鲴、鲇、鲈	8

（续）

类别		养殖品种	数量
甲壳类	虾类	凡纳滨对虾	1
	蟹类	中华绒螯蟹	1
合　计			10

2. 发病养殖品种

监测数据显示，全区测报点共监测到发病养殖品种 4 种，分别是鲤、草鱼、鳙、鲫。

3. 监测到的疾病种类

全年测报水产养殖病害 5 类 10 种。其中，病毒病 1 种，占 10.00%；细菌病 4 种，占 40.00%；寄生虫病 2 种，占 20.00%；真菌病 1 种，占 10.00%；非病原性疾病 2 种，占 20.00%（表6）。根据以上数据可知，细菌病是宁夏地区水产养殖的主要病害类型。

表 6　水产养殖病害监测情况统计

疾病类别	病害名称	数量（种）	占比（%）
病毒病	草鱼出血病	1	10.00
细菌病	淡水鱼细菌性败血症、赤皮病、细菌性肠炎病、疖疮病	4	40.00
寄生虫病	指环虫病、锚头鳋病	2	20.00
真菌病	水霉病	1	10.00
非病原性疾病	缺氧症、三毛金藻中毒症	2	20.00
合计		10	100.00

4. 监测到的疾病次数

在监测区域内，全年测报发病 23 次，发病次数占比在 10.00% 以上的主要疾病种类有 3 种，分别为：细菌病累计发病 9 次，占 39.13%；真菌病累计发病 8 次，占 34.78%；寄生虫病累计发病 3 次，占 13.04%，细菌病和真菌病发病频次最高，与往年情况基本相符。水产养殖疾病种类发病次数比例见图 1。

从发病时间上来看，全年有两个发病高峰时期，第一个发病高峰

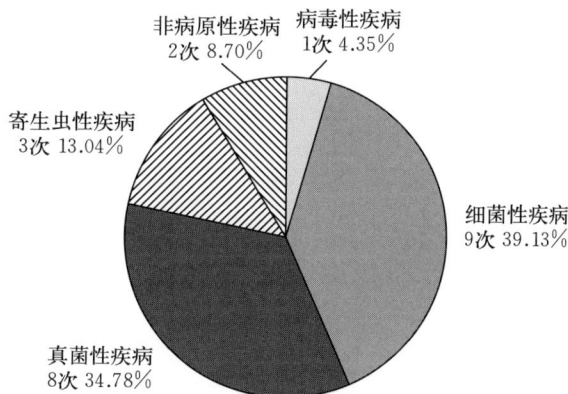

图 1　水产养殖疾病种类发病次数比例

为 3—4 月，第二个发病高峰为 6—8 月，分别占全年疾病发生总数的 39.13% 和 43.48%，与往年发病季节特征基本一致，分析其原因为：3—4 月气温回升冰面解冻，

越冬鱼体质弱，易感染霉菌，造成水霉病暴发；6—8月是水生动物生长旺季，气温较高，投饲较多，易导致水质变差、微生物大量繁殖从而引发各类疾病。各月水产养殖疾病发病次数见图2。

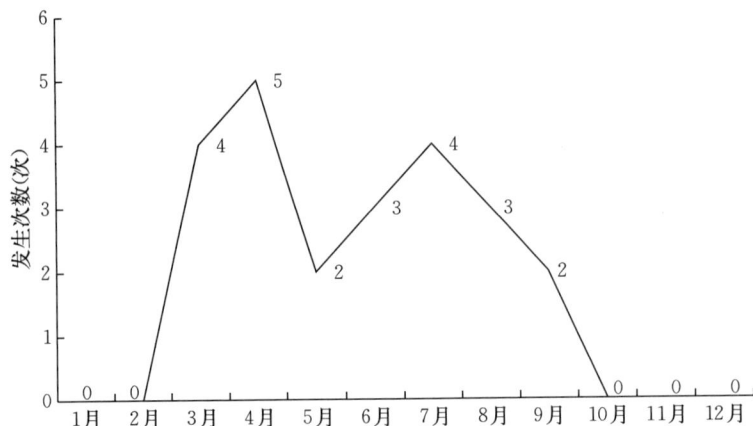

图2 各月水产疾病发病次数

5. 经济损失情况

2023年水产养殖测报区各水产养殖品种因病害造成的经济损失共22.16万元（表7）。其中鲤病害损失最多，为20.08万元，主要为疖疮病和三毛金藻中毒症造成。

表7 2023年监测养殖品种经济损失情况统计

品种	经济损失（万元）
草鱼	1.12
鳙	0.60
鲤	20.08
鲫	0.36
合计	22.16

（二）鲤、草鱼发病情况监测分析

1. 鲤

鲤是宁夏地区最主要的水产养殖品种，产量位居所有养殖品种之首。2023年共测报病害7种，累计发病11次。其中，细菌病3种，发病3次，占总发病频次的27.27%；真菌病1种，发病4次，占总发病频次的36.36%；寄生虫类疾病2种，发病3次，占总发病频次的27.27%；非病原性疾病1种，发病1次，占总发病频次的9.09%；具体发生病害次数及比例见图3。

按照平均发病面积率和平均监测区域死亡率的百分比统计分析，2023年12个月的

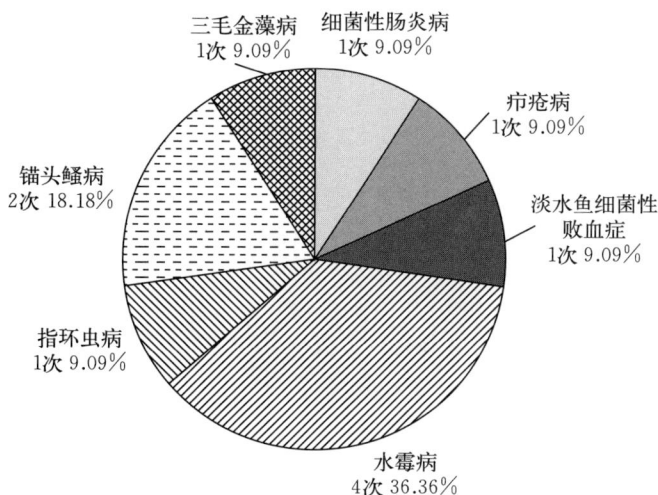

图 3　鲤病害发生次数比例

平均发病面积率为 2.32%，对比 2022 年（2.21%）升高 0.11 个百分点，发病时间主要集中在 4 月和 8 月。全年 12 个月平均监测区域死亡率为 0.61%，对比 2022 年（0.20%）升高 0.41 个百分点，死亡高峰期出现在 4 月和 9 月，主要为疖疮病和三毛金藻中毒症导致。各月具体统计数据情况见图 4。

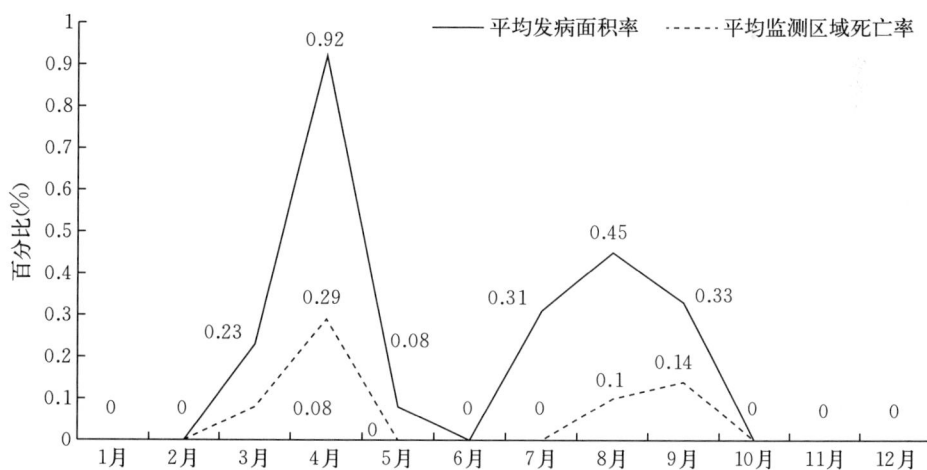

图 4　鲤平均发病面积率和平均监测区域死亡率统计

2. 草鱼

草鱼在宁夏水产养殖品种中产量位列第二，全年共测报病害 6 种，累计发病 10 次。其中，细菌病 3 种，发病 5 次，占 50.00%；真菌病 1 种，发病 3 次，占 30.00%；病毒病 1 种，发病 1 次，占 10.00%；非病原性疾病 1 种，发病 1 次，占 10.00%。具体发生病害次数及比例见图 5。

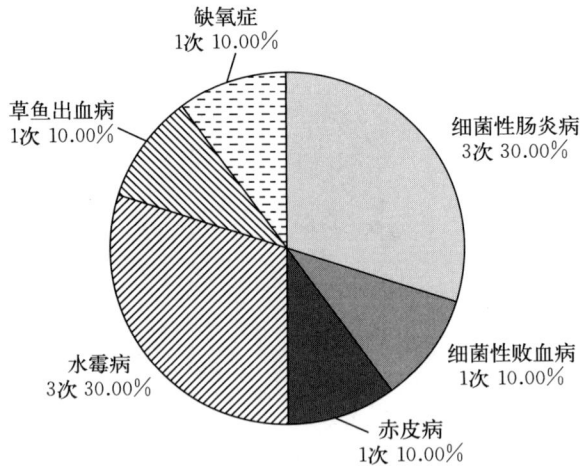

图 5　草鱼病害发生次数比例

按照平均发病面积率和平均监测区域死亡率的百分比统计分析，2023 年 12 个月的平均发病面积率为 1.76%，对比 2022 年（9.73%）降低 7.97 个百分点，主要为细菌性肠炎得到有效控制。发病时间主要集中在 3 月、6 月、7 月和 8 月。全年 12 个月平均监测区域死亡率为 0.14%，对比 2022 年（0.60%）降低了 0.46 个百分点，死亡高峰期出现在 6 月、7 月和 8 月，基本符合宁夏地区水产养殖发病死亡规律。其中，6 月平均监测区域死亡率较高，主要为小范围细菌性肠炎病和赤皮病造成，7 月平均监测区域死亡率较高主要由气温过高病害集中暴发导致。各月具体统计数据情况见图 6。

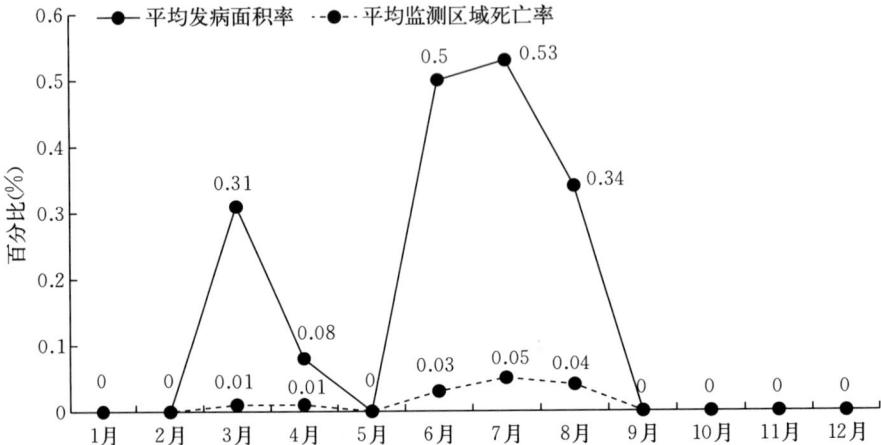

图 6　草鱼平均发病面积率和平均监测区域死亡率统计

三、2024 年水产养殖疾病发病趋势预测

（一）疾病发病预测

根据往年宁夏水产养殖疾病的监测结果、发病特点和流行趋势，结合宁夏地区水产

养殖特点，预测 2024 年水产养殖疾病流行趋势情况如下：

1—2 月：水温较低，池塘冰封，大宗淡水鱼疾病发生较少，工厂化养殖和温棚养殖车间易发生疾病。

3—4 月：由于天气回暖，气温上升，水质易变，越冬鱼体质较弱，易发生细菌性和真菌性疾病，如柱状黄杆菌病、赤皮病、竖鳞病和水霉病。

5—8 月：由于气温较高，投喂量加大，水生动物生长迅速，排泄物增多，导致水体富营养化，引发藻类过量繁殖及病原微生物滋生，导致疾病集中暴发，易发生细菌性肠炎病、烂鳃病、细菌性败血症、草鱼出血病等疾病，另外在整个生产季节易发生黏孢子虫病、锚头鳋病、车轮虫病、指环虫病等寄生虫病。高温易造成非病原性疾病多发，如投饲过多引发的肝胆综合征，高温引起的缺氧症等。

9—10 月：气温逐渐下降，是商品鱼上市和越冬并塘的季节，不规范的操作易引发疖疮病、赤皮病，水质调节不当易引发三毛金藻中毒症。

11—12 月：水温迅速下降，池塘大多被冰封，气温较低，疾病相对发病概率较小，可能会发生气泡病、缺氧症等。

（二）对策建议

（1）加强水生动物防疫体系建设 加强渔业官方兽医队伍建设，鼓励基层渔业技术推广人员报考渔业执业兽医师资格，充实水生动物专业防疫检测队伍。加强与省外相关研究院所、检测企业、推广机构交流学习，丰富水生动物疫病监测实验室的监测手段和检测方法。

（2）全面落实水产苗种产地检疫制度 加强苗种产地检疫宣传工作，鼓励苗种生产企业积极主动申报苗种产地检疫，提升养殖企业自觉报检意识，简化申报出证程序，降低养殖企业和养殖户报检难度。加大水产苗种产地检疫监督力度，强化主体责任，坚持做好苗种企业的苗种检疫、投入品监管工作，切实杜绝苗种无证流通现象，从源头有效控制疫病的传播流行。

（3）开展"五大行动"科学防控水产养殖疾病 以水产养殖"五大行动"为依托，坚持"以防为主、防治结合"原则，做好疾病预测工作，指导养殖户加强生产管理，健全水产养殖生产记录和兽药及其他投入品记录，科学预防、精准治疗、规范用药，做到"六不用"。大力推广绿色生态健康养殖模式，为养殖鱼类健康生长创造有利条件，降低病害发生率。

2023 年新疆维吾尔自治区水生动物病情分析

新疆维吾尔自治区水产技术推广总站

（韩军军 陈 朋 封永辉）

一、新疆水生动物疫病监测基本信息

2023 年新疆水产技术推广总站在全疆 13 个地（州、市）31 个县（市、区）开展了水产养殖动物病情监测工作。本年度监测点 55 个，测报员 53 人，监测鱼类 10 种、虾类 1 种、蟹类 1 种、观赏鱼 1 种。监测面积 2 333.18 hm²，其中，淡水池塘监测面积为 287.28 hm²，淡水工厂化监测面积为 3.73 hm²，淡水其他监测面积为 2 042.17 hm²。

二、2023 年新疆养殖鱼类疾病监测结果

（一）新疆养殖鱼类疾病发生情况

根据新疆水产养殖动物病情测报结果，2023 年监测到发病的养殖种类有 3 种，其中鱼类 2 种，虾类 1 种（表 1）。未监测到发病的鱼类有 8 种，蟹类 1 种，观赏鱼 1 种。

表 1 2023 年度发病养殖种类

类别	种类	数量
鱼类	草鱼、鲤	2
虾类	凡纳滨对虾（淡）	1

（二）主要疾病

2023 年监测到鱼类疾病 4 种，虾类疾病 1 种。按类别可分为细菌性疾病 3 种，真菌性疾病 2 种（表 2）。

表 2 2023 年度发病种类汇总

类别		病名	数量
鱼类	细菌性疾病	赤皮病、细菌性肠炎病	2
	真菌性疾病	水霉病、鳃霉病	2
虾类	细菌性疾病	弧菌病	1

本年度共上报疾病 6 次，其中鱼类疾病 5 次，虾类疾病 1 次。细菌性疾病和真菌性

疾病均上报 3 次。所有发病种类中上报种类数最多的是草鱼，共 4 种，其中细菌性疾病 2 种，真菌性疾病 2 种。鲤上报水霉病 1 种，凡纳滨对虾上报弧菌病 1 种（图 1）。

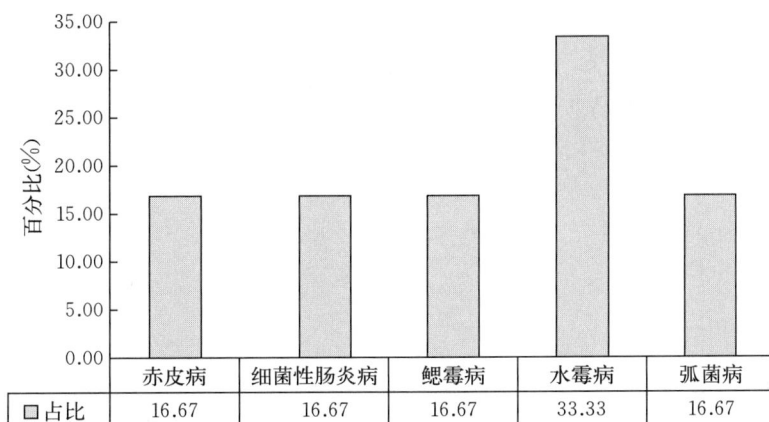

图 1 疾病发生种类百分比

	赤皮病	细菌性肠炎病	鳃霉病	水霉病	弧菌病
占比	16.67	16.67	16.67	33.33	16.67

（三）主要养殖鱼类疾病监测结果

根据上报时间显示，4 月上报疾病频率最高为 3 次，发病鱼类 2 种。监测鱼类中草鱼发病面积最大，为 16.53 hm²，占草鱼总监测面积 1.35%，平均监测区域死亡率为 1.39%，平均发病区域死亡率为 4.38%。鲤发病面积为 0.67 hm²，占鲤总监测面积的 0.06%，平均监测区域死亡率为 0.09%，平均发病区域死亡率为 1%。虾类中凡纳滨对虾发病面积为 0.8 hm²，占凡纳滨对虾总监测面积的 3.08%，平均监测区域死亡率为 12%，平均发病区域死亡率为 100%（图 2、表 3）。

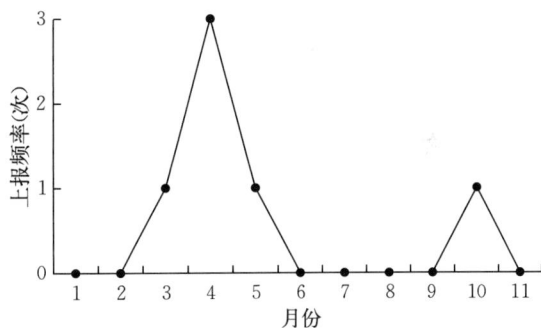

图 2 各月上报疾病次数

表 3 平均发病面积率（%）

疾病名称	赤皮病	细菌性肠炎病	水霉病	鳃霉病	弧菌病
发病面积比例	8.37	1.02	1.89	2.54	6
监测区域死亡率	2.17	1	0.09	1	12
发病区域死亡率	7.14	1	1	5	100

三、新疆重大水生疫病监测

（一）监测区基本情况

2023 年新疆选定乌鲁木齐等 8 个地（州、市）的 13 个县（市、区）的 21 个养殖单位作为监测点，其中省级原良种场 3 个、苗种场 8 个、成鱼养殖场 10 个。采集样品 31 个，其中鲤样本 5 个、鳟 9 个、鲑 2 个、草鱼 5 个、凡纳滨对虾 10 个。包含鲤春病毒血症（SVC）5 份样品，草鱼出血病（GCHD）5 份样品，传染性造血器官坏死病（IHNV）11 份样品，白斑综合征（WSSV）、虾肝肠胞虫病（EHP）、十足目虹彩病毒病（DIV1）10 份样品。

（二）检测结果

2023 年新疆组织开国家水生动物疫病监测和自治区水生动物疫病监测。其中国家监测计划中采集鲤 5 个样品，检测疫病为鲤春病毒血症；鲑鳟类 11 个样品，检测疫病为传染性造血器官坏死病，结果均为阴性。SVC 连续 4 年未检出，IHNV 连续 3 年未检出。省级监测计划中，采集草鱼 5 个样品，检测疫病草鱼出血病；采集凡纳滨对虾 10 个样品，检测疫病为白斑综合征、虹彩病毒病、虾肝肠胞虫病，检测结果均为阴性。

四、存在问题和建议

（一）存在的问题

各监测点养殖户参与度不高，一是因为担心上报疾病对自身养殖、生产和销售造成影响而漏报、瞒报。二是基层测报人员对水产养殖情况不甚了解，只能无病上报。

（二）建议

一是加强宣传引导，给养殖户树立正确的测报观念，促使他们积极参与病情测报工作，提高水产养殖病害测报数据的准确性。二是加强对测报人员的培训，提升测报人员能力和水平。三是各级监测人员定期与监测点沟通，了解养殖情况，及时上报病情。

五、2024 年水产养殖病害预测

根据历年新疆水产养殖病害测报结果，2024 年仍将是以细菌病、病毒病和寄生虫病等生物源性疾病为主：

4—5 月，越冬鱼类要注意水霉病的发生，越冬池要注意池水老化及池底的变化。外省购入的苗种一定要做好消毒和检测工作。

6—9 月，属于养殖中期，各类疾病频发，要坚持"预防为主"的原则，加强日常管理工作，密切关注天气变化；科学投喂，坚持"四定"原则；定期投喂保肝护胆等药物，做好水体消毒工作，定期调节水质。

10 月开始存塘鱼种要做好越冬准备，拉网、捕捞和运输过程中应防止机械损伤，并塘越冬鱼类要严格做好鱼体消毒和池塘消毒工作，投喂越冬鱼类时适当补充维生素 C 等免疫增强剂等，增强越冬鱼类体质，提高越冬成活率。越冬池塘一定要做好水质调节工作。

2023年新疆生产建设兵团水生动物病情分析

新疆生产建设兵团水产技术推广总站

（艾　涛）

2023年新疆生产建设兵团（以下简称"兵团"）水生动物疫病防控工作继续坚持"预防为主，防治结合"的原则，结合水产绿色健康养殖技术推广"五大行动"、产地水产品兽药残留监测、水生动物疫病专项监测等，加大健康养殖技术推广力度，推进水产健康养殖用药减量行动，加强疫病防控和投入品监管，全年没有发生重大水生动物疫情，兵团所辖渔业水域水产养殖病害测报工作任务顺利完成。

一、测报点分布及测报面积

2023年，兵团十个师市共设立测报点72个，测报品种涉及鱼类15种、虾类4种、蟹类1种。测报面积4 333.83 hm²，其中淡水池塘426.96 hm²、淡水其他（坑塘、水库等）3 906.87 hm²。

二、常规大宗淡水养殖鱼类病情

水产绿色健康养殖技术推广"五大行动"自2020年启动至今，健康养殖理念已深入人心，健康养殖技术水平不断提高，大大降低了鱼病的发生概率；加之兵团渔业职工常规大宗淡水鱼养殖经验丰富，苗种投放、分池、饲料投喂、水质调控、鱼病防控、捕捞、并塘、越冬等各个环节均做得比较到位且具有较高的水平，因此，2023年兵团渔业水域常规大宗淡水养殖鱼类基本没有发生危害较大的病害。

三、名特水产养殖鱼类病情

为提高水产养殖效益，丰富广大消费者的"菜篮子"，改善膳食结构，兵团渔业积极引进国内外名优水产品种、开发本地优质土著经济鱼类，持续推进水产养殖品种结构调整，名特优水产品在水产品总量中的比例逐年提升。2023年，兵团名特优水产品种的养殖产量已占兵团水产品总产量的15.0%，主要养殖品种既有凡纳滨对虾、中华绒螯蟹、克氏原螯虾、罗非鱼、鲟、武昌鱼、黄颡鱼、虹鳟、大口黑鲈、乌鳢、斑点叉尾鲴等国内引进品种，也有丁鱥、河鲈、白斑狗鱼等新疆土著品种，但由于许多名特优品种在新疆本地养殖和鱼病防治技术尚不成熟，养殖病害时有发生。2023年6—7月，凡纳滨对虾在昌吉地区附近的第六师辖区内发生了养殖病害，给养殖户造成了较大的经济损失。因此，虾病仍是兵团名特优水产养殖目前面临的主要瓶颈问题之一。

四、2024 年鱼病流行趋势

综合考虑兵团渔业水域近 3 年鱼病的发生情况，2024 年春季化冰后（3 月底至 4 月初），在分塘、放苗等操作时，鱼体容易受伤，仍以预防水霉病为主；同时，春季放苗时为有效预防病毒病的发生，应购买具有苗种生产许可证的正规苗种场的良种，虾类最好是无特定病原体的苗种（SPF 苗）；夏季为鱼类生长旺季，投饲量大，水温高，水质易恶化，是鱼病（特别是烂鳃病、肠炎病、出血病等细菌性鱼病）高发季节，要通过换水、消毒、改底等措施加强水质管理，通过投喂药饵增强鱼体抗病力，预防鱼病发生；秋季水体鱼载量大，水质易老化恶化，应注意防范转水造成的缺氧泛塘；冬季鱼池表面封冰，要坚持定期监测水质指标（特别是溶解氧），发现缺氧征兆时，及时采取加水、充气、曝气、洒增氧药等增氧措施，避免造成较大的经济损失。

五、问题及建议

一是水产专业人才缺乏。目前许多承担水产工作的人员是非专业人员且为兼职，有的鱼病没有及时发现和上报，建议加大引进水产专业人才力度，尽快健全兵团水产技术推广体系，以便更好开展兵团水产养殖病害测报工作。

二是测报人员素质有待提高。随着水产养殖业的不断发展，水产养殖病害新发、多种并发日益增多，情况也愈发复杂，测报人员对于发生的鱼病往往不能正确判断。建议加强测报人员的定期培训，不断提高鱼病诊断水平，以保障测报数据的科学性和准确性。

六、下一步工作思路

一是继续健全兵团各师团水产养殖病害测报点，落实测报人员，力争做到兵团渔业水域水产养殖病害测报点全覆盖、无死角。

二是继续加强兵团水产专业人才队伍建设，从疆内外高校引进水产专业人才，充实兵团水产体系专业队伍，为开展兵团水产养殖病害测报工作打下良好的人才基础。

三是继续加强测报人员测报软件操作、规范测报、鱼病诊断与防治知识技能等培训，不断提升测报人员素质。

四是积极与国家、自治区、兵团有关部门协调，多方争取支持，不断完善测报基础设施，提高测报数据的精准性，对兵团渔业生产真正起到预警和指导作用。

图书在版编目（CIP）数据

2024 我国水生动物重要疫病状况分析 / 农业农村部
渔业渔政管理局，全国水产技术推广总站组编. -- 北京：
中国农业出版社，2024. 10. -- ISBN 978 - 7 - 109 - 32501 - 2

Ⅰ. S94

中国国家版本馆 CIP 数据核字第 202474TW91 号

2024 我国水生动物重要疫病状况分析
2024 WOGUO SHUISHENG DONGWU ZHONGYAO YIBING ZHUANGKUANG FENXI

中国农业出版社出版
地址：北京市朝阳区麦子店街 18 号楼
邮编：100125
责任编辑：肖　邦　王金环
版式设计：王　晨　　责任校对：吴丽婷
印刷：中农印务有限公司
版次：2024 年 10 月第 1 版
印次：2024 年 10 月北京第 1 次印刷
发行：新华书店北京发行所
开本：787mm×1092mm　1/16
印张：26.75
字数：602 千字
定价：180.00 元